土木工程材料

尚建丽　主　编

中国建材工业出版社

图书在版编目(CIP)数据

土木工程材料 / 尚建丽主编．—北京：中国建材工业出版社，2010.11

ISBN 978-7-80227-850-9

Ⅰ.①土… Ⅱ.①尚… Ⅲ.①土木工程—建筑材料 Ⅳ.①TU5

中国版本图书馆 CIP 数据核字（2010）第 182126 号

内 容 简 介

本书根据土木工程专业培养要求，系统介绍了土木工程材料的组成、生产工艺、技术性能及其在实际工程中应用的基本理论和基本知识。

本书共七篇，包括：土木工程材料的基本性质；混凝土；砌筑材料；金属材料；防水材料；高分子材料和装饰功能性材料。为便于教学，各章节附有必要的复习思考题。在重点介绍基本理论和基本知识的基础上，为加强理论与工程实践相结合、提高学生基本技能的训练，书末安排了常用土木工程材料的试验内容。

本书具有适用面宽、应用性强、体现国家最新技术标准以及方便自学的特点，可作为高等学校土木工程专业及工程管理类本科的教学用书或参考书，也可供土木工程设计、施工、科研、工程管理、监理人员参考。

土木工程材料

主　编：尚建丽

副主编：桑国臣　杨晓东

出版发行：中国建材工业出版社

地　址：北京市西城区车公庄大街 6 号

邮　编：100044

经　销：全国各地新华书店

印　刷：北京雁林吉兆印刷有限公司

开　本：787mm×1092mm　1/16

印　张：25.25

字　数：643 千字

版　次：2010 年 11 月第 1 版

印　次：2010 年 11 月第 1 次

书　号：ISBN 978-7-80227-850-9

定　价：45.00 元

本社网址：www.jccbs.com.cn

本书如出现印装质量问题，由我社发行部负责调换。联系电话：（010）88386906

前　言

本书以高等学校土木工程专业指导委员会制定的《土木工程材料》教学大纲为基本依据而编写。全书编写内容及风格体现了教材编写的特色，适合于土木工程专业及工程管理专业对应用型人才的需求。

本书在编写时力求从学生学习的角度，尽量使学生掌握主要材料的性质、用途以及如何改善材料性能的方法；通过本课程的学习，学会根据工程特点合理选择和正确使用材料，并为其他专业课打下材料知识的基础。同时，本书力求理论联系实际，内容上尽可能反映国内外的科研与实践新成就，以及我国有关最新标准、规范。文字上注意尽量深入浅出，言简意赅。编排体系上，条理性和逻辑性较强。

为了适应工程应用的需要，在编写过程中充分注意到方便自学的特点：在每章开篇给出了本章的学习提要，章末则给出了适量的复习思考题；书末详细给出了10个常用土木工程材料试验的内容（所用仪器、试验方法、步骤及试验结果计算等）。

本书由西安建筑科技大学尚建丽主编，西安建筑科技大学杨晓东、西安理工大学桑国臣为副主编。尚建丽负责全书统稿。绪论、第一篇、第二篇、第三篇由尚建丽编写；第四篇和土木工程材料试验由杨晓东编写；第五篇、第六篇、第七篇由桑国臣编写。王健、张凯峰、邢琳琳、田景云、梁航等研究生参与本书的部分图表绘制。本书在编写过程中得到中国建材工业出版社、西安建筑科技大学的大力帮助，在此表示感谢。

土木工程材料品种多，发展快，新材料层出不穷，由于编者水平所限，不妥之处在所难免，谨请读者批评指正。

编者

2010年4月

目　录

第六篇　高分子材料

第七篇　功能性材料

土木工程材料试验

绪　论

一、土木工程材料的定义与分类

土木工程中所用的各种材料，如砖、石、石灰、石膏、水泥、混凝土、砂浆、钢材、木材、沥青、塑料，以及绝热、吸声、装饰材料等，统称为土木工程材料。土木材料是土木建筑工程的物质基础。

为使建筑物满足适用、经济、美观等基本要求，作为土木工程技术人员应充分掌握土木工程材料的各种性能，能正确地选择和合理使用材料，最大限度地发挥材料本身在建筑物的各个部位的效能，满足建筑功能的各项要求。如高层或大跨度建筑中的结构材料，应是轻质、高强的；冷库建筑必须采用高效能的绝热材料；防水工程所用材料应具有良好的不透水性；影剧院、音乐厅为了达到良好的音响效果，需要采用优质的吸声材料；大型公共建筑及纪念建筑，需要采用耐久的优质饰面材料；而道路、桥梁、水利和海港工程用的材料，必须是耐磨、耐水、抗渗、抗冻的。

土木工程材料体系庞大、种类繁多、品种各异，可以从不同角度进行分类。如可按土木工程材料的功能与用途分为结构材料、防水材料、保温材料、吸声材料、地面材料、屋面材料等。为方便学习，一般按材料的化学成分分类，可将土木工程材料分为无机材料、有机材料和复合材料，如表 0-1 所示。

表 0-1　土木工程材料按化学成分分类

无机材料	金属材料	黑色金属：钢、铁	
		有色金属：铝及铝合金、铜及铜合金等	
	非金属材料	天然石材：花岗岩、石灰岩、大理岩、砂岩、玄武岩等	
		烧结与熔融制品：烧结砖、陶瓷、玻璃、铸石、岩棉等	
		胶凝材料	水硬性胶凝材料：各种水泥
			气硬性胶凝材料：石灰、石膏、水玻璃、菱苦土
		混凝土及砂浆	
		硅酸盐制品	
有机材料	植物材料：木材、竹材及其制品		
	合成高分子材料：塑料、涂料、胶粘剂、密封材料		
	沥青材料：石油沥青、煤沥青及其制品		
复合材料	无机非金属－金属材料	钢纤维混凝土、钢筋混凝土、钢管混凝土	
	无机非金属－有机材料	沥青混凝土、树脂混凝土、玻璃纤维增强塑料（玻璃钢）	
	金属材料－有机材料	彩色涂层钢板	

二、土木工程材料的作用与地位

土木工程材料在土木工程中具有举足轻重的作用，其地位体现在它决定着土木工程的经济性、可靠性、耐久性和低碳性。

1. 经济性

土木工程造价中，材料费用所占比例很大，一般在50% ~60%以上，因此，在选用材料时，要注意经济性，尽量以优质廉价的材料降低工程的总造价。

2. 可靠性

建筑物的可靠度，在很大程度上取决于材料的可靠性。工程的质量，也在很大程度上取决于材料的质量控制。材料质量标准性能是构成构件和结构性能的基础，在材料的选择、生产、储运、使用和检验评定过程中，任何环节的失误，都可能导致工程质量事故。

3. 耐久性

建筑物的功能和使用寿命在很大程度上取决于材料的耐久性能。如混凝土结构的使用寿命与钢材的锈蚀、混凝土的劣化有密切关系；防水工程的失效往往是由于防水材料的老化、开裂等所导致；饰面工程的脱落、变色与装饰材料的装饰耐久性有关。可见，起因无一不是材料问题。因此，应从提高材料耐久性入手，加强耐久性设计理论的研究。

4. 低碳性

建筑材料是建筑工业耗能大户，许多建筑材料的生产能耗很大并且排放大量二氧化碳、硫化物等物质，因此，注重再生资源利用、节能新型材料和绿色建筑材料的选用，节省资源、能源、保护环境已成为建筑可持续发展的重大课题。

三、土木工程材料课程的内容与任务

土木工程材料的形成，需要经过诸如原材料组成、生产工艺、结构及构造、性能及应用、检验及验收、运输及储存等多个环节，每个环节均将不同程度影响着材料的特性及应用，而不同的材料在多个环节中既有共性，也有各自的特性，因此，该课程的主要内容概括为学习每个环节中蕴含的基本理论、基本知识和基本技能。通过学习，力图使学生掌握较扎实的基本理论和基础知识，为后续专业课程的学习及以后从事土木建筑工程，并在工作中认识与掌握材料的有关性质和正确选用材料打下良好的基础。

四、土木工程材料课程的学习方法

土木工程材料课程是针对材料科学与工程、土木工程等专业以及相关专业的专业技术基础课，是从工程使用的角度去研究材料的原料和生产、成分和组成、结构和构造、环境条件等对材料性能的影响以及相互关系的一门应用学科。因此，学习中需要注意以下几个方面：

（1）重视材料的基础理论的认识和理解。某些材料有其系统的理论支撑点，学习时注意深入领会，善于利用机理分析材料变化的内因，达到举一反三的目的。

（2）注重基础知识的学习和掌握。材料的宏观性能取决于其组成和微观结构，从材料具有的特性上，注重对每个知识点的理解，为进一步掌握材料技术性能和工程应用打下基础。

（3）不能忽视实验教学环节。实验属本课程基本技能范畴，是理论与实践联系的必不可少的重要环节。材料所有技术性能指标只有通过相关的试验手段测试才能获得，是工程应用的重要保证。因此，在实验中，必须严格按照规范及实验操作规程，确保实验数据的真实性和可靠性，这也是培养学生严谨的科学态度的基本要求。

五、土木工程材料的技术标准

土木工程材料的技术标准是企业生产、采购、销售和施工单位应用、进行质量验收与评定的依据，分为国家标准、行业标准、地方标准、企业标准四类。

1. 国家标准

国家标准是国家统一发布与执行的标准，并具有特定的标记规则。如“《通用硅酸盐水泥》GB 175—2007”分别表示“标准名称—部门代号—编号—批准年份”，为国家对通用硅酸盐水泥所制定的质量标准。上述标准为强制性国家标准，是全国必须执行的技术文件，产品的技术指标都不得低于标准中的相关规定。此外，还有推荐性国家标准，以“GB/T”为标准代号。推荐性国家标准表示也可以执行其他标准，为非强制性标准。如“《建筑用砂》GB/T 14684—2001”，表示建筑用砂的推荐性国家标准，标准代号为 14684，颁布年代为 2001 年。

2. 行业标准

行业标准是由某一行业制定并在本行业内执行的标准。如 JGJ——建筑工程行业标准；JC——建材行业标准；YB——冶金行业标准；JTJ——交通工程行业标准；SD——水电行业标准等。

行业标准在全国性的行业范围内适用。当没有国家标准而又需要在全国某行业范围内统一技术要求时制定，由国家部委标准机构指定相关研究机构、院校或企业等起草或联合起草，报相关主管部门审批，国家技术监督局备案后发布，当国家有相应标准颁布，该项行业标准即废止。

3. 地方标准

地方标准是在没有相应的国家标准和行业标准时，可以由相应地区根据生产厂家或企业的技术力量，以能保证产品质量的水平，制定的相关标准。地方标准是地方主管部门发布的地方性技术文件（DB），只适应于本地区使用。

4. 企业标准

企业标准是在没有国家标准和行业标准时，企业为了控制生产质量而制定的技术标准，必须以保证材料质量、满足使用要求为目的。是由企业制定的指导本企业生产的技术文件（QB）。企业标准只限于企业内部使用。

技术标准有试行与正式之分。各类标准具有时间性，由于技术水平不断提高，不同时期的技术标准必须与之相适应，所以各类技术标准只反映某时期内的技术水平及标准。

土木工程材料的技术标准是根据一定时期的技术水平制定的，因而随着科学技术的发展与对材料性能要求的不断提高，需要对标准进行不断的修订。熟悉相关标准、规范，了解标准、规范的制定背景与依据，对正确使用土木工程材料具有很好的作用。本书全部使用现行标准与规范编写。

第一篇　土木工程材料的基本性质

土木工程建设中，应根据工程性质、部位及环境作用，对材料提出不同的要求。作为结构材料必须具有抵抗外力作用而不破坏的能力。受到周围化学介质（如水、腐蚀性气体、液体等）及物理环境（干湿、冻融交替等）作用时，材料必须具有抵抗介质的物理化学作用的能力。为使建筑物满足人们生活舒适的需要，材料还必须具有良好的保温隔热能力。这些能力往往通过材料的基本性质加以反映。同时，随着居住条件的不断改善，人们对居住环境材料的安全性、健康性也越来越关注。因此，掌握土木工程材料的基本性质是正确选择、合理使用材料必备的基础知识。

第一章　材料的物理性质

学习提要： 本章以材料在土木工程中三个基本状态参数和两个基本计算参数作为物理性质的重要内容，从它们的定义、公式、意义、应用等方面进行了详细介绍，掌握这些物理性质可以对各种材料的不同组成有一个了解。

第一节　基本状态参数

1. 密度（ρ）

密度是材料在绝对密实状态下单位体积的质量，即与水的密度之比。密度的计算式如下：

$$\rho = \frac{m}{V} \tag{1-1}$$

式中　ρ——密度（g/cm^3）；

m——干燥材料的质量（g）；

V——材料在绝对密实状态下的体积（cm^3）。

材料在绝对密实状态下的体积是指不包括材料内部孔隙在内的体积。在土木工程材料中，除钢材、玻璃等少数材料外，大多数材料内部均存在孔隙。

为测定有孔材料的绝对密实体积，应把材料磨细，干燥后用李氏瓶测定其体积，材料磨得越细，测得的数值越接近材料的真实体积。密度是材料物质结构的反映。凡单成分材料往往具有确定的密度值。

密度是材料的基本物理性质之一，与材料的其他性质存在着密切的相关关系。

2. 表观密度（ρ_0）

表观密度是材料在自然状态下单位体积的质量。表观密度的计算式如下：

$$\rho_0 = \frac{m}{V_0} \tag{1-2}$$

式中 ρ_0——表观密度（kg/m^3）；

m——材料的质量（kg）；

V_0——材料在自然状态下体积（m^3）。

材料在自然状态下体积是指包括内部孔隙在内的体积，如图 1-1 所示。

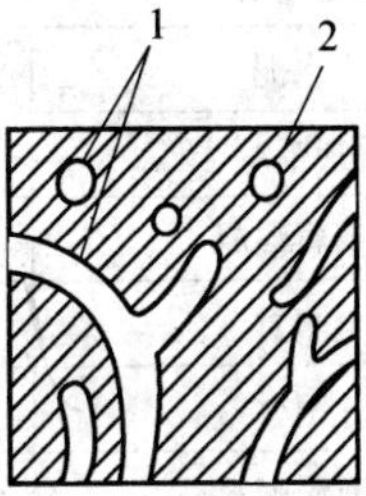

图 1-1 自然状态下体积示意图
1—孔隙；2—固体

规则形状材料的体积可用量具测量计算而得，不规则形状材料体积可按阿基米德原理或直接用体积仪测得。

材料的表观密度一般指材料在干燥状态下单位体积的质量，称为干表观密度。当材料含水时所得表观密度，称为湿表观密度。由于材料含水状态的不同，如绝干（烘干至恒重）、风干（气干）、含水（未饱和）、吸水饱和等，可分别称为干表观密度、气干表观密度、湿表观密度、饱和表观密度等。对于大多数无机非金属材料，干表观密度和气干表观密度的数值较接近，这些材料吸湿或吸水后体积变化较小，一般可忽略不计，对于木材等轻质材料，由于吸湿和吸水性强，体积变化大，不同含水状态的表观密度数值差别较大，必须精确测定。

3. 堆积密度（ρ_0'）

散粒材料在自然堆积体积下单位体积的质量称为堆积密度。若以振实体积计算，称为紧密堆积密度。堆积密度的计算式如下：

$$\rho_0' = \frac{m}{V_0'} \tag{1-3}$$

式中 ρ_0'——堆积密度（kg/m^3）；

m——材料的质量（kg）；

V_0'——材料在自然堆积状态下体积（m^3）。

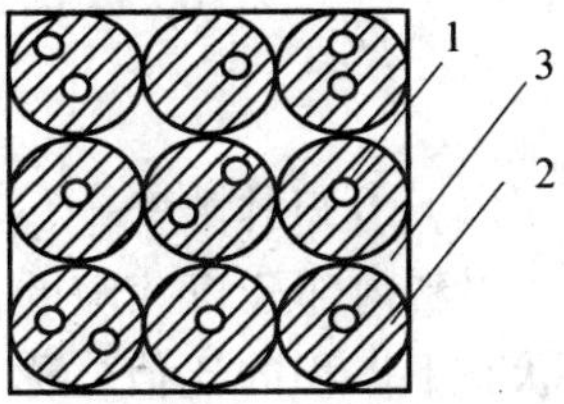

图 1-2 散粒材料体积示意图
1—孔隙；2—固体；3—空隙

散粒材料的颗粒内部或多或少存在孔隙，颗粒与颗粒间又存在空隙，所以对散粒材料而言，有密度、表观密度和堆积密度三个物理量，应加以区别（图 1-2）。

砂、石等材料在工程中应用广泛，属于典型的散粒材料。

土木工程中凡计算材料用量和构件自重、进行配料计算、确定堆放空间及组织运输时，必须掌握材料有关这方面的数据。

几种常用材料的密度、表观密度、堆积密度的值如表 1-1 所示。

表 1-1 常用材料的密度、表观密度、堆积密度

材料	密度（g/cm^3）	表观密度（kg/m^3）	堆积密度（kg/m^3）
石灰岩	2.6	1800 ~ 2600	—
花岗岩	2.6	2500 ~ 2900	—
碎石	2.6	—	1400 ~ 1700
砂	2.6	—	1450 ~ 1650

续表

材料	密度（g/cm³）	表观密度（kg/m³）	堆积密度（kg/m³）
黏土	2.6	—	1600～1800
普通黏土砖	2.5	1600～1800	—
黏土空心砖	2.5	1000～1400	—
水泥	3.10	—	1200～1300
普通混凝土		2100～2600	—
轻集料混凝土		800～1900	—
木材	1.55	400～800	—
钢材	7.85	7850	—
泡沫塑料		20～50	

第二节　基本计算参数

1. 孔隙率（P）

孔隙率是指材料内部孔隙体积占材料在自然状态下体积的百分率，又分为开口孔隙率和闭口孔隙率（图1-3）。

孔隙率计算式如下：

$$P = \frac{V_0 - V}{V_0} \times 100\% = 1 - \frac{\rho_0}{\rho} \times 100\% \quad (1\text{-}4)$$

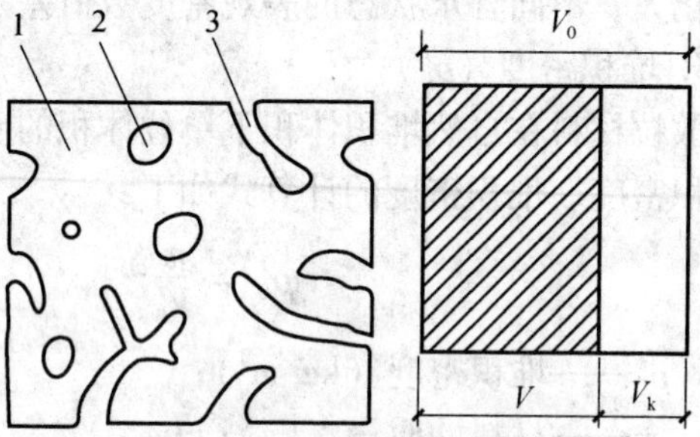

图1-3　多孔材料孔隙示意图

1—固体；2—闭口孔隙；3—开口孔隙

（1）开口孔隙率

材料内部开口孔隙的体积与材料在自然状态下体积的比值，称为材料的开口孔隙率。

由于水可进入开口孔隙，工程中常将材料在吸水饱和状态下所吸水的体积，视为开口孔隙的体积 V'_k，开口孔隙率可表示为 P_k，计算式如下：

$$P_k = \frac{V'_k}{V_0} \times 100\% \quad (1\text{-}5)$$

（2）闭口孔隙率

材料内部闭口孔隙的体积与材料在自然状态下体积的比值，称为材料的闭口孔隙率。计算式如下：

$$P_b = \frac{V_b}{V_0} \times 100\% \quad (1\text{-}6)$$

孔隙率的大小反映了材料的密实程度，同时也可以反映材料的诸多性质，如强度、热工性质等。值得指出的是，孔隙率相同的材料，由于孔隙构造的不同，材料性质也不同，如开口孔隙多、吸水性大、抗冻性差、导热性好。

常用材料的孔隙率如表1-2所示。

表 1-2　常用材料的孔隙率

材料	石材	普通黏土砖	普通混凝土	木材	泡沫塑料
孔隙率（%）	0.5～3.0	30～40	5～10	55～75	60～70

材料体积（自然状态）内固体物质的充实程度，称为材料的密实度 D，计算式如下：

$$D = \frac{V}{V_0} \times 100\% \tag{1-7}$$

密实度 D 反映材料的密实程度，D 越大，材料越密实，对于大多数土木材料 $D<1$。根据孔隙率和密实度的定义，孔隙率和密实度的关系为：

$$P + D = 1$$

2. 空隙率（P'）

散粒材料在堆积状态下颗粒间空隙的体积（V_p）占堆积体积（V_0'）的百分率，称为空隙率，计算式如下：

$$P' = \frac{V_p}{V_0'} \times 100\% \tag{1-8}$$

在配制混凝土、砂浆等材料时，为节约水泥等胶凝材料，改善材料的性能，宜选用空隙率小的砂石。

思考题及习题

1. 什么是材料的密度、表观密度和堆积密度？如何根据这三个参数计算块状材料的孔隙率和散粒材料的空隙率？

2. 已知某卵石的密度为 2.65g/cm^3，表观密度为 2610kg/m^3，堆积密度为 1680kg/m^3，求此石子的孔隙率和空隙率？

3. 当某一建筑材料的孔隙减小时，下表内其他性质如何变化？（用符号填写：↑增大，↓下降，—不变，？不定）并结合孔隙结构说明原因。

孔隙率	密度	表观密度	强度	吸水率	抗渗性	抗冻性	导热性

4. 某材料的密度为 2.68g/cm^3，表观密度为 2340kg/m^3，720g 绝干的材料浸水饱和后擦干表面并测得质量为 740g。求该材料的孔隙率、质量吸水率、体积吸水率、开口孔隙率、闭口孔隙率（假定开口孔可全充满水）。

5. 将卵石洗净并吸水饱和后，用布擦干表面后称质量为 1005g，将其装入广口瓶内加满水称其总重为 2475g，广口瓶盛满水重为 1840g，经烘干后称其重为 1000g，试问上述条件可求得卵石的哪些相关值？各是多少？

第二章　材料的力学性质

学习提要：本章以材料在结构中承受各种荷载为前提，介绍了表征材料抵抗外力的能力，即强度和受力产生变形的特点，同时对材料的硬度、耐磨性进行了介绍。材料力学性质是土木工程材料基本性质中的重点内容之一。

第一节　材料的强度

1. 材料的理论强度

材料的破坏实际上是固体材料内部质点化学键的断裂。固体材料的强度决定于各质点间的结合力即化学键力，对无缺陷的理想化固体材料（包括不含晶格缺陷），其理论强度即材料所能承受的最大应力是克服固体材料内部质点间结合力形成两个新的表面所需的力，用下式表示，称为 Orowan 公式。

$$F_{th} = \sqrt{\frac{Ev}{d}} \tag{2-1}$$

式中　v——材料的表面能（J/m^2）；

d——原子间距（m）。

由式（2-1）计算的理论强度很高，约为实际强度的 100 ~ 1000 倍。实际材料内部常含有大量的缺陷，如晶格缺陷、孔隙、微裂纹等，材料受力时，在缺陷处形成应力集中，导致强度降低。当脆性材料内部含有长度为 $2A$ 的微裂纹时，由 Griffith 断裂理论，其强度为：

$$f = \sqrt{\frac{2Ev}{\pi A}} \tag{2-2}$$

由式（2-2）可知，材料的裂纹尺寸越长，材料的强度越小，在每一应力下都应有一临界裂纹尺寸，当裂纹尺寸超过时，则在该应力下裂纹迅速扩展，并在一瞬间破坏。

断裂理论成功地解释了材料的实际强度远低于理论强度的原因，并由此可知减少材料内部的缺陷（裂纹、孔隙等）可大幅度提高材料的强度。

图 2-1 为混凝土强度与孔隙率关系曲线，曲线表明材料强度随孔隙率的增加而降低，而大多数材料均含有孔隙和缺陷，因此，这就需要研究实际工程所用材料的强度。

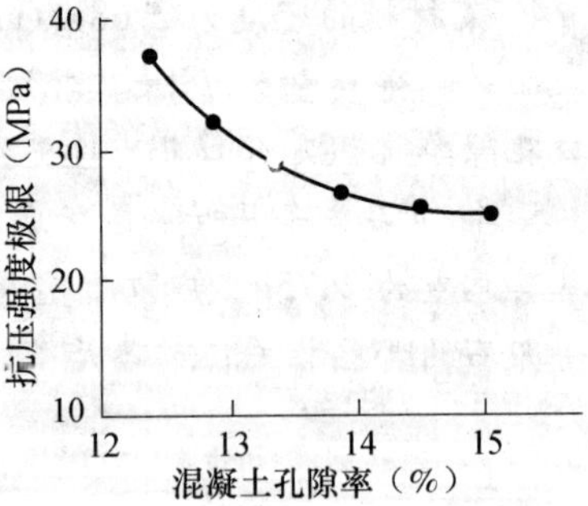

图 2-1　混凝土强度与孔隙率

2. 材料的工程强度

工程上通常采用破坏试验法对材料的强度进行实测，将事先制作的试件安放在材料试验机上，施加外力（荷载）直至破坏，根据试件尺寸和破坏时荷载值计算材料的强度。

材料在外力或其他因素作用下，抵抗破坏的能力称为材料的强度，并以材料在破坏时的最大应力值来表示。

根据外力作用方式，材料强度有抗拉（a）、抗压（b）、抗剪（c）、抗弯（d）（抗折）强度等。如图 2-2 所示。

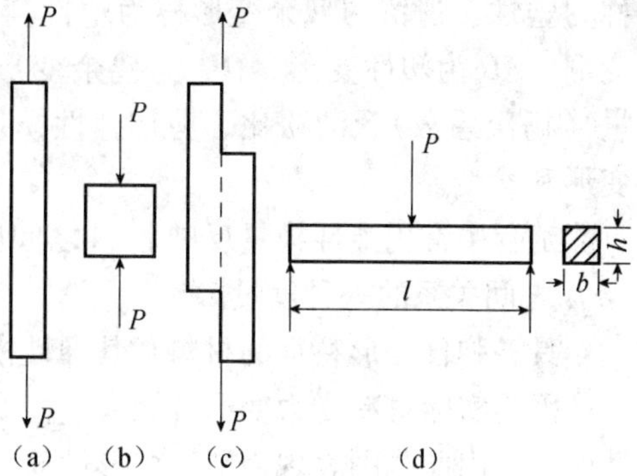

图 2-2　外力作用示意图

材料的抗拉、抗压及抗剪强度的计算式如下：

$$R = \frac{P}{F} \tag{2-3}$$

式中　R——材料的极限强度（MPa）；

P——材料破坏时最大荷载（N）；

F——试件受力面积（mm^2）。

材料的抗弯强度与试件受力情况、截面尺寸及支承条件有关，一般试验方法是，将条形试件（梁）放在两支点上，中间作用一集中荷载。对矩形截面的试件，抗弯强度的计算式为：

$$R_w = \frac{3PL}{2bh^2} \tag{2-4}$$

式中　R_w——材料的抗弯极限强度（MPa）；

P——弯曲破坏时的最大集中荷载（N）；

L——两支点的间距（mm）；

b，h——分别为受弯试件截面的宽和高（mm）。

材料的强度主要取决于材料的组成和结构，不同种类的材料强度差别甚大；即使同类材料，强度也有不少差异，不同的受力形式，不同的受力方向，强度也不相同。强度是结构材料性能研究的主要内容。

为便于材料的生产和使用，主要结构材料均按强度值作为划分强度等级的标准。如烧结普通砖按抗压强度分为 MU30、MU25、MU20、MU15、MU10 五个强度等级；普通水泥按抗压强度和抗折强度分为 42.5、42.5R、52.5、52.5R 四个强度等级；普通混凝土有 C10、C15、C20、C25、C30、C35、C40、C45、C50、C55、C60 十一个强度等级；建筑钢材按机械性能（屈服点、抗拉强度、伸长率、冷弯性能等）划分牌号；结构用木材按弦向静曲强度划分为强度等级。结构材料按强度性能划分等级，对于生产者控制生产工艺、保证产品质量，使用者掌握材料性能、合理选用材料、正确进行设计、精心组织施工都是十分重要的。

在生产和使用材料时，为确保产品或工程质量，必须对材料的强度性能进行测试，作为出厂或验收的依据。材料的强度试验条件对测试所得的数据影响很大，如试样采取方法、试件的形状和尺寸、试件的表面状况、试验机的类型、试验时加荷速度、环境的温度和湿度以及试验数据的取舍等，均在不同程度上影响所得数据的代表性和准确性。所以对于各种土木材料，必须严格遵照有关标准规定的试验方法进行检验。

第二节　材料的变形

1. 弹性变形与塑性变形

材料在外力作用下产生变形，当外力取消后能够完全恢复原来形状的性能称为弹性。这种变形称为弹性变形或可恢复变形。

材料在外力作用下产生变形但不破坏，并且外力停止后不能自动恢复原来形状的性质称为塑性。遗留的残余变形称为塑性变形或不可恢复的变形，如图 2-3 所示。*OA* 为弹性变形，*AB* 为塑性变形，*OO′* 为残余变形。材料的变形性质可用下述特性来说明：弹性模量（杨氏系数）、泊松比、剪切弹性模量、体积弹性模量（各向压缩的弹性模量）、极限变形和徐变。

工程中常用弹性模量反映材料之间的变形（也称刚度），它是材料应力（σ）与应变（ε）之间关系的一种度量。

具备弹性变形特征的材料，其弹性模量为 $E=\sigma/\varepsilon$。

因为实际材料受力变形遵循弹塑性变形的规律，即在受力范围一定时，呈现弹性变形的性质，超出此范围表现为塑性变形性质，所以对于此类材料，弹性变形模量需经过试验修正后，求出弹性变形范围的应力（σ）与应变（ε）。混凝土弹性模量的应力需要修正后确定，如图 2-4 所示。

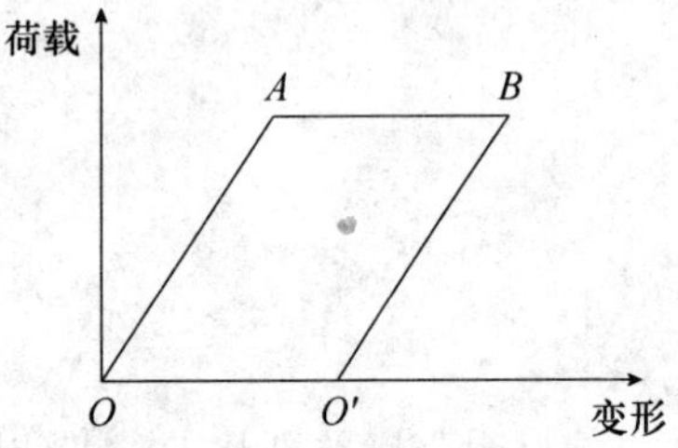

图 2-3　材料弹性变形和塑性变形

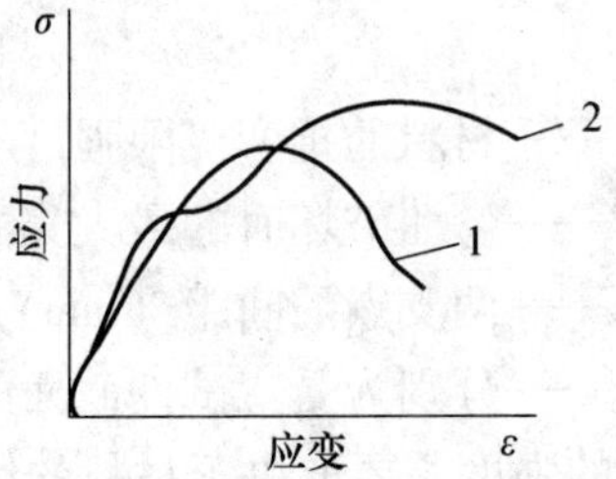

图 2-4　材料弹塑性变形

1—混凝土；2—钢材

材料在恒定荷载下随时间缓慢增长的不可恢复的变形称为徐变变形，简称徐变。它属于塑性变形。

作用的外力越大，则徐变越大，最后使材料趋于破坏。受力初期，材料的徐变速度较快，后期逐步减慢，直至趋于稳定。晶体材料（如岩石）的徐变很小，而非晶体材料及合成高分子材料（如木材、塑料等）的徐变较大。

2. 脆性与韧性

脆性是材料在荷载作用下，在破坏前无明显的塑性变形而表现为突发性破坏的性质。脆性材料的特点是塑性变形很小，且抗压强度与抗拉强度的比值较大（5～50 倍）。无机非金属材料多属于脆性材料。

韧性又称冲击韧性，是材料抵抗冲击振动荷载的作用而不发生突发性破坏的性质，或是在冲击振动荷载作用下，吸收能量，抵抗破坏的能力。材料的冲击韧性用具有一定形状和尺寸的试件（具有 U 形或 V 形缺口）在一次冲击作用下冲断所吸收的功来表示，称为冲击吸收功；或用断口处单位面积所吸收的功来表示，称为冲击韧性值。

$$\alpha_k = \frac{A_k}{F} \tag{2-5}$$

式中　α_k——材料的冲击韧性（J/mm^2）；

A_k——试件破坏所消耗的功（J）；

F——试件受冲击时的净面积（mm^2）。

韧性材料的特点是变形大，特别是塑性变形大，抗拉强度接近或高于抗压强度。木材、建筑钢材、橡胶等属于韧性材料。

对于有抗震设计要求的区域，选材时需要考虑材料的韧性；对于用作轨道、吊车梁等构件的材料，也需要考虑材料的韧性。

第三节　材料的硬度和耐磨性

1. 硬度

硬度是材料表面的坚硬程度（并非强度），是抵抗其他物体刻划、压入其表面的能力。通常用刻划法、回弹法和压入法测定材料的硬度。

刻划法用于天然矿物硬度的划分，按滑石、石膏、方解石、萤石、磷灰石、长石、石英、黄晶、刚玉、金刚石的顺序分为10个硬度等级。

回弹法用于测定混凝土表面硬度，并间接推算混凝土的强度，也用于测定陶瓷、砖、砂浆、塑料、橡胶、金属等的表面硬度并间接推算其强度。

压入法用于测定金属（包括建筑钢材）木材等的硬度。

一般来说，硬度大的材料，耐磨性较强，但不易加工。在工程中常利用材料硬度与强度间的关系，间接推算材料的强度。

2. 耐磨性

耐磨性是材料表面抵抗磨损的能力。材料的耐磨性用磨损率表示，计算公式如下：

$$N = \frac{m_1 - m_2}{F} \tag{2-6}$$

式中　N——材料的磨损率（g/cm^2）；

m_1——试件磨损前的质量（g）；

m_2——试件磨损后的质量（g）；

F——试件受磨面积（cm^2）。

试验在磨损机上进行，以一定尺寸试件在一定的压力作用下，在磨料上磨一定周数后，以单位面积上的质量损失率表示。

材料的耐磨性与材料组成结构以及强度、硬度有关。

在建筑中，对于地面、楼梯、踏步等部位的材料，应适当考虑硬度和耐磨性。

思考题及习题

1. 工程上常用的材料强度有哪几种？分别写出其计算公式。

2. 影响材料强度测试结果的试验条件因素有哪些？是怎样影响的？

3. 什么是材料的弹性变形和塑性变形？

4. 什么是材料的脆性和韧性？脆性材料和韧性材料各有何特性？它们在应用中有何区别？

5. 什么是材料的硬度和耐磨性？如何表示？

第三章　材料与水有关的性质

学习提要：本章从材料在土木工程中经常与水接触并相互作用的角度出发，在介绍材料与水作用的两种形式基础上，指出材料吸水和吸湿的区别，重点介绍材料耐水、抗渗、抗冻的概念，表征方法，工程意义。材料与水有关的性质是材料耐久性中的内容之一。

第一节　材料的亲水性与憎水性

当材料与水接触时，水可以在材料表面上铺展开，亦即材料表面可以被水所润湿或浸湿，此种性质称为材料的亲水性，具备这种性质的材料称为亲水性材料。若水不能在材料的表面上铺展开，即材料表面不能被水所润湿或浸湿，则称为憎水性，此种材料称为憎水性材料。

材料的亲水或憎水程度可用润湿角 θ 来表示，如图 3-1 与图 3-2 所示。在材料、水与空气的三相交点上，作用有三种表面张力，这三种力平衡时可得出下式：

$$\sigma_{sv} = \sigma_{lv}\cos\theta + \sigma_{sl}$$

$$\cos\theta = \frac{\sigma_{sv} - \sigma_{sl}}{\sigma_{lv}} \tag{3-1}$$

式中　σ_{sv}——材料与空气的表面张力（N/m）；

σ_{lv}——水与空气的表面张力（即水的表面张力，N/m）；

σ_{sl}——材料与水的表面张力（N/m）。

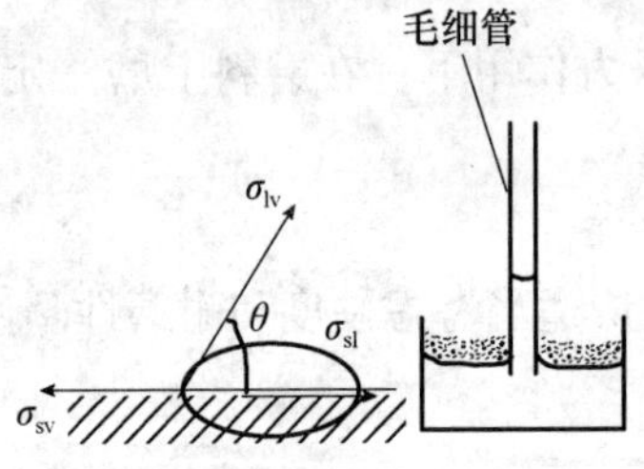

图 3-1　亲水材料的润湿与毛细现象

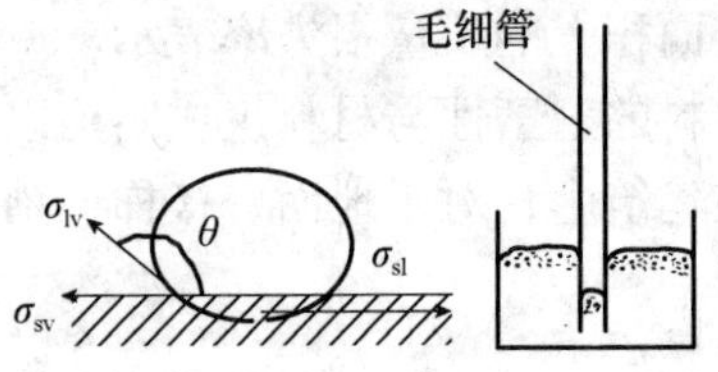

图 3-2　憎水材料的润湿与毛细现象

润湿角 $\theta \leqslant 90°$时，材料表现为亲水性；润湿角 $\theta > 90°$时，材料表现为憎水性。润湿角越小，亲水性越强，憎水性越弱。含毛细孔的亲水性材料可自动将水吸入孔隙内。憎水性材料具有较好的防水性、防潮性，常用作防水材料，也可用于对亲水性材料进行表面处理，以降低吸水率，提高抗渗性。大多数建筑材料属于亲水性材料，如混凝土、钢材、砖石等；大部分有机材料属于憎水性材料，如沥青、石蜡、塑料、有机硅等。

需指出的是，孔隙率较小的亲水性材料同样也具有较好的防水性、防潮性，仍可作为防水或防潮材料使用，如水泥砂浆、水泥混凝土等。

第二节　材料的吸水性与吸湿性

1. 吸水性

材料在水中吸水的性质称为材料的吸水性。吸水性用吸水率表示，有两种表示方法；

（1）质量吸水率（W）

$$W = \frac{m_1 - m_2}{m_2} \times 100\% \tag{3-2}$$

式中　m_2——材料在干燥状态下的质量（g）；

m_1——材料在浸水饱和状态下的质量（g）。

（2）体积吸水率（W_0）：

$$W_0 = \frac{m_1 - m_2}{V_0} \times 100\% \tag{3-3}$$

式中　V_0——材料在自然状态下的体积（cm^3）；

m_2——材料在干燥状态下的质量（g）；

m_1——材料在浸水饱和状态下的质量（g）。

多孔材料的吸水率常以体积吸水率表示。将试件放在水中浸水饱和，水温为（20 ± 2）℃，因此测得的体积吸水率反映了材料的开口孔隙率，其值小于100%。

可见体积吸水率与开口孔隙率是一致的。

质量吸水率与体积吸水率存在如下关系：

$$W_0 = W \cdot \rho_0$$

式中　ρ_0——材料的表观密度（g/cm^3）。

为了根据吸水率来判断材料的孔隙结构，可利用饱水系数 K_a，其计算式如下：

$$K_a = \frac{W_0}{P} \tag{3-4}$$

式中　W_0——材料体积吸水率（%）；

P——材料孔隙率（%）。

K_a 可由0（材料中的孔隙全部为封闭的）到1（所有孔隙都是开口的）。在孔隙率相同的情况下，K_a 小，说明开口孔隙少，一般来说抗冻性较高。

由此可知，材料的吸水率可直接或间接反映材料的部分内部结构及其性质，即可根据材料吸水率大小对材料的孔隙率、孔隙状态及材料的性质作出粗略的评价。

材料内粗大的连通孔隙或空腔，所吸水分在空气中不能保持，仅能润湿孔壁表面；封闭或微细的孔隙，水分则难以浸入，所以材料中所吸水分仅占孔隙的一部分。

2. 吸湿性

材料不但能在水中吸水，也能在空气中吸收水汽，吸入量随空气中湿度的大小而变化。材料在潮湿空气中吸收水分的性质称为吸湿性。吸湿性用含水率表示，其计算式如下：

$$W_h = \frac{m_0 - m_2}{m_2} \times 100\% \tag{3-5}$$

式中　W_h——材料的含水率（%）；

m_2——材料干重（g）；

m_0——材料湿重（g）。

已知材料的干重、含水率，欲求材料的湿重，其计算公式如下：

$$m_0 = (1 + W_h) \cdot m_2 \tag{3-6}$$

而根据材料湿重和含水率计算材料干重的公式则可写为：

$$m_2 = \frac{m_0}{1 + W_h} \tag{3-7}$$

材料吸水或吸湿后，可削弱材料内部质点间的结合力或吸引力，引起强度下降，同时也使材料的表观密度和导热性增加，几何尺寸略有增加，而使材料的保温性、吸声性下降，并使材料受到的冻害腐蚀等加剧。由此可见，含水使材料的绝大多数性质下降或变差。

第三节 材料的耐水性

材料长期在水的作用下保持原有性质（不发生破坏，强度也不显著降低）的能力，称为材料的耐水性。

对于结构材料，耐水性主要指强度变化；对装饰材料，则主要指颜色的变化，是否起泡、起层等，即材料不同，耐水性的表示方法也不同。结构材料的耐水性用软化系数 K_p 来表示，计算式如下：

$$K_p = \frac{f_w}{f_d} \tag{3-8}$$

式中 f_w——材料在吸水饱和状态下的抗压强度（MPa）；

f_d——材料在绝干状态下的抗压强度（MPa）。

各种不同材料的耐水性差别很大，软化系数的波动范围为0~1。钢、玻璃、沥青等材料的软化系数基本为1。密实石材的软化系数接近于1。未经处理的生土材料的软化系数为0。

经常受到潮湿或水作用的结构需选用 $K_p > 0.75$ 的材料，重要结构需选用 $K_p > 0.85$ 的材料。

材料的耐水性主要与其组成及在水中的溶解度和材料的孔隙率有关。溶解度很小或不溶的材料，软化系数一般较大；若材料可微溶于水，且含有较大的孔隙率，则软化系数较小或很小。

第四节 材料的抗渗性

抗渗性是指材料抵抗压力水或其他液体渗透的性质。抗渗性用渗透系数来表示，计算式如下：

$$K = \frac{Qd}{AtH} \tag{3-9}$$

式中 K——渗透系数［$cm^3/(cm^2 \cdot h)$］；

d——试件厚度（cm）；

Q——渗水量（cm^3）；

A——渗水面积（cm^2）；

t——渗水时间（h）；

H——水头（水压力，cm）。

渗透系数 K 越大，材料的抗渗性越差。

材料的抗渗性与材料内部的孔隙率，特别是开口孔隙率有关，并与材料的憎水性和亲水性有关。开口孔隙率越大，大孔含量多，则抗渗性越差。

材料的抗渗性也可用抗渗等级来表示，即在规定试验方法下材料所能抵抗的最大水压力来表示，如 P2、P4、P6、P8 等，分别表示可抵抗 0.2MPa、0.4MPa、0.6MPa、0.8MPa 的水压力而不渗透。

地下建筑及水工建筑等，因经常受压力水的作用，所用材料应具有一定的抗渗性。对于防水材料则应具有很好的抗渗性。

材料的抗渗性与材料的耐久性（抗冻性、耐腐蚀性等）有着非常密切的关系，一般而言，材料的抗渗性越高，水及各种腐蚀性液体或气体越不容易进入材料内部，则材料的耐久性越高。

第五节　材料的抗冻性

材料吸水后，在负温下，水在材料毛细孔内冻结成冰，此时体积膨胀（约膨胀 9%），冰的冻胀压力造成材料的内应力，会使材料遭到局部破坏，随着冻结和溶解的循环作用，材料的破坏作用逐步加剧，这种破坏称为冻融破坏。

抗冻性是指材料在吸水饱和状态下能经受反复冻融的作用而不破坏，强度无显著降低的性能。对结构材料，主要指保持强度的能力，并多以抗冻等级来表示。抗冻等级用材料在吸水饱和状态下（最不利状态），经冻融循环作用，强度损失和质量损失均不超过规定值时所能抵抗的最多冻融循环次数来表示，如 F25、F50、F100、F150 等，分别表示在经受 25 次、50 次、100 次、150 次的冻融循环后仍可满足使用要求。

抗冻等级要根据结构物的种类、使用条件及气候条件来决定。轻混凝土、砖、面砖等墙体材料一般要求抗冻等级为 F15、F25、F35，用在桥梁和道路的混凝土应为 F50、F100、F200，而水工混凝土要求高达 F500。

理论上讲，若材料内部孔隙分布均匀，当饱水系数 $K_a \leq 0.91$ 时，结冰不会引起冻害，因未充水的孔隙空间可以容纳由于水结冰而增加的体积，但当 $K_a > 0.91$ 时，则已容纳不下冰的体积，故对材料的孔壁产生压力，因而会引起冻害。实际上，由于局部饱和的存在和孔隙分布不均匀，K_a 较小一些才是安全的。如对于水泥混凝土，$K_a < 0.80$ 时，冻害才会明显减少。对于受大气和水作用的结构物中的材料，抗冻性往往决定了它的耐久性。

思考题及习题

1. 何谓材料的亲水性、憎水性？用什么参数来表示？
2. 亲水材料和憎水材料是如何区分的？材料的亲水性和憎水性有何工程意义？
3. 材料的耐水性好坏如何评价？
4. 何谓材料的抗渗性？如何表示抗渗性的好坏？
5. 何谓材料的抗冻性？材料冻融破坏的原因是什么？饱水系数与抗冻性有何关系？
6. 500g 河砂烘干至恒重时的质量为 485g，求此河砂的含水率。
7. 有一块烧结普通砖，在潮湿状态下，质量为 2750g，经测定含水率为 10%，若将该砖浸水饱和后，质量为 2900g，试计算该砖的质量吸水率。
8. 假设上题中的砖，经测定表观密度为 $1600kg/m^3$，孔隙率为 40%。试求该砖的体积吸水率和饱水系数，并判断该砖抗冻性的优劣。

第四章　材料的热工性质

学习提要： 作为建筑围护结构用材，必然与环境发生热交换作用，本章主要介绍表征材料热工性质的几个重要参数，包括导热系数、比热、热阻和导温性。材料热工性质是衡量节能材料的重要依据。

建筑物在受到热（夏季）因素作用或室内采暖（冬季）作用时，通过墙面、屋面、窗将会发生传热现象，即热量从高温区向低温区自发流动。这是一种由于温差引起的能量转移现象。

为了保证室内冬暖夏凉，减少夏季制冷、冬季采暖能耗，必须最大限度提高墙面、屋面、窗自身抵抗热流通过的能力。而这些能力则由材料的热物理性能所决定。

第一节　材料的导热性

按照传热的物理机理，传热过程主要通过三种方式进行；导热、对流和热辐射。

导热是依靠物体内分子、原子、自由电子等微观粒子的热运动，在宏观上物体各部分无相对位移的热传递现象，在固体、液体和气体中均可发生。但在地球重力场的作用范围内，单纯的导热过程只会发生于密实的固体中。

对于密实材料，当材料层两面存在温度差时，通过材料的热量可由下式计算：

$$Q = \lambda \frac{T_1 - T_2}{d} At \tag{4-1}$$

式中　Q——传热量（W）；

d——材料的厚度（m）；

$T_1 - T_2$——材料两面的温差（K）；

A——材料传热面的面积（m^2）；

t——传热的时间（h）；

λ——导热系数［(W/(m·K)］。

导热系数（λ）是表征物质导热能力的重要热物理参数。在物理意义上，导热系数为单位厚度的材料两面温差为1K时，在单位时间内通过单位面积的热量。导热系数越小，则材料的绝热保温性越好。

几种典型材料的导热系数如表4-1所示。

表4-1　几种典型材料的热工性质指标

材料	导热系数［W/(m·K)］	比热［J/(g·K)］
铜	370	0.38
钢	55	0.46
花岗石	2.9	0.80
普通混凝土	1.8	0.88

续表

材料	导热系数［W/(m·K)］	比热［J/(g·K)］
烧结普通砖	0.81	0.84
松木（横纹）	0.15	1.63
泡沫塑料	0.03	1.30
冰	2.20	2.05
水	0.6	4.19
密闭空气	0.025	1.00

对于固体材料，在传热中，由于室外温度是通过空气与固体壁发生接触才能完成，但在壁面附近，气体速度较低，热量传递是通过分子随机运动来实现，这时称为壁面的对流换热，通过壁面的热量值为：

$$Q = \alpha_w (T_w - T_f) \cdot A \tag{4-2}$$

式中 T_w，T_f——分别表示固体壁面与流体的温度（℃）；

α_w——换热系数。

换热系数在数值上等于 $1m^2$ 壁面上当流体与壁表面的温度差为1℃时的热流量，单位是W/(m·K)。其数值受流体的流速、温度、黏度、密度、比热容、导热系数以及壁面的形状、位置、几何尺寸等多种因素的影响。换热系数越大，表明换热越强。

影响材料导热系数的因素主要有：

（1）材料的组成与结构。通常，金属材料、无机材料、晶体材料的导热系数分别大于非金属材料、有机材料、非晶体材料。

（2）材料的孔隙率。由于材料孔隙内的密闭空气的导热系数很小，所以导热系数随孔隙率增大而减小。孔隙的大小和连通程度对导热系数也有影响，细小孔隙、闭口孔隙比粗大孔隙、开口孔隙对降低导热系数更为有利，因为减少或降低了对流传热。

（3）含水率。材料含水或含冰时，会使导热系数急剧增加，因为水和冰的导热系数分别是空气的20倍和80倍。

（4）温度。温度越高，材料的导热系数越大（金属材料除外）。

第二节　材料的热容量和比热

材料在受热时吸收热量，冷却时放出热量的性质称为材料的热容量。单位质量的材料温度升高或降低1K所吸收或放出的热量，称为热容量系数或比热。比热的计算式如下：

$$C = \frac{Q}{m(t_1 - t_2)} \tag{4-3}$$

式中 C——材料的比热［J/(g·K)］；

Q——材料吸收或放出的热量（J）；

m——材料质量（g）；

$(t_1 - t_2)$——材料受热或冷却前后的温差（K）。

几种典型材料的比热见表4-1。

比热与材料质量的乘积称为材料的热容量值，它表示材料温度升高或降低1K所吸收或放出的热量。材料的热容量值对保持建筑物内部温度稳定有很大意义，热容量值较大的材料或部件，能在热流变动或采暖空调工作不均衡时，缓和室内的温度波动。

第三节　材料的热阻与传热系数

热阻是反映材料层（墙体或其他围护结构）抵抗热流通过的能力，其计算式如下：

$$R = \frac{d}{\lambda} \tag{4-4}$$

式中　R——材料层的热阻（$m^2 \cdot K/W$）；

d——材料层的厚度（m）；

λ——材料的导热系数［$W/(m \cdot K)$］。

土木工程建筑常采用复合墙体材料，计算其围护结构热阻时需先计算每一层材料的热阻，然后计算材料层总热阻。为提高围护结构的保温效能，改善建筑物的热工性能，应选用导热系数小的材料，以增加热阻，而不宜加大材料层厚度。复合墙体材料可通过设置空气层来提高材料层的热阻。

热阻的倒数 $1/R$ 称为材料层的传热系数。传热系数是指材料层（围护结构）两面温差为1K时，在单位时间内通过单位面积的热量。

可见，材料的导热系数越小，材料层或围护结构的传热系数越小，保温隔热性越好。增加材料层的厚度也可降低传热系数，但会增加材料的用量和建筑物的自重，《夏热冬冷地区居住建筑节能设计标准》（JGJ 134—2010）《严寒和寒冷地区居住建筑节能设计标准》（JGJ 26—2010）对不同地区的屋面、外墙、门窗等的传热系数作了严格的规定。因此选用材料时，应注意对材料热物理参数进行综合考虑。

第四节　材料的导温系数

导温系数又称热扩散系数，是材料在受热或冷却时，各部分温度趋于一致的性能。导温系数的计算式如下：

$$\delta = \frac{\lambda}{C\gamma_0} \tag{4-5}$$

式中　δ——材料的导温系数（m^2/h）；

γ_0——材料的表观密度（g/cm^3）；

C——材料的比热［$J/(g \cdot K)$］；

λ——材料的导热系数［$W/(m \cdot K)$］。

导温系数说明材料在不稳定的热作用下，内部温度变化的速度与材料的导热系数成正比，而与材料的热容量 $C\gamma_0$ 成反比。导温系数大，说明温度变化速度快。

思考题及习题

1. 评价材料热工性能的常用参数有哪几个？欲保持房屋内温度的稳定性并减少热损失，其围护结构应选择什么样的建筑材料？

2. 试分析为什么不能单靠增加围护结构厚度来提高材料热阻？实际工程应如何考虑？

3. 材料的传热系数和导温系数有什么异同？

第五章　材料的耐久性

学习提要：如何从材料的性能方面延长工程使用寿命？本章从材料的耐久性研究内容，介绍自然因素的作用方式、不同种类材料损伤的原因、如何表征材料耐久性以及提高材料耐久性的意义。

第一节　材料耐久性的概念

所谓材料的耐久性，是指材料在其使用条件下，受各种内在或外部因素作用，长期不破坏、不失去原有性能、仍能正常使用的性质。

材料的耐久性因材料组成和结构不同而不同，金属材料易被氧化腐蚀；无机非金属材料因氧化、溶蚀、冻融、热应力、干湿交替作用而破坏；有机材料常因溶蚀、腐烂和紫外线照射而变质。

第二节　破坏作用的分类

材料在建筑物使用过程中，除材料内在原因使其组成、结构和性能发生变化以外，尚受到使用条件和各种自然因素的作用。这种作用可概括为物理作用、机械作用、化学作用和生物作用。

（1）物理作用。包括温度和湿度的交替变化，即冷热、干湿、冻融等循环作用。在这种作用影响下，材料发生膨胀、收缩或产生内应力，长期的反复循环，使材料逐渐破坏。在寒冷地区，循环的冻融作用对材料的破坏最为明显。

（2）机械作用。包括使用荷载的持续作用，交变荷载引起材料疲劳、冲击、磨损、磨耗等。

（3）化学作用。包括大气，环境水以及使用条件下酸、碱、盐等液体或有害气体对材料的侵蚀作用。

（4）生物作用。包括菌类、昆虫等的作用而使材料腐朽、蛀蚀而破坏。

第三节　材料耐久性的指标

材料的耐久性可用材料在具体的气候和使用条件下能够保持正常工作性能的年限表明，材料的耐久性是一项综合性质。材料的组成和结构不同，评价耐久性的内容和指标也不相同，例如金属材料常因化学和电化学作用引起腐蚀、破坏，其耐久性指标是耐蚀性；无机非金属材料（如石材、砖、混凝土等）常因化学作用、溶解、冻融、风蚀、温差、湿差、摩擦等其中某些因素或综合因素共同作用，其耐久性指标有抗渗性、抗冻性、抗风化性、耐腐蚀性、抗碳化性、耐热性、耐溶蚀性、耐磨性、耐光性等要求；有机材料多因生物作用、光、热等作用引起破坏，其耐久性指标包括抗老化性、耐蚀性指标。

建筑物的安全性，首先保证的是结构物的承载能力和整体牢固性，即强度。长期以来，人们主要依据结构物将要承受的各种荷载，包括静荷载、动荷载进行结构设计。但是，结构物是较长时间使用的产品，环境作用下材料性能的劣化，最终会影响结构物的安全性。为此，耐久性是衡量材料乃至结构在使用条件下长期安全性能的重要方面，不得忽视。尤其对水工、海洋工程、地下等比较苛刻条件下的结构物，耐久性比强度更为重要。

材料的耐久性与结构物的使用年限直接相关，耐久性好，就可以延长结构物的使用寿命，减少维修费用。随着可持续发展观念的日益强化，土木工程的耐久性问题也日益受到重视。现代社会，随着人类开发建设力度加大，结构物所处的环境条件也越来越苛刻，同时大型结构物投资巨大、建设周期长，对它的寿命要求也越来越高，因此提高材料的耐久性对于结构物的安全性和经济性能具有重要意义。结构设计不仅要考虑荷载作用下的强度，还要重视耐久性性能，引入耐久性设计的概念，建立耐久性设计的理论体系和方法，这就需要研究、完善建筑材料的耐久性试验方法和评价指标，为结构物的耐久性设计提供依据。

第四节　材料耐久性的评价

对于不同用途的材料、不同的环境条件，所要求的耐久性评价指标不完全相同。例如在地下、水中或潮湿环境下，有挡水要求的构件，要重点评价抗渗性及防止水侵蚀的能力；处于水位经常变化、正负温度变化等部位的构件或材料，要评价对于干湿循环作用和冻融循环的抵抗能力；海洋工程结构物或氯离子含量较高的环境，要评价盐溶液的侵蚀、钢筋锈蚀等作用；工厂、高温车间附近的建筑物，要评价碳化、高温及硫酸盐等侵蚀性介质的危害；沥青路面、塑料等高分子材料，要评价在氧气、紫外线等因素作用下的老化性能。

材料在实际环境中的耐久性指标需要进行长期观察和测定才能获得，不可能像强度指标那样由破坏试验直接获得强度值。为了在材料使用之前就能获得其耐久性评价结果，必须采用强化环境条件下的快速试验，依材料种类不同，在实验室选择具体方法进行快速试验，包括干湿循环、冻融循环、加湿与紫外线干燥循环、碳化、盐溶液浸渍与干燥循环化学介质浸渍等。因此，研究材料耐久性试验方法的科学性，以及快速试验结果与长期耐久性能之间的对应关系，是目前耐久性要解决的关键问题。

为提高材料的耐久性，可根据材料特点和使用情况采取相应的措施，除从材料本身组成结构设法外，还应提高材料对外界作用的抵抗能力（如提高密实度、防腐处理、化学浸渍等）；用其他材料保护主体材料（覆面、抹灰、喷刷涂料等）；也可设法减轻侵蚀介质对材料的破坏作用（降低湿度、排除侵蚀性物质、通风、疏导等）。

提高材料的耐久性，对保证工程长期处于正常使用的功能，减少维护费用，延长结构物使用年限，节约土木工程材料，具有重要意义。

思考题及习题

1. 什么是材料的耐久性？材料的耐久性包括哪些内容？
2. 在实际工程中如何提高材料的耐久性？

第六章　材料的安全性

学习提要：材料安全性涉及人类健康和环境污染。本章从火灾安全性、环境安全性和卫生安全性等方面介绍有关材料安全性的基本内容，了解其内容对材料安全使用有很好的作用。

随着社会的进步和人民生活水平的提高，人类对居住环境的要求也越来越高。除了满足基本的使用功能和生活空间的需要之外，人类的居住健康越来越受到关注，居住的健康性、舒适性已提到了设计、选材时必须重视的地位，人们不再只是单纯考虑居住环境的美化（色彩、光泽、质感）等外在质量，更注重所用材料的安全性（无毒、无味、无污染、无放射等）。材料、人与居住环境的协调关系也形成了现代人一种强烈的生存意识。20 世纪 70 年代，发达国家就已开始研究土木建筑材料释放和散发的气体和物质对居住室内空气环境的影响，以及对人体健康的危害程度。1987 年，联合国世界卫生组织的调查显示，新建、改建住宅影响人们健康的有害物质，主要来自室内装饰材料和某些传统的土木材料。可见，材料安全性直接关系到人类住宅健康。

所谓材料安全性，是指材料在使用中不产生对人体危害的各种物质（气、液、固）或造成环境危害而能安全且正常工作的性质，包括材料的防火性（火灾安全性）、材料的放射性（卫生安全性）、材料的挥发性（环境安全性）等。

第一节　材料的防火性

材料的防火性能是材料在使用状态下抵抗火灾作用的性能。

材料按其燃烧性能，可分为三类：

（1）燃烧材料。在空气中受到火烧或高温作用时立即起火或微燃，且火源移走后仍继续燃烧或微燃的材料。木材等材料属于燃烧材料。

（2）难燃材料。在空气中受到火烧或高温作用时难起火、难微燃、难炭化，当火源移走后燃烧或微燃立即停止的材料。沥青混凝土、经防火处理的木材、用有机物填充的混凝土、水泥刨花板等属于难燃材料。

（3）非燃烧材料。在空气中受到火烧或高温作用时不起火、不微燃、不炭化的材料。金属材料、各种天然或人工的无机矿物材料均属于非燃烧材料。

值得注意的是，高分子合成材料属于燃烧或难燃材料，但因合成树脂品种或燃阻剂的加入与否而异，这类材料含碳量高、燃烧时放出烟气或有毒气体，对建筑防火极为不利，对人体健康极为有害。近年来，装饰材料的应用越来越普及，许多是由高分子合成材料组成，为保证人们居住安全，设计时应选择非燃烧材料。

第二节　材料的放射性

各种物质内均含有不同剂量的放射性核素，土木材料也不例外。人们生活、工作在居室内，土木材料中所含的放射性核素放出各种射线，其中 γ 射线的强度和照射量超过一定限度，会对人的健康产生影响。这种影响主要是在被人体吸收时产生电离作用，引起生物化学反应而使机体受损伤，如急、慢性放射病，癌变或遗传性疾病等。有些天然材料的放射性水平本身较高，有一部分土木材料（特别是废渣建筑材料）由于原料经煅烧或熔融，放射性核素被富集，使放射性比活度提高。

材料的放射性比活度用下式表示：

$$C = \frac{A}{m} \tag{6-1}$$

式中　C——放射性比活度（Bq/kg）；

A——核素放射性活度（Bq）；

m——物质的质量（kg）。

国家标准《建筑材料放射性核素限量》（GB 6566—2001）规定了建筑材料中天然放射性核素镭－226、钍－232、钾－40 放射性比活度的限量。

按下列公式分别计算内照射指数和外照射指数：

内照射指数表达式为：

$$I_{Ra} = \frac{C_{Ra}}{200} \tag{6-2}$$

式中　I_{Ra}——内照射指数；

C_{Ra}——建筑材料中天然放射性核素镭－226 的放射性比活度（Bq/kg）；

200——仅考虑内照射情况下，GB 6566—2001 规定的建筑材料中放射性核素镭－226 的放射性比活度限量（Bq/kg）。

外照射指数表达式为：

$$I_{\gamma} = \frac{C_{Ra}}{370} + \frac{C_{Th}}{260} + \frac{C_{K}}{4200} \tag{6-3}$$

式中　I_{γ}——外照射指数；

C_{Ra}，C_{Th}，C_{K}——分别为建筑材料中天然放射性核素镭－226、钍－232 和钾－40 的放射性比活度（Bq/kg）；

370，260，4200——分别为仅考虑外照射情况下，GB 6566—2001 规定的建筑材料中天然放射性核素镭－226、钍－232 和钾－40 在其各自单独存在时本标准规定的限量（Bq/kg）。

根据现行国家标准《建筑材料放射性核素限量》(GB 6566—2001）进行安全性检测，既有利于公众健康，又有利于建材工业发展。针对建筑材料的选用有了明确的分级：

1. 用于建造建筑物主体工程所使用的建筑材料

包括：水泥与水泥制品、砖、瓦、混凝土、混凝土预制构件、砌块、墙体保温材料、工业废渣、掺工业废渣的建筑材料及各种新型墙体材料等。当建筑主体材料中天然放射性核素镭－226、钍－232、钾－40 的放射性比活度同时满足 $I_{Ra} \leqslant 1.0$ 和 $I_{\gamma} \leqslant 1.0$ 时，其产销与使用范围不受限制。

2. 用于建筑物室内外饰面用的建筑材料

包括：花岗石、建筑陶瓷、石膏制品、吊顶材料、粉刷材料及其他新型饰面材料等。根据装修材料放射性水平大小，划分为以下三类：

（1）A 类装修材料

装修材料中，天然放射性核素镭-226、钍-232、钾-40 的放射性比活度同时满足$I_{Ra} \leq 1.0$和$I_{\gamma} \leq 1.3$要求的，为 A 类装修材料。A 类装修材料产销与使用范围不受限制。

（2）B 类装修材料

不满足 A 类装修材料要求，但同时满足$I_{Ra} \leq 1.3$和$I_{\gamma} \leq 1.9$要求的，为 B 类装修材料。B 类装修材料不可用于 I 类民用建筑的内饰面，但可用于 I 类民用建筑的外饰面及其他一切建筑物的内、外饰面。

（3）C 类装修材料

不满足 A、B 类装修材料要求，但满足$I_{\gamma} \leq 2.8$要求的为 C 类装修材料。C 类装修材料只可用于建筑物的外饰面及室外其他用途。

$I_{\gamma} > 2.8$的花岗石只可用于碑石、海堤、桥墩等人类很少涉足到的地方。

综上所述，绝大部分土木材料的放射性水平较低，不可能造成辐射危害。少数土木材料的放射性水平较高，使用时应在用量、掺量或建筑构造等方面设法尽量减小放射性危害，达到较低的、公众可以接受的水平。

第三节　材料的挥发性

材料的挥发性是指材料在使用中由于其内含有某些挥发性物质而散发到空气中一些气体的性能。

某些装修材料的制作中（如涂料、胶合板）含有不同类型的有机溶剂（甲苯、甲醛、芳香烃）等物质，在室内墙面、地面及家具等部位装修后，随着有机溶剂的挥发逐渐散发到空气中，当挥发量达到一定浓度时，人体通过鼻腔呼吸到肺部，会感到头昏、流泪、咳嗽等，严重时能导致人中毒死亡。为此，世界卫生组织制定了室内空气中有机化合物总挥发量不应超过$300\mu g/m^3$的标准建议。欧洲地区制定的室内环境质量标准的建议为，室内空气中甲醛、氧化氮、一氧化碳、二氧化碳、氡气、人造矿物纤维、有机物等总和最大量不得超过$0.15\mu g/m^3$。我国近年来非常重视室内空气及环境污染的控制，国家标准 GB 18580 ~ GB 18588对建筑材料中有害物质，包括挥发性物质的含量进行了规定。随着标准的不断完善，材料的有害物质将会得到最大限度的控制，人类居住环境、污染问题也将随之得到控制。

应当指出，产品的优劣不仅看其产品本身有无污染，还要对产品生命周期全过程进行分析，如原材料使用、生产过程的排放、产品应用、废弃物处理等，以达到节能环保、绿色建筑发展的需要，因此，国家已颁布《绿色建筑评价标准》GB/T 50378—2006。无疑，是对材料使用安全性加强的进一步保证。

思考题及习题

1. 材料的安全性包括哪些内容？
2. 建筑材料的使用过程中应注意哪些安全问题？请从防火性、放射性和挥发性方面简述。

第七章　材料的组成、构造及结构与材料性质的关系

学习提要：本章从材料组成与结构之间的关系出发，介绍了微观结构、宏观结构以及结构与性能的联系。熟悉材料性能变化由于组成变化和微观结构所引起，对掌握材料的正确使用和研究新材料有一定指导意义。

不同的材料，由于组成不同而呈现不同的性质。但同一种材料由于构造及结构的差异也会表现不同的性质，所以，材料的组成、构造及结构决定着材料的各种性质。要掌握这些基本性质，首先必须了解材料的组成、构造、结构及其与材料性质间的关系。

第一节　材料的组成

1. 化学组成

化学组成即化学成分。不同的材料都是由各自的化学成分所组成。无机非金属材料的化学成分常以各氧化物的含量来反映，如石灰的化学成分是 CaO，熟石灰的化学成分是 $Ca(OH)_2$。石膏的化学成分是 $CaSO_4 \cdot 2H_2O$，建筑石膏的化学成分是 $CaSO_4 \cdot \frac{1}{2}H_2O$。金属材料则常以化学元素的含量来表示，如碳素钢是以碳元素含量来界定的。有机材料常以碳氢化合物含量表示，如乙烯分子是 C_2H_4 等。土木材料的化学成分决定材料的诸多性质，如耐水性、力学性能、耐腐蚀性、耐老化性等。

2. 矿物组成

矿物是具有一定化学成分和结构特征的单质或化合物。如石英矿物（SiO_2）、方解石矿物（$CaCO_3$）。有些材料的形成条件不同，单从化学成分还不能判断材料的性质，如：同是以石灰和石英为原材料，加水形成制品时，因在常温和高压不同条件下作用，则生成的产物却不同，使矿物组成发生了质的变化，从而具有不同的物理力学性质。水泥矿物组成比例发生变化，则水泥性质会随之改变。

总之，材料的组成对材料性质影响十分复杂，需结合材料特性进行具体研究。

第二节　材料的构造

不同的材料其外观都具有不同的特征，诸如致密、疏松、粒状、层状等。凡用肉眼或放大镜即可分辨出毫米级以上的构造状况，统称为材料的宏观构造。材料的宏观构造不同，即使组成相同，材料的性质也不同。如玻璃与泡沫玻璃，前者为致密的，后者为多孔的，其性质截然不同，玻璃作为采光材料，泡沫玻璃作为绝热材料。反之，材料的宏观构造相似，由于组成不同，性质依然有所不同。如泡沫塑料、泡沫混凝土同是微孔构造，用途性质是不

同的。

材料宏观构造的分类及特征如表 7-1 所示。

表 7-1 材料的宏观构造及特征

材料的宏观构造	特性	主要材料举例
致密	高强不透水、耐腐蚀	钢材、玻璃、石材
微孔	轻、保温	石膏制品、软木
多孔	轻质、绝热	泡沫玻璃、泡沫塑料
纤维	抗拉高、各向异性	木材、玻璃纤维、石棉
层（片）状	综合性能较好	胶合板、纤维增强塑料
粒状	价格低廉、性能较好	膨胀珍珠岩、砂石集料
聚集态	强度较高	混凝土、陶瓷、花岗岩

第三节 材料的结构

一般从两个层次来研究材料的结构与性质间的关系。

1. 材料的微观结构

利用电子显微镜等仪器研究材料的原子级或分子级结构，称为微观结构的研究。

微观结构可分为晶体、玻璃体及胶体结构。

（1）晶体结构

晶体是质点（原子或分子、离子）按一定规律在空间重复排列的固体，因而其具有一定的几何形状和物理性质。晶体质点间键能的大小以及键的特性决定着晶体材料的特征，如表 7-2 所示。

表 7-2 晶体结构结合键及其特性

材料的微观结构		常见材料	主要特征
晶体	原子晶体（以共价键结合）	金刚石、石英、刚玉	强度、硬度、熔点均高，密度较小
	离子晶体（以离子键结合）	氧化钠、石膏、石灰岩	强度、硬度、熔点较高，但波动大，部分可溶，密度中等
	分子晶体（以分子键结合）	蜡及部分有机化合物	强度、硬度、熔点较低，大部分可溶，密度小
	金属晶体（以库仑引力结合）	铁、钢、铜、铝及合金	强度、硬度变化大，密度大

无机非金属材料中的晶体，通常不是单一的键，而是既存在共价键，又存在离子键，如 CO_3^- 离子其本身是由共价键结合的，但它与 Ca 离子却又通过离子键化合成 $CaCO_3$，这类材料的性质相差颇大。

需要强调的是，硅酸盐材料在土木建筑材料中占有重要地位，它广泛应用在水泥、陶瓷、砖瓦、玻璃等材料中，硅酸盐晶体的基本结构单元是 SiO_4 四面体，硅在四个氧形成的正四面体的正中，如图 7-1 所示。

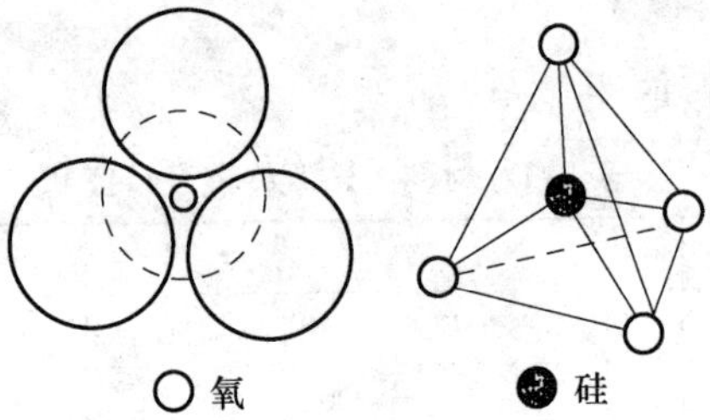

图 7-1　硅氧四面体示意图

硅酸盐的结构比较复杂，是由基本单元 SiO_4 与其他金属离子结合而成。硅氧四面体以共有角顶互相连接，可以组成链状结构、层状结构等硅酸盐晶体，从而决定了硅酸盐材料不同的特性。

（2）玻璃体结构

熔融物在急冷时，质点来不及按一定规律排列，而形成内部质点无序排列的固体或固态液体。玻璃体结构没有固定的熔点和几何形状，且各向同性。由于内部质点无序性，即未达到能量最低位置，故大量化学能储存在材料结构中，因此，其化学稳定性差，易与其他物质发生化学反应。如某些活性混合材料的活性特点，正是这种玻璃体结构的表现。

（3）胶体结构

不同大小颗粒的分散相分散在介质中形成的结构。其特点为表面能大，具有较强的胶结性。

2. 材料的孔结构

孔结构是影响材料各向性质的主要因素之一。所谓孔结构，包括孔隙率、孔隙尺寸（孔径）、形状、连通或封闭程度、孔的分布等特征。按孔隙尺寸分，孔隙分为微细的、细小的、粗大的孔隙。对无机非金属材料，孔径小于 20nm 的微孔，水或有害气体难能侵入，可视为无害孔隙。按孔隙形状分为球形、管状等孔隙。一般来说，孔隙率越大，材料的表观密度小，强度小，抗渗、抗冻性能差，吸水性、吸声性等越强。孔隙中开口孔隙、扁平或管状孔隙对强度抗渗性不利，而对吸声性有利。

材料的孔结构除测算孔隙率外，可用压汞法、气体吸附法测定孔径尺寸和分布。

思考题及习题

1. 材料的组成如何划分？试分析材料组成不同，对材料性能的影响。

2. 材料的微观结构和宏观结构包括哪些？具体分析之。

3. 何谓材料的孔结构？试分析材料的孔隙率和孔隙结构（尺寸大小、封闭与否、形状、分布）对强度、吸水性、抗冻性、抗渗性以及导热性的影响。

第二篇　混凝土

混凝土是由胶凝材料、水和粗细集料按适当比例配合，经拌合、运输、浇筑成型和硬化而制成的人造复合材料。

混凝土可按照表观密度的大小分类，一般可以分为：

（1）特重混凝土。干表观密度大于2800kg/m^3，是用特别密实和特别重的集料制成的，例如重晶石混凝土、钢段混凝土等。它们具有防射线的性能，主要用于原子能工程的屏蔽结构。

（2）普通混凝土。干表观密度为2000～2800kg/m^3，是用致密的天然砂、石子作为集料制成的，主要用于各种承重结构。

（3）轻混凝土。干表观密度小于2000kg/m^3。根据组成材料，可分为三类：采用多孔轻集料配制，干表观密度为760～1950kg/m^3，称为轻集料混凝土。轻集料混凝土又因干表观密度不同，主要用于承重结构、既承重又绝热和绝热。多孔混凝土，包括加气混凝土及泡沫混凝土，其干表观密度为300～1200kg/m^3；大孔混凝土，其组成中不加或少加细集料。

此外还可按用途分类，分为结构混凝土、防水混凝土、耐热混凝土、耐酸混凝土、装饰混凝土、纤维混凝土和防辐射混凝土等。

还可按胶凝材料的种类不同，分为水泥混凝土、石膏混凝土、沥青混凝土和聚合物混凝土等。

普通混凝土是在工程中应用非常广泛的一种建筑材料（简称混凝土），与其他材料相比，它具有许多优点：可根据不同要求，配制各种不同性质的混凝土；在凝结前具有良好的可塑性，因此可用不同形式的模板浇制成各种形状和尺寸的构件或结构物；它与钢筋有良好的粘结力，能制作钢筋混凝土结构和构件；混凝土硬化后，抗压强度高，耐久性良好，能满足一般承重结构材料的要求；其组成材料中，砂、石子等地方材料占80%以上，符合就地取材和经济的原则。

普通混凝土也存在一些缺点，如抗拉强度低，一般只有其抗压强度的1/10～1/20；自重大等。

混凝土质量的好坏很大程度上取决于其各组成材料的优劣，以下从各组成材料入手进行学习。

第八章　通用硅酸盐水泥

学习提要： 本章结合通用硅酸盐水泥最新技术标准，在介绍其定义、组分的基础上，重点介绍了硅酸盐水泥的矿物组成、矿物成分的水化反应及其影响因素、硅酸盐水泥的技术性质以及硅酸盐水泥石的腐蚀。同时，进一步介绍了普通硅酸盐水泥、矿渣硅酸盐水泥、火山灰质硅酸盐水泥、粉煤灰硅酸盐水泥及复合硅酸盐水泥的性能特点。对铝酸盐水泥、白水泥及彩色水泥、道路硅酸盐水泥、膨胀水泥等作了一般介绍。

本章归纳了土木工程中应用水泥的主要问题，这对理论联系实际十分重要。

水硬性无机胶凝材料是本课程的重要内容之一。

无机胶凝材料是这样一类粉末材料：当其与水或水溶液拌合后，所形成的浆体经过一系列的物理、化学作用，能逐渐凝结硬化，并形成具有一定强度的石状体。

按照硬化条件的不同，无机胶凝材料可分为气硬性胶凝材料和水硬性胶凝材料。前者是指只能在空气中硬化、保持并发展其强度的胶凝材料（石膏、石灰等）；后者是指不仅能在空气中，而且能更好地在水中硬化、保持并发展其强度的胶凝材料。将无机胶凝材料区分为气硬性和水硬性，有着重要的实用意义：气硬性胶凝材料一般只适用于地上或干燥环境，不宜用于潮湿环境，更不可用于水中；而水硬性胶凝材料则不仅可用于地上工程，而且适用于水中或潮湿环境中的工程。

水泥是典型的水硬性无机胶凝材料，也是最重要的土木工程材料之一，它的品质优劣直接关系到混凝土的性能和工程质量。水泥技术的发展，在土木工程中起着举足轻重的作用。

水泥的发明经历了漫长的历史。早在公元初期人们就开始认识到在石灰中掺入火山灰，不仅强度高，而且能抵抗水的浸析。古罗马庞贝城的遗址以及著名的罗马圣庙等都是用石灰、火山灰材料砌筑而成的。随着社会的发展，人们认识的深化，1796 年出现了用含有一定比例黏土成分的石灰石煅烧而成的“罗马水泥”。由于这种具有特定成分的石灰石很少，所以人们开始研究用石灰石和黏土配制、煅烧水泥。这就是硅酸盐水泥的雏形。1824 年，英国泥瓦工约瑟夫·阿斯普丁（Joseph Aspdin）首先取得了生产硅酸盐水泥的专利权。由于这种水泥的颜色酷似英国的一种在建筑业享有盛名的波特兰石的颜色，而被命名为“波特兰水泥”，我国称之为硅酸盐水泥。波特兰水泥的出现，对工程建设起了巨大的推动作用，引起了工程设计、施工技术等领域的重大变革，为世界各国科学家所瞩目，他们进一步运用物理的、化学的方法，并采用现代测试手段研究了水泥的矿物组成及水化机理，开发了一系列新的水泥新品种，发展了新的水泥生产工艺，目前，无论在水泥的品种上，还是在产量或技术方面，我国水泥工业位于世界前列。

水泥品种很多。通常按其性质和用途可分为通用水泥、专用水泥和特种水泥。按水泥的矿物组成则可分为：硅酸盐水泥、铝酸盐水泥、硫铝酸盐水泥、铁铝酸盐水泥等。

通用硅酸盐水泥是工业与民用建筑等土建工程中应用最为广泛的水泥，它包括六大品种：硅酸盐水泥、普通硅酸盐水泥、矿渣硅酸盐水泥、火山灰质硅酸盐水泥、粉煤灰硅酸盐水泥和复合硅酸盐水泥。

专用水泥是以所用工程的名称来命名的，如油井水泥、砌筑水泥等。

特种水泥是具有某种突出特性的水泥，如膨胀水泥、快硬水泥等。

土木工程中常用的水泥主要是通用硅酸盐水泥。

通用硅酸盐水泥（Common Portland Cement）是以硅酸盐水泥熟料和适量的石膏及规定的混合材料制成的水硬性胶凝材料，即国外通称的波特兰水泥。

通用硅酸盐水泥按混合材料的品种和掺量分为硅酸盐水泥、普通硅酸盐水泥、矿渣硅酸盐水泥、火山灰质硅酸盐水泥、粉煤灰硅酸盐水泥和复合硅酸盐水泥，其组分应符合表 8-1 的规定。

表 8-1　通用硅酸盐水泥的组分（GB 175—2007）

品种	代号	组分				
		熟料 + 石膏	粒化高炉矿渣	火山灰质混合材料	粉煤灰	石灰石
硅酸盐水泥	P·Ⅰ	100				
	P·Ⅱ	≥95	≤5			
		≥95				≤5
普通硅酸盐水泥	P·O	≥80 且 <95	>5 且≤20			
矿渣硅酸盐水泥	P·S·A	≥50 且 <80	>20 且≤50			
	P·S·B	≥30 且 <50	>50 且≤70			
火山灰质硅酸盐水泥	P·P	≥60 且 <80		>20 且≤40		
粉煤灰硅酸盐水泥	P·F	≥60 且 <80			>20 且≤40	
复合硅酸盐水泥	P·C	≥50 且 <80	>20 且≤50			

注：上述组分必须符合相应的混合材料标准要求。

第一节　硅酸盐水泥

凡由硅酸盐水泥熟料、适量石膏磨细制成的水硬性胶凝材料，称为硅酸盐水泥。不掺加混合材料的，称Ⅰ型硅酸盐水泥；在硅酸盐水泥熟料粉磨时掺加不超过水泥质量 5% 的石灰石或粒化高炉矿渣混合材料的，称Ⅱ型硅酸盐水泥，代号分别为 P·Ⅰ和 P·Ⅱ。

所谓硅酸盐水泥熟料，是由主要含 CaO、SiO_2、Al_2O_3、Fe_2O_3 的原料，按适当比例磨成细粉烧至部分熔融所得以硅酸钙为主要矿物成分的水硬性胶凝物质。其中硅酸钙矿物不小于 66%，氧化钙和氧化硅质量比不小于 2.0。

一、硅酸盐水泥的原料及生产

生产硅酸盐水泥的原料，主要是石灰质和黏土质两类原料。石灰质的原料有石灰岩、白垩、石灰质凝灰岩等，它主要提供 CaO，每生产 1t 熟料，需用石灰岩 1.1 ~ 1.3t；用作黏土质的原料有各类黏土、黄土等，主要提供 SiO_2、Al_2O_3 和 Fe_2O_3，每吨熟料用量为 0.3 ~ 0.4t。为了补充铁质及改善煅烧条件，还可加入适量铁粉、萤石等。

生产水泥的基本工序是：先将原材料破碎并按其化学成分配料后，在球磨机中研磨成生料，然后入窑进行煅烧，最后将烧好的水泥熟料配以适量的石膏（加或不加石灰石、矿渣）

在球磨机中研磨至一定细度，即得到硅酸盐水泥成品。

生产水泥的基本工序可以概括为“两磨一烧”，如图 8-1 所示。

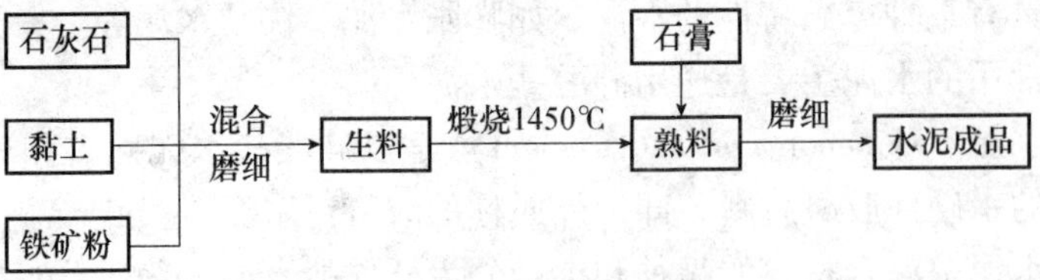

图 8-1　硅酸盐水泥生产工序

按生料制备方法可分为湿法和干法。湿法是将原料配好后，加水湿磨成含水约 35% ~ 40% 的生料浆，经校正成分、搅拌后入窑煅烧。该法的优点是生料成分均匀、控制准确、产品质量高，缺点是能耗大。干法是将原料烘干，配料后研磨成生料粉入窑煅烧。由于干法比湿法产量高，且节省能源，是目前水泥生产的常用方法。

按煅烧水泥所用窑的类型可分为回转窑（旋窑）和立窑。回转窑的产量高，多用于现代化的大中型水泥厂，是目前水泥生产的主要窑型。

熟料的品质与生料在煅烧过程中的各个阶段所发生的一系列变化有关。

（1）干燥阶段：100 ~ 200℃，生料被加热，水分被蒸发而干燥。

（2）预热阶段：300 ~ 500℃，生料被预热。

（3）分解阶段：500 ~ 800℃，黏土质矿物中的高岭石脱水分解为无定形的硅、铝等，有机物燃尽；800 ~ 1300℃，碳酸钙分解出 CaO，并开始与黏土分解出的 SiO_2、Al_2O_3、Fe_2O_3 发生固相反应。

（4）化合阶段：随着温度的继续升高，固相反应加速进行，并逐步形成硅酸二钙（$2CaO \cdot SiO_2$）、铝酸三钙（$3CaO \cdot Al_2O_3$）及铁铝酸四钙（$4CaO \cdot Al_2O_3 \cdot Fe_2O_3$）。当温度达到 1300℃时，固相反应完成，物料中仅剩一部分 CaO 未与其他氧化物化合。

（5）烧成阶段：当温度从 1300℃ 升到 1450℃，再降至 1300℃，即烧成阶段。这时，$3CaO \cdot Al_2O_3$ 及 $4CaO \cdot Al_2O_3 \cdot Fe_2O_3$ 烧至部分熔融状态，出现液相，将所剩 CaO 和 $2CaO \cdot SiO_2$ 溶解，$2CaO \cdot SiO_2$ 在液相中吸收 CaO 而形成硅酸盐水泥的最重要矿物硅酸三钙（$3CaO \cdot SiO_2$）。这一过程是煅烧水泥的关键，必须达到足够的温度并停留适当长的时间，使充分形成 $3CaO \cdot SiO_2$。否则，熟料中将残存较多的游离态 CaO 而影响水泥的质量。

（6）冷却阶段：烧成的水泥熟料经迅速冷却，即可堆存备用。

随着科学技术的发展，水泥的生产工艺产生了重大改变，20 世纪 50 年代出现的悬浮预热窑、70 年代开发的窑外分解技术，均是传统回转窑生产工艺的重大革新。因为物料在回转窑内以堆积态分布于窑的底部，热气流从料层表面流过，与物料的换热面积小，传热效率低，预热效果差。同时，在分解带的物料从料层内部分解出的二氧化碳向外扩散的面积小，阻力大、速度慢，从而增加了碳酸盐分解的困难，降低了分解速度。在回转窑窑尾，竖向装设悬浮预热器及分解炉，使固体物料逐级和上升热气流悬浮换热，从根本上改变了物料预热、分解过程的传热状态，变堆积态传热为悬浮态传热，使物料与热气流的接触面积大幅度增加，传热效率可提高若干倍，加之燃料与预热后的粉料均匀混合，瞬间燃烧，直接传热，使碳酸盐分解速度极大提高，如此，不仅可使回转窑长度大为缩短，而且可使产量成倍增加。因而，悬浮预热、窑外分解技术是世界各国竞相发展的新的水泥生产工艺技术。

二、硅酸盐水泥熟料的矿物组成、特性及其与水泥性质的关系

1. 熟料的矿物组成

将上述生产中所发生的一系列反应形成的化合物称为水泥的熟料矿物，其主要组成有：

硅酸三钙（$3CaO \cdot SiO_2$），简写为 C_3S，含量37% ~60%；

硅酸二钙（$2CaO \cdot SiO_2$），简写为 C_2S，含量15% ~37%；

铝酸三钙（$3CaO \cdot Al_2O_3$），简写为 C_3A，含量7% ~15%；

铁铝酸四钙（$4CaO \cdot Al_2O_3 \cdot Fe_2O_3$），简写为 C_4AF，含量10% ~18%。

可见，主要矿物组成中，硅酸钙含量为75% ~82%，而 $C_3A + C_4AF$ 仅占18% ~25%。顾名思义，称之为硅酸盐水泥。

除以上四种主要矿物成分外，水泥中尚含有少量游离 CaO、MgO、SO_3、Cl^- 及碱（K_2O、Na_2O），这些成分均为有害成分，国家标准对其含量有严格限制。

2. 熟料的矿物特性

将各种矿物单独与水作用时，每一种矿物成分在硬化速度、强度以及放热量上都表现出不同的特性，通过这些特性的掌握，可以制得不同性质的水泥。各矿物成分对应的特性见表8-2。

表8-2　各种熟料矿物单独与水作用时的特性

矿物名称 / 与水作用的特性	硅酸三钙 $3CaO \cdot SiO_2$	硅酸二钙 $2CaO \cdot SiO_2$	铝酸三钙 $3CaO \cdot Al_2O_3$	铁铝酸四钙 $4CaO \cdot Al_2O_3 \cdot Fe_2O_3$
凝结硬化速度	快	慢	最快	快
28d 水化放热量	多	少	最多	中
28d 抗压强度	高	早期低、后期高	低	中

通过表8-2可以看出，若调整熟料中各矿物组成之间的比例，水泥的性质即发生相应的变化。如提高硅酸三钙含量，硅酸盐水泥凝结硬化快，早期强度高，可以制得高强水泥和早强水泥。另外，提高硅酸二钙的相对含量，适当降低硅酸三钙和铝酸三钙的相对含量，即可制得低热水泥或中热水泥。

三、硅酸盐水泥的水化、凝结及硬化

1. 硅酸盐水泥的水化

水泥加水拌合时，首先水泥颗粒与水接触，其表面的矿物成分和水发生反应，称之为水化。

不同矿物成分的水化反应方程如下：

$$\underset{\text{硅酸三钙}}{2(3CaO \cdot SiO_2)} + 6H_2O = \underset{\text{水化硅酸钙凝胶}}{3CaO \cdot 2SiO_2 \cdot 3H_2O} + \underset{\text{氢氧化钙晶体}}{3Ca(OH)_2}$$

$$\underset{\text{硅酸二钙}}{2(2CaO \cdot SiO_2)} + 4H_2O = 3CaO \cdot 2SiO_2 \cdot 3H_2O + Ca(OH)_2$$

$$\underset{\text{铝酸三钙}}{3CaO \cdot Al_2O_3} + 6H_2O = \underset{\text{水化铝酸三钙晶体}}{3CaO \cdot Al_2O_3 \cdot 6H_2O}$$

$$4CaO \cdot Al_2O_3 \cdot Fe_2O_3 + 7H_2O \xlongequal{} 3CaO \cdot Al_2O_3 \cdot 6H_2O + CaO \cdot Fe_2O_3 \cdot H_2O$$

铁铝酸四钙　　　　水化铁酸钙凝胶

在水化反应进行的同时，水泥熟料磨细时掺入的石膏与铝酸三钙也参与反应，生成高硫型水化硫铝酸钙（即钙矾石，$3CaO \cdot Al_2O_3 \cdot 3CaSO_4 \cdot 31H_2O$），这种水化物为难溶于水的针状晶体。

$$3(CaSO_4 \cdot 2H_2O) + 3CaO \cdot Al_2O_3 \cdot 6H_2O + 19H_2O \xlongequal{} 3CaO \cdot Al_2O_3 \cdot 3CaSO_4 \cdot 31H_2O$$

二水石膏　　　　钙矾石

不同矿物成分的水化特点如下：

硅酸三钙的水化反应速度很快，水化放热量较高，生成的水化硅酸钙几乎不溶解于水，而立即以胶体微粒析出，并逐渐凝聚成凝胶体（称为托勃莫来石凝胶），而生成的氢氧化钙在溶液中很快达到饱和，呈六方晶体析出。硅酸三钙的迅速水化，使得水泥的强度很快增长。它是决定水泥强度高低（尤其是早期强度）最重要的矿物。硅酸三钙在28d内通常可水化70%左右。

硅酸二钙与水反应的速度较慢，水化放热量很少，早期强度很低，但在后期稳定增长，大约一年左右可接近硅酸三钙的强度。

铝酸三钙与水反应的速度最快，水化放热量最多，但强度值不高，增长也甚微。

铁铝酸四钙与水反应的速度较快，水化放热量少，强度高于铝酸三钙，但后期增长甚少。

综上所述，硅酸盐水泥水化后生成的主要水化产物有凝胶与晶体两类。凝胶有水化硅酸钙（CSH）与水化铁酸钙（CFH）。晶体有氢氧化钙［$Ca(OH)_2$］、水化铝酸钙（C_3AH_6）与水化硫铝酸钙（$3CaO \cdot Al_2O_3 \cdot 3CaSO_4 \cdot 31H_2O$）等。在完全水化的水泥石中，水化硅酸钙凝胶约占70%，氢氧化钙约占20%，水化硫铝酸钙约占7%。

2. 硅酸盐水泥的凝结硬化

随着水化反应的进行，水泥浆体逐渐变稠、失去可塑性，但尚未具有强度，这一过程称为“凝结”。随后产生明显的强度，并逐渐发展成为坚硬的水泥石，这一过程称为“硬化”。凝结和硬化是人为划分的，实际上是一个连续的、复杂的物理化学变化过程。水泥加水生成的胶体状水化产物聚集在颗粒表面形成凝胶薄膜，使水泥反应减慢，并使水泥浆体具有可塑性，由于生成的胶体状水化产物不断增多并在某些点接触，构成疏松的网状结构，使浆体失去流动性及可塑性，这就是水泥的“凝结”，此后由于生成的水化产物（凝胶、晶体）不断增多，它们相互接触连接，到一定程度，建立起较紧密的网状结晶结构，并在网状结构内部不断充实水化产物，使水泥具有初步的强度，此后水化产物不断增加，强度不断提高，最后形成具有较高强度的水泥石，这就是水泥的“硬化”。

硅酸盐水泥的凝结硬化过程自从1882年雷·查特理（le Chatelier）首先提出水泥凝结硬化理论以来，已经有了很大发展。目前一般看法如下：

当水泥加水后，在水泥颗粒表面即发生水化反应，水化产物立即溶于水中。这时，水泥颗粒又暴露出一层新的表面，水化反应继续进行。由于各种水化产物溶解度很小，水化产物的生成速度大于水化产物向溶液中扩散速度，所以很快使水泥颗粒周围液相中的水化产物浓度达到饱和或过饱和状态，并从溶液中析出，成为高度分散的凝胶体（图8-2a）。随着水化作用继续进行，凝胶体不断增加，游离水分不断减少，水泥将逐渐失去塑性，即出现凝结现象，但此时尚不具有强度（图8-2b）。随着水化产物的不断增加，水泥颗粒之间的毛细孔不断被填实，加之水化产物中的氢氧化钙晶体、水化铝酸钙晶体不断贯穿于水化硅酸钙等凝胶体之中，逐渐形成了具有一定强度的水泥石，从而进入了硬化阶段（图 8-2c）。水化产物的进一步增加，水分不断丧失，使水泥石的强度不断发展。

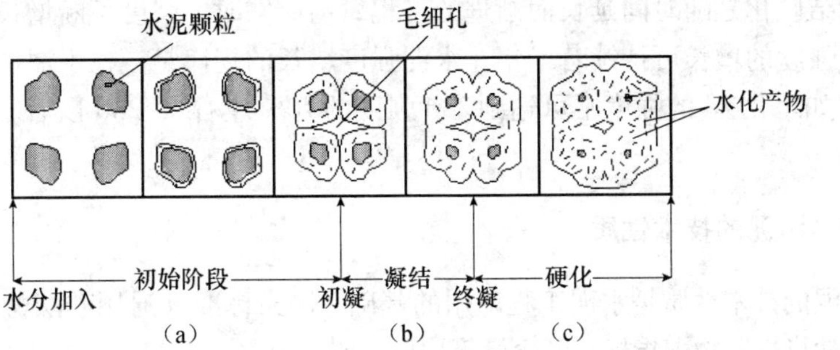

图 8-2　水泥凝结硬化过程示意图

硬化后的水泥石是由水泥水化产物、未水化完的水泥颗粒、孔隙与水所组成。

值得注意的是，水泥的水化、凝结、硬化，除了与水泥矿物组成有关外，还与水泥的细度、拌合水量、温度、湿度、养护时间及石膏掺量等有关。

四、影响硅酸盐水泥凝结硬化的主要因素

1. 矿物组成

水泥的矿物组成是影响水泥凝结硬化的最重要内在因素。如前所述，不同矿物成分单独和水起反应时所表现出来的特点是不同的，如 C_3A 水化速率最快，放热量最大，而强度不高；C_2S 水化速率最慢，放热量最少，早期强度低，后期强度增长迅速。因此，改变水泥的矿物组成，其凝结硬化情况将产生明显变化。

2. 石膏

石膏是作为延缓水泥凝结时间的组分而掺入水泥的。实践表明：不掺石膏的水泥，由于 C_3A 的迅速水化将导致水泥的不正常急速凝结（即瞬凝），使水泥不能正常使用。石膏起缓凝作用的机理可解释为：水泥水化时，石膏能很快与铝酸三钙作用生成水化硫铝酸钙（即钙矾石），钙矾石很难溶解于水，它沉淀在水泥颗粒表面上形成保护膜，从而阻碍了铝酸三钙的水化反应，控制了水泥的水化反应速度，延缓了凝结时间。

水泥中石膏掺量必须严格控制，适宜的石膏掺量主要取决于水泥中 C_3A 的含量和石膏中 SO_3 的含量，同时与水泥细度及熟料中 SO_3 含量有关。石膏掺量一般为水泥质量的 3% ~ 5%。石膏掺入量过多，将引起水泥石的膨胀性破坏（详见本节水泥的安定性）。

3. 水泥细度

在矿物组成相同的条件下，水泥的细度越细，与水接触时水化反应表面积越大，水化反应产物增长较快，凝结硬化加速，但水化热较多，更易受潮而结块。

4. 环境温度、湿度

提高温度可以使水泥水化反应加速，强度增长加快；相反，温度降低，则水化反应减慢，强度增长变缓。当温度降到 0℃以下，水泥的水化反应基本停止，强度不仅不增长，甚至会因水结冰而导致水泥石结构破坏。实际工程中，常通过蒸汽养护来加速水泥制品的凝结硬化过程。但高温养护往往导致水泥后期强度增长缓慢，甚至下降。

水的存在是水泥水化反应的必备条件。当环境湿度十分干燥时，水泥中的水分将很快蒸发，以致水泥不能充分水化，硬化也将停止；反之，水泥的水化将得以充分进行，强度正常增长。所以，水泥混凝土在浇筑后的一段时间里，应十分注意保温保湿养护。

5. 时间（龄期）

水泥的凝结硬化是随时间延长而渐进的过程，与此同时，强度不断增长。只要温度、湿度适宜，水泥强度的增长可持续若干年。水泥强度增长的规律是：在水泥加水后的几天内增长最为迅速（如水化7d的强度常可达到28d强度的70%左右），28d以后，强度增长则明显减缓。

五、硅酸盐水泥的技术性质

硅酸盐水泥的技术性质是水泥工程应用的基础。国家标准《通用硅酸盐水泥》(GB 175—2007）对其化学指标、物理指标、碱含量等均作了明确规定。

1. 化学指标

通用硅酸盐水泥的化学指标应符合表8-3规定的要求。

表8-3 通用硅酸盐水泥的化学指标 （%）

<table>
<tr><th>品种</th><th>代号</th><th>不溶物（质量分数）</th><th>烧失量（质量分数）</th><th>三氧化硫（质量分数）</th><th>氧化镁（质量分数）</th><th>氯离子（质量分数）</th></tr>
<tr><td rowspan="2">硅酸盐水泥</td><td>P·Ⅰ</td><td>≤0.75</td><td>≤3.0</td><td rowspan="3">≤3.5</td><td rowspan="3">≤5.0①</td><td rowspan="8">≤0.06③</td></tr>
<tr><td>P·Ⅱ</td><td>≤1.50</td><td>≤3.5</td></tr>
<tr><td>普通硅酸盐水泥</td><td>P·O</td><td>—</td><td>≤5.0</td></tr>
<tr><td rowspan="2">矿渣硅酸盐水泥</td><td>P·S·A</td><td>—</td><td>—</td><td rowspan="2">≤4.0</td><td>≤6.0②</td></tr>
<tr><td>P·S·B</td><td>—</td><td>—</td><td>—</td></tr>
<tr><td>火山灰质硅酸盐水泥</td><td>P·P</td><td>—</td><td>—</td><td rowspan="3">≤3.5</td><td rowspan="3">≤6.0②</td></tr>
<tr><td>粉煤灰硅酸盐水泥</td><td>P·F</td><td>—</td><td>—</td></tr>
<tr><td>复合硅酸盐水泥</td><td>P·C</td><td>—</td><td>—</td></tr>
</table>

①如果水泥压蒸试验合格，则水泥中氧化镁的含量（质量分数）允许放宽至6.0%。

②如果水泥中氧化镁的含量大于6.0%时，需进行水泥压蒸安定性试验并合格。

③当有更低要求时，该指标由买卖双方协商确定。

2. 凝结时间

为使水泥能在混凝土工程施工时有充分的时间搅拌、运输、浇筑，要求水泥的凝结时间不能过短。当施工完毕，则要求尽快硬化，凝结时间不能太长。

凝结时间分初凝时间与终凝时间，初凝时间为自加水起至水泥净浆开始失去可塑性所需的时间；终凝时间为自加水起至水泥净浆完全失去可塑性，并开始产生强度所需的时间。

水泥凝结时间的测定，是以标准稠度的水泥净浆，采用凝结时间测定仪进行测定的。

所谓“标准稠度”的水泥净浆，是指按照规定的标准方法，制备出下沉度达到规定稠度范围内的净浆。要配制标准稠度的水泥净浆，需测出达到标准稠度时的所需拌合水量，以占水泥质量的百分率表示，即标准稠度用水量。硅酸盐水泥的标准稠度用水量一般在24%～30%之间。

影响水泥凝结时间的因素主要有：①熟料中C_3A含量高，石膏掺量不足，使水泥快凝；②水泥的细度越细，凝结愈快；③水灰比愈小，凝结时的温度愈高，凝结愈快；④混合材料掺量大，将延迟凝结时间。

国家标准《通用硅酸盐水泥》（GB 175—2007）规定，硅酸盐水泥的初凝时间不得早于45min，终凝时间不得迟于390min。

3. 安定性

水泥的安定性是反映水泥加水硬化后，体积变化均匀性的物理指标。安定性不良，是指水泥硬化后，产生不均匀的体积变化。使用安定性不良的水泥，会使构件产生膨胀性裂缝，降低建筑物质量，甚至引起严重事故。

引起水泥体积安定性不良的主要原因有：

熟料中所含的游离氧化钙（*f*-CaO）或游离氧化镁（*f*-MgO）过多，这些成分的特点都是过烧的、结构致密、水化很慢，加之被熟料中其他成分所包裹，使得在水泥已经硬化后才进行水化，此时，体积膨胀97%以上，从而引起不均匀体积膨胀。

$$CaO + H_2 \longrightarrow Ca(OH)_2$$

$$MgO + H_2 \longrightarrow Mg(OH)_2$$

当水泥粉磨时掺入的石膏过量时，水泥硬化后，残余石膏与固态水化铝酸钙继续反应生成钙矾石，体积增大1.5倍，从而导致水泥石开裂。

国家标准《水泥标准稠度用水量、凝结时间、安定性检验方法》（GB/T 1346—2001）规定，检验由熟料中游离氧化钙引起的安定性不良，可用雷氏法或试饼法。当用雷氏法检验时，标准稠度水泥净浆试件沸煮3小时后膨胀值不超过5mm，为体积安定性合格；当用试饼沸煮法检验时，标准稠度水泥净浆试件沸煮3小时后，经肉眼观察未发现裂纹，用直尺检查没有弯曲，为体积安定性合格；反之，为不合格。由于游离氧化镁在压蒸条件下才加速熟化，石膏的危害则需长期在常温水中才能发现，两者均不便于快速检查。为此，国家标准对通用硅酸盐水泥中氧化镁、三氧化硫含量提出了限值（表8-3）。

国家标准《通用硅酸盐水泥》（GB 175—2007）规定，水泥安定性经沸煮法试验必须合格，方可使用。

4. 强度

水泥的强度是表征水泥质量的重要指标之一。

国家标准《水泥胶砂强度检验方法（ISO）》（GB/T 17671）规定，检验水泥强度所用水泥和标准砂是以1:3（质量比）比例混合，加入规定量的水，按规定的方法制成40mm×40mm×160mm的试件，在标准温度（20℃±1℃）的水中养护，分别测定其3d与28d的抗压强度与抗折强度。按照测定结果，硅酸盐水泥的强度应符合表8-4的要求，其中有代号R者为早强型水泥。

表8-4 硅酸盐水泥的强度要求（GB 175—2007）

品种	强度等级	抗压强度（MPa）		抗折强度（MPa）	
		3d	28d	3d	28d
硅酸盐水泥	42.5	≥17.0	≥42.5	≥3.5	≥6.5
	42.5R	≥22.0		≥4.0	
	52.5	≥23.0	≥52.5	≥4.0	≥7.0
	52.5R	≥27.0		≥5.0	
	62.5	≥28.0	≥62.5	≥5.0	≥8.0
	62.5R	≥32.0		≥5.5	

5. 细度（选择性指标）

水泥的细度是指水泥的粗细程度。水泥颗粒愈细，与水起反应的表面积愈大，因而水泥颗粒细，水化迅速而完全，早期强度及后期强度均较高，但水泥颗粒过细，研磨水泥能耗大，成本也较高，储存时活性下降快，若在空气中硬化，收缩较大。若水泥颗粒过粗，则不利于水泥活性的发挥。

国家标准规定，硅酸盐水泥以比表面积表示，应不小于300m^2/kg。所谓比表面积是指单位质量水泥颗粒表面积的总和，其单位为m^2/kg或cm^2/g。

6. 碱含量（选择性指标）

水泥中的碱超过一定含量时，遇上活性集料会生成膨胀型的产物，造成水泥开裂，导致混凝土破坏。为防止发生此类反应，需对水泥中的碱进行控制。水泥新标准《通用硅酸盐水泥》（GB 175—2007）中将碱含量定为选择指标，当用户提出要求低碱水泥时，水泥中的碱含量按$N_2O+0.658K_2O$计算的质量百分率应小于0.60%，也可由供需双方协商确定。

《通用硅酸盐水泥》（GB 175—2007）中规定，化学指标、凝结时间、安定性、强度中的任何一项技术要求不符合标准规定时，均为不合格品。

六、硅酸盐水泥石的腐蚀与防止

硅酸盐水泥加水硬化而成的水泥石，在通常使用条件下，有较好的耐久性，但在某些侵蚀性液体或气体（统称侵蚀介质）的作用下，水泥石会逐渐遭受侵蚀，引起强度降低，甚至破坏，这种现象称为水泥石的腐蚀。由于腐蚀是外界因素通过水泥石中某些组分（氢氧化钙、水化铝酸钙等）而起到破坏作用的，作用较复杂，既有物理作用，也有化学作用和物理化学作用。因此，分析导致水泥石结构破坏、性能降低的机理，可从腐蚀类型入手。

1. 水泥石腐蚀的类型

（1）溶出型腐蚀（软水侵蚀）

软水是指硬度较小的水，雨水、雪水以及多数的河水和湖水均属于软水。当水泥石与这些水长期接触时，水泥石中的氢氧化钙将很快溶解，每升水中可达1.3g。在静水及无水压的情况下，由于周围的水易为氢氧化钙所饱和，使溶解作用中止，这时溶出仅限于表层，危害不大。但在流动水及压力水作用下，溶出的氢氧化钙将不断流失，一方面使水泥石变得疏松，另一方面也使水泥石碱度降低。而水泥水化产物（水化硅酸钙、水化铝酸钙等）只有在一定的碱度环境中才能稳定存在，所以，氢氧化钙的不断流失又导致了其他水化产物的分解，最终使水泥石结构破坏、强度下降。

当环境水中含有较多重碳酸盐（钙盐和镁盐等），即水的硬度较高时，由于同离子效应的缘故，氢氧化钙的溶解将受到抑制。从而减轻了侵蚀作用，重碳酸盐还可以与氢氧化钙起反应，生成几乎不溶解于水的碳酸钙：

$$Ca(HCO_3)_2 + Ca(OH)_2 = 2CaCO_3 + 2H_2O$$

生成的碳酸钙积聚在水泥石的孔隙中，形成了致密保护层，阻止了外界水的侵入和内部氢氧化钙的扩散析出，使腐蚀作用停止。因此，将与软水接触的混凝土预先在空气中放置一定时间，使水泥石中的氢氧化钙与空气中的二氧化碳、水作用，形成碳酸钙外壳，可减轻软水腐蚀。

（2）化学型腐蚀（溶解性侵蚀）

这一类腐蚀的最大特点是溶解于水中的某些酸类和盐类物质，可以与水泥石中的氢氧化钙起置换反应，生成易溶性盐或无胶结能力的产物，使水泥石结构破坏。最典型的几个反应如下：

1）镁盐的侵蚀

海水及地下水中常含有氯化镁等镁盐，它们可与水泥石中的氢氧化钙起置换反应，生成易溶的氯化钙、无胶结能力的氢氧化镁。

$$MgCl_2 + Ca(OH)_2 + H_2O = CaCl_2 + Mg(OH)_2 + H_2O$$

生成的 $CaCl_2$ 极易溶解于水，促使反应继续进行，从而降低水泥石中的碱度，导致部分水化物分解，使腐蚀加剧。

2）盐酸的侵蚀

工业废水、地下水等常含有盐酸、硝酸、氯氟酸以及醋酸、蚁酸等有机酸，它们均可与水泥石中的氢氧化钙反应，生成易溶物，如：

$$2HCl + Ca(OH)_2 = CaCl_2(\text{易溶}) + 2H_2O$$

3）碳酸水的腐蚀

雨水、泉水及地下水中常含有一些游离的碳酸（CO_2），当含量超过一定量时，将对水泥石产生破坏作用，其反应过程如下：

$$Ca(OH)_2 + CO_2 + H_2O = CaCO_3 + 2H_2O$$

$$CaCO_3 + CO_2 + H_2O \rightleftharpoons Ca(HCO_3)_2$$

生成的碳酸氢钙易溶于水。若水中含有较多的碳酸，并超过平衡浓度，则上式将向右进行，因而水泥石中的氢氧化钙，通过转变为碳酸氢钙而流失，进而导致其他水泥水化产物的分解，使水泥石结构破坏。低于平衡浓度的碳酸并不起侵蚀作用。

4）强碱腐蚀

水泥属碱性材料，强碱在浓度不大时，一般对水泥石没有腐蚀，但是当浓度较大且水泥中的铝酸盐含量较高时，遇上强碱作用有如下反应：

$$2NaOH + 3CaO \cdot Al_2O_3 \cdot 6H_2O \longrightarrow Na_2O \cdot Al_2O_3 + 3Ca(OH)_2 + 4H_2O$$

生成的铝酸钠极易溶解于水，造成水泥石的腐蚀。

（3）膨胀型化学腐蚀

当水泥石与含硫酸或硫酸盐的水接触时，可以产生膨胀性化学腐蚀。其反应过程为：

$$H_2SO_4 + Ca(OH)_2 + H_2O \longrightarrow CaSO_4 \cdot 2H_2O$$

生成的二水石膏在水泥石孔隙中结晶产生膨胀，也可以和水泥石中的水化铝酸钙反应生成膨胀性更大的水化硫铝酸钙。

$$3(CaSO_4 \cdot 2H_2O) + 3CaO \cdot Al_2O_3 \cdot 6H_2O + 19H_2O = 3CaO \cdot Al_2O_3 \cdot 3CaSO_4 \cdot 31H_2O$$

生成的水化硫铝酸钙，由于含有大量的结晶水，体积膨胀达 1.5 倍左右，对水泥石具有严重破坏作用。水化硫铝酸钙呈针状结晶（图 8-3），故常称为“水泥杆菌”。

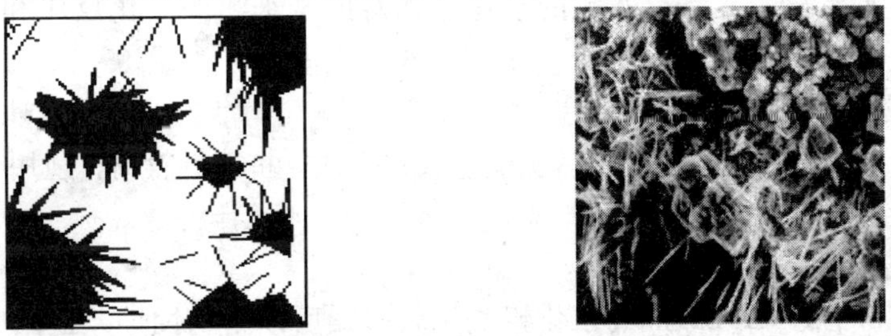

图 8-3　水泥杆菌示意图

硫酸镁、硫酸钠等硫酸盐均可产生上述膨胀型腐蚀。

2. 引起水泥石腐蚀的原因

实际上，水泥石的腐蚀是一个极为复杂的物理化学过程，很少是单一类型的腐蚀，往往是几种腐蚀同时发生，互相影响。综上所述，水泥石腐蚀的主要原因有：

（1）水泥石中含有的某些产物（如氢氧化钙）能溶解于水（尤其是流动水危害更甚）或与其他物质发生化学反应生成易溶于水或松软无胶凝力的产物，使水泥石中起主要强度作用的凝胶体流失或随之分解、破坏，造成水泥石腐蚀。还有某些产物（水化铝酸钙）与其他物质发生化学反应，体积膨胀，使水泥石遭受破坏。

（2）水泥石本身不密实，有很多毛细孔通道，侵蚀性介质（淡水、酸、硫酸盐与镁盐溶液等）易进入其内部，使溶解、反应、膨胀易于发生。

3. 防止水泥石腐蚀的措施

（1）根据工程所处的环境，选择适当品种的水泥。如对软水腐蚀严重的工程可选用水化产物中含氢氧化钙少的水泥；对硫酸盐腐蚀严重的工程可选用含铝酸钙少的抗硫酸盐水泥（铝酸三钙含量低于5%）。水泥中掺入活性混合材料可以有效地提高其耐腐蚀能力，参见本章第二节。

（2）提高水泥石的密实度。通过各种技术手段，尽量减小水泥的孔隙，可以有效阻止侵蚀性介质渗入内部孔道。

（3）表面加做保护层。当侵蚀作用较强时，可在构件表面加做耐侵蚀性高且不透水的保护层，如耐酸石料、塑料、沥青等。对耐腐蚀性较高的工程且腐蚀较严重的部位，可以采用高级防腐涂料或改用聚合物水泥替代硅酸盐水泥。

七、硅酸盐水泥的特性与应用

1. 早期强度与后期强度均较高

这是因为硅酸盐水泥中熟料多，即水泥中 C_3S 含量多，水化凝结硬化快，因此，适用强度要求较高的工程，如现浇混凝土工程、预制混凝土工程、预应力混凝土工程、高强混凝土工程等。

2. 水化热较高

水泥矿物在水化反应中放出的热量称为水化热。水泥水化热的大小及放热的快慢，主要取决于熟料的矿物组成和水泥细度，硅酸盐水泥中 C_3S 和 C_3A 含量高，因此，水化放热速度快、放热量大，对大体积混凝土工程（水坝、大型设备基础等），由于水化热积聚在内部不易散发而使混凝土内外温差过大（可达50～60℃）以致造成明显的温度应力，使混凝土表面产生裂缝。因此，大体积混凝土工程不宜选用硅酸盐水泥。但是，对采用蓄热法施工的冬期混凝土工程，水泥的水化热则有助于水泥的水化反应和提高早期强度，所以是有利的。

3. 抗冻性较好

硅酸盐水泥石具有较高的强度，密实度较大，因此，抗冻性较高，适用于严寒地区冬季施工的混凝土工程。

4. 耐腐蚀性差

硅酸盐水泥石中的 $Ca(OH)_2$ 与水化铝酸钙较多，所以耐腐蚀性差，因此，不适用于受流动软水和压力水作用的工程，也不宜用于受海水及其他侵蚀性介质作用的工程。

5. 耐热性差

硅酸盐水泥石中的 $Ca(OH)_2$ 在 500℃以上时会产生分解，强度开始降低，所以硅酸盐水泥不适用于有耐热、高温要求的混凝土工程。但当温度为 100 ~ 250℃时，由于额外的水化作用及脱水后凝胶与部分 $Ca(OH)_2$ 的结晶对水泥石的密实作用，水泥石的强度并不降低。

6. 抗碳化性好

水泥石中 $Ca(OH)_2$ 与空气中的 CO_2 及水的作用称为碳化。硅酸盐水泥水化后，水泥石中含有较多的 $Ca(OH)_2$，因此，抗碳化性相对较好。

第二节　掺混合材料的硅酸盐水泥

一、混合材料

1. 混合材料的定义

混合材料是指天然的或人工的矿物材料。

2. 混合材料的分类

将混合材料磨细并与石灰、石膏混合均匀，加水拌合后，在常温下可生成具有水硬性的产物，把具有这种性质的混合材料称为火山灰活性。

按其活性的不同，可分为活性混合材料与非活性混合材料两大类。

活性混合材料有符合 GB/T 203 的粒化高炉矿渣、符合 GB/T 2847 的火山灰质混合材料（如火山灰、浮石、硅藻土、烧黏土、煅烧的煤矸石、煤渣等）及符合 GB/T 1596 的粉煤灰等。

（1）粒化高炉矿渣

高炉矿渣是高炉炼铁时所排出的以硅酸钙和铝酸钙为主要成分的熔融物（温度达 1200℃），经水淬冷后成粒即为粒化高炉矿渣。它的主要化学成分为 CaO、SiO_2、Al_2O_3、MgO 和 Fe_2O_3 等。通常前三种成分占 90% 以上。高炉矿渣的活性在很大程度上取决于各化学成分的比例和内部结构形态，而内部结构形态与熔融矿渣的冷却条件直接相关：当缓慢冷却时，SiO_2 等形成晶体，活性极小，属非活性混合材料；当采用水、压缩空气等对熔融矿渣进行快速冷却时，则可形成玻璃态结构，并呈疏松颗粒，具有较高的活性，为活性混合材料。

（2）火山灰质混合材料

火山灰质混合材料属于大类，可按其化学成分及矿物结构分为以下三类：

①含水硅酸质混合材料（如硅藻土、硅藻石、蛋白石等），其主要活性成分为无定形的含水硅酸（$SiO_2 \cdot mH_2O$）。

②火山玻璃质混合材料（如火山灰、凝灰岩、浮石等），其主要活性成分为玻璃质的 SiO_2 和 Al_2O_3。

③烧黏土质混合材料（如烧黏土、煤渣、煤灰、石岩灰等），其主要活性成分为偏高岭石分解出来的活性 SiO_2 和 Al_2O_3。

(3) 粉煤灰

粉煤灰是火力发电厂以煤粉作燃料，燃烧后从烟气中收集下来的粉状物。粒径为1～50μm，呈玻璃质的实心或空心球状颗粒。就其化学成分而言，由于主要成分为活性SiO_2和Al_2O_3，应属于火山灰质混合材料中的火山玻璃质类。所以有时也把它归入火山灰质混合材料。

粉煤灰的排放量极大，充分利用其活性作用，可以变废为宝，因此，国家出台了有关标准《用于水泥和混凝土中的粉煤灰》(GB/T 1596—2005)，对用作水泥混合材料的粉煤灰品质指标作了一些规定（见第十二章第六节）。

非活性混合材料有磨细石英砂、石灰石粉、黏土、磨细的块状高炉矿渣及炉灰等。

3. 混合材料的作用

(1) 活性混合材料的作用

活性混合材料包括粒化高炉矿渣（粉）、火山灰质混合材料和粉煤灰等。因其主要化学成分为活性氧化硅和活性氧化铝，这些活性材料本身虽难于产生水化反应，无胶凝性，但在氢氧化钙或石膏等溶液中，它们却能产生明显的水化反应，形成水化硅酸钙和水化铝酸钙，如下反应式：

$$x\mathrm{Ca(OH)_2} + \underset{\text{活性氧化硅}}{\mathrm{SiO_2}} + m\mathrm{H_2O} \longrightarrow x\mathrm{CaO}\cdot\mathrm{SiO_2}\cdot(m+x)\mathrm{H_2O}$$

$$y\mathrm{Ca(OH)_2} + \underset{\text{活性氧化铝}}{\mathrm{Al_2O_3}} + n\mathrm{H_2O} \longrightarrow y\mathrm{CaO}\cdot\mathrm{Al_2O_3}\cdot(n+y)\mathrm{H_2O}$$

也有人认为，在饱和氢氧化钙溶液中，石膏可以与水泥中水化铝酸钙反应，生成水化硫铝酸钙：

$$3(\mathrm{CaSO_4}\cdot2\mathrm{H_2O}) + 3\mathrm{CaO}\cdot\mathrm{Al_2O_3}\cdot6\mathrm{H_2O} + 19\mathrm{H_2O} \longrightarrow 3\mathrm{CaO}\cdot\mathrm{Al_2O_3}\cdot3\mathrm{CaSO_4}\cdot31\mathrm{H_2O}$$

水泥熟料由于水化反应能产生大量氢氧化钙，所以具备了使活性混合材料(SiO_2)发生上述反应的条件，即具有发挥活性的作用，常将氢氧化钙称为活性材料的“碱性激发剂”。石膏的存在又促进了活性混合材料(Al_2O_3)进一步发生活性水化反应，常将石膏称为“硫酸盐激发剂”。激发剂浓度越高，激发作用越大。

(2) 非活性混合材料的作用

非活性混合材料掺入水泥中，不与水泥成分起化学反应或化学反应很弱，主要起填充作用，可调节水泥强度，降低水化热及增加水泥产量等。

属于非活性混合材料的有磨细石英砂、石灰石、黏土、缓冷矿渣等。

4. 混合材料的应用

(1) 作水泥的混合材料

将适当的混合材料按一定比例和水泥熟料、石膏共同磨细，可制得通用硅酸盐水泥，这是目前应用混合材料的主要途径之一。

(2) 作混凝土的掺合料

在配制混凝土或砂浆时，掺入适当的混合材料，不仅可节约水泥，而且可以改善混凝土诸多性能，详见第十二章第六节内容。

下面主要介绍硅酸盐水泥中掺入活性混合材料配制的通用硅酸盐水泥品种、技术性质以及特性应用。

二、普通硅酸盐水泥（代号 P·O）

普通硅酸盐水泥简称普通水泥，是一种由硅酸盐水泥熟料、石膏，掺入混合材料共同磨细而制成的水硬性无机胶凝材料。国家标准《通用硅酸盐水泥》（GB 175—2007）规定：混合材料可以在粒化高炉矿渣、火山灰质混合材料、粉煤灰、石灰石中任意选择，其掺量符合硅酸盐水泥熟料和石膏为80% ~95%、混合材料为5% ~20%的要求。

普通水泥的技术性质：细度以比表面积表示，不小于 $300m^2/kg$；初凝时间不得早于45min，终凝时间不得迟于10h。安定性要求与硅酸盐水泥相同。

普通水泥根据3d、28d抗折强度与抗压强度划分强度等级。其强度等级分为42.5、42.5R、52.5、52.5R，普通水泥的各龄期强度应符合表8-5中的数值。

表8-5 普通硅酸盐水泥的强度要求（GB 175—2007）

品种	强度等级	抗压强度（MPa）		抗折强度（MPa）	
		3d	28d	3d	28d
普通硅酸盐水泥	42.5	≥17.0	≥42.5	≥3.5	≥6.5
	42.5R	≥22.0		≥4.0	
	52.5	≥23.0	≥52.5	≥4.0	≥7.0
	52.5R	≥27.0		≥5.0	

由于普通硅酸盐水泥中掺了少量混合材料，因此，与硅酸盐水泥相比，少了两个较高强度等级。其他性能与硅酸盐水泥相近。

三、矿渣硅酸盐水泥（代号 P·S·A 和 P·S·B）

矿渣硅酸盐水泥简称矿渣水泥。由硅酸盐水泥熟料、石膏和粒化高炉矿渣共同磨细制成的水硬性无机胶凝材料。国家标准《通用硅酸盐水泥》（GB 175—2007）中，将矿渣水泥按照混合材料的掺量不同分为两种，当矿渣水泥中掺入粒化高炉矿渣，且掺量按质量百分比在20% ~50%范围时，其代号为P·S·A；当矿渣水泥中掺入粒化高炉矿渣，且掺量按质量百分比在50% ~70%范围时，其代号为P·S·B。

矿渣水泥对细度、凝结时间及安定性的要求与普通硅酸盐水泥相同。分为32.5、32.5R、42.5、42.5R、52.5、52.5R六个强度等级。各强度等级不同龄期的强度应符合表8-6的要求。

矿渣水泥与硅酸盐水泥相比，组分发生了明显变化，由于混合材料掺量增多，因此，水泥水化历程发生了变化，并由此产生了性能的变化。

1. 矿渣水泥的水化历程

矿渣水泥的水化历程较硅酸盐水泥复杂。水泥加水后，水泥熟料矿物首先与水反应生成水化硅酸钙、氢氧化钙、水化铝酸钙等水化产物，称之为“一次水化”，其代表反应式如下：

$$2(3CaO \cdot SiO_2) + 6H_2O = 3CaO \cdot 2SiO_2 \cdot 3H_2O + 3Ca(OH)_2 \quad \text{（一次水化）}$$

反应中生成的氢氧化钙和掺入水泥中的石膏，分别作为矿渣的碱性激发剂和硫酸盐激发剂，与矿渣中的活性氧化硅、氧化铝反应，生成水化硅酸钙和水化硫铝酸钙等水化产物。我们称之为“二次水化”，其反应式如下：

$$Ca(OH)_2 + SiO_2 + H_2O \longrightarrow 3CaO \cdot 2SiO_2 \cdot 3H_2O \quad （二次水化）$$

或

$$Ca(OH)_2 + Al_2O_3 + H_2O \longrightarrow 3CaO \cdot Al_2O_3 \cdot 6H_2O + CaSO_4 \cdot 2H_2O$$
$$\longrightarrow 3CaO \cdot Al_2O_3 \cdot 3CaSO_4 \cdot 31H_2O \quad （二次水化）$$

由于发生了二次水化反应，矿渣水泥结构也发生了改变，使得掺了活性混合材料水泥的特性有所变化。

2. 矿渣水泥的性能特点

（1）强度方面。矿渣水泥在强度变化上，早期强度低，后期强度增进较大。这是由于矿渣水泥中熟料含量显著减少，所以凝结硬化速度明显减慢，早期强度较低。但当熟料矿物成分的水化反应进行一定时间后，其水化产物与矿渣中活性成分开始反应，所以矿渣水泥后期强度增进率较大，最后甚至超过同强度等级的普通水泥的强度。

（2）放热量方面。矿渣水泥在水化热变化上，水化放热量少，放热速度慢。这主要是由于熟料含量减少的同时，放热量最大的矿物成分也随之减少，导致水泥整体放热量减少。适用于大体积混凝土工程。

（3）耐热性方面。矿渣水泥掺的水淬高炉矿渣属耐火掺料，加之掺量较多时，水泥硬化后的氢氧化钙含量低，所以矿渣水泥耐热性较强。

（4）耐腐蚀性方面。由于矿渣水泥中掺加的矿渣量较大，熟料矿物含量减少，相对应的 C_3S 和 C_3A 的含量也相对减少，水化产生的易引起腐蚀的成分［$Ca(OH)_2$、C_3AH_6］减少，尤其是一次水化反应的水化产物与混合材料中活性成分 SiO_2、Al_2O_3 发生二次反应后，又消耗部分 $Ca(OH)_2$、C_3AH_6，从而具有较强的抗腐蚀能力。

矿渣水泥是通用硅酸盐水泥中掺混合材料的品种之一，以其水化历程以及性能特点为例进行分析，有利于掌握其他掺混合材料的硅酸盐水泥的性能，达到举一反三的目的。

四、火山灰质硅酸盐水泥（代号 P·P）

火山灰质硅酸盐水泥简称火山灰水泥。由硅酸盐水泥熟料和火山灰质混合材料、适量石膏磨细制成的水硬性胶凝材料。国家标准《通用硅酸盐水泥》（GB 175—2007）规定，水泥中的火山灰质混合材料掺加量按质量百分比计为 20%～40%。

火山灰水泥对细度、凝结时间及安定性的要求与矿渣硅酸盐水泥相同。分为 32.5、32.5R、42.5、42.5R、52.5、52.5R 六个强度等级。各强度等级不同龄期的强度应符合表 8-6 的要求。

五、粉煤灰硅酸盐水泥（代号 P·F）

粉煤灰硅酸盐水泥简称粉煤灰水泥。由硅酸盐水泥熟料和粉煤灰、适量石膏磨细制成的水硬性胶凝材料。水泥中的粉煤灰混合材料掺加量按质量百分比计为 20%～40%。

粉煤灰水泥对细度、凝结时间及安定性的要求与矿渣硅酸盐水泥相同。分为 32.5、32.5R、42.5、42.5R、52.5、52.5R 六个强度等级。各强度等级不同龄期的强度应符合表 8-6 的要求。

六、复合硅酸盐水泥（代号 P·C）

复合硅酸盐水泥简称复合水泥。由硅酸盐水泥熟料、石膏，掺入两种或两种以上混合材料共同磨细制成的水硬性胶凝材料。水泥中掺入的混合材料品种包括：粒化高炉矿渣、火山灰质混合材料、粉煤灰、石灰石中任意两种，掺量按质量百分比计 20% ~50%。

复合水泥对细度、凝结时间及安定性的要求与矿渣硅酸盐水泥相同。分为 32.5、32.5R、42.5、42.5R、52.5、52.5R 六个强度等级。各强度等级不同龄期的强度应符合表 8-6 的要求。

表 8-6 其他硅酸盐水泥的强度要求（GB 175—2007）

品种	强度等级	抗压强度（MPa）		抗折强度（MPa）	
		3d	28d	3d	28d
矿渣硅酸盐水泥 火山灰质硅酸盐水泥 粉煤灰硅酸盐水泥 复合硅酸盐水泥	32.5	≥10.0	≥32.5	≥2.5	≥5.5
	32.5R	≥15.0		≥3.5	
	42.5	≥15.0	≥42.5	≥3.5	≥6.5
	42.5R	≥19.0		≥4.0	
	52.5	≥21.0	≥52.5	≥4.0	≥7.0
	52.5R	≥23.0		≥4.5	

七、掺混合材料硅酸盐水泥的特性

从掺混合材料水泥的定义、技术要求可以看出，它们的区别仅在于掺加的活性混合材料品种和掺量不同，而活性混合材料的化学组成和化学活性基本相同，使得各种掺混合材水泥的性质基本相同或相近，但是，由于活性混合材料种类的物理性质和表面特征及水化活性等有差异，又赋予掺混合材料水泥各自分别具有各自的一些特性。学习时，注意它们所具有的共性和特性。

1. 共同特性

（1）早期强度较低，后期强度增长较快。不论是哪种活性混合材料，掺量均超过 20%（除普通水泥外），相对硅酸盐水泥而言，熟料矿物的含量减少，所以，表现出一个明显的特性，就是凝结硬化速度减慢，故早期强度较低，但当水化反应进行一定时间后，其水化产物中的 $Ca(OH)_2$ 与混合材料中活性成分 SiO_2、Al_2O_3 开始反应，所以，后期强度增长较快。

（2）水化放热量少，放热速度慢。这主要是熟料矿物的含量相对减少的缘故。

（3）抗软水及硫酸盐侵蚀的能力较强。掺加大量活性混合材料的同时，相当于减少了水泥中易引起腐蚀的成分，所以提高了抗腐蚀能力。

（4）对环境温、湿度敏感。在潮湿养护或蒸汽养护等湿热处理条件下，有利于二次反应的进行，故强度增长效果比较明显，这是掺混合材料水泥的显著共性。

（5）抗碳化性较差。由于掺大量混合材料后，水泥石中的氢氧化钙数量降低，在相同环境条件下，这些水泥抵抗碳化的能力较差。

2. 不同特性

（1）粒化高炉矿渣。粒化高炉矿渣难于磨得很细，磨细后的矿渣具有很多尖锐棱角，加之矿渣玻璃体亲水性差，标准稠度需水量较大，保水性较差，易形成泌水通道，抗冻性、抗渗性较差，干缩性较大。因此，矿渣硅酸盐水泥不适合用于有抗渗要求的混凝土工程。

（2）火山灰混合材料。火山灰混合材料含有大量的微细孔隙，在水化过程中能形成大量的水化硅酸钙凝胶，虽然使火山灰水泥的水泥石结构密实，从而具有较高的抗渗性，但是长期处于干燥环境时，胶体会脱水产生严重的收缩，导致干缩裂缝，并在水泥石表面产生“起粉”现象。因此，火山灰硅酸盐水泥不宜用于长期干燥的环境中。

（3）粉煤灰。粉煤灰的复杂性源于其形成条件及表面性状，由于多数情况下，粉煤灰是致密的球形颗粒，其吸附水的能力较差，即保水性差、泌水性大，但粉煤灰硅酸盐水泥的干缩较小，这是因为粉煤灰的比表面积小，拌合需水量小的缘故。因此，粉煤灰硅酸盐水泥不宜用于有抗渗要求的混凝土工程。

实际工程中选用水泥应根据以上性能综合考虑而定。

第三节　通用硅酸盐水泥的应用

一、通用硅酸盐水泥的选用

硅酸盐水泥、普通硅酸盐水泥、矿渣硅酸盐水泥、火山灰质硅酸盐水泥、粉煤灰硅酸盐水泥及复合硅酸盐水泥是广泛使用的六种水泥，其主要特性与选用见表8-7及表8-8。

表8-7　通用硅酸盐水泥的特性

项目	硅酸盐水泥	普通水泥	矿渣水泥	火山灰水泥	粉煤灰水泥	复合水泥
共性	1. 早期强度高； 2. 水化热大； 3. 抗冻性好； 4. 耐腐蚀差； 5. 耐热性差； 6. 抗碳化好	1. 早期强度较高； 2. 水化热较大； 3. 抗冻性较好； 4. 耐腐蚀较差； 5. 耐热性较差； 6. 抗碳化较好	1. 早期强度低，后期强度增长快； 2. 水化热小； 3. 抗冻性差； 4. 耐腐蚀性好； 5. 抗碳化较差； 6. 对温、湿度敏感			
特性			耐热性较好； 抗渗性较差； 干缩性较大	抗渗性较好； 耐磨性差； 干缩性大	干缩性较小； 抗裂性较好； 抗渗性差	
密度（g/cm^3）	3.0～3.15	3.0～3.15	2.8～3.1	2.8～3.1	2.8～3.1	2.8～3.1
堆积密度（kg/m^3）	1000～1600	1000～1600	1000～1200	900～1000	900～1000	1000～1200
强度等级	42.5，42.5R， 52.5，52.5R， 62.5，62.5R	42.5，42.5R， 52.5，52.5R	32.5，32.5R，42.5，42.5R，52.5，52.5R			

表 8-8　通用硅酸盐水泥的选用

混凝土工程特点及所处环境条件			优先选用	可以选用	不宜选用
普通混凝土	1	在普通气候环境中的混凝土	普通水泥	矿渣水泥、火山灰水泥、粉煤灰水泥、复合水泥	
	2	在干燥环境中的混凝土	普通水泥	粉煤灰水泥	火山灰水泥、矿渣水泥
	3	在高湿度环境中或处于水下的混凝土	矿渣水泥、火山灰水泥、粉煤灰水泥、复合水泥	普通水泥	
	4	大体积的混凝土	矿渣水泥、火山灰水泥、粉煤灰水泥、复合水泥	普通水泥	硅酸盐水泥
有特殊要求的混凝土	1	要求快硬、高强的混凝土	硅酸盐水泥	普通水泥	矿渣水泥、火山灰水泥、粉煤灰水泥、复合水泥
	2	严寒地区的露天混凝土，寒冷地区的处于水位升降范围内的混凝土	普通水泥	矿渣水泥（强度等级 >32.5）	火山灰水泥、粉煤灰水泥
	3	严寒地区处于水位升降范围内的混凝土	普通水泥（强度等级 >42.5）		火山灰水泥、矿渣水泥、粉煤灰水泥、复合水泥
	4	有抗渗要求的混凝土	普通水泥、火山灰水泥		矿渣水泥、粉煤灰水泥
	5	有耐磨性要求的混凝土	硅酸盐水泥、普通水泥	矿渣水泥（强度等级 >32.5）	火山灰水泥、粉煤灰水泥
	6	受侵蚀介质作用的混凝土	矿渣水泥、火山灰水泥①、粉煤灰水泥、复合水泥		硅酸盐水泥、普通水泥

①当水泥中掺有黏土质混合材料时，则不耐硫酸盐腐蚀。

水泥在运输与保管时，不得受潮和混入杂物，不同品种和强度的水泥应分别储存。水泥储存期不宜过长，否则强度将因受潮而降低。

二、通用硅酸盐水泥的验收

工程中应用水泥，不仅要对水泥品种进行选择，严格把好质量验收，妥善进行运输、保管、储存等也是必不可少的。

1. 标志验收

根据供货单位的发货明细表或入库通知单及质量合格证，分别核对水泥包装上所注明的生产者名称，生产产品名称、代号、净含量、强度等级，生产许可证编号，生产地址，出厂编号，执行标准号，包装年、月、日等。掺火山灰质混合材料的普通水泥和矿渣水泥还应标示“掺火山灰”字样，包装袋两侧应印有水泥名称和强度等级，硅酸盐水泥和普通硅酸盐水泥的印刷采用红色，矿渣水泥的印刷采用绿色，火山灰水泥、粉煤灰水泥和复合水泥的印刷采用黑色或蓝色。

2. 数量验收

袋装水泥每袋净含量50kg，且不得少于标志质量的99%；随机抽取20袋，总质量（含包装袋）不得少于1000kg。其他包装形式由双方协商确定，但有关袋装质量要求，必须符合上述原则规定。

3. 质量验收

水泥出厂前按同品种、同强度等级编号和取样。袋装水泥和散装水泥应分别进行编号和取样，每一编号为一取样单位。取样应有代表性，可连续取，也可以从20个以上不同部位取等量样品，总量至少12kg。

交货时水泥的质量验收可抽取实物试样以其检验结果为依据，也可以水泥厂同编号水泥的检验报告为依据。采取何种方式验收由买卖双方商定，并在合同或协议中注明。

以抽取实物试样的检验结果为验收依据时，买卖双方应在发货前或交货地共同取样和签封。取样数量20kg，分为二等份。一份由卖方保存40d，一份由买方按国家标准规定的项目和方法进行检验。在40d内买方检验认为水泥质量不符合标准要求时，可将卖方保存的一份试样送水泥质量监督检验机构进行仲裁检验。

以水泥厂同编号水泥的检验报告为验收依据时，在发货前或交货时，买方在同编号水泥中抽取试样，双方共同签封后保存3个月，或委托卖方在同编号水泥中抽取试样，签封后保存3个月。在3个月内，买方对水泥质量有疑问时，买卖双方应将签封的试样送省级或省级以上国家认可的水泥质量监督检验机构进行仲裁检验。

三、通用硅酸盐水泥的运输与保管

1. 水泥的受潮

水泥中的活性矿物组分与空气中的水分、二氧化碳等发生化学反应，从而导致水泥变质的现象，称为风化或受潮。水泥在长期存放过程中极易受潮，受潮水泥由于水化产物的凝结硬化，会出现结块现象，从而失去活性，导致强度下降，严重的甚至不能再用于工程中。

水泥受潮时的化学方程式如下：

$$3CaO \cdot SiO_2 + nH_2O = 2CaO \cdot SiO_2 \cdot (n-1)H_2O + Ca(OH)_2$$

$$Ca(OH)_2 + CO_2 + H_2O = CaCO_3 + 2H_2O$$

另一方面，即使水泥不受潮，长期处在大气环境中，其活性也会降低。这是因为水泥在磨细时形成大量新的断裂面（或称破裂面），自由能大，活性高，但在长期存放中，这些新生表面将被“污染”而老化，使活性降低。为此，水泥在正常储存条件下，经3个月后，强度降低10%～25%，储存6个月，强度降低25%～40%。因此规定，过期水泥在使用时应重新检测，按实际强度使用。水泥受潮快慢及受潮程度与保管条件、保管期限及质量有关。

2. 水泥受潮程度的鉴别与处理

水泥受潮是难以避免的，但是受潮程度有轻有重，因此强度降低程度也不同，应有所区别，并适当处理而使用。水泥受潮程度的鉴别、处理和使用参见表8-9。

表 8-9　水泥受潮程度的鉴别、处理和使用

受潮情况	烧失量测定	情况评定	使用情况
水泥无结块、结粒	小于5%	尚未受潮	按原强度使用
有结粒，但手捏成粉	4%～6%	开始受潮	强度损失不大，试验后可按实际强度使用
部分结块或外块内粉	6%～8%	严重受潮	压碎成粉末，降级用于抹面砂浆等非受力部位
结块坚硬，无粉末状	大于8%	无活性	粉磨后用于混合材料

3. 水泥的保管

防止水泥受潮，最重要的是做好水泥运输与储存时的管理，水泥在保管时，应按不同生产厂、不同品种、强度等级和出厂日期分开堆放，严禁混杂；在运输和保管时，要注意防潮和防止空气流动，先存先用，不可储存过久。

受潮后的水泥密度降低、凝结迟缓，强度也逐渐降低。通常水泥强度等级越高，细度越细，吸潮受潮也越快。水泥一般应入库存放，水泥仓库应保持干燥，库房地面应高出室外地面30cm，堆放点距离窗户和墙壁应大于30cm；袋装水泥堆垛不宜太高，一般10袋堆一垛。露天临时储存的袋装水泥，应选择地势较高、排水条件好的场地，并认真做好上盖下垫，以防水泥受潮。

使用散装水泥时，应使用散装水泥罐车运输，采用铁皮罐仓或散装水泥库存放。

第四节　铝酸盐水泥

铝酸盐水泥是以石灰岩和矾土为主要原料，配制成适当成分的生料，烧至全部或部分熔融所得的以铝酸钙为主要矿物的熟料，经磨细制成的水硬性胶凝材料。代号CA。

铝酸盐水泥按 Al_2O_3 含量分为四类：

CA－50　　$50\% \leq Al_2O_3$ 含量 $<60\%$

CA－60　　$60\% \leq Al_2O_3$ 含量 $<68\%$

CA－70　　$68\% \leq Al_2O_3$ 含量 $<77\%$

CA－80　　$77\% \leq Al_2O_3$ 含量

一、铝酸盐水泥的矿物组成与水化

铝酸盐水泥的主要矿物组成为铝酸一钙（$CaO \cdot Al_2O_3$，简式为CA），其含量约占70%，还有二铝酸一钙（$CaO \cdot 2Al_2O_3$，简式为 CA_2）以及少量的硅酸二钙（C_2S）和其他铝酸盐。

铝酸一钙（CA）具有很高的水硬活性，凝结不快，但硬化迅速，是铝酸盐水泥强度的主要来源。

二铝酸一钙（CA_2）凝结硬化慢，后期强度较高，但早期强度较低。

由于CA是铝酸盐水泥的主要矿物，因此，铝酸盐水泥的水化过程，主要是CA的水化过程。一般认为，CA在不同温度下进行水化时，可得到不同的水化产物：

当温度低于20℃时，主要水化产物为十水铝酸一钙（CAH_{10}）：

$$CaO \cdot Al_2O_3 + 10H_2O \longrightarrow CaO \cdot Al_2O_3 \cdot 10H_2O$$

当温度在20～30℃时，主要水化产物为八水铝酸二钙（C_2AH_8）。此外，还有氢氧化铝凝胶（$Al_2O_3 \cdot 3H_2O$，简式为 AH_3）。

$$2(CaO \cdot Al_2O_3) + 11H_2O \longrightarrow 2CaO \cdot Al_2O_3 \cdot 8H_2O + Al_2O_3 \cdot 3H_2O$$

当温度大于30℃时，主要水化产物为六水铝酸三钙（C_3AH_6）。此外，还有氢氧化铝凝胶（$Al_2O_3 \cdot 3H_2O$，简式为 AH_3）。

$$3(CaO \cdot Al_2O_3) + 12H_2O \longrightarrow 2CaO \cdot Al_2O_3 \cdot 6H_2O + 2(Al_2O_3 \cdot 3H_2O)$$

二、铝酸盐水泥水化产物的特点

CAH_{10}和 C_2AH_8 为片状或针状晶体，能互相交错搭接成坚固的结晶连生体，形成晶体骨架，析出的氢氧化铝凝胶难溶于水，填充于晶体骨架的空隙中，形成较致密的水泥石结构。水化 5~7d 后，水化产物数量增长很少，因此，铝酸盐水泥硬化初期强度增长较快，后期强度则增长不显著。

CAH_{10}和 C_2AH_8 都是不稳定的水化物，会逐渐转化为较稳定的 C_3AH_6。晶体转变的结果使水泥石内析出游离水，增大了孔隙率，同时，又由于 C_3AH_6 本身强度低，所以水泥石强度将明显下降。在湿热条件下，这种转变更迅速，因而铝酸盐水泥不宜在高于30℃的条件下养护及施工。

三、铝酸盐水泥的技术性质

铝酸盐水泥常为黄色或褐色，也有呈灰色的。铝酸盐水泥的密度一般为 3.10~3.20g/cm^3，堆积密度一般为 1000~1300kg/m^3。

（1）细度。比表面积应大于 300m^2/kg 或 0.045mm 筛余不大于 20%。

（2）凝结时间。CA-50、CA-70、CA-80 铝酸盐水泥的初凝时间应不早于 30min，终凝时间应不迟于 6h；CA-60 铝酸盐水泥的初凝时间应不早于 60min，终凝时间应不迟于 18h。

（3）强度。各类型水泥各龄期强度不得低于表 8-10 中数值。

表 8-10　铝酸盐水泥各龄期强度要求（GB 201—2000）

水泥类型	抗压强度（MPa）				抗折强度（MPa）			
	6h	1d	3d	28d	6h	1d	3d	28d
CA-50	20	40	50	—	3.0	5.5	6.5	—
CA-60	—	20	45	85	—	2.5	5.0	10.0
CA-70	—	30	40	—	—	5.0	6.0	—
CA-80	—	25	30	—	—	4.0	5.0	—

四、铝酸盐水泥的特性与应用

（1）早期强度增长快。1d 强度可达最高强度的 80% 以上，故宜用于紧急抢修工程及要求早期强度高的特殊工程。

（2）水化热大，且放热速度快。一天内即可放出水化热总量的 70%~80%，因此，铝酸盐水泥适用于冬季施工的混凝土工程，不宜用于大体积混凝土工程。

（3）最适宜的硬化温度为 15℃左右，一般不得超过 25℃。铝酸盐水泥不适用于高温季节施工，也不适合采用蒸汽养护。

（4）耐热性较高。如采用耐火粗细集料（铬铁矿等）可制成使用温度达 1300 ~ 1400℃ 的耐热混凝土。

（5）抗硫酸盐侵蚀性强、耐酸性好。铝酸盐水泥水化后几乎不含氢氧化钙，且结构致密，所以耐腐蚀性好。但抗碱性极差，不得用于接触碱性溶液的工程。

（6）长期强度有降低的趋势。强度降低可能是由于晶体转化造成的，因此，铝酸盐水泥不宜用于长期承重的结构及处在高温、高湿环境的工程中。

（7）铝酸盐水泥与硅酸盐水泥或石灰相混不但产生闪凝，而且由于生成高碱性的水化铝酸钙，使混凝土开裂，甚至破坏。因此，施工时除不得与石灰和硅酸盐水泥混合外，也不得与尚未硬化的硅酸盐水泥接触使用。

值得指出的是，铝酸盐水泥具有早强快硬、有较好的耐热性和良好的抗腐蚀性等性能，是冬季施工、抢修工程以及耐火材料的优选品种之一，但是，有关使用中应注意的诸多问题不能忽略，否则易引起工程事故。

第五节　其他品种水泥

一、白色与彩色硅酸盐水泥

1. 白色硅酸盐水泥（简称白色水泥）

白色硅酸盐水泥与硅酸盐水泥的主要区别在于生产的技术关键是严格限制着色氧化物（Fe_2O_3、MnO、Cr_2O_3、TiO_2）含量，因而色白。生产时，在原料、煅烧、粉磨及运输时均应防止着色物质混入。

白色水泥的技术性质有细度、凝结时间、安定性、强度和白度等。

（1）细度、凝结时间、安定性及强度

按国家标准《白色硅酸盐水泥》(GB/T 2015—2005）的规定，白色水泥细度要求 0.080mm 方孔筛筛余量不超过 10%；凝结时间：初凝时间不早于 45min，终凝时间不迟于 10h；体积安定性用沸煮法检验必须合格，同时熟料中氧化镁含量不得超过 5.0%，水泥中的三氧化硫含量不得超过 3.5%；按 3d、28d 的抗折强度与抗压强度分为 32.5、42.5、52.5 三个等级。

（2）白度

将白色水泥样品装入压样器中压成表面平整的白板，置于白度仪中测定白度，以其表面对红、绿、蓝三原色光的反射率与氧化镁标准白板的反射率比较，用相对反射百分率表示。白水泥的白度应不低于 75%。按白度可分为特级（86%）、一级（84%）、二级（80%）和三级（75%）。

2. 彩色硅酸盐水泥（简称彩色水泥）

生产彩色水泥常用方法是将硅酸盐水泥熟料（白色水泥熟料或普通水泥熟料）、适量石膏与碱性矿物颜料共同磨细，也可用颜料与水泥粉直接混合制成，但后一种方法颜料用量大，水泥色泽也不易均匀。所用颜料要求不溶于水，分散性好，耐碱性强，抗大气稳定性好，不影响水泥的水化硬化，着色力强等。

彩色水泥主要用于建筑物内外表面的装饰，如地面、墙、台阶等。

二、膨胀水泥

一般水泥在硬化过程中体积都会产生一定的收缩，使混凝土出现裂纹，影响工程质量。

膨胀水泥是指在硬化过程中可产生体积膨胀的水泥。它主要是多了一种膨胀组分，常用的膨胀组分是在水泥水化时能产生膨胀性的水化产物（钙矾石）。根据膨胀率的大小，膨胀水泥可分为两类：膨胀率较小者主要用于补偿一般硅酸盐水泥硬化过程中产生的体积收缩或产生微小膨胀；膨胀率较大者称为自应力水泥（因为这种预先具有的压应力是依靠水泥本身的水化而产生的，所以称为“自应力”），并以自应力值（MPa）表示所产生压应力的大小。自应力值大于或等于2MPa的称为“自应力水泥”，膨胀水泥的自应力值通常为0.5MPa左右。

在钢筋混凝土中，钢筋约束了水泥膨胀而使水泥混凝土承受了预压应力，这就等于提高了水泥混凝土的抗拉强度，克服了混凝土本身因抗拉强度低而易裂的缺陷。

膨胀水泥不仅应有一定的膨胀率，而且还必须具有一定的强度，而膨胀本身又往往影响强度，所以设计适当的强度组分和膨胀组分，即可配制出诸多的膨胀水泥。

按膨胀水泥的组成可分为硅酸盐型膨胀水泥、铝酸盐型膨胀水泥和硫铝酸盐型膨胀水泥，以前两种应用最为广泛。

（1）硅酸盐膨胀水泥。主要用于制造防水混凝土，可用于接缝及修补工程，但禁止在有硫酸盐侵蚀性的水中使用。

（2）低热微膨胀水泥。主要用于大体积混凝土工程，也适用于抗渗和抗硫酸侵蚀的工程。

（3）硫铝酸盐膨胀水泥。主要用于配制接头处或抗渗、补偿收缩混凝土工程。

（4）自应力水泥。主要用于钢筋混凝土压力管及其一些配件。

三、道路硅酸盐水泥

近年来，我国高等级公路发展迅速，水泥混凝土路面工程量增长很快，国家对专供公路、铁路、机场道面用的道路水泥制定了相应的标准。

1. 定义

以适当成分的生料烧至部分熔融所得的以硅酸钙为主要成分和较多的铁铝酸钙的硅酸盐熟料称为道路硅酸盐水泥熟料。由道路硅酸盐水泥熟料、0～10%活性混合材料、适量石膏磨细制成的水硬性胶凝材料，称为道路硅酸盐水泥，简称道路水泥。

2. 技术要求

国家标准《道路硅酸盐水泥》（GB 13693—2005）对道路硅酸盐水泥的化学组成、矿物组成以及物理力学性能给予以下规定：

（1）化学组成。主要对有害成分加以限制。如水泥中氧化镁含量不得超过5.0%，水泥中三氧化硫含量不得超过3.5%；烧失量不得大于3.0%；碱含量应不超过0.60%等。

（2）矿物组成。为了保证道路水泥的力学性质，对主要矿物成分进行了规定：熟料中的铝酸三钙含量应不超过5.0%；熟料中的铁铝酸四钙含量应不低于16.0%。

（3）物理力学性质。道路水泥比表面积要求为300～450m^2/kg；凝结时间：初凝时间不早于60min，终凝时间不迟于10h；体积安定性用沸煮法检验必须合格，28d干缩率不得大于0.10%；28d磨损量不得大于3.00kg/m^2；按3d、28d的抗折强度与抗压强度分为32.5、

42.5、52.5三个等级（表8-11）。

表8-11　道路水泥强度等级（GB 13693—2005）

强度等级	抗压强度（MPa）		抗折强度（MPa）	
	3d	28d	3d	28d
32.5	16.0	32.5	3.5	6.5
42.5	21.0	42.5	4.0	7.0
52.5	26.0	52.5	4.5	7.5

3. 特性及应用

道路水泥干缩性小、耐磨性好、抗冲击性强，适用于道路路面、机场跑道、城市路面等工程，从水泥质量上克服了一般水泥容易收缩开裂的弊端，很大程度上解决了工程维修以及延长使用期等问题。

思考题及习题

1. 为什么说水泥属于水硬性胶凝材料？简述通用硅酸盐水泥的生产工艺。

2. 如何从生产硅酸盐水泥的原料及其在煅烧过程中所发生的变化说明硅酸盐水泥的矿物组成？

3. 硅酸盐水泥熟料的主要矿物成分有哪些？它们在水化反应中各表现出什么特性？形成了哪些主要水化产物？

4. 水泥的细度对水泥应用有什么影响？是不是细度越细越好？水泥细度用什么方法测定？国家规定的指标是多少？

5. 何谓标准稠度用水量？为什么要测定水泥的标准稠度用水量？

6. 何谓水泥的体积安定性？水泥体积安定性不良的原因是什么？这些因素为什么会导致安定性不良？

7. 水泥体积安定性用什么方法检测？用该方法检测安定性不合格的水泥，表明是哪一种因素引起的？安定性不合格的水泥应如何处理？

8. 某水泥经检测表明安定性不合格，该水泥存放一段时间再进行检测时安定性合格了，试从水泥活性的变化解释这一现象。

9. 限制水泥的初凝时间不得过短、终凝时间不得过长对水泥在工程中的应用有什么意义？

10. 如何确定通用硅酸盐水泥的强度等级？六种通用水泥各划分为哪几个强度等级？为什么以28d抗压强度的最低值来命名强度等级？

11. 确定水泥强度等级，为什么要用标准砂？为什么要用规定的灰砂比、水灰比并在标准的条件下养护？

12. 生产硅酸盐水泥时为什么必须加适量的石膏？若石膏加入量过多将会出现什么问题？已经硬化的水泥（或混凝土）遇到石膏（含石膏的水、汽、集料等）又会出现什么问题？

13. 现有甲、乙两厂生产的硅酸盐水泥熟料，其矿物成分如下表所列，试估计和比较这两厂所生产的硅酸盐水泥强度增长特点和水化放热等性质方面有何差别，并简述其理由。

<table>
<tr><th rowspan="2">生产厂</th><th colspan="4">熟料矿物成分（%）</th></tr>
<tr><th>C_3S</th><th>C_2S</th><th>C_3A</th><th>C_4AF</th></tr>
<tr><td>甲厂</td><td>56</td><td>17</td><td>12</td><td>15</td></tr>
<tr><td>乙厂</td><td>42</td><td>35</td><td>7</td><td>16</td></tr>
</table>

14. 按规定方法做硅酸盐水泥的强度等级测定试验，在抗折试验机和压力试验机上的试验结果读数如下表所列，试确定其强度等级（提示：注意计算规则，按规定取舍数据）。

<table>
<tr><th colspan="2">抗折破坏荷载（kN）</th><th colspan="2">抗压破坏荷载（kN）</th></tr>
<tr><th>3d</th><th>28d</th><th>3d</th><th>28d</th></tr>
<tr><td rowspan="2">1.25</td><td rowspan="2">2.90</td><td>24</td><td>75</td></tr>
<tr><td>29</td><td>70</td></tr>
<tr><td rowspan="2">1.55</td><td rowspan="2">3.05</td><td>29</td><td>71</td></tr>
<tr><td>28</td><td>68</td></tr>
<tr><td rowspan="2">1.50</td><td rowspan="2">2.75</td><td>27</td><td>69</td></tr>
<tr><td>26</td><td>70</td></tr>
</table>

15. 何谓硅酸盐水泥的腐蚀？水泥的腐蚀和水泥的体积安定性有什么不同？

16. 简述产生溶出性腐蚀、生成易溶物腐蚀和硫酸盐腐蚀的过程及后果。

17. 欲防止水泥腐蚀，可采用哪几种措施？

18. 何谓水泥的活性混合材料？它们使水泥的性能发生了什么变化？

19. 何谓普通水泥？矿渣水泥？火山灰水泥？粉煤灰水泥和复合水泥？

20. 掺混合材料的水泥与硅酸盐水泥相比，在性能上有什么特点？为什么会出现这些特点？

21. 水泥产品中哪些指标不符合要求，即判定水泥为不合格品？如何处理？

22. 铝酸盐水泥的主要矿物成分、水化产物是什么？具有什么主要特性？

23. 在工程中应用铝酸盐水泥时，应注意哪几个问题？为什么？

24. 什么是白色水泥和彩色水泥？在建筑装修工程中，如何应用白色水泥和彩色水泥？

25. 何谓膨胀及自应力水泥？应用如何？

26. 现有下列工程和构件生产任务，试分别选用合理的水泥品种，并说明选用理由。

（1）现浇楼板、梁、柱工程，冬季施工。

（2）紧急抢修工程。

（3）大体积混凝土工程（如大型高炉基础、大坝工程等）。

（4）有硫酸盐腐蚀的地下工程。

（5）采用蒸汽养护的混凝土预制构件。

（6）海港码头及海洋混凝土工程。

（7）工业窑炉及其他有耐热要求的混凝土工程。

27. 水泥用户若对所用水泥的体积安定性等有疑问时，应如何处理？

28. 如何鉴别水泥受潮程度？对于储存期较长的水泥为什么必须重新测定其强度等级而不能按出厂强度等级使用？

第九章 集 料

学习提要：针对最新修订的《普通混凝土用砂、石质量及检验方法标准》要求，本章重点介绍集料粗细程度、级配、有害杂质等的概念、意义及评定方法。

集料是指分布在水泥等胶凝材料之中，呈颗粒状且起填充或支撑作用的材料（图9-1）。集料是混凝土组成材料中的重要部分。

集料的作用是多方面的。首先，胶凝材料特别是通用硅酸盐水泥在土木工程中并非直接单独使用，而是将集料与胶凝材料进行配合，形成混凝土。当混凝土用于大体积工程时，则不会因水泥干缩开裂或高的水化热引发的温差导致收缩开裂。其次，集料的加入可提高硬化胶凝体的弹性模量（图9-2），可改善硬化混凝土的耐久性，如提高耐蚀性、抗冻性等。再次，均匀掺进集料的混凝土拌合物才具有较好的保水性、流动性，方便施工。另外，利用储藏广泛的天然石料，可节约水泥，既经济，又节能，同时减少对环境的污染。

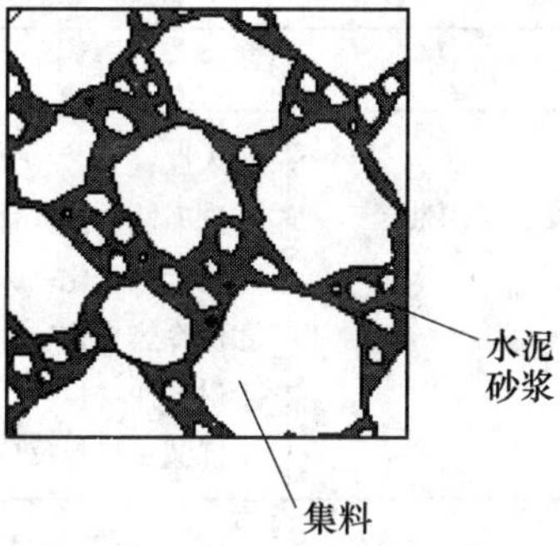

图9-1 集料分布示意图

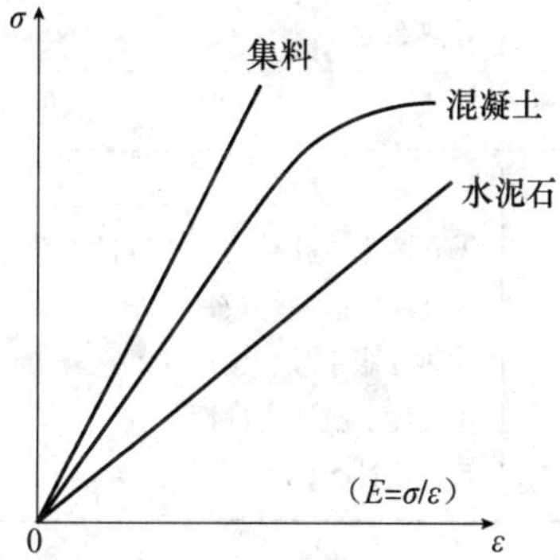

图9-2 集料作用示意图

按颗粒尺寸，集料划分为粗、细两类；按制取方式，分为天然集料、人造集料和工业灰渣集料三种。

普通混凝土采用天然砂、石作集料。其中砂石集料约占混凝土体积的70%～80%。

第一节 细集料

一、细集料的定义及分类

凡粒径在0.16～5.0mm之间的集料称为细集料。

细集料有采自天然的砂，还有人工砂和工业灰渣砂三类。普通混凝土常用天然砂，它是岩石风化形成的细矿粒。按产源，天然砂可分为河砂、湖砂、山砂和海砂。由于受水流的长期冲刷作用，河砂、湖砂颗粒比较圆滑、质地坚硬，也比较洁净，故配制普通混凝土采用河砂、湖砂最好。山砂多存在于山坡，颗粒多棱角，表面粗糙，容易含较多黏土及有机物等杂质，质地差。海砂内含有贝壳碎片及可溶性氯盐、硫酸盐等有害物质，一般情况下不直接使用。

人工砂是岩石破碎后筛选而成的，棱角多，片状颗粒多，且石粉多，成本也高。在缺乏天然砂时，可考虑使用人工砂。细石屑、石英砂以及陶砂、膨胀珍珠岩、膨胀蛭石、聚苯乙烯膨珠等，都是人工砂或人工细集料。

某些工业废砂或灰渣，在试验合格后，也可代砂使用，化害为利。

二、砂的性质及技术要求

砂作为混凝土组成材料必须具备应有的性质，才能赋予混凝土要求的性能。集料自身的性质和配制的混凝土性能有一定的对应关系，参见表 9-1。

表 9-1　集料性质与混凝土性能间的关系

序号	集料（砂与石）性质	混凝土性能
1	颗粒表观密度、粒形、级配、颗粒最大尺寸	表观密度
2	强度、颗粒最大尺寸、粒形、表面状况、洁净度、吸水性	强度与和易性
3	弹性模量、泊松比	弹性模量
4	弹性模量、颗粒最大尺寸、粒形、级配、洁净度	收缩与徐变
5	热膨胀系数、弹性模量	热膨胀系数
6	导热系数	热工性质
7	比热	比热
8	①孔隙率、孔结构、渗透性、含泥量、安定性、抗拉强度、坚固性 ②孔结构、弹性模量 ③热膨胀系数、比热 ④硬度、抗冲击韧性 ⑤含活性 SiO_2 组分	耐久性： ①抗冻性、抗渗性 ②抗干湿变化 ③抗冷热变化 ④耐磨性 ⑤抗碱－集料反应

为使混凝土质量达到优质，满足工程要求，砂的技术要求如下：

1. 粗细程度与颗粒级配

砂的粗细程度是指不同粒径的砂粒混合体平均粒径大小，通常用细度模数反映。

砂的颗粒级配是指不同粒径砂粒搭配比例状况。砂的级配影响砂自身的空隙率，即大小颗粒搭配合理（有一合理配位数），会实现细粒填充中粒空隙，细、中粒填充粗粒空隙的紧密充填，降低空隙率（图 9-3）。这将有利于改善拌合物的和易性和混凝土硬化体的稳定性，并节约水泥用量。

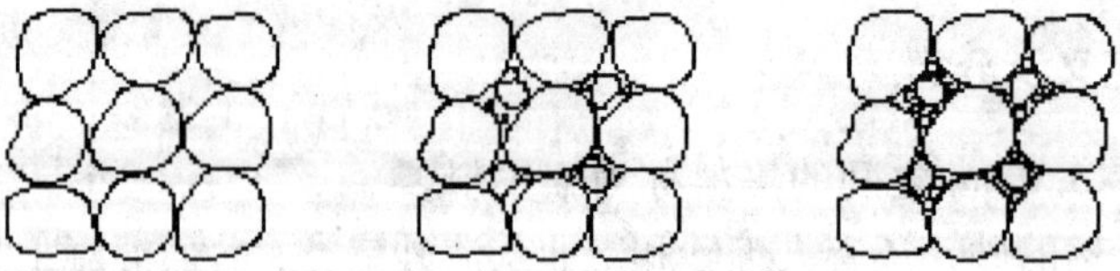

图 9-3　砂颗粒级配示意图

砂的颗粒级配和粗细程度是用砂筛分析方法测定的，并分别用级配曲线和细度模数（μ_f）表示。

砂筛分析是用一套方孔筛进行，方孔筛边长按1/2逐级递减排序。砂筛筛孔的公称直径分别是5.00，2.50，1.25，0.63，0.315，0.160（mm）。筛分后计算出分计筛余α（每级筛网上余留砂质量与试样总质量之比）以及累计筛余β（某级筛子及其以上各级筛的分计筛余α之和），计算方法见表9-2。然后以此为依据作筛分曲线和计算细度模数。筛分曲线以累计筛余β为纵坐标，从大到小，以方孔筛边长为横坐标，从小到大，分别绘点，并连线而成。

表9-2 累计筛余百分率与分计筛余百分率的关系

公称粒径（mm）	方孔筛边长（mm）	分计筛余（%）	累计筛余（%）
5.00	4.75	α_1	$\beta_1=\alpha_1$
2.50	2.36	α_2	$\beta_2=\alpha_1+\alpha_2$
1.25	1.18	α_3	$\beta_3=\alpha_1+\alpha_2+\alpha_3$
0.630	0.60	α_4	$\beta_4=\alpha_1+\alpha_2+\alpha_3+\alpha_4$
0.315	0.30	α_5	$\beta_5=\alpha_1+\alpha_2+\alpha_3+\alpha_4+\alpha_5$
0.160	0.15	α_6	$\beta_6=\alpha_1+\alpha_2+\alpha_3+\alpha_4+\alpha_5+\alpha_6$

砂的细度模数计算按下式：

$$\mu_f=\frac{(\beta_2+\beta_3+\beta_4+\beta_5+\beta_6)-5\beta_1}{100-\beta_1} \tag{9-1}$$

式中　　μ_f——细度模数；

β_1，β_2，…，β_6——分别为各级累计筛余百分率。

砂细度模数的物理意义，是在砂的粒径范围内，各级孔径筛的累计筛余的平均值。从公式（9-1）中可以看出，某种砂内偏粗颗粒比例大，即大孔径筛的分计筛余α大时，累计筛余β也变大，μ_f数值一般偏高。普通混凝土用砂的细度按μ_f分为三档：$\mu_f=3.7\sim3.1$为粗砂，$\mu_f=3.0\sim2.3$为中砂，$\mu_f=2.2\sim1.6$为细砂。而$\mu_f=1.5\sim0.7$的为特细砂。砂的理想细度模数μ_f为2.75左右。在我国，有广泛分布的河床、河口特细砂和沙漠特细砂，这也是一种建筑材料资源。采用特细砂配制混凝土时，应先进行试验，一般选用低砂率、较高水泥用量，混凝土强度比用中砂时有所降低。μ_f超过3.7的属于过粗砂，用它配制出的混凝土拌合物和易性不良，不易振捣泛浆和抹面，构件面不够光洁。

《普通混凝土用砂、石质量及检验方法标准》（JGJ 52—2006）规定，砂的三种级配应符合表9-3的要求，即筛分曲线必须包容在三个级配曲线区域中的任一个区域以内。从对我国近140个砂场采集的数百个砂样分析发现，半数以上砂的级配属级配区（图9-4）的Ⅱ区砂，符合级配标准要求的约占3/4。

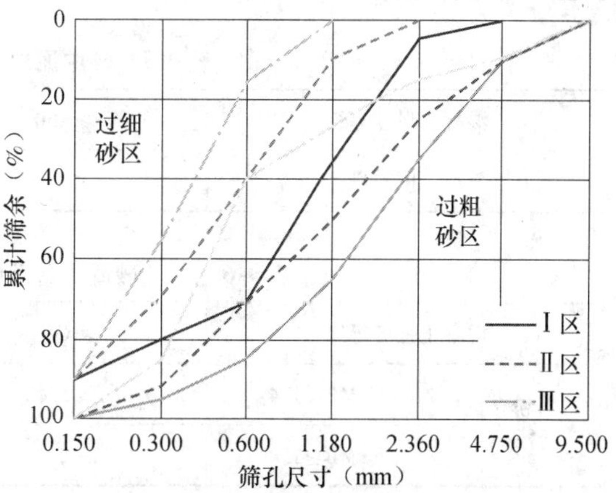

图9-4 砂级配曲线图

采用不同级配区的砂配制混凝土时，宜选用不同的砂率（砂的质量与砂石总量之比）。Ⅰ区砂偏粗，保水能力差，适合配制水泥用量较多的“富混凝土”和低流动性混凝土，这时选用的砂率也稍大；Ⅱ区砂为常用砂，其粗细适中，级配良好，工艺性能较好；Ⅲ区砂偏细，配制的混凝土粘聚性大，保水性好，使用不当易增加混凝土的干缩量，产生微裂纹，故选用的砂率应稍小。

表9-3　砂级配区的规定（JGJ 52—2006）

公称粒径（mm）	方孔筛边长（mm）	级配区		
		Ⅰ区	Ⅱ区	Ⅲ区
		累计筛余百分率（%）		
5.00	4.75	10～0	10～0	10～0
2.50	2.36	35～5	25～0	15～0
1.25	1.18	65～35	50～10	25～0
0.630	0.60	85～71	70～41	40～16
0.315	0.30	95～80	92～70	85～55
0.160	0.15	100～90	100～90	100～90

2. 有害杂质

为保证混凝土的质量，必须对砂中有害杂质严加限制。

砂中常含泥块、土粉、有机物、碎云母片、硫化物、硫酸盐等。黏土、淤泥常粘附在砂粒表面，影响砂与水泥石的粘结。砂中粒径小于0.080mm的尘埃、淤泥和黏土的含量为砂的含泥量。含泥量超过一定限度时，将影响混凝土强度等力学性能，增大干缩，降低抗冻性、耐磨性。所以，对于高强混凝土或有抗冻、抗渗、抗腐蚀要求时，对砂中含泥量，特别是块状黏土含量应严格限量。表9-4、表9-5、表9-6给出了限值。

砂的含泥量是现场经常检验的项目之一。

表9-4　天然砂中含泥量（JGJ 52—2006）

混凝土强度等级	≥C60	C55～C30	≤C25
含泥量（按质量计,%）	≤2.0	≤3.0	≤5.0

表9-5　砂中泥块含量（JGJ 52—2006）

混凝土强度等级	≥C60	C55～C30	≤C25
泥块含量（按质量计,%）	≤0.5	≤1.0	≤2.0

表9-6　人工砂或混合砂中石粉含量（JGJ 52—2006）

混凝土强度等级		≥C60	C55～C30	≤25
石粉含量（%）	MB＜1.4	≤5.0	≤7.0	≤10.0
	MB≥1.4	≤2.0	≤3.0	≤5.0

注：MB表示人工砂中亚甲蓝测定值。

对于有抗冻、抗渗或其他特殊要求的小于或等于C25的混凝土用砂，其含泥量不应大于3%，泥块含量不应大于1%。

云母是层状构造，层片断面是光滑平面。云母主要含于砂中，其颗粒直径在0.16～5mm之间。云母的有害作用主要是使混凝土内部出现大量未能胶结的软弱面，呈不连通的"裂缝"面，降低混凝土胶结能力，尤其是抗拉强度的减小更显著。砂中云母含量超过1%时，混凝土的需水量几乎是直线增加，致使抗冻性、抗渗性和耐磨性明显降低。对有抗冻、抗渗要求的，混凝土用砂的云母含量要从严控制。我国砂矿床中，云母含量的地理分布大致是西部高于东部，北部高于南部。砂中轻物质，一般指表观密度小于2.0g/cm^{3}的物体，如煤粒、贝壳、软岩粒等，它们会引起钢筋腐蚀或使混凝土表面因膨胀而剥离破坏。对于有抗冻、抗渗或其他特殊要求的小于或等于C25的混凝土用砂，其贝壳含量不应大于5%。砂中氯盐含量有专门规定，限值为水泥质量的2%。位于水上或水位变动区、潮湿、露天条件下使用的钢筋混凝土，Cl^-含量不大于0.06%，预应力混凝土结构严格控制Cl^-含量，不大于0.02%。我国东南沿海地区，有多年使用海砂的经验。海砂中氯盐含量因砂场不同而异。海滨砂距陆地越近，含氯盐越少；挖取深度越大，含氯盐量越高。砂中硫酸盐含量大，易产生对混凝土中水泥石的膨胀性腐蚀。表9-7、表9-8给出了砂中有害物质及贝壳的限值。

表9-7　砂中有害物质含量（JGJ 52—2006）

项　目	质量指标
云母含量（按质量计,%）	≤2.0
轻物质含量（按质量计,%）	≤1.0
硫化物及硫酸盐含量（折算成SO_3，按质量计,%）	≤1.0
有机物含量（用比色法试验）	颜色不应深于标准色，当颜色深于标准色时，应按水泥胶砂强度试验方法进行强度对比试验，抗压强度比不应低于0.95

表9-8　海砂中贝壳含量（JGJ 52—2006）

混凝土强度等级	≥C40	C35～C30	C25～C15
贝壳含量（按质量计,%）	≤3	≤5	≤8

3. 坚固性

砂、石集料的坚固性是反映集料在气候或其他物理因素作用下抵抗破坏的能力。集料坚固性与原岩的解理、空隙率、孔分布、孔结构及其吸水能力等因素有关。当水进入这些弱面及孔穴中，受冻后结冰膨胀，交变的结晶、膨胀压力导致集料沿弱面崩裂。故集料坚固性一般也可理解为抗冻性。

集料的坚固性（抗冻性）有两种检测方法：一是直接冻融法，用冻融循环次数和质量损失率作衡量指标；二是饱和硫酸钠溶液浸泡法，也是用循环次数与质量损失率来衡量。此二法同等有效。硫酸钠法简易，快捷。《普通混凝土用砂、石质量及检验方法标准》（JGJ 52—2006）规定，用硫酸钠法检验砂的坚固性，经5次浸渍烘干循环后质量损失应符合表9-9的规定。

表 9-9　砂的坚固性（JGJ 52—2006）

混凝土所处的环境条件及其性能要求	5 次循环后的质量损失（%）
在严寒及寒冷地区室外使用，并经常处于潮湿或干湿交替状态下的混凝土； 对于有抗疲劳、耐磨、抗冲击要求的混凝土； 有腐蚀介质作用或经常处于水位变化区的地下结构混凝土	≤8
其他条件下使用的混凝土	≤10

对于长期处于潮湿环境的重要混凝土结构用砂，应采用砂浆棒或砂浆长度法进行集料的碱活性检验。

砂的技术指标除满足上述要求外，工程中还应注意以下几个问题。

4. 砂的表观密度、堆积密度

河砂的表观密度ρ_0为2500～2700kg/m^3。ρ_0大的砂结构致密，吸水率小。如ρ_0为2460，2540，2620，2700（kg/m^3）时，其吸水率分别为6%，3.5%，2%，1%。干燥状态下砂的堆积密度（ρ_0'）为1350～1650kg/m^3，一般可取用1450kg/m^3。干燥状态下砂的空隙率P'为35%～45%。

5. 砂的含水率

砂和石子一样，往往不是绝对干燥的，而或多或少地含有水分。集料的含水状况除不含水分的绝干态以外，还有含与大气湿度平衡的水分，即气干态；开放孔隙被水充满无外挂水膜的饱和面干态；颗粒表面吸附了水的润湿态，如图 9-5 所示。

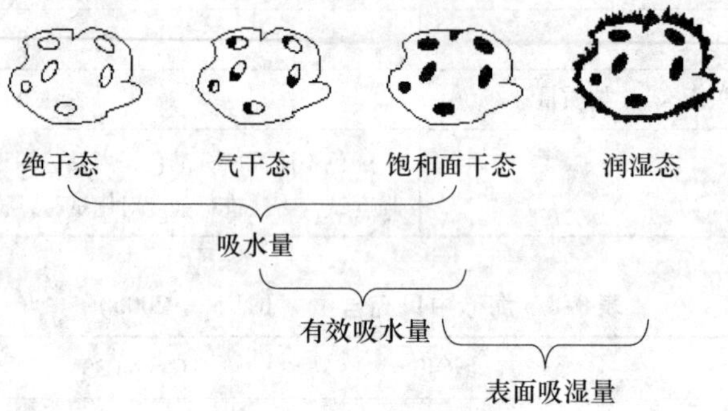

图 9-5　砂含水示意图

在混凝土拌合物中，投入的干砂或未达饱和面干态的砂会吸收一部分拌合水，减少有效拌合水。砂石集料吸水速度最快的阶段是开始加水搅拌的 10～15min。集料的种类和尺寸等对吸水率的影响，见表 9-10。

表 9-10　不同种类集料的吸水率　　（%）

集料种类	卵石		花岗石碎石		河砂
最大颗粒尺寸（mm）	19	9.5	19	9.5	5
湿拌合 5min 后	1.3	3.0	0.3	0.6	1.5
湿拌合 24h	1.9	3.7	0.4	0.7	1.8

砂石集料的这一特性，在设计和称料拌合混凝土时应加以注意，并作相应调整。如配合比设计是以干集料作基准的，按 W/C 确定用水量时应考虑补充干集料的吸水；当集料是润

湿态的，按 W/C 确定用水量时又应考虑扣除集料的表面水。

河砂表面的自由水（表面水）可用实践经验来粗略评估，参见表9-11。

表9-11　河砂表面水评估

状　态	表面水量（%）
轻湿砂——手抓成团，松手即散，手稍有湿感	0.5～1.5
湿砂——手抓成团，松手后砂团基本不散，手被水润湿	2～4
很湿砂——抓砂后手上留存水迹	5～8

应指出的是，砂的含水润湿状况与其堆积体积变化有关，即砂具有湿胀特性。这是因为，砂被水润湿后颗粒表面会形成一层水膜，引起松散砂子体积膨胀。湿胀量取决于砂的表面含水量和砂的细度。一般是砂表面含水率5%～9%时，湿胀量可高达20%～25%。当含水率再增加时，吸附的水膜便不复存在，水分发生迁移，砂子体积又逐渐缩小。当砂完全被水浸泡时，其体积又与干燥时的体积相同。在工程应用中，按体积比例配料时，砂的湿胀现象须加以注意。

第二节　粗集料

粒径大于5mm的集料为粗集料。粗集料有天然形成、人工制造与利用工业灰渣之分。其中应用最广泛的仍属天然岩石集料。天然岩石集料中使用最普遍的是卵石与碎石，它们用于配制表观密度为2400kg/m^{3}左右的水泥混凝土。

卵石即砾石，是岩石经多年的风化、冰川活动、岩石破碎，被水流冲刷、搬运，在湖、河、海等水域或特定地域沉积的，外形浑圆、光洁、大小不等的石粒。碎石是将坚硬的天然大块岩体（原岩）经爆破、机械破碎、过筛而得的表面粗糙、多棱角的粒径为5～80mm的石粒。卵石与碎石统称为“石子”。

石子的质量对所配制的混凝土拌合物与硬化体的性质影响很大。而石子的质量优劣，与原岩的成分、组织和自身的级配、形状等关系密切。大部分火成岩（如花岗岩）及致密变质岩（如石灰岩）都是优良的集料；而沉积岩中的页岩、砂岩等属较差的岩种。

粗集料的构成如图9-6所示。

对用于配制普通混凝土的卵石和碎石有以下技术要求：

1. 表观密度、堆积密度、吸水率

石子的密度 $\rho_g \geq 2.55$g/cm^3，表观密度 $\rho_0 = 2500 \sim 2900$kg/m^3。吸水率 $W_g < 3\%$。石子的表观密度大，表明其结构致密、孔隙率小、吸水率也小、耐久性好。而 $\rho_0 < 2500$kg/m^3 的石子往往质地差，孔隙、层理较明显。石子的表观密度与吸水率有一定的相关性。卵石的堆积密度 $\rho_0' = 1500 \sim 1800$kg/m^3，空隙率 $P' = 37\% \sim 44\%$。

2. 最大粒径、颗粒级配

（1）石子最大粒径

石子各粒级的公称上限称为石子的最大粒径（D_{max}）。石子的 D_{max} 越大，则相同质量石子的总表面积越小，混凝土中包裹石子所需浆体减少，即混凝土用水量和水泥用量都可减少。在一定的和易性和水泥用量条件下，此时因减少用水量，使 W/C 降低而提高混凝土的

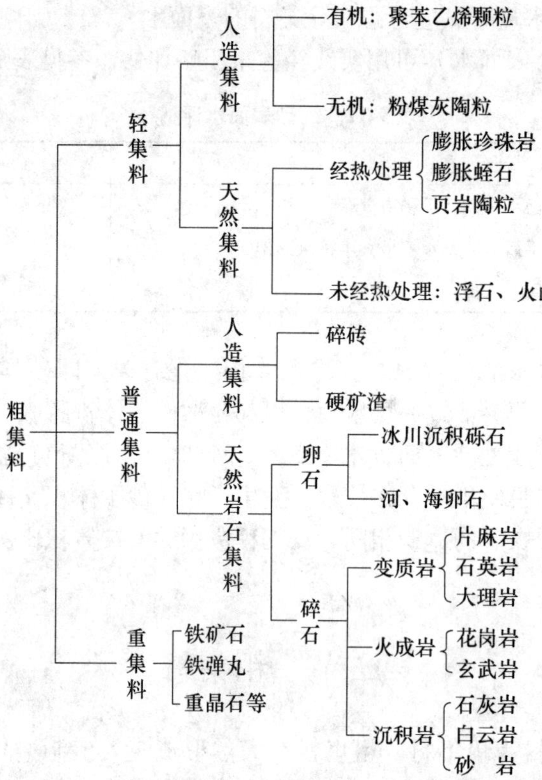

图 9-6　粗集料构成图

强度。在一定范围里，D_{max}对混凝土强度的影响是正效应。这往往出现在单位水泥用量较低（<240kg/m^3）的“贫混凝土”中，如水泥用量为 200kg/m^3 时，采用较大粒径的石子（D_{max} >80mm）是有利的。水工等大体积混凝土常选用 D_{max} 大的石子。普通混凝土，使用连续级配的石子，D_{max} 有个合适值，约为 40mm，如图 9-7 所示。当 D_{max} 超过合适值之后，石子最大粒径带来的负效应会突出显现，此时，石子与水泥砂浆粘结面积下降，且在大尺寸（特别是扁圆状的）石子下侧易形成水膜、气囊空腔——原始微裂纹集中区域，导致混凝土强度下降。

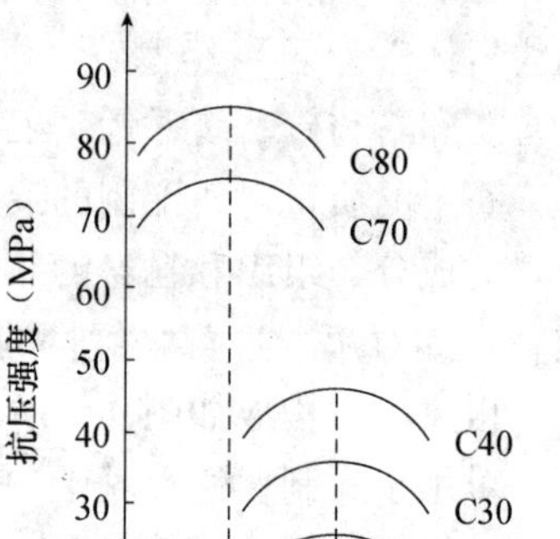

图 9-7　石子最大粒径与混凝土强度的关系

值得一提的是，对于高强混凝土，D_{max} 的合适值却约为 20mm。这是因为，高强混凝土水灰比小，集料界面粘结力得到提高，加之集料在水泥砂浆中得到了均匀分布和小颗粒集料的自身缺陷降低，综合效果发生明显的变化。

为保证混凝土的浇灌成型质量，选用石子的最大粒径必须考虑结构的截面尺寸、钢筋间距等，《混凝土结构工程施工质量验收规范》（GB 50204—2002）中规定，石子最大粒径不得超过结构截面最小尺寸的 1/4，且不得超过钢筋最小净间距的 3/4；对混凝土实心板，集料最大粒径不宜超过板厚的 1/2，且不得超过 40mm。

（2）颗粒级配

与砂相比，石子有更严格的颗粒级配要求。石子的颗粒级配是表示构成粗集料的不同粒径组之间的相互比例关系，它是混凝土材料科学中的一个重要技术问题。石子颗粒级配的优劣，关系到混凝土拌合物的流动性、离析、泌水特性，以及水泥用量、混凝土强度、耐久性等。

有关粗集料的颗粒级配，国内外众多学者进行了研究，建立了多种级配理论公式。其基本出发点是细—小—中—大颗粒系列群间的混合——充分填充空间，形成高的集料空间密度或小的空隙率。这也是优选集料的条件之一。我国专家建立了连续级配“包围垛密理论”与间断级配“结晶堆垛理论”。

连续级配是指集料颗粒的尺寸由小到大连续分级，其中每一级集料都占适当的比例。间断级配是集料粒级间断的，缺少中间一级或几级的集料级配。单粒级级配是间断级配的一个特例。

连续级配包围垛密理论，即集料颗粒在空间的分布规律既是相互包围的，又是相互垛密的。这种相互垛密，又相互包围（次小颗粒群环绕包围大颗粒，再小一级颗粒群包围次小颗粒，……直至未水化水泥粒子被水化的水泥产物所环绕包围为止），和水泥的水化胶凝作用，造就了混凝土成为一种致密结构——包围垛密结构。实现这种包围垛密的组合，主要是构成混凝土的固相颗粒在机械搅拌中混合、浇灌振捣和重力作用下，大小颗粒做排布运动，使颗粒在空间分布均匀、相互垛密。这就要求大小颗粒间相互协调，造就致密；而不相互干涉，造就相互架空，形成洞穴。根据包围垛密——干涉谐和演化理论模型推导的理论级配函数式如下所示：

$$V = 100(1 - nK^3)\sum_{1}^{m} n^{m-1}K^{3(m-1)} \tag{9-2}$$

式中 V——各级颗粒占据空间的累计百分数（%）；

n——每一颗粒表面包围了 n 个一次粒径的颗粒；

K——为$\frac{d_m}{d_{m-1}}$，相邻两粒径的比值，其中 $d_m < d_{m-1} < d_{m-2} < \cdots$，$d_m$ 是粒径极小的一级。

式（9-2）是一个广义的连续级配式。包围数 n 值是影响混凝土和易性的主要因素，n 值偏大，和易性较好。$n \geqslant 6$ 时，集料级配是优良的。

石子的级配也是通过筛分试验确定的。石筛筛孔的公称直径为 2.5，5，10，16，20，25，31.5，40，50，63，80，100（mm），依次组合而成。按《普通混凝土用砂、石质量及检验方法标准》（JGJ 52—2006）的规定，石子分为连续粒级与单粒级两种级配形式，其颗粒级配应符合表 9-12 的要求。

表 9-12　碎石或卵石级配范围（JGJ 52—2006）

级配情况	公称粒级（mm）	累计筛余（按质量计,%）方孔筛筛孔边长（mm）											
		2.36	4.75	9.5	16.0	19.0	26.5	31.5	37.5	53.0	63.0	75.0	90.0
连续粒级	5～10	95～100	80～100	0～15	0	—	—	—	—	—	—	—	—
	5～16	95～100	85～100	30～60	0～10	0	—	—	—	—	—	—	—
	5～20	95～100	90～100	40～80	—	0～10	0	—	—	—	—	—	—
	5～25	95～100	90～100	—	30～70	—	0～5	0	—	—	—	—	—
	5～31.5	95～100	90～100	70～90	—	15～45	—	0～5	0	—	—	—	—
	5～40	—	95～100	70～90	—	30～65	—	—	0～5	0	—	—	—

续表

级配情况	公称粒级(mm)	累计筛余(按质量计,%)											
		方孔筛筛孔边长(mm)											
		2.36	4.75	9.5	16.0	19.0	26.5	31.5	37.5	53.0	63.0	75.0	90.0
单粒级	10~20	—	95~100	85~100	—	0~15	0	—	—	—	—	—	—
	16~31.5	—	95~100	—	85~100	—	—	0~10	0	—	—	—	—
	20~40	—	—	95~100	—	80~100	—	—	0~10	0	—	—	—
	31.5~63	—	—	—	95~100	—	—	75~100	45~75	—	0~10	0	—
	40~80	—	—	—	—	95~100	—	—	70~100	—	30~60	0~10	0

注：1. 单粒级一般用于组合成具有要求级配的连续粒级，也可与连续粒级的碎石或卵石混合使用，以改善它们的级配或配制较大粒度的连续粒级。另外，也可以减少连续粒级集料在堆放时产生的大小颗粒滚动离析现象。

2. 根据混凝土工程及资源的具体情况进行综合技术分析后，在特殊情况下允许直接采用单粒级，但必须避免混凝土发生离析。

表9-12中将石子划分为6种连续级配和5种单粒级级配。试验已证明，使用级配范围符合规定的石子，适当控制砂率，均能配制出性能符合要求的混凝土。

使用单粒级级配或间断级配的石子时应注意混凝土的离析问题。单粒级石子多在混凝土预制构件厂或能严格控制工艺的现场使用。施工现场使用单粒级石子时，应先进行试验，并作技术、经济分析后确定。

3. 有害杂质

石子中不宜混有草根、树叶、树枝、煤块、煤渣、塑料品等杂物。石子中含有泥块和裹敷在其上的泥膜也很有害，会产生软弱部位或降低石子与水泥砂浆的有效粘结，导致混凝土强度下降，且抗渗、抗冻、抗腐蚀等方面的耐久性不良。所以，对含泥量超标的或高强度的及耐久性有明确要求的混凝土用石子，要做洗石处理。

石子中的氯化物、硫酸盐、硫化物应加限制的原因，在前述的砂中作过介绍。

《普通混凝土用砂、石质量及检验方法标准》(JGJ 52—2006)中规定，石子中的含泥量和有害杂质含量应符合表9-13、表9-14、表9-15的要求。

表9-13　碎石或卵石中含泥量(JGJ 52—2006)

混凝土强度等级	≥C60	C55~C30	≤C25
含泥量(按质量计,%)	≤0.5	≤1.0	≤2.0

对于有抗冻、抗渗或有其他特殊要求的混凝土，其所用碎石或卵石中含泥量不应大于1%。当碎石或卵石的含泥是非黏土质的石粉时，其含泥量可由表9-13中的0.5%，1.0%，2.0%，分别提高到1.0%，1.5%，3.0%。

表9-14　碎石或卵石中泥块含量(JGJ 52—2006)

混凝土强度等级	≥C60	C55~C30	≤C25
泥块含量(按质量计,%)	≤0.2	≤0.5	≤0.7

对于有抗冻、抗渗或其他特殊要求的强度等级小于C30的混凝土，其所用碎石或卵石

中泥块含量不应大于0.5%。

表9-15 碎石或卵石中的有害物质含量（JGJ 52—2006）

项 目	质量要求
硫化物及硫酸盐含量（折算成SO_3，按质量计,%）	≤1.0
卵石中有机物含量（用比色法试验）	颜色应不深于标准色，当颜色深于标准色时，应配制成混凝土进行强度对比试验，抗压强度比应不低于0.95

当碎石或卵石中含有颗粒状硫酸盐或硫化物杂质时，应进行专门检验，确认能满足混凝土耐久性要求后，方可采用。

4. 集料的碱活性

碱集料反应是集料中有反应活性的SiO_2（如蛋白石、玉髓等）或碳酸盐类成分（如白云石质石灰岩，方解石质石灰岩中的白云石等），可在一定条件下与水泥中的碱产生化学反应，形成的产物膨胀而破坏已硬化的混凝土。这种可与NaOH、KOH起破坏性反应的集料称为碱活性集料。

对于长期处于潮湿环境的重要结构混凝土，其所使用的石子应进行碱活性检验。

5. 强度、坚固性

（1）强度

为了保证混凝土的强度要求，石子必须具有足够的强度。检验石子的强度，采用岩石立方体强度或粒状石子压碎值的方法。

用岩石立方体强度表示石子强度，是将原岩制成50mm×50mm×50mm的立方体（或直径与高均为50mm的圆柱体）试件，在饱水状态下进行试压。石子抗压强度与混凝土的设计强度等级之比应不小于1.5。一般情况下，火成岩的抗压强度不宜小于80MPa，变质岩的不宜小于60MPa，水成岩的不宜小于30MPa。

压碎指标值表示石子抵抗压碎的能力，以间接地推测其相应的强度，特别是对石子中存在的软弱颗粒分辨力较好，混凝土工程中常用这种方法来检验。测定石子压碎指标值是将一定质量的气干状态的粒径为10~20mm的石子，装入规定规格的金属圆筒内，在压力机上加荷到20kN，卸荷后取出石子，用孔径2.5mm的筛子筛除被压碎的细粒，称取试样的筛余量，用下式计算压碎指标值：

$$\delta_a = \frac{m - m_1}{m} \times 100\% \tag{9-3}$$

式中 δ_a——压碎指标值（%）；

m——试样质量（g）；

m_1——压碎试验后试样筛余量（g）。

标准JGJ 52—2006中规定，石子的压碎指标值应符合表9-16、表9-17的要求。

表9-16 碎石的压碎指标值（JGJ 52—2006）

岩石品种	混凝土强度等级	碎石压碎值指标（%）
沉积岩	C60~C40	≤10
	≤C35	≤16

续表

岩石品种	混凝土强度等级	碎石压碎值指标（%）
变质岩或深成的火成岩	C60 ~ C40	≤12
	≤C35	≤20
喷出的火成岩	C60 ~ C40	≤13
	≤C35	≤30

注：沉积岩包括石灰岩、砂岩等；变质岩包括片麻岩、石英岩等；深成的火成岩包括花岗岩、正长岩、闪长岩和橄榄岩等；喷出的火成岩包括玄武岩和辉绿岩等。

表 9-17　卵石的压碎值指标（JGJ 52—2006）

混凝土强度等级	C60 ~ C40	≤C35
压碎值指标（%）	≤12	≤16

在选择采石场或对石子强度有严格要求以及对石子质量有争议时，采用岩石抗压强度作评定指标是适宜的。

对岩石的强度、耐久性、化学稳定性、表面特征、破碎后形状、杂质存在可能性等进行比较后认为：花岗岩、正长岩、闪长岩、石灰岩、石英岩、片麻岩、玄武岩、辉绿岩、辉长岩等质地比较好。代表性岩石的抗压强度见表 9-18。

表 9-18　代表性岩石的抗压强度

抗压强度（MPa）	代表性岩石名称	抗压强度（MPa）	代表性岩石名称
20 ~ 40	凝灰岩、浮岩、中等坚固的页岩	120 ~ 140	粗晶花岗岩
40 ~ 60	坚固页岩、风化泥质砂岩	140 ~ 160	微风化安山岩和玄武岩、片麻岩、坚固石灰岩
60 ~ 80	砂质页岩、泥质砂岩	160 ~ 180	中晶花岗岩、坚固片麻岩、辉绿岩
80 ~ 100	强风化软花岗岩、片麻岩、致密石灰岩、致密砂岩	180 ~ 200	坚固花岗岩、花岗片麻岩、最坚固石灰岩
100 ~ 120	白云岩、坚固石灰岩、大理岩、坚固砂质页岩	200 ~ 250	安山岩、玄武岩、坚固石英岩、最坚固辉绿岩、闪长岩

（2）坚固性

集料在气候、环境变化或其他物理因素作用下抵抗破裂的能力。

石子的坚固性，内因方面与原岩的节理、孔隙率、孔分布、孔结构及吸水能力等有关；外在因素中，影响最显著的是孔隙水的冻融膨胀力破坏。

一般使用直接冻融法或硫酸盐浸泡法来衡量石子的坚固性，如 F25 等效于 5 次硫酸盐浸泡烘干循环。硫酸盐浸泡法简易、快捷，故 JGJ 52—2006 中规定采用硫酸盐法检验石子的坚固性。石子在饱和 $NaSO_4$ > 300g/L 溶液中经 5 次浸渍烘干循环后，其质量损失应符合表 9-19的规定。

表 9-19　碎石或卵石的坚固性指标（JGJ 52—2006）

混凝土所处的环境条件及其性能要求	5 次循环后的质量损失（%）
在严寒及寒冷地区室外使用，并经常处于潮湿或干湿交替状态下的混凝土；有腐蚀介质作用或经常处于水位变化区的地下结构，或有抗疲劳、耐磨、抗冲击等要求的混凝土	≤8
在其他条件下使用的混凝土	≤12

一般讲，石子越密实、强度高、吸水率小时，其坚固性越好。反之，石子的矿物结晶粒粗大、结构疏松、矿物成分复杂不均匀，其坚固性越差。质量损失率 >12% 的石子，会造成混凝土强度明显下降。

一般的碎石、卵石都能满足坚固性要求。所以，仅在有怀疑时或选择采石场时才做坚固性检验。

6. 粒形、表面特征

石子颗粒形状，大致分为蛋圆形、不规则弧面形、扁平形和细长形。比较理想的粒形是近似球形或立方体形，而针、片状的质量较差。对石子中针、片状颗粒含量有限制，见表 9-20。

表 9-20　针、片状颗粒含量（JGJ 52—2006）

混凝土强度等级	≥C60	C55 ~ C30	≤C25
针、片状颗粒含量（按质量计,%）	≤8	≤15	≤25

所谓针状颗粒，是其长轴长度大于平均粒径 2.4 倍；片状颗粒，其厚度小于平均粒径 0.4 倍。

石子中含有的针、片状颗粒不仅影响混凝土的和易性、水泥用量和强度（特别是降低抗拉强度），同时还会影响混凝土的耐久性。如针、片状颗粒含量达到 25% 时，混凝土坍落度减小、抗渗性能降低均较显著。

石子的表面特征主要指颗粒表面平整、粗糙程度及表面孔隙特征等。碎石表面常为断裂面结构，其微结构或是呈贝壳状断面，或小的翻卷薄片，或沿解理面断开的平坦面，或光滑断面，或粘附黏土物质等。卵石表面结构，微观上也有贝壳断口面、刻蚀或溶蚀坑、风蚀坑、解理薄片、翻卷薄片、溶蚀与沉淀的 SiO_2 覆盖层等；相比较，卵石表面宏观上是光滑的，细观上仍为凹凸不平。

石子（砂也如此）的表面特征主要影响集料与水泥石之间的粘结、吸附、啮合、内摩擦等性能，从而影响混凝土的强度，尤以对抗弯强度影响最大。这方面对高强混凝土影响更为显著。碎石表面粗糙并且有吸附、啮合水泥浆的孔隙特征，使混凝土中石子界面粘结力较强；卵石表面圆滑光洁处比例大，石子与水泥浆粘结力较差，但拌合物易流变，和易性好。当混凝土 W/C 较小时，碎石混凝土比相同配合比的卵石混凝土的强度约高 10%。

7. 关于低品质集料的利用问题

随着国家经济的发展、土木工程的全面展开，混凝土耗用的砂、石资源日渐紧缺。从资源的充分利用和建筑经济角度出发，合理利用（特别是低强度等级的、无抗冻抗渗要求的混凝土）低品质集料已成必然趋势。在发达国家，早已重视开发利用低品质集料。

所谓低品质集料，是指集料的技术指标不符合 JGJ 52—2006 的规定。例如，砂中：$\rho_s < 2.5$；坚固性质量损失 >10%；含泥量 >3%；云母含量 >2%；$\mu_f < 1.60$ 或 $\mu_f > 3.70$；轻物

质含量 >1%。石子中：针、片状颗粒含量 >15%；岩质疏松，μ_f <2.55，吸水率 >2.5%；大、中石含泥量 >0.5%，小、细石含泥量 >1%；坚固性试验损失值 >12%。

应注意的是，在使用低品质集料前必须进行混凝土试验，以证实其可行性。

思考题及习题

1. 砂、石集料在混凝土中可发挥哪些有益作用？

2. 普通水泥混凝土与砌筑砂浆中往往优先选用中砂，原因是什么？

3. 对于混凝土用砂，为什么有细度模数要求，且还有级配要求？

4. 试表述砂的细度模数 μ_f 的物理意义。

5. 甲、乙两种砂（各500g）的筛分结果如下表所列。试计算两者的细度模数，并评定级配。

公称粒径（mm）		5.0	2.5	1.25	0.63	0.315	0.16	<0.16
筛余量（g）	甲	5	35	85	125	120	115	16
	乙	5	45	75	105	150	105	13

6. 某砂的细度模数在中砂范围，但级配区位于Ⅰ区，能否判为合格砂？

7. 普通混凝土中使用卵石或碎石，对混凝土的性能影响有何差异？

8. 什么是石子的“粒径效应”？石子的最大颗粒尺寸是如何确定的？

9. 石子的强度如何表示？配制混凝土时，对石子强度有什么规定？

10. 砂、石中含有的黏土、石粉等粉状杂质及团块，对混凝土性能有何不利影响？

11. 为什么要限制混凝土用砂、石的氯盐、硫酸盐及硫化物的含量？

12. 欲配制高强度（如C60以上）混凝土，在选择石子时应考虑哪几项主要技术条件？

第十章 混凝土用水

学习提要：本章介绍混凝土拌合用水的水质、种类、应用范围、质量要求以及检验方法。对混凝土养护用水作了一般介绍。

第一节 混凝土拌合用水

一、定义及分类

用以拌合混凝土，使混凝土拌合物能够产生一定流动的水称为混凝土拌合用水。

混凝土拌合用水按水源可分为饮用水、地表水、地下水、海水、再生水、混凝土企业设备洗刷水以及经适当处理或处置后的工业废水。

二、适用范围

饮用水：凡符合国家标准的生活饮用水可用来拌制各种混凝土。

地表水和地下水：地表水、地下水的放射性应符合现行国家标准《生活饮用水卫生标准》（GB 5749）的规定，并经检验符合混凝土拌合用水水质要求方可使用。

海水：未经处理的海水严禁用于钢筋混凝土和预应力混凝土，在无法获得水源的情况下，海水可用于拌制素混凝土，但不宜用于装饰混凝土。

再生水：指污水经适当再生工艺处理后具有使用功能的水。再生水的放射性应符合现行国家标准《生活饮用水卫生标准》（GB 5749）的规定，并经检验符合混凝土拌合用水水质要求方可使用。

混凝土企业设备的洗刷水不宜用于预应力混凝土、装饰混凝土、加气混凝土和暴露于腐蚀环境的混凝土；不得用于使用碱活性或潜在碱活性集料的混凝土。

混凝土拌合用水水质要求应满足表 10-1 的规定。

表 10-1 混凝土拌合用水水质要求（JGJ 63—2006）

项 目	预应力混凝土	钢筋混凝土	素混凝土
pH 值	≥5.0	≥4.5	≥4.5
不溶物（mg/L）	≤2000	≤2000	≤5000
可溶物（mg/L）	≤2000	≤5000	≤10000
Cl^-（mg/L）	≤500①	≤1000	≤3500
SO_4^{2-}（mg/L）	≤600	≤2000	≤2700
碱含量②（mg/L）	≤1500	≤1500	≤1500

①对于设计使用年限为 100 年的结构混凝土，氯离子含量不得超过 500mg/L；对于使用钢丝或经热处理钢筋的预应力混凝土，氯化物含量不得超过 350mg/L。

②碱含量按 $Na_2O+0.658K_2O$ 计算值来表示。采用非碱活性集料时，可不检验碱含量。

对于工业废水，须检验合格后可用于拌制混凝土。否则必须予以处理，合格后方能使用。

三、质量要求

为控制混凝土拌合用水的质量，保证混凝土的各项技术性能符合使用要求，对其提出以下技术要求：

1. 拌合用水不应有漂浮明显的油脂和泡沫，不应有明显的颜色和异味，所含物质对混凝土、钢筋混凝土和预应力混凝土不应产生以下有害作用：

（1）影响混凝土的和易性及凝结。

（2）有损于混凝土强度发展。

（3）降低混凝土的耐久性，加快钢筋腐蚀及导致预应力钢筋脆断。

（4）污染混凝土表面。

2. 拌合用水检测指标的技术要求：

（1）凝结时间要求：用被检验水样和饮用水样（符合国家标准的生活饮用水）试验所得的水泥初凝时间差及终凝时间差均不应大于30min，同时，初凝和终凝时间应符合现行国家标准《通用硅酸盐水泥》（GB 175）的规定。

（2）强度要求：用被检验水样配制的水泥胶砂3d和28d强度不应低于用饮用水样（符合国家标准的生活饮用水）配制的水泥胶砂3d和28d强度的90%。

四、检验方法

1. 取样

（1）水质检验水样不应少于5L。水样采集后，应及时检验。pH值最好在现场测定。硫化物测定用水样应专门采集，并应按检验方法的规定在现场固定。水质全部项目检验应在7d内完成。

（2）采集水样用容器应预先彻底洗净并保证无污染，采集时再用待采集水样冲洗三次后，才能采集水样。水样采集后应密封。

（3）地表水宜在水域中心部位、距水面100mm以下采集，并应记载季节、气候、雨量和周边环境情况。

（4）地下水应在放水冲洗管道后接取，或直接用容器采集。不得将地表水积存于地表后再从中采集。采集时应注意防止人为污染。

（5）再生水应在取水管道终端接取。

（6）混凝土企业设备的洗刷水应沉淀后，在池中距水面100mm以下采集。

（7）测定水泥凝结时间用水样和测定胶砂强度用水样不应少于3L。水泥凝结时间检验和胶砂强度成型宜在取样后10d完成。

2. 检验

（1）水泥凝结时间试验应按现行国家标准《水泥标准稠度用水量、凝结时间、安定性检验方法》（GB/T 1346）测定，并计算终凝时间差与初凝时间差。试验应采用42.5级硅酸盐水泥，或42.5级普通硅酸盐水泥，但出现争议时，应以42.5级硅酸盐水泥为准。

（2）水泥胶砂强度试验应按现行国家标准《水泥胶砂强度检验方法（ISO法）》（GB/T 17671）测定规定龄期的强度，并计算强度的比值。试验应采用42.5级硅酸盐水泥，或

42.5 级普通硅酸盐水泥，但出现争议时，应以 42.5 级硅酸盐水泥为准。

水中其他各类物质含量的检验可参考《混凝土用水标准》（JGJ 63）中有关方法。

3. 结果评定

符合现行国家标准《生活饮用水卫生标准》（GB 5749）要求的饮用水，可不经检验作为混凝土用水。

当水泥凝结时间和水泥胶砂强度的检验不满足要求时，应重新加倍抽样复检。

第二节　混凝土养护用水

所谓混凝土养护用水是指为使混凝土达到正常硬化而采取水中养护的用水。混凝土强度发展与其养护条件密切相关。按照标准要求，混凝土硬化条件是在一定温度和湿度下进行的，当现场条件不能满足规定的要求时，也可采用水进行养护。

由于养护水质所含成分对混凝土硬化有一定影响，因此，需要进行检验。

对混凝土拌合用水和养护用水的其他检验项目如下：

（1）pH 值的检验应符合现行国家标准《水质　pH 值的测定　玻璃电极法》（GB/T 6920）的要求，并宜在现场测定。

（2）不溶物的检验应符合现行国家标准《水质　悬浮物的测定　重量法》（GB/T 11901）的要求。

（3）可溶物的检验应符合现行国家标准《生活饮用水标准检验法》（GB/T 5750）中溶解性总固体检验法的要求。

（4）氯化物的检验应符合现行国家标准《水质　氯化物的测定　硝酸银滴定法》（GB/T 11896）的要求。

（5）硫酸盐的检验应符合现行国家标准《水质　硫酸盐的测定　重量法》（GB/T 11899）的要求。

（6）碱含量的检验应符合现行国家标准《水泥化学分析方法》（GB/T 176）中关于氧化钾、氧化钠测定的火焰光度计法的要求。

混凝土养护用水可不检验水泥凝结时间和水泥胶砂强度。

思考题及习题

1. 为什么对混凝土的拌合用水提出一些质量和技术要求？
2. 混凝土养护用水有哪些技术要求？
3. 为什么对混凝土拌合用水的水质提出氯离子含量的要求？
4. 在无法获得水源的情况下，可否用海水拌制混凝土，为什么？
5. 何谓再生水？再生水可否用于拌制混凝土，试解释原因。

第十一章　混凝土的技术性质

学习提要：本章以普通混凝土为重点，着重对其硬化前拌合物的和易性，硬化后的强度、变形及耐久性等进行了介绍，并对影响这些技术性质的因素和提高措施进行了分析。学习时，注意抓住各种性质之间的内在联系和相互作用，要求熟练掌握，并灵活应用。

本章是第二篇的重要内容之一。

第一节　混凝土拌合物的和易性

本节重点介绍混凝土硬化前的性质，依据混凝土施工环节所要求的性质，如混凝土拌合物是否易于拌制均匀、是否易于从搅拌机中卸出、运输过程是否分层析水、浇筑时是否离析、振捣时是否易于填满模板等一系列性质。

上述诸多性质综合为混凝土拌合物的和易性（即工作性）来概括。

一、混凝土拌合物的和易性

1. 和易性的概念

和易性是指混凝土拌合物既易于施工操作（搅拌、运输、浇筑、捣实），又质量均匀、成型密实的一种性能。和易性是一项综合技术性质，有流动性、粘聚性和保水性三方面的含义。

流动性是指混凝土拌合物在自重或施工机械振捣的作用下，能产生流动，并均匀、密实地填满模板的性能。流动性的大小主要取决于单位用水量或水泥浆量的多少。单位用水量或水泥浆量多，混凝土拌合物的流动性越大，浇筑时容易填满模板。

粘聚性是指混凝土拌合物在施工过程中，其组成材料之间有一定的粘聚力，不致产生分层和离析的现象。混凝土拌合物是由密度不同、颗粒大小不同的固体材料和水组成的混合物，在外力作用下，各组成材料移动的倾向性不同，如果各组成材料配合得不适当，很容易发生分层和离析现象。

所谓分层是指混凝土拌合物粗集料下沉、砂浆或水泥净浆上浮，从而导致混凝土沿垂直方向不均匀的现象。

所谓离析是指混凝土拌合物在运动过程中（压力作用下在泵管中流动，自重或机械振捣作用下在模板中流动），粗集料、细集料及水泥浆运动速度不相同，从而导致它们相互分离的现象（图 11-1）。分层与离析会使硬化后的混凝土成分不均匀，甚至产生“蜂窝”、“麻面”等质量事故。

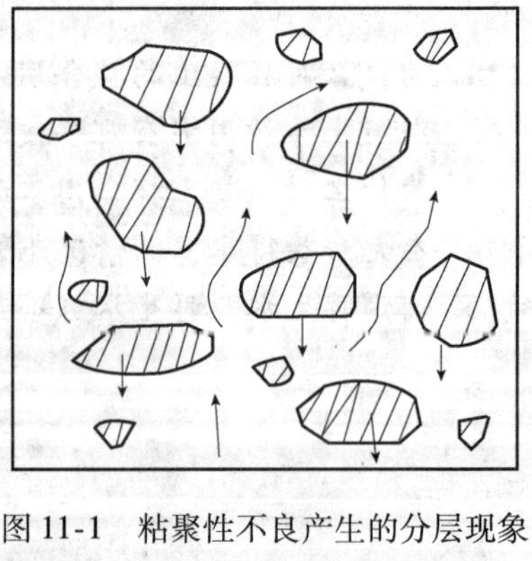

图 11-1　粘聚性不良产生的分层现象

保水性是指混凝土拌合物在施工过程中，具有一定的保水能力，不致产生严重的泌水现象。混凝土拌合物在施工过程中，随着较重的集料颗粒下沉，水分因密度比集料小，在毛细管力作用下，沿混凝土中的毛细管通道，向上泌至混凝土拌合物表面，导致拌合物表层部分水灰比大幅度增大或出现一层清水，这种现象叫做泌水（图 11-2）。泌水会在混凝土内部形成通道，使混凝土的密实性变差，降低混凝土的质量。

由此可见，混凝土拌合物的流动性、粘聚性和保水性有其各自的内容，它们三者之间相互联系且又存在着矛盾，如当通过增加水泥浆量提高混凝土流动性的同时，还要考虑水泥浆量不能过多，否则，易引起流浆，而导致集料分离、粘聚性下降。因此，和易性实际上是上述三方面性质在某种具体条件下的矛盾统一。

实践证明，拌合物和易性好，混凝土成型过程不易产生质量缺陷，硬化后混凝土质量容易保证。

2. 和易性的测定

和易性的含义比较复杂，难以用一种简单的测定方法来全面地表达，我国有关标准规定采用坍落度试验方法来测定混凝土拌合物的流动性，并辅以直观经验来评定粘聚性和保水性。

坍落度试验是将混凝土拌合物按规定方法装入坍落度筒内，装满刮平后，将坍落筒垂直向上提起，移到混凝土拌合物一侧，混凝土拌合物因自重将会产生坍落现象，然后，量出筒高与坍落后混凝土拌合物试体最高点之间的高度差，用 mm 表示，此值即为混凝土拌合物的坍落度值（图 11-3）。可见，坍落度值愈大，表示混凝土拌合物的流动性愈大。

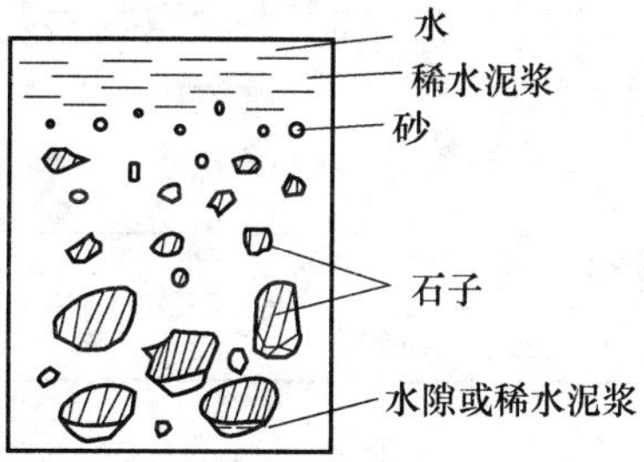

图 11-2　保水性不良产生的分层现象

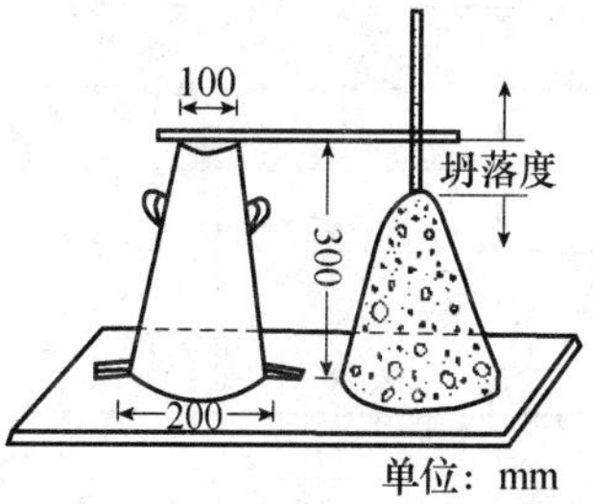

图 11-3　混凝土拌合物坍落度测定

为了同时评定混凝土拌合物的粘聚性和保水性，在测定坍落度时，还应观察下列现象，即用捣棒在已坍落的混凝土拌合物锥体一侧轻轻敲打，此时，如果锥体呈现整体逐渐下沉，则表示粘聚性良好；如果锥体突然倒塌、部分崩裂或出现离析现象，则表示粘聚性不好，如图 11-4 所示。保水性是用混凝土拌合物中浆体析出的程度来评定。在装筒插捣混凝土拌合物过程中以及提起坍落度筒时，如有较多的稀浆从底部析出，部分混凝土也因失浆而集料外露，则表明此混凝土拌合物的保水性能不好；如提起坍落度筒没有稀浆或仅有少量稀浆从底部析出，则表示此混凝土拌合物保水性良好。

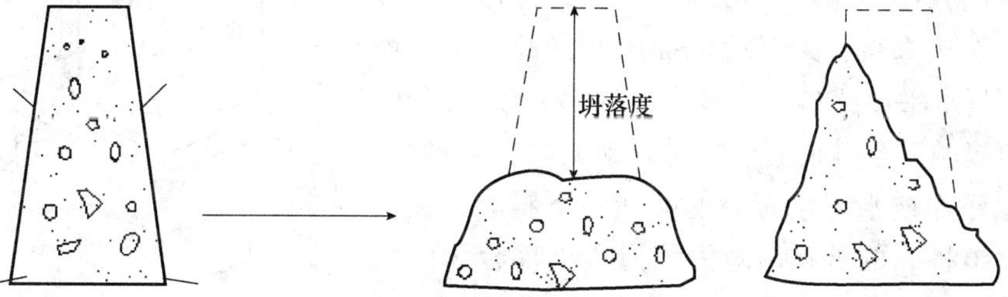

图 11-4　粘聚性和保水性观测示意图

正确选用坍落度，对保证施工质量、混凝土强度和耐久性以节约水泥都有重要意义。浇筑混凝土时，坍落度可按表 11-1 选用。

表 11-1　混凝土浇筑时的坍落度

结　构　类　型	坍落度（mm）
基础或地面等的垫层，无配筋的大体积结构或配筋稀疏的结构	10～30
板、梁或大型及中型截面的柱子等	30～50
配筋密列的结构（薄壁、斗仓、筒仓、细柱等）	50～70
配筋特密的结构	70～90

需要指出的是，坍落度试验只适用集料最大粒径不大于 40mm、坍落度值不小于 10mm 的混凝土拌合物。

按《混凝土质量控制标准》（GB 50164）中的规定，混凝土拌合物坍落度可划分为五个等级：S5（坍落度大于或等于 220mm）；S4（坍落度为 160～210mm）；S3（坍落度为 100～150mm）；S2（坍落度为 50～90mm）及 S1（坍落度为 10～40mm）。表 11-2 是根据混凝土拌合物坍落度划分的等级。

表 11-2　混凝土拌合物坍落度等级划分（GB 50164）

等　级	坍落度（mm）
S1	10～40
S2	50～90
S3	100～150
S4	160～210
S5	≥220

随着大流动性混凝土在工程中的广泛应用，原有的坍落度试验方法也得到了进一步完善。当混凝土坍落度大于 160mm 时，混凝土拌合物出现流态型而随之发生摊开现象，为了更好地表明拌合物的粘聚性和保水性，许多学者提出采用扩展度进行综合评定，在摊开的近似圆形的拌合物上，量测两个垂直方向的直径大小，作为拌合物和易性的量化指标。

坍落度试验方法仅适用于塑性混凝土的测试，对于干硬性混凝土而言，需采用维勃稠度试验方法，根据其维勃稠度来评定混凝土拌合物的和易性，如图 11-5所示。

试验方法如下：把容器固定于振动台上，将坍落筒置于容器内，按照测定坍落度的方法，将拌合物装满坍落筒，然后垂直、无振动地提起坍落筒，再将测杆上的透明且水平的圆盘放于混合料顶部，放松螺丝，使之轻轻地接触混合料顶面，同时开动振动台和秒表，在透明圆盘底面被水泥浆布满的瞬间停下秒表，关闭振动台，读出秒表的秒数，即为该混凝土拌合物的维勃稠度值。

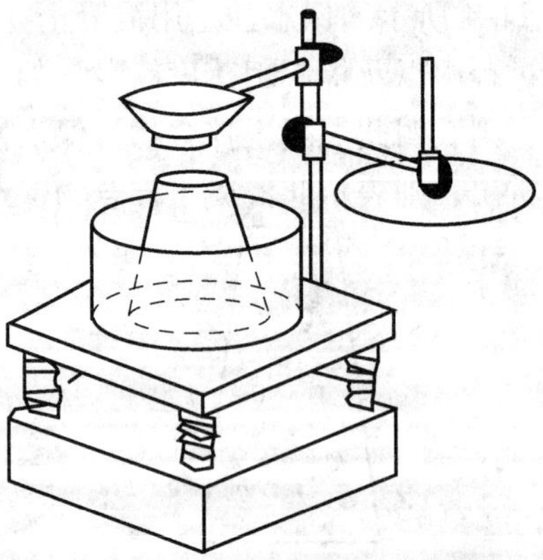

图 11-5　维勃稠度测定

总之，混凝土拌合物是一种非均质的材料，是各种尺寸、形状和密度的固体材料分散在液相中而组成的多相流动体。当混凝土拌合物流动时，若遇上阻碍物，如构件中钢筋的密集区、管线的弯道及分叉处、模板的转角等狭窄空间，粗大石子颗粒可能会频繁接触而堆积成拱，阻塞流动，低黏度的砂浆很难通过粗集料间的空隙，砂浆中的砂子就会被阻塞在粗集料之间，结果只有浆体或水通过砂粒间狭窄的空隙。因此，混凝土拌合物的和易性和离析、泌水密切相关。

为保证和易性的统一，必须了解与此相关的诸多影响因素。

3. 影响和易性的主要因素

混凝土拌合物在自重或外力作用下产生流动的大小，与许多因素有关，如集料颗粒间的内摩擦大小、水泥浆量的多少以及水泥浆包裹集料颗粒表面的厚度等。在讨论诸多因素是如何影响混凝土和易性之前，首先要注意两个容易被混淆的条件：一是通过分析影响混凝土流动性而间接反映影响混凝土和易性的因素；二是每一个因素的影响分析是假设各组成材料比例已相对确定条件下的结果。

（1）水泥浆的数量

当混凝土拌合物的水灰比（水与水泥用量之比）不变时，增加水泥浆数量，混凝土拌合物的流动性将会发生什么变化？从水泥浆的作用看，水泥浆除包裹砂石表面外，还要填充集料颗粒间的空隙，并在集料颗粒表面形成润滑层，以降低集料的内摩擦。可见，为了获得规定的流动性，必须保证有足够的水泥浆数量。一般来说，单位体积混凝土拌合物内的水泥浆量越多，混凝土拌合物的流动性越大，但事实上，如果水泥浆量过多，容易导致流浆现象出现，反而增大集料间的内摩擦力，使拌合物粘聚性变差且造成水泥浪费。因此，水泥浆数量的多少需要通过其与砂石之间的包裹与填充关系而确定，有资料表明，水泥浆的数量与砂石的关系如图 11-6 所示。

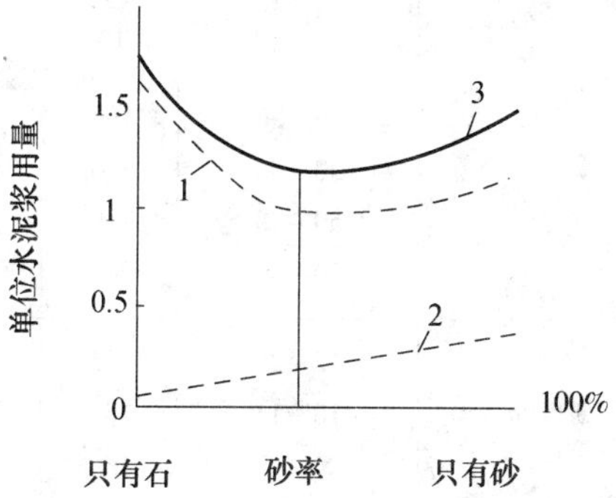

图 11-6　水泥浆数量与砂石的关系图

图 11-6 中，曲线 1 表示填充集料颗粒间空隙所需水泥浆数量与砂率的关系，在砂率（砂的质量与砂、石总质量之比）适当的情况下，砂、石形成的混合物颗粒间的空隙达最小，这时所需水泥浆用量也最少；曲线 2 为包裹集料颗粒表面所需的水泥浆用量与砂率的关系，随着砂率的增加，集料颗粒的总表面增加，所需水泥浆的数量也随之增加；曲线 3 表示所需水泥浆总用量与砂率的关系，由该曲线可以看出，在某一砂率（称最佳砂率）下，为获得指定的流动性，所需水泥浆数量为最小。或者说，当水泥浆数量一定时，在最佳砂率下，可获得最大流动性。

可见，混凝土拌合物中的水泥浆数量的确定原则是：在水灰比不变的情况下，水泥浆数量应以满足混凝土拌合物的流动性要求为度。

（2）水泥浆的稠度

水泥浆的稠度是由水灰比决定的。当水泥用量不变时，用水量越少，水灰比愈小，则水泥浆愈稠，混凝土拌合物的流动性便愈小。但水灰比过小时，水泥浆干稠，将使拌合物无法浇筑，导致施工困难，同时，不能保证混凝土硬化后的密实性。增加用水量，使水灰比增大，能增加拌合物的流动性，但会影响混凝土硬化后的强度。试验证明：混凝土强度随水灰比增加呈下降趋势，且过大的水灰比还会造成混凝土拌合物粘聚性和保水性不良。要使混凝土和易性自身相互协调统一，又要使混凝土和易性与强度协调统一，水灰比不能过大或过小。

可见，混凝土拌合物中的水泥浆稠度的确定原则是：在适宜的水灰比情况下，以满足混凝土强度和耐久性要求为度。

无论是水泥浆数量（水灰比不变情况），还是水泥浆的稀稠（水灰比变化情况），都会显著影响混凝土拌合物的和易性，因此，水泥浆是一个最敏感的影响因素。但进一步分析可知，对混凝土拌合物流动性起决定作用的是用水量的多少。因为混凝土的水泥用量一定时，用水量一旦改变，水灰比必然改变，若要保证水灰比不变，水泥浆数量必然变化。也即从理论上分析的水泥浆数量和水泥浆稠度的影响，可以通过用水量的变化来反映。大量的工程实验证明，当使用确定的材料拌制混凝土时，水泥用量在一定范围内（$1m^3$ 混凝土水泥用量增减不超过 50 ~ 100kg），达到一定流动性时，所需用水量为一常值。这一试验规律给工程应用带来了极大的方便。在配制混凝土拌合物时，当水灰比在 0.40 ~ 0.80 范围时，可根据集料品种、规格及施工要求的坍落度值，按表 11-3 选择每立方米混凝土的用水量。

表 11-3 混凝土的用水量 （kg/m^3）

类别	指标	卵石最大粒径（mm）				碎石最大粒径（mm）			
		10	20	31.5	40	16	20	31.5	40
坍落度（mm）	10 ~ 30	190	170	160	150	200	185	175	165
	30 ~ 50	200	180	170	160	210	195	185	175
	50 ~ 70	210	190	180	170	220	205	195	185
	70 ~ 90	215	195	185	175	230	215	205	195
维勃稠度（s）	15 ~ 20	175	160	—	145	180	170	—	155
	10 ~ 15	180	165	—	150	185	175	—	160
	5 ~ 10	185	170	—	155	190	180	—	165

值得强调的是，表 11-3 所列的用水量，是经过设计、试验，在满足流动性要求的同时，保证混凝土达到规定强度等级的用水量，工程使用中不能随意改变。实际施工时，当所测拌合物坍落度小于设计要求时，绝不能用单纯改变用水量的办法来调整混凝土流动性，应在保持水灰比不变条件下，用调整水泥浆数量的办法调整和易性。

（3）砂率

砂率是指混凝土中砂的质量占砂、石总质量的百分率。

水泥砂浆在混凝土拌合物中起润滑作用，可以减少粗集料颗粒之间的摩擦阻力，所以在一定砂率范围内，随着砂率的增加，水泥砂浆的润滑作用也明显增加，提高了混凝土拌合物的流动性。但砂率过大，即石子用量过少、砂子用量过多，此时集料的总表面积过大，在水泥浆量不变的情况下，随着集料表面积增加，水泥浆量相对减少，由此，减弱了水泥浆的润滑作用，导致混凝土拌合物的流动性降低。如果砂率过小，即石子用量过大、砂子用量过少时，水泥砂浆的数量不足以包裹石子表面，在石子之间没有足够的砂浆层，由此，也会减弱水泥砂浆的润滑作用，不但会降低混凝土拌合物的流动性，而且会严重影响其粘聚性和保水性，容易产生离析现象（图 11-7）。

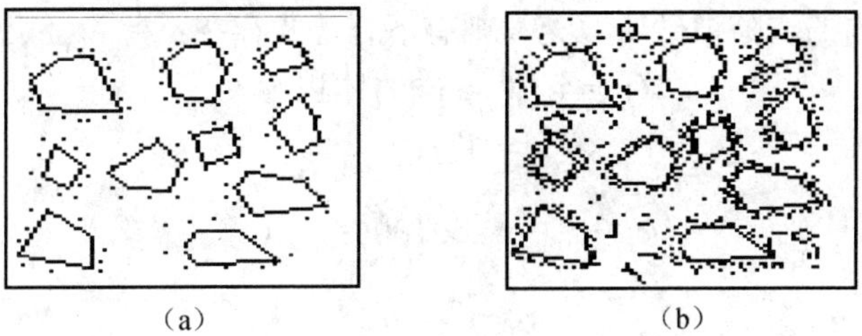

图 11-7 砂石包裹示意图

（a）砂率过小；（b）砂率过大

因此，在设计混凝土各组成材料的质量比例时，为保证拌合物的和易性达到要求，应选择合理砂率。

合理砂率是指在用水量及水泥用量一定的条件下，能使混凝土拌合物获得最大的流动性并保持良好的粘聚性和保水性的砂率；或是使混凝土拌合物获得所要求的和易性的前提下，水泥用量最省的砂率，如图 11-8、图 11-9 所示。

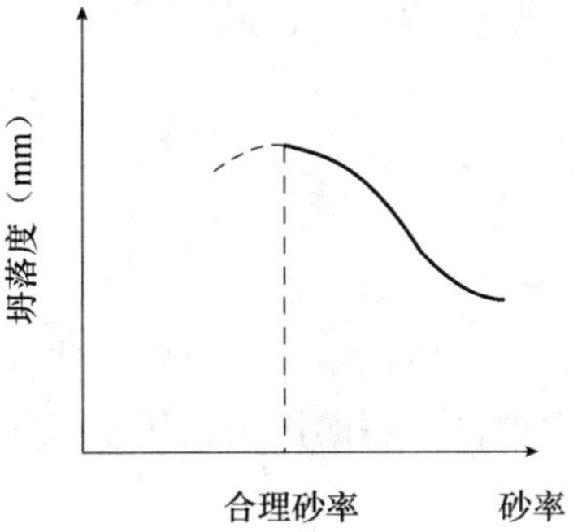

图 11-8 坍落度与砂率的关系（水和水泥用量一定）

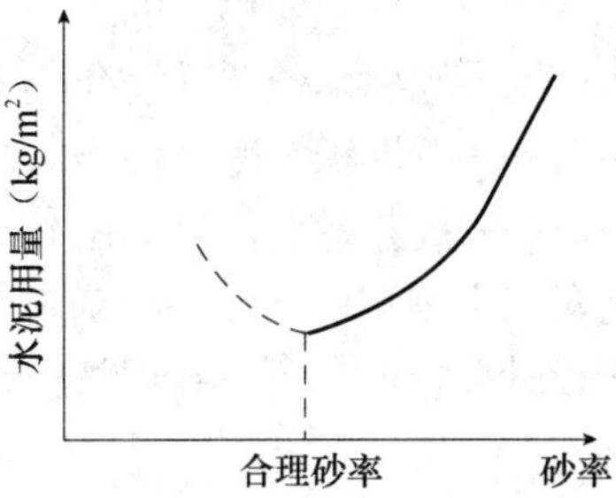

图 11-9 水泥用量与砂率的关系（相同坍落度）

确定合理砂率，可根据集料品种、规格及混凝土拌合物的水灰比，参照表 11-4 选用。表内数据是经过大量试验得出的经验数据，对于重要的混凝土工程，应通过试验确定合理砂率。

表 11-4 混凝土砂率选用表 （%）

水灰比	卵石最大粒径（mm）			碎石最大粒径（mm）		
	10	20	40	16	20	40
0.40	26~32	25~31	24~30	30~35	29~34	27~32
0.50	30~35	29~34	28~33	33~38	32~37	30~35
0.60	33~38	32~37	31~36	36~41	35~40	33~38
0.70	36~41	35~40	34~39	39~44	38~43	36~41

值得指出的是，表 11-4 所列的砂率是一个范围，工程使用中可以根据情况进行适当调整。

为了较准确地反映砂率的影响程度，也可用计算方法得出合理砂率。下面介绍该方法的基本思路：

为了获得必要的流动性，考虑混凝土拌合物中集料紧密的排列结构，当按照最佳级配进行设计后，理论上的混凝土结构达到相对紧密状态时，实际上混凝土拌合物无法达到工作状态（一定流动性），因此，需要对计算砂率引入系数进行扩大，即在计算砂率基础上，乘以一个大于 1 的系数，该系数称为拨开系数，在混凝土配合比设计中应给予考虑。

设混凝土结构内的空隙被砂所填充，则有下列等式存在：

因为　　　　石子空隙 = 砂的体积

所以　　　　$V_g \times P' = V_s$

又因为

$$\beta_s = \frac{S}{S+G} \times 100\%$$

$$\beta_s = \frac{V_s \times \rho'_{s0}}{V_s \times \rho'_{s0} + V_g \times \rho'_{g0}} \tag{11-1}$$

$$\beta_s = \frac{V_g \times P' \times \rho'_{s0}}{V_g \times P' \times \rho'_{s0} + V_g \times \rho_{g0}}$$

所以

$$\beta_s = \beta \frac{P' \times \rho'_{s0}}{P' \times \rho'_{s0} + \rho'_{g0}}$$

式中　β_s——计算砂率（%）；

P'——石子空隙率（%）；

V_g——石子堆积体积（m^3）；

V_s——砂堆积体积（m^3）；

ρ'_{s0}——砂堆积密度（kg/m^3）；

ρ'_{g0}——石堆积密度（kg/m^3）；

β——拨开系数，取值在 1.1 ~1.4 之间。

通过以上砂率的介绍，在确定合理砂率的基础上，工程应用中，如果所测拌合物的坍落度大于设计要求时，可以在保持砂率不变的条件下，调整砂、石的用量，从而调整混凝土的和易性。

（4）其他影响因素

1）水泥品种

水泥品种对混凝土和易性的影响主要表现在需水性方面。水泥品种不同，达到标准稠度的需水量也不同，需水量大的水泥，达到同样的坍落度，就需要较多的用水量。一般来说，矿渣水泥和某些火山灰水泥拌制的混凝土拌合物，坍落度值较普通水泥为小，这是因为矿渣、火山灰混合材需水性较大的缘故。

2）集料

集料颗粒形状圆整、表面光滑，混凝土拌合物的流动性较大；颗粒棱角多，表面粗糙，会增加混凝土拌合物的内摩擦力，从而降低混凝土拌合物的流动性。因此，卵石配制的混凝土比碎石混凝土流动性好。

集料级配好，其空隙率小，填充集料空隙所需水泥浆少，当水泥浆数量一定时，包裹于集料表面的水泥浆层较厚，故可改善混凝土拌合物的和易性。

3）时间和温度

混凝土拌合物随着时间的延长而逐渐变得干稠，和易性变差，其原因是部分水分供水泥水化，部分水分被集料吸收，另一部分水分蒸发，由于水分减少，混凝土拌合物流动性变差。图 11-10 是某混凝土拌合物坍落度随时间而变化的规律。从图中曲线变化可以看出，由于该混凝土水灰比较大，水分蒸发相对较多，拌合物的坍落度、流动性随时间变化比较明显。当混凝土水灰比较小，拌合物的坍落度、流动性还将随温度变化而变化。

随着温度的增高，混凝土拌合物的流动性降低，图 11-11 为温度对混凝土拌合物坍落度的影响。从图 11-11 中可看出，温度每升高 10℃，坍落度约减少 20mm，因此，在施工中为保证混凝土拌合物的和易性，要考虑温度的影响，尤其是夏季施工，应采取相应措施，防止水分蒸发降低拌合物的流动性。

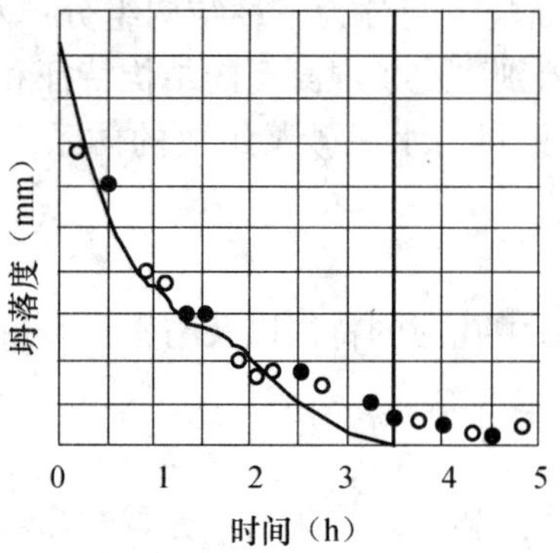

图 11-10　坍落度和时间的关系
（拌合物配比 1:2:4:0.78）

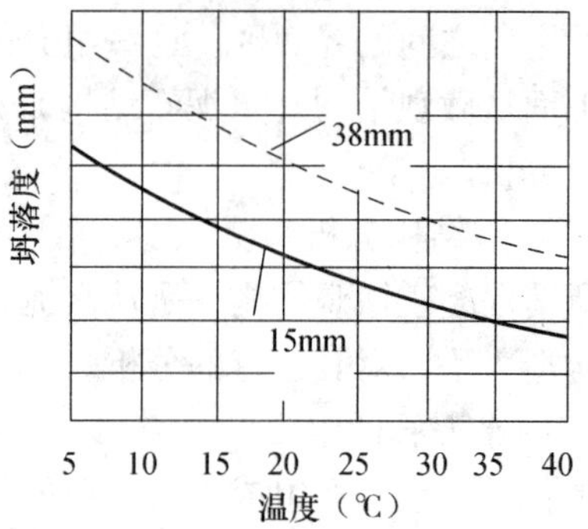

图 11-11　温度对拌合物坍落度的影响
（曲线上数字为集料最大粒径）

4）外加剂

为改善混凝土拌合物的流动性，可掺入减水剂、引气剂等外加剂。减水剂掺入后，由于释放了被水泥颗粒束缚的水，使得外加水量减少，水灰比虽然减小了，但水泥浆稠度未降低，因此，混凝土拌合物的和易性并没有变差。引气剂的掺入，是因为增加了无数个小的封闭气泡而使混凝土拌合物内集料颗粒间的摩擦力减小。

二、改善混凝土和易性的措施

在实际施工中，调整混凝土拌合物和易性时，必须兼顾流动性、粘聚性和保水性的统一，并考虑对混凝土强度、耐久性的影响，综合上述要求，实际调整时可采取如下措施：

1. 提高混凝土流动性的措施

（1）通过试验，采用合理的砂率，以利于提高混凝土质量和节约水泥。

（2）适当采用较粗大的、级配良好的粗、细集料。

（3）当所测拌合物坍落度小于设计值时，保持水灰比不变，适当增加水泥浆量；坍落度大于设计值时，保持砂率不变，增加砂石用量。

（4）掺化学外加剂（减水剂、引气剂）和矿物外加剂（适量粉煤灰）。

2. 改善混凝土粘聚性和保水性的措施

（1）在合理的砂率范围内，适当增大砂率或掺入粉煤灰等矿物掺合料。

（2）尽量采用连续级配的集料，避免选用过粗的细集料。

（3）适当限制粗集料的最大粒径。

（4）掺化学外加剂（减水剂、引气剂）。

第二节　混凝土的强度

本节主要讲述混凝土硬化后的性质。依据混凝土作为结构材料所要求的性质，如混凝土硬化后的结构特征、用于表征力学性能的各种强度（压、拉、弯）、哪些因素会影响强度、工程中如何应用各种强度以及如何提高混凝土的强度等。

一、硬化混凝土结构特征

为了更好地认识混凝土硬化后的结构特点，可将混凝土划分为三种结构组分：水泥石、集料及它们之间的界面区。这些组分的数量和质量的差别决定了混凝土的结构特征和性质。

下面从微观结构（水泥石结构）及宏观结构（粗集料与水泥砂浆组成的体系）不同角度进行分析。

1. 微观结构分析

所谓混凝土微观结构，是从水泥石的组成、水泥石中孔隙的特征以及与水泥石形成界面区的构造入手，对其进行的分析。

（1）水泥石的组成

硬化后，水泥石组成中的主要固相包括：水泥水化产物及未水化的水泥颗粒。

水泥水化产物，以水化硅酸钙凝胶为主，其中分布着氢氧化钙等晶体。水泥石强度取决于水泥硬化过程中生成的水化生成物的数量和性质。水化产物的数量与水化程度成正比。水化程度是指与水作用的水泥质量同水泥总质量之比，可根据化学结合水量来确定。水泥完全水化的最大水量，一般为水泥质量的25%～30%，因而水化程度也可表示为：a = 化学结合水量与水泥完全水化的最大水量之比。例如，试验确定水泥的化学结合水为20%，若水泥完全水化的最大水量为27%，则 $a = 0.2/0.27 = 0.74$。水化程度愈高，水化生成物相对体积愈大，水泥石孔隙率愈小，混凝土的强度及耐久性也愈高。

水泥石中的凝胶产物还会影响混凝土的某些变形性质，如在空气中收缩、在水中膨胀，长期荷载下发生徐变等。

未水化的水泥颗粒可以作为微观上的集料，一方面起着承受力的载体，另一方面在合适的湿度下还可以转化为水化产物，进一步增加水泥石的固相体积，从而增强水泥石的作用。

（2）水泥石中的孔隙

水泥石中的孔隙分为凝胶孔（包括凝胶微晶内孔、凝胶微晶间孔、凝胶粒子间孔）和毛细孔，它们对混凝土的密实度以及耐久性有着不同的影响。

凝胶孔的孔径小于100Å，主要是填充吸附水，而吸附水有很高的结合力，其冻结温度可达－78℃，因此，对混凝土结构无害。

毛细孔的孔径大约为1～10μm，易被水饱和充满，又容易蒸发，导致混凝土中孔隙增加，强度下降，同时极大地影响混凝土的抗冻性。毛细孔的体积随着水泥水化程度的增加而减少。

（3）水泥砂浆与石形成的界面区

混凝土搅拌硬化过程中，在粗、细集料表面形成了三类界面区：一是水泥浆包裹砂粒而形成的水泥石与细集料的界面；二是水泥砂浆包裹石粒而形成的水泥砂浆与粗集料界面；三是部分水泥浆直接包裹石粒形成的界面。由于这些界面区的水泥石组成和构造与非界面区水泥石有所区别，因此显著地影响着混凝土的受力过程。据有关文献介绍，该界面区厚度在40μm左右且表现为水灰比大，界面会发生物理化学反应，在某些条件下可能形成界面薄弱层。可见，提高混凝土强度，可从加强界面区入手。（图11-12为混凝土微观结构示意）。

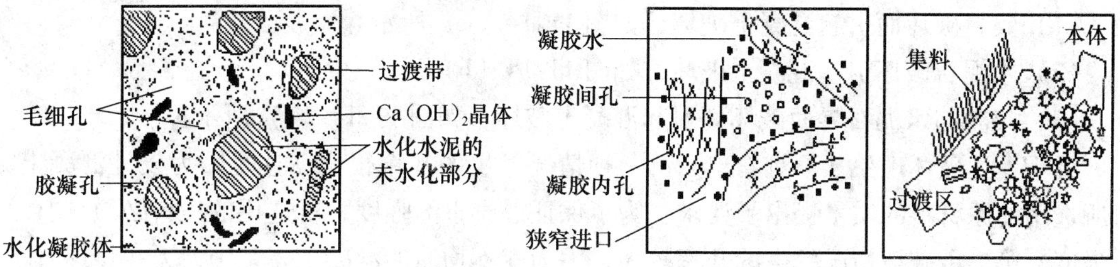

（a）　　　　（b）　　　　（c）

图 11-12　混凝土微观结构示意图

（a）水泥石形成；（b）水泥石中孔隙；（c）界面过渡区

2. 宏观结构分析

宏观结构表明混凝土中各组分之间的比例及它们在混凝土体积中分布的均匀性。

宏观结构按集料含量分为如下三种类型，如图 11-13 所示。

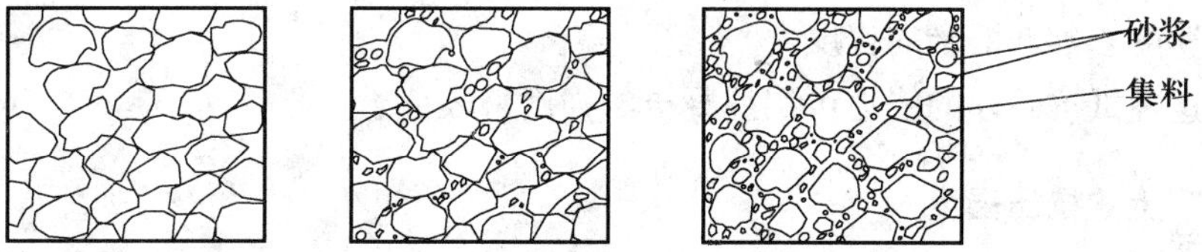

（a）　　　　（b）　　　　（c）

图 11-13　混凝土宏观结构的三种类型

第一类结构中，集料间的空隙未被水泥砂浆或水泥石完全填满，形成大孔结构，如图 11-13（a）所示。

第二类结构中的粗集料用量较多，水泥砂浆层较薄（但粗集料颗粒未能互相接触），形成相当紧密的骨架，如图 11-13（b）所示。这种紧密骨架对混凝土性能影响很大，尤其会影响混凝土的强度。这种结构对混凝土的某些性能有着较大的影响。

第三类结构中，集料相互不接触，好像“漂浮”在水泥砂浆基材中，即水泥砂浆含量远超过粗集料间的空隙体积，如图 11-13（c）所示。这种结构的特点是：粗集料性能对混凝土性能影响不大，混凝土性能主要由砂浆性能决定。

在宏观结构中，还包括因成型时水分蒸发受阻，在集料下边缘形成水囊而不密实，有时会因水分蒸发，在砂浆内部形成毛细孔而产生的气泡，以及在集料界面区中因水泥水化收缩产生的裂缝。这些缺陷都明显地影响混凝土的性质。

二、混凝土受力破坏特征

上述第二类结构的混凝土作为结构材料，受到外力作用发生破坏的情况可归纳为（图 11-14）：

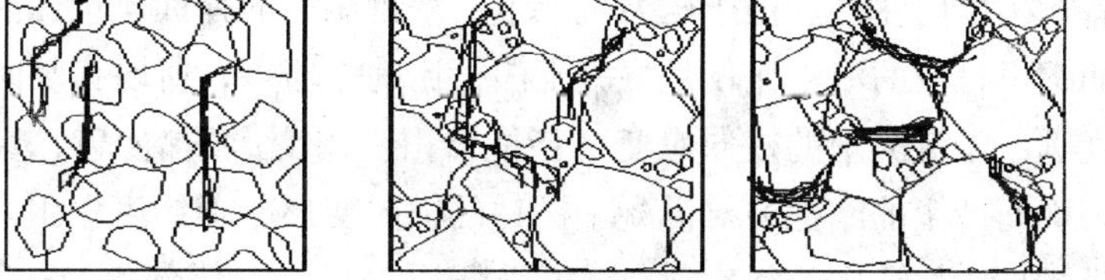

（a）　　　　（b）　　　　（c）

图 11-14　混凝土受力破坏的三种类型

（1）集料破坏而引起混凝土破坏，如图 11-14（a）所示。

（2）水泥石破坏引起混凝土破坏，如图 11-14（b）所示。

（3）集料与水泥石界面破坏而引起混凝土破坏，如图 11-14（c）所示。

分析上述破坏现象，不难看出，第一种情况发生的几率很小，这是因为设计混凝土时，对所选用的原材料的质量提出了要求：为了保证混凝土的强度，所选用的集料必须具有足够的强度。第二种破坏情况发生的几率较大，因为在不均质的混凝土体系中，力在传递时会因界面缺陷使水泥石承受较大外力而破坏。但是，混凝土受力破坏的最大几率发生在集料和水泥石的界面，这是因为水泥水化会造成化学收缩，从而引起集料与水泥石界面上产生分布极不均匀的拉应力，形成界面微裂缝。另外，由于混凝土拌合物成型时的泌水作用，使粗集料下面形成水囊，硬化后成为界面裂缝，使原有的界面层更加弱化。当混凝土受到外力作用时，界面裂缝就会随之表现出来。因此，混凝土所能抵抗破坏的能力也就取决于裂缝的数量、开展的速度、延伸汇合的程度。

通常，这种抵抗破坏的能力可用混凝土的强度来表征。

三、混凝土的抗压强度

混凝土强度包括抗压强度、抗拉强度、抗弯（折）强度及与钢筋的粘结强度等。其中，混凝土的抗压强度最大，约为抗拉强度的 10～20 倍，且工程上常以混凝土抗压强度评定和控制混凝土质量。

1. 混凝土立方体抗压强度

混凝土立方体抗压强度是指标准立方体试件在压力作用下直至破坏时单位面积所能承受的最大应力，用 f_{cu} 表示。

计算公式如下：

$$f_{cu} = \frac{P}{A} \tag{11-2}$$

式中 P——抗压极限荷载（N）；

A——受压面积（mm^2）。

混凝土立方体抗压强度的测定，是根据国家标准《普通混凝土力学性能试验方法》（GB/T 50081—2002）的规定，将混凝土拌合物装入试模，制成边长为 150mm 的立方体标准试件，拆模后放入标准条件［温度（20±2）℃，相对湿度 90% 以上］下，养护至 28d，用标准试验方法测得抗压强度值。

试验发现，混凝土立方体试件在压力机上受压时，在沿加荷方向发生纵向变形的同时，按泊松比效应将产生横向变形。由于压力机上下两块钢压板的弹性模量比混凝土的弹性模量大 5～15 倍，而钢板自身的泊松比仅是混凝土泊松比的一倍多，所以在竖向荷载作用下，钢压板的横向应变远小于混凝土的横向应变（指能自由横向变形的情况），这样，使得钢压板与试件的上下表面间产生的摩擦力对混凝土试件的横向变形起着约束作用，通常将此作用称为“环箍效应”。正因为有了这个效应，试件破坏后，其上下部分各呈一较完整的棱锥体，如图 11-15 所示。如果在压板和试件接触面涂抹润滑剂，则环箍效应大大减小，试件将出现直裂破坏，如图 11-16 所示，测出的强度值也较低。

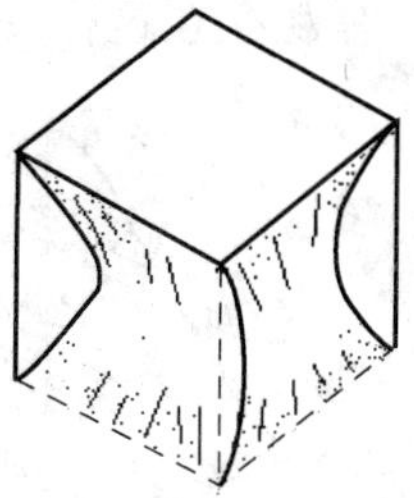

图 11-15　有环箍效应的破坏形式

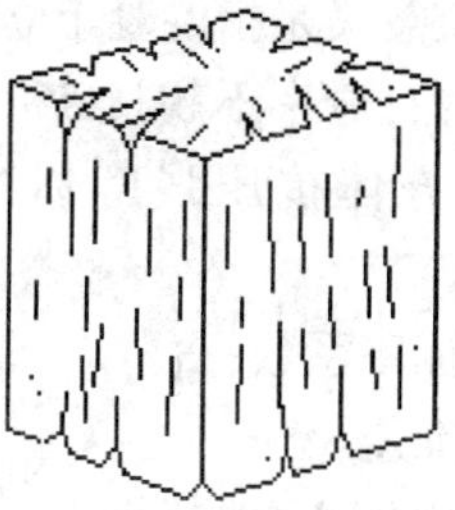

图 11-16　无环箍效应的破坏示意图

关于环箍效应对混凝土试件强度的影响程度以及如何反映其大小，可从两个方面加以认识和量化表征。

一方面，由于压力机压板对混凝土试件的横向摩擦阻力是沿试件周长分布的，试件周长愈大，摩擦阻力愈大，试件横向变形小而可能使试件强度增大，可以看成，试件强度与周长成正比。然而，当试件受到的外力一定时，试件强度又与试件受力面积成反比，因此，可引出试件强度影响系数表示环箍效应，通过下式来反映试件尺寸与环箍效应之间的关系：

即
$$\eta \propto \frac{4a}{a^2}=\frac{4}{a} \tag{11-3}$$

式中　η——试件强度影响系数；

a——混凝土试件的边长（mm）。

由式（11-3）可看出，对混凝土试件强度而言，会因试件大小的不同影响测试强度的数值，而且试件边长尺寸小，对应的影响系数大于试件尺寸较大的试件影响系数，即环箍效应相对作用较大，反之，试件尺寸大，环箍效应作用小。对于相同条件下制作的混凝土试件，为了消除因试件尺寸带来的影响，需给出一个强度换算系数，以此对混凝土强度作出正确评估。

从另一个方面分析，混凝土属人造复合材料，制作过程环节多、影响因素多，试件尺寸增大，混凝土存在缺陷的几率也增多，试件中的裂缝、孔隙缺陷将减少受力面积，引起应力集中，因而，较大尺寸的试件测得的抗压强度值偏低，相对环箍效应就小。

实际测定混凝土立方体抗压强度时，可根据粗集料最大粒径选用不同的试件尺寸，但在计算抗压强度时，考虑环箍效应的作用，同时为了具有可比性，非标准尺寸试件的抗压强度应乘以换算系数，折算成标准尺寸试件的抗压强度值，以得到相当于标准试件的试验结果，《混凝土结构工程施工质量验收规范》（GB 50204—2002）给出试件强度尺寸换算系数，如表 11-5 所示。

表 11-5　试件尺寸换算系数

集料最大粒径（mm）	试件边长（mm）	强度尺寸的换算系数
≤31.5	100×100×100	0.95
≤40	150×150×150	1.00
≤63	200×200×200	1.05

注：对强度等级为 C60 及以上的混凝土试件，其强度的尺寸换算系数可通过试验确定。

2. 混凝土立方体抗压强度标准值

混凝土立方体抗压强度标准值$f_{cu,k}$是从概率角度出发，依据混凝土强度属于随机变量范畴，因其总体符合正态分布而引出的一个重要特征值。

它的实质意义是指混凝土立方体抗压强度总体分布中，客观存在这样一个特征值$f_{cu,k}$，当低于该值的百分率不超过5%时，即符合以这个特征值为混凝土立方体抗压强度标准值的要求，如图11-17所示。

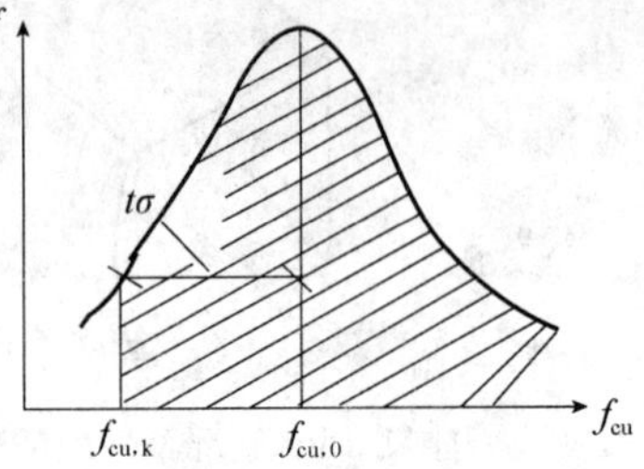

图11-17　混凝土强度正态分布与标准值关系

t——保证率系数；

f——标准差。

需要强调的是，混凝土立方体抗压强度标准值是确定混凝土强度等级的重要依据。

3. 混凝土强度等级

混凝土强度等级采用“C”与立方体抗压强度标准值$f_{cu,k}$表示。混凝土强度等级划分为C10、C15、C20、C25、C30、C35、C40、C45、C50、C55、C60、C65、C70、C75、C80、C85、C90、C95和C100。

不同工程或用于不同部位的混凝土，对其强度等级的要求不一样。

C10 ~ C15多用于垫层、基础、地坪及受力不大的混凝土结构。

C20 ~ C30多用于一般钢筋混凝土的梁、板、柱等结构。

C35以上多用于大跨度结构，高层建筑的梁、柱结构。

C80以上为高强混凝土，多用于重要结构工程。

混凝土强度等级是混凝土结构设计时强度取值的依据，也是混凝土施工质量控制和验收的重要依据。

在实际混凝土工程中，要正确评估混凝土强度等级，必然涉及养护条件和养护龄期的变化，应特别强调应用原则。

关于同条件养护：当养护条件（温度、湿度）不能与试件标准养护条件完全一样时，为了能说明工程中混凝土实际达到的强度，往往把试件放在与工程相同的条件下养护，再按所需的龄期进行试验，称为同条件养护，值得注意的是，此时所测得的立方体抗压强度值只能作为施工现场混凝土质量控制的依据，还不能作为确定混凝土强度等级的依据。

关于养护龄期：由于标准试验方法规定的试验龄期为28d，试验周期长，不能及时预报施工中的混凝土质量状况，也不能据此及时设计和调整混凝土配合比，不利于质量管理和控制。为此，我国已研究制定出应用早期加速养护混凝土试件强度推定标准养护28d混凝土强度的试验方法，详见《早期推定混凝土强度试验方法标准》（JGJ/T 15—2008）。

四、影响混凝土强度的主要因素

对混凝土的破坏特征分析可知，水泥石与集料的界面强度是决定混凝土强度的主要因素。当然在水泥强度较低时，水泥石本身破坏也是常见的破坏形式之一。因此，可以得出混凝土强度主要取决于水泥石的强度及其与集料界面的粘结强度；其次，又与原材料的质量、配合比设计、施工质量（拌合、运输、龄期、养护温度、湿度）等有关。

影响混凝土强度的主要因素如下：

1. 水泥强度和水灰比

（1）水泥强度

水泥是混凝土中的活性组分，其强度的大小直接影响着混凝土强度的高低。在配合比相同的条件下，水泥强度愈高，则配制的混凝土强度也愈高。

生产中，水泥不可避免地会在质量上有波动，这主要是由于水泥细度、C_3S含量的差异引起的。水泥的质量主要影响混凝土的早期强度，随着时间延长，其影响就不再重要了。

以上介绍了水泥对混凝土质量的影响，并对水泥品种及水泥强度等级的选用原则给予了阐述，但在工程使用中，水泥实际强度往往高于水泥强度等级，因此，考虑尽量发挥水泥强度的作用，应用水泥实测强度反映混凝土强度。

（2）水灰比

当所用水泥品种及强度一定时，混凝土强度主要取决于水灰比。一般来说，水灰比大，强度低；水灰比小，强度高。这是因为水泥水化时所需的结合水，一般只占水泥质量的23%左右，但在拌制混凝土拌合物时，为了获得必要的流动性，实际加水远大于23%，可达水泥质量的40%～70%。混凝土硬化后，多余的水分蒸发或残存在混凝土中形成毛细孔或水泡，大大减少了混凝土抵抗荷载的实际有效断面，而且可能在孔隙周围产生应力集中，使混凝土强度下降。反之，水灰比较小，水泥浆硬化后强度较高，与集料界面的粘结力也增强，则混凝土强度也越高。但若水灰比过小，拌合物过于干稠，难以振捣密实，混凝土出现较多的蜂窝、空洞，混凝土强度也会下降。

试验证明，混凝土强度随着水灰比的增大而降低，近似于双曲线关系，而混凝土强度和灰水比则呈线性关系（图11-18）。

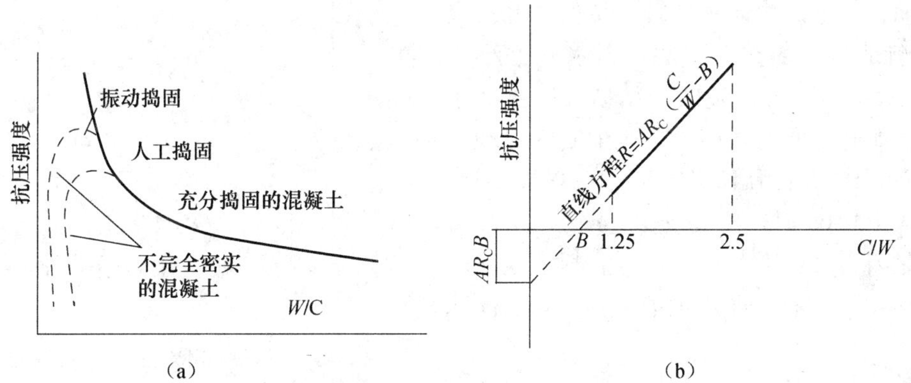

（a）　　　　　　　　　　　　（b）

图11-18　混凝土强度与水灰比及灰水比的关系

（a）混凝土强度与水灰比；（b）混凝土强度与灰水比

上述分析定性地反映了混凝土组成材料中的水泥和水（称其为内因），以及两者之间比例是如何影响混凝土强度的。为了能定量地反映水泥强度、水灰比对混凝土强度的综合影响，许多学者进行了大量试验，并考虑实际应用的方便，瑞士学者鲍罗米提出了混凝土强度（f_{cu}）与水泥实际强度（f_{ce}）、水灰比（W/C）之间的经验公式，如下所示：

$$f_{cu} = \alpha_a f_{ce}\left(\frac{C}{W} - \alpha_b\right) \tag{11-4}$$

式中　α_a，α_b——回归系数，与集料的品种、水泥品种等因素有关，其值通过试验求得。

若无上述试验统计资料，按《普通混凝土配合比设计规程》（JGJ 55—2000）规定，不同集料品种，取值如下：

采用碎石：　　　　$\alpha_a = 0.46, \alpha_b = 0.07$

采用卵石：　　　　$\alpha_a = 0.48, \alpha_b = 0.33$

混凝土强度公式一般只适用于低塑性混凝土和塑性混凝土，对于硬性混凝土则不适用。对低塑性混凝土也只是在原材料相同、工艺措施相同的条件下 α_a、α_b 才可视为常数。如果原材料或工艺条件改变了，则 α_a、α_b 系数也会随之改变。对于混凝土用量大的工程，必须结合工地具体条件，通过进行不同水灰比的混凝土强度试验，求出符合当地实际情况的 α_a、α_b 系数，这样既能保证混凝土的质量，又能取得较高的经济效益。

利用混凝土强度公式，可根据所用的水泥强度等级和水灰比估计所配制的混凝土强度，也可根据水泥强度等级和要求的混凝土强度等级来计算应采用的水灰比。

大流动性混凝土的强度公式可参照式（11-4），通过试验确定水泥用量、水灰比或混凝土强度等级。

2. 集料的品种、粒径、质量及数量

（1）集料的品种

品种的影响主要体现在集料的表面性状方面，前述已知，碎石表面粗糙，有利于集料与水泥浆间的机械啮合力和粘结力的形成，因此，一般来说，在水泥强度与水灰比相同的条件下，由于水泥石与集料的粘结强度与集料的表面状况有关，所以，碎石配制的混凝土，比卵石配制的混凝土强度高。

然而，大量试验证明，集料品种对混凝土强度影响是与水灰比有关的。当水灰比小于0.4时，碎石与水泥砂浆间的粘结力明显高于卵石与水泥砂浆间的粘结力，所配制的混凝土强度，前者比后者高出38%（图11-19）。但当水灰比大于0.65时，两者强度差异已不大显著了。这是因为水灰比大时，决定混凝土强度的主要矛盾由集料界面强度转化为水泥石强度了。

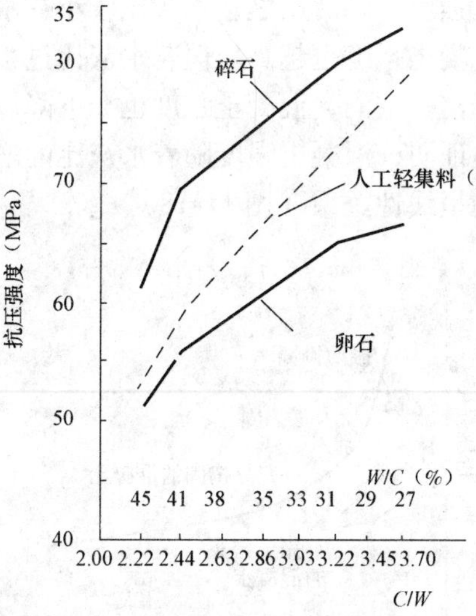

图11-19　集料品种对混凝土强度的影响

（2）集料的粒径

采用适当较大粒径的集料，对混凝土强度是有利的，但如采用最大粒径过大的集料，则会降低混凝土的强度。这是因为过大的颗粒减少了集料的表面积，界面粘结强度较小，使混凝土强度降低；另一方面，过大的集料颗粒限制了水泥石收缩，而产生的应力也较大，从而使水泥开裂或水泥石与集料界面产生微裂缝，也降低粘结强度，导致混凝土后期强度的衰减。

值得指出的是：若配制高强度混凝土时，由于水泥石与集料的界面作用比普通混凝土更敏感，因此，采用小粒径石子时，有利于界面强度的提高，分析原因，是小粒径石子使水泥浆体和单个石子界面的过渡层周长和厚度小，难以形成大的缺陷，同时，石子粒径越小，石子本身缺陷几率越小，基于增强界面的要求和石子均质性的考虑，高强混凝土应使用最大粒径较小的石子。工程中对高性能或高强混凝土所用石子的最大粒径限制在不大于25mm。

（3）集料的质量

集料质量包括有害杂质、针片状颗粒、坚固性、级配、强度等，这些都会影响混凝土的强度。有害杂质会影响水泥砂浆与集料的界面粘结力，也可能影响水泥砂浆的正常凝结硬化。针片状颗粒过多，不但会给施工带来不利影响，而且增加了混凝土的孔隙率，扩大了混凝土中集料的表面积，增加了混凝土的薄弱环节，导致混凝土强度的降低。坚固性直接影响混凝土的强度和耐久性。级配是影响混凝土密实度的重要指标，从而影响其强度。强度的影响表现在，一般情况，集料强度大于水泥石强度，则混凝土强度由界面强度及水泥石强度所支配，在此情况下，集料强度对混凝土基本没有什么影响；如集料强度低于水泥石强度，则集料强度与混凝土强度相关，会使混凝土强度下降；但过强、过硬的集料可能在混凝土因温度、湿度变化发生体积变化时，使水泥石受到较大的应力而开裂，反而使混凝土强度受到影响。

（4）集料的数量

一般认为，混凝土中的集料与水泥质量的比例对混凝土的影响是次要因素，但对强度等级大于 C35 的混凝土，该比例的影响却明显地表现出来。在水灰比相同的条件下，混凝土强度随集料与水泥质量比的增大而提高。其原因是：集料数量增多，吸水量增大，有效水灰比降低，从而使混凝土强度提高；另外，随着集料相对数量的增大，水泥浆数量相对减少，混凝土内部孔径也随之减少，集料对混凝土强度所起的作用得以更好发挥。

值得指出的是：高强混凝土选用小粒径集料时，集料数量对混凝土强度的影响与普通混凝土有所不同，应综合考虑砂率、水泥用量、水灰比、外加剂的组合作用。

3. 养护条件

混凝土所处的环境温度和湿度，都会对混凝土强度产生重要的影响，通常称为养护，养护的目的是为了保证水泥水化过程正常进行，从而获得质量良好的混凝土。

（1）养护温度

混凝土的硬化，源于水泥的水化硬化作用。若周围环境或养护温度高，水泥水化速度快，早期强度高，混凝土初期强度也高。但值得注意的是，早期养护温度越高，混凝土后期强度的增进率越小。从图 11-20 中可以看出：以养护温度为23℃时 28d 混凝土抗压强度为基准，在养护温度 32 ~ 49℃（早期 7d 以前）混凝土强度高于养护温度 4 ~ 13℃的混凝土强度，但在后期（28d），养护温度高的混凝土强度有所下降。这是由于急速的早期水化会导致水化物分布不均，水泥水化物稠密程度低的区域将会成为水泥石中的薄弱点，从而降低混凝土整体的强度；水泥水化物稠密程度高的区域，包裹在水泥粒子周围的水化物，会妨碍水化反应的继续进行，对后期强度发展不利。而在养护温度较低的情况下，由于水化变缓，水化物扩散空间较充分，从而使水化物在水泥石中均匀分布，使混凝土后期强度提高。一般来说，夏天浇筑的混凝土要比在秋冬季浇灌的混凝土后期强度低。因此，从温度对混凝土强度影响的角度来说，夏季混凝土施工要注意温度不宜过高；冬季混凝土施工时，温度又不能太低。如果温度降至冰点以下，则由于水泥水化停止进行，混凝土强度停止发展，且由于孔隙内水分结冰而引起的膨胀（水结冰体积可膨胀约 9%）产生相当大的压力。该压力作用在孔隙、毛细管时，将使混凝土内部结构遭受破坏，使已获得的强度受到损失。如果温度再回升，冰又开始融化。如此反复冻融时，混凝土内部的微裂缝，还会逐渐增加、扩大，导致混凝土表面开始剥落，甚至完全崩溃，混凝土强度进一步降低，所以，应当特别注意防止早期受冻（图 11-21）。

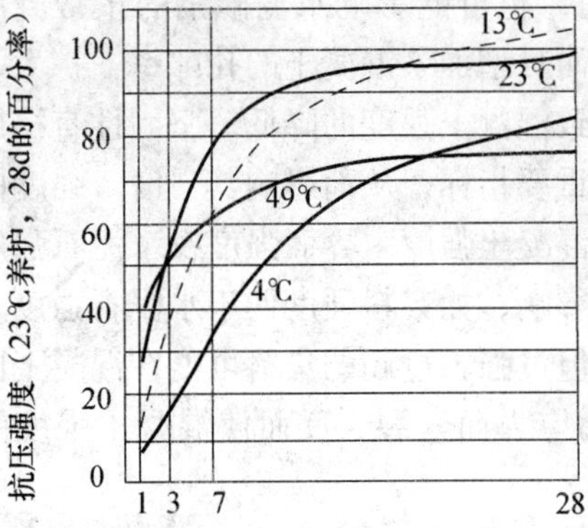

图 11-20 混凝土强度与养护温度的关系

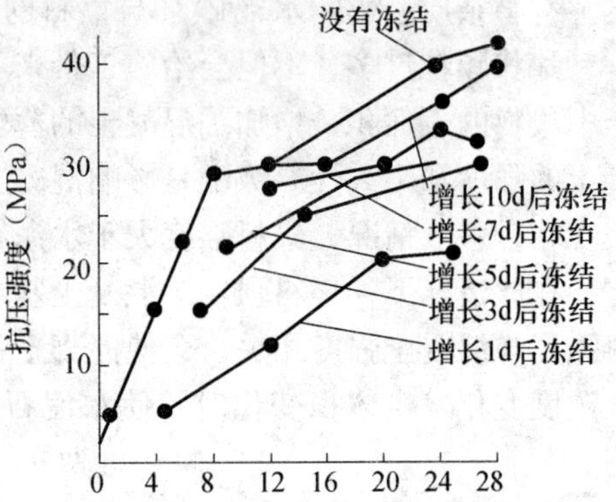

图 11-21 混凝土强度与冻结龄期的关系

（2）养护湿度

水是水泥水化反应的必要条件，因此，周围环境的湿度对混凝土强度能否正常发展有显著的影响。湿度不够，混凝土会因失水干燥而影响水泥水化作用的正常进行，甚至停止水化，受干燥作用的时间越早，造成的干缩开裂越严重，结构越疏松，强度受到的损失就越大。所以，施工过程中应注意保持混凝土凝结硬化所需要的湿度，以利于混凝土强度的正常增长。

图 11-22 是混凝土初期处于潮湿环境中后又在干燥空气中养护，从图中可看出，其最终强度比一直在潮湿条件下养护的混凝土强度低得多，因此，应当根据水泥品种，在混凝土成型后，保持一定时间的湿润养护环境。混凝土在自然条件下养护，称为自然养护，《混凝土结构工程施工质量验收规范》（GB 50204）规定，混凝土浇灌后，应在 12h 内进行覆盖，以防水分蒸发，并应按规定保湿养护。使用硅盐酸水泥、普通水泥和矿渣水泥时，保湿时间应不小于 7d。使用火山灰水泥、粉煤灰水泥时，或掺用缓凝型外加剂或有抗渗要求时，应不小于 14d。《粉煤灰混凝土应用技术规范》（GBJ 146）规定，粉煤灰混凝土的保湿时间不得少于 14d，干燥或炎热气候条件下不得少于 21d。尤其是高强混凝土在成型后，必须采取保湿措施。

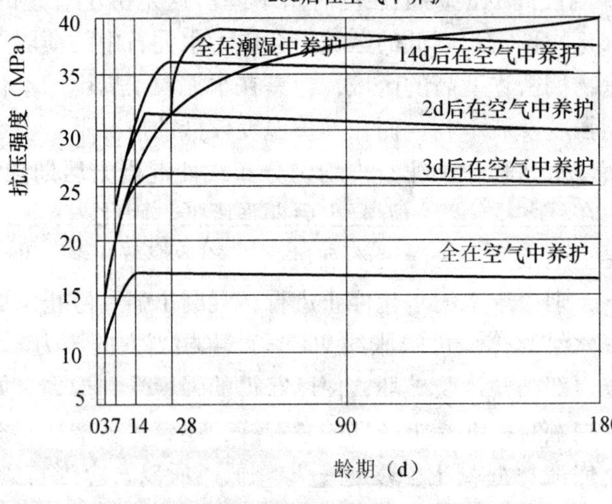

图 11-22 混凝土强度与湿度的关系

4. 养护龄期

混凝土在正常养护条件下，其强度随龄期的增加而增长，最初 7～14d 内，强度增长较快，28d 以后增长缓慢，但只要有一定的温度与湿度，后期强度仍有所增长。为了及时获得混凝土 28d 强度值，可根据《早期推定混凝土强度试验方法标准》（JGJ/T 15—2008）中推荐的早龄期，建立早期强度与 28d 的强度关系式如下。

$$f_{28} = af_j + b \tag{11-5}$$

式中 f_{28}——28d 混凝土抗压强度（MPa）；

f_j——3d 或 7d 混凝土抗压强度（MPa）；j 为天数，应≥3d；

a，b——回归系数。

实际工程中利用混凝土的成熟度来估算混凝土强度，也是一种有效的方法。混凝土的成熟度是指混凝土所经历的时间与温度乘积的总和，单位为 h·℃。当混凝土的初始温度在某一范围内，并且在所经历的时间内不发生干燥失水的情况下，混凝土强度和成熟度的对数呈线性关系。

5. 施工质量

施工是混凝土工程的重要环节，施工质量好坏对混凝土强度有非常重要的影响。施工质量包括：配料准确、搅拌均匀、振捣密实、养护适宜等。哪一道工序忽视了规范管理和操作，都会导致混凝土强度的降低。

五、提高混凝土强度的技术措施

1. 采用高强度等级水泥或早强类水泥

水泥是混凝土中的活性组分，在相同的配合比情况下，所用水泥的强度等级越高，混凝土的强度越高。在用相同强度等级的水泥时，由于硅酸盐水泥和普通水泥早期强度比其他水泥的早期强度高，因此采用此类水泥的混凝土早期强度较高。实际工程中，为加快工程进度，常需要提高混凝土的早期强度，除采用硅酸盐水泥和普通水泥外，也可采用快硬早强水泥。

2. 采用较小的水灰比

水灰比是影响混凝土强度的重要因素，试验证明，水灰比增加 1%，混凝土强度将下降 5%，所以应尽量降低混凝土中的水灰比。但是降低水灰比可能会引起流动性下降，难以满足现代泵送混凝土施工工艺的要求。随着混凝土科学技术不断发展、人们不断探索和研究，解决了小水灰比和大流动性之间的矛盾，这就是通过在混凝土中加入高效减水剂，使混凝土在保持所需流动性的同时，用水量大幅度减少，一般水灰比小于 0.4，甚至可降至 0.3 以下，从而减少了混凝土中游离水量，同时减少了混凝土内部孔隙，增加了混凝土密实度，进而提高了混凝土强度。配制的混凝土实现了小水灰比（小于 0.25），却达到了自流平（无须振捣）的效果，可见混凝土科学技术革命所产生的巨大作用。

3. 采用机械搅拌和机械振动成型

机械搅拌的混凝土拌合物比人工拌合更均匀，特别是在拌合低流动性混凝土拌合物时，机械搅拌的效果更显著。这是因为，机械搅拌可以使稠度较大的水泥浆体触变液化，降低了混凝土拌合物各组分在拌合过程中产生的极限剪应力和内部摩阻力，使水和水泥浆体较均匀地分布在拌合物内，达到较好的均匀性。目前，强制式搅拌机已普及应用。采用合理的搅拌程序（如二次投料等）也可提高搅拌质量，达到混凝土结构形成更密实的目的。

利用振捣器振动成型混凝土，其用水量比采用人工捣实少得多。这是因为在振动作用下，水泥水化生成的胶体由凝胶转化为溶胶，并破坏了各组分颗粒间的粘结力，使内阻大大降低，最后使混凝土拌合物部分或全部液化，排出空气，使混凝土拌合物密实，从而提高混凝土强度。为提高密实成型效果，应采用合理的振动成型制度（包括振捣时间、振动频率、振幅及振动加速度）及先进的振动设备（如高频振动、变频振动及多向振动设备），以获得最佳振动效果。随着混凝土科学技术的不断发展，人们正在研制开发低水灰比、高流动性、高密实性的免振混凝土，不但节省了振动设备及能耗，而且可使混凝土性能有明显的改善。

4. 采用湿热处理

湿热处理最常用的是蒸汽养护。

蒸汽养护就是将成型后的混凝土制品放在100℃以下的常压蒸汽中进行养护，目的是加快混凝土强度发展的速度。混凝土经16～20h的蒸汽养护后，其强度即可达到标准养护条件下28d强度的70%～80%。蒸汽养护的制度为静置—升温—恒温—降温。蒸汽养护的温度即恒温温度，视水泥品种而异。用普通硅酸盐水泥时，最适宜温度为80℃左右；用矿渣或火山灰硅酸盐水泥时，适宜的温度为90℃左右。

值得指出的是：普通硅酸盐水泥配制的混凝土，经蒸汽养护后，再在标准条件下养护28d的抗压强度，要比一直在标准条件下养护至28d的抗压强度低10%～15%。其原因是，高温养护使水泥水化速度加快，但同时过早在水泥颗粒表面形成水化产物凝胶膜层，阻碍了水泥进一步水化，所以经过一段时间后，强度增长速度反而下降。而矿渣或火山灰硅酸盐水泥配制的混凝土经蒸汽养护后的28d强度，能提高10%或20%～40%。其原因是，高温养护加速了活性混合材料与氢氧化钙的化学反应，同时由于溶液中氢氧化钙逐渐减少，又促使水泥颗粒进一步水化，水化生成物较多，强度增长较快，所以能提高混凝土强度。

5. 掺入外加剂

在混凝土中掺入化学外加剂，可以改善混凝土性能、节约水泥，提高施工效率，具有明显的技术和经济效果。详见第十二章有关内容。

在混凝土中掺入矿物外加剂（如矿渣、粉煤灰、硅灰、沸石粉等），可以节约水泥，降低成本，减少环境污染，符合混凝土可持续发展的思路，更重要的一点是它可以改善混凝土的诸多性能。详见第十二章有关内容。

六、混凝土其他强度

1. 混凝土轴心抗压强度（又称棱柱体抗压强度）

确定混凝土的强度等级是采用立方体试件，但实际工程中，钢筋混凝土结构形式极少是立方体的，大部分是棱柱体型或圆柱体型。为了使测得的混凝土强度接近于混凝土结构实际情况，在钢筋混凝土结构计算中，计算轴心受压构件（例如柱子、桁架的腹杆等）时，都是采用混凝土的轴心抗压强度f_{cp}作为依据。

根据《普通混凝土力学性能试验方法标准》（GB/T 50081—2002）的规定，轴心抗压强度应采用150mm×150mm×300mm的棱柱体作为标准试件。如有必要，也可以采用非标准尺寸的棱柱体试件，但其高宽比（即h/a）应在2～3的范围内。轴心抗压强度试件是在与立方体试件相同的条件下制作的，测得的轴心抗压强度却比同截面的立方体强度值小。棱柱体试件高宽比越大，轴心抗压强度越小，但当高宽比达到一定值后，强度就不再降低，因为这时在试件的中间区段已无环箍效应，形成了纯压状态（图11-23）。

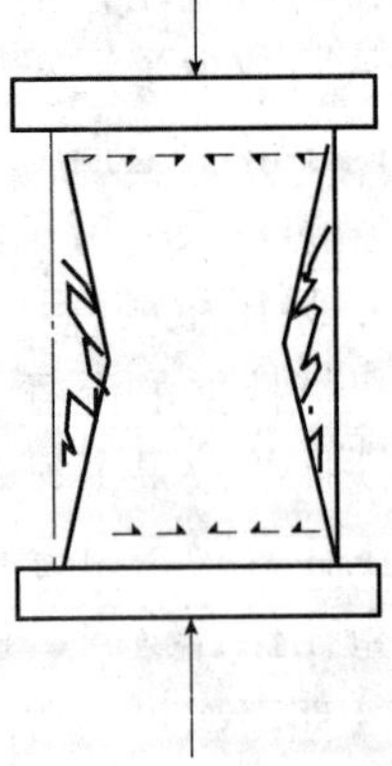

图11-23 棱柱体试件抗压状态

但是过高的试件在破坏前由于失稳产生较大的附加偏心，又会降低其抗压的试验强度值。

关于轴心抗压强度f_{cp}与立方体抗压强度f_{cu}间的关系，通过多组棱柱体和立方体试件的强度试验表明：在立方体抗压强度f_{cu} = 10 ~ 55MPa 的范围内，f_{cp}与f_{cu}之比约为0.7 ~0.8。

在结构设计中，考虑到混凝土强度与试件强度之间的差异，设计规范采用的轴心抗压强度为立方抗压强度的0.67倍。

2. 混凝土抗拉强度（又称劈裂抗拉强度）

混凝土属脆性材料，抗拉强度很低，只有其抗压强度的1/10 ~ 1/20，直接受拉力作用时，极易开裂，破坏前无明显变形征兆，工程中一般不依靠混凝土抗拉强度。但是，对某些结构（如水池、水塔等），严格控制混凝土裂缝的出现极为重要。因此，抗拉强度对于开裂控制有重要意义。在结构设计中，抗拉强度是确定混凝土抗裂度的重要指标。

抗拉强度指标不能以试件直接受拉求得，因为外力作用线与试件轴心方向不易调成一致，所以我国采用劈裂抗拉强度试验法间接地得出混凝土的抗拉强度，此强度称为劈裂抗拉强度，简称劈拉强度f_{ts}（图11-24）。

该方法的原理是，在试件的两个相对的表面中线上作用着均匀分布的压力，这样就能在外力作用的竖向平面内产生均布拉伸应力，该应力可以根据弹性理论计算得出。这个方法大大地简化了抗拉试件的制作，并且较正确地反映了试件的抗拉强度。

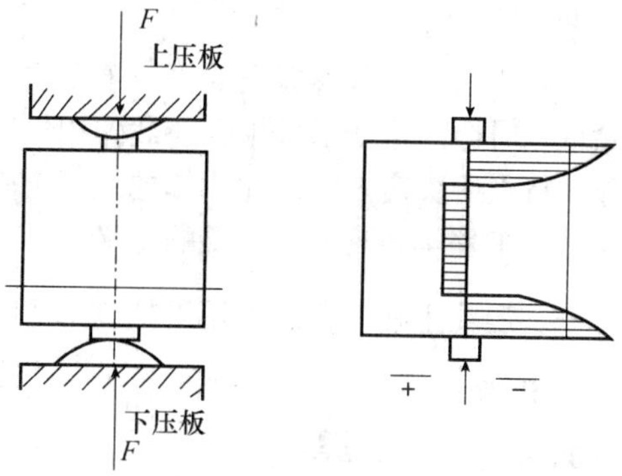

图11-24　混凝土劈拉试验及受力面的应力分布

混凝土劈拉强度应按下式计算：

$$f_{ts} = 0.637\frac{P}{A} \tag{11-6}$$

式中　f_{ts}——混凝土劈裂抗拉强度（MPa）；

P——破坏荷载（N）；

A——试件劈裂面积（mm^2）。

混凝土按劈裂试验所得的抗拉强度f_{ts}换算成轴拉试验所得的抗拉强度，应乘以换算系数，该系数可由试验确定。

关于劈裂抗拉强度与标准立方体抗压强度之间的关系，可用下列经验公式表达：

$$f_{ts} = 0.35f_{cu}^{\frac{3}{4}} \tag{11-7}$$

式中　f_{ts}——混凝土劈裂抗拉强度（MPa）；

f_{cu}——混凝土抗压强度（MPa）。

3. 混凝土抗弯强度（又称抗折强度）

在钢筋混凝土结构计算中，计算受弯构件（例如梁）时，都是采用混凝土的抗弯强度f_{cf}作为依据。尤其是道路路面或机场跑道用混凝土，更是以抗弯强度（或称抗折强度）作为主要设计指标，而抗压强度则作为参考强度指标。因此，抗弯强度在建筑、道桥等设计、施工中是很重要的一项技术指标。

水泥混凝土的抗弯强度试验是以标准方法制备成150mm ×150mm ×550mm的梁型试件，在标准条件下养护28d后，按三分点加荷，测定其抗弯强度（f_{cf}），按下式计算：

$$f_{cf} = \frac{PL}{bh^2} \tag{11-8}$$

式中 f_{cf}——混凝土抗弯强度（MPa）；

P——破坏荷载（N）；

L——支座间距（mm）；

b——试件截面宽度（mm）；

h——试件截面高度（mm）。

当试件尺寸为100mm×100mm×400mm非标准试件时，应乘以尺寸换算系数0.85；当混凝土强度等级不小于C60时，宜采用标准试件。

我国道路水泥混凝土设计规范中根据交通量分级不同，对计算抗折强度有明确要求。

第三节　混凝土的变形性能

混凝土的变形是混凝土的另一项重要的力学性能。与其他结构材料变形不同的是，混凝土除承重时会产生变形，未受荷载作用情况下，也会发生变形，这是由混凝土自身组成特点和施工特点所决定的。因此，掌握混凝土受荷变形和非受荷变形特征，消除变形造成的开裂缺陷，对工程实践具有很重要的意义。

一、混凝土在非荷载作用下的变形

1. 化学变形

混凝土在硬化过程中，由于水泥水化发生的化学反应，使生成物（水化产物）的体积总小于反应物（水和水泥）的体积，由此，必然会引起混凝土产生收缩，通常称为化学减缩，又称为水化收缩。以水泥熟料矿物成分之一硅酸三钙为例计算如下：

化学反应式	$2(3CaO \cdot SiO_2)$	$+ 6H_2O =$	$3CaO \cdot 2SiO_2 \cdot 3H_2O$	$+ 3Ca(OH)_2$
摩尔量	456.6	108.1	342.5	222.3
密度	3.15	1.00	2.71	2.23
体系绝对体积		253.1		226.1

由此看出，体系绝对体积减小了10.7%。同理，可计算出其他矿物成分反应后体系绝对体积，均说明大部分硅酸盐水泥浆体完全水化后，体积收缩总量为7%~9%，而且收缩量是随着混凝土龄期的延长而增加，大致与时间的对数成正比。一般在混凝土成型后40d内收缩量增加较快，以后逐渐趋向稳定。

值得一提的是，这种化学收缩的产生对混凝土硬化前并未造成危害，因为，硬化前所增加的固相体积起到了填充原来被水所占据的空间，使水泥石密实；但是硬化后，宏观上，体积收缩必然形成内部孔隙，而使混凝土内部产生微细裂缝。

化学收缩与水泥的组成有关，不同水泥矿物自身收缩不尽相同，表11-6为水泥矿物的收缩率。

表11 6　水泥中主要单矿物的收缩率

水泥矿物名称	收缩率
C_3S	0.000754~0.000826
C_2S	0.000734~0.000806
C_3A	0.00224~0.00244
C_4AF	0.000376~0.000604

从表中看出，C_3A 收缩量最大，是 C_3S 和 $C_2\dot{S}$ 收缩量的 3 倍左右。可见，调整水泥矿物比例可减少水泥化学收缩。

工程中应从选择水泥品种和控制最大水泥用量出发，尽量减小化学收缩带来的不利影响。

2. 塑性变形

塑性变形是在混凝土仍处于塑性状态时发生的，是化学收缩和干燥收缩在某种条件下的叠加表现，多发生在暴露面积较大的混凝土工程中（如道路、地坪、楼板等）。当新拌混凝土表面失水速率超过内部水向表面迁移的速率时，会造成毛细管内部产生负压，因而使浆体中固体粒子间产生一定引力而产生收缩，如果作用于混凝土表面的引力不均匀，则表面将产生裂纹。

塑性收缩是一种常见的收缩。在新拌混凝土浇捣以后的几小时内就会发生。以夏季施工容易失水最为普遍。所以，预防塑性收缩开裂的方法是降低混凝土表面失水速率，采取防风、降温等措施。最有效的方法是凝结硬化前保持混凝土表面的湿润，如在表面覆盖塑料膜、喷洒养护剂等。

3. 干湿变形

混凝土的干湿变形主要取决于周围环境湿度的变化，表现为干缩湿胀。干缩对混凝土影响很大，应予以特别注意。

（1）干缩

混凝土处于干燥环境时，首先发生毛细管的游离水蒸发，使毛细管内形成负压，随着空气湿度的降低，负压逐渐增大，产生收缩力，导致混凝土整体收缩。当毛细管内水蒸发完后，若继续干燥，还会使吸附在胶体颗粒上的水蒸发。由于分子引力的作用，粒子间距变小，引起胶体收缩，称这种收缩为干燥收缩，如图 11-25 所示。

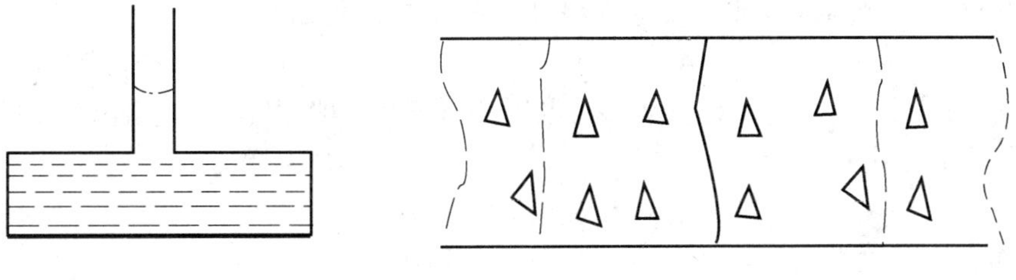

图 11-25　干燥收缩变形原理图

混凝土干缩变形是由表及里逐渐进行的，因而会产生表面收缩大、内部收缩小的现象，导致混凝土表面受到拉力作用。当拉应力超过混凝土的抗拉强度时，混凝土表面就会产生裂缝。此外，混凝土在干缩过程中，集料并不产生收缩，因而在集料与水泥石界面上也会产生微裂缝，裂缝的存在，会对混凝土强度、耐久性产生有害影响。

影响混凝土干缩的因素主要有：

1）水泥用量、品种、细度

水泥用量是决定干缩变形大小的主要因素。在水灰比相同的条件下，水泥用量愈大，混凝土干缩变形愈大。水泥品种对混凝土干缩也有很大影响，如火山灰硅酸盐水泥比硅酸盐水泥干缩率大。水泥的细度愈细，干缩则愈大。

2）水灰比

相同水泥用量，水灰比大，混凝土内毛细孔数量多，混凝土干缩大。一般来说，用水量增加 1%，混凝土干缩率增加 2% ~3%。

3）集料的质量

集料粒径、级配、含泥量都与混凝土中所用水泥与水的数量有关。混凝土干缩随着集料质量的提高而减小。

4）养护条件

养护湿度高，养护时间长，有利于推迟混凝土干燥收缩的产生和发展，可避免混凝土早期产生较多的干缩裂纹。

在一般工程设计中，通常采用混凝土的线收缩值为（15～20）$\times 10^{-5}$，即每1m收缩0.15～0.2mm。设计冗长的建筑物时，往往利用混凝土干缩值进行收缩缝的构造设置。

（2）湿胀

若将混凝土长期置于水中，从图11-26中可看出，置于水中的混凝土体积不但不收缩，还稍有膨胀。即混凝土处在潮湿或水中养护时，与在干燥空气中养护时的变形是完全不同的。这是由于水泥石中凝胶体颗粒的吸附水膜增厚所致。但实际上，混凝土并非长期处在水中，因此发生湿胀的大小主要与空气湿度有关，且其值也远小于所发生的收缩值。当空气的相对湿度为70%时，混凝土膨胀值约为收缩值的1/6，相对湿度为50%时，约为1/8。若将已经干缩的混凝土重新放入水中或潮湿环境中，混凝土体积会重新产生湿胀，但并不能完全恢复已发生的干缩变形。即使再长期放在水中，仍然有少量残余变形。普通混凝土不可恢复的变形约为干缩变形的30%～60%。可见，减少干缩是保证混凝土施工质量的关键一步。

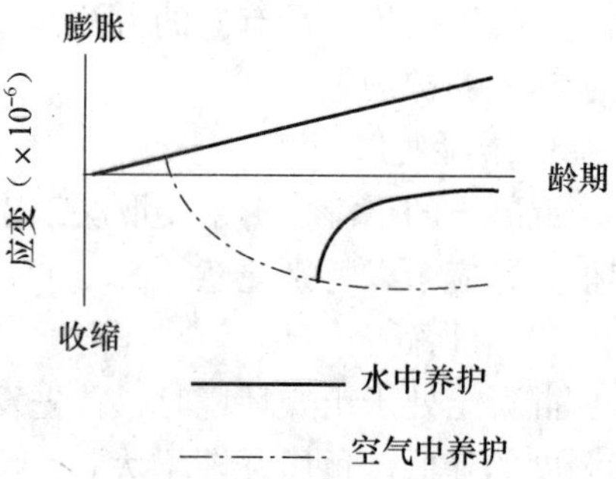

图11-26　混凝土长期湿养体积变化规律

4. 温度变形

混凝土具有热胀冷缩的性质，称其变形为温度变形。在一般温度变化范围内，混凝土长度的变化，可用下式求出：

$$\Delta L = \alpha \cdot \Delta t \cdot L \tag{11-9}$$

式中　ΔL——混凝土长度变化（m）；

α——混凝土温度变形系数。$\alpha = 1.0 \times 10^{-5}$℃。即温度每升降1℃，每米胀缩0.00001m或0.01mm。

L——混凝土结构长度（m）；

Δt——温差（℃）。

温度变形对大体积混凝土工程极为不利。这是因为在混凝土硬化初期，由于水泥水化放出较多的热量，混凝土又是热的不良导体，散热速度慢，聚集在混凝土内部的热量使温度升高，有时可达到50～70℃，造成内部膨胀和外部收缩互相制约，使混凝土表面产生很大的拉应力，严重时使混凝土产生开裂。有资料表明，当混凝土内外温差达25℃，混凝土表面就可能出现裂缝，所以大体积混凝土施工时，必须尽量设法减小内外温度差。一方面可采用低热水泥，减少水泥用量，降低内部发热量；另一方面，加强外部混凝土的保温措施，如采取通入蒸汽提升外部温度等措施，尤其注意使降温不至于过快。当内部温度开始下降时，又要注意及时调整外部降温速度，以保证降温过程不产生裂缝，可采取洒水散热。总之，根据混凝土内外温差变化的具体情况，拟定混凝土升温、降温过程中的措施和方案，是保证大体积混凝土工程质量不可忽视的问题。

在纵长的钢筋混凝土结构物中，每隔一段长度，应设温度伸缩缝及温度钢筋，以减少温度变形造成的危害。

5. 自收缩

随着高性能混凝土技术的发展、人们在科学试验中进一步认识到，成型硬化后的混凝土，即使不给其提供水分，假设原来的拌合水不向外界环境散发，则混凝土自身内部的水分也会因水泥水化不断被消耗而减少。为此，对于密封的混凝土来说，内部相对湿度就将随水泥水化的进行而降低，由此造成的水泥水化物收缩称为自生收缩。在水灰比较高的普通混凝土中，由于这部分收缩比例小，因而并未得到重视，但是在水灰比较低的高性能混凝土中，自生收缩对早期裂缝的产生将不容忽视。影响自收缩的因素与水灰比、细掺合料、水泥细度有关。

6. 碳化收缩

当空气中的二氧化碳与混凝土表面的水化产物氢氧化钙在一定湿度情况下发生反应时，称为碳化。碳化伴随有体积收缩，被称为碳化收缩，该收缩是不可逆的。如果混凝土有足够的密实度，碳化仅限于表面层，而在表面层，干燥速率又是最大的，因此干燥和碳化收缩的叠加使得收缩加重，再受到内部混凝土的约束，可能引起严重的开裂，工程中应引起重视。影响碳化收缩的因素有水灰比、细掺合料、水泥品种和用量等。

二、混凝土非荷载作用下变形的表征

由于混凝土品种增多以及矿物掺合料、外加剂等广泛使用，导致某些混凝土的早期收缩明显增大。尤其是混凝土早龄期（约 3d）的体积变形最为复杂，其中包括全部塑性收缩，自生收缩、水泥水化的化学收缩以及混凝土表面失水产生的干燥收缩，这些收缩变形在早龄期所占比例较大，对工程危害也较大。以往测定该变形是在试件标养 3d 并且拆模后，测量体积变形，这种方法只能测量从标准养护室移入恒温恒湿室开始，试件的长度变化，而无法反映出早龄期 3d 之内的长度变化情况。

因此，如何能够尽早获得混凝土自初凝（或终凝）开始收缩变形的测试值，新颁布的国家标准《普通混凝土长期性能和耐久性能试验方法标准》（GB/T 50082—2009）对此规定了下述几种方法。

1. 非接触法

该方法主要适用于测定早龄期混凝土的自由收缩变形，也可用于无约束状态下混凝土自收缩变形的测定。

2. 接触法

主要用于测定在无约束和规定温湿度条件下硬化混凝土试件的收缩变形性能。

测定混凝土收缩时以 100mm × 100mm × 515mm 的棱柱体试件为标准试件，采用卧式混凝土收缩仪时，试件两端应预埋测头或留有埋设测头的凹槽。测头应由不锈钢或其他不锈的材料制成。

3. 早期抗裂法

主要适用于测试混凝土试件在约束条件下的早期抗裂性能。实际工程中，混凝土往往受各种约束作用，如钢筋混凝土中的钢筋对混凝土而言，当混凝土收缩时，钢筋并不收缩，相对钢筋，混凝土受钢筋的约束；又如两端固定的构件，当混凝土收缩变形时，固定端则会约束混凝土，受到约束的混凝土相当于受到一个拉力作用，因此，容易造成开裂。

上述方法具体测试步骤参见《普通混凝土长期性能和耐久性能试验方法标准》（GB/T

50082—2009）。

三、混凝土在荷载作用下的变形

1. 短期荷载作用下的变形

（1）混凝土变形特征

如前所述，混凝土结构在形成过程中已存在内部裂缝，尤其是水泥石－集料界面裂缝难以避免。在荷载作用下，混凝土变形可由四个阶段来描述，这四个阶段决定了混凝土应力－应变曲线的特征。

当荷载到达“比例极限”（约为极限荷载的 30%）以前，界面裂缝无明显变化（图 11-27 Ⅰ阶段），此时荷载与变形是直线关系。荷载超过 *A* 阶段，进入 *B* 阶段（图 11-27 Ⅱ阶段），界面裂缝的数量、长度和宽度逐渐增大，界面借摩阻力继续承担荷载，此时变形增大的速度已超过荷载增大的速度，荷载与变形之间不再是直线关系。当荷载超过极限荷载的 70%～90% 时，在界面裂缝继续扩展的同时，砂浆开始出现裂缝，并将和相邻界面裂缝连接、汇合。此时变形明显进一步加快，荷载与变形曲线弯向变形轴方向（图 11-27Ⅲ阶段），达到极限荷载，裂缝迅速发展，变形迅速增大，荷载变形曲线下降，混凝土最终破坏。

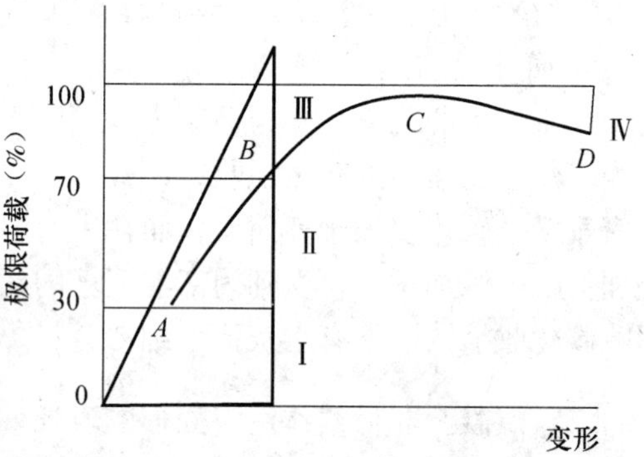

图 11-27　混凝土变形阶段示意图

混凝土荷载－变形关系对应的不同阶段裂缝示意图，如图 11-28 所示。

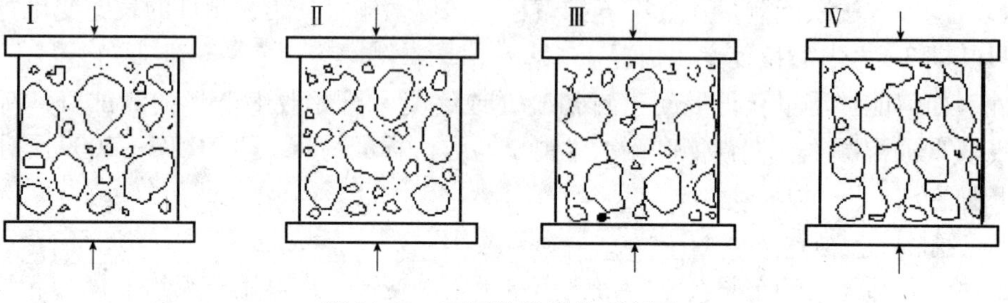

图 11-28　不同阶段裂缝示意图

从上述荷载－变形关系可看出，混凝土不是一种完全的弹性体，也非完全塑性体，而是一种弹塑性体。若在上升段的某一点取应力 σ，对应应变为 ε。ε 可以看作包括了卸载后由混凝土弹性变形引起的能恢复的弹性应变 $\varepsilon_{弹}$，和由混凝土塑性变形引起的剩余的不能恢复的塑性应变 $\varepsilon_{塑}$，从图 11-29 可以看出，当塑性应变所占总变形比例越小时，混凝土的变形越接近弹性变形。

混凝土是一种弹塑性体，在外力作用下，既能产生可以恢复的弹性变形，又能产生不可恢复的塑性变形，其应力－应变关系不是直线，而是曲线，如图 11-29 所示。了解混凝土的变形特征，目的是为混凝土设计时确定混凝土刚度提供基础依据，只有认识了这一特点，才能得出反映混凝土刚度的指标——弹性模量。

（2）混凝土静弹性模量

混凝土弹性模量是反映混凝土结构或钢筋混凝土结构刚度大小的重要指标。在计算钢筋混凝土结构的变形、裂缝出现及受力分析时，都须用此指标。但整个受力过程中，混凝土并非完全弹性变形，因此计算混凝土弹性模量对应的应力与应变比值成为一个变量，不能简单加以确定。

试验证明，当静压应力取值0.3～0.5时，随着重复施力的进行，每次卸荷都残留一部分塑性变形，但随着重复次数增加，$\varepsilon_{塑}$的增量逐渐减少，即$\varepsilon_{塑}$占总变形的比例趋于零，使曲线稳定$A'C'$线，此时，$A'C'$线上任一点应力与应变的比值趋于常数，在数值上与原点初始切线对应的α角相近。因此，为测定方便、准确，《普通混凝土力学性能试验方法标准》（GB/T 50081—2002）规定，采用150mm×150mm×300mm的棱柱试件，取$0.4f_{op}$作为应力值，经过重复加荷4～5次后，测得的应力与应变的比值，即混凝土弹性模量，也称割线模量。如图11-30所示。

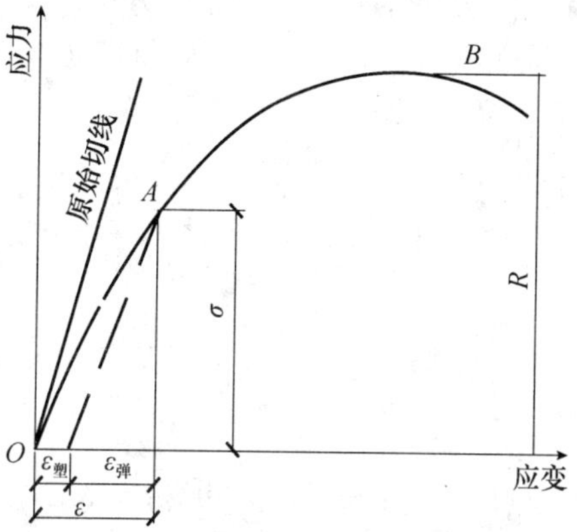

图11-29　混凝土应力－应变关系

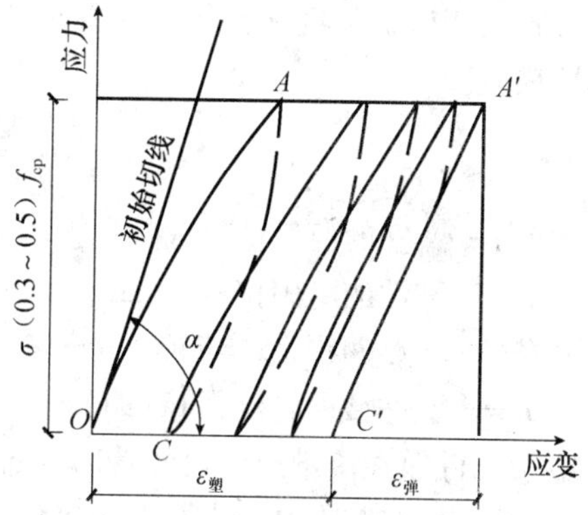

图11-30　混凝土弹性模量

采用这种方法测定的弹性模量E_c，可作为混凝土结构设计的依据。当混凝土的强度等级在C10～C60之间时，其弹性模量值约为1.75×10^4～3.60×10^4MPa。

影响混凝土弹性模量的因素有：

1）水泥用量少，水灰比小，粗细集料用量较多，则混凝土弹性模量大。

2）集料弹性模量大，混凝土弹性模量大，集料质量好，级配优良，混凝土弹性模量高。

3）在相同强度情况下，早期养护温度较低的混凝土具有较大的弹性模量，蒸汽养护混凝土弹性模量较具有相同强度的、在标准条件下养护的混凝土弹性模量小。

4）引气混凝土弹性模量较非引气的混凝土低20%～30%。混凝土的弹性模量主要取决于集料与水泥石的弹性模量以及它们之间的体积比和混凝土含气量。所以水灰比较小、水泥用量较少、集料弹性模量较高、养护较好及龄期较长时，混凝土的弹性模量就较大。

（3）混凝土动弹性模量

动弹性模量用于检验混凝土在经受快速冻融或其他侵蚀作用后内部遭受破坏或损伤的程度。

用动力学方法（共振法）在很小的应力状态与周期性交变的动荷载下测定的弹性模量称为动弹性模量。共振法的测定原理是使混凝土试件在一个可调频率的周期性外力作用下产生受迫振动，如外加的频率等于试件的基频振动频率时则产生共振，将测得的横向振动频率f代入下式计算动弹性模量E_d：

$$E_d = 13.244 \times 10^{-4} \times WL^3f^2/a^4 \tag{11-10}$$

式中　E_d——混凝土动弹性模量（MPa）；

W——试件质量（kg）；

L——试件长度（mm）；

a——正方形边长（mm）；

f——横向振动时的基振频率（Hz）。

混凝土动弹性模量以三个试件的平均值作为试验结果，计算精确至100MPa。

（4）混凝土抗折弹性模量

道路混凝土是以水泥混凝土板作面层，下设基层所组成。由于路面板直接承受车辆荷载冲击摩擦和反复弯曲作用，在强度方面以抗折强度为控制指标，因此所采用的混凝土弹性模量也应根据抗折试验确定，称为抗折弹性模量。混凝土抗折弹性模量试件制作方法、尺寸及加荷方式均与抗折强度试验相同。并规定用挠度法，取 $P_{0.5}$级（即 $0.4f_{cf}$）时割线模量为抗折弹性模量。

$$E_{cf} = \frac{23FL^3}{1296fJ} \times 10^4 \tag{11-11}$$

式中　F——试件的荷载值（N）；

f——试件的跨中挠度（mm）；

L——支点间距，$L=450$（mm）；

J——试件截面转动惯量（J）。

鉴于抗折弹性模量测试比较费时，难以测准，允许在无条件测试时，可按混凝土计算抗折强度参照表11-7选用，或按下式确定：

$$E_{cf} = 1.44f_{cf}^{0.459} \times 10^4 \tag{11-12}$$

表11-7　路面混凝土抗折强度与弹性模量

混凝土计算抗折强度 f_{cf}（MPa）	4.0~4.5	4.5~5.5
混凝土抗折弹性模量 E_{cf}（$\times 10^4$MPa）	2.7~3.1	2.8~3.5

2. 长期荷载作用下的变形

（1）徐变的概念

混凝土在长期荷载作用下，沿着作用力方向的变形会随时间延长而不断增大，也即荷载不变而变形随时间不断增大。变形发生后，一般要延续2~3年才趋于稳定。这种现象称为徐变。图11-31为混凝土徐变的一个变化过程，从图中可以看出，在加荷瞬间，混凝土产生瞬时变形，随着时间的延长，荷载不变但变形却缓慢增加，即产生徐变变形。其基本规律是：在荷载作用初期，徐变变形增长较快，以后逐渐变慢，且稳定下来；当变形稳定以后卸载，一部分变形瞬时恢复，其值小于在加荷瞬间产生的瞬时变形。在卸荷后一段时间内，变形还会继续恢复，称为徐变恢复。最后残留下来的不能恢复的变形称为残余变形。混凝土的最终徐变可达（3~15）$\times 10^{-4}$，即0.3~1.5mm/m。可见，混凝土的徐变变形往往超过弹性变形的2~3倍，结构设计中是不能忽略的。

（2）徐变的原因

目前认为，混凝土徐变是由混凝土中水泥石的徐变所引起的。水泥石的徐变是由于水泥石中的凝胶体在长期荷载作用下的黏性流动，并向毛细孔中移动，同时吸附在凝胶粒子上的

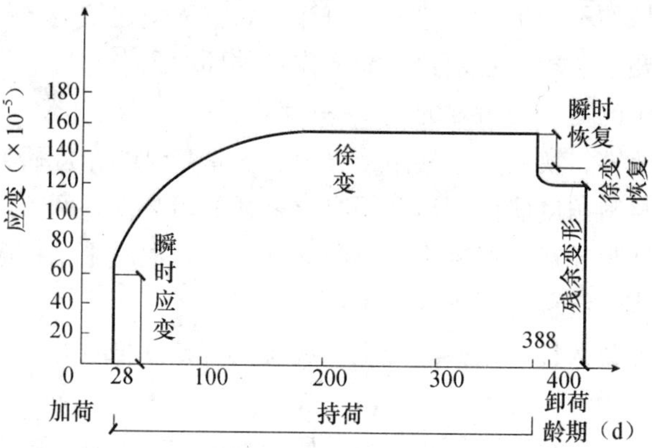

图 11-31 混凝土应变与加荷时间的关系

吸附水因荷载应力而向毛细孔渗透的结果。从水泥凝结硬化过程可知，随着水泥的逐渐水化，新的凝胶体逐渐填充毛细孔，使毛细孔的相对体积逐渐减少。荷载初期，由于未填满的毛细孔较多，凝胶体较易流动，故徐变增长较快。以后由于内部稳定和水化的进展，毛细孔逐渐减小，徐变发展因而越来越慢。

（3）影响混凝土徐变的因素

混凝土在水灰比较大时，徐变较大。水灰比相同时，水泥用量较多的混凝土徐变较大。混凝土所用集料弹性模量较大时，徐变较小。充分养护，特别是在水中养护的混凝土徐变较小。混凝土的应力越大，徐变越大。

混凝土的徐变对结构物受力影响很大。由于徐变的存在，使结构物内部的应力及变形都会不断产生重分布。例如在计算钢筋混凝土结构时，混凝土的徐变会降低混凝土所承受的应力，而增大钢筋的应力，使结构物中局部集中应力得到缓和。在计算大体积混凝土的温度应力时，必须精确计算徐变变形带来的影响。徐变对大体积混凝土的温度应力起着有利的作用，特别是当温度的变化较慢时，由于温度变形的一部分由徐变变形抵消，因而可以减轻温度变形的破坏作用。但对预应力钢筋混凝土结构，混凝土的徐变将使钢筋的预应力受到损失。

第四节　混凝土的耐久性

混凝土的诞生源于水泥基材料诸多优良的性能。传统上都将其强度放在首位，针对不同的混凝土，从设计上可选择不同的强度等级，以高强度标志混凝土科技进步的观念，长期以来为人们所公认。然而，过分强调混凝土强度而忽视其耐久性而给结构工程带来的损失，已引起了工程界对混凝土性能的重新认识。

从 20 世纪 30 年代混凝土得以使用开始，大量的混凝土结构物没有达到预期的使用年限就发生过早破坏，尤其是水工、桥梁、道路和受到环境因素作用的混凝土，因材质劣化造成失效以致破坏崩塌的事故屡见不鲜。维修已损坏的结构所投入的资金耗费惊人，据有关资料介绍，美国每年用于混凝土结构物的维修费用高达 300 亿美元，瑞士每年用于桥面检测和维护的费用高达 8000 万瑞士法郎……许多发达国家每年用于建筑维修的费用都超过新建的费用。我国每年由混凝土腐蚀造成的损失约 1800 亿～3600 亿元。因此，不得不再一次提醒人们，由于人类开发领域的不断扩大，地下、海洋、高空环境建筑越来越多，结构物使用的环境越来越苛刻，这就要求混凝土必须具有能适应各种环境因素作用的优异性能，本节主要介绍除强度之外，混凝土的另一个重要的性质——耐久性。

混凝土耐久性的研究，实质上包括两个方面：一是从结构角度研究，涉及混凝土结构的耐久性，另一个是从材料角度研究，涉及混凝土材料的耐久性。两者出发点不同，研究方法及侧重点也不尽相同。很显然，混凝土材料耐久性是研究混凝土结构耐久性的必备知识，也是我们本节的重点内容，统称混凝土的耐久性。

所谓混凝土材料的耐久性，是指混凝土材料应具有长期抵抗环境介质作用并保持其良好的使用性能的能力。

混凝土的耐久性是一个综合性概念，就其所包括的内容而言，随着混凝土科学技术的发展而不断充实和完善，按照最新颁布的《普通混凝土长期性能和耐久性能试验方法标准》(GB/T 50082—2009)，混凝土耐久性包括抗水渗透性、抗氯离子渗透、抗冻性、抗硫酸盐侵蚀性、抗碳化性、抗钢筋锈蚀性、抗碱-集料反应等方面。这些性能决定着混凝土经久耐用的程度。

一、混凝土抗渗性

1. 抗水渗透性

混凝土的抗水渗透性是指混凝土抵抗压力水渗透的性能。抗水渗透性是混凝土的一个重要性质，直接影响混凝土的抗冻性与抗侵蚀性。抗水渗透性主要取决于混凝土的密实度及内部孔隙的特征（大小、构造）。这是因为，混凝土属多孔结构材料，水泥浆中多余水分的蒸发难免留下一定的气孔，当这些孔一旦形成连通的孔隙，自然会产生一些渗水通道，在有一定压力水作用下，混凝土即会发生渗水。另外，这些通道还可能产生于施工振捣不密实、水泥浆泌水形成的毛细管孔道以及粗集料下部聚积的水膜。

（1）影响混凝土渗水的因素及提高抗水渗透性的方法

1）水灰比。混凝土水灰比的大小，对其抗渗性起决定性作用。这是因为水灰比越大，形成的渗水通道可能越多。试验证明，抗渗性随水灰比的增加而下降，当水灰比大于0.6时，抗水渗透性急剧下降。

2）集料的最大粒径。相同水灰比下，集料最大粒径越大，集料和水泥浆界面处越易产生裂隙，集料下方越易形成孔穴，渗水通道就越多，抗水渗透性就越差。

3）水泥品种。水泥品种不同，细度不同，硬化后水泥石孔隙不同。细度越大，孔隙越小，强度越高，则抗水渗透性越好。

4）养护条件。在干燥或湿度小的情况下，混凝土早期失水多，易形成收缩裂缝，降低混凝土抗水渗透性。蒸汽养护的混凝土较潮湿养护混凝土的抗水渗透性差。

5）外加剂。在混凝土中掺入某些外加剂，如减水剂，可减少水灰比，改善和易性，提高密实性；掺入引气剂，可截断孔隙通道，提高抗水渗透性。

6）掺合料。在混凝土中加入掺合料，如掺入优质粉煤灰等，可提高密实度，因而提高了混凝土的抗水渗透性。

总之，提高混凝土抗水渗透性的关键措施是设法改变混凝土孔隙特征、截断渗水通道或增大密实度。

(2) 抗水渗透性的表示方法

《普通混凝土长期性能和耐久性能试验方法标准》(GB/T 50082—2009)规定，抗水渗透性有下列两种表示方法。

1) 渗水高度法。是以硬化后混凝土在恒定水压力下测得的平均渗水高度来表示的混凝土抗水渗透性能。

一组试件的平均渗水高度应按下式计算：

$$\bar{h}=\frac{\sum_{i=1}^{6}\left[\left(\sum_{j=1}^{10}h_{ij}\right)/10\right]}{6} \tag{11-13}$$

式中 $\bar{h}$——6 个试件的平均渗水高度(mm);

h_{ij}——第 i 个试件第 j 个测点的渗水高度(mm)。

2) 逐级加压法。是通过逐级施加水压力来测定以抗渗等级表示的混凝土的抗水渗透性能。

混凝土的抗渗等级，以每组 6 个试件中 4 个试件未出现渗水时的最大水压力表示。

抗渗等级应按下式计算：

$$P=10H-1 \tag{11-14}$$

式中 P——混凝土抗渗等级；

H——6 个试件中有 3 个试件渗水时的水压力(MPa)。

2. 抗氯离子渗透性

混凝土抗氯离子渗透性是基于评价混凝土抵抗环境中侵蚀性介质侵入和腐蚀的能力而提出的。如工程中常常有一些侵蚀性离子与混凝土作用，包括二氧化碳、氯离子、硫酸盐等，这些离子的侵入和传输严重影响着混凝土耐久性。其中氯离子的侵入可以在钢筋与混凝土界面产生富集，往往导致钢筋腐蚀，所以混凝土的渗透性还可以通过氯离子在混凝土中扩散系数的大小进行评价。

《普通混凝土长期性能和耐久性能试验方法标准》(GB/T 50082—2009)规定，抗氯离子渗透性有下列两种表示方法。

(1) RCM 法(rapid chloride migration)

该方法的原理是通过测量氯离子在混凝土中非稳态迁移的迁移系数，以此评价混凝土抗氯离子渗透性能。

混凝土的非稳态氯离子迁移系数按下式计算：

$$D_{RCM}=\frac{0.0239(273+T)L}{(U-2)t}\left(X_d-0.0238\sqrt{\frac{(273+T)LX_d}{U-2}}\right) \tag{11-15}$$

式中 D_{RCM}——混凝土的非稳态氯离子迁移系数，精确到 0.1×10^{-12} (m^2/s);

U——所用电压的绝对值(V);

T——阳极溶液的初始温度和结束温度的平均值(℃);

L——试件厚度(mm)，精确到 0.1mm;

X_d——氯离子渗透深度的平均值(mm)，精确到 0.1mm;

t——试验持续时间(h)。

(2) 电通量法

该方法是通过测试混凝土试件的电通量为指标来确定混凝土抗氯离子渗透性能。但是，该方法不适用于测定掺亚硝酸盐的混凝土。

二、混凝土抗冻性

混凝土的抗冻性是指混凝土在水饱和状态下，能经受多次冻融循环作用而不破坏，同时也不严重降低强度的性能。

混凝土的抗冻性主要取决于混凝土中孔隙的数量、特征、充水程度、环境的温湿度与经历冻融的次数等。由于充水介质成分复杂，混凝土冻融破坏机理略有差别，应分别对待。

混凝土受水冻融作用破坏的原因，是混凝土内部孔隙的水在负温下结冰后体积膨胀造成的静水压力、因冻水蒸汽压的差别推动未冻水向冻结区的迁移造成的渗透压力，当这两种压力所产生的内应力超过混凝土抗拉强度时，混凝土就会产生裂缝，多次冻融使裂缝不断扩展直至破坏。

混凝土受盐冻融作用破坏的原因，因渗透压增大导致混凝土内部孔隙饱和吸水度提高，盐的结晶压力增大，盐的浓度梯度使渗透压力因分层结冰产生应力差，使混凝土表面产生剥蚀破坏。

1. 影响混凝土抗冻性的因素及改善方法

（1）混凝土密实度。密实度越大，抵抗冻融破坏的能力越强，抗冻性越高。可掺入优质矿物掺合料，以增加混凝土的密实度。

（2）混凝土孔隙构造及数量。开口孔隙越多，水分越易渗入，静水压力越大，抗冻性越差。因此，应注意孔隙所表现的双面性，即数量与构造之间的协调关系，若为封闭孔隙，则数量多时，从孔隙自身可以减小水的渗入，即使温度降至冰点，混凝土仍可有良好的抗冻能力，同时，数量多时还可起到一定的有利作用。

（3）混凝土孔隙充水程度。饱水程度越高，冻结后产生的冻胀作用就大，抗冻性越差。降低饱水程度的最有效方法是减小开口孔隙数量。

（4）水灰比。水灰比与孔隙率成正比，水灰比大且开口孔隙率大，对抗冻不利。

（5）外加剂。在混凝土中掺入引气剂，可使混凝土中孔降为细小、封闭、均匀的气泡，使水分难以渗入，同时气泡有一定的适应变形能力，对冰冻破坏起一定的缓冲作用。

（6）养护时间。因水泥的不断水化，混凝土强度随龄期将不断增加，一方面可使冻结水量减少；另一方面，水中溶解盐浓度随水化深入而增加，冰点随之而降低，抗冻融破坏能力也增强。所以延长冻结前的养护时间，对提高混凝土抗冻性是有利的。

总之，提高混凝土抗冻性的最有效途径是掺用引气剂，但引气量以4%～6%为宜，过多会导致混凝土强度下降。还可掺用减水剂和防冻剂等，提高混凝土抗冻性。

2. 抗冻性的表示方法

《普通混凝土长期性能和耐久性能试验方法标准》（GB/T 50082—2009）规定，抗冻性有三种表示方法。

（1）慢冻法

是以测定混凝土试件在气冻－水融条件下，以经受的冻融循环次数来表示的混凝土抗冻性能。

强度损失率应按下式进行计算：

$$\Delta f_c = \frac{f_{c0} - f_{cn}}{f_{c0}} \times 100 \tag{11-16}$$

式中　Δf_c——N 次冻融循环后的混凝土抗压强度损失率（%），精确至0.1；

f_{c0}——对比用的一组混凝土试件的抗压强度测定值（MPa），精确至（0.1MPa）；

f_{cn}——经 N 次冻融循环后的一组混凝土试件抗压强度测定值（MPa），精确至（0.1MPa）；

单个质量损失率和一组试件的平均质量损失率计算参见《混凝土长期性能和耐久性能试验方法标准》（GB/T 50082—2009）中的方法。

采用慢冻法评定混凝土抗冻性是以设计抗冻标号为指标的。混凝土的设计抗冻标号应按照下列规定确定：抗压强度损失率不超过25%或者质量损失率不超过5%的最大冻融循环次数，以符号D表示。

混凝土抗冻标号有D25、D50、D100、D150、D200、D250、D300、D300以上8个。

（2）快冻法

是以测定混凝土试件在水冻－水融的条件下，以经受的快速冻融循环次数来表示的混凝土抗冻性能。

采用快冻法评定混凝土抗冻性是以抗冻等级为指标的，混凝土抗冻等级应按照下列规定确定：当相对动弹性模量下降至不低于60%或者质量损失率不超过5%时的最大冻融循环次数作为混凝土抗冻等级，用符号F表示。

混凝土抗冻等级有F25、F50、F100、F150、F200、F250、F300、F300以上8个等级。

（3）单面冻融法

在我国北方地区，由于冬天路面结冰导致交通不便，因而大量使用冰盐对道路进行除冰，此时的混凝土及附属建筑物遭受的冻融往往不是饱水状态下水的冻融破坏，而是干湿交替及盐溶液存在状态下的冻融循环；海港及海水建（构）筑物在水位变动区附近的混凝土也不是处在饱水状态下水的冻融，因此，原有的混凝土抗冻试验方法无法进行准确评估。

单面冻融法是测定混凝土试件在大气环境中且与盐接触的条件下，以能够经受的冻融循环次数来表示的混凝土抗冻性能。由于该试验中，试件只有一个面接触冻融介质，故将其定名为单面冻融法。

三、混凝土抗硫酸盐侵蚀性

混凝土无论是受到外部（工业排放的固、液体或海水）还是内部（由于水泥反应生成的）硫酸盐侵蚀，其结果都会遭受到不同程度的破坏，尤其是在硫酸盐侵蚀条件下，再偶合干湿循环条件，对混凝土损伤的速度更快。

抗硫酸盐侵蚀性试验是测定混凝土试件在干湿交替环境中，以能够经受的最大干湿循环次数来表示的混凝土抗硫酸盐侵蚀性能。

混凝土抗压强度耐蚀系数按下式计算：

$$K_f = \frac{f_{cn}}{f_{c0}} \times 100 \tag{11-17}$$

式中　K_f——抗压强度耐蚀系数（%）；

f_{cn}——为 N 次干湿循环后受硫酸盐腐蚀的一组混凝土试件的抗压强度测定值（MPa），精确至0.1MPa；

f_{c0}——与受硫酸盐腐蚀试件同龄期的标准养护的一组对比混凝土试件的抗压强度测定值（MPa），精确至0.1MPa。

混凝土抗硫酸盐侵蚀性指标以混凝土抗压强度耐蚀系数下降到不低于75%时的最大干湿循环次数（即抗硫酸盐等级）表示，符号为KS。

四、混凝土抗碳化性

混凝土长期在空气中时，水泥石中的水化产物与空气中的二氧化碳在有水的条件下发生化学反应，生成碳酸钙和水，此反应过程称为碳化过程。碳化对混凝土的影响主要表现在混凝土的碱度降低，未经碳化的混凝土pH值为12~13，碳化后pH值为8.5~10，接近中性。碱度降低将导致混凝土中钢筋锈蚀。另外，由于碳化后水化产物生成碳酸钙，导致混凝土表面收缩增加，引起混凝土开裂。

碳化过程是二氧化碳由表及里向混凝土内部逐渐扩散的过程。

影响混凝土碳化的主要因素有：

1. 外部环境

包括二氧化碳的浓度和环境湿度。一般地说，二氧化碳浓度越高，碳化速度进行得越快。近年来，工业排放二氧化碳量持续上升，城市混凝土建筑的碳化速度有加快趋势。另外，水分是碳化反应进行的必要条件，所以环境湿度的影响是关键。试验表明，相对湿度在25%以下时或混凝土处于完全干燥条件下，由于缺乏使二氧化碳与氢氧化钙反应所需的水分，此时，碳化停止。相对湿度在80%以上或处于水中的混凝土，由于水阻止了二氧化碳与混凝土接触，混凝土也不能被碳化（水中溶有二氧化碳除外）。只有当相对湿度在50%~75%，二氧化碳浓度较高时，碳化速度最快。

2. 内部因素

（1）水泥品种。掺有混合材料的水泥碳化比不掺混合材料的普通水泥快，这是因为在混凝土中，随着胶凝材料体系中硅酸盐水泥熟料成分的减少，碱度本身较低，在同样的外部环境条件下，碱度降低幅度较大，抗碳化能力低于不掺混合材料的水泥。

（2）水灰比。水灰比大的混凝土碳化快，因其孔隙增多，二氧化碳易于进入混凝土内部，降低抗碳化能力。

（3）施工质量、养护措施、集料质量及混凝土表面是否有涂层等都对混凝土抗碳化性有一定影响。掺入外加剂可改善混凝土结构，防止二氧化碳进入或降低扩散速率。

混凝土抗碳化试验是测定在一定浓度的二氧化碳气体介质中混凝土试件的碳化深度，用以反映其抗碳化能力。混凝土碳化程度常用碳化深度表示。

混凝土在各试验龄期的平均碳化深度应按下式计算：

$$\overline{d_t} = \frac{1}{n}\sum_{i=1}^{n} d_i \qquad (11\text{-}18)$$

式中 $\overline{d_t}$——试件碳化t（d）后的平均碳化深度（mm），精确至0.1mm；

d_i——各测点的碳化深度（mm）；

n——测点总数。

以在标准条件下（即二氧化碳浓度为20%±3%，温度为20℃±2℃，湿度为70%±5%）的三个试件碳化28d的碳化深度平均值作为混凝土碳化测定值，用以对比各种混凝土的抗碳化能力以及对钢筋的保护作用。

五、混凝土抗钢筋锈蚀性

混凝土孔隙中的孔溶液通常含有较大量的 Na^+、K^+、OH^- 及少量 Ca^{2+} 等离子，一般情况下，为保持离子电中性，OH^- 浓度较高，即 pH 值较大，这就给混凝土提供了一定的碱性环境，在这样的强碱环境中，钢筋表面生成一层厚 2～6mm 的致密钝化膜，使钢材难以进行电化学反应，即电化学腐蚀难以进行。然而，一旦这层钝化膜遭到破坏，钢筋的周围又有水分和氧时，混凝土中的钢筋就会锈蚀。钢筋锈蚀会减小受力钢筋面积、降低钢筋混凝土结构材料的承载能力。由于钢筋锈蚀过程随着时间延长而加剧，故严重影响混凝土耐久性。

六、混凝土抗碱－集料反应

碱－集料反应（alkali-aggregate reaction，简称 AAR）是指混凝土中所含的碱（Na_2O 或 K_2O）与集料的活性成分，在潮湿条件下硬化后，逐渐发生化学反应，其反应生成物在集料界面处吸水膨胀，导致混凝土开裂的现象。

碱－集料反应（AAR）的提出始于20世纪50年代。当时，混凝土界对集料的认识还比较片面，一般认为集料属于惰性材料，不会产生不利作用。但1940年，在美国发现首例与一般混凝土受力破坏不同的混凝土结构破坏案例后，人们通过深入研究发现，集料也因其成分的复杂，可能含有活性成分，一旦混凝土中的碱含量较高时，在一定条件下将会产生化学反应。随后，混凝土界展开了世界范围的广泛研究。研究表明，碱－集料反应是影响混凝土耐久性的一个重要方面，由于反应发生于内部，一旦发生，维修困难，费用昂贵，损失巨大，为此已引起世界各国的高度重视。

因为碱－集料反应发生破坏的时间随反应类型、集料活性大小、碱含量、使用环境等不同而有明显变化，可从以下几个方面加以认识：

1. 碱－集料反应的分类和特征

不同类型的活性集料，其反应破坏特征也不相同，目前已发现的 AAR 有三种类型。

（1）碱－硅酸反应

碱－硅酸反应（ASR）是混凝土中水泥含的碱与集料中的活性氧化硅反应生成碱硅酸凝胶的反应。自然界中含有活性氧化硅的矿物岩石有蛋白石、玉髓、鳞石英、方石英及流纹岩、安山岩、凝灰岩等，这些岩石中可见到无定形的 SiO_2 或微晶 SiO_2，具有化学反应活性。

碱－硅酸反应的特征：混凝土表面出现无序的网状裂缝；集料边界有浅白色反应环；裂缝及空隙中有硅酸钠（钾）凝胶，失水后粉化。

由于能与碱发生反应的活性氧化硅矿物存在较为广泛，因而世界各国各类工程发生的碱－集料反应损坏绝大多数为碱－硅酸反应。

（2）碱－硅酸盐反应

碱－硅酸盐反应是水泥中的碱与某些硅酸盐岩石（如页岩、千枚岩、泥质石英岩）等发生的反应。其反应过程同上述一致。实质上仍属于碱　硅酸反应一类。

碱－硅酸盐反应的特征：膨胀缓慢且不停顿进行，往往经过 30～50 年之后才出现明显的膨胀及开裂；集料边界几乎看不出反应环；凝胶体渗出很少，有些岩石产生显著膨胀却几乎无凝胶体。

（3）碱－碳酸盐反应

水泥中的碱与某些碳酸盐岩石（如黏土质的白云岩和白云石质的石灰岩等）反应，产生膨胀破坏被称为碱－碳酸盐反应。

碱－碳酸盐反应特征：在混凝土的空隙和反应集料的边界等处无凝胶存在，而有碳酸钙、氢氧化钙及水化硫铝酸钙存在；反应发展迅速，往往在工程建成2年就发生严重开裂；其微细裂缝及大膨胀性裂缝等外部特征与ASR大体一致，呈花纹形式的图形；活性混合材料对抑制膨胀无效。

2. 碱－集料反应机理

目前对AAR的膨胀机理解释，一是胶体吸水膨胀理论，二是渗透压理论。但是由于反应的类型不同，机理也各不相同。

（1）碱－硅酸反应机理

混凝土中碱溶液对活性硅酸物质的侵蚀、溶解；溶解状态的SiO_2单体或离子，在OH^-的催化下，重新聚合成一定大小的SiO_2溶胶粒子。在各种电解质金属阳离子的作用下，形成各种结构的碱硅酸凝胶。碱硅酸凝胶吸水膨胀，导致混凝土损坏。可用下述反应式表达：

$$ROH + nSiO_2 \longrightarrow R_2O \cdot nSiO_2aq$$

式中R代表碱（K或Na）。

（2）碱－硅酸盐反应机理

该类反应的过程同ASR，但反应特征明显不同，对这种慢膨胀型碱－硅酸盐反应基于以下认识：某些层状硅酸盐的晶格膨胀和碱液进入层间，使层间距离加大，导致混凝土膨胀开裂；这类岩石中往往次生有黄铁矿，在碱介质中蚀变时又与水泥石中Ca^{2+}、Al^{3+}、OH^-、H_2O反应，形成钙矾石相的膨胀；由于片岩族中活性矿物的相对稳定性和晶格缺陷的不稳定性，导致它们的碱反应能力具有长期性，显示膨胀反应的缓慢积累，待积累到对工程有害膨胀量，反应仍继续进行。

（3）碱－碳酸盐反应机理

20世纪60年代初期，各国学者比较一致地认为，碱－碳酸盐反应是由于活性碳酸盐岩集料与混凝土孔隙中碱液发生了去白云石化反应，生成了水镁石，并伴随膨胀造成的。其反应式为

$$\underset{\text{白云石}}{CaMg(CO_3)_2} + 2ROH \longrightarrow \underset{\text{水镁石}}{Mg(OH)_2} + \underset{\text{方解石}}{CaCO_3} + \underset{\text{碳酸碱}}{R_2CO_3}$$

在水泥混凝土中，$Ca(OH)_2$与碳酸盐反应生成ROH，使去白云石化反应继续进行，如下式所示：

$$R_2CO_3 + Ca(OH)_2 \longrightarrow 2ROH + CaCO_3$$

直到去白云石化反应进行到$Ca(OH)_2$或碱活性白云石被消耗完为止。

经试验观察，膨胀实质是反应产物中的水镁石与方解石晶体体积之和大于反应前固相体积所致。

3. 碱－集料反应的必要条件

（1）混凝土中必须有相当数量的碱

碱的来源可以是配制混凝土时形成的，即水泥、外加剂、掺合料、集料及拌合水中所含的可溶性碱，也可以是混凝土工程建成后从周围环境侵入的碱。因此，混凝土发生碱－集料反应存在一个极限碱含量。《混凝土碱含量限值标准》（CECS 53:93）按工程环境和工程结构分类对混凝土碱含量进行控制，如表11-8所示。

表 11-8　混凝土碱含量的限值

反应类型	环境条件	混凝土最大碱含量（kg/m^3）		
		一般结构工程	重要结构工程	特殊结构工程
碱硅酸反应	干燥环境	不限制	不限制	3.0
	潮湿环境	3.5	3.0	2.0
	含碱环境	3.0	用非活性集料	

当碱含量大于表中规定的限值，应尽量降低水泥中的碱含量。水泥含碱量一般按 Na_2O 当量计算 $Na_2O + 0.658K_2O$。不同国家对水泥含碱量的安全界限不同：美国要求水泥含碱量低于 0.6%；英国混凝土协会规定，当混凝土中其他来源的碱小于或等于 $0.2kg/m^3$ 时，水泥含碱量不得大于 0.6%。

（2）混凝土中必须有相当数量的活性集料

在碱－硅酸反应中，由于存在着碱－硅酸反应匹配规律，即混凝土在一定含碱量条件下，每种碱活性集料造成混凝土内部膨胀压力最大的匹配比率不同，因此，必须通过试验加以确定。

（3）混凝土工程的使用环境必须有足够的湿度

有资料介绍，在相对湿度 100% 条件下有很大膨胀的混凝土柱，在相对湿度 50% 条件下却未膨胀，重新置于相对湿度 100% 条件下又继续发生膨胀，这足以说明了碱－集料反应的过程是伴随着环境湿度变化而发展的。

综上所述，水是碱集料反应的必要条件，混凝土中碱性成分和集料中活性成分是碱－集料反应的充要条件。

4. 碱－集料反应试验方法

由于碱－集料反应已给世界国家工程造成了重大损失，有关碱－集料反应试验方法得到了高度重视，最新颁布的标准《普通混凝土长期性能和耐久性能试验方法标准》（GB/T 50082—2009），对碱－集料反应试验进行了规定，其目的在于提高碱－集料反应试验水平；为建立预防碱－集料反应综合体系提供试验基础；完善我国混凝土长期性能和耐久性能的试验方法体系。

试验方法主要用于检验混凝土试件在温度 38℃ 及潮湿条件养护下，混凝土中的碱与集料反应所引起的膨胀是否具有潜在危害。

该试验最大特点是针对混凝土试件进行的，弥补了以往采用砂浆棒试验方法的不足，但是需强调的是，试验适用于碱－硅酸盐反应和碱－碳酸盐反应。

5. 预防并抑制碱－集料反应的措施

迄今为止，国际混凝土工程界对预防碱－集料反应有下面几项措施：

1）控制水泥含碱量。由于我国水泥的含碱量普遍较高，所以，为避免可能发生碱－集料反应，重要工程或水工工程，应对水泥含碱量进行必要的化学分析，使其尽量控制在 0.6% 以下。

2）控制混凝土总碱量。20 世纪四五十年代，我国混凝土工程强度级别较低，单方水泥用量较少，在此情况下，只控制水泥含碱量就可以起到预防的作用。但随着混凝土技术的发展，混凝土强度等级不断提高，单方水泥用量增大，加之20世纪六七十年代后，使用含碱外加剂增多，配制混凝土时碱的来源已不仅限于水泥，因而预防碱－集料反应必须重视控制混凝土的总碱量。有资料介绍，混凝土总碱含量应小于3kg/m^3。

3）控制使用活性集料。我国水利部门从20世纪50年代起就规定，凡建设大中型水利工程，在选用集料时，必须进行碱活性检验。我国《普通混凝土用碎石或卵石质量标准及检验方法》（JGJ 53—2006）对集料碱活性试验已有规定。因此，凡处于潮湿条件下、露天或干湿交替的混凝土工程，均应严格选用对工程无害的集料，以避免发生碱－集料反应。

在预防的基础上，经过大量试验证明，可以采用下列方法加以抑制碱－集料反应：

1）掺用掺合料。在含有硅酸质活性集料的混凝土中掺入掺合料可对碱－集料反应起到有效的抑制作用。这是因为掺合料的介入能降低混凝土内碱离子的浓度，降低混凝土中氢氧化钙含量，降低OH^-离子的浓度；降低水及各种离子的移动速度。常用的掺合料有粉煤灰、水淬矿渣和硅粉。

2）掺用引气剂。掺用引气剂使混凝土保持4%～5%的含气量，可容纳一定数量的反应产物，从而缓解碱－集料反应膨胀压力。

3）尽量隔绝水。

七、提高混凝土耐久性的措施

1. 严格控制水灰比与水泥用量

水灰比是决定混凝土密实度的主要因素，也是影响集料与水泥界面的关键，它不但影响混凝土的强度，而且也严重影响其耐久性，因此在混凝土配合比设计中必须适当控制水灰比。

保证足够的水泥用量，也是保证混凝土密实性、提高耐久性的一个重要方面。《普通混凝土配合比设计规程》（JGJ 55—2000）对工业与民用建筑工程所用混凝土的最大水灰比及最小水泥用量作了规定，如表11-9所示。

表11-9　混凝土的最大水灰比及最小水泥用量

<table>
<tr><th rowspan="2">环境条件</th><th rowspan="2" colspan="2">结构类别</th><th colspan="3">最大水灰比</th><th colspan="3">最小水泥用量（kg）</th></tr>
<tr><th>素混凝土</th><th>钢筋混凝土</th><th>预应力混凝土</th><th>素混凝土</th><th>钢筋混凝土</th><th>预应力混凝土</th></tr>
<tr><td>干燥环境</td><td colspan="2">正常的居住或办公用房内部件</td><td>不作规定</td><td>0.65</td><td>0.60</td><td>200</td><td>260</td><td>300</td></tr>
<tr><td rowspan="2">潮湿环境</td><td>无冻害</td><td>高湿度的室内室外部件
在非侵蚀性土（或）水中的部件</td><td>0.70</td><td>0.60</td><td>0.60</td><td>225</td><td>280</td><td>300</td></tr>
<tr><td>有冻害</td><td>经受冻害的室外部件
在非侵蚀性土和（或）水中且经受冻害的部件
高湿度且经受冻害的室内部件</td><td>0.55</td><td>0.55</td><td>0.55</td><td>250</td><td>280</td><td>300</td></tr>
<tr><td>有冻害和除冰剂的潮湿环境</td><td colspan="2">经受冻害和除冰剂作用的室内和室外部件</td><td>0.50</td><td>0.50</td><td>0.50</td><td>300</td><td>300</td><td>300</td></tr>
</table>

2. 选择适当品种的水泥

根据混凝土工程的特点和环境条件，参照有关水泥在工程中应用的原则选用。

3. 选用质量好的集料

级配、粒形、质量良好的砂、石集料，是保证混凝土密实度和适宜水泥胶凝材料用量的必备前提，同时也是保证混凝土耐久性的重要条件。

4. 掺用引气剂或减水剂

掺用引气剂，引入微小封闭气泡，对提高抗渗、抗冻等有良好的作用。掺用减水剂，可以明显提高混凝土强度和抗化学侵蚀能力。

5. 加强混凝土质量的生产控制

在混凝土施工中，做好每一个环节（计量、搅拌、运输、浇灌、振捣、养护）的质量管理和质量控制是防患于未然的关键，也是使混凝土有良好耐久性的必要基础。

思考题及习题

1. 普通混凝土的组成材料有哪几种？在混凝土硬化前后各起什么作用？
2. 什么是混凝土拌合物的和易性？它有哪些含义？和易性如何测定？
3. 影响混凝土拌合物和易性的因素是什么？它们是如何影响和易性的？
4. 如果混凝土拌合物的和易性不符合要求（坍落度过大或过小，粘聚性不良）时，如何进行调整？
5. 结合混凝土破坏特征，阐述影响混凝土强度的主要因素是什么？它们是如何影响强度的？
6. 用普通硅酸盐水泥配置的边长 10cm 的混凝土立方体试件，标养 14d 的抗压强度为 21.6MPa，试估算其 28d 的抗压强度。
7. 如果实测混凝土抗压强度低于设计要求，应采取哪些措施来提高其强度？
8. 如果混凝土在加荷以前就产生裂缝，试分析裂缝产生的原因。
9. 解释关于混凝土抗压强度的几个名词：①立方体抗压强度；②立方体抗压强度标准值；③强度等级；④轴心抗压强度；⑤劈拉强度。
10. 解释名词：①自然养护；②蒸汽养护；③同条件养护；④标准养护。
11. 干缩和徐变对混凝土性能有什么影响？减小混凝土干缩与徐变的措施有哪些？
12. 混凝土的弹性模量如何测定？影响混凝土弹性模量的因素有哪些？
13. 什么是混凝土碳化？碳化对混凝土性能有什么影响？碳化带来的最大危害是什么？
14. 混凝土抗渗性包括哪些内容？采用哪些措施可以提高混凝土的抗水渗透性？
15. 什么是混凝土的抗冻性？确定抗冻等级的方法及提高抗冻性的措施是什么？
16. 什么是碱－集料反应？有哪几类？其反应特征有哪些？
17. 碱－集料反应的必要条件是什么？
18. 混凝土耐久性通常包括哪些方面？如何提高混凝土耐久性？

第十二章　混凝土外加剂

学习提要： 本章重点介绍了混凝土外加剂的概念及分类，常用化学外加剂（如减水剂、早强剂、引气剂等）的成分、组成、作用机理、技术性能以及在混凝土中的应用；常用矿物外加剂（如粉煤灰、矿渣、硅灰等）的成分、活性指标、评价以及在混凝土中的应用。

人类很久以前就已经发现在无机胶凝材料中掺入某些物质，可以明显改善其性能。例如，公元前在石灰、火山灰等胶凝材料中就有混入猪油、牛油、尿类等的记载，我国很多古建筑的胶凝材料中曾掺用糯米粉等以增加强度和耐久性，这些都是现代混凝土外加剂发展的先驱。

第一节　混凝土化学外加剂的定义及分类

一、混凝土化学外加剂的定义

所谓混凝土化学外加剂，是在拌制混凝土过程中掺入（可与拌合水同时掺入，也可比水滞后掺入）用以改善混凝土性能的物质。掺量一般不大于水泥质量的5%。

我国使用最早的混凝土化学外加剂为亚硫酸盐纸浆废液等，它是造纸工业的副产品，当时称之为“塑化剂”，纸浆废液可以显著改善混凝土拌合物的和易性，提高其强度和耐久性。

20世纪90年代以后，我国化学外加剂有了飞速发展，至今已有几千个生产厂家，年产量达到280万t，产品已有上百个商品品种。

随着科学技术的发展，对混凝土性能提出了许多新的要求，如泵送新工艺要求高流动性混凝土，大跨度建筑要求高强、高耐久性混凝土，冬期施工则要求早强混凝土等，通过掺用适当品种的外加剂，均可满足这些要求。因此高质量、多品种混凝土化学外加剂的开发成功，是混凝土技术发展史上的一次重大变革和创新。混凝土化学外加剂被世界各国公认为是混凝土中必不可少的组分之一。

掺用混凝土化学外加剂的目的主要是为了改善混凝土拌合物或硬化混凝土的某些方面的性能，它不包括生产水泥过程中为提高水泥产量或调节水泥某些性能而加入的助磨剂、调凝剂（如石膏）等。

二、混凝土化学外加剂的分类

混凝土化学外加剂的品种繁多。每种外加剂常常具有一种或多种功能，其化学成分可以是有机物、无机物或两者的复合物。因而混凝土化学外加剂有不同的分类方法。

1. 按主要功能分类

（1）改善混凝土拌合物流变性能的化学外加剂。包括各种减水剂、引气剂和泵送剂等。

(2) 调节混凝土凝结时间、硬化性能的化学外加剂。包括缓凝剂、早强剂和速凝剂。

(3) 改善混凝土耐久性的化学外加剂。包括引气剂、防冻剂、防水剂和阻锈剂等。

(4) 改善混凝土其他性能的化学外加剂。包括加气剂、膨胀剂、着色剂等。

混凝土化学外加剂按主要功能分类，具有简明、适用的优点，也符合命名原则。当某种外加剂（主要是复合外加剂）具有一种以上的主要功能时，则按其一种以上功能命名。如某种外加剂具有减水作用和早强作用时，为早强减水剂；当某种外加剂具有减水和引气作用时，则称为引气减水剂等。

2. 按化学成分分类

(1) 无机化学外加剂。包括各种无机盐类、一些金属单质和少量氢氧化物等，如早强剂中的 $CaCl_2$ 和 $NaSO_4$、加气剂中的铝粉、防水剂中的氢氧化铝等。

(2) 有机化学外加剂。这类外加剂占混凝土外加剂的绝大部分，种类极多。其中大部分属于表面活性剂的范畴，有阴离子型、阳离子型、非离子型及高分子型表面活性剂等。如减水剂中的木质素磺酸盐、素磺酸甲醛缩合物等。某些有机化学外加剂本身并不具有表面活性作用，但却可作为优质外加剂。

(3) 复合化学外加剂。适当的无机物与有机物复合制成的外加剂，往往具有多种功能或使某项性能得到显著改善，这也是“杂交优势”在外加剂技术中的体现，是外加剂的发展方向之一。

混凝土化学外加剂按成分分类，有利于科学研究工作的开展及新品种的开发。

第二节　化学减水剂

一、减水剂的定义及分类

1. 定义

在混凝土拌合物坍落度基本相同的条件下，能减少拌合用水量的外加剂称为混凝土减水剂。

2. 分类

按减水率的大小可将混凝土减水剂分为普通减水剂（减水率≥8%）、高效减水剂（减水率≥14%）和高性能减水剂（减水率≥25%）。所谓减水率是指掺减水剂后混凝土达到要求坍落度时的用水量与未掺减水剂混凝土所用的水量之差，占未掺减水剂混凝土所用的水量之比。

减水剂还可和其他外加剂复合，形成早强减水剂、缓凝减水剂、引气减水剂等。这些外加剂一般同时具有两种主要功能，是应用很广的减水剂品种。

减水剂是工程中应用最广的外加剂品种，约占外加剂的80%以上。目前已开发出的减水剂均为具有较高分子量（1500～10000）的有机化合物电解质。

二、减水剂的作用机理

减水剂之所以有上述减少混凝土拌合用水量的效果，主要源于减水剂的化学组成及表面活性剂的作用。

1. 表面活性剂

凡能显著降低溶剂（通常指水）表面张力的物质称为表面活性剂。通常认为，当其浓度达0.2%时，水的表面张力应降低到45×10^{5}N/cm以下。

（1）表面活性剂的分子结构特征

表面活性剂的分子具有两极构造，其一端为易溶于油而难溶于水的非极性亲油基团，如长链烷基原子团等；另一端为易溶于水而难溶于油的极性亲水基团，如羟基（—OH）、羧基（—COOH）、磺酸基（—SO_3H）等。表面活性剂分子结构示意如图12-1所示。

（2）表面活性剂的作用

表面活性剂溶于水后，由于两极分子构造，很快从溶液中向界面富集并做定向排列，如图12-2所示，形成单分子吸附膜，从而显著降低溶液的表面张力，这种现象称为表面活性作用。表面活性剂在降低表面张力的同时而起到分散、润湿、乳化、起泡、洗涤等多种作用。

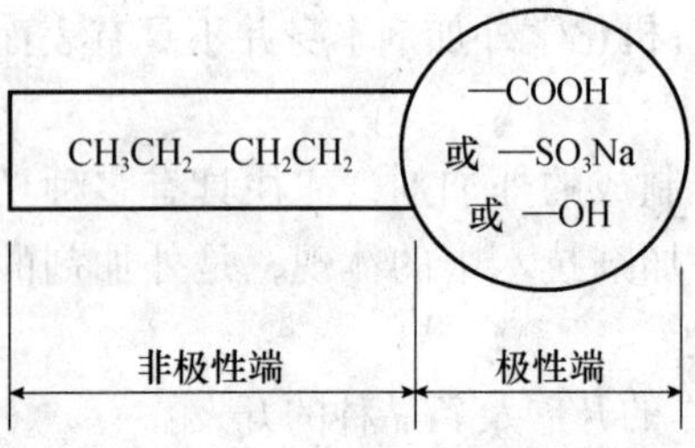

图12-1　表面活性剂分子构造示意图

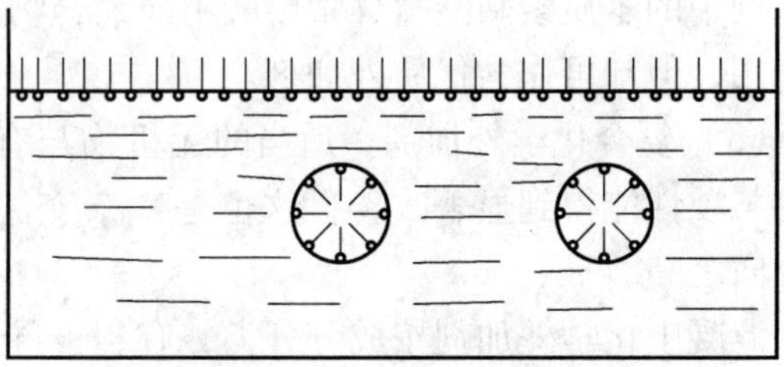
图12-2　单分子吸附膜及胶束

随着表面活性剂浓度的不断增加，界面上富集的表面活性剂分子呈现饱和状态，多余的表面活性剂分子开始形成亲水基向外、亲油基向里的胶束（图12-2），此时表面张力不再降低。图12-3示出了表面张力随表面活性剂浓度增加而下降的规律。通常将形成胶束的最低浓度（图12-3中的C点）称为临界胶束浓度。

临界胶束浓度从理论上说明了混凝土减水剂不是越多，减水效果越好，而是存在一个最佳掺量的问题。使用中应注意这个问题。

（3）表面活性剂的分类

根据表面活性剂亲水基团在水溶液中离解与否，以及离解后基团性质的不同，可分为：

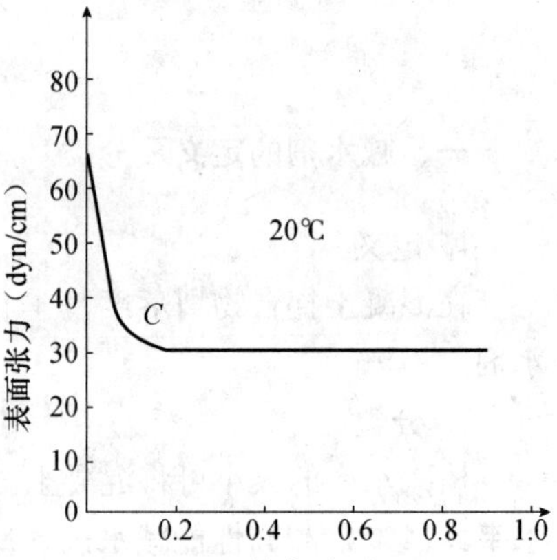

图12-3　表面张力变化规律

①阴离子表面活性剂。亲水基团可离解出正离子而使亲水基团带负电的表面活性剂。如萘系减水剂中的亲水基团为—SO_3Na，它离解出Na^+后，形成了—SO_3^-亲水基团。

②阳离子表面活性剂。亲水基团能离解出负离子而使亲水基团带正电的表面活性剂。减水剂中的阳离子表面活性剂极少。

③两性表面活性剂。亲水基团能离解出正离子，又能离解出负离子，而具有两种亲水基团的表面活性剂。

以上三种均属离子型表面活性剂。此外尚有非离子型表面活性剂，它的亲水基团不离解离子，而靠本身极性吸附水分子，起亲水基作用。但是，使用较多的是阴离子表面活性剂。

2. 减水剂的减水机理

(1) 吸附－分散作用

水泥加水拌合后，由于水泥颗粒间分子引力的作用，而形成许多絮凝结构，使10%～30%的水包裹其中，从而降低了混凝土拌合物的流动性（图12-4）。当加入适量减水剂后，减水剂分子定向吸附于水泥颗粒表面，亲水基团指向水溶液。由于亲水基团的离解，使水泥颗粒表面带上电性相同的电荷并随减水剂的浓度增大而增大，从而产生了静电斥力，导致水泥颗粒相互分散（图12-5a），絮凝结构解体，包裹其中的拌合水释放出来，从而有效地增大了混凝土拌合物的流动性（图12-5b）。

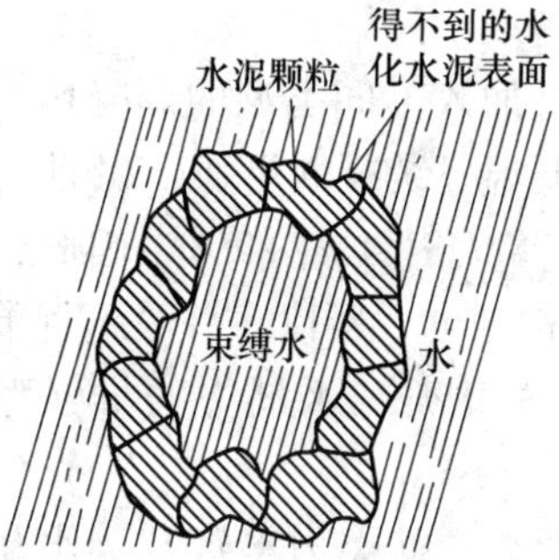

图12-4 水泥絮凝示意图

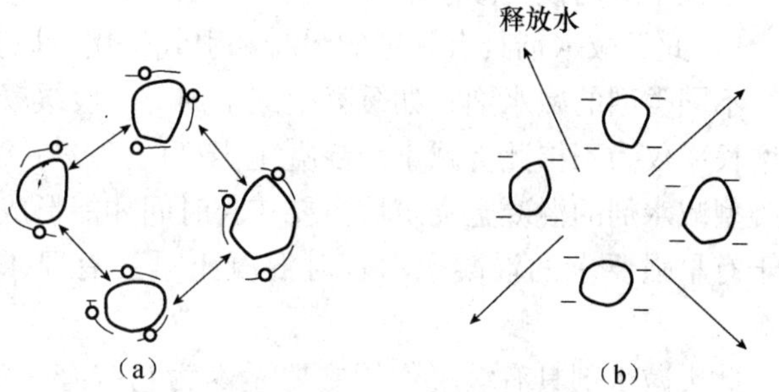

图12-5 分散－润湿作用示意图
(a) 颗粒分散；(b) 包裹水释放

(2) 分散－润湿作用

由于减水剂分子在界面上定向排列，降低了表面张力，提高了水对水泥颗粒的润湿能力，所形成的单分子溶剂化水膜一方面破坏了絮凝结构，使水泥颗粒充分分散，增大了水泥颗粒与水的接触表面积；另一方面，具有一定的润湿作用。所以，在宏观上表现为混凝土拌合物流动性增大，水泥强度增长迅速（图12-5）。

值得注意的是，大量试验表明，减水剂因品种不同，其作用机理不完全相同。有些减水剂主要靠降低表面张力而起作用，而有些减水剂则几乎不降低表面张力，但静电斥力提高较大。总之，将絮状水泥所包裹的水释放出来，才能达到减水目的。

3. 减水剂的技术经济效果

当混凝土中加入减水剂，与不掺减水剂的混凝土相比，显著的技术经济效果有以下几个方面：

(1) 在不改变混凝土拌合用水量时，可大幅度提高混凝土拌合物的流动性。

(2) 在保持流动性不变时，可减少拌合用水量，水灰比的降低可显著提高混凝土强度。

(3) 在水泥用量不变时，在同样流动性下，用水量减少，可提高混凝土密实性，使混凝土耐久性得到改善。

(4) 不需要提高混凝土设计强度等级时，可明显地节约水泥用量。

三、减水剂的品种

混凝土减水剂的产品代号很多，目前在工程中应用最广的有：普通减水剂（以木质素磺酸盐类减水剂为代表）、高效减水剂（包括萘系、蜜胺系、氨基磺酸盐系、脂肪族系等减水剂）和高性能减水剂（以聚羧酸系减水剂为代表）。

1. 普通减水剂

（1）木质素磺酸盐减水剂

这类减水剂包括木质素磺酸钙、木质素磺酸钠、木质素磺酸镁。应用量最大的是吉林开山屯化纤厂生产的木质素磺酸钙减水剂，简称木钙减水剂或M型减水剂。它是用亚硫酸钙盐法生产的以木质素磺酸钙为主要成分的木浆废液，经脱糖处理，浓缩或经喷雾干燥而制得的一种棕黄色粉状物。其中木质素磺酸钙含量为60%以上，含糖量低于12%，灰分14%，氧化钙8%，pH值为45～55，为阴离子表面活性剂。

这类减水剂的原料丰富，价格较低，具有较好的减水效果（减水率10%左右），应用十分普遍。

工程中应用该类减水剂应注意：

1）此类减水剂具有一定的缓凝和引气作用，以其为原料，加入不同类型的调凝剂，可制得不同类型的减水剂，如缓凝型减水剂，一般缓凝1～3h，低温下缓凝性更强，7d前的强度增长率仅为不掺此类减水剂混凝土强度的70%～80%。引气量可达1%～2%。因此，掺缓凝型减水剂的混凝土浇筑后需要较长时间才能形成一定的结构强度，所以，一般不宜单独用于有早强要求的混凝土。若对混凝土早强有要求时，可掺入此类减水剂中的早强型减水剂。

此类减水剂具有缓凝作用主要是因为它含有一定数量的糖类，糖类为多羟基碳水化合物，具有很强的亲水性，这就使得水泥颗粒周围的溶剂化水膜增厚，在较长时间内，水泥颗粒难以凝聚。

2）此类减水剂的最佳掺量为水泥质量的0.2%～0.3%，最多不超过0.5%。否则将产生严重缓凝现象而减水率并未增加。

3）当给以硬石膏或氟石膏为缓凝成分的水泥中掺用木钙减水剂时，应先做水泥适应性试验。硬石膏或氟石膏具有较高的表面能，吸附木钙减水剂的能力比C_3A、C_4AF强，因此，水泥中本来起缓凝作用的石膏被木钙减水剂所“包裹”，使得石膏溶解度降低，水泥颗粒表面不能有效地生成控制水泥水化速度的钙矾石覆盖层而速凝。

此类减水剂常用于一般混凝土工程，尤其适用于泵送混凝土、大体积混凝土、夏季施工等混凝土工程。

（2）糖蜜类减水剂

糖蜜类减水剂是以制糖工业的糖渣废蜜为原料，用石灰中和而成的非离子表面活性剂，外观呈棕褐色粉末或糊状物，pH值9～10，其中含有较多糖分。

糖蜜减水剂最佳掺量为0.2%～0.3%，减水率6%～10%，为普通缓凝型减水剂，缓凝时间一般大于3h，多用作缓凝剂，适用于大体积混凝土及泵送混凝土等工程。常与早强剂复合使用。

2. 高效减水剂

（1）萘系减水剂

萘系减水剂是以工业萘或含有萘及萘的同系物的工业副产品（煤焦油、农药副产品等）为原料，经磺化、缩合、中和、过滤、干燥而成，常为棕色粉末，pH值为7～9。最佳掺量为0.5%～1.0%，减水率10%～25%，多在15%以上。生产中如不经干燥，即为液体减水剂。如先用氢氧化钠中和，再用石灰中和产品中剩余的硫酸，可制得硫酸钠含量低于5%的高浓型产品；若仅用氢氧化钠中和，则产品中的硫酸钠含量可高达5%～25%，此为低浓型产品。低浓度产品的减水率较低，且液体产品在低温时容易析晶而影响使用。

萘磺酸盐甲醛缩合物减水剂是目前萘系减水剂中应用较多的品种之一，该减水剂于1962年由日本花王石碱公司的化学博士服部健一首先研制成功，主要成分为β－萘磺酸甲醛缩合物钠盐，商品名称为“迈蒂”，属于高效阴离子表面活性剂。化学结构通式为：

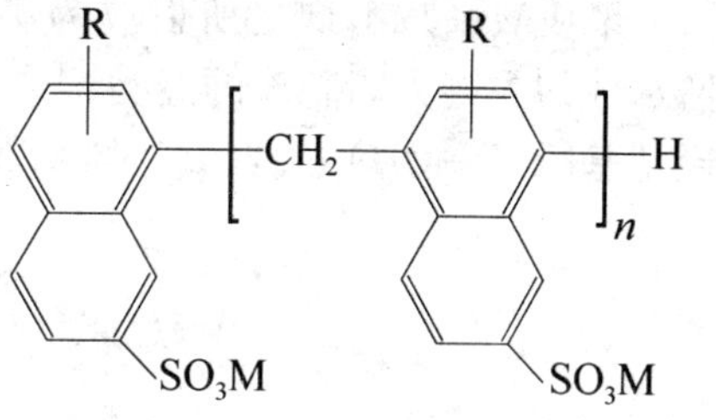

R—H，CH_2；M—Na^+，K^+，NH_4^+

工程中应用萘系减水剂应注意：

1）该减水剂减水率大，混凝土强度提高的效果显著且缓凝作用小，引气量低。如当气温为5℃时，掺该减水剂混凝土的3d强度比不掺减水剂混凝土3d强度提高140%，所以萘系减水剂可用于日气温在0℃以上的混凝土工程，用于蒸汽养护也不需要延长静停时间。

2）工程中常利用萘系减水剂的高减水率，配制高强度混凝土（如C60～C100）；掺加萘系减水剂而不减少拌合水量时，可配制高流动性混凝土（坍落度180～210mm），可满足泵送等工艺的要求。

3）掺用萘系减水剂混凝土的坍落度往往随着时间的延长急剧减小（常称为坍落度损失），因而限制了它在泵送混凝土中的单独使用，解决的办法是可适当增大掺量或与缓凝剂复配成泵送剂使用。

（2）蜜胺系减水剂

蜜胺系减水剂是由三聚氰胺、甲醛、亚硫酸钠按一定比例，在一定反应条件下，经磺化、缩聚等工序而制得。这类减水剂的全称为磺化三聚氰胺甲醛树脂减水剂，1963年由德国SKW Trostberg公司的Aignesberger博士首先研制成功并投入生产应用。萘系减水剂和蜜胺系减水剂算作历史上最早出现的两类高效减水剂产品。

该减水剂属于低引气型、无缓凝作用，各项性能可达到或超过萘系减水剂，被誉为“减水剂之王”。最佳掺量为0.5%～2%，减水率20%～30%。掺加该减水剂的混凝土1d强度可提高一倍以上，3d强度可达到不掺减水剂混凝土28d的强度，28d强度可提高30%～60%。该减水剂还可用来配制耐1000～12000℃高温的耐热混凝土。

3. 高性能减水剂

高性能减水剂是国内外近年来开发的新型外加剂品种。现行国家标准《混凝土外加剂》（GB 8076—2008）中定义为：高性能减水剂是比高效减水剂具有更高的减水率、更好的坍落度保持性能、较小的干燥收缩，且具有一定引气性能的减水剂。聚羧酸系减水剂是目前高性能减水剂中广为关注的重要品种。

（1）聚羧酸系减水剂

《聚羧酸系高性能减水剂》（JG/T 223—2007）中，给出了聚羧酸系高性能减水剂的定义。聚羧酸系高性能减水剂是由含有羧酸的不饱和单体和其他单体共聚而成，使混凝土在减水、保坍、增塑、收缩及环保等方面具有优良性能的系列减水剂。

聚羧酸系减水剂的主要原料为丙烯酸、马来酸酐、甲基丙烯酸、丙烯酸羟乙酯等。聚羧酸系减水剂采用接枝共聚方法进行合成，先合成带侧链长度的单体，再将这些单体同酸类及磺酸类单体共聚，最后将两种或两种以上共聚物聚合成多元共聚物，形成大的聚合物分子。从目前羧酸系接枝共聚物的合成技术看，可以实现按照分子设计原则获得预定结构与性能的减水剂。

1）分子结构特征

聚羧酸系减水剂之所以成为高性能减水剂，关键是它具有“梳形状”的结构特征，憎水性的主链为脂肪族的烃类，亲水性的官能团则是侧链上连接的羧基基团（—COOH）、羟基基团（—OH）或聚氧乙烯基（EO）、聚氧丙烯基（PO）长侧链，如图 12-6 所示。

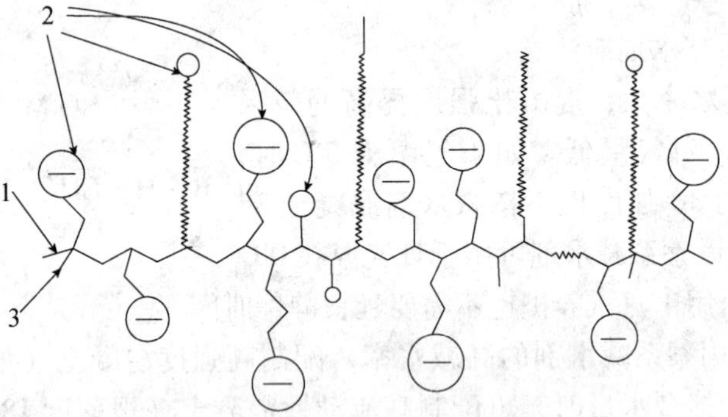

图 12-6　聚羧酸系减水剂的分子结构

1—线性主链；2—极性官能团；3—非极性侧链

2）作用机理

聚羧酸系减水剂的作用机理尽管仍有待进一步研究，但是可以肯定，聚羧酸系减水剂具有静电斥力和空间位阻的双重作用。图 12－7 是静电斥力和空间位阻示意图。

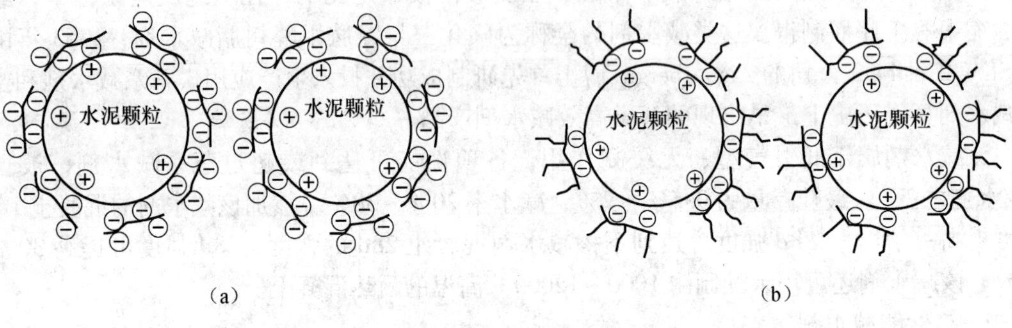

图 12-7　减水剂作用机理示意图

(a) 高效减水剂静电斥力；(b) 高性能减水剂空间位阻作用

图 12-7(a)表示的是萘系减水剂的静电斥力作用示意，可以看出，减水剂被水泥颗粒表面吸附后呈刚性平卧吸附状态，通过这种电荷压缩双电层产生静电斥力而具有分散作用。而从图 12-7(b)中看出，一部分较强的极性基团，如—COOH、—OH 与水泥表面的电荷以离子键结合，可以起到很好的锚固作用，增加了水泥与减水剂之间的吸附力；另一部分为溶剂分子能互溶的长链，即溶剂化链，它与分散剂具有良好的相容性，在水泥颗粒表面形成足够的厚度，起到保护层的作用。当颗粒相互靠近时，由于保护层中长链被压缩，此时水泥颗粒就会被弹开而无法接近，表现出接枝共聚物减水剂分子不但有静电斥力而且具有空间位阻效应。

3）性能特点

①减水率高、掺量低。减水效果显著是聚羧酸系减水剂最基本的特征。聚羧酸系减水剂在水泥颗粒表面吸附量较小，但由于其带有许多支链，产生了空间位阻效应，所以掺量为0.1% ~0.2%时，表现出良好的分散性。

②用水的敏感性和坍落度损失。采用聚羧酸减水剂后混凝土用水量大幅度减少，加水波动可能导致坍落度变化很大，但对强度的影响较小。

③对水泥的适应性较好。

④与引气剂合用具有较好的引气功能。

⑤掺聚羧酸系减水剂的混凝土收缩变形较小，可改善混凝土的体积稳定性和耐久性。

（2）氨基磺酸盐系减水剂

氨基磺酸盐类减水剂属于一种水溶性聚合物树脂，其分子结构特点是具有多支链，极性强、空间结构较大。长支链可以帮助将水化水泥颗粒阻隔在范德华引力的尺寸范围内，形成所谓的“立体位阻效应”。该减水剂在混凝土中的作用机理有待进一步研究。

四、混凝土减水剂在土木工程中的应用

1. 品种的选用

应根据工程特点及使用目的，结合不同减水剂的特点，通过综合技术经济比较，选择减水剂品种。如欲配制高强混凝土或大流动度混凝土，可选用萘系高效减水剂；欲浇筑大体积混凝土或要求缓凝的混凝土，则可选用木钙减水剂等。为了满足不同工程的不同要求，工程中还可选用适当的复合减水剂，如早强减水剂、引气减水剂以及缓凝减水剂。

2. 掺量的确定

在减水剂品种确定后，掺量应根据使用要求、施工条件、混凝土原材料等在最佳掺量范围内进行调整。试验表明，掺减水剂混凝土的凝结时间、早期强度、硬化速度受温度影响的程度比不掺减水剂者更为明显。

随着减水剂掺量增加，混凝土的凝结时间延长，尤其是木钙减水剂，超过最佳掺量范围时，强度值随之降低，而减水率增加幅度甚微，有时甚至出现在较长时间内不硬化而影响施工的问题。高效减水剂的过量掺入，减水增强效果虽仍有提高，但往往会伴随有泌水增加等不良现象，而且也提高了工程造价。

3. 加入的方法

减水剂的掺加方法，宜以水溶液掺入，配制减水剂溶液的水必须从混凝土拌合水中扣除。干粉状减水剂不宜直接掺入混凝土中，因减水剂用量很少，干粉遇水易结成块，在混凝土拌合物中分布不均，会降低混凝土的匀质性，若用木钙减水剂，甚至造成局部混凝土长期不凝等工程事故。

4. 减水剂的适应性

同品种减水剂对不同品种的水泥具有不同的效果，这主要是因为不同水泥具有不同的矿物组成、混合材料及掺量、石膏品种及掺量、含碱量等因素造成的。

试验证明，水泥矿物组成中 C_3A 对减水剂的吸附量远远大于 C_3S、C_2S 对减水剂的吸附量，因此当减水剂掺量不变时，C_3A 含量高的水泥中，C_3A 吸附了大部分减水剂，而对水泥物理力学性质有重要影响的矿物成分 C_3S、C_2S 吸附的减水剂数量不足，所以减水增强效果

较差。为此，《混凝土外加剂》（GB 8076—2008）中对检测减水剂所用基准水泥有明确的规定。

在实际工程应用中，应注意减水剂对水泥的适应性，一般应事前经过试验，以便取得最佳效果。

第三节　化学早强剂

一、早强剂的定义及分类

1. 定义

能加速混凝土早期强度发展的外加剂称为早强剂。在常温及低温条件下（不低于 -5℃）养护的混凝土中掺入适量早强剂可显著提高其早期强度或缩短养护时间，对蒸汽养护混凝土而言，可缩短蒸养周期或降低蒸养温度，达到提高生产率、节约能耗和降低成本的目的，具有明显的技术经济效果，是应用历史较长的外加剂品种之一。

2. 分类

混凝土早强剂可分为以下三类：

（1）无机化学早强剂

如氯盐、硫酸盐、硝酸盐、碳酸盐、铝酸盐等。常用品种主要是氯盐中的氯化钙和硫酸盐中硫酸钠及硫代硫酸钠等。

（2）有机化学早强剂

如三乙醇胺、三异丙醇胺、甲酸钙等。以三乙醇胺应用较多。

（3）复合早强剂

复合早强剂是早强剂的发展方向之一，如将三乙醇胺与氯化钙、亚硝酸钠、石膏等组分按一定比例混合，可以取得比单一组分更好的早强效果和一定的后期增强作用。

二、早强剂的作用机理

早强剂的作用机理与减水剂的机理相比，既简单又复杂，简单的是，凡是能够使水泥水化物增加，提高其固相比例的外加剂；均可称为早强剂；复杂的是，提高水化物固相比例的过程因早强剂品种的不同而不同，需要结合早强剂的品种而加以介绍。

三、化学早强剂的品种

1. 氯化钙（$CaCl_2$）

氯化钙为白色结晶粉末状的无机电解质。在混凝土中掺入占水泥质量 1% ~2% 的氯化钙可使混凝土 1d 强度提高 140% ~200%，7d 强度提高 115% ~125%。

早强作用的机理：氯化钙可和水泥中的铝酸三钙反应生成不溶性复盐——水化氯铝酸钙。反应如下：

$$CaCl_2 + 3CaO \cdot Al_2O_3 + H_2O \longrightarrow \underset{\text{（固相产物——水化氯铝酸钙）}}{3CaO \cdot Al_2O_3 \cdot 3CaCl_2 \cdot 30H_2O}$$

由于含有大量化学结合水（这类水与游离水不同，往往具有某些固体性质）的水化产物增多，固相比例增高，因此有助于水泥浆结构的形成而表现出较高的早期强度。

另一方面，氯化钙还可与水泥水化产物中的氢氧化钙反应，生成不溶性的氧氯化钙。

$$CaCl_2 + Ca(OH)_2 + H_2O \longrightarrow \underset{\text{（固相产物——氧氯化钙）}}{CaCl_2 \cdot 3Ca(OH)_2 \cdot 12H_2O}$$

由于上述反应的迅速进行，$Ca(OH)_2$ 数量减少，也会加速 C_3S 等熟料矿物的水化反应，增加固相比例，有利于提高早期强度。

在工程中应用氯化钙等氯盐应注意的问题是：

（1）氯化钙所产生的氯离子会使钢筋锈蚀，为此，《混凝土结构工程施工质量验收规范》（GB 50204—2002）规定：预应力混凝土结构中严禁使用含氯化物的外加剂，钢筋混凝土结构中当使用含氯化物的外加剂时，混凝土中氯化物的总含量应符合现行国家标准（GB 50106）混凝土质量控制标准的规定。

（2）在下列钢筋混凝土结构中不得掺用氯盐：

①预应力混凝土结构。

②相对湿度大于80%环境中使用的结构、处于水位升降部位的结构、露天结构或海水中的结构。

③埋有不同金属的钢筋混凝土结构。

④与含有酸、碱等侵蚀性介质相接触的结构。

⑤经常处于温度为60℃以上的结构、经蒸养的钢筋混凝土预制构件。

⑥薄壁结构、中或重级工作制吊车梁、屋架、锻锤基础等结构。

⑦杂散电流区域的钢筋混凝土结构。

（3）当混凝土中含有活性集料时，若掺用氯盐，将会促进碱－集料反应而导致混凝土破坏。所以含有活性集料的混凝土中不得掺用氯盐。

氯化钙常用于冬期施工的混凝土工程中，它既可以提高早期强度，又可使水化热提前释放，从而避免混凝土早期遭受冻害。

（4）为了防止氯盐对钢筋的锈蚀作用，工程中常将氯盐与具有阻锈作用的 $NaNO_2$ 复合使用，如 $NaNO_2$: $CaCl_2$ = 11～13 可取得良好的早强与阻锈效果。

关于氯盐对钢筋的锈蚀作用，世界各国的有关标准和规范对氯盐的用量限制趋于严格。美国混凝土协会ACI201委员会规范规定，在潮湿非侵蚀性介质中使用的钢筋混凝土，其氯盐含量应不大于0.15%；在侵蚀性介质中应小于0.10%；在预应力钢筋混凝土中应小于0.06%。

氯盐对钢筋的锈蚀除与其含量有关外，与混凝土的水灰比、密实度也有密切关系。工程实践表明：当氯盐含量相同时，混凝土的水灰比愈低，密实度愈高，振捣愈充分，则对钢筋的锈蚀作用愈轻微。

2. 硫酸钠（$NaSO_4$）

硫酸钠的俗名叫“元明粉”，为白色粉末，是易溶于水的无机电解质盐类，其早强效果以 $NaSO_4 \cdot 10H_2O$ 为最佳。

硫酸钠加入水泥中，可与 $Ca(OH)_2$ 反应生成分散度极高的 $CaSO_4 \cdot 2H_2O$。

$$Na_2SO_4 + Ca(OH)_2 + 2H_2O \longrightarrow CaSO_4 \cdot 2H_2O + 2NaOH$$

所生成的硫酸钙比生产水泥时加入的石膏的比表面积大得多，所以可以和水泥中的铝酸钙迅速反应生成钙矾石（$3CaO \cdot Al_2O_3 \cdot 31H_2O$），体积膨胀，使水泥石致密，从而提高了早期强度。另一方面，由于 $Ca(OH)_2$ 被消耗，又加速了 C_3S、C_2S 的水化反应，也有助于早期强度的提高。但28d的强度往往与不掺硫酸钠者持平甚至稍有下降。

在工程中应用硫酸钠时应注意的问题是：

（1）硫酸钠为强电解质盐类，对锌、铝涂层有腐蚀作用，用于受到直流电作用的钢筋混凝土工程中时，若绝缘不良，极易受到直流电的作用而加剧电化学腐蚀。所以，与镀锌钢材或铝、铁相接触部位的以及有外露钢筋预埋铁件而无防护措施的结构，使用直流电源或使用电气化运输设施的钢筋混凝土结构中，禁止掺用含有硫酸钠等强电解质的外加剂。

（2）硫酸钠与氢氧化钙反应后生成强碱 NaOH，这就增加了产生碱-集料反应的可能性。所以含有活性集料的混凝土中不得掺用硫酸钠。

（3）硫酸钠最佳掺量范围为0.5%~2.0%。试验表明，当掺量在3%以下时，不仅有显著的早强作用，而且后期强度也不降低。对钢筋混凝土一般应不大于2%。对预应力钢筋混凝土，考虑到钢筋在应力状态下工作，应不大于1%。对有饰面要求的混凝土，由于掺量较高将产生泛霜现象，影响外观效果，所以也应以1%为限。对长期处于水中或潮湿环境中的混凝土，较高的硫酸盐掺量，尚有可能与水泥水化产物中的 $Ca(OH)_2$、C_3AH_6 不断反应而产生膨胀性破坏，所以其掺量应小于1.5%。

硫酸钠对矿渣水泥、火山灰水泥比对普通水泥的早强效果显著，这是由于硫酸盐可激发矿渣、火山灰等混合材料的潜在活性的结果。

3. 三乙醇胺（$(C_2H_4OH)_3$）

三乙醇胺为无色或淡黄色透明油状液体，能溶解于水，呈碱性。最佳掺量范围为0.03%~0.05%，但单掺时早强效果不太显著，一般提高10%左右，而且应在常温湿养条件下，所以实际工程中，常将三乙醇胺与氯化钠、氯化钙、硫酸钠等复合使用。

三乙醇胺产生早强作用的机理，目前研究尚不够充分，看法还不一致。一般认为在复合早强剂中它起着催化剂的作用，即可促进氯盐等早强剂对水泥水化的加速作用。

早强剂在混凝土中的掺量如表12-1所示。

表12-1　混凝土早强剂的掺量限值（GB 50119—2003）

混凝土种类	使用环境	早强剂名称	掺量限值（水泥质量%）不大于
预应力混凝土	干燥环境	三乙醇胺	0.05
		硫酸钠	1.0
钢筋混凝土	干燥环境	氯离子（Cl^-）	0.6
		硫酸钠	2.0
钢筋混凝土	干燥环境	与缓凝减水剂复合的硫酸钠	3.0
		三乙醇胺	0.05
	潮湿环境	硫酸钠	1.5
		三乙醇胺	0.05
有饰面要求的混凝土		硫酸钠	0.8
素混凝土		氯离子（Cl^-）	1.8

注：1. 预应力混凝土及潮湿环境中使用的钢筋混凝土中不得掺氯盐早强剂。

2. 在预应力混凝土中，由其他原材料带入的氯离子总量不应大于水泥质量的0.06%；在潮湿环境中的钢筋混凝土不应大于水泥质量的0.15%。

4. 复合早强剂

由于单独使用上述早强剂，存在着若干问题，所以在实际工程中，经常将三乙醇胺、氯化钙、硫酸钠、亚硝酸钠、甲酸钙以及石膏等组分组成二元、三元或四元的复合早强剂。可以有机和无机复合、无机和无机复合或有机和有机复合。实践证明，若复合早强剂的复合组分、比例、掺量选择适当，其早期强度增进率有可能达到或超过各组分单独使用时强度增进率的算术叠加；若早期强度相同，复合早强剂的掺量可比单组分的减小。因此，使用复合早强剂可以取得比单组分早强剂更为显著的技术经济效果。

组分的选择主要考虑工程特点和使用要求。如前所述，对禁止使用氯盐的工程，可配制无氯复合早强剂，如三乙醇胺－硫酸钠（钾）系列；在钢筋混凝土中，为避免钢筋生锈并保证较高的早期强度，可在含氯复合早强剂中掺入阻锈剂亚硝酸钠。

表 12-2 列出了工程中常用的复合早强剂的配方。

表 12-2　常用复合早强剂的配方

复合早强剂组分	掺量（水泥质量%）
三乙醇胺＋氯化钠	(0.03～0.05)＋0.5
三乙醇胺＋氯化钠＋亚硝酸钠	0.05＋(0.3～0.5)＋(1～2)
硫酸钠＋亚硝酸钠＋氯化钠＋氯化钙	(1～1.5)＋(1～3)＋(0.3～0.5)＋(0.3～0.5)
硫酸钠＋氯化钙	(0.5～1.5)＋(0.3～0.5)
硫酸钠＋亚硝酸钠	(0.5～1.5)＋1.0
硫酸钠＋三乙醇胺	(0.5～1.5)＋0.05
硫酸钠＋二水石膏＋三乙醇胺	(1～1.5)＋2＋0.05
亚硝酸钠＋二水石膏＋三乙醇胺	1.0＋2＋0.05

第四节　化学引气剂

一、引气剂的定义及分类

1. 定义

能够在搅拌混凝土过程中产生大量的、均匀的、稳定的、封闭的、微小的气泡的外加剂称为引气剂。

2. 分类

（1）松香树脂类。如松香热聚物、松香皂等。松香热聚物是由松香、硫酸、石炭酸加热聚合，再经氢氧化钠中和而成，是目前应用最多的引气剂。

（2）烷基苯磺盐类。如烷基苯聚氧乙烯醚，十二烷基苯磺酸盐等。

（3）脂肪醇磺酸盐类。如脂肪醇聚氧乙烯醚、脂肪醇聚氧乙烯磺酸钠等。

（4）蛋白质盐、石油磺酸盐等。

二、引气剂的作用机理

引气剂属憎水性表面活性物质，它可以在气泡周围作定向排列，降低表面张力而使气泡稳定存在，也不聚结成大气泡（图12-8）。

引气剂所稳定下来的封闭气泡的直径多在50～250μm，按混凝土含气量3%～5%计（不加引气剂混凝土含气量多为1%），每立方米混凝土拌合物中约含有数百亿个气泡。由于大量微小、封闭并均匀分布气泡的存在，使混凝土的某些性能得到明显改善。

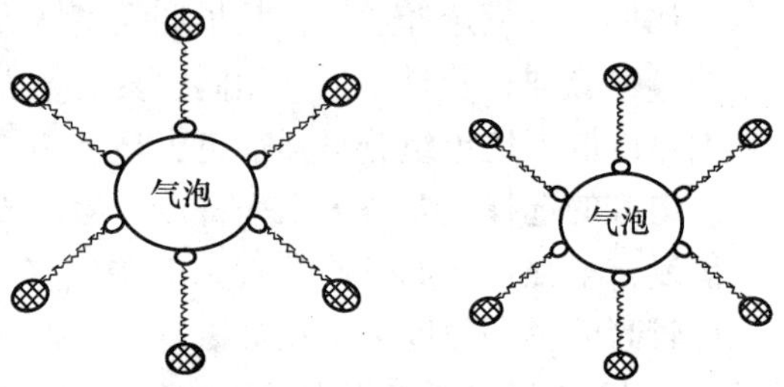

图12-8　引气剂作用示意图

三、引气剂的作用

1. 提高混凝土耐久性

在混凝土中加入引气剂后，一方面，所形成的大量微小气泡对混凝土受冻时水转变为冰的膨胀压可起到很好的缓冲作用，而且气泡呈封闭状态，很难吸入水分，这与普通混凝土中存在的大而连通的孔隙相比，使成冰量大为降低，膨胀内应力明显减小，所以，混凝土抗冻性得以成倍提高。另一方面，大量均匀分布的封闭气泡也切断了渗水通路，提高了混凝土的抗渗能力。

2. 改善混凝土和易性

微小封闭气泡的存在，犹如混凝土拌合物中有无数个“滚珠”，润滑作用很强，流动性明显提高。若保持拌合物坍落度不变，则可减少用水量，从而减轻了混凝土拌合物的泌水、离析现象。粘结力提高，易抹性改善。使混凝土拌合物的和易性明显改善。

3. 影响混凝土强度

引气剂使混凝土的含气量增加2%～4%，实际受力面积减小，所以掺引气剂的混凝土与不掺者相比，其强度往往有所下降。但也有学者认为，由于改善了混凝土的和易性，在保持流动性相同条件下，可以减少用水量，从而降低了水灰比，可以弥补强度下降。

四、工程中应用引气剂应注意的问题

（1）引气剂、引气减水剂适用于抗冻混凝土、抗渗混凝土、抗腐蚀混凝土以及泌水严重的混凝土、轻集料混凝土、贫混凝土（水泥用量少）以及有饰面要求的混凝土等，不适用于强度要求高的混凝土、蒸养混凝土及预应力混凝土。

（2）引气剂、引气减水剂的掺量与混凝土的含气量有关，应根据不同工程所要求的含气量来调整引气剂的掺量。确定引气剂的掺量还应考虑到水泥的用量、细度、集料颗粒大小等因素，因为这些因素都会影响到含气量的大小。掺引气剂的混凝土含气量范围一般为3.0%～5.0%。

（3）掺引气剂及引气减水剂的混凝土必须经过机械搅拌才能引气，其含气量随着搅拌时间的延长而增大，但超过5min后，含气量将下降。因此，合适的搅拌时间为3～5min。另外，振捣时间不宜过长，一般以20s为限；否则含气量将下降。

（4）引气剂的掺量极少，一般仅为水泥质量的万分之几，且多数需热水溶解。为了搅拌均匀，使用时应配成适当浓度的稀溶液使用。

第五节　其他化学外加剂

一、泵送剂

1. 定义

能改善混凝土拌合物泵送性能的外加剂称为泵送剂。所谓泵送性能，就是混凝土拌合物具有能顺利通过输送管道、不阻塞、不离析、粘塑性良好的性能。

2. 组成

泵送剂不是单独形成的一个品种，是由几种外加剂组合而成，组合原则是根据泵送混凝土的基本要求，即具有大的流动性而不泌水，以减小泵压力；具有施工所要求的缓凝时间，以减少坍落度损失。为此，混凝土泵送剂的组成如下：

（1）高效减水剂或普通减水剂。如萘系减水剂、三聚氰胺减水剂、木质素磺酸钙减水剂等。

（2）缓凝剂。如糖蜜、糖钙、木钙、柠檬酸等。

（3）引气剂。如松香热聚物、松香皂、十二烷基苯磺酸盐等。

（4）其他助泵剂、保塑剂等。

3. 技术要求

（1）泵送剂的匀质性应符合表 12-3 的要求。

表 12-3　泵送剂匀质性指标（GB 8076—2008）

项　目	指　标
氯离子含量（%）	不超过生产厂控制值
总碱量（%）	不超过生产厂控制值
含固量（%）	$S>25\%$ 时，应控制在 $0.95S \sim 1.05S$； $S\leq25\%$ 时，应控制在 $0.90S \sim 1.10S$
含水率（%）	$W>5\%$ 时，应控制在 $0.90W \sim 1.10W$； $W\leq5\%$ 时，应控制在 $0.80W \sim 1.20W$
密度（g/cm^3）	$D>1.1$ 时，应控制在 $D\pm0.03$； $D\leq1.1$ 时，应控制在 $D\pm0.02$
细度	应在生产厂控制值范围内
pH 值	应在生产厂控制值范围内
硫酸钠含量（%）	不超过生产厂控制值

注：1. 生产厂应在相关的技术资料中明示产品匀质性指标的控制值。

2. 对相同和不同批次之间的匀质性和等效性的其他要求，可由供需双方商定。

3. 表中的 S、W 和 D 分别为固含量、含水率和密度的生产厂控制值。

（2）掺泵送剂混凝土的性能要求

按规定方法检验掺泵送剂混凝土的性能指标应符合《混凝土外加剂》（GB 8076）的规定，见表 12-11。

4. 工程中应用泵送剂应注意的问题

泵送剂适用于预拌混凝土、高层建筑、超高层建筑混凝土、大体积混凝土以及水下混凝土等。但应用中需注意以下几个要求：

（1）多功能化对泵送剂的要求

为了满足工程补偿收缩、防冻等要求，泵送剂可以和膨胀剂、防冻剂等外加剂复合使用。复合泵送剂除应符合表12-11的技术要求外，尚应符合所复合的外加剂相应规范的技术要求，并注意不同外加剂之间的相容性。

（2）品种及掺量的要求

泵送剂可为粉剂或液体，其品种、掺量应根据混凝土的技术要求、运输距离、泵送高度、环境温度等确定。

（3）集料的要求

掺泵送剂混凝土所用粗集料的最大粒径，碎石不得大于混凝土输送管内径的1/3；卵石不得大于输送管内径的2/5。粗集料最大粒径不得大于40mm，当泵送高度超过50m时，碎石最大粒径不得大于25mm，卵石不得大于30mm。

（4）砂率及水泥用量的要求

掺泵送剂混凝土的砂率宜为36%～46%，胶凝材料总用量宜为400～550kg/m^3。

二、防冻剂

1. 定义

能使混凝土在负温下硬化，并在规定时间内达到足够防冻强度的外加剂叫防冻剂。

2. 分类

（1）氯盐类。以氯盐（氯化钙或氯化钠）与其他早强剂、引气剂、减水剂复合而成的防冻剂。

（2）氯盐阻锈类。以氯盐与阻锈剂（亚硝酸钠）为主复合而成的防冻剂。

（3）无氯盐类。以硝酸盐、亚硝酸盐、碳酸盐、乙酸钠或尿素等有机物为主复合而成的防冻剂。

不同防冻剂的适用范围不同：氯盐类防冻剂的适用范围同氯化钙早强剂；氯盐阻锈类防冻剂可应用于钢筋混凝土工程，但不得用于禁用含有强电解质外加剂的混凝土工程；无氯盐类防冻剂中的硝酸盐、亚硝酸盐、碳酸盐易引起钢筋的应力腐蚀，故不适用于预应力混凝土以及镀锌钢材，与铝、铁相接触的混凝土工程，其他无氯盐防冻剂则可以应用。

另外，含有亚硝酸盐、六价铬盐等有毒成分的防冻剂不得用于饮水工程及与食品接触的部位。

3. 组成

我国目前使用的防冻剂均为复合防冻剂。一般由防冻剂、减水剂、早强剂及引气剂四种主要成分构成，每种成分所起作用不同，它们相互配合，取得了比单一防冻成分更好的防冻效果。其中，减水剂的作用是减少混凝土拌合物的用水量，从而减少了受冻时的含冰量，并能使冰晶粒度细小、分散，降低了破坏应力；防冻剂可使混凝土中的液相在规定的负温条件下不冻结或减轻冻结，使混凝土中保持较多的液相量，为负温下水泥的水化反应创造了必要的条件；早强剂可加速水泥矿物成分的水化反应，提高早期强度，使混凝土尽快具有规定的抗冻临界强度；引气剂则可提高混凝土的耐久性，缓冲冻胀应力。

4. 技术要求

（1）防冻剂的匀质性指标应符合表 12-4 的要求。

表 12-4　防冻剂匀质性指标（JC 475—2004）

序号	试验项目	指标
1	固体含量（%）	液体防冻剂：$S \geq 20\%$ 时，$0.95S \leq X < 1.05S$； $S < 20\%$ 时，$0.90S \leq X < 1.10S$ S 是生产厂提供的固体含量（质量%），X 是测试的固体含量（质量%）
2	含水率（%）	粉状防冻剂：$W \geq 5\%$ 时，$0.90W \leq X < 1.10W$ $W < 5\%$ 时，$0.80W \leq X < 1.20W$ W 是生产厂提供的含水率（质量%），X 是测试的含水率（质量%）
3	密度（g/cm^3）	液体防冻剂：$D > 1.1$ 时，要求为 $D \pm 0.03$； $D \leq 1.1$ 时，要求为 $D \pm 0.02$ D 是生产厂提供的密度值
4	氯离子含量（%）	无氯盐防冻剂：≤0.1%（质量百分比）
		其他防冻剂：不超过生产厂控制值
5	碱含量（%）	不超过生产厂提供的最大值
6	水泥净浆流动度（mm）	应不小于生产厂控制值的 95%
7	细度（%）	粉状防冻剂细度应不超过生产厂提供的最大值

（2）掺防冻剂混凝土的性能要求。按规定方法检验掺防冻剂混凝土的性能指标应符合表 12-5 的规定。

表 12-5　掺防冻剂混凝土性能（JC 475—2004）

序号	试验项目	性能指标						
		一等品			合格品			
1	减水率（%）≥	10			—			
2	泌水率比（%）≤	80			100			
3	含气量（%）≥	2.5			2.0			
4	凝结时间差（min）	初凝	−150 ~ +150			−210 ~ +210		
		终凝						
5	抗压强度比（%）≥	规定温度（℃）	−5	−10	−15	−5	−10	−15
		R_{-7}	20	12	10	20	10	8
		R_{28}	100		95	95		90
		R_{-7+28}	95	90	85	90	85	80
		R_{-7+56}	100			100		
6	28d 收缩率比（%）≤	135						
7	渗透高度比（%）≤	100						
8	50 次冻融强度损失率比（%）≤	100						
9	对钢筋锈蚀作用	应说明对钢筋有无锈蚀作用						

注：R_{-7} 为受检混凝土负温养护 7d 的抗压强度与基准混凝土标准养护 28d 之比；R_{-7+28}，R_{-7+56} 分别为受检混凝土负温养护 7d 再转标准养护 28d 和 56d 的抗压强度与基准混凝土标准养护 28d 之比。

5. 工程中应用防冻剂应注意的问题

（1）混凝土拌合物中冰点的降低与防冻剂的液相浓度有关，因此气温越低，防冻剂的掺量应适当增大。

复合防冻剂中防冻成分的掺用量应按混凝土拌合水质量的百分率控制：氯盐不大于7%；氯盐阻锈类总量不大于15%；无氯盐类总量不大于20%。引气剂的掺量不大于水泥质量的万分之零点五，含气量不超过4%。

（2）不同的防冻剂使用温度不同（目前多为0～15℃），该温度相当于日平均气温，如某防冻剂规定使用温度为－10℃，即日气温波动范围约为－5～15℃。

（3）在混凝土中掺用防冻剂的同时，还应注意原材料的选择及养护措施等。如应尽量使用硅酸盐水泥或普通硅酸盐水泥，不宜使用矿渣等混合材水泥，禁止使用铝酸盐水泥；当防冻剂中含有较多 Na^+、K^+ 离子时，不得使用活性集料；在负温条件下养护时不得浇水，外露表面应覆盖等。

三、膨胀剂

1. 定义

凡能使混凝土在凝结硬化过程中不收缩且产生一定体积膨胀的物质称为膨胀剂。

2. 分类

按水化产物分：

（1）硫铝酸钙类膨胀剂（代号A）。

（2）氧化钙类膨胀剂（代号C）。

（3）硫铝酸钙－氧化钙类膨胀剂（代号AC）。

目前以硫铝酸钙膨胀剂应用较为广泛。表12-6为此类膨胀剂的符号、基本组成及掺量范围。

表12-6 我国主要硫铝酸盐类膨胀剂

序号	膨胀剂品种	掺量	符号	原料组成	膨胀源
1	硫铝酸钙膨胀剂	8%～10%	CSA	铝土矿，石灰石，石膏	钙矾石
2	U型膨胀剂	10%～12%	UEA	硫铝酸盐熟料，明矾石，石膏	钙矾石
3	复合型膨胀剂	8%～10%	CEA	石灰系熟料，明矾石，石膏	CaO，钙矾石
4	明矾石膨胀剂	8%～10%	EA-L	明矾石，石膏	钙矾石
5	U型高效膨胀剂	8%～10%	UEA-H	硫铝酸盐熟料，氧化铝，石膏	钙矾石

也可按限制膨胀率分为Ⅰ型和Ⅱ型。

所谓限制膨胀率是根据膨胀剂的膨胀率和限制条件而言，有两种情况：一是普通混凝土在凝结硬化过程中，常常由于水泥水化产生的化学收缩、混凝土失水干缩等原因产生开裂、渗漏而严重降低工程质量。为此，在混凝土中掺入适量膨胀剂，就可以以膨胀剂产生的微量膨胀补偿混凝土体积的收缩，从而防止混凝土收缩裂缝的产生，提高混凝土结构的完整性、抗裂性及抗渗性等。通常称为补偿收缩的膨胀剂。二是若适当加大膨胀剂的掺量，在混凝土受约束条件下，可以产生0.2～1.0MPa的自应力（称为自应力的膨胀剂）。

3. 作用机理

（1）硫铝酸钙膨胀剂

硫铝酸钙膨胀剂（符号 CSA）是由铝土矿、石灰石和石膏为主要原料，在1300℃左右经煅烧成为熟料后粉磨的产品。这种膨胀剂属单组分膨胀剂，它的主要成分是无水硫铝酸钙（$C_4A_3\overline{S}$），其膨胀源为钙矾石。

硫铝酸钙膨胀剂产生钙矾石的化学反应为：

$$C_4A_3\overline{S}+6Ca(OH)_2+8CaSO_4+96H_2O \longrightarrow 3(C_3A\cdot 3CaSO_4\cdot 32H_2O)$$

（2）氧化钙膨胀剂

氧化钙膨胀剂（代号 C）。氧化钙类膨胀剂是通过氧化钙水化生成氢氧化钙而产生膨胀的。

（3）硫铝酸钙 - 氧化钙类膨胀剂

硫铝酸钙 - 氧化钙类膨胀剂其水化产物为钙矾石和氢氧化钙。

上述三类膨胀剂的膨胀机理是：膨胀剂中的硫铝酸钾（或钠）或硫酸钙、无水硫铝酸钙、氧化钙与水泥熟料水化产物反应生成水化硫铝酸钙（即钙矾石）或产生氢氧化钙而体积膨胀。

随着人们对混凝土中碱含量对其性能的不利影响的不断认识，工程使用中要求严格限制外加剂带入混凝土中的碱量。为了降低膨胀剂中的碱含量，近年来，在 UEA 膨胀剂基础上，不断开发低碱膨胀剂，如 UEA - H 就是一种含碱量较低、膨胀效果较好的一代新产品，也称为 U 型高效膨胀剂，它是用硫铝酸盐熟料、氧化铝、硫酸钙等复合磨细而成。其产生膨胀的主要化学反应如下：

$$Al_2O_3+3Ca(OH)_2+3H_2O \longrightarrow 3CaO\cdot Al_2O_3\cdot 6H_2O$$

$$3CaO\cdot Al_2O_3\cdot 6H_2O+3CaSO_4+26H_2O \longrightarrow 3CaO\cdot Al_2O_3\cdot 3CaSO_4\cdot 32H_2O$$

4. 技术要求

当按规定方法检验膨胀剂性能时，其性能指标应符合表 12-7 的规定。

表 12-7 混凝土膨胀剂性能指标（GB 23439—2009）

项目			指标	
			Ⅰ型	Ⅱ型
细度	比表面积（m^2/kg）	≥	200	
	1.18 筛余（%）	≤	0.5	
凝结时间	初凝（min）	≥	45	
	终凝（min）	≤	600	
限制膨胀率（%）	水中 7d	≥	0.025	0.050
	空气中 21d	≥	-0.020	-0.010
抗压强度（MPa）	7d	≥	20.0	
	28d	≥	40.0	

5. 工程中应用膨胀剂应注意的问题

（1）为了满足工程泵送、防冻等要求，膨胀剂可以和泵送剂、防冻剂外加剂复合使用。复合膨胀剂除应符合表 12-8 的技术要求外，尚应符合所复合的外加剂相应规范的技术要求，并注意不同外加剂之间的相容性。

(2) 膨胀剂的适用范围：

1) 补偿收缩混凝土。适用于地下、水中、海中、坝工、隧道等构筑物，大体积混凝土，配筋路面和板，屋面和浴厕间防水，构件补强，渗漏修补，预应力钢筋混凝土等。

2) 填充用膨胀混凝土。适用于结构后浇带、后浇加强带、隧洞堵头等。

3) 填充用膨胀砂浆。适用于机械设备的底座灌浆、地脚螺栓的锚固、梁柱接头、构件补强加固等。

4) 自应力混凝土。适用于常温下使用的自应力钢筋混凝土压力管生产。

(3) 为了避免钙矾石、铝酸钙中的结晶水受高温作用时脱出而使膨胀剂失效，硫铝酸钙类膨胀剂和铝酸钙类膨胀剂不得用于长期处于环境温度为80℃以上的工程中。

(4) 掺膨胀剂混凝土所用水泥品种应是硅酸盐类的通用水泥，不得用硫铝酸盐水泥和铁铝酸盐水泥。这是因为这两种水泥的强度增长规律和体积变化规律与硅酸盐类水泥明显不同。

(5) 在配制泵送高性能混凝土时，膨胀剂应与水泥、矿物掺合料一起计入胶凝材料用量内。

(6) 掺膨胀剂混凝土浇筑以后，为防止出现沉降裂缝，在混凝土终凝前应多次抹压。

(7) 掺膨胀剂混凝土的养护应不少于14d，对于墙体等不易保水的结构，拆模时间应不少于7d，冬期施工应不少于14d。

将符合技术要求的膨胀剂用于配制膨胀混凝土或砂浆时，其性能指标应符合《混凝土外加剂应用技术规范》(GB 50119—2003) 的要求，见表12-8～表12-10的规定。

表12-8　补偿收缩混凝土的性能

项目	限制膨胀率（$\times10^{-4}$）	限制干缩率（$\times10^{-4}$）	抗压强度（MPa）
龄期	水中14d	水中14d，空气中28d	28d
性能指标	≥1.5	≤3.0	≥25

表12-9　填充用膨胀混凝土性能

项目	限制膨胀率（$\times10^{-4}$）	限制干缩率（$\times10^{-4}$）	抗压强度（MPa）
龄期	水中14d	水中14d，空气中28d	28d
性能指标	≥2.5	≤3.0	≥30.0

表12-10　灌浆用膨胀砂浆性能

流动度（mm）	竖向膨胀率（$\times10^{-4}$）			抗压强度（MPa）	
	3d	7d	1d	3d	28d
≥250	≥10	≥20	≥20	≥30	≥60

掺高性能减水剂、高效减水剂、普通减水剂、早强剂、引气剂和泵送剂混凝土的性能指标应符合表12-11的规定。

表 12-11　掺外加剂混凝土性能指标（GB 8076—2008）

项目		高性能减水剂 HPWR 早强型 HPWR－A	高性能减水剂 HPWR 标准型 HPWR－S	高性能减水剂 HPWR 缓凝型 HPWR－R	高效减水剂 HWR 标准型 HWR－S	高效减水剂 HWR 缓凝型 HWR－R	普通减水剂 WR 早强型 WR－A	普通减水剂 WR 标准型 WR－S	普通减水剂 WR 缓凝型 WR－R	引气减水剂 AEWR	泵送剂 PA	早强剂 Ac	缓凝剂 Re	引气剂 AE
减水率（%）≥		25	25	25	14	14	8	8	8	10	12	—	—	6
泌水率比（%）≤		50	60	70	90	100	95	100	100	70	70	100	100	70
含气量（%）		≤6.0	≤6.0	≤6.0	≤3.0	≤4.5	≤4.0	≤4.0	≤5.5	≥3.0	≤5.5	—	—	≥3.0
凝结时间之差（min）	初凝	－90～+90	－90～+120	>+90	－90～+120	>+90	－90～+90	－90～+120	>+90	－90～+120	—	－90～+90	>+90	－90～+120
	终凝			—		—			—			—	—	
1h 经时变化量	坍落度（mm）	—	≤80	≤60	—	—	—	—	—	-	≤80	—	—	—
	含气量（%）	—	—	—						－1.5～+1.5	—			－1.5～+1.5
抗压强度比（%）≥	1d	180	170	—	140	—	135	—	—	—	—	135	—	—
	3d	170	160	—	130	—	130	115	—	115	—	130	—	95
	7d	145	150	140	125	125	110	115	110	110	115	110	100	95
	28d	130	140	130	120	120	100	110	110	100	110	100	100	90
收缩率比（%）≤	28d	110	110	110	135	135	135	135	135	135	135	135	135	135
相对耐久性指标（200 次,%）≥		—	—	—	—	—	—	—	—	80	—	—	—	80

注1. 除含气量和相对耐久性外，表中所列数据为掺外加剂混凝土与基准混凝土的差值或比值。
2. 凝结时间之差性能指标中的“－”号表示提前，“+”号表示延缓。
3. 相对耐久性（200 次）性能指标中的“≥80”表示将 28d 龄期的受检混凝土试件快速冻融循环 200 次后，动弹性模量保留值≥80%。
4. 1h 含气量经时变化量指标中的“－”号表示含气量增加，“+”号表示含气量减少。
5. 其他品种的外加剂是否需要测定相对耐久性指标，由供需双方协商确定。
6. 当用户对泵送剂等产品有特殊要求时，需要进行的补充试验项目、试验方法及指标，由供需双方协商决定。

第六节　混凝土矿物外加剂

尽管粉煤灰、矿渣、火山灰等工业废渣作为活性混合材料在水泥中获得了广泛的应用，使水泥的品种进一步扩大、水泥的性能得到了改善。然而，当这类矿物材料达到一定细度后，在碱性的或兼有硫酸盐成分存在的液相条件下，可进行水化反应，生成具有胶凝、固化特性的物质，因而又被认为是"第二胶凝材料"。若将它们直接加入混凝土中，可以和水泥水化析出的氢氧化钙进行二次反应，使混凝土的性能，诸如力学性能、水化放热、耐久性等获得较大幅度的改善，掺入此类矿物材料，还可以替代水泥用量，减少混凝土对水泥的依赖性，从而间接达到节能、环保、低碳经济的发展需要。

目前，矿物掺合料已是调配混凝土性能，配制大体积混凝土、高强混凝土、高性能混凝土等不可缺少的组成部分，被列为混凝土第六大组分，也称为混凝土矿物外加剂。

一、粒化高炉矿渣（SG）

矿渣是冶炼生铁时的副产物。用高炉冶炼生铁时，铁水表面上浮了一层1500t以上的熔渣，浮渣由排渣口泄出时经水或空气急冷，形成细小颗粒状矿物材料，即粒化高炉矿渣，也称水淬矿渣或水渣，这里简称"矿渣"。矿渣是一种良好的矿物资源。

1. 矿渣的成分

铁矿石中的非金属矿物、助熔剂（白云石、石灰石）和燃料是矿渣成分的来源。矿渣的主要成分是SiO_2、CaO、Al_2O_3等。通常这三种成分之和可达到90%以上。矿渣化学成分与硅酸盐水泥相近。表12-12是我国主要矿渣的化学成分。

表12-12　我国主要矿渣的化学成分　（%）

化学成分	CaO	SiO_2	Al_2O_3	MgO	MnO	Fe_2O_3	SO_3
矿渣	39~49	30~50	7~18	2~14	0.2~1.0	0.2~2	1.2~2
普通水泥	58.6	22.50	6.0	2.5	—	2.75	2.1

从表中可以看出，与硅酸盐水泥相比，仅CaO比水泥稍低，SiO_2稍高，具备了胶凝材料的基本化学成分。

2. 矿渣的结构

熔融矿渣在急冷过程中矿物无序排列，多呈玻璃体结构。这种结构不稳定，粉磨后具有水化反应能力或潜能，自身即具有水硬性。评价矿渣的这种水硬性，玻璃相含量是最有意义的指标之一。玻璃相的内能达200J/g。可通过X衍射法测定矿渣结晶化率，进而计算出玻璃化率。我国大部分是水淬矿渣，玻璃化率大于98%。玻璃化率高，水硬性能好，故矿渣的掺入比例可较大。但粒径大于45mm的矿渣颗粒很难参与水化反应。因此，以往的矿渣粉磨细度3000~4000cm^2/g，是不够细的。用作混凝土的矿渣，应粉磨至5000cm^2/g以上比较合适。这时称为矿渣微粉或超细矿渣粉。

3. 矿渣的活性

矿渣的活性取决于化学成分、矿物组成及冷却条件。一般情况下，矿渣中碱性氧化物（CaO，MgO）、中性氧化物（Al_2O_3）含量高，而酸性氧化物（SiO_2）含量低时，矿渣活性较高。玻璃化率高，水淬后粒细且松，粉磨加工得细微的，活性好。为了评价矿渣活性，引出重要参数——碱性系数 M_0，计算如下：

$$M_0 = \frac{CaO\% + MgO\%}{SiO_2\% + Al_2O_3\%} \tag{12-1}$$

按碱性系数 M_0，矿渣划分为三种：$M_0 > 1$，碱性矿渣；$M_0 = 1$，中性矿渣；$M_0 < 1$，属酸性矿渣。通常碱性矿渣质量较好。

评价矿渣的活性，可用质量系数，计算如下：

$$K = \frac{CaO\% + MgO\% + Al_2O_3\%}{SiO_2\% + MnO\% + TiO_2\%} \tag{12-2}$$

矿渣质量系数 K 越高，矿渣活性越高。一般要求 $K \geqslant 1.2$，当 $K > 1.6$ 时质量比较优良。

常温下矿渣表现出的活性很弱。只有在有水且存在碱或兼有硫酸盐激发剂时，其潜在活性才能较好地发挥。

4. 对矿渣粉的技术要求

对矿渣粉的技术要求，可参照表 12-13。

表 12-13　矿渣粉的技术指标（GB/T 18046—2008）

项目			级别		
			S105	S95	S75
密度（g/cm^3）≥			2.8		
比表面积（m^2/kg）≥			500	400	300
活性指数（%）	≥	7d	95	75	55
		28d	105	95	75
流动度比（%）		≥	95		
含水量（质量分数,%）		≤	1.0		
三氧化硫（质量分数,%）		≤	4.0		
氯离子（质量分数,%）		≤	0.06		
烧失量（质量分数,%）		≤	3.0		
玻璃体含量（质量分数,%）		≥	85		
放射性			合格		

5. 矿渣细粉的作用

混凝土中掺入矿渣细粉后，可对混凝土产生以下方面的影响：

（1）对混凝土拌合物性能的影响。将矿渣细粉掺入混凝土，会使抗离析能力下降，并延缓混凝土的初凝与终凝时间。另外，尚可使混凝土水化热下降，温峰出现时间延缓。

（2）对硬化混凝土强度的影响。掺入矿渣细粉（$4000cm^2/g$ 左右的）的混凝土早期强度不高，特别是替代水泥率高且外界温度较低时更是如此。因此，应注意适时养护，保证温湿度条件。但后期强度增长率高，发展时间稍长。

（3）对硬化混凝土抗渗的影响。由于矿渣细粉的掺入，对水泥石与集料界面起改善作用，使 $Ca(OH)_2$ 结晶变小，又细化了水泥石结构，所以能提高混凝土的抗渗性。

（4）对硬化混凝土抗腐蚀的影响。掺入了矿渣细粉后，混凝土的抗硫酸盐侵蚀、抗海水浸蚀及抗弱酸蚀性能得以改善。特别是对 Cl^- 抑制作用优异。当超细矿渣粉的替代水泥率为40%时，因矿渣与碱成分先行反应，即固定了水泥中的 Na_2O、K_2O，弱化或消除了潜在的碱－集料反应。

6. 矿渣细粉的最佳用量

矿渣细粉料在普通水泥混凝土中的最佳掺入量应通过试验优选确定。实践证明，从混凝土强度方面考虑，矿渣粉细度值高的掺入量偏大；28d 前的早期强度比要求高时，矿渣细粉量宜选低；28d 后的中后期强度比要求高时，掺入量宜选高些。当矿渣粉细度为 $4000cm^2/g$ 时，矿渣细粉替代水泥率为 10% ~40%；细度为 $6000cm^2/g$ 时，矿渣细粉替代水泥率最佳值为 30% ~50%；从混凝土耐久性方面考虑，视具体性能要求，在参照上述掺加量范围的同时，要通过试验考察耐久性指标和强度值来选定。

二、粉煤灰（FA）

粉煤灰是火电厂煤粉燃烧后在除尘器中收集下来的细粉。目前，我国粉煤灰的年排放量达 2.0 亿 t 以上。粉煤灰是可利用的重要矿物资源，综合利用粉煤灰，具有很大的经济效益、环境效益。

1. 粉煤灰的品种

由于不同工厂排出的粉煤灰质量是有区别的，所以粉煤灰的成分会因粉煤灰产生时的煤种、煤的品质、粉磨细度、锅炉种类、燃烧状态以及粉煤灰排放形式等不同而不同。

粉煤灰品种有原状湿灰，原状干灰和调湿灰。

（1）原状湿灰。湿排出的灰水，在灰场或沉灰池中堆存，是潮湿状的粉煤灰。

（2）原状干灰。从干式除尘器收集并以干态输送贮存的原状粉煤灰，或称“统干灰”，一般是排入干灰库。

（3）调湿灰。干灰库出灰时喷入适量水，呈潮湿状，免飞扬。

为了改善粉煤灰品质，可对原状粉煤灰进行再加工。经磨细处理的粉煤灰，称为磨细灰；可以达到Ⅰ级灰及Ⅱ级灰标准。采用风选处理的粉煤灰，经分选、分级、包装称为风选灰。风选灰品质可分为Ⅰ级灰、Ⅱ级灰和Ⅲ级灰。

2. 粉煤灰的成分

粉煤灰中的主要氧化物为 SiO_2、Al_2O_3、Fe_2O_3，这三者总和一般超过 70%。这些氧化物对粉煤灰的活性及强度等性能虽有明显影响，但因其含量指标比较稳定，完全能满足使用要求，因此可不作规定。而烧失量对粉煤灰的颜色及需水量等有明显影响，所以受到重视，并将其列入标准。

粉煤灰有高钙和低钙之分，由褐煤燃烧形成的氧化钙含量大于 10% 的为高钙粉煤灰，具有一定的水硬性；由烟煤和无烟煤燃烧形成的氧化钙含量小于 10% 的为低钙粉煤灰，一般具有火山灰活性。我国的高钙粉煤灰较少，低钙粉煤灰来源比较广泛，是用量最大、使用范围最广的矿物外加剂。

我国各地的粉煤灰中，氧化物含量有一波动范围。我国部分地区粉煤灰化学成分范围值如表 12-14 所示。

表 12-14　我国部分地区粉煤灰的化学成分　（%）

化学成分	SiO_2	Al_2O_3	Fe_2O_3	CaO	MgO	Na_2O	K_2O	SO_3	烧失量
粉煤灰	33.9 ~59.7	16.5 ~ 35.4	1.5 ~ 19.7	0.8 ~ 10.4	0.7 ~ 1.9	0.2 ~ 1.1	0.6 ~ 2.9	0 ~ 1.1	1.2 ~ 23.6
普通水泥	22.5	6.0	2.75	58.6	2.5	—	—	2.1	0.4

3. 粉煤灰的结构

粉煤灰的结构是以硅、铝氧化物为主要成分的玻璃体。由于煤粉熔融过程中出现液滴状，使得粉煤灰可呈现实心或空心的微细球形颗粒，称为实心微珠或空心微珠。其中，实心微珠颗粒细，表面光滑，需水量小，具活性，是粉煤灰中的有效成分。粉煤灰中还含有未燃尽碳粒，呈多孔玻璃体、玻璃体碎块和结晶体等。未燃尽碳粒颗粒较粗，会降低粉煤灰的活性，增大需水性，是有害成分之一。

4. 粉煤灰的性能

（1）物理性质

粉煤灰的物理性质主要指密度 ρ，堆积密度 ρ_0'，细度、需水量、烧失量及颜色。粉煤灰密度为 $1.95 \sim 2.50 g/cm^3$，堆积密度为 $550 \sim 800 kg/m^3$。

细度是评定粉煤灰质量的重要指标，用45mm方孔筛筛余的百分率来表示。实心微珠含量较多，未燃尽碳粒及不规则的粗颗粒含量较少时，粉煤灰较细。一般来说，细度越细，粉煤灰活性越好。经过磨细加工的粉煤灰，在加工过程中会破碎多孔玻璃体和部分颗粒较大的空心微珠，使之含有较多的非球形颗粒，质量虽较磨细前有所提高，但比静电收尘的含有大量实心微珠的细灰要差，风选灰不破坏粉煤灰的颗粒形貌，其质量较磨细灰要好。

需水量比是水泥粉煤灰砂浆（水泥∶粉煤灰 = 70∶30）与纯水泥砂浆在达到相同流动度的情况下的需水量之比，是影响混凝土强度和拌合物流动性的重要参数。

烧失量是指在950 ~ 1000℃下，灼烧15 ~ 20min至恒重时的质量损失，其大小反映未燃尽碳粒的多少。未燃尽碳粒是有害成分，其含量越小越好。

粉煤灰颜色在浅灰到灰黑色之间。这主要与含碳量直接相关。浅色灰含碳低，燃烧完全，一般细粒较多，品质较好。

（2）火山灰活性

粉煤灰属火山灰质材料，具有“火山灰反应”或“火山灰活性”的能力。粉煤灰的比表面积大，其活性成分与水泥水化产物氢氧化钙反应生成硅酸钙凝胶，成为胶凝材料的一部分。同时，二次水化反应迟于水泥熟料，反应产物填充于水泥水化产物的孔隙中，使水泥石的孔隙率减小、孔隙细化、密实度增加、强度提高。

粉煤灰的火山灰活性主要与 SiO_2、Al_2O_3、Fe_2O_3 的含量、玻璃相含量、细度以及颗粒形态特征有关。FA中含碳量 $<8\%$，对水泥的水化硬化无明显的负效应。

粉煤灰火山灰反应速率与温度、龄期有关，在常温下发展得很慢，但随龄期延长会逐渐加快。这是因为FA是与 $Ca(OH)_2$（水泥水化反应生成物）及 $CaSO_4 \cdot 2H_2O$ 等激发物质进行“二次反应”之故。一般7d龄期反应程度很小，以后逐渐加速，一直可延续1年时间。

5. 粉煤灰对混凝土性能的影响

粉煤灰不仅可以改善混凝土拌合物的和易性、可泵性和抹面性，而且能降低混凝土凝结硬化过程的水化热，还能提高硬化混凝土的抗渗性、抗化学侵蚀性、抑制碱 - 集料反应等耐久性能。

（1）粉煤灰对混凝土工作性能的影响

粉煤灰含大量的球状玻璃微珠，在混凝土拌合物中起一定的“滚珠”作用，使拌合物达到同样流动性时需要的拌合水量小。具有较高的保水能力，可减少泌水量。而在同样流动性时，掺粉煤灰的混凝土比不掺的内摩擦阻力减小，更容易泵送施工和振捣密实。这是粉煤灰形态效应的表现。

（2）粉煤灰对混凝土强度的影响

粉煤灰，特别是经粉磨的超细灰，具有极小的粒径，其比表面积大，活性成分与水泥水化产物氢氧化钙反应生成硅酸钙凝胶，成为胶凝材料的一部分。同时，二次水化反应迟于水泥熟料，反应产物填充于水泥水化产物的孔隙中，使水泥石的孔隙率减小、孔隙细化、密实度增加、强度提高。这是粉煤灰火山灰活性效应的表现。

（3）粉煤灰对混凝土耐久性的影响

磨细粉煤灰在水泥水化过程时，均匀分散于孔隙和凝胶体中，起到填充毛细孔及孔隙裂缝的作用，改善了孔结构，提高了水泥石的密实度。这是粉煤灰微集料效应的表现。

6. 粉煤灰的种类及技术要求

根据《用于水泥和混凝土中的粉煤灰》（GB/T 1596—2005）的规定，粉煤灰的种类划分如下：

（1）按品质划分。粉煤灰按品质划分为Ⅰ、Ⅱ、Ⅲ三个级别，其中Ⅰ级粉煤灰的品质最好。

（2）按煤种划分。粉煤灰按煤种划分为F类和C类。F类粉煤灰为低钙粉煤灰；C类粉煤灰是高钙粉煤灰。

拌制混凝土和砂浆用粉煤灰的技术要求应符合表12-15中的规定。

表12-15　拌制混凝土和砂浆用粉煤灰技术要求（GB/T 1596—2005）

<table>
<tr><th colspan="2" rowspan="2">项目</th><th colspan="3">技术要求</th></tr>
<tr><th>Ⅰ级</th><th>Ⅱ级</th><th>Ⅲ级</th></tr>
<tr><td rowspan="2">细度（0.045mm方孔筛筛余），（%）　≤</td><td>F类粉煤灰</td><td rowspan="2">12.0</td><td rowspan="2">25.0</td><td rowspan="2">45.0</td></tr>
<tr><td>C类粉煤灰</td></tr>
<tr><td rowspan="2">需水量比（%）　≤</td><td>F类粉煤灰</td><td rowspan="2">95</td><td rowspan="2">105</td><td rowspan="2">115</td></tr>
<tr><td>C类粉煤灰</td></tr>
<tr><td rowspan="2">烧失量（%）　≤</td><td>F类粉煤灰</td><td rowspan="2">5.0</td><td rowspan="2">8.0</td><td rowspan="2">15.0</td></tr>
<tr><td>C类粉煤灰</td></tr>
<tr><td rowspan="2">含水量（%）　≤</td><td>F类粉煤灰</td><td rowspan="2" colspan="3">1.0</td></tr>
<tr><td>C类粉煤灰</td></tr>
<tr><td rowspan="2">三氧化硫含量（%）　≤</td><td>F类粉煤灰</td><td rowspan="2" colspan="3">3.0</td></tr>
<tr><td>C类粉煤灰</td></tr>
<tr><td rowspan="2">游离氧化钙（%）　≤</td><td>F类粉煤灰</td><td colspan="3">1.0</td></tr>
<tr><td>C类粉煤灰</td><td colspan="3">4.0</td></tr>
<tr><td>安定性　雷氏夹沸煮后增加距离（mm）　≤</td><td>C类粉煤灰</td><td colspan="3">5.0</td></tr>
</table>

注：1. F类粉煤灰：由无烟煤或烟煤煅烧收集的粉煤灰。

2. C类粉煤灰：由褐煤或烟煤煅烧收集的粉煤灰，其氧化钙含量一般大于10%。

7. 粉煤灰在混凝土中的应用

实际工程应用中，混凝土中掺用粉煤灰的效果与粉煤灰的掺入方式有关。常用方式如下：

（1）等量取代水泥法

当掺入粉煤灰等量取代水泥时，称为等量取代法。此时，因为混凝土内水泥用量减少，混凝土早期及28d龄期强度降低，但28d后的长期强度可赶上，甚至超过不掺粉煤灰的基准混凝土。这种掺入法可以节约水泥并减少混凝土发热量，还可以改善混凝土和易性，提高混凝土抗渗性，所以常用于大体积混凝土。

（2）超量取代水泥法

粉煤灰的掺入量大于所取代的水泥量，多出的粉煤灰取代同体积的砂，混凝土内用水量及石子用量基本不变。混凝土中胶凝材料数量增多会影响拌合物的和易性，但可以由粉煤灰掺入后使拌合物的和易性改善的效应来弥补。取代砂子的粉煤灰所获得的强度增加效应，可以弥补粉煤灰取代水泥而降低早期强度，从而使混凝土强度未受影响。因此，超量取代法是一种既能保持混凝土28d强度及和易性不变，又能节约水泥用量的常用办法。常用于泵送混凝土、高性能混凝土。

粉煤灰的超量应根据粉煤灰的等级而定：Ⅰ级粉煤灰超量系数为1.1～1.4；Ⅱ级粉煤灰超量系数为1.3～1.7；Ⅲ级粉煤灰超量系数为1.5～2.0。

（3）粉煤灰外加法

当粉煤灰掺入时保持混凝土水泥用量不变，则混凝土粘聚性及保水性将显著优于基准混凝土。此时，可以等体积减少混凝土中砂的用量，也称为粉煤灰代砂。由于粉煤灰具有火山灰活性，混凝土强度将高于基准混凝土，和易性、抗渗性等将有显著改善。为了改善混凝土和易性时，常采用此法。

8. 应用注意事项

混凝土中掺入粉煤灰后，由于粉煤灰的水化消耗了$Ca(OH)_2$，将使混凝土抗碳化性能降低，减弱了混凝土对钢筋的保护作用；由于粉煤灰对混凝土抗冻性不利，所以混凝土中掺用粉煤灰时，常与减水剂或引气剂等外加剂同时掺用，称为双掺技术。减水剂的掺入，可以克服某些粉煤灰增大混凝土需水量的缺点；引气剂的掺用，可以解决粉煤灰混凝土抗冻性较低的问题。

因此，为了保证混凝土结构的耐久性，《粉煤灰混凝土应用技术规范》（GBJ 146—90）中规定了粉煤灰取代水泥量（以质量计）的最大限值，如表12-16所示。

表12-16　粉煤灰取代水泥最大限量（GB J146—90）

混凝土种类	粉煤灰取代水泥的最大限量（%）			
	硅酸盐水泥	普通硅酸盐水泥	矿渣硅酸盐水泥	火山灰硅酸盐水泥
预应力混凝土	25	15	10	—
钢筋混凝土 高强度混凝土 高抗冻融性混凝土 蒸养混凝土	30	25	20	15
中、低强度混凝土 泵送混凝土 大体积混凝土 水下混凝土 地下混凝土 压浆混凝土	50	40	30	20
碾压混凝土	65	55	45	35

三、硅灰（SF）

硅灰又称凝聚硅灰或硅粉，为电弧炉冶炼硅金属或硅铁合金的副产品。在温度高达2000℃下，将石英还原成硅时，会产生约15%的硅气体，进入烟道低温区再氧化成SiO_2，最后冷凝成极微细的球状颗粒固体。硅灰成分中SiO_2含量高达80%以上，主要是非晶态的无定形SiO_2。

1. 硅灰的化学成分

因冶炼品种、收灰工艺的不同，硅灰有较多种类。从生产75%硅铁和75硅铁时回收的硅灰中，SiO_2含量88%左右，是通常使用最多的一种。硅金属厂的硅灰中，含SiO_2高达94%以上，是质量最好的硅灰。一般生产1t硅金属，约有0.6t硅灰；生产1t 75硅铁约有0.2~0.45t硅灰。我国的硅灰资源逐年上升。

用于混凝土中的硅灰，含SiO_2量高，平均92%。其中绝大部分是无定形SiO_2，而Fe_2O_3、Al_2O_3均不超过1%，烧失量平均为2.5%。SiO_2含量不同，预示着掺入混凝土后的作用也不一样。表12-17给出了我国硅灰化学成分范围。

表12-17　我国硅灰化学成分范围　（%）

化学成分	SiO_2	Al_2O_3	Fe_2O_3	CaO	MgO	Na_2O	K_2O	SO_3
硅粉	85~96	0.2~0.6	0.3~1.0	0.1~1.6	0.3~3.5	0.5~1.8	1.5~3.5	—
普通水泥	22.5	6.0	2.75	58.6	2.5	—	—	2.1

2. 硅灰的物理性质

硅灰色呈浅灰到深灰，为极细的球形颗粒，平均粒径为0.1~0.3μm，是水泥颗粒粒径的1/100~1/50。比表面积为18500~200000cm^2/g，是水泥的700倍左右；密度为2.1~2.2g/cm^3，堆积密度只有250~300kg/m^3。

我国对硅灰的研究已有一定的积累，并已在水电站、基础灌浆、喷射混凝土、钢纤维混凝土、高强混凝土、高耐久性混凝土中应用。

根据水利系统应用硅灰的实际经验，对硅灰的品质一般要求是：SiO_2含量不小于85%，含水率不大于3%，烧失量不大于6%，0.045mm孔径筛余量不大于10%或比表面积不小于15m^2/kg，火山灰活性试验必须合格。

3. 硅灰对混凝土性能的贡献

硅灰掺入水泥混凝土中，对水泥石强度、性能有显著影响，表现在三方面，即火山灰效应、微集料效应和界面效应。据颗粒、比表面分析，可认为大约每个水泥颗粒周围环绕着几万个硅灰粒子。这样，硅灰的二次水化作用非常显著，生成新的水化硅酸钙能堵塞水泥石毛孔通道，加上未反应的硅灰微粒广为分布，致使水泥石更加密实。另外，加入硅灰后，集料与水泥石界面上减少了大晶格的$Ca(OH)_2$和钙矾石，硅灰微粒又降低了混凝土的泌水性，减弱水膜危害，强化了界面状态，提高了混凝土强度和耐久性。尤其是硅灰中的SiO_2在早期即可与$Ca(OH)_2$发生反应，生成水化硅酸钙。所以，用硅灰取代水泥可提高混凝土的早期强度。

但硅灰掺量不宜过多。否则将使拌合物太黏稠，不易施工。故硅粉需与高效减水剂配合使用，才能获得多方面的良好效果。一般情况，混凝土中掺入硅灰4%~10%，各龄期强度均获提高。另外，掺入硅灰（特别是W/C大时）可使混凝土抗渗性提高，抗弱酸、硫酸盐、氯盐腐蚀的能力得到改善。对于预防钢筋锈蚀能力，虽然水泥石中 $Ca(OH)_2$ 含量减少，但由于水泥石提高了密实度，电阻率得到提高，故抗锈能力、抗冲击能力、抗冲磨性均得以改进。

4. 硅灰在混凝土中的应用

硅灰取代水泥后，其作用与粉煤灰类似，可改善混凝土拌合物的和易性，降低水化热，提高混凝土抗侵蚀、抗冻、抗渗性，抑制碱－集料反应，且其效果比粉煤灰好。因此适用广泛，可用于以下方面：

（1）用常规施工方法，可配制出 C100 或更高等级的混凝土。

（2）配制早强混凝土或提高粉煤灰混凝土早期强度。

（3）配制抗冲耐磨混凝土。

（4）配制抗化学腐蚀混凝土。

（5）抑制碱－集料反应。因硅灰消耗浆体中的 OH^-，使 KOH、NaOH 浓度显著降低。

（6）用于喷射混凝土，加入 3% ~5% 硅灰即可实现。减少混凝土回弹量（由 30% ~40% 降低到 10%）。

（7）用于泵送混凝土，因能提高黏性，泌水少，易泵送。

（8）用于灌浆工程。加入 5% ~10% 硅灰后浆液稳定，不分离，不堵管，可灌入细小缝隙中。

5. 硅灰的掺入法

（1）内掺法。硅灰等量或部分代替水泥，适用于中、低强度等级的混凝土。

（2）外掺法。水泥用量不变，另外掺入硅灰 5% ~10%，适用于高强度或高性能混凝土。

注意：硅灰必须与减水剂复合使用，延长搅拌时间 0.5 ~1min，并及时加湿养护，养护期 28d。

四、沸石粉（ZE）

天然沸石是一种宝贵的矿物资源。近 30 年来，我国已大力开发利用了沸石。在建材工业，天然沸石粉可作水泥混合材料，可作混凝土矿物外加剂，可作陶粒、硅钙合成材料的原料等。

1. 沸石的成分、结构

沸石是含水铝硅酸盐的细微结晶矿物。沸石的化学组成十分复杂，因种类不同有很大差异，我国常见的斜发沸石的化学式为：$(Na、K、Ca)_{2-3}$ [Al_3（Al、Si）$2Si_{13}O_{36}$] · $12H_2O$；丝光沸石化学式为：Na_2Ca [$AlSi_5O_{12}$]$_4$ · $12H_2O$。

沸石的格架状结构矿物，使沸石结构中形成了许多孔穴和孔道，通常又被水分子（沸石水）填充。当沸石水脱除后，沸石变成海绵或泡沫状构造，具有强的吸附性能。另外，沸石中含有可溶的硅、铝——活性 SiO_2、Al_2O_3，结构又极特殊，因此，沸石晶体矿物具有比玻璃体更强的火山灰活性。天然沸石、沸石凝灰岩可在粉磨后直接掺入混凝土。

2. 沸石粉对混凝土性能的影响

（1）改善和易性。用沸石粉替代 10% 的水泥，与基准混凝土相比，坍落度稍大或持平，但减少泌水和离析。

（2）提高强度。掺入沸石粉，代替 10% 水泥，对于不同等级、不同品种的硅酸盐系列水泥，28d 强度均提高 13% ~60%。

(3) 改善耐久性。由于沸石粉改善了界面质量，沸石的多孔及空隙水的积极贡献，掺加沸石粉后，混凝土具有优良的抗冻性、抗渗性，可抑制碱 - 集料反应。

沸石粉的掺加量一般为 10% ~15%。

思考题及习题

1. 什么是混凝土化学外加剂？如何分类的？

2. 简述混凝土减水剂的作用机理？在混凝土中掺入适量减水剂可以取得哪些技术经济效果？

3. 应用木质素磺酸钙减水剂和萘系减水剂时应注意的问题？

4. 什么是混凝土早强剂？应用掺有氯盐的早强剂和硫酸钠早强剂时应注意哪些问题？

5. 什么是引气剂？引气剂的作用机理是什么？简述应用引气剂时应注意的主要问题。

6. 简述混凝土防冻剂和泵送剂的组成。各组成起什么作用？

7. 简述对混凝土减水剂、早强剂、引气剂、防冻剂、泵送剂的主要技术要求。

8. 混凝土膨胀剂的主要类型有哪些？作用机理是什么？技术性质有哪些？

9. 什么是混凝土矿物外加剂？常用的矿物外加剂有哪些？

10. 生产水泥时掺入活性混合材料与拌合混凝土时掺入矿物外加剂，两者间有何异同点？

11. 为什么粒化高炉矿渣细粉自身具有一定水硬性？

12. 怎样理解“活性矿物细粉料是水泥混凝土的第二胶凝材料”？

13. 试说明粉煤灰、硅粉等矿物外加剂对于混凝土的性能具有火山灰效应、形态效应、微集料效应的内涵。

14. 混凝土中掺用磨细矿渣粉，与掺用超细矿渣粉哪种效果更好，为什么？

15. 与未掺矿物外加剂的“基准混凝土”相比，问：

①为什么掺加适量优质粉煤灰的混凝土需（拌合）水量会减少？

②掺加相同比例硅粉时，需水量为什么会增加？

③为什么掺加矿渣细粉或分选粉煤灰的混凝土，与基准混凝土相比，前二者早期强度较低，后期（如 90d 之后）强度增长率加大？

16. 利用硅粉可以配制出早强和高强混凝土吗？请予以说明。

17. 石英砂与硅粉，两者的主要成分均为 SiO_2，为什么石英砂尚不能作为第二胶凝材料掺入混凝土使用？

18. 为什么掺加矿物外加剂不但可以改善混凝土的和易性，改变凝结时间、水化温升和强度增长速度，而且还可以改善混凝土的耐久性、耐蚀性？

第十三章　混凝土配合比设计和质量控制与评定

学习提要： 本章是在定性分析混凝土各种技术性质的基础上，提供定量计算混凝土各组成材料用量的设计方法和步骤，其内容包括初步配合比设计、基准配合比设计、实验室配合比设计、施工配合比设计四个方面。为保证混凝土施工中能达到设计要求，结合混凝土强度检验评定标准，介绍混凝土质量控制原理及强度评定方法。

第一节　混凝土配合比设计

一、混凝土配合比设计的概念

混凝土配合比设计，是通过计算确定出单位体积的混凝土中各组成材料之间的比例关系。这种比例关系有两种表述方法：一种是以 1m^3 混凝土中各材料的用量（kg）来表示，如水泥 300kg、砂 690kg、石子 1270kg、水 190kg；另一种是以水泥的用量为 1，用各材料间的质量比来表示，如水泥：砂：石：水 = 1：2.4：4.3：0.45。当掺加外加剂或混凝土掺合料时，其掺量以水泥质量的百分比来表示。

二、混凝土配合比设计的目的

混凝土配合比设计的目的，是与混凝土定性分析相辅相成，即通过设计确定水泥、水、砂和石子四种材料的用量比例关系。以达到下面四项要求：

（1）满足施工要求的和易性。

（2）满足设计要求的强度等级。

（3）满足与使用条件相适应的耐久性。

（4）成本低廉，经济合理，尽量节约水泥。

三、混凝土配合比设计的基本条件

1. 原材料的情况

设计前，首先需要掌握水泥的品种、强度等级、密度等基本性能；掌握粗、细集料的规格、粒径、品种、表观密度、级配、含水率及杂质与有害物的含量等；掌握水质情况；掌握外加剂与掺合料的品种、性能等。这是因为不同原材料，对混凝土性能影响不同，由此设计参数选择与确定有区别，工程上应提供上述必要的原材料性能，注意原材料必须是经过质量检验，符合标准，方可进行设计。

2. 工程性质及要求

不同的工程有不同的要求，应根据工程对象掌握混凝土构件或混凝土结构的断面尺寸和配筋情况，合理地选择混凝土应满足的和易性，由此确定集料的最大粒径、配制强度，保证设计强度等级，同时根据混凝土工程所处环境，确定设计中的最大水灰比与最小水泥用量，以保证使用耐久性。

3. 施工质量水平

施工质量的好坏直接影响混凝土配合比是否能完成各项技术要求的实现，另外，设计时诸多参数的确定与施工质量和水平有关，尤其是对降低混凝土成本的作用不容忽视。

四、混凝土配合比设计步骤

1. 初步配合比设计

配合比设计时，应按下列步骤计算出供检验混凝土和易性、强度等级试配用的配合比。

（1）确定混凝土配制强度（$f_{cu,0}$）

所谓配制强度是指为达到混凝土设计强度等级而设定的施工目标值，由前述可知，混凝土强度是随机变化的，也即属于随机变量，大量试验证明，混凝土强度服从正态分布（图13-1），从分布规律看，要使横坐标上的混凝土立方体抗压强度标准值达到相应的混凝土强度等级$f_{cu,k}$，必须满足一个条件，即大于这个值的概率最小应为95%，由此可根据概率数理统计方法，通过下式计算配制强度：

$$f_{cu,0} \geqslant f_{cu,k} + 1.645\sigma \qquad (13\text{-}1)$$

式中 $f_{cu,0}$——混凝土配制强度（MPa）；

$f_{cu,k}$——混凝土强度等级（MPa）；

1.645——混凝土强度保证率系数；

σ——混凝土强度标准差（MPa）。

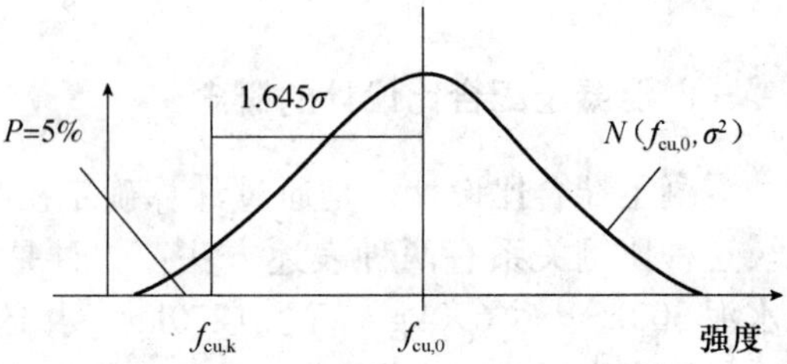

图13-1 混凝土强度正态分布

强度标准差宜根据同类混凝土统计资料按下式计算确定：

$$\sigma = \sqrt{\frac{\sum_{i=1}^{n}(f_i - \bar{f})^2}{n-1}} = \sqrt{\frac{\sum_{i=1}^{n} f_i^2 - n\bar{f}^2}{n-1}} \qquad (13\text{-}2)$$

式中 f_i——统计周期内第i组混凝土试件强度（MPa）；

$\bar{f}$——n组混凝土试件强度平均值（MPa）；

n——混凝土试件组数，$n \geqslant 25$。

当无统计资料时，混凝土强度标准差可按表13-1选用。

表13-1 混凝土强度标准差参考值

混凝土强度等级	低于C20	C20~C35	高于C35
标准差σ(MPa)	4.0	5.0	6.0

（2）确定水灰比（W/C）

水灰比是反映水与水泥之间的比例，是设计的重要参数之一，可根据两个原则掌握它的确定方法。

1）强度原则。按照鲍罗米公式（强度公式）直接计算出水灰比，见下式：

$$\frac{W}{C} = \frac{\alpha_a f_{ce}}{f_{cu,0} + \alpha_a \alpha_b f_{ce}} \qquad (13\text{-}3)$$

2）耐久性原则。将计算所得的水灰比值按照第十一章第四节表11-9中规定进行比较，不大于表11-9中规定的最大水灰比时，理论上讲可以保证混凝土耐久性。如果有特殊要求时，则应通过试验确定水灰比。

（3）确定单位用水量（m_{w0}）

单位用水量是直接影响混凝土流动性的因素，也是设计的重要参数之一，由于很难用公式表示，往往采用查表的方法确定，按第十一章第一节表 11-3 选取。

（4）确定水泥用量（m_{c0}）

由已经获得的用水量 m_{w0} 和水灰比 W/C，即可得到水泥用量：

$$m_{c0} = \frac{m_{w0}}{W/C} \tag{13-4}$$

同理，按照混凝土耐久性的要求，将计算所得的水泥用量与第十一章第四节表 11-9 规定进行比较，如果大于最小水泥用量，则理论上符合耐久性的要求。

（5）确定砂率（β_s）

砂率可根据集料的品种、规格与所采用的水灰比 W/C 查表 11-4 确定。当工程量较大或工程质量要求较高时，应根据砂、石情况采用砂率计算原则来确定合理砂率［参见第十一章第一节砂率计算公式（11-1）］。

（6）确定砂和石用量（m_{s0}、m_{g0}）

1）表观密度法

表观密度法是建立在混凝土所用原材料的性能相对稳定时，即使各组成材料的用量有所波动，但混凝土拌合物的表观密度仅在一定范围内变化（约在 2350～2450kg/m^3 之间）。表观密度法可事先估计一个值，按照混凝土各组成材料的质量之和等于混凝土拌合物的假设表观密度，即可确定砂、石用量。当混凝土强度等级较高、集料密实时，可选择上限。

按下式联立求解方程组：

$$\left.\begin{aligned} m_{c0} + m_{s0} + m_{g0} + m_{w0} &= m_{cp} \\ \beta_s &= \frac{m_{s0}}{m_{s0} + m_{g0}} \times 100\% \end{aligned}\right\} \tag{13-5}$$

式中 m_{cp}——1m^3 混凝土拌合物的质量（kg）；

m_{c0}——1m^3 混凝土中水泥用量（kg）；

m_{s0}——1m^3 混凝土中细集料（砂）用量（kg）；

m_{g0}——1m^3 混凝土中粗集料（石）用量（kg）；

m_{w0}——1m^3 混凝土中用水量（kg）。

β_s——砂率（%）。

2）体积法

体积法是按照混凝土各组成材料的体积（即水泥与水以密度计算体积，砂、石以排水法测得的表观密度计算体积）与拌合物所含的少量空气的体积之和等于混凝土拌合物的体积，即混凝土拌合物体积为 1m^3 或 1000L，按下式联立求解方程组：

$$\left.\begin{aligned} \frac{m_{c0}}{\rho_c} + \frac{m_{s0}}{\rho_{s0}} + \frac{m_{g0}}{\rho_{g0}} + \frac{m_{w0}}{\rho_w} + 10\alpha &= 1000 \\ \beta_s &= \frac{m_{s0}}{m_{s0} + m_{g0}} \times 100\% \end{aligned}\right\} \tag{13-6}$$

式中 ρ_c——水泥密度（g/cm^3），可取 2.9～3.1g/cm^3；

ρ_{g0}——石子的表观密度（g/cm^3）；

ρ_{s0}——砂子的表观密度（g/cm^3）；

ρ_w——水的密度（g/cm³），可取 1.0g/cm³；

α——混凝土的含气量百分数，在不使用引气型外加剂时，α 可取为 1。

综上所述，经过六大步骤的计算得出以下初步配合比，其单位混凝土中各组成材料用量表示为：

$$m_{c0} : m_{s0} : m_{g0} : m_{w0}$$

2. 基准配合比设计

初步配合比是根据一些经验公式或表格，通过计算得到的，因此配成的混凝土拌合物和易性不一定与设计要求完全相符，故须进行称量、试拌、坍落度检验，并通过实测的混凝土拌合物表观密度进行调整。以下介绍和易性调整方法：

首先按初步配合比称取一定量的水泥、砂、石和水进行拌合，记为 $m_{c0拌}$、$m_{s0拌}$、$m_{g0拌}$、$m_{w0拌}$。拌合均匀后测定坍落度，观察其粘聚性和保水性。若坍落度小于设计值，粘聚性和保水性良好时，可保持水灰比不变，适当增加水泥用量和水用量，一般调整用量为 5% 或 10%；若坍落度大于设计值，但粘聚性和保水性良好，可保持砂率不变，适当增加砂用量和石用量；若粘聚性或保水性出现不良时，则应适当增大砂率。

每次调整后再拌合均匀，再测定坍落度，观察粘聚性和保水性，直至和易性合格后，测定混凝土拌合物的实际表观密度，用以计算 1m³ 混凝土材料用量。

将经过上述拌合、检验，满足混凝土拌合物和易性后的各组成材料用量，换算成单位混凝土中组成材料用量，称作基准配合比。

调整分两种情况按下列公式分别计算：

（1）坍落度偏小，保持水灰比不变，调整水泥和水用量，此时，拌合物总量为：

$$Q = (m_{c0拌} + \Delta C) + m_{s0拌} + m_{g0拌} + (m_{w0拌} + \Delta w)$$

则根据实测混凝土表观密度 $\rho_{c实}$（即 1m³ 混凝土的质量），分别换算 1m³ 混凝土各组成材料用量如下：

$$m_{c基} = \frac{m_{c0拌} + \Delta C}{Q} \times \rho_{c实}$$

$$m_{s基} = \frac{m_{s0拌}}{Q} \times \rho_{c实}$$

$$m_{g基} = \frac{m_{g0拌}}{Q} \times \rho_{c实}$$

$$m_{w基} = \frac{m_{w0拌} + \Delta w}{Q} \times \rho_{c实}$$

（2）坍落度偏大，保持砂率不变，调整砂和石用量，此时，拌合物总量为：

$$Q = m_{c0拌} + (m_{s0拌} + \Delta S) + (m_{g0拌} + \Delta G) + m_{w0拌}$$

则根据实测混凝土表观密度 $\rho_{c实}$（即 1m³ 混凝土的质量），分别换算 1m³ 混凝土各组成材料用量如下：

$$m_{c基} = \frac{m_{c0拌}}{Q} \times \rho_{c实}$$

$$m_{s基} = \frac{m_{s0拌} + \Delta S}{Q} \times \rho_{c实}$$

$$m_{g基} = \frac{m_{g0拌} + \Delta G}{Q} \times \rho_{c实}$$

$$m_{w基}=\frac{m_{w0拌}}{Q}\times\rho_{c实}$$

经过调整满足和易性的混凝土基准配合比是：

$$m_{c基}:m_{s基}:m_{g基}:m_{w基}$$

需要说明的是：即使混凝土拌合物的和易性不需调整，也必须用实测的表观密度按上式计算出单位混凝土所用材料的用量。

3. 实验室配合比设计

基准配合比是经和易性检测得到的，但满足和易性的混凝土，其强度是否能达到混凝土设计强度等级，还需要进行混凝土强度的检验。故须进行水灰比与强度对比试验，并通过实测的混凝土强度进行调整。以下介绍强度检验调整方法。

检验强度时应采用不少于三组的配合比。其中一组的水灰比为基准配合比中的水灰比，另两组的水灰比分别比基准配合比的水灰比减小或增加0.05(水灰比的减小或增加，均以用水量不变，减小或增加水泥量而变，以便确定出满足设计强度所需的最小水泥用量，保证经济合理、节约水泥)，而砂用量、石用量与基准配合比相同（必要时，也可适当调整砂率）。三组混凝土的水泥、砂、石、水用量分别为：

第一组 $\frac{m_{w基}}{(W/C+0.05)}:m_{s基}:m_{g基}:m_{w基}$

第二组 $\frac{m_{w基}}{(W/C)}:m_{s基}:m_{g基}:m_{w基}$

第三组 $\frac{m_{w基}}{(W/C-0.05)}:m_{s基}:m_{g基}:m_{w基}$

注意，进行试拌时是对上述三组配合比称取一定量的拌合物分别进行搅拌、坍落度测试、成型、养护，并测定28d龄期的抗压强度，绘制抗压强度－灰水比关系图（图13-2）。

从图13-2中可获得满足配制强度的灰水比$C_{实}/W$(称为实验室灰水比）该灰水比既满足了强度要求，又满足了水泥用量最少的要求。

此时，从拌合物用料换算成1m³混凝土用料，将满足配制强度要求的配合比称为实验室配合比，1m³混凝土的四种材料的用量表示为：

$$m_{c实}:m_{s实}:m_{g实}:m_{w实}$$

值得提出的是，上述四种组成材料之和的理论表观密度$\rho_{0计}$与实测表观密度$\rho_{0实}$不一定相等，为了使理论配合比设计与实际施工的混凝土用料比例相符，须根据混凝土的实测表观密度进行实验室配合比的修正。

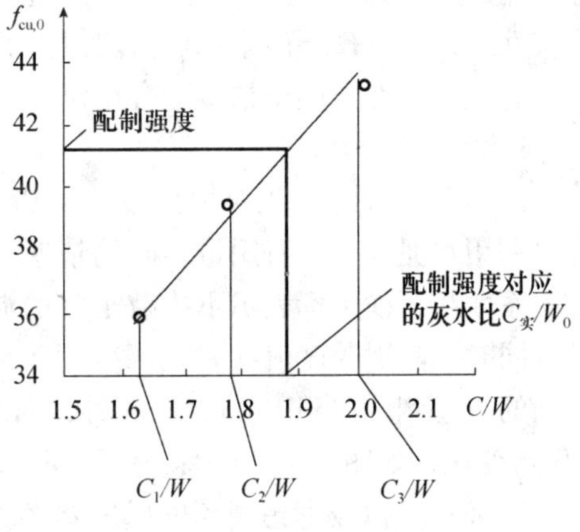

图13-2 抗压强度－灰水比关系图

理论表观密度按下式计算：

$$\rho_{0计}=m_{c实}+m_{s实}+m_{g实}+m_{w实}$$

则校正系数 $\delta=\rho_{0实}/\rho_{0计}$

将上述得到的四种材料用量均乘以该系数，即为满足强度要求的实验室配合比。

$$\delta m_{c实}:\delta m_{s实}:\delta m_{g实}:\delta m_{w实}$$

以上是从初学者角度对三种配合比进行分析计算。实际设计时，提出初步配合比后，将通过和易性检验及调整合格后的混凝土拌合物直接配制三组不同水灰比的混凝土，由此确定混凝土的实验室配合比。

4. 混凝土施工配合比设计

混凝土实验室配合计算用料是以干燥集料为基准的，实际工地使用的集料常含有一定的水分，因此需根据工地石子和砂的实际含水率进行换算，施工配合比每立方米混凝土中各材料用量应为：

$$m_{c施} = \delta m_{c实}$$

$$m_{s施} = \delta m_{s实}(1 + a\%)$$

$$m_{g施} = \delta m_{g实}(1 + b\%)$$

$$m_{w施} = \delta m_{w实} - \delta m_{s实} \times a\% - \delta m_{g实} \times b\%$$

式中 a——砂子含水率（%）；

b——石子含水率（%）。

五、流动性混凝土的配合比设计

流动性混凝土是指拌合物的坍落度大于100mm的混凝土。为满足混凝土流动度的要求，应根据所要求的稠度及所用水泥的品种、质量选择合适的外加剂。坍落度为100～150mm的流动性混凝土可掺用普通减水剂，坍落度大于150mm的混凝土应掺用高效减水剂。各类减水剂的掺量及其对水泥的适应性应根据使用要求、施工条件、气温、原材料等因素通过试验确定。

流动性混凝土的配合比设计计算方法和步骤与普通混凝土的配合比设计方法基本相同。但应注意由于大流动性的特点，除需选用合适的外加剂和通过试验确定其掺量及其对水泥的适应性外，用水量、砂率和坍落度损失的问题是设计配合比的另一个关键。

有关流动性混凝土初步配合比设计中的关键参数——用水量的确定方法如下：

1. 坍落度对比法

由于用水量的变化对坍落度值的影响是最敏感的，可以利用水泥、砂、石用量相同的情况下，首先建立一组关系曲线，横坐标表示不掺减水剂的混凝土，当用水量不同时，其坍落度值（T_0）的变化；纵坐标表示掺减水剂的混凝土，当用水量不同时，对应的坍落度值（T_1）变化，如图13-3所示；然后，根据施工所要求的坍落度（T_1）以及考虑坍落度损失的多少，由曲线查相应的坍落度值（T_0）。最后，根据T_0，参照表11-3混凝土用水量，确定流动性混凝土配合比中的用水量。

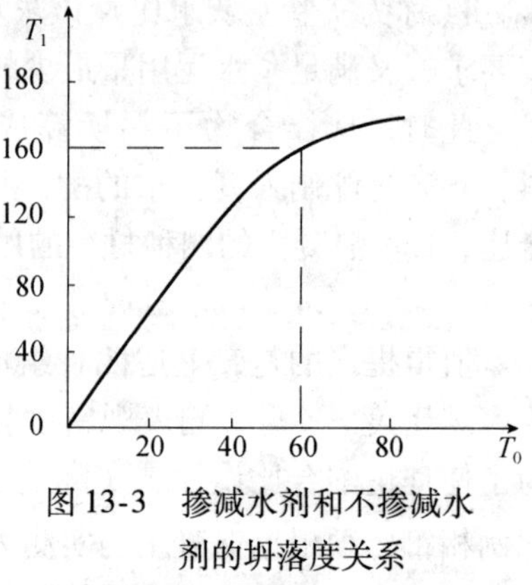

图13-3 掺减水剂和不掺减水剂的坍落度关系

2. 减水率法

表11-3混凝土用水量中的坍落度最大为90mm，根据经验，坍落度每增加20mm，用水量增加5kg。因此，减水率法实际上分为两步：第一，按施工要求的坍落度以及经验给出的增加关系，计算不掺减水剂混凝土的用水量；第二，按减水剂的减水率确定混凝土配合比中的用水量。

流动性混凝土的砂率，应在表 11-4 混凝土砂率选用中所示砂率基础上予以适当增加，尤其对于泵送的混凝土应适当增大砂率，一般可按坍落度每增加 20mm，砂率增加 1% 取值。

六、掺粉煤灰混凝土的配合比设计

掺粉煤灰混凝土的配合比设计，应以按普通混凝土配合比设计计算、试配所得的基准配合比为基础，视掺用粉煤灰的主要目的不同，分以下三种情况：

（1）当设计粉煤灰混凝土的稠度及强度等级与普通混凝土相同时，按稠度及强度等级相同的原则，采用超量取代法进行计算调整。

（2）当混凝土强度等级较高或配制大体积混凝土时，用等量取代法。

（3）当主要为改善混凝土的和易性时，用外加法。

粉煤灰混凝土的设计强度等级、强度保证率、标准差及变异系数等指标，应与基准混凝土相同，其取值应按现行有关标准规定执行。

1. 超量取代法

（1）按普通混凝土配合比设计方法首先进行基准配合比计算，求得每立方米基准混凝土水泥、细集料、粗集料及水的用量。

（2）按表 13-2 选取粉煤灰取代水泥的百分率 β_c。

表 13-2　粉煤灰取代水泥的百分率 β_c

混凝土强度等级	普通硅酸盐水泥（%）	矿渣硅酸盐水泥（%）
≤C15	15 ~ 25	10 ~ 20
C20	10 ~ 15	10 ~ 15
C20 ~ C30	15 ~ 20	10 ~ 15

注：1. 以 42.5 等级水泥配制的混凝土取表中下限值；以 52.5 等级水泥配制的混凝土取表中上限值。

2. C20 及其以上的混凝土宜采用Ⅰ、Ⅱ级粉煤灰；C15 以下的素混凝土可采用Ⅲ级粉煤灰。

（3）按下式求出每立方米粉煤灰混凝土的水泥用量 m_c；

$$m_c = m_{c0}(1 - \beta_c) \tag{13-7}$$

（4）按表 13-3 选取粉煤灰超量系数 δ_c。

表 13-3　粉煤灰超量系数 δ_c

粉煤灰级别	超量系数（δ_c）
Ⅰ	1.1 ~ 1.4
Ⅱ	1.3 ~ 1.7
Ⅲ	1.5 ~ 2.0

注：C25 以上混凝土取下限，其他强度等级混凝土取上限。

（5）按所选取的超量系数 δ_c 求出每立方米混凝土的粉煤灰掺量 m_f：

$$m_f = \delta_c(m_{c0} - m_c) \tag{13-8}$$

（6）根据已知水泥和粉煤灰的密度 $\rho_c(g/cm^3)$ 和 $\rho_f(g/cm^3)$，按下式求出每立方米粉煤灰混凝土中的水泥和粉煤灰超出基准混凝土中水泥的体积（ΔV_f）：

$$\Delta V_f = \frac{m_c}{\rho_c} + \frac{m_f}{\rho_f} - \frac{m_{c0}}{\rho_{c0}} \tag{13-9}$$

(7) 从混凝土的细集料用量中，扣除与掺粉煤灰后超出的体积相等的细集料量，按下式求得每立方米粉煤灰混凝土中细集料的用量（m_s）：

$$m_s = m_{s0} - \Delta V_f \cdot \rho_s$$

式中 ρ_s——细集料的表观密度（kg/m^3）。

(8) 掺粉煤灰混凝土的用水量及粗集料用量，按基准混凝土的用水量及粗集料用量取用。

(9) 按上述步骤计算求得的每立方米粉煤灰混凝土的用料量 m_c、m_f、m_s、m_{g0}、m_{w0} 进行试配，检测稠度及强度，进行必要的调整，确定出符合要求的稠度及强度的粉煤灰混凝土实验室配合比。

(10) 根据施工现场的粉煤灰及粗、细集料的含水量等情况，进行调整，提出现场施工用的粉煤灰混凝土配合比。当粉煤灰含水率大于1%时，应从用水量中扣除粉煤灰的含水量，并相应增加粉煤灰量。

2. 等量取代法

(1) 按普通混凝土配合比设计方法求得每立方米基准混凝土水泥、细集料、粗集料及水的用量 m_{c0}、m_{s0}、m_{g0}、m_{w0}。

(2) 选用粉煤灰等量取代水泥的百分率 β_c。

(3) 按选定的粉煤灰等量取代水泥的百分率 β_c，计算每立方米粉煤灰混凝土中粉煤灰掺量 m_f 及水泥用量 m_c：

$$\begin{aligned} m_f &= m_{c0} \times \beta_c \\ m_c &= m_{c0} - m_f \end{aligned} \tag{13-10}$$

(4) 按选用与基准混凝土配合比相同或稍低的水灰比值计算掺粉煤灰混凝土的用水量 m_w：

$$m_w = \frac{m_{w0}}{m_{c0}}(m_c + m_f) \tag{13-11}$$

(5) 计算水泥和粉煤灰混合浆体的体积 V_p：

$$V_p = \frac{m_c}{\rho_c} + \frac{m_f}{\rho_f} + m_w \tag{13-12}$$

(6) 计算集料的总体积 V_a：

$$V_a = 1000(1 - \alpha) - V_p \tag{13-13}$$

式中 α——粉煤灰混凝土含气量（%），不掺外加剂时，当粗集料最大粒径为20mm时，可取2%；40mm时，可取1%；80mm和150mm时，可忽略不计。

(7) 按选用与基准混凝土配合比相同或稍低的砂率 β_s 分别计算细、粗集料的用量 m_s、m_g：

$$m_s = V_a \cdot \beta_s \cdot \rho_s \tag{13-14}$$

$$m_g = V_a(1 - \beta_s)\rho_g \tag{13-15}$$

式中 ρ_s，ρ_g——细、粗集料的表观密度（kg/m^3）。

(8) 按上述所得的 m_c，m_f，m_s，m_g，m_w 进行试配、检测、调整，确定粉煤灰混凝土实验室配合比及施工配合比。

3. 外加法

(1) 按普通混凝土配合比设计方法，求得每立方米基准混凝土用料量 m_{c0}、m_{s0}、

m_{g0}、m_{w0}。

（2）选定外加粉煤灰掺入率$f(\%)$。

（3）计算每立方米混凝土外加粉煤灰量m_f：

$$m_f = m_{c0} \times f \tag{13-16}$$

（4）计算外加粉煤灰的绝对体积V_f：

$$V_f = \frac{m_f}{\rho_f} \tag{13-17}$$

（5）计算由基准混凝土细集料中扣除外加粉煤灰同体积的砂量，求得外加粉煤灰的混凝土细集料用量m_s：

$$m_s = m_{s0} - \frac{m_f}{\rho_f} \cdot \rho_s \tag{13-18}$$

（6）按上述计算求得的外加粉煤灰混凝土的各种材料用量m_c、m_f、m_s、m_g、m_w进行试配、检验、调整，确定外加粉煤灰混凝土的配合比。

七、混凝土配合比设计举例

某商品混凝土搅拌站给某一住宅建设供应混凝土，试提供经济合理的施工配合比。

原材料条件是：水泥品种为普通硅酸盐水泥，强度等级为42.5（实测强度46.5MPa），水泥密度为3.0g/cm^3；砂为河砂，细度模数为2.3，级配合格，表观密度为2.61g/cm^3，堆积密度1400kg/m^3，含水率为2%；采用碎石，最大粒径为31.5mm，级配合格，表观密度为2.70g/cm^3，堆积密度为1450kg/m^3，含水率为1%；水为可饮用的自来水。

工程条件及要求是：现浇混凝土柱，截面最小尺寸为250mm，钢筋最小净距为50mm；设计强度等级要求为C30，施工坍落度要求为50~70mm。

施工质量及水平：采用机械搅拌和机械振动成型，施工质量良好，施工单位无历史统计资料。

1. 确定初步配合比

（1）确定配制强度$f_{cu,0}$

由配制强度计算公式知：

$$f_{cu,0} \geqslant f_{cu,k} + 1.645\sigma \tag{13-19}$$

则
$$f_{cu,0} = 30 + 1.645 \times 5.0 = 38.2(\text{MPa})$$

式中　$\sigma = 5.0$是查表13-1所得。

（2）确定水灰比W/C

由强度计算公式知：

$$\frac{W}{C} = \frac{\alpha_a f_{ce}}{f_{cu,0} + \alpha_a \alpha_b f_{ce}} \tag{13-20}$$

则
$$\frac{W}{C} = \frac{0.46 \times 46.5}{38.2 + 0.46 \times 0.07 \times 46.5} = 0.54$$

依据混凝土耐久性要求，需查表11-9进行比较，由于工程用混凝土属室内构件，计算水灰比小于所规定的最大值0.65，即可初步确定水灰比为0.54。

（3）确定用水量m_{w0}

根据坍落度为50~70mm、碎石最大粒径为31.5mm、中砂，查表11-3，选取单位混凝土的用水量为：

$$m_{w0} = 195(\text{kg})$$

(4) 确定水泥用量 m_{c0}

由已经获得的用水量 m_{w0} 和水灰比 W/C，按下式计算水泥用量：

$$m_{c0} = \frac{195}{0.54} = 361(\text{kg})$$

同理，按照混凝土耐久性的要求，将计算所得的水泥用量与表 11-9 规定进行比较，可知计算水泥用量符合表中最小水泥用量的要求，故初步计算水泥用量为

$$m_{c0} = 361(\text{kg})$$

(5) 确定砂率 β_s

方法一：

查表 11-4 知，水灰比为 0.50 ~ 0.60，对应碎石最大粒径 20 ~ 40 有一个砂率可选范围，现根据计算水灰比 0.54、碎石最大粒径为 31.5mm、中砂，采用插值法确定混凝土的砂率为：

$$\beta_s = 35\%$$

方法二：若根据砂石情况采用砂率计算原则来确定合理砂率，则计算如下：

$$\beta_s = \frac{\beta \cdot P' \cdot \rho'_{os}}{P' \cdot \rho'_{os} + \rho'_{og}} \tag{13-21}$$

式中 ρ'_{os}——砂的堆积密度（kg/m^3）；

ρ'_{og}——石子的堆积密度（kg/m^3）；

P'——石子的空隙率（%）；

β——砂的拨开系数一般取 1.1 ~ 1.4。

根据题意，石子的空隙率计算如下：

$$P' = \left(1 - \frac{\rho'}{\rho_o}\right) \times 100\% = \left(1 - \frac{1.45}{2.7}\right) \times 100\% = 46\%$$

将已知参数代入公式（13-21），则

$$\beta_s = \frac{\beta \cdot P' \cdot \rho'_{os}}{P' \cdot \rho'_{os} + \rho'_{og}} = \frac{1.2 \times 0.46 \times 1.4}{0.46 \times 1.4 + 1.45} = 37\%$$

通过计算确定合理砂率为

$$\beta_s = 37\%$$

(6) 计算砂、石用量 m_{g0}，m_{s0}

1) 表观密度法

按下式联立求解方程组：

$$\begin{cases} m_{c0} + m_{s0} + m_{g0} + m_{w0} = m_{cp} \\ \beta_s = \dfrac{m_{s0}}{m_{s0} + m_{g0}} \times 100\% \end{cases}$$

假设混凝土拌合物实测表观密度为 $2400kg/m^3$，则有：

$$\begin{cases} 361 + m_{s0} + m_{g0} + 195 = 2400 \\ 37\% = \dfrac{m_{s0}}{m_{s0} + m_{g0}} \times 100\% \end{cases}$$

联立求解得 $m_{s0} = 682(\text{kg})$，$m_{g0} = 1162(\text{kg})$。

2) 体积法

按下式联立求解方程组：

$$
\begin{cases}\dfrac{m_{c0}}{\rho_c}+\dfrac{m_{s0}}{\rho_{s0}}+\dfrac{m_{g0}}{\rho_{g0}}+\dfrac{m_{w0}}{\rho_w}+10\times\alpha=1000\\ \beta_s=\dfrac{m_{s0}}{m_{s0}+m_{g0}}\times 100\%\end{cases}
$$

对于未掺引气剂的混凝土，上式中 α 系数取为 1.0，则有：

$$
\begin{cases}\dfrac{361}{3.0}+\dfrac{m_{s0}}{2.6}+\dfrac{m_{g0}}{2.7}+\dfrac{195}{1.0}+10\times 1.0=1000\\ 37\%=\dfrac{m_{s0}}{m_{s0}+m_{g0}}\times 100\%\end{cases}
$$

联立求解得 $m_{s0}=667(\text{kg})$，$m_{g0}=1129(\text{kg})$。

两种方法的结果接近，即初步配合比为：

$$
m_{c0}:m_{s0}:m_{g0}:m_{w0}=361:667:1129:195=1:1.85:3.13:0.54
$$

2. 基准配合比设计

按初步配合比试拌 10L 混凝土拌合物，其各材料用量为：水泥 3.61kg、砂 6.67kg、石 11.29kg、水 1.95kg。

搅拌均匀后，检验和易性，测得坍落度为 30mm，不符合设计要求，但粘聚性和保水性良好。现按照水灰比不变，增加水泥用量和水用量（分别增加 5%）后，测得坍落度为 55mm，且粘聚性和保水性均合格。调整后拌合物的各材料用量为：水泥 $3.61\times(1+5\%)=3.79$kg、砂 6.67kg、石 11.29kg、水 $1.95(1+5\%)=2.05$kg。

将调整后的拌合物装模称重，求出实测混凝土表观密度为 2430kg/m^3，此时混凝土试拌 10L 的质量为：

$$
Q=3.79+6.67+11.29+2.05=23.8(\text{kg})
$$

代入混凝土基准配合比公式，有：

$$
m_{c基}=\frac{3.79}{Q}\times\rho_{c实}=3.79\times\frac{2430}{23.8}=387(\text{kg})
$$

$$
m_{s基}=\frac{6.67}{Q}\times\rho_{c实}=6.67\times\frac{2430}{23.8}=681(\text{kg})
$$

$$
m_{g基}=\frac{11.29}{Q}\times\rho_{c实}=11.29\times\frac{2430}{23.8}=1153(\text{kg})
$$

$$
m_{w基}=\frac{2.05}{Q}\times\rho_{c实}=2.05\times\frac{2430}{23.8}=209(\text{kg})
$$

该混凝土满足和易性的配合比为：

$$
m_{c基}:m_{s基}:m_{g基}:m_{w基}=387:681:1153:209=1:1.76:2.98:0.54
$$

3. 实验室配合比设计

采用三个水灰比 0.59、0.54、0.49 分别拌制三组混凝土，经成型、养护、测试 28d 的抗压强度，三组配合比的水泥用量、砂用量及石用量、水用量分别如表 13-4 所示。

表 13-4 混凝土配合比材料用量

序号	W/C	混凝土配合比（kg）				强度（MPa）
		水泥	砂	石	水	
Ⅰ	0.59	3.54	6.81	11.53	2.09	34.9
Ⅱ	0.54	3.87	6.81	11.53	2.09	38.7
Ⅲ	0.49	4.27	6.81	11.53	2.09	43.2

绘制灰水比与抗压强度线性关系图，如图 13-4 所示。

由图 13-4，可得配置强度 $f_{cu,0}=38.2\text{MPa}$ 所对应的灰水比 $C/W=1.82$。即水灰比为 0.55。此时混凝土的各材料用量为：水泥用量：$2.09\times1.82=3.80\text{kg}$，砂用量：6.81kg，石子用量：11.53kg，水用量：2.09kg，拌合物的总量 $Q'=3.80+6.81+11.53+2.09=24.23\text{kg}$。并测得拌合物的表观密度为 2430kg/m^3。因而混凝土的实验室配合比为：

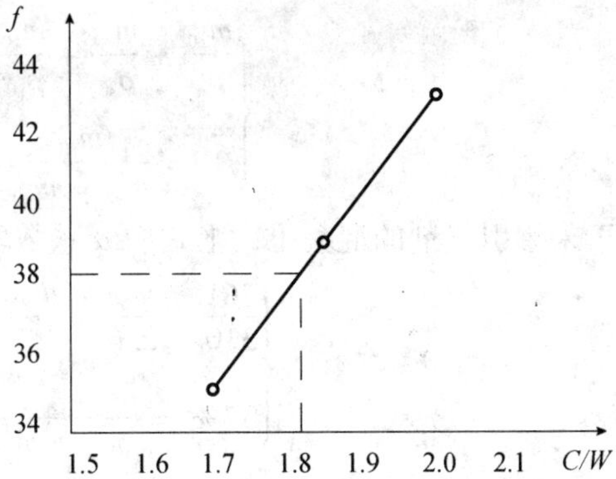

图 13-4　抗压强度 f_{28} 与灰水比 C/W 的关系

$$m_{c实}=\frac{3.80}{Q}\times\rho_{c实}=3.80\times\frac{2430}{24.23}=381(\text{kg})$$

$$m_{s实}=\frac{6.81}{Q}\times\rho_{c实}=6.81\times\frac{2430}{24.23}=683(\text{kg})$$

$$m_{g实}=\frac{11.53}{Q}\times\rho_{c实}=11.53\times\frac{2430}{24.23}=1156(\text{kg})$$

$$m_{w实}=\frac{2.09}{Q}\times\rho_{c实}=2.09\times\frac{2430}{24.23}=210(\text{kg})$$

该混凝土满足强度的实验室配合比为：

$$m_{c实}:m_{s实}:m_{g实}:m_{w实}=381:683:1156:210=1:1.79:3.03:0.55$$

第二节　混凝土质量控制与评定

一、混凝土质量控制的必要性

要使混凝土性能达到高质量，可从和易性、强度、耐久性以及经济性四个方面入手分析，获得改善其性能的技术措施；要使诸多技术措施定量化得到反映，可通过配合比设计表达出来。然而，要使诸多技术措施付诸实施，则必须涉及混凝土施工环节的特殊性分析。

1. 混凝土施工过程中的正常因素

混凝土功能的完成需经过计量、搅拌、运输、振捣、成型、养护等多个环节，每一个环节的波动都将影响混凝土质量的变动，如计量中微小误差、原材料品种、含水情况等的波动，操作人员的变动，这些都是混凝土施工中不可避免的，如果波动在允许误差范围内，称其为正常因素，正常因素对混凝土质量影响不在控制之内。

2. 混凝土施工过程中的异常因素

当混凝土施工过程中出现了不正常波动，如搅拌过程随意加水，使水灰比增加，将严重影响混凝土强度，有资料表明，水灰比增加 1%，混凝土强度降低 5%。所以，混凝土质量受异常因素的影响是不容忽视，必须高度重视，否则，混凝土性能的定性分析与混凝土配合比定量计算的最终效果无法付诸实现。

因此，混凝土质量控制的目的，就是将异常因素对混凝土性能所产生的不利影响消灭在萌芽状态之中，使混凝土能按人们主观设计和期望的质量实施。

二、混凝土质量控制的内容

前述已知，从施工、设计、使用和经济四个方面概括了混凝土质量要求的基本内容，但是，就其质量本质而言，可以分为以下两大类：

1. 外观质量

混凝土经过成型、硬化、拆模后，表面出现蜂窝、麻面、露筋等现象，视为外观质量不好，虽然这个现象对混凝土性能的影响不大，但是必须尽量避免，应通过加强施工管理、精心操作、制定措施等设法改进。

2. 内在质量

混凝土作为重要的结构材料，其强度是最重要的内在质量，一方面，通过强度指标可以反映出混凝土经过计量、搅拌、运输、振捣、成型、养护等多个环节以后，混凝土性能的变化程度；另一方面，强度指标又是混凝土耐久性的重要基础，可以看出，强度的控制是在混凝土和易性、混凝土耐久性之间架起了一道桥梁，是完成混凝土质量要求的根本所在，因此，混凝土质量控制的主要内容是强度。

1）混凝土强度的波动规律

即使在正常生产条件下，混凝土的强度受许多因素的影响，也是变化不定。为掌握混凝土强度波动的规律，对同一强度要求的混凝土进行随机取样，制作若干组试件，测定其28d龄期的抗压强度。然后，以抗压强度为横坐标，以混凝土强度出现的频率作为纵坐标，绘制抗压强度频率分布曲线，如图13-5所示。从图13-5中可看出，混凝土的抗压强度频率曲线均接近于正态分布曲线，即混凝土的强度服从正态分布，已为大量试验所证明。

正态分布曲线的高峰对应的横坐标为强度平均值，且以强度平均值为对称轴。曲线与横坐标所围成的面积为100%，即概率的总和为100%，对称轴两边出现的概率各为50%。对称轴两侧各有一个拐点，拐点之间曲线向下弯曲，拐点以外曲线向上弯曲。离强度平均值越近，出现的概率越大。正态分布曲线高而窄时，说明混凝土强度的波动较小，即混凝土的施工质量控制较好，如图13-6所示。当正态分布曲线矮而宽时，说明混凝土强度的波动较大，即混凝土的施工质量控制较差。

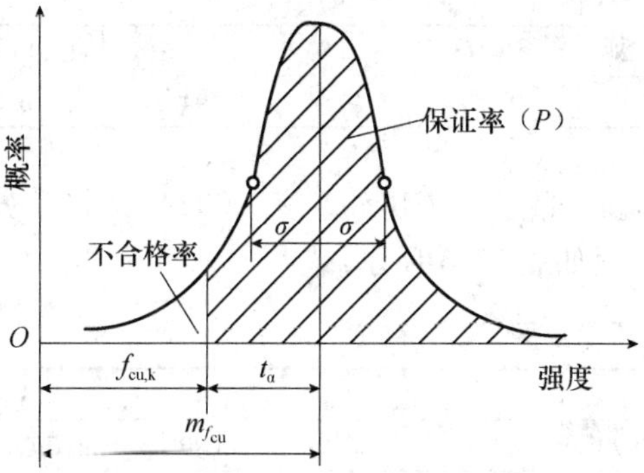

图13-5　强度正态分布曲线

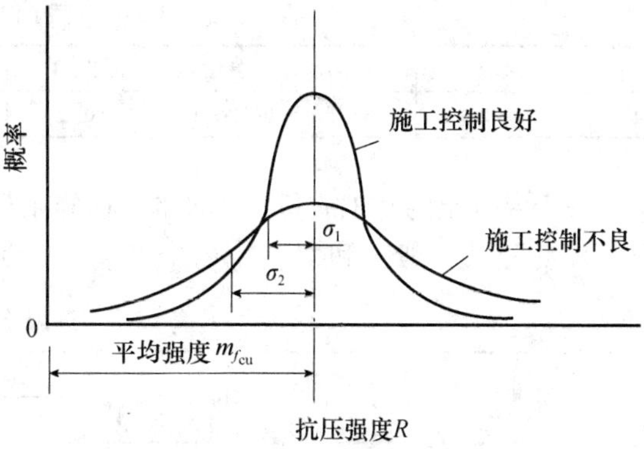

图13-6　离散程度不同的两条强度分布曲线

2）混凝土强度的特征值

①强度的平均值

混凝土强度的平均值按下式计算：

$$m_{f_{cu}} = \frac{1}{n}\sum_{i=1}^{n} f_{cu,i} \tag{13-22}$$

式中 $f_{cu,i}$——第 i 组混凝土试件的强度值（MPa）；

n——混凝土强度试件的组数。

强度平均值反映混凝土总体强度水平，而不能说明强度波动的大小。

②强度标准差

混凝土强度标准差按下式计算：

$$\sigma = \sqrt{\frac{\sum_{i=1}^{n} f_{cu,i}^{2} - n m_{f_{cu}}^{2}}{n-1}} \tag{13-23}$$

标准差反映强度波动的大小（或离散程度），标准差越小，说明混凝土强度波动越小。

③变异系数

变异系数 C_v 按下式计算：

$$C_v = \frac{\sigma}{m_{f_{cu}}} \tag{13-24}$$

变异系数 C_v 反映强度的相对波动程度，变异系数 C_v 越小，说明强度越均匀。

④混凝土强度保证率

混凝土强度保证率 $P(\%)$ 是指混凝土强度总体中，大于设计强度等级值的概率，即图 13-5 中阴影的面积。低于强度等级的概率，即不合格率，为图 13-5 中阴影以外的面积。

计算强度保证率 $P(\%)$ 时，首先计算出概率度系数 t(又称保证率系数)，计算式如下：

$$t = \frac{f_{cu,k} - m_{f_{cu}}}{\sigma} \tag{13-25}$$

混凝土强度保证率 $P(\%)$，由下式计算：

$$P = \frac{1}{\sqrt{2\pi}}\int_{t}^{+\infty} e^{-\frac{t}{2}} dt \tag{13-26}$$

概率度系数与保证率之间有对应关系，使用时，当已知 t 值，可从表 13-5 中查出 $P(\%)$，反之，已知混凝土应达到的保证率 $P(\%)$，可以查出概率度系数对应的值。

表 13-5 不同 t 值对应的保证率 P

t	0.84	1.00	1.04	1.20	1.28	1.40	1.50	1.6	1.645
$P(\%)$	80.0	84.1	85.1	88.5	90.0	91.9	93.3	94.5	95.0

关于混凝土的施工质量，《砌体工程施工质量验收规范》（CB 50203—2002）中将其分为“优良”、“一般” 和 “差” 三个等级，其划分情况如表 13-6 所示。

表 13-6 混凝土生产质量水平

评定指标	生产单位	优良		一般		差	
		<C20	≥C20	<C20	≥C20	<C20	≥C20
强度标准差（MPa）	预拌混凝土厂	≤3.0	≤3.5	≤4.0	≤5.0	>4.0	>5.0
	集中搅拌混凝土	≤3.5	≤4.0	≤4.5	≤5.5	>4.5	>5.5
强度等于或大于混凝土强度等级值的百分率（%）	预拌混凝土厂、集中搅拌混凝土的施工现场	≥95		>85		≤85	

三、混凝土强度的控制原理与方法

1. 3σ 控制原理

从图 13-6 中可看出，混凝土强度正态分布曲线与横坐标构成的面积，以概率大小反映时，是随着标准差的不同而不同，它们之间的关系为：

落在范围（$\mu+2\sigma$，$\mu-2\sigma$），对应概率 95.45%；

落在范围（$\mu+3\sigma$，$\mu-3\sigma$），对应概率 99.73%。

可见，3σ 对应的保证率达到了 99.73%，属于大概率事件，在试验中强度值应该落在这个区域中。反之，根据概率统计理论，小概率事件在一次试验中出现即表明混凝土强度受到了异常因素的干扰，此时，需要查找原因，排除异常因素，保证混凝土强度达到设计要求。

2. 质量控制图（简称质控图）

所谓质控图，是以混凝土强度平均值（f）作为中心线，UCL′（$f+2\sigma$）为上警戒线，LCL′（$f-2\sigma$）为下警戒线，UCL（$f+3\sigma$）为上控制线，LCL（$f-3\sigma$）为下控制线而形成的区域图，该图分为了四个区 A、B、B、A（图 13-7）。

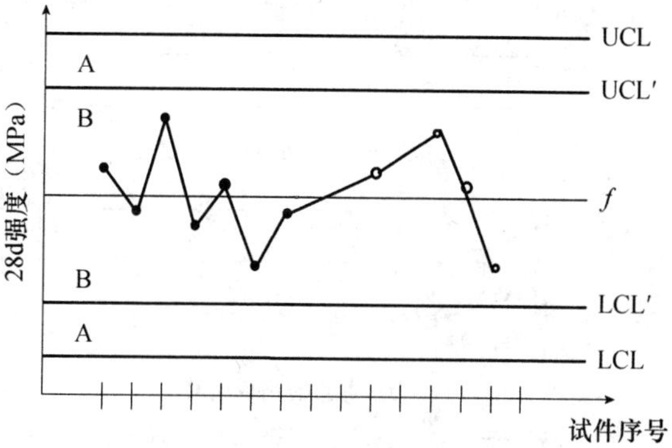

图 13-7　质量控制图

使用质控图时，可根据不同序号、不同时间对试件所测的强度进行打点绘制，连点分析，对混凝土强度是否在正常波动范围作出判断。

质控图的优点是简明、直观、方便。但是，要达到判断准确，则必须遵循一定的读取原则。

3. 读取原则

将 28d 强度的目标控制值（μ_{cu}）作为中心点，当序号所形成的点各自出现下列情况之一时，表明生产过程出现可查明原因的变差（图 13-8）：

（1）1 个点落在 A 区以外。

（2）连续 9 点落在中心线同一侧。

（3）连续 6 点递增或递减。

（4）连续 14 点中相邻点交替上下。

（5）连续 3 点中有 2 点落在中心线同一侧的 B 区以外。

（6）连续 5 点中有 4 点落在中心线同一侧的 C 区以外。

（7）连续 15 点落在中心线两侧的 C 区内。

（8）连续 8 点落在中心线两侧且无一在 C 区内。

未出现可查明原因的变差时可继续生产；当出现可查明原因的变差时，必须加以诊断纠正，使之不再发生。质控图使用一段时间后，应根据实际强度水平对中心线和控制界线进行修正。总之，在混凝土生产过程中充分利用质控图，可以保证混凝土验收达到合格水平。

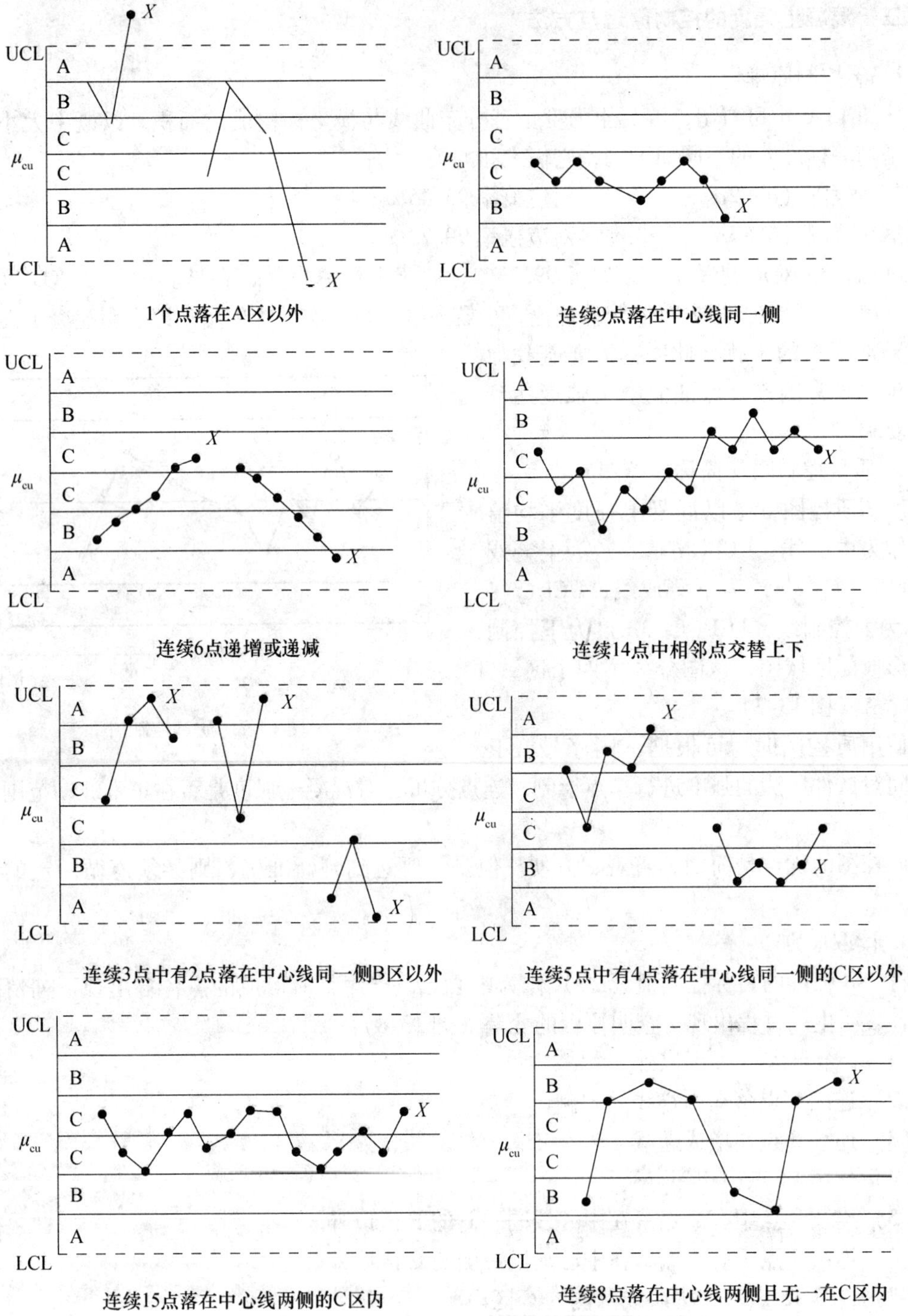

图 13-8　质量判读图

四、混凝土强度的合格评定

1. 合格评定的概念

为了保证混凝土的实际质量达到规定的合格质量水平，除切实做好前述的初步控制和生产控制外，还应在交付使用前，根据规定的质量验收标准，进行合格控制，也就是通常所说的合格评定或验收。通过对混凝土质量的检验评定，符合规定质量验收标准，达到规定的合格质量水平，即予验收；对不符合规定质量验收标准的，即予拒收，以防止对工程质量造成实际或潜在的危害。

当前，在我国一些商品混凝土供应站或混凝土工程施工现场，对混凝土质量的初步控制和生产控制还不够健全和完善的情况下，为保证混凝土的质量符合规定的合格质量水平，合格控制就显得更为重要。

2. 合格控制的理论依据

（1）混凝土强度检验的概念

所谓混凝土强度检验，是指按有关标准的规定，通过验收环节，根据对强度进行测试的结果，据此评定其质量的过程。

（2）混凝土强度检验的方法

混凝土强度的测试是破坏性的，因此，对其检验采用抽样检验方法。抽样检验分为计数型和计量型两种，混凝土强度属于随机变量，故应用计量型检验方法，即从强度总体中抽取一部分强度试件进行检验。

为了实现检验目的，必须确定一组规则，所谓抽样检验方案，即抽检方案。

混凝土抽样检验方案：
- 批的构成
- 批量的划分
- 质量水平的表示

3. 合格评定的方法

合格控制方法的关键是建立以下不等式：

验收函数≥验收界限

最小值≥验收界限

我国最新颁布的标准《混凝土强度检验评定标准》（GB/T 50107—2010）中规定采用如下方法：

（1）统计方法评定

当连续生产的混凝土，其生产条件在较长时间内能保持一致，且同一品种、同一强度等级混凝土的强度变异性保持稳定时，应由连续的三组试件组成一个检验批，其强度应同时满足下列要求：

$$m_{f_{cu}} \geq f_{cu,k} + 0.7\sigma_0$$

$$f_{cu,min} \geq f_{cu,k} - 0.7\sigma_0 \qquad (13\text{-}27)$$

当混凝土强度等级不高于 C20 时，其强度的最小值尚应满足下式要求：

$$f_{cu,min} \geq 0.85 f_{cu,k} \qquad (13\text{-}28)$$

当混凝土强度等级高于 C20 时，其强度的最小值尚应满足下式要求：

$$f_{cu,min} \geq 0.90 f_{cu,k} \qquad (13\text{-}29)$$

式中 $m_{f_{cu}}$——同一检验批混凝土立方体抗压强度的平均值（N/mm^2）；

$f_{cu,k}$——混凝土立方体抗压强度标准值（N/mm^2）；

σ_0——检验批混凝土立方体抗压强度的标准差（N/mm^2）；该标准差应根据前一个检验期内同一品种混凝土试件的强度数据，按式（13-23）计算。当计算值小于 $2.5N/mm^2$ 时，应取 $2.5N/mm^2$；

$f_{cu,min}$——同一验收批混凝土立方体抗压强度的最小值（N/mm^2）。

对批量连续生产的混凝土，当样本容量不少于10组时，其强度应同时满足下列要求：

$$m_{f_{cu}} \geqslant f_{cu,k} + \lambda_1 S_{f_{cu}}$$
$$f_{cu,min} \geqslant \lambda_2 f_{cu,k} \tag{13-30}$$

式中 $S_{f_{cu}}$——同一检验批混凝土立方体抗压强度的标准差（N/mm^2）；当 $S_{f_{cu}}$ 计算值小于 $2.5N/mm^2$ 时，应取 $2.5N/mm^2$；

λ_1，λ_2——合格判定系数，按表13-7取用。

表13-7 混凝土强度的合格判定系数

试件组数	10～14	15～19	≥20
λ_1	1.15	1.05	0.95
λ_2	0.90	0.85	

混凝土立方体抗压强度的标准差 $S_{f_{cu}}$ 可按下列公式计算：

$$s_{f_{cu}} = \sqrt{\frac{\sum_{i=1}^{n} f_{cu,i}^2 - nm_{f_{cu}}^2}{n-1}} \tag{13-31}$$

式中 $f_{cu,i}$——第 i 组混凝土试件的立方体抗压强度值（N/mm^2）；

n——检验期内的样本容量。

（2）非统计方法评定

当用于评定的样本容量小于10组时，可采用非统计方法评定混凝土强度。按非统计方法评定混凝土强度时，其强度应同时满足下列要求：

$$m_{f_{cu}} \geqslant \lambda_3 f_{cu,k}$$
$$f_{cu,min} \geqslant \lambda_4 f_{cu,k} \tag{13-32}$$

式中 λ_3，λ_4——合格判定系数，按表13-8取用。

表13-8 混凝土强度的非统计法合格判定系数

混凝土强度等级	<C60	≥C60
λ_3	1.15	1.10
λ_4	0.95	

4. 混凝土强度的合格性评定

当检验结果满足上述规定时，则该批混凝土强度应评定为合格；当不能满足上述规定时，该批混凝土强度应评定为不合格。

由不合格批混凝土制成的结构或构件，应进行鉴定。对不合格的结构或构件可采用从结构或构件中钻取试件的方法或采用非破损检验方法，按有关标准的规定对结构或构件中混凝土的强度进行推定，作为对混凝土强度处理的依据。

五、早期推定混凝土强度

混凝土强度的控制和评定均是以28d龄期为依据进行的，由于试验周期长，当工程中出现某些问题时，往往不能及时预报质量状况，不利于加强混凝土质量管理。因此，利用早期推定混凝土强度进行配合比设计和调整，充分发挥水泥活性是非常必要的。我国最新颁布的《早期推定混凝土强度试验方法标准》（JGJ/T 15—2008），进一步完善了混凝土质量控制与评定的体系。

1. 早期推定混凝土强度的概念

相对混凝土强度获取的时间而言，按标准规定必须等到一定龄期（28d 或 60d）才能获取，为此，早期即可以是 0.5h、1h、3d、7d 等。通过尽早获取早期强度，借以推定 28d 强度，称为早期推定混凝土强度。

显然，能否提前获知质量信息，将质量隐患尽早消除，对完成或保证质量控制评定有至关重要的作用，可以说，早期质量判定是为生产控制和合格控制提供实用依据。

2. 早期推定混凝土强度的方法

早期推定混凝土强度有以下方法：

（1）加速养护法。

（2）砂浆促凝压蒸法。

（3）早龄期法。

3. 早期推定混凝土强度的应用

早期推定混凝土强度可应用于以下方面：

（1）及时和正确设计并调整混凝土配合比。

（2）有效地进行混凝土强度质量的生产控制。

（3）间接确定水泥活性，合理利用材料。

六、混凝土强度的无损检测

不破坏被测对象原有的基础性能，且能获得其性能的检测，称“无损检测”。破坏被测对象原有的局部和表面，不影响实质性能，且能获得其性能的检测，称“半破损检测”。

无损检测可对同一试件进行重复试验，特别是对已建成的结构物混凝土质量可以在不破坏构件的情况下进行多次试验，可以迅速地推定混凝土的强度、内部缺陷的位置和大小，还可以判断结构遭受破坏的程度，因而无损检测受到普遍的重视。

无损检测的方法很多，其中常用于测试混凝土强度的有回弹法、超声法和超声－回弹综合法。

1. 回弹法

回弹法的基本原理是，回弹仪内有一定质量的钢锤，利用钢锤产生一定大小的冲击力在混凝土表面冲击后的回弹值，来推定混凝土的强度。按实测回弹值的大小，并根据具体条件查阅有关混凝土强度换算表（见我国行业标准《回弹法检测混凝土抗压强度技术规程》JGJ/T 23—2001），或在预先绘制的回弹值－强度曲线上确定混凝土强度。

用回弹仪（图 13-9）测定混凝土强度时，将冲杆 1 垂直对准具有代表性的测区（图 13-10），然后使仪器冲锤 3 借弹簧的力量打击冲杆 1。根据与冲杆头部接触处混凝土试件表面的硬度，冲锤将回弹到一定位置，可以按刻度尺 8 上的指针 5 读出回弹值。一般在每个测区选取 16 个不同测点进行测定，选取接近的 10 个读数的平均值，即为该测区的回弹值。

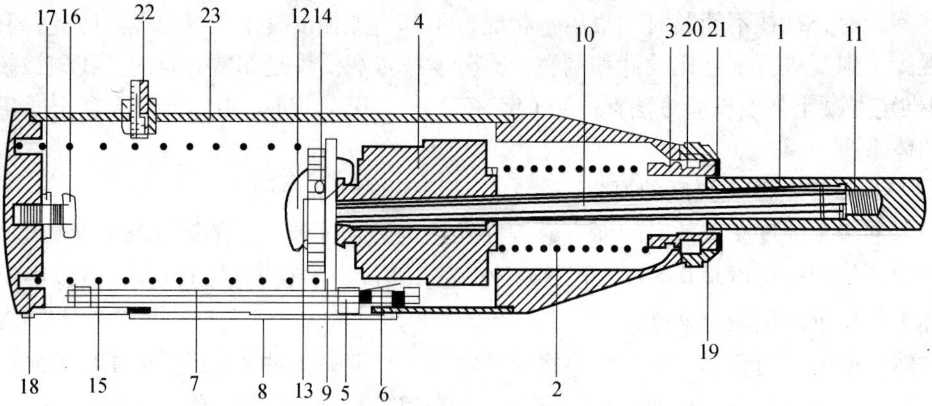

图 13-9　回弹仪构造图

1—弹击杆；2—弹击拉簧；3—拉簧座；4—弹击锤；5—指针块；6—指针片；7—指针轴；8—刻度尺；9—导向法兰；10—中心导杆；11—缓冲压簧；12—挂钩；13—挂钩压簧；14—挂钩销子；15—压簧；16—调零螺丝；17—紧固螺母；18—尾盖；19—盖帽；20—卡环；21—密封毡帽；22—按钮；23—外壳

由于测试方法、水泥品种、养护条件、龄期，碳化深度、试件尺寸及形状、结构物刚度等的不同，所测的回弹值有所不同，应予以修正，再查回弹值与混凝土强度关系图表，求得混凝土强度。

2. 超声波法

超声波法是通过超声波（纵波）在混凝土中的传播速度的不同来反映混凝土质量的方法。用超声波法测定混凝土强度是建立在混凝土越密实、超声波传播速度越高的原理上的。

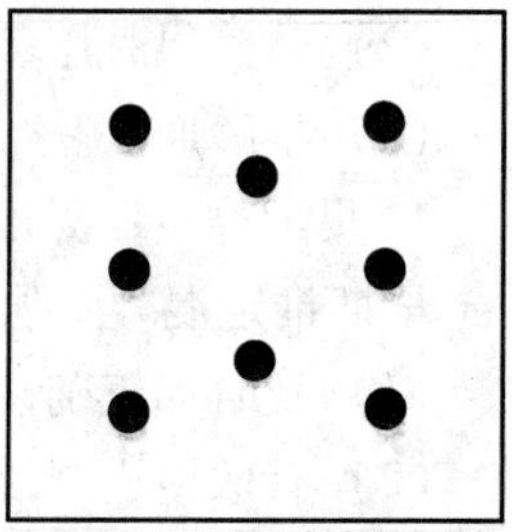

图 13-10　回弹测区示意图

用超声波法测定混凝土的强度，首先测出超声波在被测混凝土中的传播速度 V。

$$V = L/t \times 10^4$$

式中　V——超声波在被测混凝土中传播速度（m/s）；

L——超声波通过的距离（cm）；

t——超声波传播时间，（s，$\times 10^{-6}$）。

然后利用经验公式将超声波速度换算出混凝土抗压强度。在实际工作中，先以施工中常用的材料品种、配合比，制作出混凝土标准试件，测出超声波速度与混凝土强度的关系曲线。因超声波传播速度与强度的相关性受水灰比及集料总用量的影响较大，推算出的强度误差较大，这是超声波法的不足之处。但对测定混凝土的裂缝深度，内部有无孔洞、破坏的过程和质量的波动是比较有效的。

3. 超声 - 回弹综合法

为了克服上述单一方法的缺点，采用综合法测定更加有效。超声 - 回弹这种方法主要用来测定混凝土的抗压强度，它建立在回弹值和超声波传播速度与混凝土抗压强度之间相关性的基础上，两种方法综合测试，能显著缩小测试误差。因为回弹法对混凝土龄期、碳化程度等因素反应灵敏，只能较好地反映混凝土表层 2 ~ 3cm 深度的质量，而超声波法对水灰比、混凝土的密实度、湿度等因素反应很灵敏，但对水泥品种、集料级配、龄期等反应不够灵敏，因而只能较好地反映混凝土内部的质量情况。把这两种方法综合使用，可以取长补短，提高测试的准确性。尤其是对于已失去原始资料的长龄期混凝土构件，用综合法测定其强度，精确度较高。

总之，因为在标准条件下制作的混凝土立方体试件与实际的混凝土结构物制作条件不同，因此试件不能准确地反映混凝土构件的质量。所以非破损检验方法更具有实际意义。

思考题及习题

1. 何谓混凝土配合比设计？其目的是什么？

2. 混凝土配合比设计中的重要参数有哪几个？

3. 在普通混凝土配合比设计中，水灰比、砂率及水泥用量是根据什么原则确定的？

4. 某室内钢筋混凝土梁，要求强度等级为C30，采用42.5级普通水泥（$\rho_c=3.10$）、卵石（$\rho_{og}=2.67$kg/L、$\rho'_{og}=1.55$kg/L、$D_{max}=31.5$mm）、中砂（$\rho_{os}=2.63$kg/L、$\rho'_{os}=1.42$kg/L）。试用体积法求混凝土配合比，并计算13L的用料量。

5. 分别用32.5、42.5、52.5级普通硅酸盐水泥、碎石和河砂配置C30级混凝土，求水灰比各为多少。并说明所用水泥强度等级的合理性（碎石最大粒径40mm，混凝土坍落度为30～50mm）。

6. 某混凝土拌合物经试拌调整满足和易性要求后，各组成材料用量为水泥3.15kg，水1.89kg，砂6.24kg，卵石12.48kg，实测混凝土拌合物表观密度为$\rho_{oh}=2450$kg/m^3。试计算每1m^{3}混凝土的各种材料用量。

7. 如已知混凝土拌合物的表观密度为$\rho_{oh}=2450$kg/m^3，配合比为水泥:砂:石:水=1:2.39:4.44:0.63。求每1m^{3}混凝土的各种材料用量。

8. 上题的混凝土配合比为实验室配合比，如砂、石的含水率分别为2%和1%，求其施工配合比。

9. 某工地拌合混凝土时，施工配合比为42.5级水泥308kg、砂700kg、碎石1260kg、水127kg。经测定砂的含水率为4.2%，石子含水率为1.6%，求该混凝土的实验室配合比。

10. 实验室拌合混凝土，已确定水灰比为0.6，砂率为0.36，每1m^{3}混凝土用水量为180kg，实测混凝土拌合物的表观密度为2480kg/m^3，求每1m^{3}混凝土拌合物各项组成材料的用量。

11. 同上题的混凝土配合比，如所用的普通水泥为42.5级，采用碎石作粗集料。试估算此混凝土在标准条件下养护到28d的强度可确定为哪一等级？

12. 何谓混凝土的质量控制？为什么要进行混凝土质量控制？

13. 混凝土强度为什么会波动？波动的规律是什么？用数理统计方法对混凝土质量进行控制时常用的统计量是什么？各个统计量的含义是什么？

14. 某工程设计要求混凝土强度等级为C25，施工中共制作立方体试件30组，各组28d的抗压强度代表值如下表所示，试求该批混凝土强度的平均值、标准差、强度保证率。

编号	1	2	3	4	5	6	7	8	9	10	11	12	13	14	15
f_{cu}(MPa)	26.5	26.0	29.5	27.5	24.0	25.0	26.7	25.2	27.7	29.5	28.1	28.5	25.6	26.5	27.0
编号	16	17	18	19	20	21	22	23	24	25	26	27	28	29	30
f_{cu}(MPa)	24.1	25.3	29.4	27.0	29.3	25.1	26.0	26.7	27.7	28.0	28.2	28.5	26.5	28.5	28.8

15. 如何用质量控制图来控制混凝土的施工质量？

16. 如何进行混凝土强度的合格评定？

第十四章　其他品种混凝土

学习提要：除普通混凝土外，高层建筑要求混凝土轻质化、多功能化。本章在学习普通混凝土基础上，对轻混凝土、功能混凝土等的组成、特点及技术性能进行一般介绍。

第一节　轻混凝土

轻混凝土是指干表观密度小于2000kg/m^{3}的混凝土。包括轻集料混凝土、多孔混凝土和大孔混凝土。

一、轻集料混凝土

用轻粗集料、轻细集料或普通砂和水泥配制成的干表观密度不大于1950kg/m^{3}的混凝土叫轻集料混凝土。

按细集料种类，轻集料混凝土又分为全轻混凝土（粗、细集料均为轻集料）和砂轻混凝土（细集料全部或部分为普通砂）。

轻集料混凝土具有不同的强度等级，最高可达60级，相应表观密度却较普通混凝土低。

轻集料混凝土由于自重轻、弹性模量低，因而抗震性能好。用它建造的建筑物，在地震荷载作用下，所承受的地震力小，振动波的传递也较慢，且自振周期长，对冲击能量吸收快，减震效果好，所以抗震性能比普通混凝土好。

轻集料混凝土的导热系数低，保温性能好。表观密度为600～1900kg/m^{3}的轻集料混凝土，其导热系数为0.23～0.52W/(m·K)，与烧结普通砖相比，不仅强度高、整体性好，而且保温性能良好，用它制作墙体，在同等保温要求下，可使墙体减薄40%以上，自重减轻一半以上。

由于轻集料混凝土具有许多优点，其应用范围日益广泛，不仅可作围护结构，也可用作承重结构。特别适用于高层和大跨度结构。

1. 轻集料的种类及技术性质

（1）轻集料的种类

凡是集料粒径为5mm以上，堆积密度小于1000kg/m^{3}的轻质集料，称为轻粗集料；粗粒径小于5mm，堆积密度小于1200kg/m^{3}的轻集料，称为轻细集料（亦称轻砂）。

按来源不同，轻集料分三类：

1）天然轻集料。为天然的多孔岩石，如浮石、火山渣及其轻砂。

2）工业废料轻集料。以工业废料为原料，经加工而成的轻集料，如粉煤灰陶粒、膨胀矿渣、自燃煤矸石及其轻砂。

3）人造轻集料。以地方材料为原料，经加工而成的轻集料，如黏土陶粒、页岩陶粒及其轻砂，以及膨胀珍珠岩。

按颗粒形状不同，轻粗集料分为圆球形、普通型及碎石型。

按集料性能分，又分为超轻集料（堆积密度不大于500kg/m^3），普通轻集料（堆积密度大于500kg/m^3）和高强轻集料（强度等级不小于25MPa）。

轻集料的生产有烧胀法和烧结法。烧胀法是将原料破碎，或者将原料加工成粒，经高温焙烧而使原料膨胀，形成多孔结构。黏土陶粒（圆球形）和页岩陶粒（普通型或圆球形）就是用此法生产出来的。烧结法是将原料加工成粒，通过高温烧结获取多孔集料，如粉煤灰陶粒（圆球形）。

（2）轻集料的技术要求

轻集料的技术要求主要有堆积密度、筒压强度、颗粒级配、软化系数和吸水率等。此外，对有害成分含量也有相应规定。

1）堆积密度

轻集料的堆积密度直接影响所配制的轻集料混凝土的表观密度和性能。轻粗集料按堆积密度（单位 kg/m^3）划分为 10 个等级：200、300、400、500、600、700、800、900、1000、1100；轻细集料按堆积密度也可划分为 8 个等级：500、600、700、800、900、1000、1100、1200。

2）强度

轻粗集料的强度通常用筒压强度来表示。

$$P_{T} = P/A$$

式中 P_T——轻粗集料的筒压强度（MPa）；

P——将标准圆筒内的轻粗集料压入 2cm 时的压力值（N）；

A——标准圆筒底面积（mm^2）。

所谓筒压强度，是指按照《轻集料及其试验方法》（GB/T 17431.2）的规定，采用筒压法测定轻粗集料的强度。测定时，将轻粗集料装入带底的圆筒内，上面加冲压模，取冲压模压入深度为 20mm 时的压力值，除以承压面积，即为轻粗集料的筒压强度值。

用筒压法测得的轻集料的强度是比较低的，因为集料在压筒内是通过颗粒间的点接触来传递荷载。而在轻集料混凝土中，集料被砂浆包裹，处于周围受硬化水泥石约束的状态下受力，加上粗集料表面粗糙，与水泥浆粘结较好，以及围绕集料周边的水泥砂浆能起拱架作用，因此，筒压强度不能表征轻集料在混凝土中的实际强度。

3）吸水率

轻集料的吸水率一般都比普通集料大，显著影响混凝土的和易性、水灰比和强度的发展。在设计轻集料混凝土配合比时，必须根据轻集料的 1h 吸水率计算附加用水量。技术规程对轻集料 1h 的吸水率的规定是：轻砂和天然轻集料的吸水率不作规定，其他轻集料的吸水率不应大于22%。

4）最大粒径和颗粒级配

保温及结构保温轻集料混凝土用的轻集料，其最大粒径不宜大于 40mm。人造轻集料粒径不宜大于 20mm。

5）软化系数

人造轻粗集料和工业废料粗集料的软化系数不小于 0.8；天然轻粗集料的软化系数不小于 0.7。

6）有害物质含量

轻集料中严禁混入烧过的石灰石、白云石和硫化铁等体积不稳定的物质。轻集料的有害物质含量应符合《轻集料及其试验方法》（GB/T 17431.1）中规定的值。

2. 轻集料混凝土的分级和分类

轻集料混凝土的强度等级按立方体抗压强度标准值确定。轻集料混凝土立方体抗压强度标准值，与普通混凝土相同，也是按标准试验方法测得的具有95%保证率的抗压强度值。

轻集料混凝土的强度等级划分为：LC5.0、LC7.5、LC10、LC15、LC20、LC25、LC30、LC35、LC40、LC45、LC50、LC55、LC60。

轻集料混凝土按其干表观密度（单位 kg/m^3）分为自600至1900等14个密度等级。

轻集料混凝土按其用途分为三大类，其相应的强度等级和表观密度如表14-1所示。

表14-1　轻集料混凝土按用途分类（JGJ 51—2002）

类别名称	混凝土强度等级的合理范围	混凝土密度等级的合理范围	用途
保温轻集料混凝土	LC5.0	≤800	主要用于保温的围护结构或热工构筑物
结构保温轻集料混凝土	LC5.0～LC15	800～1400	主要用于既承重又保温的围护结构
结构轻集料混凝土	LC15～LC60	1400～1900	主要用于承重构件或构筑物

3. 轻集料混凝土的性质

（1）轻集料混凝土拌合物的和易性

由于轻集料具有表观密度小、表面粗糙、总表面积大、易吸水等特点，所以加入拌合物中的水量可分为两部分：一部分被集料吸收，其数量相当于1h的吸水量，这部分水称为附加用水量；其余部分称为净用水量，它使拌合物获得要求的流动性和保证水泥水化的进行。

选择流动性时，一般要比普通混凝土拌合物值低10～20mm。这是因为在振捣成型时，吸入集料的水分会部分释出，而使流动性提高。

（2）轻集料混凝土强度

轻集料混凝土中的多孔集料，不仅表面粗糙而且内部有不同尺寸（一般约为0.1～1mm）的孔隙，水和水泥浆能渗入其中，因而集料颗粒周围的水泥石的水灰比低，强度和密实度提高。渗入孔隙中的水分，当混凝土硬化时，能部分地排出，供水泥石养护，致使水泥石强度不断提高。因而粗集料与水泥石（即砂浆）之间有很高的粘结强度。当轻集料混凝土受力破坏时，与普通混凝土不同，裂缝不会首先发生在粘结面上。当粗集料强度高于水泥砂浆强度，轻集料起骨架作用，破坏时裂缝首先在水泥砂浆中出现；当粗集料强度低于水泥砂浆强度时，破坏裂缝首先在粗集料中出现。当粗集料强度与水泥砂浆强度相近时，破坏时裂缝几乎在水泥砂浆和粗集料中同时出现。

（3）轻集料混凝土变形性质

轻集料混凝土的弹性模量一般比同强度等级的普通混凝土低20%～50%。如在轻集料混凝土中增加普通砂的含量，可以明显提高其弹性模量。

在各种应力作用下，轻集料混凝土的结构变形超过同样情况下普通混凝土的结构变形的1.5～2倍。轻集料混凝土的收缩变形比普通混凝土大，原因是轻集料刚性比普通集料小，阻止水泥石的收缩作用小。在干燥空气中，收缩值随混凝土的配合比和集料种类不同而异，1m结构轻集料混凝土最终收缩值在0.4～1.0mm之间，为同强度等级普通混凝土的1～1.5倍。

（4）轻集料混凝土导热系数

轻集料混凝土有良好的绝热性能，当其表观密度为1000kg/m^3时，其导热系数为

0.28W/(m·K)；当表观密度为1800kg/m^3时，其导热系数为0.87W/(m·K)，相当于普通黏土砖的导热系数。

(5) 轻集料混凝土耐久性

轻集料混凝土水泥水化充分，水泥石毛细孔少，与同强度等级的普通混凝土相比，抗渗性及抗冻性大为改善，抗渗等级可达P25，抗冻等级可达F150。因轻集料能与水泥石中的氢氧化钙化合生成新的产物，减少了水泥石中的氢氧化钙的含量，从而提高了轻集料混凝土的抗化学侵蚀能力。

4. 轻集料混凝土的施工特点

因轻集料表观密度小、吸水率大，为了保证轻集料混凝土的质量，在施工中除遵守有关规定外，尚须做到以下几点：

(1) 在气温5℃以上的季节施工时，可根据工程需要，对轻集料进行预湿处理。预湿时间可根据外界气温和来料的自然含水状态确定，一般应提前半天或一天对集料进行淋水预湿，然后滤去水分进行投料。

(2) 如掺外加剂，应先将外加剂在有效用水量中溶解均匀，待轻集料已预湿后，再加含外加剂的水进行搅拌，这样可以避免部分外加剂被吸入集料内而失去作用。

(3) 因轻集料表观密度小，不宜采用自落式混凝土搅拌机搅拌，应采用强制式搅拌机。

(4) 为减少混凝土拌合物坍落度损失或离析，应尽量缩短运距。拌合物从搅拌机卸料到浇筑入模的延续时间不宜超过45min。

(5) 轻集料混凝土拌合物宜采用机械振捣成型。振捣时间以拌合物捣实为准，振捣不宜过长，以防轻集料上浮。

(6) 浇筑成型后，应及时覆盖并洒水养护，以防止表面失水太快而产生裂纹。采用普通水泥拌制的混凝土养护时间不少于7d；采用火山灰水泥拌制的混凝土养护时间不少于14d。

(7) 对强度低而易破碎的轻集料，搅拌时尤要严格控制混凝土的搅拌时间。膨胀珍珠岩、超轻陶粒等轻集料配制的轻集料混凝土，在搅拌混凝土拌合物时，会使轻集料粉碎，这样不仅改变了原集料的颗粒级配，细粒增多，粗粒减少，而且轻集料破碎后使原来封闭孔隙变成了开口孔隙，使吸水率大增，这些都会影响混凝土的和易性及硬化后的强度。

(8) 集料可用干燥轻集料，也可将轻粗集料预湿至水饱和。采用预湿集料拌制的拌合物，和易性和水灰比较稳定；采用干燥集料可省去预湿处理工序，但拌合混凝土时必须根据集料的吸水率正确增加用水量。露天存放的轻集料，其含水率随气候变化而变化，施工时必须经常测定集料含水率，以调整用水量。

二、多孔混凝土

多孔混凝土是一种内部均匀、分布细小气孔而无集料的混凝土。多孔混凝土孔隙率大，体积密度小，导热系数小，有承重及保温功能，可制成墙板、砌块和绝热制品等。制品便于切割、锯解和钉钉，在工业和民用建筑中应用较广。

根据气孔产生的方法不同，多孔混凝土可分为加气混凝土和泡沫混凝土。

加气混凝土是由磨细的硅质材料（石英砂、粉煤灰、矿渣、页岩等）、钙质材料（水泥、石灰等）发气剂（铝粉）和水等，经过搅拌、浇筑、发泡、静停、切割和压蒸养护而成。

泡沫混凝土是将水泥与泡沫剂拌合后硬化而成的一种多孔混凝土。泡沫是泡沫剂经打泡而成。常用的泡沫剂有松香皂泡沫剂，它是由松香溶入碱溶液中，再与胶液搅拌而成的泡沫剂。

泡沫混凝土多采用蒸汽或蒸压养护，这样可以缩短养护时间并提高强度。在泡沫混凝土中掺入粉煤灰、矿渣可以代替部分水泥，有的也可以完全不用水泥，如蒸压泡沫硅酸盐制品就是用粉煤灰、石灰和石膏作为胶凝材料，经蒸压处理而成的一种泡沫混凝土。

三、大孔混凝土

由粒径相近的粗集料、水泥和水配制的混凝土叫大孔混凝土。完全不用砂的叫无砂大孔混凝土。只用少量砂的叫少砂大孔混凝土。

无砂大孔混凝土中的水泥用量较少，水泥浆不起填充作用，只是包裹石子表面，将石子胶结成大孔结构的混凝土。由于没有细集料，混凝土中存在着大量较大的孔洞，孔洞大小与粗集料粒径大致相等。正是由于这些孔洞的存在，使无砂大孔混凝土具有与普通混凝土不同的特性：表观密度为1400～1900kg/m^3；导热系数与烧结普通砖相近；水的毛细现象不显著；水泥用量为100～250kg/m^3；表面有大量孔洞，使抹灰工程施工方便。

无砂大孔混凝土的力学性能也与普通混凝土有很大差别，其抗压强度、抗拉强度都较普通混凝土低。如果掺少量的砂子，可以提高强度，但也增加了其表观密度。

第二节　功能性混凝土

一、防水混凝土

普通混凝土由于施工质量差或在凝结硬化过程中的收缩等原因往往不够密实，在压力水作用下会产生渗水现象。如是软水，还会进一步产生溶出性腐蚀，导致有抗渗要求的混凝土构筑物不能正常使用，因此应采用防水混凝土。防水混凝土是指抗渗等级不低于P6的混凝土，又叫抗渗混凝土。

防水混凝土是通过各种方法提高混凝土自身的抗渗性能的混凝土。防水混凝土分为普通防水混凝土、外加剂防水混凝土和特种水泥防水混凝土三类。

1. 普通防水混凝土

普通防水混凝土是以调整配合比的方法，来提高自身密实度和抗渗性的混凝土。即在保证和易性的前提下减小水灰比，以减小毛细孔的数量和孔径；适当提高水泥用量、砂率和灰砂比，在粗集料周围形成质量良好的和足够数量的砂浆包裹层。使粗集料彼此隔离，以阻隔沿粗集料互相连通的渗水孔网；采用较小的粗集料以减少沉降孔隙；保证施工质量，减少施工孔隙。

基于上述防水原理，普通防水混凝土水灰比控制在0.6以内；水泥用量不小于300kg/m^3，优先采用普通硅酸盐水泥；砂率不小于35%，灰砂比不小于1:2.5。

普通防水混凝土抗渗等级可达P8～P25，施工简便、性能稳定、质量可靠，适用于地上、地下防水工程。

2. 外加剂防水混凝土

外加剂防水混凝土是在混凝土拌合物中掺入少量外加剂以提高抗渗性能的混凝土。根据掺入外加剂的种类，分为以下几种：

（1）引气剂防水混凝土

引气剂在混凝土拌合物中形成大量封闭的微小气泡，由于气泡的阻隔作用，使混凝土拌合物中自由水的蒸发路线变得曲折、细小、分散，因而改变了毛细管的数量和特征，减少了混凝土的渗水通路；大量微小气泡存在，使颗粒沉降阻力增加，从而减少了因不均匀沉降造成的空隙。

（2）减水剂防水混凝土

混凝土掺入减水剂后能提高抗渗性，其原因是：掺入减水剂后在保证一定的和易性前提下，减少用水量，从而减少了混凝土拌合物的游离水数量和水分蒸发后留下的毛细孔数量，提高了混凝土的密实度；加入减水剂后，提高了水泥颗粒的分散度，改变了混凝土内孔的分布情况，并使孔径和孔隙率减少；如掺引气型减水剂，则微小气泡的作用与引气剂相同，有利于提高混凝土的抗渗性。

掺减水剂的防水混凝土与坍落度及配合比相同的不掺减水剂的混凝土相比，抗渗等级可提高一倍以上。

（3）三乙醇胺防水混凝土

掺入三乙醇胺可提高混凝土的抗渗性，并有早强和增强作用，特别适用于要求早强的防水混凝土工程。

三乙醇胺防水原理是：三乙醇胺并不改变水泥的水化产物，只是因能加速水泥水化，使水泥在早期就能生成较多的水化产物，使较多的水分变成结合水，相应地减少了游离水量，从而减少了由于游离水蒸发遗留的毛细孔数量，而提高了混凝土的抗渗性。当三乙醇胺和氯化钠、亚硝酸钠复合应用时，在水泥水化过程中生成氯铝酸盐和亚硝酸铝酸盐类络合物并产生体积膨胀，可以堵塞毛细管通道，提高混凝土的密实度。

3. 特种水泥防水混凝土

采用膨胀水泥或在水泥中掺加膨胀剂等配制成的混凝土，通过密实原理，能显著提高混凝土的抗渗能力，达到防水要求，称为特种水泥防水混凝土。

防水混凝土的施工是混凝土能够达到防水功能的重要环节，除严格控制施工质量外，还应注意以下几个问题：施工方案科学合理，如必须留施工缝时，应留企口缝，并设止水带；严格控制原材料质量，模板要求不漏浆，板面光洁；适当延长搅拌时间，以保证混凝土拌合物及外加剂搅拌均匀；采用机械振捣；尤其是加强养护，不得过早脱模，以防出现裂缝。

防水混凝土所用材料除应与普通混凝土相同外，还应符合以下要求：

（1）砂宜用中砂，含泥量不得大于3%，泥块含量不得大于10%。

（2）外加剂的技术性能应符合国家或行业标准一等品及以上的质量要求。

（3）粉煤灰的级别不应低于Ⅱ级，掺量不宜大于20%；硅粉掺量不应大于3%；其他掺合料的掺量应通过试验确定。

二、耐热混凝土

普通混凝土不能在高温环境下使用，其原因是：水泥石与集料的热膨胀系数不同，受热后水泥石与集料的变形不同，将导致混凝土产生裂缝，强度下降；水泥石中的氢氧化钙在长期高温作用下会分解；石灰岩集料在高温下也会分解；石英质集料在高温下晶体转变体积膨胀。由于以上原因导致普通混凝土强度显著下降，甚至破坏。

耐热混凝土是能在长期高温（200℃以上，900℃以下）作用下保持使用性能的混凝土。按所用的胶凝材料可分为：硅酸盐耐热混凝土、铝酸盐耐热混凝土、水玻璃耐热混凝土、磷酸盐耐热混凝土等。耐热粗、细集料有矿渣、耐火黏土砖或烧结黏土砖碎块、安山岩、玄武岩、铝矾土熟料、烧结镁砂等。

耐热混凝土用于有耐热要求的工程，如高炉、焦炉及其他热工设备的基础、烟筒及围护结构等。

三、耐酸混凝土

普通混凝土是以水泥为胶凝材料的，因而在酸性介质下将受到腐蚀。耐酸混凝土采用耐酸的胶凝材料及耐酸的集料。常用的胶凝材料为水玻璃、硫黄、沥青等，耐酸集料有石英砂、石英岩或花岗岩碎石。

目前常用的是水玻璃混凝土，它是由水玻璃、氟硅酸钠（促硬剂）、耐酸粉料（石英粉或铸石粉）及耐酸粗、细集料按规定比例配制而成。

水玻璃混凝土拌合物的坍落度不应大于20mm，硬化后的强度应不小于20MPa。

为使水玻璃混凝土表面上未参与反应的水玻璃充分反应，形成一层坚固的致密硅胶层，以抵抗酸的渗入和侵蚀，需用中等浓度的酸做表面酸化处理。在酸作用下，未反应的水玻璃产生如下反应：

$$Na_2O \cdot nSiO_2 + (2n+1)H_2O + 2HCl \longrightarrow NaCl + nSi(OH)_4$$

耐酸混凝土对一般无机酸（除氢氟酸及热磷酸外）、有机酸（除高级脂肪酸外）有较好的抵抗能力。

四、大体积混凝土

大体积混凝土为结构物实体最小尺寸大于或等于1m，或预计因水泥水化热引起混凝土内外温差过大而导致裂缝的混凝土。其主要特点是以大区段为单位施工的厚大体积混凝土，由于水泥水化所放出的热量使混凝土内部温度逐渐升高，混凝土内部的热量又不易传出，造成较大的内外温差，加之混凝土早期抗拉强度低，弹性模量小，致使混凝土开裂，影响工程质量。

在大体积混凝土施工中，为保证工程质量，一般可采取如下控制措施：

1. 原材料

（1）优先采用水化热低的水泥。如中热水泥、低热水泥，矿渣硅酸盐水泥等。

（2）在保证混凝土强度等级的前提下，使用适当的缓凝减水剂，减少水泥用量、降低水灰比，以减少水化热。

（3）冷却集料，特别是冷却粗集料较冷却细集料容易一些。

2. 施工工艺

（1）控制浇筑层厚度和进度，以利散热。

（2）在拌合水中加入部分冰块或全部用冰水搅拌混凝土，使混凝土浇筑温度低于10℃。

（3）在浇筑混凝土时投入适量毛石、蛮石（粒径达150mm的大集料），以吸收热量，并节约部分混凝土材料，但在这种混凝土中，“毛石块”不应大于总体积的20%～30%。

（4）预埋冷却水管，用循环水降低混凝土温度，进行人工导热。

在大体积混凝土施工中，如采用火山灰、粉煤灰活性混合材料取代部分水泥，还可进一步降低水化热、减小混凝土的内外温差以及延缓温峰出现的时间。

五、纤维混凝土

纤维混凝土是由普通混凝土和均匀分散于其中的短纤维所组成。纤维按变形性能分为低弹性模量纤维（尼龙纤维、聚丙烯纤维、聚乙烯纤维等）和高弹性模量纤维（钢纤维、玻璃纤维、碳纤维等）。通常纤维的长径比为70～120，掺加的体积率为0.3%～8%。纤维在混凝土中起增强作用，可提高混凝土的力学性能，如抗拉、抗弯、冲击韧性，也能有效地改善混凝土的脆性，冲击韧性约为普通混凝土的5～10倍，初裂抗弯强度提高2.5倍，劈裂抗拉强度提高1.4倍。采用低弹性模量纤维时，对混凝土抗拉强度影响不大，但可改善混凝土的冲击韧性；采用高弹性模量纤维时，能显著提高混凝土的抗拉强度，而对抗压强度提高不大。

目前，纤维混凝土主要用于对抗冲击要求高的工程，如飞机跑道、高速公路、桥面面层等，除此之外，在防水工程、加固工程以及保温材料中也大量应用。

六、特细砂混凝土

特细砂混凝土是用细度模数在1.6以下的砂和石子配制的混凝土。为保证特细砂混凝土的质量，应控制以下三点：

（1）控制特细砂粒度。细度模数小于0.7，且通过筛孔0.16mm标准筛的量大于30%的砂，不得用来配制混凝土。因砂的粒度过细，不仅水泥用量骤增，而且混凝土强度显著下降。

（2）配制特细砂混凝土宜用低砂率。特细砂比表面积大，空隙率大，为保证混凝土拌合物的和易性，应使砂粒表面水泥浆保持适当的厚度，为了不致过多增加水泥用量，不降低混凝土性能，只有降低砂率。当采用碎石时，最佳砂率为14%～35%；采用卵石时为14%～25%。

（3）混凝土拌合物宜采用低流动性。由于水分吸附于细砂表面，使混凝土拌合物干稠，与相同配合比的粗、中砂混凝土比较，前者坍落度较小，但在振动条件下，两种混凝土的密实成型性能相近。因此特细砂混凝土拌合物的坍落度应小于30mm为宜。

特细砂混凝土施工应注意：搅拌时间应比粗中砂配制的混凝土延长1～2min；宜用机械振捣成型；成型后因表面砂浆多，硬化过程中易产生裂缝，应进行二次抹面；加强早期养护，保持表面湿润，并适当延长养护时间。

七、聚合物混凝土

1. 聚合物水泥混凝土

这种混凝土是在搅拌混凝土拌合物时掺入一定数量（占水泥质量5%～20%）的聚合物而成的。聚合物呈乳液或悬浮液状态（如聚醋酸乙烯酯、天然或合成橡胶等的水分散体）掺入，在混凝土硬化过程中固化。聚合物掺量适当，可使混凝土的抗弯强度、抗渗性、胶结性能、冲击韧性、耐磨性及耐酸性均有明显改善。聚合物水泥混凝土和砂浆主要用于铺设工业厂房和飞机跑道路面，以及混凝土和砖砌体的衬面。

2. 聚合物浸渍混凝土

聚合物浸渍混凝土是以已硬化的混凝土为基材，干燥后浸入有机单体，然后用加热或辐射的方法使混凝土孔隙内的单体聚合，使混凝土与聚合物形成一个整体。由于聚合物填充了混凝土内部的孔隙，从而增加了混凝土的密实度，提高了水泥石与集料之间的粘结强度，减少了应力集中，因此混凝土的抗渗性、抗冻性、耐磨性及强度均有明显提高。

浸渍混凝土的增强原因是：充填在孔隙中的聚合物形成了连续的网络，起立体增强作用；另外，混凝土中渗填的单体，在聚合过程中将发生收缩作用而对孔壁产生预应力，从而降低基材内部的应力集中，有利于提高混凝土的抗力。

浸渍混凝土适用于要求高强度、高耐久性的特殊构件，特别适用于输送液体的有筋管、无筋管、坑道等。还可用于耐高压的容器，如原子反应堆、液化天然气储罐等。

3. 聚合物胶结混凝土

又称树脂混凝土或塑料混凝土，是用热固性聚合物（环氧、聚酯树脂等）代替水泥石的混凝土。这种混凝土的胶结材料是由液态低聚物、固化剂和粉状填料组成。这种混凝土在常温下即可硬化，加热时可加速硬化。

聚合物胶结混凝土具有较高的强度（抗压强度为60～100MPa，抗弯强度为20～40MPa）、密实性、耐磨性和化学稳定性，并能与其他土木工程材料很好地粘结，但变形较大，耐热性低。这种混凝土的造价虽然远远超过普通混凝土，但用于制造在有害介质下工作的构件，或者作为这类构件的覆盖层，以及修复石材、混凝土构件（如表面复原、填塞裂缝等）却是极为有效的。

八、喷射混凝土

喷射混凝土是掺加速凝剂的混凝土利用压缩空气的力量喷射到岩面或建筑物表面的混凝土。按混凝土在喷嘴处的状态，喷射混凝土分为干式喷射混凝土和湿式喷射混凝土两种：将水泥、砂、石按一定配合比拌合而成的混合料装入喷射机中，混凝土在“微湿”状态下（$W/C=0.1\sim0.2$）输送至喷嘴处加水加压喷出者，为干式喷射混凝土；将水灰比为0.45～0.50的混凝土拌合物输送至喷嘴处加压者，为湿式喷射混凝土。湿式喷射混凝土施工灰尘小、回弹量少，但若处理不当，混凝土拌合物易在输送管道中凝固和堵塞。

喷射混凝土宜采用不低于32.5级的硅酸盐和普通硅酸盐水泥；粗集料最大粒径应小于20mm，10mm以上的集料总量应少于30%，以减少回弹量；不宜采用细砂，以减小混凝土收缩。

喷射混凝土抗压强度为25～40MPa，与岩石施工面的粘结力为1～1.5MPa。凝结硬化快，1h内产生强度，因此可节省模板，省去支模、浇筑、拆模工序，使混凝土的输送、浇筑和捣固合为一道工序，加快施工进度。此项技术已广泛应用于地下井巷工程。

九、自密实混凝土

自密实混凝土是指拌合物的坍落度达180～230mm，呈高度流动状态且能自流填满模板和钢筋间隙，而不必振捣的混凝土。自密实混凝土适于浇筑钢筋密集、形状复杂、浇灌和捣实困难的特殊结构的混凝土工程，如料仓、水处理厂以及高层建筑等。

十、抗冻混凝土

抗冻等级在F50以上的混凝土常称为抗冻混凝土。抗冻混凝土所用材料除与普通混凝土相同外，还应符合下列规定：

（1）应选用硅酸盐水泥或普通水泥（这两种水泥水化热大，不易受冻），火山灰质水泥不宜使用（因为需水量大），水泥强度等级不应低于32.5级。

（2）宜选用连续级配的粗集料，含泥量不得大于10%，泥块含量不得大于0.5%。

（3）抗冻等级F100及以上的混凝土所用的粗集料和细集料均应进行坚固性试验，并应符合国家标准的规定。

（4）抗冻混凝土宜采用减水剂，对抗冻等级F100及以上的混凝土应用引气剂。引气量以4%～6%为宜。

（5）抗冻混凝土中可以掺入防冻剂，但使用时必须注意，含有氯盐、硝酸盐、亚硝酸盐和碳酸盐的抗冻剂对钢筋混凝土有哪些影响，应正确使用。

十一、防辐射混凝土

能遮蔽α、β、γ射线及中子辐射等对人体危害的混凝土，称为防辐射混凝土，由水泥、水及重集料配制而成，其表观密度一般在2800kg/m^{3}以上。

配制防辐射混凝土时，宜采用胶结力强、水化热较低、水化结合水量高的水泥，如硅酸盐水泥，最好使用硅酸钡等重水泥。采用高铝水泥施工时须采取冷却措施。常用重集料主要有重晶石、褐铁矿、磁铁矿和赤铁矿等，另外，掺入硼和硼化物等，也可有效改善混凝土的防护性能。

防辐射混凝土用于原子能工业以及国民经济各部门应用放射性同位素的装置中，如反应堆、加速器、医院放射室和放射化学装置等的防护结构。

十二、智能混凝土

智能化是现代社会的发展方向，智能混凝土是现代混凝土技术的发展方向。智能化混凝土尚处于研制、开发阶段。实现混凝土智能化的基本思路，是在混凝土中加入智能组分，使之具有智能效果。目前国内外智能混凝土的研制开发主要集中在以下几个方面：

1. 电磁场屏蔽混凝土

在混凝土中掺入碳、石墨、铝和铜等材料制成的导电粉末和导电纤维，使混凝土具有吸收和屏蔽电磁波的功能，消除或减轻各种电器、电子设备、电力设施等的电磁泄漏对人体健康的危害。

2. 交通导航混凝土

在混凝土中掺入碳纤维等材料，使混凝土具有反射电磁波的功能，用这种混凝土作为车道两侧的导航标记，将来电脑控制的汽车可自动确定行车路线和速度，实现高速公路的自动导航。

3. 自愈合混凝土

将含有粘结剂的空心玻璃纤维或胶囊掺入混凝土中，一旦混凝土在外力作用下发生开裂缝隙，空心玻璃纤维或胶囊中粘结剂流向开裂处，使混凝土重新粘结起来，起到损伤自愈合的效果。

4. 损伤自诊断混凝土

在混凝土中掺入碳纤维等材料，混凝土将具有自动感知内部应力、应变和损伤程度的功能。混凝土本身成为传感器，实现对构件或结构变形、断裂的自动监测。

第三节　装饰混凝土

装饰混凝土主要指的是白色混凝土和彩色混凝土。白色混凝土是以白色水泥为胶凝材料，白色或浅色岩石为集料，或掺入一定数量的白色颜料而配制成的混凝土；而彩色混凝土则是彩色水泥或白色水泥掺入彩色颜料，以及彩色集料和白色或浅色集料按一定比例配制而成的混凝土。在施工过程中充分利用混凝土在凝结前的塑性及其组成特点，在成型时采取措施使其表面装饰性的线形、纹理和质感，并改善其色彩效果，以满足立面装饰要求。经过处理，保持混凝土原有外观质地的为清水装饰混凝土；将表面水泥浆除去，露出混凝土集料颜色、质感的为露集料装饰混凝土。

一、装饰混凝土的线形和质感

混凝土拌合物具有良好的可塑性，可以加工成任意形态，但在混凝土表面形成线形和质感时受到模板本身能够提供的花纹的限制，受加工工艺可能性及经济因素的限制。因为在混凝土表面形成线形、质感时，要做出凹凸花纹，这部分混凝土纯系装饰性的，不起结构或热工作用，花纹凸出过多会增加工程造价和建筑物自重，因此设计时要充分考虑上述因素，设计出合理的装饰线形和质感。

二、装饰混凝土色彩的选择

选择色彩应根据人们的感情以及建筑物所处的环境确定。

（1）如果房间光线较暗，内墙不宜采用深颜色。

（2）客厅、房间一般采用奶黄色或绿色，这两种颜色柔和、协调，给人以舒适的感觉；也可选用蓝色，它给人以明快的感觉。

（3）餐厅、饭店涂上浅紫红色或橘红色，使人有兴奋感，会增加食欲，使人身心健康。

（4）天花板最好选择白色，能使整个房间比较空旷，不致给人一种压迫感。

（5）地脚线配上深色彩，可防止易脏，以免影响美观。

总之，内墙不宜色彩过深，必要时可配小面积深色以作装饰。外墙则视建筑物所处的位置、环境而定，不能一概而论。

三、装饰混凝土的施工

装饰混凝土的施工除考虑结构构造的质量要求外，还要考虑装饰质量方面的要求。

1. 清水装饰混凝土的施工要点

（1）模板。要求表面平整、尺寸准确、接缝严密、装饰方便。如采用现浇混凝土或预制墙板反打工艺，应在模板底板上做出设计的图案花纹。由于在钢模板上做出较复杂的图案花纹难度较大，给设计带来局限性，所以应采用衬模来形成装饰混凝土的表面质感。衬模可用硬质及软质材料制作，前者为木板、硬质塑料及玻璃钢等；后者可用橡胶或软质塑料等。

预制装饰混凝土墙板也可采用正打工艺做出有一定质感的图案花纹，即在水泥初凝前采用压印与挠刮的办法做出花纹。压印工艺是采用刻有图案的模具在刚浇灌成型的墙板表面印出凹凸花纹；挠刮工艺是用硬毛刷在混凝土表面挠刮成毛面质感的花纹。

（2）脱模剂。要求不污染混凝土表面，不影响涂料在混凝土表面的附着，不影响混凝土强度，不引起混凝土表面粉化、酥松，脱模性好。

（3）振捣。装饰混凝土表面尽量减少孔洞、麻面，出现这种情况很难修补，刷涂料也会留有痕迹，应当加强振捣。尽量排除气泡，使混凝土表面光洁、平整。

（4）养护。装饰混凝土如果表面产生裂纹，会因积灰而颜色变黑，影响装饰效果，因此混凝土成型后要加强养护。

2. 露集料装饰混凝土的施工要点

露集料装饰混凝土的施工可以采用在水泥硬化前冲刷水泥浆及水泥硬化后冲刷水泥浆以暴露集料的两种施工方法。

在水泥硬化前冲刷水泥浆以暴露集料的做法只适用于预制墙板正打工艺，即在混凝土成型后，将模板一端抬起，用水冲刷混凝土制品上表面的水泥浆，把集料暴露出来，养护后即为露集料装饰混凝土。

现场施工采用立模浇灌与预制墙板反打的工作面受模板遮挡不能及时冲刷水泥浆，就需借助缓凝剂使饰面水泥不硬化，待脱模后再冲，其具体施工方法是在模板表面涂一层缓凝剂（一般采用亚硫酸纸浆缓凝剂或硼酸缓凝剂），再放钢筋网片、铺约 3cm 厚的水泥石渣浆，浇灌混凝土、养护达脱模强度后拆模，用压力水将未硬化的水泥浆冲洗干净，石渣暴露程度要均匀一致。

装饰混凝土在国外已获得广泛的应用，如纽约肯尼迪机场和巴黎戴高乐机场的候机楼内外墙饰面采用了现浇本色装饰混凝土。我国从 20 世纪 70 年代开始研制开发装饰混凝土，在北京、上海、天津等地建成了大批装饰混凝土建筑，并取得了良好的技术经济效果。

思考题及习题

1. 轻集料混凝土的物理力学性能与普通混凝土相比较，具有什么特点？
2. 普通硅酸盐水泥和天然砂、石集料配制的混凝土为什么不能在高温条件下使用？
3. 防水混凝土有哪几种？它们是怎样配制的？
4. 简述耐酸混凝土、特细砂混凝土、大体积混凝土、纤维混凝土、聚合物混凝土的概念及配制技术要点。

第十五章 高强高性能混凝土

学习提要：高强和高性能混凝土是混凝土技术发展到一定阶段的代表。本章从两者的概念出发，介绍其配制、组成、结构特点以及实现途径。

第一节 高强混凝土

高强混凝土是普通混凝土发展的必然产物。随着现代化工程结构向大跨、重载、高耸发展以及重大混凝土结构工程在各种严酷环境条件下使用的需要，高强度混凝土日益受到世界范围内的重视和关注。

一、高强混凝土的定义

高强混凝土是用常规的水泥、砂石作原料，采用常规的制作工艺，主要依靠高效减水剂，或同时外加一定数量的活性矿物掺合料，使硬化后强度等级不低于 C60 的混凝土。

二、高强混凝土的优点

（1）致密坚硬，抗渗性、抗冻性均优于普通混凝土。

（2）可减小结构断面，增加房屋使用面积和有效空间，减轻地基负荷。

（3）对预应力钢筋混凝土构件，高强混凝土由于刚度大、变形小，故可以施加更大的预应力和更早地施加预应力，以及减小因徐变而导致的预应力损失。

三、高强混凝土的技术要求

（1）高强混凝土对原材料质量要求更为严格。

（2）高强混凝土的质量特别容易受到生产、运输、浇筑和养护过程中环境条件的影响，因而对生产、施工各环节的质量管理水平要求高。

（3）高强混凝土的延性比普通混凝土小，使用中应注意防止脆性破坏。

四、高强混凝土的物理力学性能

与中、低强度混凝土相比，高强混凝土中的孔隙较少，水泥石强度、水泥浆与集料之间的界面强度、集料强度这三者之间的差异也较小，所以相对来说更接近匀质材料，使得高强混凝土的抗压性能与普通混凝土相比有相当大的差别。

1. 应力－应变曲线

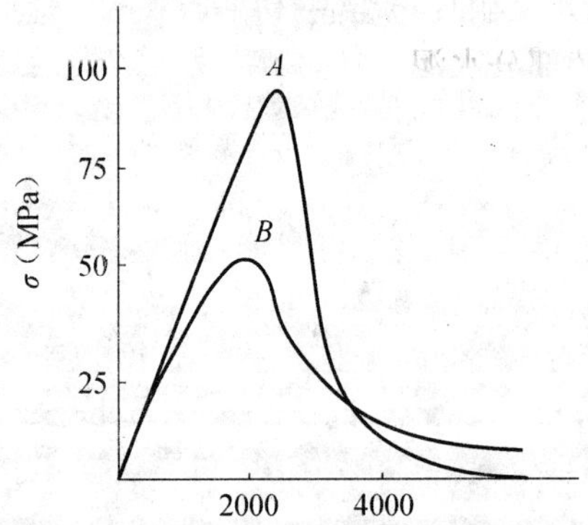

图 15-1 混凝土应力－应变曲线

图 15-1 是不同强度的混凝土棱柱体试件在单轴受压下典型应力－应变曲线，其中 A 为高强混凝土，B 为普通强度混凝土。从图 15-1 中可见高强混凝土的应

力－应变曲线有以下特点：

（1）在应力达到峰值（抗压强度）的75%～90%以前，应力－应变曲线为一直线，即为弹性工作。线性段的范围随强度的提高而增大，而在低强混凝土中，线性段的上限仅为峰值应力的40%～50%。

（2）与峰值应力相应的应变 ε_0 随混凝土强度的提高而有增大的趋势。

（3）到达峰值应力后，高强混凝土的应力－应变曲线骤然下降，表现出很大的脆性；强度愈高，下跌愈陡。

2. 早期与后期强度

高强混凝土的水泥用量大，早强发展较快，特别是加入高效减水剂后促进水化，早期强度更高；潮湿环境中增长幅度大，干燥环境中增长幅度小；早期强度高的后期增长较小；掺高效减水剂的高强混凝土，其后期强度增长幅度要低于没有掺外加剂的混凝土，如图15-2所示。

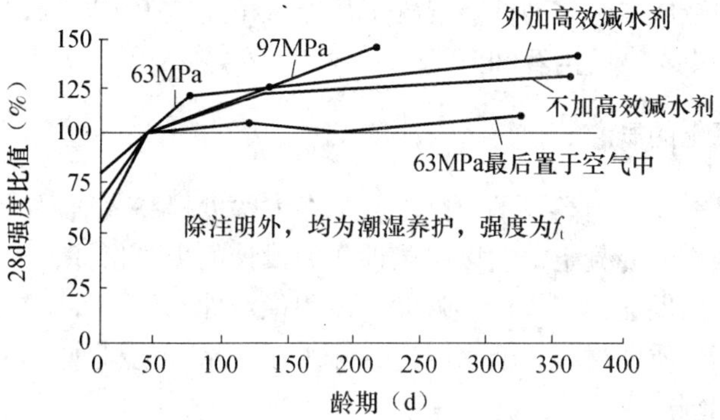

图15-2　外加剂对强度发展规律的影响

3. 抗拉强度

混凝土的抗拉强度虽然随着抗压强度的提高而提高，但它们之间的比值却随着强度的增加而降低。高强混凝土的劈拉强度约为立方体抗压强度 f_{cu} 的 $\frac{1}{15}\sim\frac{1}{18}$，抗折强度约为 f_{cu} 的 $\frac{1}{8}\sim\frac{1}{12}$，而轴拉强度约为 f_{cu} 的 $\frac{1}{20}\sim\frac{1}{24}$。在低强混凝土中，这些比值均要大得多。

4. 收缩

高强混凝土的初期收缩大，但最终收缩量与普通混凝土大体相同，用活性矿物掺合料代替部分水泥，还可进一步减少混凝土的收缩。

5. 耐久性

混凝土的耐久性包括抗渗性、抗冻性、耐磨性以及抗侵蚀性等。高强混凝土在这些方面的性能均明显优于普通混凝土，尤其是外加矿物掺合料的高强混凝土，其耐久性有进一步的加强。

五、高强混凝土的配制原则

（1）所用水泥应质量稳定，强度等级不低于42.5级的硅酸盐水泥或普通硅酸盐水泥。

（2）粗集料的最大粒级不应大于25mm，最好控制在15～25mm范围内，严格控制针、片状石子含量。

(3) 砂率可为0.30甚至更低。但过低的砂率影响混凝土拌合物的和易性，所以一般可取0.30~0.35，泵送时不宜取较低砂率。

(4) 当水灰比非常低时，为改善混凝土拌合物的和易性，应外加适宜的矿物掺合料和适当增加减水剂的用量。

(5) 水泥用量（含矿物掺合料）不宜大于550kg/m^3，且矿物掺合料的最大掺量不超过总胶凝材料的40%。

第二节　高性能混凝土

高性能混凝土一词的英文为High performance Concrete，它的提出是基于混凝土结构耐久性设计而获得的新概念，其目的是为了提高混凝土结构的耐久性，需要通过对混凝土材料进行各种性能的改善，包括混凝土硬化前的工作性、硬化后的强度以及使用中的耐久性等。为了不增加混凝土的制造成本，对高性能混凝土从经济角度给予了限制，从而使高性能混凝土具有了比高强混凝土更丰富的内容和意义。

一、高性能混凝土的概念

高性能混凝土是一种新型高技术混凝土，是在大幅度提高普通混凝土性能的基础上，采用现代混凝土技术制作的混凝土，它以耐久性作为设计的主要指标，针对不同用途要求，对下列性能有重点地予以保证：工作性、强度、体积稳定性、经济性。为此，高性能混凝土在配制上的特点是选用优质原材料，低水胶比，除水泥、水、集料外，必须掺加足够数量的矿物细掺料和高效外加剂。

二、高性能混凝土的组成和结构

高性能混凝土的组成主要分为两大类：一是水泥石；二是集料。对于水泥石的结构而言，可根据中心质假说，将其分成在次中心质和次介质的尺度上，属于次中心质的未水化水泥颗粒（H粒子）、属于次介质的水泥凝胶（L粒子）和属于负中心质的毛细孔组成水泥石。从强度的角度看，孔隙率一定时，H/L粒子比值越大，水泥石强度越高。但有个最佳值，超过后随其提高而下降。在一定范围内，H/L粒子最佳值随孔隙率下降而提高。也就是说，在次中心质的尺度上，一定量的孔隙率需要一定量的次中心质以形成足够的效应圈，起到效应叠加的作用，以改善次介质。在水胶比很低的高性能混凝土中，水泥石的孔隙率很低，在一定的H/L粒子比值下，强度随孔隙率的减少而提高。因此，尽管水泥的水化程度很低，水泥石中保留了很大的H/L粒子比值，但与很低的孔隙率和良好的孔结构相配合，混凝土仍可得到高强度。

三、高性能混凝土结构的特点

高性能混凝土结构具有以下特点：

(1) 孔隙率很低，而且基本上不存在大于100nm的大孔。

(2) 水化物中$Ca(OH)_2$减少，C—S—H和AFt增多。

(3) 未水化颗粒多，未水化颗粒和矿物细粉等各级中心质增多（即H/L粒子比增大），各中心质间的距离缩短，有利的中心质效应增多，中心质网络骨架得到强化。

（4）界面过渡层厚度小，并且孔隙率低，$Ca(OH)_2$ 数量减少，取向程度下降，水化物结晶颗粒尺寸减小，更接近于水泥石本体水化物的分布，因而得到加强。

四、高性能混凝土的性能

1. 拌合物的工作性能

对于高性能混凝土，工作性应包括充填性、可泵性和稳定性（即抗泌水和抗离析性）等。

充填性是混凝土拌合物通过钢筋间隙等狭窄空间流到模板各个角落不被堵塞而均匀填充的性质。高性能混凝土不仅应具有高流动性，而且应具有高抗堵塞能力。在配筋密集、模板形状复杂的情况下，流动性不足的混凝土充填性差，可是，在流动性很大而粘聚性不足的情况下，粗集料在钢筋等障碍物处被堵塞，充填性不再提高，甚至下降。

评价高性能混凝土的工作性时，可用坍落度及扩展度（拌合物坍落稳定时所铺展的直径）表示。

2. 高性能混凝土的强度

尽管高性能混凝土的水胶比范围较窄，但其强度范围却很宽。高性能混凝土在原材料和配合比上按耐久性进行设计后，抗压强度仍是检验混凝土质量的重要指标。高性能混凝土强度标准值的定义与普通混凝土相同。

高性能混凝土在原材料和配合比上的特点与普通混凝土不尽相同，但是影响普通混凝土强度试验结果的试验方法和条件同样影响高性能混凝土，并且有些普通混凝土并不敏感的因素，而对高性能混凝土来说则更为敏感。

3. 高性能混凝土的耐久性

一般来说，混凝土只要其渗透性很低，就有很好的抵抗水和侵蚀性介质浸入的能力。高性能混凝土由于水胶比很低而具有很低的渗透性，因而其耐久性好。

4. 高性能混凝土的收缩

高性能混凝土的收缩除应考虑化学收缩、干燥收缩、温度收缩、碳化收缩外，自收缩问题也是不容忽视的。

当混凝土成型后，若外部不提供任何附加水，即使内部水分不向环境散失，混凝土内部的水也会因水化的消耗而减少。密封的混凝土内部相对湿度随水泥水化的进展而降低，造成毛细孔中的水分不饱和而产生负压，引起混凝土的自生收缩，称为自收缩。

自收缩在水灰比较高的普通混凝土中较小，而在低水胶比的高性能混凝土中却要大得多。高性能混凝土的水胶比很低，能提供水泥水化的自由水分少，早期强度较高的增长率会使自由水消耗较快，在外界水分供应不足的情况下，水泥水化不断消耗水分而自收缩产生微裂缝，影响混凝土强度和耐久性。

五、高性能混凝土的实现途径

（1）采用优质原材料，水泥可采用硅酸盐水泥和普通水泥，为了实现高性能混凝的高强及超高强，国外开始研制和应用球状水泥、调粒水泥和活化水泥等水泥。

（2）粗集料、细集料可采用河砂和人工砂，粗集料应选用表面粗糙、强度高的集料，如砂岩、安山岩、石英斑岩、石灰岩和玄武岩等。

（3）配制高性能混凝土必须掺入细或超细的活性掺合料，如硅灰、磨细矿渣、优质粉煤灰和沸石粉等。它们填充在毛细孔中形成细观的紧密体系，同时可改善集料界面结构，提高界面粘结强度。

（4）配制高性能混凝必须掺入高效减水剂，能显著降低混凝土的水胶比（水与水泥和矿物掺合料总和质量比）。

思考题及习题

1. 什么是高强度混凝土？如何配制？
2. 采用高强度混凝土的主要优点和缺点各是什么？
3. 与普通混凝土相比，高强高性能混凝土对原材料的选择有哪些特殊要求？
4. 简述高性能混凝土的含义和组成特点。
5. 简述高强高性能混凝土原材料对其流动性及强度的影响。
6. 试分析高强高性能混凝土与普通混凝土相比有优异耐久性的原因。
7. 简述高强高性能混凝土的应用。
8. 谈谈对高强高性能混凝土今后研究方向的认识并展望其应用前景。

第三篇　砌筑材料

砌筑工程除了块状材料（砖、砌块、石）外，另一个重要的粘结材料是具有胶结作用的胶凝材料。

胶凝材料分类如下：

- 胶凝材料
  - 无机胶凝材料
    - 气硬性胶凝材料：石灰、石膏、水玻璃、苛性土
    - 水硬性胶凝材料：水泥
  - 有机胶凝材料
    - 沥青
    - 合成树脂
    - 合成橡胶

在上述分类中，水泥是典型的水硬性胶凝材料，已在第二篇中进行了详细的介绍。本篇针对气硬性胶凝材料在整个砌筑工程中所占的数量及重要作用，进行系统介绍。

第十六章　气硬性无机胶凝材料

学习提要： 本章主要介绍土木工程中常用的气硬性胶凝材料，如石灰、石膏、水玻璃等，以原料及生产、凝结硬化、技术性质、工程应用为一条主线，展开系统学习。其中石灰、石膏技术性质及其影响因素、工程应用作为重点掌握内容。

无机胶凝材料的特点是当其与水或水溶液拌合后所形成的浆体经过一系列的物理、化学作用，能够逐渐硬化产生并发展其强度。

按照硬化条件的不同，无机胶凝材料可分为气硬性胶凝材料和水硬性胶凝材料。前者是指只能在空气中硬化、保持并发展其强度的胶凝材料；后者是指不仅能在空气中，而且能更好地在水中硬化、保持并发展其强度的胶凝材料。

将无机胶凝材料区分为气硬性和水硬性，有着重要的实用意义：气硬性胶凝材料一般只适用于地上或干燥环境，不宜用于潮湿环境，更不可用于水中；而水硬性胶凝材料则不仅可用于地上工程而且适用于水中或潮湿环境中的工程。

本章仅介绍工程中常用的气硬性胶凝材料：石灰、石膏和水玻璃。

第一节　石　　灰

石灰是建筑上使用最早的气硬性胶凝材料之一。因为生产石灰的原料广泛，工艺简单，

成本低廉，所以至今仍被广泛应用于建筑工程中。

一、石灰的原料及生产

生产石灰的主要原料是以碳酸钙（$CaCO_3$）为主要成分的天然岩石——石灰岩。除天然原料外，某些工业副产品也可作为生产石灰的原材料或直接使用，如碳化钙（CaC_2）制取乙炔时产生的电石渣，其主要成分为氢氧化钙［$Ca(OH)_2$］，即可直接使用，但性能需要改进。还可用氨碱法制碱所得的残渣，主要成分是碳酸钙（$CaCO_3$）。本节主要以天然原料为主介绍其应用。

将石灰岩进行煅烧，即可得到以氧化钙（CaO）为主要成分的生石灰，其分解反应如下：

$$CaCO_3 \longrightarrow \underset{\text{(生石灰)}}{CaO} + CO_2 \uparrow$$

生石灰呈白色或灰色块状。由于石灰岩中常含有一些碳酸镁（$MgCO_3$），因而生石灰中还含有次要成分氧化镁（MgO）。根据 MgO 含量的多少，生石灰被分为钙质石灰（MgO 含量≤5%）和镁质石灰（MgO 含量>5%）。通常生石灰的质量好坏与其氧化钙（或氧化镁）的含量有很大关系。

建材行业标准《建筑生石灰》(JC/T 479—1992）将生石灰划分为三个等级，具体指标见表 16-1。

表 16-1　建筑生石灰的技术指标

项目	钙质生石灰			镁质生石灰		
	优等品	一等品	合格品	优等品	一等品	合格品
CaO + MgO 含量（%），不小于	90	85	80	85	80	75
未消化残渣含量（5mm 圆孔筛筛余，%），不大于	5	10	15	5	10	15
CO_2 含量（%），不大于	5	7	9	6	8	10
产浆量（L/kg），不小于	2.8	2.3	2.0	2.8	2.3	2.0

生石灰的质量与煅烧温度和煅烧时间有直接关系，碳酸钙适宜煅烧温度为900℃，但实际生产时，为加速碳酸钙的分解速度，常常会提高煅烧温度至1000～1100℃，使煅烧后的石灰质量出现了两种情况：

当煅烧温度过低或煅烧时间不足，将使生石灰中残留有未分解的石灰岩核心，称这部分石灰为欠火石灰。欠火石灰不仅降低了生石灰的有效成分含量，也使质量等级下降。

若煅烧温度过高或低烧时间过久，将产生过火石灰。过火石灰的特征是质地密实，且表面常为黏土杂质融化形成的玻璃质薄膜所包覆，故熟化很慢。使用该种生石灰时，要注意正确的熟化方法，以免对建筑物造成危害。

工程上也有将块状生石灰直接磨细使用，建材行业标准《建筑生石灰粉》（JC/T 480—1992）规定将其划为三个等级，具体指标见表 16-2。

表 16-2　建筑生石灰粉的技术指标

项目		钙质生石灰粉			镁质生石灰粉		
		优等品	一等品	合格品	优等品	一等品	合格品
$CaO + MgO$ 含量（%），不小于		85	80	75	80	75	70
CO_2 含量（%），不大于		7	9	11	8	10	12
细度	0.9mm 筛筛余（%），不大于	0.2	0.5	1.5	0.2	0.5	1.5
	0.125mm 筛筛余（%），不大于	7.0	12.0	18.0	7.0	12.0	18.0

二、生石灰的熟化

建筑工程中使用石灰，通常先将生石灰加水，使之熟化成消石灰粉或石灰浆之后再使用。

1. 熟化过程及其特点

块状生石灰加水后，即迅速水化，崩解成高度分散的消石灰细粒，并放出大量的热，这个过程称为石灰的熟化。其反应式如下：

$$CaO + H_2O = Ca(OH)_2 + 64.8kJ$$

上述过程有两个显著特点：

（1）放热量大。生石灰熟化时，最初 1h 放出的热量是半水石膏水化 1h 放出热量的 10 倍，是普通硅酸盐水泥水化 1d 放出热量的 9 倍。因此，生石灰具有强烈的水化能力，其放热量、放热速度都比其他胶凝材料大得多。

（2）体积增大。成分较纯并低烧适宜的生石灰，熟化成熟石灰后，体积可增大 1 ~ 2.5 倍。

2. 熟化方法

（1）消石灰粉。生石灰中均匀加入 70% 左右的水（理论值为 31.2%）便得到颗粒细小、分散的消石灰粉。工地调制消石灰粉时，常采用淋灰法。

（2）石灰浆。调制石灰浆常在化灰池和储灰坑中进行，其方法是将块灰和水加入化灰池中熟化。对于熟化慢的石灰，加水应少而慢，保持较高温度，促使熟化较快完成。为了进一步消除过火石灰在使用中造成的危害，石灰浆应在储灰坑中“陈伏”1 ~ 2 周。“陈伏”期间，石灰浆表面应保持一层水分，与空气隔绝，以免石灰浆表面碳化。

石灰浆在储灰坑中沉淀并除去上层水分后，称为石灰膏。

三、熟石灰的硬化

石灰浆在空气中逐渐硬化，是由下面两个同时进行的过程来完成的。

1. 结晶过程

石灰浆中的主要成分是 $Ca(OH)_2$ 和 H_2O，随着游离水的蒸发，氢氧化钙逐渐从饱和溶液中结晶出来。

2. 碳化过程

结晶出来的氢氧化钙与空气中的二氧化碳化合生成碳酸钙晶体，释放水分并被蒸发。

$$Ca(OH)_2 + CO_2 + nH_2O = CaCO_3 + (n+1)H_2O$$

碳化过程实际是二氧化碳与水形成碳酸，然后与氢氧化钙反应生成碳酸钙硬壳。这个过程不但受空气中二氧化碳浓度影响而且与材料含水量多少有关。由于形成的碳酸钙硬壳阻碍水分进一步向内渗透，所以，这种硬化过程十分缓慢。石灰浆体硬化后，表层为 $CaCO_3$ 晶体，内部为 $Ca(OH)_2$ 晶体，硬化后的石灰是由两种不同晶体组成的。

四、石灰的技术性质

根据我国建材行业标准《建筑消石灰粉》（JC/T 481—1992）规定，将消石灰粉按它们的技术指标分为优等品、一等品、合格品三个等级。主要技术指标见表 16-3。通常优等品、一等品适用于饰面层和中间涂层；合格品仅用于砌筑。

表 16-3　建筑消石灰粉的技术指标

项目		钙质消石灰粉			镁质消石灰粉			白云石消石灰粉		
		优等	一等	合格	优等	一等	合格	优等	一等	合格
CaO + MgO 含量（%），不小于		70	65	60	65	60	55	66	60	55
游离水（%）		0.4～2	0.4～2	0.4～2	0.4～2	0.4～2	0.4～2	0.4～2	0.4～2	0.4～2
体积安定性		合格	合格	—	合格	合格	—	合格	合格	—
细度	0.9mm 筛筛余（%），不大于	0	0	0.5	0	0	0.5	0	0	0.5
	0.125mm 筛筛余（%），不大于	3	10	15	3	10	15	3	10	15

石灰作为胶凝材料，其技术性质如下：

（1）可塑性好。生石灰熟化为石灰浆时，能形成颗粒极细、分散状态的氢氧化钙胶体；表面吸附一层厚的水膜，使其可塑性明显改善。利用这一性质，在水泥砂浆中掺入一定量的石灰膏，可使砂浆的可塑性显著提高。

（2）硬化慢、强度低。从石灰浆体的硬化过程中可以看出，由于空气中二氧化碳稀薄（一般达 0.03%），碳化过程甚为缓慢。同时，硬化后强度也不高，强度通常只有 0.2～0.5MPa。

（3）耐水性差。若石灰浆体尚未硬化就处于潮湿环境中，由于石灰浆中的水分不蒸发，则其硬化停止；若已硬化的石灰，长期受潮或受水浸泡，则由于氢氧化钙易溶于水，甚至会使已硬化的石灰溃散。因此石灰不宜用于潮湿环境及易受水浸泡的部位。

（4）收缩大。石灰浆体硬化过程中要蒸发大量水分而引起显著收缩，所以除调制石灰乳作薄层涂刷外，不宜单独使用。工程应用时，常在石灰中掺入砂、麻刀、纸筋等材料，以减少收缩并增加抗拉强度。

五、石灰的应用

我国使用石灰已有数千年的历史，主要用途如下：

1. 拌制灰土或三合土

所谓灰土是将消石灰粉和黏土按一定比例拌合均匀、夯实而成。石灰常用比例为总重的 10%～30%，即一九灰土、二八灰土及三七灰土。石灰用量过高，往往导致强度和耐水性的降低。若将消石灰粉、黏土和集料（砂、碎砖块、炉渣等）按一定比例拌合均匀并夯实，即为三合土。灰土和三合土广泛用作建筑物的基础、路面或地面的垫层。

2. 配制水泥石灰混合砂浆、石灰砂浆

用熟化并“陈伏”好的石灰膏和水泥、砂配制而成的混合砂浆是目前用量最大、用途最广的砌筑砂浆；用石灰膏和砂或麻刀和纸筋配制成的石灰砂浆广泛用作内墙、天棚的抹面砂浆。此外，石灰膏可稀释成石灰乳（掺或不掺颜料），用作内墙、天棚的粉刷涂料。

随着科学技术的发展，在建筑工程中已大量应用磨细生石灰（将块状生石灰破碎、磨细、包装成袋的生石灰粉）代替石灰膏和消石灰粉配制灰土或砂浆，其主要优点如下：

（1）由于磨细生石灰具有很高的细度（4900孔筛余量小于30%），表面积极大，水化反应速度可提高30~50倍，所以只需“陈伏”1~2d即可应用，不仅提高了工效，而且节约了场地，改善了环境。

（2）石灰中的少量欠火石灰被磨细，提高了石灰的利用率。将石灰的熟化过程与硬化过程合二为一，熟化过程中所放热量又可加速硬化过程，从一定程度上克服了石灰硬化缓慢的缺点。

但磨细生石灰需经机械设备加工，成本有所提高，也不宜久存。

3. 生产硅酸盐制品

石灰是生产硅酸盐混凝土及其制品的主要原料之一。以石灰和硅质材料（如石英砂、粉煤灰、矿渣等）为原料，加水拌合，经成型、蒸压处理等工序而成的建筑材料统称为硅酸盐制品。

随着墙体材料改革的不断推进，硅酸盐砖、硅酸盐混凝土砌块及其他硅酸盐制品在墙体材料中应用逐渐增加。

六、石灰的储存和运输

块状生石灰放置太久会吸收空气中水分自动熟化成石灰粉，再与空气中二氧化碳作用形成碳酸钙而失去胶凝能力。所以储存生石灰，不但要防止受潮，而且不宜久存，最好到场后即熟化成石灰浆，变储存期为“陈伏”期。另外，生石灰受潮熟化要放出大量的热，且体积膨胀，所以储存和运输生石灰时，应注意安全。

第二节 石　膏

石膏作为胶凝材料也有悠久的历史。石膏制品（如石膏板等）具有质轻、强度较高、绝热、防火、美观、易于加工等优良性质，因此受到了普遍重视并得到迅速发展。

一、石膏的原料及生产

生产石膏胶凝材料的原料比较广泛，包括天然二水石膏（$CaSO_4 \cdot 2H_2O$）、天然无水石膏（$CaSO_4$）、化学石膏及脱硫石膏。建筑石膏的主要原料是天然二水石膏。

1. 天然二水石膏

天然二水石膏（来自天然石膏矿）的主要成分为含两个结晶水的硫酸钙（$CaSO_4 \cdot 2H_2O$），其中CaO占32.56%，SO_3占46.51%，H_2O占20.93%。

2. 天然无水石膏

天然无水石膏（来自沉积岩）的主要成分为不含结晶水的硫酸钙（$CaSO_4$），其质地硬且结晶致密，仅用于生产无水石膏水泥。

3. 化学石膏

化学石膏是指含有二水硫酸钙及无水硫酸钙混合物的化工副产品。如生产磷酸和磷肥时产生的废渣称为磷石膏；生产氢氟酸时产生的废渣称为氟石膏，此外，还有硼石膏、钛石膏等。作为石膏生产原料，可扩大石膏来源，废渣利用、变废为宝，达到节约资源的目的。但是应注意其性能不及天然石膏制得的建筑石膏。开发并应用化学石膏已成为业内热点。

4. 脱硫石膏

火力发电厂的烟气中常常含有大量的二氧化硫，若直接排放将严重污染环境，目前采用石灰石浆液作为脱硫剂，通过向吸收塔内喷入脱硫剂浆液，使其与烟气充分接触混合，同时对烟气进行洗涤，在通入强氧化空气的条件下，使烟气中的二氧化硫与浆液中的石灰石反应，生成二水硫酸钙，称为脱硫石膏。由于其特性与天然二水石膏相似，现得到广泛的应用。

石膏胶凝材料的生产，通常是将二水石膏在不同压力和温度下煅烧，再经磨细制得的。同一原料，煅烧条件不同，得到的石膏品种不同，其结构、性质也不同。

$CaSO_4 \cdot 2H_2O$ 煅烧

- 干燥空气常压 $\xrightarrow{110\sim170℃}$ $CaSO_4 \cdot \frac{1}{2}H_2O + \frac{3}{2}H_2O$（β 型半水石膏）
- $\xrightarrow{320\sim360℃}$ $CaSO_4$（可溶） $\xrightarrow{400\sim750℃}$ $CaSO_4$（不溶） $\xrightarrow{800℃以上}$ $CaSO_4$（高温煅烧）
- 压蒸条件下 $\xrightarrow[1.3大气压]{124℃}$ $CaSO_4 \cdot \frac{1}{2}H_2O + \frac{3}{2}H_2O$（α 型半水石膏）

半水石膏有 α 型和 β 型两个品种。将 α 型半水石膏磨细得到的石膏粉，称为高强度石膏。将 β 型半水石膏（熟石膏）磨细得到的石膏粉，称为建筑石膏。如粉磨得更细，则称模型石膏。α 型和 β 型半水石膏在微观结构上相似，但作为胶凝材料，其宏观性质相差大。高强度石膏晶体粗大，比表面积小，调成可塑性浆体时需水量（35%～45%）是建筑石膏需水量的一半。所以高强度石膏硬化后密实而强度高，可用于室内高级抹灰、装饰制品和石膏板的原料。掺入防水剂，可制成高强度防水石膏，用于潮湿环境中。

由上述看到，在干燥空气常压条件下继续升温煅烧，各温度下呈现出不同的无水石膏，其性质由可溶过渡到不溶。对于不溶的石膏，掺入适量激发剂（如石灰等）混合磨细即得无水石膏，其强度可达 5～30MPa，用于制造石膏板和其他制品及灰浆。

石膏品种繁多，建筑上应用最广的仍为建筑石膏。因此，本节主要介绍建筑石膏的性质及应用。

二、建筑石膏的水化、硬化

建筑石膏加水后成为可塑性浆体，经过一系列物理化学变化，逐渐发展成为坚硬的固体。石膏加水后很快溶解并进行水化反应：

$$CaSO_4 \cdot \frac{1}{2}H_2O + \frac{3}{2}H_2O = CaSO_4 \cdot 2H_2O$$

水化反应的生成物二水石膏在溶液中的溶解度（20℃为 2.05g/L）比半水石膏的溶解度（20℃为 8.16g/L）小得多。因此，对二水石膏来说，溶液就成了过饱和溶液，所以二水石膏以胶体微粒迅速自水析出。由于二水石膏的析出破坏了半水石膏溶液的平衡状态，新的一批半水石膏进一步溶解和水化，以补偿由于二水石膏析晶在溶液中减少的 $CaSO_4$ 含量。如此循环进行，直到半水石膏完全水化为止。浆体中的自由水分因水化和蒸发而逐渐减少，二水石膏胶体微粒数量则不断增加，而这些微粒比原来的半水石膏粒子要小得多，微粒总表面积增加，需要更多水分包裹，所以浆体稠度逐渐增大，以致失去可塑性。这个过程称为凝结。其后，胶体微粒逐渐凝聚成为晶体，晶体不断长大，并彼此连生、交错，形成结晶结构网，浆体固化，强度不断增大，直至完全干燥。这个过程称为硬化（图 16-1）。

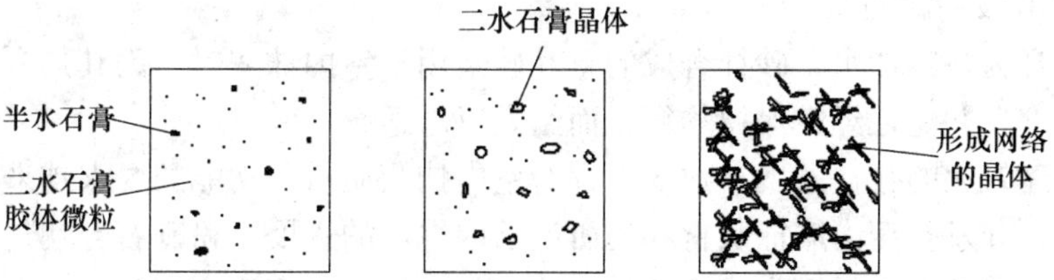

图 16-1　建筑石膏凝结硬化示意图

三、建筑石膏的技术性质

1. 建筑石膏的技术标准

建筑石膏为白色粉末，密度为 2.60 ~ 2.75g/cm³，堆积密度为 800 ~ 1000kg/m³。《建筑石膏》（GB/T 9776—2008）规定：建筑石膏按 2h 强度（抗折）分为三个等级，其物理力学性能应符合表 16-4 的要求。

表 16-4　建筑石膏物理力学性能要求（GB/T 9776—2008）

物理力学性能		等级		
		3.0	2.0	1.6
2h 强度（MPa）	抗折强度≥	3.0	2.0	1.6
	抗压强度≥	6.0	4.0	3.0
细度	0.2mm 方孔筛筛余（%）≤	10.0		
凝结时间（min）	初凝时间≥	3		
	终凝时间≤	30		

2. 建筑石膏的技术性质

建筑石膏具有如下技术性质：

（1）凝结硬化快。建筑石膏加水拌合后的数分钟内，便开始失去可塑性，一般初凝时间 3 ~ 5min，终凝时间 30 ~ 40min。室内自然干燥条件下大约硬化的时间需一周。

（2）微膨胀性。建筑石膏浆体在凝结硬化初期体积产生微膨胀，这一性质使石膏在使用中不会产生裂纹。因此建筑石膏装饰制品，形体饱满密实、表面光滑细腻。

（3）多孔性。建筑石膏水化时理论需水量为石膏质量的 18.6%，为了使石膏浆体具有必要的多孔性，往往要加入 60% ~ 80% 的水，这些多余的自由水蒸发后留下许多孔隙（约占总体积的 50% ~ 60%）。因此，石膏制品具有表观密度小、绝热性好、吸声性强等优点，但它的强度较低，吸水率较大，抗渗性差。

（4）防火性。建筑石膏硬化后的主要成分是 $CaSO_4 \cdot 2H_2O$，它含有21%左右的结晶水。当受到高温作用时，结晶水开始脱出，并在表面上产生一层水蒸气幕，阻止了火势蔓延，起到了防火作用。但是在使用时温度不宜超过65℃，以免水分蒸发影响强度。

（5）耐水性、抗冻性差。建筑石膏硬化后具有很强的吸湿性。在潮湿条件下，晶体粒子间的粘结力减弱，强度显著降低；遇水则因二水石膏晶体溶解而引起破坏；吸水受冻后，将因孔隙中水分结冰而开裂。

四、建筑石膏的应用

1. 石膏砂浆及粉刷石膏

以建筑石膏为基料加水、砂拌合成的石膏砂浆用于室内抹灰时，因其热容量大，能够调节室内温、湿度，并使之经常保持均衡，而给人以舒适感。

随着我国建筑业的日益发展，建筑工程对室内抹灰质量及功能的要求越来越高。利用石膏的独特性质，开发新型内墙抹灰材料的研究已取得新的进展。粉刷石膏就是在石膏中掺入可优化抹灰性能的辅助材料而配成的新型内墙抹灰材料，已广泛应用。

粉刷石膏按用途分为面层粉刷石膏（M）、底层粉刷石膏（D）和保温层粉刷石膏（W）。《粉刷石膏》（JC/T 517—2004）按强度分为优等品（A）、一等品（B）、合格品（C），各等级的强度应满足表16-5的要求。1.0mm筛和0.2mm筛的筛余应分别为0和≤40%。初凝时间应不小于1h，终凝时间应不大于8h。保温层粉刷石膏的体积密度应不大于600kg/m^3。

表16-5　粉刷石膏的强度要求（JC/T 517—2004）

产品类别	面层粉刷石膏	底层粉刷石膏	保温层粉刷石膏
抗压强度（MPa），≥	6.0	4.0	0.6
抗折强度（MPa），≥	3.0	2.0	—
剪切粘结强度（MPa），≥	0.4	0.3	—

粉刷石膏粘结力高、不裂、不起鼓、表面光洁、防火、保温，并且施工方便，是一种高档抹面材料，可用于办公室、住宅等的墙面、顶棚等。

2. 建筑石膏板

建筑石膏板是以建筑石膏为主要原料，经制浆、浇注、凝固、切断、烘干等一系列工序制成的轻质板材。因板材的尺寸、规格、形式不同，分别有用于隔墙的石膏板、吊顶的石膏板、吸声石膏板、装饰石膏板。

（1）纸面石膏板

纸面石膏板是以建筑石膏为主要原料，掺入纤维和外加剂构成芯材，并与护面纸板牢固地结合在一起的轻质建筑板材。护面纸板（专用的厚质纸）主要起到提高板材抗弯、抗冲击的作用。

纸面石膏板的规格：板材的公称长度为1500，1800，2100，2400，2440，2700，3000，3300，3600，3660（mm）；板材的公称宽度为600，900，1200，1220（mm）；公称厚度为9.5，12.0，15.0，18.0，21.0，25.0（mm）。

板材的棱边有矩形（代号J）、倒角形（代号D）、楔形（代号C）和圆形（代号Y）四种，如图16-2所示。板的端头则是与棱边相垂直的平面。

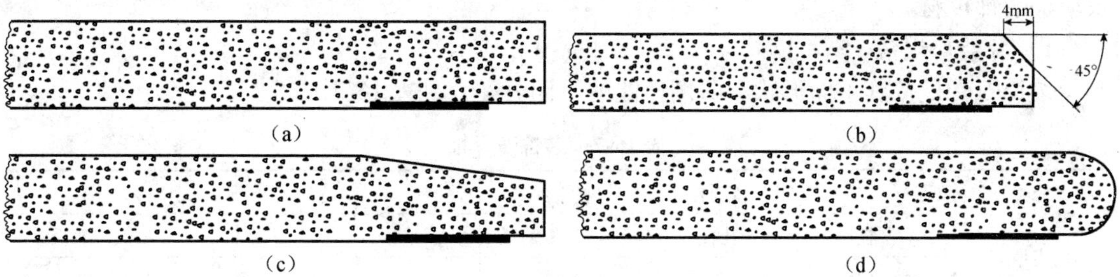

图 16-2　纸面石膏板棱边形状示意图

（a）矩形棱边；（b）倒角形棱边；（c）楔形棱边；（d）圆形棱边

国家标准《纸面石膏板》（GB/T 9775—2008）对该制品的技术要求有面密度、吸水率、断裂荷载、护面纸与芯材粘结性。表 16-6 为断裂荷载的最低要求值。

表 16-6　断裂荷载的最低要求值（不小于）

板材厚度（mm）	断裂载荷（N）			
	纵向		横向	
	平均值	最小值	平均值	最小值
9.5	400	360	160	140
12.0	520	460	200	180
15.0	650	580	250	220
18.0	770	700	300	270
21.0	900	810	350	320
25.0	1100	970	420	380

纸面石膏板的应用：适用于办公楼、影剧院、饭店、宾馆、候车室、候机楼、住宅等建筑的室内吊顶、墙面、隔断、内隔墙等的装饰。纸面石膏板仅适用于干燥环境中，不宜用于厨房、卫生间以及空气相对湿度大于 70% 的潮湿环境中。纸面石膏板的表面还需再进行饰面处理，方能获得理想或满意的装饰效果。常用方法为裱糊壁纸，喷涂、辊涂或刷涂装饰涂料，镶贴各种类型的玻璃片、金属抛光板、复合塑料镜片等。

（2）石膏空心条板

石膏空心条板的生产采用类似于水泥混凝土空心板的生产工艺，即首先将各种轻质材料，如膨胀珍珠岩、膨胀蛭石等同石膏一起加水拌制成石膏浆体；然后将其浇注于带有可以移动芯棒的特制模型中，经过振动成型、抽芯、干燥后成为空心石膏板。这种空心石膏板与石膏薄板比较，石膏用量多，质量大，生产率低。但生产这种石膏空心板时，不用纸，不用胶，安装墙面时不用龙骨，设备简单，较易投产，因此也是石膏板发展的途径之一。

（3）装饰石膏板

装饰石膏板是以建筑石膏为胶凝材料，加入适量的增强纤维、胶粘剂、改性剂等辅料，与水拌合成料浆，经成型、干燥而成的不带护面纸的装饰板材。它质轻、图案饱满、细腻、色泽柔和、美观、吸声、隔热，有一定强度，易加工及安装。它是较理想的顶棚饰面吸声板及墙面装饰板材。

1）分类与规格

装饰石膏板按其正面形状和防潮性能的不同分类，见表16-7。

表16-7　装饰石膏板

分类	普通板			防潮板		
代号	平板	孔板	浮雕板	平板	孔板	浮雕板
	P	K	D	FP	FK	FD

装饰石膏板的规格有两种：500mm×500mm×9mm，600mm×600mm×11mm。其他形状和规格的板材，由供需双方协商。

装饰石膏板为正方形，其棱边断面形式有直角形和倒角形两种。

2）主要技术要求

《装饰石膏板》（JC/T 799—2007）要求产品的物理力学性能应符合表16-8的规定。

表16-8　装饰石膏板的物理力学性能

序号	项目		指标					
			P，K，FP，FK			D，FD		
			平均值	最大值	最小值	平均值	最大值	最小值
1	单位面积质量（kg/m^2）≤	厚度9mm	10.0	11.0	—	13.0	14.0	—
		厚度11mm	12.0	13.0	—	—	—	—
2	含水率（%）≤		2.5	3.0	—	2.5	3.0	—
3	吸水率（%）≤		8.0	9.0	—	8.0	9.0	—
4	断裂载荷（N）≥		147	—	132	167	—	150
5	受潮挠度（mm）≤		10	12	—	10	12	—

注：D和FD的厚度系指棱边厚度。

装饰石膏板质地洁白、细腻，色彩及花纹图案丰富，浮雕板和孔板具有较强的立体感。它具有质量轻、强度高，防火、防震、隔热、吸声、变形小，且能调节室内湿度等优点，并具有施工方便，加工性能好，可锯、可钉、可刨、可粘贴等优点。

（4）嵌装式装饰石膏板

以建筑石膏为主要原料，掺入适量的纤维增强材料和外加剂，与水一起搅拌成均匀的料浆，经浇注成型、干燥而成的不带护面纸的、板材背面四周加厚并带有嵌装企口的石膏板称为嵌装式装饰石膏板。它的正面可为平面、带孔或带浮雕图案。

嵌装式装饰石膏板分为普通嵌装式装饰石膏板（代号为QP）和吸声用嵌装式装饰石膏板（代号为QS）两种。嵌装式吸声石膏板是以带有一定数量穿透孔洞的嵌装式装饰石膏板为面板，在背面复合吸声材料，使其具有一定吸声特性的板材。这两种石膏板常与型铝合金龙骨配套用于吊顶工程。

1）规格

嵌装式装饰石膏板的规格为600mm×600mm，边厚大于28mm；500mm×500mm，边厚大于25mm。板材的边长（L）、铺设高度（H）、厚度（S）及构造如图16-3所示。其棱边断面有直角形和倒角形。

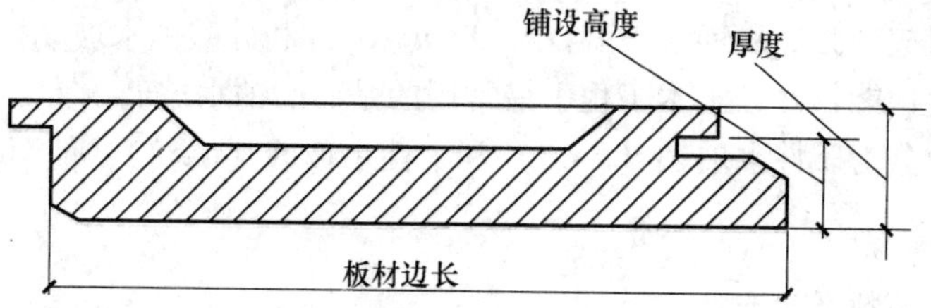

图 16-3　嵌装式装饰石膏板构造

2）技术要求

嵌装式装饰石膏板正面不得有影响装饰效果的气孔、污痕、裂纹、缺角、色彩不均和图案不完整等缺陷。

板材单位面积质量、含水率、断裂荷载、吸声板的吸声系数应满足表 16-9 的要求。

表 16-9　嵌装式装饰石膏板的物理力学要求（JC/T 800—2007）

单位面积质量（kg/m^2）≤		含水率（%）≤		断裂载荷（N）≥		平均吸声系数（混响室法）≥
平均值	最大值	平均值	最大值	平均值	最小值	
16.0	18.0	3.0	4.0	157	127	0.3

板材的穿孔率、孔洞形式和吸声材料种类由生产厂自定。

板材尺寸偏差、不平整度、直角偏离度等也应符合现行标准《嵌装式装饰石膏板》的规定。

嵌装式装饰石膏板的应用与装饰石膏板的性能及应用相同，此外它也具有各种色彩、浮雕图案、不同孔洞形式（圆、椭圆、三角形等）及其不同的排列方式。它与装饰石膏板的区别在于，嵌装式装饰石膏板在安装时只需嵌固在龙骨上，不再需要另行固定；此外，板材的企口相互咬合，故龙骨不外露。整个施工全部为装配化，并且任意部位的板材均可随意拆卸或更换，极大地方便了施工。

嵌装式装饰吸声石膏板主要用于吸声要求高的建筑物的装饰，如影剧院、音乐厅、播音室等。使用嵌装式装饰石膏板时，应注意选用与之配套的龙骨。

第三节　水　玻　璃

水玻璃（俗称泡花碱）由碱金属氧化物和二氧化硅组成，能溶于水，属可溶性的硅酸盐类。其化学式为 $Na_2O \cdot nSiO_2$（n 为二氧化硅与碱金属氧化物的比值，称为水玻璃的模数）。模数大，则水玻璃的黏度大，但较难溶于水，较易分解、硬化。常用水玻璃模数为 2.0～3.5。

按水玻璃的状态分为固体水玻璃和液体水玻璃（图 16-4）。

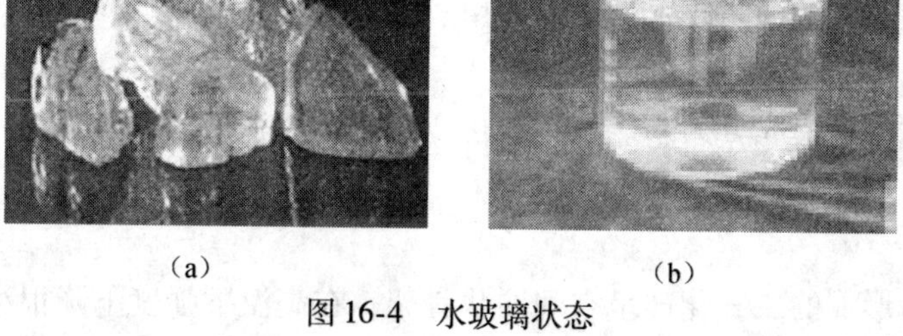

（a）　　（b）

图 16-4　水玻璃状态

（a）固体水玻璃；（b）液体水玻璃

按水玻璃的组成分为硅酸钾水玻璃（$K_2O \cdot nSiO_2$）和硅酸锂水玻璃（$Ii_2O \cdot nSiO_2$），这两种价格较高，但性能较好，土木工程中最常用的是硅酸钠水玻璃。

按水玻璃模数分为碱性水玻璃（$n<3$）和中性水玻璃（$n \geqslant 3$），但两者的溶液都呈现明显的碱性反应。

一、水玻璃的原料及生产

水玻璃通常采用石英粉和纯碱，按比例配合，在高温条件下煅烧生成硅酸钠，冷却后即为固态水玻璃。

$$Na_2CO_3 + nSiO_2 \xrightarrow{1300 \sim 1400℃} Na_2O \cdot nSiO_2 + CO_2$$

将固体水玻璃溶解于水，即得液体水玻璃。液体水玻璃因所含杂质不同，呈现青灰色、黄绿色，以无色透明液体为佳。

水玻璃在水溶液中的含量（或称浓度）常用密度或者波美度表示。相同模数的液体水玻璃，水玻璃含量越高，相应的黏度也越大，粘结力越大；不同模数的液体水玻璃，模数大，其胶体组分相对增多，粘结力随之增大。

二、水玻璃的凝结硬化

液体水玻璃在空气中的凝结硬化与石灰较相似，首先通过吸收空气中的二氧化碳（CO_2），形成无定形硅酸，随着水分的蒸发，硅胶脱水成固体而逐渐干燥硬化，反应如下：

$$Na_2O \cdot nSiO_2 + CO_2 + mH_2O \longrightarrow Na_2CO_3 + nSiO_2 \cdot mH_2O$$

$$SiO_2 \cdot mH_2O \longrightarrow SiO_2 + mH_2O$$

这个过程进行很慢，工程中常加入促硬剂氟硅酸钠 Na_2SiF_6，以促使硅酸凝胶加速析出，反应过程如下：

$$2(Na_2O \cdot nSiO_2) + mH_2O + Na_2SiF_6 \longrightarrow (2n+1)SiO_2 \cdot mH_2O + 6NaF$$

氟硅酸钠的适宜掺量为水玻璃质量的 12% ~15%，若掺量太少，则硬化慢，强度低，且未经反应的水玻璃易溶于水，因而耐水性差；若掺量过多，使凝结过快影响施工，且渗透性大，也影响强度。

三、水玻璃的主要技术性质

1. 粘结力强和强度较高

水玻璃硬化后的主要成分为硅凝胶 SiO_2 固体，比表面积大，因而具有较高的粘结力。水玻璃硬化后具有较高的抗拉和抗压强度，如水玻璃胶泥的抗拉强度大于 2.5MPa；配制的水玻璃砂浆和水玻璃混凝土抗压强度不小于 15MPa 和 20MPa。另外，水玻璃硬化时析出的硅酸凝胶有堵塞毛细孔隙而防止水渗透的作用。

2. 耐酸性好

水玻璃硬化后的主要成分为 SiO_2，因此可以抵抗除氢氟酸（HF）、热磷酸和高级脂肪酸以外的几乎所有无机和有机酸。

3. 耐热性好

水玻璃硬化后形成的二氧化硅呈空间网状骨架，在高温下强度下降很小，当采用耐热集料配制水玻璃砂浆和混凝土时，耐热度可达 1000℃。因此水玻璃混凝土的耐热度，也可以理解为主要取决于集料的耐热度。

4. 耐碱性和耐水性差

因 SiO_2 和 $Na_2O \cdot nSiO_2$ 均溶于碱，故水玻璃不能在碱性环境中使用。同样由于 $Na_2O \cdot nSiO_2$、NaF 均溶于水而不耐水，一般可采用中等浓度的酸对已硬化水玻璃进行酸洗处理，提高其耐水性。

四、水玻璃的应用

1. 涂刷材料表面，提高抗风化能力

水玻璃溶液涂刷或浸渍材料后，能渗入缝隙和孔隙中，固化的硅凝胶能堵塞毛细孔通道，提高材料的密度和强度，从而提高材料的抗风化能力。但水玻璃不得用来涂刷或浸渍石膏制品。因为水玻璃与石膏反应生成硫酸钠（Na_2SO_4），在制品孔隙内结晶膨胀，导致石膏制品开裂破坏。

2. 加固土壤

将水玻璃与氯化钙溶液交替注入土壤中，两种溶液迅速反应生成硅胶和硅酸钙凝胶，起到胶结和填充孔隙的作用，使土壤的强度和承载能力提高。常用于粉土、砂土和填土的地基加固，称为双液注浆。

3. 配制速凝防水剂

水玻璃可与多种矾配制成速凝防水剂，用于堵漏、填缝等局部抢修。这种多矾防水剂的凝结速度很快，一般为几分钟，其中四矾防水剂不超过 1min，故工地上使用时必须做到即配即用。

多矾防水剂常用胆矾（硫酸铜，$CuSO_4 \cdot 5H_2O$）、红矾（重铬酸钾，$K_2Cr_2O_7$）、明矾（也称白矾，硫酸铝钾）、紫矾四种矾。

4. 配制耐酸砂浆和耐酸混凝土

耐酸胶凝是用水玻璃和耐酸粉料（常用石英粉）配制而成，与耐酸砂浆和混凝土一样，主要用于有耐酸要求的工程，如硫酸池等。

5. 配制耐热胶凝、耐热砂浆和耐热混凝土

水玻璃胶凝主要用于耐火材料的砌筑和修补。水玻璃耐热砂浆和混凝土主要用于高炉基础和其他有耐热要求的结构部位。

思考题及习题

1. 何谓气硬性胶凝材料？如何正确使用这类胶凝材料？
2. 建筑石膏的凝结硬化过程有什么特点？怎样理解？
3. 建筑石膏划分为几个等级？是按哪些技术要求划分的？
4. 建筑石膏有哪些技术性质？从凝结硬化过程简述其多孔性、耐水性。
5. 石膏板的种类、特性及用途都有哪些？
6. 石灰石、生石灰、熟石灰，硬化后石灰的化学成分各是什么？
7. 石灰的煅烧温度对其质量有何影响？若有两种石灰试样，分别含等量的过火石灰、欠火石灰，试说明在熟化时两者在放热量及放热速度上有何不同？
8. 生石灰和熟石灰粉等级划分的依据各是什么？

9. 生石灰熟化时，在储灰坑中进行“陈伏”的目的是什么？磨细生石灰能否不经“陈伏”而直接应用？

10. 石灰浆体在空气中的硬化过程是怎样的？为使硬化加快，使硬化环境中的湿度增大，有利于 CO_2 与 H_2O 形成碳酸，从而促进碳化过程，这种说法是否正确？

11. 石灰与石膏相比，技术性质有何异同？石灰在土木工程中都有哪些用途？

12. 生石灰储存过久，从成分到性能上会发生什么变化？

13. 用于内墙抹灰时，建筑石膏与石灰比较，哪个比较好？为什么？

14. 水玻璃的化学组成是什么？何谓水玻璃的模数？水玻璃的模数和密度对水玻璃的粘结力有何影响？

15. 硬化后水玻璃具有哪些特性？在工程中有何用途？

第十七章 建筑砂浆

学习提要： 本章重点介绍砌筑砂浆的组成材料、技术性质和配合比设计。对抹面砂浆及装饰砂浆作了补充介绍，针对砂浆作业方式的改革，进行了干粉砂浆、商品砂浆相关内容的介绍。

建筑砂浆也称细集料混凝土，是由胶凝材料、细集料、掺合料、纤维、外加剂和水按一定比例配合，经搅拌硬化而成。某种程度上，也称为无粗集料混凝土。

按胶凝材料可以将建筑砂浆分为：水泥砂浆、水泥石灰混合砂浆、石灰砂浆、水玻璃砂浆和聚合物砂浆等。

按用途可以分为砌筑砂浆、抹面砂浆、装饰砂浆、保温砂浆、防水砂浆、耐酸砂浆、抗裂砂浆等。

按生产方式分为现场搅拌砂浆和预拌砂浆。

随着砂浆用途与生产技术的不断发展，砂浆的功能日益扩大，传统砂浆的质量不稳定、开裂等问题也得到了很大程度的解决，陆续出现了性能优良且节能环保的新型砂浆。

第一节 砌筑砂浆

砌筑砂浆主要用于砌筑块体材料（如砖、石、砌块等），与其构成砖石砌体结构或墙体，承担传递荷载或保温隔热作用。砌筑砂浆在砌筑工程中用量很大，其质量好坏直接影响砌体结构的安全与耐久性。

一、砌筑砂浆的组成材料及要求

1. 水泥

水泥是砌筑砂浆中的主要胶凝材料，选用水泥应满足两点要求：

（1）水泥品种的选择

应优先选用通用水泥中的品种之一，同时尽量不要混用不同品种的水泥，因为每一个品种水泥有其自身的特性，避免造成水泥性能的降低。

（2）水泥强度等级的选择

砌筑砂浆用水泥的强度等级应根据设计要求进行选择。一般情况下，水泥砂浆采用的水泥强度等级不宜大于32.5级；水泥混合砂浆采用的水泥强度等级不宜大于42.5级。

为了保证砂浆必要的和易性，《砌筑砂浆配合比设计规程》（JGJ 98—2000）中规定，水泥砂浆中水泥用量不应小于200kg/m^3，水泥混合砂浆中水泥和掺加料总量宜为300～350kg/m^3。

2. 石灰

为了改善砂浆的某些性能，常常在水泥砂浆中掺入适量的石灰，配制成水泥石灰混合砂浆。石灰的掺入通常是以石灰膏的形式掺入，即将生石灰块经熟化后陈伏14d，沉淀下的膏状体，主要是含过量水的$Ca(OH)_2$。消石灰粉不得直接掺用。

3. 砂

砌筑砂浆的用砂应符合混凝土用砂的质量标准（见混凝土组成材料一节）。需要强调的是，砌筑用砂，对砂的最大粒径有一定限制，同时对砂的含泥量有严格规定。

4. 塑化材料

粉煤灰是砂浆中较为理想的塑化材料，掺入砂浆中后可通过三种效应提高或改善砂浆的保水性、塑性，同时又可节约水泥，降低工程成本。

微沫剂是砂浆中另一类塑化材料，是以普通型减水剂中木质素磺酸钙为主，可以达到增塑目的。

甲基纤维素作为增塑材料，主要作用是减少砂浆泌水，防止砂浆离析，便于施工操作。

二、砌筑砂浆的主要技术性质

1. 新拌砂浆的和易性

为了保证砂浆硬化后的性能，新拌砂浆必须具备良好的和易性。和易性良好的砂浆易于在块体材料上铺展均匀、厚度一致、灰层饱满，达到牢固粘结上下块材的目的。砂浆和易性包括流动性和保水性两个方面。

（1）流动性（稠度）

流动性是指砂浆在自重或外力作用下是否易于流动的性能。其大小用沉入度（或稠度值，mm）表示。即砂浆稠度测定仪的圆锥体沉入砂浆深度的毫米数。

砂浆稠度的选择与砌体种类有关。可参考表17-1选用。

表17-1　砌筑砂浆的稠度（JGJ 98—2000）

砌体种类	砂浆稠度（mm）
烧结普通砖砌体	70～90
轻集料混凝土小型空心砌块砌体	60～90
烧结多孔砖、空心砖砌体	60～80
烧结普通砖平拱式过梁 空斗墙、筒拱 普通混凝土小型空心砌块砌体 加气混凝土砌块砌体	50～70
石砌体	30～50

砂浆流动性与胶凝材料品种用量、用水量、砂子粗细及级配等有关。常通过改变胶凝材料的数量与品种来控制砂浆的流动性。

（2）保水性

保水性是指新拌砂浆保持水分的能力。保水性好的砂浆不易分层、泌水。保水性差的砂浆会影响胶凝材料的正常硬化，从而降低砌体质量。尤其是砂浆在存放、运输和使用中，提出保水性要求，可以避免水分流失，影响施工作业面块体材料的粘结强度。

砂浆保水性常用分层度（mm）表示。将搅拌均匀的砂浆，先测其沉入量，然后装入分层度测定仪，静置30min后，取底部1/3砂浆再测沉入度，先后两次沉入度的差值称为分层度。分层度大，表明砂浆易产生分层离析，保水性差。砂浆分层度不宜大于20mm，通常以10~30mm为宜。若分层度过小，则砂浆干缩较大，影响粘结力。

为改善砂浆保水性，常掺入石灰膏、粉煤灰或微沫剂、塑化剂等。

预拌砂浆的保水性测定可参照最新规范《预拌砂浆》（JG/T 230—2007）进行。

2. 硬化砂浆的技术性质

（1）抗压强度与强度等级

按《建筑砂浆基本性能试验方法标准》（JGJ/T 70—2009），以边长为70.7mm的3个立方体试块，按规定方法成型并养护至28d后测定的极限抗压强度（MPa），取其代表值作为砂浆抗压强度。该值是划分砂浆强度等级的主要依据。砂浆强度等级有M20.0、M15.0、M10.0、M7.5、M5.0、M2.5六个级别。常用M2.5~M10.0四个级别。

影响砂浆抗压强度的主要因素：

基层为不吸水材料（如致密的石材）时，影响强度的因素主要是水泥强度和水灰比，强度公式如下：

$$f_{m,0} = 0.29 f_{ce}\left(\frac{C}{W} - 0.4\right) \tag{17-1}$$

式中 $f_{m,0}$——砂浆28d抗压强度（MPa）；

f_{ce}——水泥实测强度（MPa）。

基层为吸水材料（如砖）时，因砂浆有一定的保水性，经基层吸水后，保留在砂浆中的水分几乎相同，因此影响砂浆强度的因素主要是水泥强度与水泥用量，与水灰比无关。强度公式如下：

$$f_{m,0} = \frac{\alpha \cdot f_{ce} \cdot Q_c}{1000} + \beta \tag{17-2}$$

式中 Q_c——每立方米砂浆的水泥用量（kg）；

α，β——砂浆的特征系数。α、β可用本地区试验资料确定，统计用的试验组数不得少于30组。

（2）粘结力

由于砖石等砌体是靠砂浆粘结成坚固整体的，因此要求砂浆与基层之间有一定的粘结力。一般，砂浆的抗压强度越高，则其与基层之间的粘结力越强。此外，粘结力也与基层材料的表面状态、清洁程度、润湿状况及施工养护条件等有关。

（3）变形性

砂浆作为砌体的组成部分，相对块体材料而言，弹性模量较低，因此在承受荷载时，变形相对较大，易引起砌体发生沉降开裂；另外，砂浆常暴露于大气，受温度作用也容易变形，应尽量控制变形最小。

三、砌筑砂浆的配合比设计

根据《砌筑砂浆配合比设计规程》（JGJ 98—2000）的规定，砌筑砂浆配合比可为体积比，也可为质量比。其配合比可查阅有关手册或资料选定，也可由计算得到初步配合比，再经试配进行调整。

计算砌筑砖或其他多孔材料砂浆的初步配合比步骤如下：

1. 确定砂浆的试配强度（$f_{m,0}$）

$$f_{m,0}=f_2+0.645\sigma \tag{17-3}$$

式中 $f_{m,0}$——砂浆试配强度，精确至0.1MPa；

f_2——砂浆抗压强度平均值，精确至0.1MPa；

σ——砂浆现场强度标准差，精确0.01MPa。

当有统计资料时，砂浆现场强度标准差可按下式计算：

$$\sigma=\sqrt{\frac{\sum_{i=1}^{n}f_{m,i}^{2}-n\mu_{f_m}^{2}}{n-1}} \tag{17-4}$$

式中 $f_{m,i}$——统计周期内同一品种砂浆第 i 组试件的强度（MPa）；

μ_{f_m}——统计周期内同一品种砂浆 n 组试件的强度平均值（MPa）；

n——统计周期内同一品种砂浆试件强度的总组数，$n\geqslant 25$。

当不具有统计资料时，砂浆现场强度标准差可按表17-2取用。

表17-2 砂浆强度标准差选用表（JGJ 98—2000）

强度等级 / 施工水平	M2.5	M5.0	M7.5	M10.0	M15.0	M20.0
优良	0.50	1.00	1.50	2.00	3.00	4.00
一般	0.62	1.25	1.88	2.50	3.75	5.00
较差	0.75	1.50	2.25	3.00	4.50	6.00

2. 计算水泥用量（Q_c）

每立方米砂浆中的水泥用量应按下式计算：

$$Q_c=\frac{1000(f_{m,0}-\beta)}{\alpha f_{ce}} \tag{17-5}$$

式中 Q_c——每立方米砂浆的水泥用量，精确至1kg；

$f_{m,0}$——砂浆的试配强度，精确至0.1MPa；

f_{ce}——水泥的实测强度，精确至0.1MPa；

α，β——砂浆的特征系数，其中 $\alpha=3.03$，$\beta=-15.09$。

在无法取得水泥的实测强度值时，可按下式计算 f_{ce}：

$$f_{ce}=\gamma_c\cdot f_{ce,k} \tag{17-6}$$

式中 $f_{ce,k}$——水泥强度等级对应的强度值；

γ_c——水泥强度等级值的富余系数，该值应按实际统计资料确定。

无统计资料时，γ_c 可取1.0。

3. 确定混合材料用量（Q_D）

水泥混合砂浆中的掺合料应按下式确定：

$$Q_D=Q_A-Q_C \tag{17-7}$$

式中 Q_D——每立方米砂浆的掺加料用量，精确至1kg；石灰膏、黏土膏使用时的稠度为（120±5）mm；

Q_C——每立方米砂浆的水泥用量，精确至1kg；

Q_A——每立方米砂浆中水泥和掺加料的总量，精确至1kg；宜在300～350kg之间。

4. 确定砂用量 Q_s

每立方米砂浆中砂用量，应以干燥状态（砂中含水率小于0.5%）的堆积密度值作为计算值，当砂含水率为 W_s 时，按下式计算：

$$Q_s = \rho_{so}(1 + W_s) \tag{17-8}$$

式中 ρ_{so}——砂干燥状态的堆积密度（kg/m^3）。

5. 确定用水量

每立方米砂浆中用水量可根据砂浆稠度要求控制在240～310kg，并通过实验确定。

第二节 抹面砂浆

抹面砂浆是以薄层涂抹在建筑物或构筑物表面的砂浆。又称抹灰砂浆。按其功能分为一般抹面砂浆、装饰抹面砂浆、防水抹面砂浆及其他特种抹面砂浆。按所用材料又可分为水泥砂浆、混合砂浆、石灰砂浆和水泥细石砂浆等。它们的基本功能都是粘附于基体之上，起着粘结、抹平、装饰与保护作用。

为了保证抹灰层表面平整、避免开裂脱落，抹面砂浆常进行分层作业，即分为底层、中层和面层，各层所用砂浆的材料比例及技术要求也有所不同。

底层砂浆主要起着与基层粘结牢固的作用，要求砂浆具有良好的工作性和保水性。中层砂浆主要起着找平作用，要求具有良好的易抹性和合适的稠度。面层砂浆主要起着保护或装饰作用，要求具有良好的功能。

一、普通抹面砂浆

普通抹面砂浆的功能是抹平表面，光洁美观，覆盖并保护基体，免受风雨破坏与液、气相介质的腐蚀，延长使用寿命，在土木工程中用量很大。

1. 组成材料

（1）胶凝材料。通用水泥的六个品种均可使用。底层若用石灰砂浆，则石灰膏需陈伏两周以上，面层用石灰膏需陈伏一个月以上。

（2）砂。宜用中砂或中砂与粗砂混合使用。在缺乏中砂、粗砂的地区，可以使用细砂，但不能单独使用粉砂。一般底层、中层用砂的最大粒径为2.5mm，面层用砂的最大粒径为1.2mm。

（3）加筋材料。加筋材料包括麻刀（用麻刀机打成的絮状麻丝、碎丝纤维）、纸筋（稻草、麦秆的加工品）、玻璃纤维（玻璃的加工品）等。加入纤维材料是为了提高砂浆的抗拉强度，有效防止抹灰层开裂。

（4）胶料。为提高砂浆粘结力，增加面层的柔韧性，常常在砂浆中掺入聚合物。

2. 砂浆配比

对于抹面砂浆一般无具体强度要求。但对其流动性、保水性、粘结力要求很高。通常是选择经验配比，而不作计算。常用的抹面砂浆配合比可参考表17-3。

表 17-3 常用的抹面砂浆配合比

砂浆种类	材 料	体积比例	应用范围
白灰砂浆	石灰:砂	1:2～1:4	砖石墙面
水泥石灰混合砂浆	水泥:石灰膏:砂	1:1:5～1:2:9	檐口、勒脚、混凝土结构抹面
水泥砂浆	水泥:砂	1:2.5～1:3	潮湿部位、勒脚、地面基层
水泥砂浆	水泥:砂	1:1.5～1:2	地面、墙面外层、顶棚
水泥白石子浆	水泥:白石子	1:1～1:2	水磨石
水泥石子浆	水泥:石子	1:1.5	剁斧石
麻刀灰	石灰膏:麻刀	100:1.3	顶棚底层、墙面抹灰
纸筋灰	石灰膏:纸筋	100:3	顶棚罩面、墙面罩面

二、装饰砂浆

所谓装饰砂浆是指以提高建筑物表面装饰为目的的抹面砂浆。因而主要表现在面层选材的不同，为了更好地突出色彩、光泽、质感、线型和层次，装饰砂浆在组成材料上有一些要求。

1. 主要组成材料

（1）胶凝材料

常使用的水泥品种有：普通硅酸盐水泥、白色水泥、彩色水泥和铝酸盐水泥。

（2）集料

装饰砂浆是通过集料的外露、色彩、粒径来表现其装饰性，因此除普通砂外，还常用彩釉砂和着色砂、石渣等。

彩釉砂是由各种不同粒径的石英砂或白云石颗粒加颜料焙烧后再经化学处理制得的。其颜色有深黄、浅黄、象牙黄、玉绿、碧绿、赤红、天蓝等。

着色砂是在石英砂或白云石细粒表面进行人工着色而制得的。着色材料为矿物颜料，因此，人工着色的砂粒色彩鲜艳，耐久性好。

石渣也称为米石，是由天然大理石、花岗石等破碎加工而成的。按粒径将其分为：大二分（20mm）、分半（15mm）、大八厘（8mm）、中八厘（6mm）、小八厘（4mm）和米粒石（1.2mm）。对石渣粒径的选择，可根据要求而异。如表现粗犷、质感强烈的效果，选择粗石渣；趋于细腻，可选细石渣。

（3）合成树脂

合成树脂可作为一种有机胶凝材料（俗称“胶料”）在灰浆、砂浆、混凝土中使用。既可以单独使用，也可以与水泥等无机胶凝材料混合使用，达到互补、强化。装饰砂浆中常用的合成树脂主要品种有环氧树脂、不饱和聚酯树脂、聚醋酸乙烯等。

（4）颜料

装饰砂浆用于室外，易受到周围环境的影响，因此，在选择颜料时注意避免褪色、变色等问题，尽量选用耐久性好的颜料，以保证饰面质量。

2. 装饰砂浆种类

装饰砂浆按其制作方法的不同分为两大类：

(1) 灰浆类饰面

灰浆类饰面是通过着色的水泥砂浆表面形态的艺术加工，获得一定的线条、纹理等质感的砂浆。其主要特点是施工操作方便、造价较低廉，装饰效果好。

常用的灰浆类饰面有：

1）拉毛。拉毛是用铁抹子，将未硬化的水泥灰浆罩面轻压后顺势拉起，反复拍拉后形成一种凹凸面层，一般的拉毛长 4 ~ 20mm，质感丰富。拉毛抹灰多用于礼堂或家庭视听室的墙面、顶棚或外墙面上。

2）甩云朵片。用铁抹子或胶辊压平一部分凸起浆块，产生一个个不规则又很美观的小平台面，形成类似于树皮状的砂浆，又像云朵，立体感很强。云朵片上还可给平面部分或全部墙面滚、喷涂料，变换色彩。

3）拉条。拉条是在面层砂浆抹好后，用一凹凸状辊轴在砂浆表面滚压出线条，形成立体感强的条纹，条纹有半圆形、波纹形、梯形等多种图案，条纹粗细可分，间距可调。

4）喷涂。喷涂是利用喷斗器或一种挤压式砂浆泵，将水泥砂浆喷涂在表面上，为了提高砂浆的喷涂效果，常掺入一些聚合物增加和易性，易于喷涂施工。由于喷涂时在表面形成了颗粒或花点状的饰面层，提高了面层的装饰效果，最后在面层上喷一层甲基硅树脂疏水剂，提高面层的耐污染性。

(2) 石渣类饰面

石渣类饰面是在水泥砂浆中再掺入各种彩色石渣，通过水洗、斧剁、磨平等工序除去表面浆层，半露或露出石渣，获得一定颜色、质感的砂浆。其主要特点是色泽明亮、质感丰富，不易褪色、经久耐用。

1）水磨石

水磨石是按设计要求在彩色水泥或普通灰水泥中加入一定规格、比例、色调的彩色石渣，加水拌匀作为面层材料，铺敷在普通水泥砂浆或混凝土基层之上，经成型、养护、硬化后，再经洒水粗磨、细磨、抛光、切边（预制板）、打蜡而成的仿石饰面。

①水磨石饰面的特点。强度高、耐久，面光而平，石渣显现自然色之美，装修操作灵活，所以应用广泛。墙面、地面、柱面、台面、踢脚、踏步、隔断、水池等处均可使用。

②水磨石面层用料。水泥与石渣体积之比为 1:2 ~ 1:3，石渣粒径不大于面层厚度的 2/3，水灰比控制在 0.45 ~ 0.55。拌匀后按序摊铺、滚压、拍抹整平。地面等处一般按设计要求用分格条划分方块或拼组花形。分格嵌缝条可用黄铜、铝、不锈钢或玻璃条。预先用水泥准确固定分格条，其高与水磨石面层设计厚度一致，一般是 10 ~ 15mm。面层终凝后洒水养护 2 ~ 4 周。待强度达到设计要求的 70% 后，经试磨成功，可正式磨平、磨光。大面积的用磨石机，小面积的或局部转角、窄边的可手工磨光。全部磨光后，清洗，表面、上蜡或涂丙烯酸类树脂保护膜。

2）水刷石

将水泥石渣浆涂抹在基层上，待水泥浆初凝后，用水刷洗、冲淋以去掉凝结后的水泥浆，使石渣外露的一种石质装饰层。其石质感强，且显粗犷。为了减轻普通水泥的沉暗色调，可用彩色水泥底的水刷石，装饰效果更好。

3）干粘石

又称甩石子，是在水泥浆或掺入聚合物水泥砂浆粘结层上，将石渣或彩色石子等粘在其上、拍平、压实。石粒的 2/3 压入粘结层内，要求粘牢、不掉粒且不露浆。其施工操作比水磨石、水刷石等简单，与水刷石相比，一般可节省水泥30%～40%，节约石渣50%。

4）剁斧石

又称剁假石、斩假石。它与质感细腻的水磨石不同，是一种将凝固的水泥石渣面层剁琢变毛，呈现粗琢面具天然石材质感的一种饰面。最大特点是，它极像天然石材，可以以假乱真。剁斧石常用于勒脚、柱面、柱基、石阶、栏杆、花坛、矮墙等部位。

剁斧石用料为：32.5级以上的矿渣硅酸盐水泥或白水泥，纯洁粗砂或粒径小于2.5mm中砂，中八厘或小八厘石渣和石屑粉。欲获花岗石效果，须另加入适量3～5mm粒径的黑色或深色小粒矿石，以及无机矿物颜料和净水。

各种装饰砂浆的配料、分层做法、操作要点和装饰特点见表17-4。

表17-4　装饰砂浆的特性

名　称	分层做法	厚度（mm）	装饰效果
水磨石（现磨）	1. 做底层，用1:3水泥砂浆或细石混凝土； 2. 铺抹面层，用1:2水泥石渣。石渣用中、小八里	12 8	1. 可事先设计图案色彩，磨平抛光后具有艺术效果； 2. 装饰面层丰富多彩、形式多样； 3. 面光而平，呈现自然之美
剁斧石	1. 做底层，用1:3水泥砂浆； 2. 刮浆，底灰上刮抹素水泥浆一道； 3. 罩面层，用1:（1.25～2）水泥石渣（石渣内可有30%石屑粉，2%～3%黑色煤棱）	12 1～2 12	1. 饰面呈现天然石材质感； 2. 与天然石材十分相似
水刷石	1. 做底层，1:3水泥砂浆； 2. 刮浆，素水泥浆一道； 3. 面层浆料，水泥石:石渣为 1:1（大八里石渣） 1:1.25（中八里石渣） 1:5（小八里石渣）	12 1～2 8～15	1. 具有一定的质感； 2. 经久耐用； 3. 不需维护
干粘石	1. 做底层，1:3水泥砂浆； 2. 找平层，1:（2～2.5）； 3. 粘结层，水泥:石灰膏:砂:107胶=1:0.5:2:（0.05～0.15）； 4. 湿润石渣（小八里或中八里）	12 6 7～8	1. 具有一定的质感； 2. 表面洁净、艳丽； 3. 经久耐用
拉毛	1. 做底层，1:0.5:4水泥石灰砂浆； 2. 做拉毛灰：纸筋灰，混合砂浆，水泥砂浆。拉粗毛灰，掺5%纸筋石灰膏；拉中毛灰，掺10%～20%纸筋石灰膏；拉细毛灰，掺25%～30%纸筋石灰膏及细砂	12 4～5	1. 表面凸凹不平； 2. 具有一定的立体感
甩（喷）云片	1. 做底灰，1:3水泥砂浆； 2. 刷水泥色浆一道； 3. 1:1水泥细砂砂浆或水泥净浆用来甩云片	15 3～5	1. 美观但不规则； 2. 立体感强

第三节　其他品种的砂浆

一、防水砂浆

防水砂浆具有防水、抗渗的作用，砂浆防水层又叫刚性防水层。适用于不受振动和具有一定刚度的混凝土或砖石砌体工程。

防水砂浆可以用普通水泥砂浆制作，也可以在水泥砂浆中掺入防水剂提高砂浆的抗渗性。常用的防水剂有氯化物金属盐类防水剂、硅酸钠类防水剂（如二矾、三矾等多种）以及金属皂类防水剂等。

防水砂浆的配合比，一般为水泥: 砂 = 1: 2.0 ~ 1: 3.0，水灰比应为 0.50 ~ 0.55。宜用 32.5 等级以上的普通水泥与中砂。施工时一般分五层涂抹，每层约 5mm，一、三层可用水泥净浆。

二、功能砂浆

为了某些具有特殊要求的工程，在抹面砂浆基础上进行有目的的改进，使砂浆达到相应的目标，出现了诸如保温砂浆、吸声砂浆、耐酸、防辐射、膨胀、自流平等砂浆。上述砂浆可根据不同要求，选用相应的材料，并配以适合的工艺操作而成。见表 17-5。

表 17-5　各种功能砂浆的配制与用途

名　称	配　制	用　途
吸声砂浆	水泥、石膏、砂、锯末 1:1:3:5 或石灰、石膏砂浆中掺加玻璃棉、矿棉	室内墙壁及平顶吸声
绝热砂浆	水泥、石灰、石膏等胶凝材料与多孔集料（膨胀珍珠岩、膨胀蛭石等）按比例制成	屋面、墙壁及供热管道绝热层
耐酸砂浆	水玻璃与氟硅酸钠拌制，还可加入粉状细集料（石英岩，花岗岩、铸石等）	砌材、耐酸地面、耐酸容器内壁防护
防辐射砂浆	水泥浆中加入重晶石粉、重晶石砂，还可加入硼砂、硼酸	射线防护工程
膨胀砂浆	水泥中加入膨胀剂或使用膨胀水泥制成	修补及大板工程中填隙密封
自流平砂浆	掺加合适的化学外加剂，严格控制砂的级配、颗粒形态、含泥量，选用合适的水泥	现代化施工中地坪敷设

近年来，由专业生产厂生产、经干燥筛分处理的细集料与无机胶凝材料、矿物掺合料以及外加剂按一定比例混合成的一种粉状或颗粒状混合物，称为干粉砂浆。其最大特点是，直接加水搅拌即可使用，施工效率高、质量均匀、节能环保，是商品砂浆发展的一个方向。

思考题及习题

1. 对新拌砌筑砂浆的技术要求与混凝土拌合物的技术要求有何异同？
2. 砂浆的和易性包括哪些含义？各用什么方法检测？用什么指标表示？

3. 砌筑砂浆有两个强度公式，即

$$f_{m,0} = 0.29f_{ce}\left(\frac{C}{W} - 0.40\right)$$

$$f_{m,0} = \frac{\alpha f_{ce}Q_c}{1000} + \beta$$

这两个公式适用场合相同吗？它们各自受哪些因素的影响？试分析之。

4. 某工地要求配制 M20 砌砖用水泥石灰混合砂浆，采用含水率为 2% 中砂，堆积密度为 1500kg/m^3，42.5 级普通水泥，求该砂浆的质量配合比。

5. 普通抹面砂浆的主要性能要求是什么？不同部位应采用何种抹面砂浆？

6. 已知水泥石灰混合砂浆质量配合比为 1∶0.7∶6，若水泥、砂的堆积密度分别为 12kg/L，15kg/L，石灰膏的表观密度为 14kg/L，求其体积配合比。

7. 简述水磨石、水刷石及干粘石的组成特点及应用。

8. 何谓功能砂浆？主要有几种功能砂浆？

9. 何谓防水砂浆？如何配制防水砂浆？

第十八章　块材及板材

学习提要： 本章主要介绍用于砌筑材料中的块材，包括砖、石以及砌块等，在对块材制作、工艺过程了解的基础上，重点掌握各种块材的技术性质及工程应用。对目前墙体材料中应用的轻质板材作了一般性介绍。

砌体结构是由块体材料通过粘结材料制成一定规格尺寸的建筑构件，它担负着围护、保温、传力、隔断等多项功能。由于砌体属于两种材料的组合，因此这些功能的实现，除了与粘结材料（胶凝材料、砌筑砂浆）有关外，还取决于块体材料（砖、石、砌块）性质。

第一节　砌墙砖

砖砌体结构是我国建筑上历史悠久、使用量最大的一种结构形式。砖作为主要用材，在历史上素有“秦砖汉瓦”之称谓。随着社会的发展，历史上的“秦砖”在原材料、成型工艺以及尺寸规格方面都发生了一些变化，相继出现了能够替代传统的砌筑墙体的新型砌墙砖，但是，传统砌墙砖仍然是块材发展的基础。

砌墙砖按原料分为黏土砖（N）、页岩砖（Y）、煤矸石砖（M）和粉煤灰砖（F）；按工艺分为烧结砖和非烧结砖；按外形分为实心砖和多孔砖、空心砖；按用途分为承重砖和非承重砖等。

一、烧结普通砖

烧结普通砖是孔洞或孔洞率小于15%的实心砖。包括烧结黏土砖、烧结页岩砖、烧结煤矸石砖及烧结粉煤灰砖，依次用N、Y，M及F符号表示。

1. 烧结普通砖的技术要求

《烧结普通砖》（GB 5101—2003）规定的要求，有尺寸偏差、外观质量、强度和抗风化性能、泛霜、石灰爆裂以及放射性物质等。

（1）尺寸偏差与外观质量

砖的标准尺寸为240mm×115mm×53mm；若加上砌筑灰缝厚约10mm，则4块砖长、8块砖宽或16块砖厚均约1m，因此，每立方米砖砌体需砖512（块）。砖的外观尺寸允许有一定偏差，但偏差有相应的范围要求。

砖的外观质量包括两条面高度差、弯曲程度、缺棱掉角、裂缝等。产品中不允许有欠火砖、酥砖及螺纹砖。

（2）强度等级

根据10块砖的抗压强度平均值及强度标准值，分为MU30、MU25、MU20、MU15、MU10五个强度等级，见表18-1。

表 18-1 烧结普通砖强度等级（GB 5101—2003）

强度等级	抗压强度平均值$\bar{f}$≥	变异系数δ≤0.21	变异系数δ>0.21
		强度标准值f_k≥	单块最小抗压强度值f_{min}≥
MU30	30.0	22.0	25.0
MU25	25.0	18.0	22.0
MU20	20.0	14.0	16.0
MU15	15.0	10.0	12.0
MU10	10.0	6.5	7.5

强度标准值可按下式计算，即

$$f_k = \bar{f} - 1.8 \times S \quad (18\text{-}1)$$

式中 f_k——抗压强度标准值（MPa）；

$\bar{f}$——10 块砖样的抗压强度算术平均值（MPa）；

S——10 块砖样的抗压强度标准差（MPa）。

（3）耐久性

烧结砖的耐久性必须符合要求。耐久性指标主要指砖的抗风化性能、泛霜程度和石灰爆裂情况。

1）抗风化性能

抗风化性能是材料耐久性的重要内容之一，是指在干湿变化、温度变化、冻融变化等物理因素作用下，材料不变质、不破坏而保持原有性质的能力。显然，地域不同，风化程度不同，我国按风化指数将各省市划分为严重风化区和非严重风化区。所谓风化指数是指日气温从正温降至负温或从负温升至正温的每年平均天数与每年从霜冻之日起至消失霜冻之日止这一期间降雨总量（以毫米计）的平均值的乘积，风化指数大于 12700 为严重风化区，小于者为非严重风化区。砖的抗风化性能用抗冻融试验或吸水率试验来衡量。国家标准《烧结普通砖》（GB 5101—2003）规定，黑龙江、吉林、辽宁、内蒙古、新疆五省、自治区必须进行冻融试验；其他地区，砖的吸水率满足表 18-2 的，可不做冻融试验。

表 18-2 抗风化性能（GB 5101—2003）

项目 / 砖种类	严重风化区				非严重风化区			
	5h 沸煮吸水率（%）≤		饱和系数≤		5h 沸煮吸水率（%）≤		饱和系数≤	
	平均值	单块最大值	平均值	单块最大值	平均值	单块最大值	平均值	单块最大值
黏土砖	18	20	0.85	0.87	19	20	0.88	0.90
粉煤灰砖	21	23			23	25		
页岩砖	16	18	0.74	0.77	18	20	0.78	0.80
煤矸石砖	16	18			18	20		

注：粉煤灰掺入量（体积比）小于 30% 时，抗风化性能指标按黏土砖规定判定。

2）泛霜、石灰爆裂

所谓泛霜是指在新砌筑的砖墙表面有时出现的一层白色粉状物，其原因是若黏土中含有较多可溶性盐类，在砌筑施工中，这些盐类溶解进入砖内水中，当水分蒸发时被带到砖的表面结晶而呈白色，有损于建筑物外观。当砖内夹有生石灰时，还会因使用过程中吸水而转化为氢氧化钙，导致体积膨胀，严重时甚至使砖砌体强度降低直至破坏，这种现象称为石灰爆裂。泛霜和石灰爆裂的检验结果应符合各等级产品的要求。

（4）放射性物质

砖的放射性物质应符合《建筑材料放射性核素限量》（GB 6566）的要求。

2. 烧结普通砖的应用

建筑工程中，烧结普通砖主要用作墙体材料，也可砌筑柱、拱、烟囱、基础，还可以与轻混凝土等隔热材料复合使用，中间填以轻质材料形成复合墙体。在砌体中配置适当钢筋或钢丝网可以替代钢筋混凝土柱过梁。

工程中不得使用欠火砖、酥砖和螺旋纹砖，这些类型的砖由于强度低，软化系数小，抗冻性差，危害性大，一定要严格加以控制，既不能混入合格品中，更不能用于砌筑工程。

为了克服烧结普通砖的缺点，发挥其优势，另一个途径是大力发展生产具有一定孔洞率的烧结多孔砖、烧结空心砖。

二、烧结多孔砖和烧结空心砖

烧结多孔砖与烧结空心砖是烧结空心制品的主要品种，又是烧结普通砖的换代产品，属于新型墙体材料。这两种空心制品块体较大，密度比普通砖减小 15% ~40%，绝热性能提高；节土 15% ~35%，节煤 10% ~20%；施工效率提高 20% ~50%，节约砂浆 15% ~60%；可使建筑物减轻自重，改善墙体保温性能，提高使用面积系数。

1. 烧结多孔砖

烧结多孔砖是以黏土、页岩、煤矸石、粉煤灰为主要原料，经焙烧而成的孔洞率不小于 25% 且孔洞数多的矩形六面体块材。烧结多孔砖主要用于承重部位的砌体（图 18-1）。

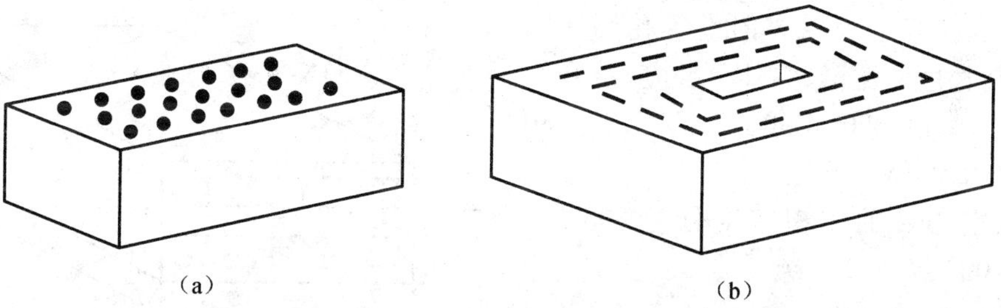

图 18-1　烧结多孔砖

（a）KP 型；（b）DM 型

优等品和一等品的多孔砖应设矩形孔或矩形条孔，且孔洞有序地交错排列，以提高绝热性能；合格品多孔砖可以设矩形孔或其他孔形，对孔洞排列无要求。

为增强清水墙面的装饰效果，可制成具有本色、一色或多色，或带砂面、光面、压花面、磨平面等装饰面的烧结多孔装饰砖。

（1）规格与孔洞

烧结多孔砖的外形尺寸，按《烧结多孔砖》（GB 13544—2000）规定可为长度（L）290mm、240mm、190mm，宽度（B）240mm、190mm、180mm、175mm、140mm、115mm，厚（H）90mm，不同组合而成。

为了方便施工，孔洞处不致漏浆太多，对单个孔洞尺寸规定：圆孔直径不大于 22mm；非圆孔内切圆直径不大于 15mm；手抓孔为（30 ~40）mm ×（75 ~85）mm。若设矩形条孔，还应满足孔长不大于50mm，且孔长不小于孔宽的3倍。

（2）外观要求

多孔砖按尺寸偏差和外观质量，分为优等品（A）、一等品（B）和合格品（C）三个质量等级。尺寸允许偏差和外观要求应符合有关标准要求。

（3）强度等级

烧结多孔砖分为MU10、MU15、MU20、MU25、MU30五个强度等级（同GB 5101—2003指标要求，见表18-3）。多孔砖试件试压后，计算和评定过程与烧结普通砖的过程是一致的，即计算单块强度f_i，10块砖平均强度$\bar{f}$，10块砖抗压强度标准差S及变异系数δ。若δ不大于0.21时，用强度平均值和强度标准值评定强度等级（$f_k = f - 1.8S$）；若δ大于0.21时，用强度平均值和单块最小抗压强度值，评定强度等级。

表18-3　烧结多孔砖强度等级（GB 13544—2000）　（MPa）

强度等级	抗压强度平均值$\bar{f}\geqslant$	变异系数$\delta\leqslant 0.21$	变异系数$\delta>0.21$
		强度标准值$f_k\geqslant$	单块最小抗压强度$f_{min}\geqslant$
MU30	30.0	22.0	25.0
MU25	25.0	18.0	22.0
MU20	20.0	14.0	16.0
MU15	15.0	10.0	12.0
MU10	10.0	6.5	7.5

2. 烧结空心砖

烧结空心砖是以黏土、页岩、煤矸石为主要原料，经焙烧而成的主要用于非承重部位的块体材料。在它的长度方向设置孔洞（图18-2）。其长度、宽度、高度尺寸应符合下列要求（mm）：390，290，240，190，180（175），140，115，90。

烧结空心砖的体积密度分为800级、900级、1000级、1100级。

《烧结空心砖和空心砌块》（GB 13545—2003）对空心砖的尺寸偏差、外观质量、强度等级、吸水率、抗风化性和物理性能指标等作出了规定，见表18-4、表18-5、表18-6、表18-7、表18-8、表18-9。

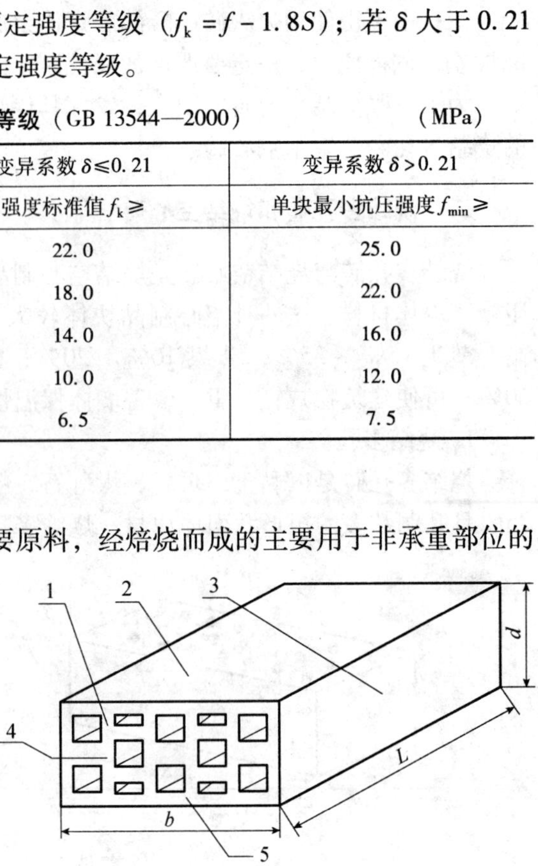

图18-2　烧结空心砖

1—顶面；2—大面；3—条面；4—肋；5—壁

表18-4　尺寸允许偏差（GB 13545—2003）　（mm）

尺寸	优等品		一等品		合格品	
	样本平均偏差	样本极差≤	样本平均偏差	样本极差≤	样本平均偏差	样本极差≤
>300	±2.5	6.0	±3.0	7.0	±3.5	8.0
>200~300	±2.0	5.0	±2.5	6.0	±3.0	7.0
100~200	±1.5	4.0	±2.0	5.0	±2.5	6.0
<100	±1.5	3.0	±1.7	4.0	±2.0	5.0

表 18-5　外观质量要求（GB 13545—2003）　　（mm）

项　目		优等品	一等品	合格品
1. 弯曲	≤	3	4	5
2. 缺棱掉角的三个破坏尺寸不得	同时＞	15	30	40
3. 垂直度差	≤	3	4	5
4. 未贯穿裂纹长度	≤			
①大面上宽度方向及其延伸到条面的长度		不允许	100	120
②大面上长度方向或条面上水平面方向的长度		不允许	120	140
5. 贯穿裂纹长度				
①大面上宽度方向及其延伸到条面的长度		不允许	40	60
②壁、肋沿长度方向、宽度方向及其水平方向的长度		不允许	40	60
6. 肋、壁内残缺长度	≤	不允许	40	60
7. 完整面	不少于	一条面和一大面	一条面或一大面	

注：凡有下列缺陷之一者，不能称为完整面：

1. 缺损在大面、条面上造成的破坏面尺寸同时大于 20mm × 30mm。
2. 大面、条面上裂纹宽度大于 1mm，其长度超过 70mm。
3. 压陷、粘底、焦花在大面、条面上的凹陷或凸出超过 2mm，区域尺寸同时大于 20mm × 30mm。

表 18-6　空心砖强度等级（GB 13545—2003）

强度等级	抗压强度（MPa）			密度等级范围（kg/m^3）
	抗压强度平均值 $\bar{f} \geqslant$	变异系数 $\delta \leqslant 0.21$	变异系数 $\delta > 0.21$	
		强度标准差 $f_k \geqslant$	单块最小抗压强度值 $f_{min} \geqslant$	
MU10.0	10.0	7.0	8.0	≤1100
MU7.5	7.5	5.0	5.8	
MU5.0	5.0	3.5	4.0	
MU3.5	3.5	2.5	2.8	
MU2.5	2.5	1.6	1.8	≤800

表 18-7　物理性能要求（GB 13545—2003）

项目	性能要求
泛霜	1. 优等品：无泛霜 2. 一等品：不允许出现中等泛霜 3. 合格品：不允许出现严重泛霜
石灰爆破	1. 优等品：不允许出现最大破坏尺寸大于 2mm 的爆破区域 2. 一等品： ①最大破坏尺寸大于 2mm 且小于等于 10mm 的爆裂区域，每组砖不得多于 15 处； ②不允许出现最大破坏尺寸大于 10mm 的爆破区域 合格品： ①最大破坏尺寸大于 2mm 且小于等于 15mm 的爆破区域，每组砖不得多于 15 处。其中大于 10mm 的不得多于 7 处； ②不允许出现最大破坏尺寸大于 15mm 的爆破区域
冻融	冻融试验后，每块砖不允许出现分层、掉皮、缺棱角等冻坏现象；冻后裂纹长度不大于外观质量表中 4 项和 5 项合格品的规定

表 18-8　空心砖吸水率（GB 13545—2003）　　（%）

等　级	吸水率≤	
	黏土砖、页岩砖、煤矸石砖	粉煤灰砖
优等品	16.0	20.0
一等品	18.0	22.0
合格品	20.0	24.0

注：粉煤灰掺入量（体积比）小于30%时，按黏土砖规定判断。

表 18-9　抗风化性能（GB 13545—2003）

分类	饱和系数≤			
	严重风化区		非严重风化区	
	平均值	单块最大值	平均值	单块最大值
黏土砖 粉煤灰砖	0.85	0.87	0.88	0.90
页岩砖 煤矸砖	0.74	0.77	0.78	0.80

三、非烧结砖

蒸养（压）砖是一种非黏土原料、非烧结工艺制得的砖。这类砖是以硅质材料（粉砂、粉煤灰）和钙质材料（石灰、石膏）为主要原料，经坯料制备压制成型、湿热养护等工艺制成的。硅质材料和钙质材料在一定的高温高压条件下，发生化学反应，生成水化硅酸钙产物，是强度的主要来源物质，故也称此砖为硅酸盐砖。

硅酸盐砖可以替代烧结砖，作为换代产品有一定的发展前景。

1. 蒸压灰砂砖（LSB）

以砂和石灰为主要原料（也可掺入颜料）经坯料制备压制成型和0.8MPa以上的蒸汽养护而成的砖叫灰砂砖。一般是用88%～90%的细粉砂和10%～12%的石灰，有时还加入少量石膏，再加入混合料总量3%～10%的拌合水，拌均匀后在15～20MPa压力下成型。

灰砂砖由抗压强度与抗折强度综合评定强度等级，见《蒸压灰砂砖》（GB 11945）的规定。

蒸压灰砂砖用于工业与民用建筑中，MU25、MU20、MU15的灰砂砖可用于基础及其他建筑；MU10的仅可用于防潮层以上的建筑。由于灰砂砖在长期高温作用下会发生破坏，故灰砂砖不得用于长期受200℃以上或受急冷急热和有酸性介质侵蚀的建筑部位，如不能砌筑炉衬或烟囱。灰砂砖表面光滑，与砂浆粘结力差，使用时应注意。

2. 粉煤灰砖（FB）

粉煤灰砖是以粉煤灰、石灰为主要原料，掺入适量石膏和炉渣，加水混合拌成坯料，经陈化、轮碾、加压成型，再经常压（0.1MPa 蒸汽）或高压（0.8MPa 蒸汽）蒸汽养护而成的一种块材。湿热养护条件不同，又分别称作蒸养粉煤灰砖、蒸压粉煤灰砖以及自养粉煤灰砖。粉煤灰砖的规格同烧结普通砖。

《粉煤灰砖》（JC 239—2001）规定了尺寸偏差和外观质量，并按抗压强度和抗折强度将产品强度分为 MU30、MU25、MU20、MU15、MU10 五个等级。并对粉煤灰砖的抗冻性提出了严格要求（表 18-10）。

表 18-10　粉煤灰砖抗冻性

强度等级	抗压强度（MPa） 平均值≥	砖的干质量损失（%） 单块值≤
MU30	24.0	2.0
MU25	20.0	
MU20	16.0	
MU15	12.0	
MU10	8.0	

砖的干燥收缩值，优等品和一等品不大于 0.65mm/m；合格品不大于 0.75mm/m。

粉煤灰砖多为灰色，它可用于工业与民用建筑的墙体和基础，但用于基础或易受冻融和干湿交替作用的建筑部位时，必须使用 MU15 及以上强度等级的砖。不得用于长期受热（200℃以上）、受急冷急热和有酸性介侵蚀的建筑部位。

为提高粉煤灰砖砌体的耐久性，有冻融作用的部位用砖，应选择抗冻性合格并用水泥砂浆在砌体上抹面或采取其他防护措施。

第二节　砌　　块

砌块泛指利用各种材料制成比砖尺寸大的一种制品。采用混凝土材料制作各种砌块，已成为我国迄今增长最快、产量最多、应用最广的新型墙体材料品种，其生产与应用技术也逐渐成熟。

砌块的分类，按用途分为：结构型砌块（承重砌块、非承重砌块），构造型砌块，装饰型砌块。按孔洞设置状况分为：空心砌块、实心砌块。按原材料分为：水泥混凝土砌块、轻集料混凝土砌块、加气混凝土砌块。按表观密度分为：普通混凝土砌块（表观密度 $>1700kg/m^3$）、轻混凝土砌块（表观密度 $<1700kg/m^3$）。按砌块规格分为：小型砌块（质量≤25kg，长≤3H，H 为 140 ~ 380mm）、中型砌块（H = 380 ~ 980mm）、大型砌块（H >980mm）。按孔型及规格分为：单排孔、双排孔、三排孔。

一、普通混凝土小型空心砌块（NHB）

普通混凝土小型空心砌块是由通用水泥、砂和最大粒径为 10mm 的石子或石屑配制的塑性混凝土，有以下技术性能：

1. 规格尺寸

砌块主规格为长（L）390mm，宽（B）190mm，高（H）190mm，如图 18-3 所示。

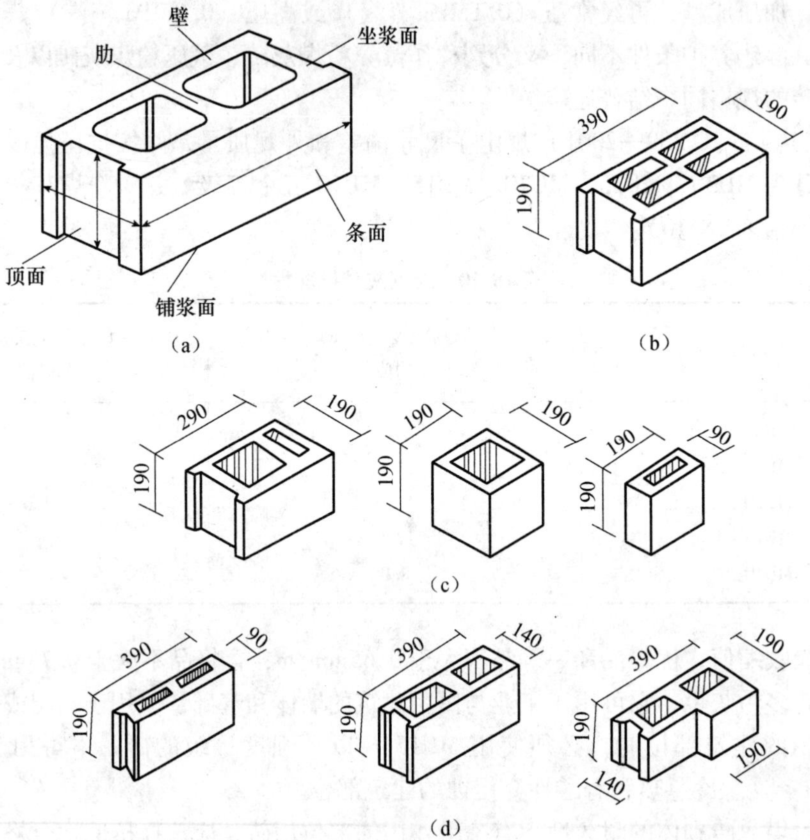

图 18-3 砌块示意图

(a) 主砌块各部位名称；(b) 多排孔砌块；(c) 承重墙辅助砌块；(d) 非承重墙辅助砌块

2. 表观密度

根据孔形及排孔数（单排、双排、三排、四排等）不同，普通混凝土小型空心砌块的表观密度大约在 1200 ~ 1450kg/m^3。

3. 强度等级

混凝土砌块的强度以试验的极限荷载除以砌块毛截面积计算。《普通混凝土小型空心砌块》（GB 8239—1997）按抗压强度分为 MU20、MU15、MU10、MU7. 5、MU5. 0、MU3. 5 六个等级，如表 18-11 所示。

表 18-11 普通混凝土小型空心砌块的强度等级

强度等级	砌块抗压强度（MPa）	
	平均值不小于	单块最小值不小于
MU3. 5	3. 5	2. 8
MU5. 0	5. 0	4. 0
MU7. 5	7. 5	6. 0
MU10. 0	10. 0	8. 0
MU15. 0	15. 0	12. 0
MU20. 0	20. 0	16. 0

4. 耐久性

砌块墙体的寿命取决于砌块材料的耐久性，《普通混凝土小型空心砌块》（GB 8239—1997）对其含水率、抗渗性、抗冻性规定了具体要求，如表 18-12～表 18-14 所示。

表 18-12　普通混凝土小型空心砌块的相对含水率

使用地区	潮湿	中等	干燥
相对含水率不大于（%）	45	40	35

注：潮湿系指年平均相对湿度大于 75% 的地区；中等系指年平均相对湿度 50%～75% 的地区；干燥系指年平均相对湿度小于 50% 的地区。

表 18-13　抗渗性

项目名称	指　标
水面下降高度	三块中任一块不大于 10mm

表 18-14　抗冻性

使用环境条件		抗冻等级	指　标
非采暖地区		不规定	—
采暖地区	一般环境	F15	强度损失≤25% 质量损失≤5%
	干湿交替环境	F25	

注：非采暖地区指最冷月份平均气温高于 -5℃的地区；采暖地区指最冷月份平均地区低于或等于 -5℃的地区。

5. 应用

目前工程中常用的强度等级为 MU3.5、MU5.0、MU7.5、MU10.0 的砌块；MU15.0、MU20.0 多用于中高层承重砌块墙体。

施工中尤其要注意的是，由于混凝土小砌块吸水率小（一般为 5%～8%）且吸水速度迟缓，故砌筑前不允许向上浇水，以免使用潮湿砌块会产生“走浆”现象，影响砌体砂浆饱满度和砌体抗剪强度。

所用砌筑砂浆稠度宜为 50～70mm，混凝土砌块的干缩值为 2～3mm/m。应注意在墙体的敏感区采取抗裂措施，如《混凝土小型空心砌块建筑技术规程》（JGJ/T 14—2004）中指出的：加强顶层屋面圈梁；提高顶层墙体砌筑砂浆的强度等级；在屋盖与顶层圈梁间设置滑动层或缓冲层；在顶层端开间门窗洞边设置钢筋混凝土芯柱，窗台下设置水平钢筋网片或钢筋混凝土窗台板带等。

另外，还应注意防止外墙面渗漏，粉刷中做好填缝，应压实、抹平。

二、轻集料混凝土小型空心砌块（LHB）

轻集料混凝土用的必须是轻粗集料，而细集料可以是轻质的（如陶砂），也可以是普通砂，因此用轻集料制作混凝土空心块材，空心率等于 25%，就是轻集料混凝土小型空心砌块。

我国已生产多种粗轻集料混凝土小型空心砌块，其粗轻集料有浮石、火山渣、煤矸石、煤渣、液态渣、钢渣、沸渣、陶粒、膨胀珍珠岩等。

轻集料混凝土小型空心砌块以其质轻、保温、抗震性能好而得到广泛应用，可根据用途，按照表观密度将其分为几个方面：如，主要用于保温用砌块，表观密度小于 800kg/m^3；结构兼保温砌块用的，表观密度为 800 ~ 1400kg/m^3；结构砌块用的，表观密度大于 1400kg/m^3。

1. 规格尺寸

《轻集料混凝土小型空心砌块》（GB 15229—2002）规定，砌块主规格为 390mm × 190mm × 190mm。

2. 密度等级与强度等级

轻集料混凝土小型空心砌块的孔洞分为单排孔、双排孔、三排孔和四排孔四类。砌块密度划分为 500kg/m^3、600kg/m^3、700kg/m^3、800kg/m^3、900kg/m^3、1100kg/m^3、1200kg/m^3 和 1400kg/m^3 8 个等级。由于不同的用途对砌块的表观密度要求不同，因此，密度等级与砌块强度等级间有相应规定，其要求见表 18-15。

表 18-15　轻集料混凝土小型空心砌块的强度等级

强度等级	砌块抗压强度（MPa）		密度等级范围
	平均值	最小值	
1.5	≥1.5	1.2	≤600
2.5	≥2.5	2.0	≤800
3.5	≥3.5	2.8	≤1200
5.0	≥5.0	4.0	
7.5	≥7.5	6.0	≤1400
10.0	≥10.0	8.0	

3. 干缩率和含水率

轻集料混凝土小型空心砌块的干缩率对裂缝的产生有一定影响。用于不同湿度地区的砌块，对其含水率有一定规定，见表 18-16。

表 18-16　轻集料混凝土小型空心砌块的干缩率和相对含水率

干缩率（%）	相对含水率（%）		
	潮湿	中等	干燥
<0.03	45	40	35
0.03 ~ 0.045	40	35	30
>0.045 ~ 0.065	35	30	25

注：1. 相对含水率即砌块出厂含水率与吸水率之比：

$$W = \frac{w_1}{w_2} \times 100$$

式中，W 为砌块的相对含水率（%）；w_1 为砌块出厂时的含水率（%）；w_2 为砌块的吸水率（%）。

2. 使用地区的湿度条件：潮湿系指年平均相对湿度大于 75% 的地区；中等系指年平均相对湿度 50% ~ 75% 的地区；干燥系指年平均相对湿度小于 50% 的地区。

4. 耐久性

《轻集料混凝土小型空心砌块》（GB 15229—2002）对抗冻性也有规定，如表 18-17 所示。

表 18-17 轻集料混凝土小型空心砌块的抗冻性

使用条件	抗冻等级	质量损失（%）	强度损失（%）
非采暖地区	F15	≤5	≤25
采暖地区： 相对湿度≤60% 相对湿度＞60%	 F25 F35		
水位变化、干湿循环或粉煤灰掺量≥取代水泥量50%时	≥F50		

注：1. 非采暖地区指最冷月份平均气温高于 -5℃的地区；采暖地区系指最冷月份平均气温低于或等于 -5℃的地区。
2. 抗冻性合格的砌块的外观质量也应符合外观质量表的规定。

5. 应用

MU1.5、MU2.5、MU3.5 和 MU5.0 四种级别的砌块主要用于砌筑非承墙和围护墙。墙厚可选 90mm、115mm、140mm、190mm 及 240mm 不同规格砌块厚度。MU7.5 与 MU10.0 的砌块主要用于砌筑多层建筑的承重墙体。轻集料混凝土小型空心砌块的历史不长，生产与应用中的一些问题，已经或正在解决之中。如在普通混凝土小型空心砌块中提到的，重视轻集料混凝土小型空心砌块的干缩量大（5~6mm/m）及材料的多孔性，采取在顶层墙体上增设钢筋混凝土带，窗间墙加灌插筋芯柱，严格控制外墙抹灰质量，以及施工前只允许洒水湿润，而不得浇水，砌筑砂浆稠度控制在 70~80mm 之间等措施。

三、蒸压加气混凝土砌块（ACB）

蒸压加气混凝土砌块是用钙质材料（如水泥、石灰）和硅质材料（如砂子、粉煤灰、矿渣）的配料中加入铝粉作加气剂，经加水搅拌、浇筑成型、发气膨胀、预养切割，再经高压蒸汽养护而成的多孔硅酸盐砌块。

加气砌块按成型方法，可分为蒸养加气混凝土砌块和蒸压加气混凝土砌块。我国的加气砌块大多是蒸压养护的。

按原材料种类分，有水泥、石灰、粉煤灰；水泥、矿渣、砂；石灰和粉煤灰等七种。我国目前采用较多的是：蒸压水泥 - 石灰 - 砂加气混凝土砌块，蒸压水泥 - 石灰 - 粉煤灰加气混凝土砌块，蒸压石灰 - 粉煤灰加气混凝土砌块等。这七种原料配方的加气砌块总称蒸压加气混凝土砌块。

1. 规格尺寸

《蒸压加气混凝土砌块》（GB 11968—2006）中规定，砌块的长度均为 600mm，宽度有 100mm、120mm、125mm、150mm、180mm、200mm、240mm、250mm、300mm，高度有 200mm、240mm、250mm、300mm，如表 18-18 所示。

表 18-18 砌块的规格尺寸（GB 11968—2006） （mm）

长度 L	宽度 B	高度 H
600	100 120 125 150 180 200 240 250 300	200 240 250 300

注：如需要其他规格，可由供需双方协商解决。

2. 干密度与强度等级

加气混凝土气泡含量直接影响砌块干密度，又影响抗压强度。因此《蒸压加气混凝土砌块》（GB/T 11968—2006）中，按砌块干密度分为：300kg/m^3、400kg/m^3、500kg/m^3、600kg/m^3、700kg/m^3、800kg/m^3，分别标记为B03，B04，…，B08六个级别。抗压强度分为：1.0MPa、2.0MPa、2.5MPa、3.5MPa、5.0MPa、7.5MPa、10.0MPa，分别标记为A1.0，A2.0，…，A10.0七个级别。不同密度级别的砌块，根据其强度级别的要求分为优等品和合格品，见表18-19。

表18-19 蒸压加气混凝土砌块干密度与强度等级（GB/T 11968—2006）

干密度级别		B03	B04	B05	B06	B07	B08
干密度	优等品（A）≤	300	400	500	600	700	800
	合格品（B）≤	325	425	525	625	725	825
强度级别	优等品（A）	A1.0	A2.0	A3.5	A5.0	A7.5	A10.0
	合格品（B）			A2.5	A3.5	A5.0	A7.5

3. 干缩值、抗冻性、导热系数

加气砌块生产时浆体水胶比大，以及蒸养工艺加速固化，致使出釜（高压釜）砌块含水率高，干缩值比较大，可达0.80mm/m。这样会导致施工时加气砌块墙体易开裂。为此，标准对此有一定限制。

加气砌块的多孔性，在严寒地区使用时应检验加气砌块抗冻性，即将试件在-20℃与20℃条件下冻融循环15次，质量损失≤5%，强度损失≤20%。

加气砌块的质轻性，使其具有良好的保温性，B03级，导热系数≤0.10W/(m·K)；B04级，导热系数≤0.12W/(m·K)；B05级，导热系数≤0.14W/(m·K)；B06级，导热系数≤0.16W/(m·K)。

《蒸压加气混凝土砌块》（GB 11968—2006）中规定的干缩、抗冻和导热系数值见表18-20。

表18-20 干燥收缩、抗冻性和导热系数（GB 11968—2006）

干密度级别				B03	B04	B05	B06	B07	B08
干燥收缩值	标准法（mm/m）		≤	0.50					
	快速法（mm/m）		≤	0.80					
抗冻性	质量损失（%）		≤	5.0					
	冻后强度（MPa）≥	优等品（A）		0.8	1.6	2.8	4.0	6.0	8.0
		合格品（B）				2.0	2.8	4.0	6.0
导热系数［干态，W/(m·K)］			≤	0.10	0.12	0.14	0.16	0.18	0.20

注：规定采用标准法、快速法测定砌块干燥收缩值，若测定结果发生矛盾不能判定时，则以标准法测定的结果为准。

4. 使用特性

鉴于加气砌块的上述技术性质，工程应用中可减轻结构自重，有利于提高建筑物抗震能力。砌块绝热性能优良，可减薄墙厚，增加使用面积系数。另外，加气砌块表面平整、尺寸精确，容易提高墙面平整度。特别是它像木材一般，可锯、刨、钻、钉，施工便捷。

四、装饰混凝土砌块

如今，建筑物或构筑物的自然、粗放、古朴风格的装饰面倍受人们青睐，而普通混凝土小型空心砌块表面无装饰效果。砌块墙体若再作外粉刷或外装修，则费工费料、增加工程造价。自带装饰面的混凝土砌块适合砌筑清水墙，省工、省时，装饰效果新颖。

20 世纪 80 年代，我国有关研究机构开发了带装饰面的砌块——装饰混凝土砌块，目前全国已有多条装饰砌块生产线。装饰砌块已用在房屋建筑、市政建设、园林建筑以及水利工程中。混凝土砌块装饰面的形成，基本上有两类加工方法：一类是由成型砌块的模箱塑形饰面——凹凸槽纹、塌陷纹、弧形纹、倒边角等；另一类是砌块成型、养护后只是“毛坯”，需再次加工，形成装饰面——劈离粗面、凿毛面、磨砂面、拉纹条面、露集料面、喷涂彩面、施釉面等。还有一种整体着色仿石面。采用不同手法，将使砌块面形成规整化一、毛糙粗犷、有斑有点、凸出块形、自然变换等多种装饰效果。

装饰混凝土砌块块体有实心的（Sq）、空心的（Kq），以及类似陶瓷墙砖的贴面砌块（Tq）。图 18-4 所示为空心装饰砌块。

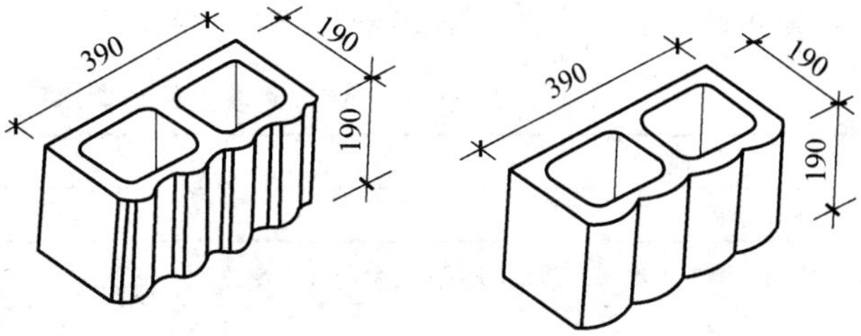

图 18-4　装饰混凝土砌块（Kq）示意

《装饰混凝土砌块》（JC/T 641—2008）中规定的基本尺寸、外观质量见表 18-21 ~ 表 18-22。

表 18-21　装饰砌块的基本尺寸　（mm）

长度 *L*	390，290，190	
宽度 *B*	砌体装饰砌块 Mq	290，240，190，140，90
	贴面装饰砌块 Fq	30 ~ 90
高度 *H*	190，90	

注：其他规格尺寸可由供需双方商定。

表 18-22　装饰砌块的外观质量（JC/T 641—2008）

项　目			指　标
弯曲（mm），≤			2
裂纹	装饰面		无
	其他面	裂纹延伸的投影长度累计不超过长度尺寸的百分数（%）	5.0
		条数（条），≤	1
缺棱掉角	装饰面	长度不超过边长的百分数（%）	1.5
		棱个数（个），≤	1
		相邻两边长度不超过边长百分数（%）	0.77
		角个数（个），≤	1
	其他面	长度不超过边长的百分数（%）	5.0
		棱角个数（个），≤	2

注：经两次饰面加工和有特殊装饰要求的装饰砌块，不受此规定限制。

装饰砌块的抗压强度等级要求见表 18-23。

表 18-23　装饰砌块的抗压强度等级（JC/T 641—2008）　（MPa）

强度等级	抗压强度	
	平均值不小于	单块最小值不小于
MU10	10.0	8.0
MU15	15.0	12.0
MU20	20.0	16.0
MU25	25.0	20.0
MU30	30.0	24.0
MU35	35.0	28.0
MU40	40.0	32.0

装饰砌块的相对含水率见表 18-24。

表 18-24　装饰砌块的相对含水率（JC/T 641—2008）　（%）

使用地区	潮湿	中等	干燥
相对含水率不大于	40	35	30

注：1. 相对含水率即装饰砌块含水率与吸水率之比：

$$W = \frac{w_1}{w_2} \times 100$$

式中，W 为装饰砌块的相对含水率（%）；w_1 为装饰砌块的含水率（%）；w_2 为装饰砌块的吸水率（%）。

2. 使用地区的湿度条件：潮湿指年平均相对湿度大于 75% 的地区。中等指年平均相对湿度 50% ~75% 的地区。干燥指年平均相对湿度小于 50% 的地区。

对抗渗性的要求见表 18-25。

表 18-25　装饰砌块的抗渗性要求（JC/T 641—2008）　（mm）

项　目	指　标	
	普通型（P）	防水型（F）
水面下降高度	—	≤10

对抗冻性要求见表 18-26。

表 18-26　装饰砌块的抗冻性要求（JC/T 641—2008）　（%）

使用条件	抗冻指标	质量损失率	强度损失率
夏热冬暖地区	F15	≤5	≤20
夏热冬冷地区	F35		
寒冷地区	F50		
严寒地区	F75		

五、泡沫混凝土砌块

泡沫混凝土砌块属于轻质混凝土制造的小砌块，它是用 32.5 级普通硅酸盐水泥、河砂、发泡剂和水等原材料，经机械搅拌方式将气泡引入砂浆中制成的。制造材料的配比为水泥: 河砂: 发泡剂: 水 = 1:1:0.015:0.8。泡沫混凝土砌块的性能与发泡剂的特性关系很大。目前常用的发泡剂主要是各种表面活性剂，如松香树脂、烷基磺酸盐饱和或不饱和脂肪酸钠、木质素磺酸盐、蛋白质水解物等。常常将发泡剂和稳定剂同时使用。常用的泡沫稳定剂是高分子物质，如蛋白质、皂角甙、淀粉、阿拉伯胶、琼胶及合成高分子物质等。例如，用松香皂作发泡剂时，常用骨胶、皮胶作稳定剂。商品发泡剂通常是几种物质的混合物。

制作泡沫混凝土砌块的基本工艺是：将水和发泡剂、稳泡剂共同搅拌5~8min，依次投入河砂、水泥中，再搅拌3~5min，注模成型，自然养护12~24h脱模，继续自然养护7d，30d后可出厂应用。

《泡沫混凝土砌块》（JC/T 1062—2007）规定的规格尺寸、密度等级、抗压强度、干缩收缩值和导热系数以及抗冻性分别见表18-27~表18-31。

表18-27 砌块的规格尺寸（JC/T 1062—2007） （mm）

长 度	宽 度	高 度
400，600	100，150，200，250	200，300

表18-28 立方体抗压强度（JC/T 1062—2007） （MPa）

强度等级	立方体抗压强度	
	平均值不小于	单组最小值不小于
A0.5	0.5	0.4
A1.0	1.0	0.8
A1.5	1.5	1.2
A2.5	2.5	2.0
A3.5	3.5	2.8
A5.0	5.0	4.0
A7.5	7.5	6.0

表18-29 密度等级（JC/T 1062—2007） （kg/m^3）

密度等级	B03	B04	B05	B06	B07	B08	B09	B10
干表观密度≤	330	430	530	630	730	830	930	1030

表18-30 干缩收缩值和导热系数（JC/T 1062—2007）

密度等级		B03	B04	B05	B06	B07	B08	B09	B10
干燥收缩值（快速法，mm/m）	≤	—				0.90			
导热系数［干态，W/(m·K)］	≤	0.08	0.10	0.12	0.14	0.18	0.21	0.24	0.27

表18-31 抗冻性（JC/T 1062—2007） （%）

使用条件	抗冻指标	质量损失率不大于	强度损失率不大于
夏热冬暖地区	F15	5	20
夏热冬冷地区	F25		
寒冷地区	F35		
严寒地区	F50		

泡沫混凝土砌块，特别是单排孔砌块，表观密度只有500～900kg/m^3，绝热性好，砌块平整，块体较大，与实心砖比可节省砂浆60%，提高工效三倍，适用于工业与民用框架结构建筑的非承重墙和隔墙，也可用作屋面保温层。砌筑时宜用混合砂浆，砌块上墙前可在面上适量洒水。水平与垂直灰缝厚度不大于15mm。墙面抹灰前1d适当洒水，用1:1:6水泥石灰混合砂浆抹面，灰层厚20mm。

第三节　轻质墙板

随着框架结构建筑的发展，块材作为墙体材料，已不能完全满足现代建筑对材料多功能的要求，为改善墙体功能，减轻自重，减少能耗，以及减少工程现场湿作业，加快墙体施工速度，轻质混凝土墙板、轻质条板以及薄板－龙骨组合板等得到了迅猛发展。它们被统称为轻质墙板。

轻质墙板的最大优势在于工厂或施工现场可进行预制，按照要求将尺寸做成大板、条板或薄板，板高可达一个楼层，直接现装或组装，成为一面墙体的板式墙体材料。

轻质墙板可作现代装配式建筑的内墙、外墙、隔墙；可作框架结构建筑的围护墙、隔墙；可作混合结构的隔墙；还可作其他类型建筑的特殊功能型复面板，以及无梁柱式拼装加层和活动房屋的墙体、屋面板、天棚板等。

一、轻质墙板分类

（1）按工艺划分。有成型类和组装类。成型类有均质材料型的（如PVC板）、纤维增强型的（如玻纤水泥板）、颗粒骨架型的（如膨胀珠岩水泥板）；组装类有薄板龙骨支撑型的（如石膏板－轻钢龙骨中空板）、夹芯复合型的（如钢丝网架水泥聚苯夹芯板）、型材拼装型的（如加气混凝土拼装大板）。

（2）按用途划分。有内墙板与外墙板。又可再分为承重的、自承重的、非承重的三种。

（3）按板材构造划分。有轻质薄板（如纸面石膏板）、轻质条板（如空心条板）、夹芯复合板（如彩钢聚苯夹芯板）、拼装大板（如泡沫水泥格构板）以及夹芯复合墙体。

（4）按功能划分。有内墙普通型（轻质、高强、安装方便）、防火型（耐热、不燃）、防水型（耐水、抗蚀、防霉）、外墙普通型（高强、耐久）、外墙保温型（高强、轻质、隔声、抗震），功能覆面型（装饰、保温、吸声、防火覆面）。

二、常用轻质墙板

1. 石膏类墙板

这类墙体是利用石膏具有质轻的特点，将通过表面装饰制成的纸面石膏板，固定在轻钢龙骨（或石膏龙骨、木龙骨）上组装而成。必要时，中间可填充矿棉或岩棉。主要作轻型隔墙。

石膏板－龙骨组装隔墙，施工快捷，布置灵活，劳动强度小，不需抹面，没有现场湿作业，墙体质轻（单层石膏板的隔墙只有120厚砖墙质量的1/5），抗压性好，防火，且保温、调湿。

所用石膏板是粘贴了护面纸的薄型石膏制品。按用途，石膏板分为普通型（代号 P)、耐水型（S）与耐火型（H）三种。

纸面石膏板的规格尺寸（mm)：板长（*L*）1800、2100、2400、2700、3000、3300、3600；板宽（*B*）900、1200；板厚（*T*）9.5、12、15、18、21、25。

纸面石膏板的外观要求是：表面应平整，不得有影响使用的破损、波纹、沟槽、污痕。

对于普通隔墙，纸面石膏板可纵向安装，也可横向安装。但纵向安装效果好。纵向安装时，纸面石膏板允许的固定最大跨距为62.5mm。按使用性能要求（如隔热、防火性能）龙骨有单排或双排设置。如设双排龙骨，就相当于两个单排龙骨并置。石膏板也有单层或双层铺设之分。若是采用双层石膏板，则两层板缝应错开。石膏板与龙骨的连接，一般采用射钉、抽芯铆钉或自攻螺钉（图 18-5)。

2. 水泥类墙板

为了克服水泥抗拉强度低，掺入纤维材料；为降低水泥自重，做成空心形式，这类墙板典型的是玻璃纤维增强水泥轻质多孔隔墙条板（简称 GRC 板)。

GRC 板是以低碱度水泥为胶凝材料、耐碱玻璃纤维为增强材料、膨胀珍珠岩为轻集料，掺加适当的外加剂，按比例配合，经搅拌、浇筑（或挤压）成型、养护、脱模等工序制成的轻质混凝土空心隔墙用条形板材。

GRC 板的特点是轻质、高强、保温、隔声、防火、使用方便（可锯、刨、钻、钉)、施工快捷（图 18-6)。

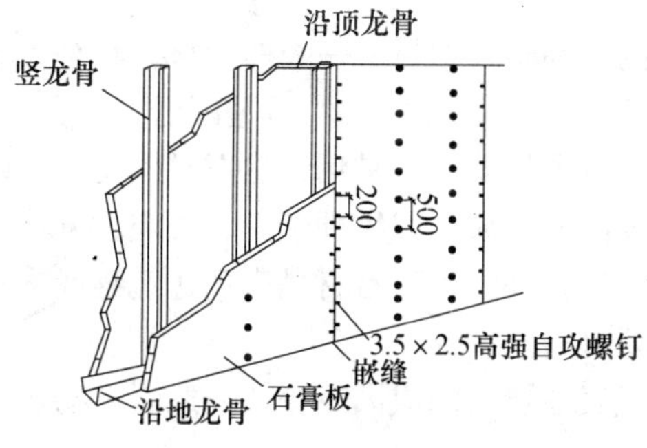

图 18-5　石膏板与龙骨安装示意

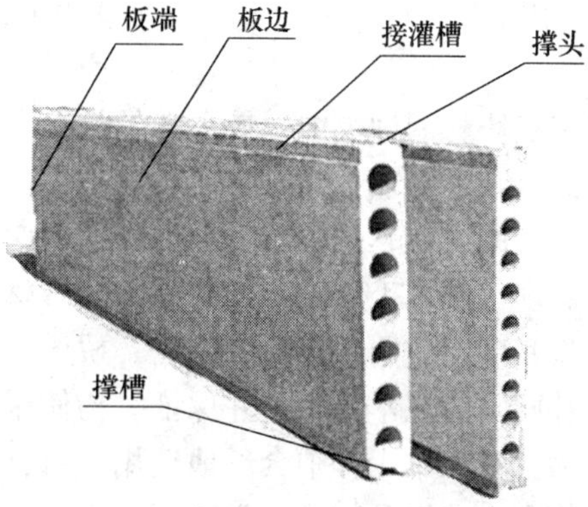

图 18-6　GRC 轻质多孔墙板

3. 复合类墙板

GSJ 板是一种复合墙体板材，又称作“泰柏板”。该板由预制坯板（GJ 板）安装就位后，两侧喷、抹水泥砂浆而成型。其坯板由ϕ2.0mm 镀锌钢丝焊接网片，通过“之”字形ϕ2.2mm 腹丝连接成骨架，中间夹填轻质材料——阻燃型聚苯乙烯或聚氨酯泡沫等，成为牢固的夹芯钢丝网笼，简称 GJ 板。坯板上墙后，钢丝网间用细钢丝扎牢，用 1:3 水泥砂浆抹面，形成整片墙体。这就是钢丝网架水泥聚苯夹芯板（简称 GSJ 板)。

GJ 板质轻（3.9kg/m^2)，安装方便，易裁剪，易拼接，构形可直可曲，施工快速，还可留洞或埋管。成型后的 GSJ 板整体性好、抗震、防水、耐火、保温、隔声、强度高。它也是一种新型墙体材料（图 18-7)。

4. 夹层类墙板

彩色压型钢板－发泡聚苯乙烯复合夹层板（简称 EPS 板）它是由 0.5～0.8mm 厚彩色镀锌钢板、铝合金板或不锈钢板压型后作面层板，用高强聚氨酯胶作粘结剂，与聚苯乙烯泡沫塑料层叠合后，经加热、加压、固化，再修边、开槽而成的复合板。

EPS 板的最大特点是质轻（一般为 15～25kg/m^2），绝热｛导热系数为 0.037～0.04［W/(m·K)］｝使用温度范围广（－50～120℃）。同时，EPS 板阻燃（耐火极限 0.6h），防水、防潮、隔声、强度较高（抗压强度 0.19～0.23MPa），易加工（可锯、钻、钉），拆装方便，可重复使用，施工快速，板面自带装饰涂层。

EPS 板可用于建筑的外墙板、屋面板，特别适合于寒冷地区的建筑（图 18-8）。

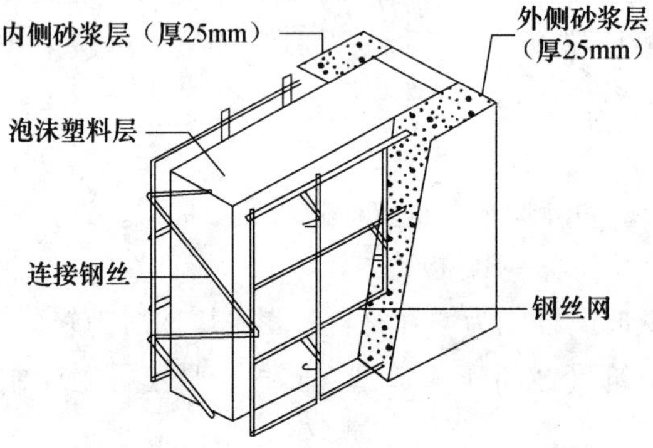

图 18-7　GSJ 复合墙示意图

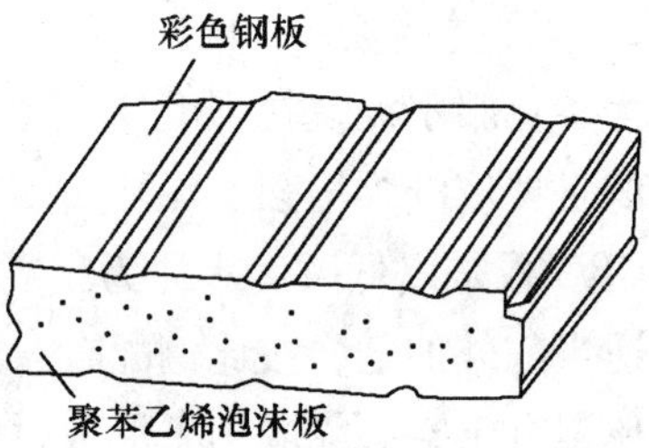

图 18-8　EPS 夹芯板示意图

第四节　砌筑石材

建筑块材的种类中，最古老的是人类使用最早的一种砌筑材料——天然石材，它是天然岩石经人工开采加工而成的。历史上，著名的古埃及金字塔、古罗马的马里西姆大斗兽场、中国隋代的河北赵州桥以及中国秦汉时期砌筑的赤峰段古长城，都是用天然石材构建的卓越建筑。现代土木工程中，常利用天然石材具有的强度高、耐久，或纹理色泽、美观大方等特点，将其广泛应用于建筑、道路、桥梁、水利、大坝等各种工程。石材是表现建筑物或构筑物返朴归真的艺术效果，并保证结构使用性能的重要材料。

为了在土木工程中合理地选用石材，对常用的代表性岩石的成因、分类、造岩矿物、岩石结构和构造以及物理力学特征，应有较全面的了解。

一、石材的分类

石材可分为天然石材和人造石材，砌筑用石材主要是天然石材。

按地质成因分，天然石材可分为岩浆岩、沉积岩和变质岩三大类。

岩浆岩，又称火成岩，是由地壳深处或上地幔的岩浆或熔岩流冷凝形成的岩石。岩浆的主要成分是硅酸盐和一部分挥发分；熔岩流中的挥发分相对较少。火成岩的化学成分以 SiO_2、Al_2O_3、Fe_2O、CaO、MgO、Na_2O 等为主。

沉积岩又称水成岩，是在地表或近地表，常温或常压下由风化剥蚀作用、生物作用或火山作用提供的一些碎屑物质和溶解物质，在原地或经外力搬运后沉积、压实而形成坚固的岩石。按成因，沉积岩分为碎屑岩，黏土岩和化学、生物学岩三类。

变质岩是原岩（火成岩、沉积岩或早已变质的岩石）经岩浆活动，地壳构造运动中产生的高压、高温作用，部分矿物在固态下变质，产生再结晶作用，使矿物、构造、成分发生部分或全部改变，重新组合而成的另一种新岩石。变质岩构造的矿物成分较复杂而多样。变质岩的形成条件影响矿物特征，晶体数额、排列及粒径。

上述每一类岩石中又有许多石材品种。而石材的结构、构造是区分岩类及各岩类中不同品种岩石的标志之一。石材的结构、构造是指岩石中各组成矿物的结晶程度、颗粒大小、自形程度以及矿物的组合方式。三大类岩石的结构、构造和代表岩种见表18-32。

表18-32　三大类岩石的主要结构、构造和代表岩种

类别	结构类型	构造类型	代表岩种
岩浆岩	全晶质结构、半晶质结构、玻璃质结构、粗粒结构、中粒结构、细粒结构、斑状结构、自形晶结构	块状构造、条带状构造、流纹构造、气孔构造、杏仁构造、杂斑构造	花岗岩 辉绿岩 玄武岩
沉积岩	碎屑结构、泥质结构 化学结构、生物结构	层理构造、层面构造 结核构造、缝合线构造	石灰岩 白云岩 砂　岩
变质岩	变晶结构、变余结构、碎裂结构	变余构造、变质构造（板状、片状、片麻状、条带状构造）	片麻岩 大理岩 石英岩

二、建筑常用岩石

1. 岩浆岩

岩浆岩（又称火成岩）按成因分为深成岩（常用品种是花岗岩）、浅成岩（常用品种是辉绿岩）、喷出岩（常用品种是玄武岩）。这三种岩石的主要岩性特征参见表18-33。

表18-33　三种火成岩岩性特征

岩石	成因	结构特征	主矿物成分	酸性（SiO_2%）	矿物色
花岗岩	深成	较粗粒结晶	石英、正长石、云母、角闪石	酸性岩（>70）	浅色多 暗色矿物多
辉绿岩	浅成	斑状或部分状斑	斜长石、辉石、角闪石、黑云母	基性岩 （53~45）	
玄武岩	喷出	隐晶或斑晶			

深成火成岩结晶明显，结构致密，强度高，耐久性好。花岗岩是典型的深成火成岩。我国国土面积的9%贮藏着花岗岩，在华东地区分布较多。我国有300多种花岗岩，粗略分为红系列、黑系列、绿系列和花系列。其中较好的品种有：中国红、贵妃红、橘红；黑金刚、建平黑、济南青；泰安绿、浅绿、青底绿花；菊花青、云里梅、白底黑花等。浅成岩、喷出岩是岩浆在地表或地表浅层冷凝而成的，冷却较快，结晶细小，强度高，坚硬，耐热性好。辉绿岩属于浅成火成岩，玄武岩属于喷出火成岩。

上述三种岩石的物理、力学性能和用途见表18-34。

表 18-34 常用岩浆岩石材的性能和用途

种类	常用岩石	主要性能	用途
岩浆岩	花岗石	表观密度 2500 ~ 2800kg/m³，抗压强度 80 ~ 250MPa，吸水率 0.1% ~ 0.7%，抗磨性、耐久性均高，呈灰白、红、粉红、黄等色。磨光光泽度达 100 ~ 120 度	基础、桥墩、勒脚、台阶、墙体、路面、护坡、沟渠、饰面板等
	辉绿岩	表观密度 2900 ~ 3300kg/m³，抗压强度 200 ~ 350MPa，较高的耐酸性、韧性、抗风化性好，多呈绿色	饰面板、化工设备内衬，溜槽、衬板等
	玄武岩	表观密度 2900 ~ 3300kg/m³，抗压强度 250 ~ 500MPa，细密，硬度高，色深	路面、高强混凝土集料等

2. 沉积岩

砂岩属碎屑岩。它是由原岩风化的 0.1 ~ 0.2mm 的石英粒、碳酸钙粒等碎屑，经胶结、压实而成岩的。其中多数属于硅质岩石。

砂岩、石灰岩属于沉积岩，又称水成岩。为非结晶体，相对孔隙率大，表观密度稍小，有的还具有化学活性。50% 以上直径小于 0.01mm 的黏土细粒组成了黏土岩，如质地较差的泥岩、页岩。大部分由原岩经化学分解作用及生物遗骸直接堆积而成的岩石，称作化学沉积岩和生物沉积岩，其中分布最广的是石灰岩、白云岩等。大部分石灰岩构造紧密，在土木工程中应用广泛。石灰岩是钙质岩石。

表 18-35 常用沉积岩的性能及用途

种类	常用岩石	主要性能	用途
沉积岩	砂岩（硅质）	表观密度 2400 ~ 2650kg/m³，密实程度与强度均波动较大，抗压强度 10 ~ 200MPa，有黄褐、浅绿黄、浅黄等色	基础、墙身、勒脚、踏步、沟渠等
	石灰岩	表观密度 2400 ~ 2700kg/m³，抗压强度 40 ~ 120MPa，吸水率小于砂岩，耐水性、抗冻性较好，有灰、绿灰、灰白等色	基础、勒脚、墙身、拱、柱、踏步、沟渠、路面、护坡、饰面板等

3. 变质岩

石英岩、片麻岩、大理岩这三种岩石属于变质岩，也是比较常用的岩石种类。

石英岩由硅质砂岩变质而成，它致密、坚硬、均质。片麻岩由花岗岩变质而成，呈变晶层状结构，吸水性强，比原岩性能弱化了。大理岩是由石灰岩、白云岩变质成等粒细晶结构的细腻岩石。由于变质过程中的矿物接触扩散作用，大理岩内形成了多彩多姿的花纹。这三种岩石的性能和用途见表 18-36。

表 18-36 变质岩的性能和用途

种类	常用岩石	主要性能	用途
变质岩	石英岩	坚硬、致密，抗压强度 250 ~ 400MPa，耐久性最好，呈白、浅灰、淡红色	地面、踏步、耐酸衬板等
	片麻岩	抗压强度（垂直于解理面）120 ~ 250MPa，沿解理面易加工，易风化。呈灰白、深灰、灰绿色	基础、勒脚、沟渠、护坡、路面、垫层等
	大理岩	表观密度 2600 ~ 2700kg/m³，抗压强度 100 ~ 310MPa，致密，硬度不大，色柔和，有白、灰、黄、绿、浅红等色	地面、墙面、柱面装饰，台面、栏杆、雕刻等

三、石材的应用

1. 砌筑用石材的规格、外观

采石场爆破后的石块可直接使用，也可再加工后使用。加工程度不同，石砌体的外貌和强度则有区别。

石材的加工方法有许多种，现大部分已机械化作业，如锯解、雕凿、剁斧、切割、刨切、磨平、抛光等。毛糙不规的外形，表现自然、粗犷的风格；规整平坦的表面，则表现严密、素净的风格。

（1）毛石。毛石又称块石或片石，是采石场爆破后直接得到的形状不规则的石块，其中部厚度不小于150mm（毛石挡土墙用毛石中部厚度不小于200mm）。根据表面平整程度，毛石又细分为乱毛石与平毛石两种。乱毛石是形状不规则的；平毛石是经挑选或由乱毛石略经加工而成的，虽然形状不很规则，但有两个平面大致是平行的。毛石在长度方向达30～40cm，单块重20～25kg即可。乱毛石用于砌筑基础、勒脚、墙身、堤坝和挡土墙等。平毛石除用于砌筑基础、勒脚、墙体外，还用于砌桥墩、涵洞等工程。

（2）料石。料石是采石场直接采出的六面体石块，再经手工或机械凿琢而成的比较规则的石材。为保证砌石质量，《砌体工程施工质量验收规范》（GB 50203）规定了料石砌筑的质量要求。

（3）条石。条石是由致密岩石凿平或锯解而成的。其外露表面加工成粗糙的剁斧面、平整的机刨面、平滑而无光的粗磨面或光亮且色泽鲜明的磨光面。条石的尺寸按设计要求确定。条石一般选用强度高、无裂缝、耐久、耐磨且色泽雅致的花岗岩等岩种。条石主要用于台阶踏步、勒脚、桥面、地面、洞口过梁、小型桥梁、桥墩以及其他重要的石砌体。

（4）河卵石。河卵石，特别是致密的大尺寸河卵石，可作直接砌筑块材。河卵石砌体比较经济，表面光洁、自然，别具一格。卵石的尺寸、形态及码砌方式，因需而定。河卵石用于砌筑墙体、基础、围墙、挡土墙，以及镶铺地面、柱面、墙面等。

2. 选用原则

在工程设计与施工中，应按照适用性与经济性两个原则选用石材。

（1）适用性。应按石材的使用部位、环境条件、受力程度、使用年限等因素，权衡石材适用与否。承重构件（如基础、勒脚、墙、柱等）需要考虑石材抗压强度能否满足设计要求；用作地面、台阶、踏步等构件的，要求石材坚韧、耐磨；做装饰部件的（如饰面板、栏杆等），需考虑石材的色彩，花纹，外观及可雕琢、可磨光性；对处于高温、高湿、严寒及有侵蚀介质环境下的石材，还需分别考察其耐热性、耐水性、抗冻性、耐化学侵蚀性等性能。因此，石材的工程特性决定了其适用场合。

（2）经济性。土木工程，特别是主体部分所用的石材，应属地方材料。石材密度大、强度高，不便于开采、运输和加工，因此，料石、条石，尤其是饰面板，价格较高。应尽可能就近取材，选材得当，合理利用石材资源。

3. 石材的质量要求

石砌体多为重要的或永久性的土木结构工程。为保证石砌体质量，应对石材质量严加控制。例如，石砌体所用的石材应质地坚实，无风化剥落和裂纹；用于清水墙、柱表面的石材，应色泽均匀；砌筑前应清除石材表面的泥垢、水锈等杂质；石砌体应采用铺浆法砌筑，叠砌面的砂浆饱满度应大于80%；毛石砌体的灰缝厚度宜为20～30mm；毛料石和粗料石砌体灰缝不宜大于20mm；半细料石砌体和细料石砌体灰缝分别不宜大于10mm与5mm。另外，对石砌体的工法与石砌体的构造措施都有相应的规定。

思考题及习题

1. 目前所用的墙体材料有哪几大类？举例说明它们各自的优缺点。

2. 如何确定烧结多孔砖的强度等级？某烧结多孔砖的强度测定值如下表所列，试确定这批砖的强度等级。

抗压强度（MPa）	16.5	18.3	9.0	17.5	15.4
	20.0	19.8	21.0	18.8	19.0

3. 烧结普通砖的耐久性包含哪几项内容？这几项内容为什么会影响到砖的耐久性？

4. 何为普通混凝土小型空心砌块、轻集料混凝土砌块和蒸压加气混凝土砌块？试述其各自的主要技术性质和用途。

5. 在高层办公建筑中多选用纸面石膏板－轻钢龙骨组合式内隔墙，试分析选用原因。

6. 钢丝网架水泥聚苯乙烯夹芯板、玻璃纤维增强水泥轻质多孔隔墙条板及彩色钢板－聚苯乙烯泡沫夹层板等，是轻质复合墙板，为什么这类板材受欢迎？它们的用途如何？

7. 若烧结普通砖的导热系数为0.81W/(m·K)，某地区砖砌外围护墙热工设计厚度为365mm。现改用B05级蒸压加气混凝土砌块墙体，应选择多少厚度的砌块？

8. 建筑常用岩石有哪几类？如何选用？

第四篇　金属材料

由一种或一种以上金属元素或金属元素与非金属元素组成的合金，统称为金属材料。金属材料一般分为黑色金属和有色金属两大类。黑色金属是指以铁元素为主要成分的金属及铁基合金，常用的黑色金属材料有合金钢、碳素钢、铸铁等；有色金属是指黑色金属以外的金属，如铝、铜、铅、锌等金属及其合金。所谓合金是由两种或两种以上的元素（至少有一种为金属元素）组成的金属。纯金属质软而强度较低，在实际工程中极少使用，多用金属合金。在各种金属材料中，土木工程中广泛使用的金属材料是钢材和铝合金两大类，其中钢材是最重要的土木工程材料之一。钢材作为主要结构材料大量用于钢筋混凝土和钢结构工程中。

用于土木工程中的钢材有各种线材（如钢筋、钢丝等）、板材和型钢（如工字钢、角钢、槽钢等）。

钢材的优点如下：

（1）质量均匀，易加工。钢材即可铸造、锻造、切割，又可进行压力加工、冷加工或热处理，在很大范围内可改变或控制钢材的性能，还可以焊接、铆接、栓接等多种连接方式进行装配式施工。

（2）强度、硬度高。钢材的抗拉、抗压、抗弯、抗剪承载力以及硬度都很高，适用于各种承载力较大的结构，如钢框架、桥梁、网架、钢筋混凝土框架和剪力墙等。高硬度的钢可制成机械加工的各种切割工具。

（3）塑性、韧性好。常温下的钢材有较大的塑性变形能力，可进行各种冷加工，如冷拉、冷拔、冷弯、冷轧等；良好的韧性，使得钢材在常温下可以承受较大的冲击作用，使钢材可制成吊车梁等承受动荷载的结构或构件。

钢材的主要缺点是：易锈蚀、维修费用高而且耐火性能差。

第十九章　钢　　材

学习提要：本章是本课程的重点内容之一。重点介绍了钢材的力学性能（抗拉性能、冷弯性能及冲击韧性）；钢材的化学成分、晶体组织及其对钢材性能的影响；钢材的强化及连接、连接检验方法、常用钢材的技术指标及选用。对这些内容应熟练掌握，正确应用。

本章还对钢材冶炼的原理和方法、钢材的腐蚀和防止进行了介绍，其目的在于了解冶炼方法对钢材质量的影响，正确使用和维护钢材。

第一节　钢材的冶炼及分类

一、钢的冶炼

以铁为主要元素，含碳量在0.06%～2.0%，并含少量其他元素的材料称之为钢。含碳量为2.11%～6.69%，并含杂质较多的铁碳合金称之为生铁。含碳量小于0.04%的铁碳合金称之为工业纯铁（熟铁）。钢材是生铁经冶炼、铸锭、轧制和热处理等工艺过程生产而形成的。

1. 冶炼原理

生铁中含有较多硅、磷、硫、锰等杂质。炼钢主要是将生铁中的含碳量降低到2.0%以下，磷、硫等杂质的含量降到一定范围内，所以简单地说，钢的冶炼就是除碳、造渣和脱氧。

（1）除碳

采用氧化法，将碳变成气体逸出，基本化学反应如下：

$$2Fe + O_2 \longrightarrow 2FeO$$

$$FeO + C \longrightarrow Fe + CO\uparrow$$

（2）造渣

将生铁中的硅、锰经过氧化还原反应变成钢渣，浮出钢水而排出，基本反应如下：

$$FeO + Mn \longrightarrow Fe + MnO$$

$$2FeO + Si \longrightarrow 2Fe + SiO_2$$

生铁水加入生石灰，除去硫、磷杂质，基本反应如下：

$$5FeO + 2P + 3CaO \longrightarrow 5Fe + Ca_3(PO_4)_2$$

$$FeS + CaO \longrightarrow FeO + CaS$$

（3）脱氧

为了减少钢材中的气泡并克服元素分布不均匀（通常称为偏析）的缺点，需要对钢水进行脱氧。就是给钢水中加入锰铁、硅铁或铝锭作为还原剂，将钢水中的氧化铁还原成铁，使氧变成锰、硅或铝的氧化物而进入钢渣。

2. 冶炼方法

按炼钢所用炉种的不同，钢的冶炼方法主要有平炉、氧气顶吹转炉和电炉三种炼钢方法。

（1）平炉

平炉炼钢，以生铁或废钢铁为原料，以煤气、重油为燃料，其容量约50～250t。主要生产碳素钢、低合金钢。平炉炼钢的特点是时间长（2～3h）、成分稳定、质量好、成本高。因为生产效率低，目前这种方法已基本淘汰。

（2）氧气顶吹转炉

氧气顶吹转炉炼钢，以铁水或废钢为原料，从炉顶吹入高纯度的氧气。主要生产碳素钢、低合金钢。氧气顶吹转炉炼钢特点是周期短（20～40min）、速度快、生产效率高、钢材质量稳定。

（3）电炉

电炉炼钢，以铁水或废钢为原料，以电为热源。主要生产合金钢、优质碳素钢。电炉炼钢特点是产量低、能耗大、成本高，但成分控制严格、质量好。

二、钢材的分类

1. 按化学成分分类

《钢分类　第1部分　按化学成分分类》（GB/T 13304. 1—2008）中规定，钢按化学成分可分为三类，每一类在《钢及合金术语》（GB/T 20566—2006）中都有明确的定义：

（1）非合金钢。硅、锰和其他元素的含量都在《钢分类　第1部分　按化学成分分类》（GB/T 13304. 1—2008）相应规定范围界限以内的钢。通常包括碳素钢和规定电磁等特殊性能的非合金钢。

（2）低合金钢。至少应有一种合金元素含量在《钢分类　第1部分　按化学成分分类》（GB/T 13304. 1—2008）相应规定的界限范围内，合金元素总量大于5%的钢。包括可焊接的低合金高强度结构钢、低合金耐候钢、钢筋用低合金钢、铁道用低合金钢、矿用低合金钢及其他低合金钢等。

（3）合金钢。至少应有一种合金元素含量在《钢分类　第1部分　按化学成分分类》（GB/T 13304. 1—2008）相应规定界限范围内的钢。通常包括合金结构钢、合金弹簧钢、合金工具钢、轴承钢等。

2. 按主要质量等级分类

《钢分类　第2部分　按主要质量等级和主要性能或使用特性的分类》（GB/T 13304. 2—2008）中规定，钢可按主要质量等级进行以下分类：

（1）非合金钢按主要质量等级分为：

1）普通质量非合金钢。生产过程中不规定需要特别控制质量要求的钢。

2）优质非合金钢。生产过程中需要特别控制质量（如晶粒度、硫和磷含量、表面质量和工艺控制等），以达到比普通质量合金钢特殊的质量要求，但这种钢的生产控制不如特殊质量非合金钢严格。

3）特殊质量非合金钢。生产过程中需要特别严格控制质量和性能（如控制淬透性和纯洁度）的非合金钢。

（2）低合金钢按主要质量等级分为：

1）普通质量低合金钢。生产过程中不规定需要特别控制质量要求，供作一般用途的低合金钢的钢。

2）优质低合金钢。生产过程中需要特别控制质量（如晶粒度、硫和磷含量、表面质量和工艺控制等），以达到比普通质量低合金钢特殊的质量要求，但这种钢的生产控制和质量要求，不如特殊质量低合金钢严格。

3）特殊质量低合金钢。生产过程中需要特别严格控制质量和性能（如严格控制硫、磷杂质含量和纯洁度）的低合金钢。

（3）合金钢按主要质量等级分为：

1）优质合金钢。生产过程中需要特别控制质量（如晶粒度、韧性或成形性）的钢，但其生产控制和质量要求，不如特殊质量合金钢严格。

2）特殊质量合金钢。需要特别严格控制化学成分和特定的制造及工艺条件，以保证改善综合性能，并使性能严格控制在极限范围内。

3. 按主要性能或使用特性分类

（1）碳素结构钢。用于建筑、桥梁、船舶、车辆及其他结构。

（2）低合金高强度结构钢。用于建筑、桥梁、船舶、车辆、压力容器及其他结构。

（3）耐候钢。加入铜、磷、铬、镍等元素提高耐大气腐蚀性能的钢。

（4）建筑结构用钢。用于建造高层和重要结构的钢。

（5）桥梁钢。用于建造铁路和公路桥梁的钢。

（6）混凝土钢筋用钢。用于混凝土构件钢筋的钢。

（7）优质碳素结构钢。主要用于制造机械零部件和弹簧。

（8）合金结构钢。主要用于制造截面尺寸较大的机械零件的钢。

（9）其他等特殊行业用钢。

4. 按冶炼方法和脱氧程度分类

转炉钢、电炉钢、真空电弧炉钢（真空自耗钢）、感应炉钢、电渣钢（电渣重熔钢）、炉外精炼钢、镇静钢、半镇静钢、沸腾钢。

土木工程中常用的钢材主要是碳素结构钢中的低碳钢和合金钢中的低合金钢。

第二节　钢材的力学性能

钢材的力学性能主要是抗拉（压）、冷弯、冲击韧性、耐疲劳性和硬度。

力学性能是钢材最重要的使用性能。在建筑结构中，对承受静荷载作用的钢材，要求具有一定力学强度，并要求正常承载力条件下产生的变形不影响结构的正常工作，对承受动荷载作用的钢材，还要求具有较高的韧性和耐疲劳性。

一、抗拉性能

抗拉性能用钢材的屈服强度、抗拉强度和伸长率等技术指标表示。

通过万能材料试验机拉伸低碳钢（软钢）受拉的应力－应变图（图 19-1）明显地可以看出，低碳钢的受拉过程可分为四个阶段：弹性阶段（O—A）、屈服阶段（A—B）、强化阶段（B—C）和颈缩阶段（C—D）。

1. 弹性阶段

此阶段，应力与应变呈正比例关系，如果卸去外部荷载，拉伸的钢材试件则恢复原状而无残余变形，如图 19-1 中 OA 段。弹性阶段的应力－应变曲线图中最高点（A）对应的应力值为比例极限或称弹性极限，通常用 σ_p 表示。应力与应变的比值为常数，称弹性模量（E），即 $E=\sigma_p/\varepsilon$。弹性模量反映材料的刚度，即产生单位应变所需应力的大小，是计算钢结构变形的重要指标。土木工程常用的 Q235 碳素结构钢的弹性模量约为（2.0～2.1）$\times 10^5$MPa。

2. 屈服阶段

当应力超过比例极限后，应力的增加滞后于钢材应变的增加，应力和应变不再呈正比关系，应力－应变曲线图上出现锯齿台阶，这一阶段称为屈服阶段。此阶段内若卸去外荷载，试件变形不能完全恢复，即产生了塑性变形。应力－应变曲线图上锯齿台阶 $B_{上}$ 点对应的应力值称屈服上限，$B_{下}$ 点对应的应力值称屈服下限。屈服下限较稳定易测，常作为钢材的屈服强度，称屈服点，用 R_{eL}（σ_s）表示。当钢材受力达到屈服强度时，由于变形大，虽然未发生断裂，但已不能满足使用要求，所以土木工程结构设计中一般以屈服强度作为钢材设计取值依据。

一些合金钢或高碳钢，应力 - 应变曲线图上没有明显的屈服点，则规定产生残余变形为 0.2% 原标距长度时的应力值作为该钢材的屈服强度（规定非比例延伸强度），用 $R_{p0.2}$（$\sigma_{0.2}$）表示（图 19-2）。

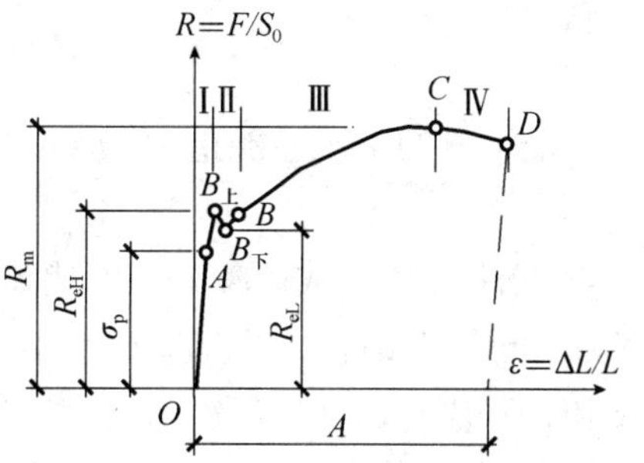

图 19-1　低碳钢受拉的应力-应变曲线

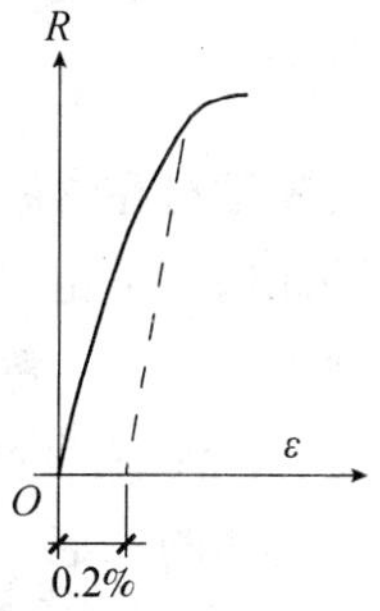

图 19-2　合金钢或高碳钢屈服强度 $R_{p0.2}$（$\sigma_{0.2}$）

3. 强化阶段

钢材受拉超过屈服强度，继续拉伸，钢材内部因晶格扭曲、晶粒破碎等原因，阻止了塑性变形进一步发展，钢材抵抗外荷载的能力重新提高，从应力 - 应变曲线图上看，应力从屈服下限开始上升至最高点 C，这一过程称为钢材的强化阶段，对应于最高点 C 的应力值为抗拉强度，它是钢材能承受的最大拉应力，用 R_m（σ_b）表示 Q235 钢的屈服强度在 235MPa 以上，抗拉强度在 375MPa 以上。

屈服强度与抗拉强度之比（R_{eL}/R_m）称屈强比，它是评价钢材受力特征的一个参数。屈强比越小，钢材受力超过屈服强度以后工作的可靠性越大，安全性越高；但是钢材强度利用率低，浪费钢材。Q235 钢的屈强比大约为 0.58～0.63，普通低合金钢的屈强比约为 0.65～0.75。

4. 颈缩阶段

当钢筋受力达到极限强度时，受拉试件薄弱处的断面开始减小，随着拉伸的增加，试件的塑性变形急剧增加，试件产生“颈缩”现象而断裂（图 19-3）。

试件在断裂处对齐，并保持在同一轴线上，测量断后试件标距的长度 L_U，L_U 与试件受力前的原始标距长度 L_0 之差为塑性变形值，它与 L_0 之比称为伸长率 A。按下式计算：

$$A = (L_U - L_0)/L_0$$

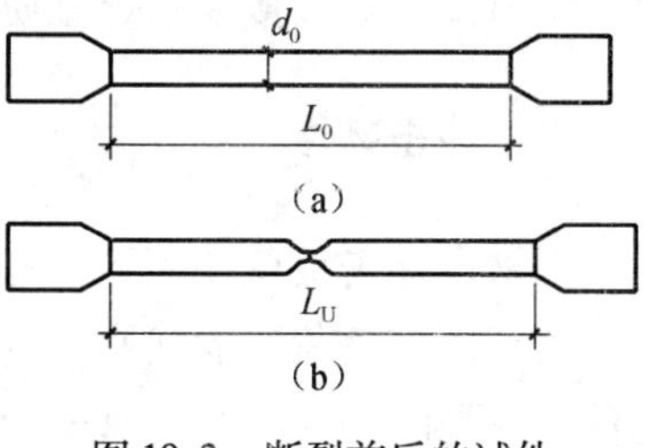

图 19-3　断裂前后的试件

（a）断裂前；（b）断裂后

结构设计虽然是在弹性范围内，但在应力集中处的合应力可能超过屈服强度，良好的塑性变形能力可以使应力重新分布，避免构件过早的破坏。

由于在试件的标距内塑性变形分布不均匀，远离颈缩处变形逐渐减小，致使颈缩断裂处变形最大。所以原标距与直径比值越小，则颈缩处伸长值在整个伸长值中的比重越大，计算得出的伸长率就越大。在相关钢材质量标准中通常取 5 倍的钢材直径或 10 倍的钢材直径作为原始标距。

钢材的另一种表示塑性变形能力的指标是断面收缩率（Z）。它是试件断裂处截面积收缩值与原始面积的百分比。按下式计算：

$$Z = \frac{S_0 - S_u}{S_0} \times 100\%$$

式中　S_0，S_u——分别是试件原始截面积和断后最小截面积。

二、冷弯性能

冷弯性能反映钢材在常温下承受弯曲变形的能力，是钢材的工艺性能指标。弯曲试验后试样弯曲外表面无肉眼可见裂纹应评定为合格。

钢材的冷弯性能通常用弯曲角度 α 和弯心直径 d 与试件直径（或厚度）a 的比值表示。弯曲角度愈大，d/a 愈小，说明钢材的冷弯性能愈好。不同种类钢材，其相应标准中对冷弯的技术指标均有具体的规定。当按规定的弯曲角度 α 和 d/a 值对试件进行冷弯时，试件受弯处不发生裂缝、断裂或起层，即认为冷弯性能合格。图 19-4 为弯曲 180°时，不同 d/a 的弯曲情况。

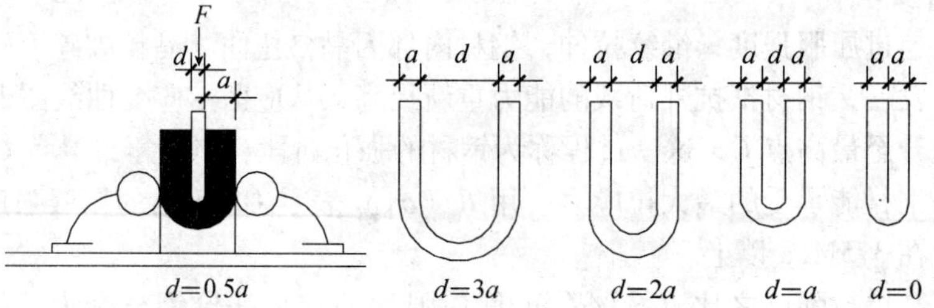

图 19-4　弯曲 180°时，不同 d/a 的弯曲情况

钢材的冷弯性能和伸长率均是塑性变形能力的反映。伸长率反映的是钢材在均匀变形条件下的塑性变形能力，冷弯性能则是钢材在局部变形条件下的塑性变形能力。冷弯性能可揭示钢材内部结构是否均匀、是否存在内应力和缺陷。在土木工程中，还经常采用冷弯试验来检验钢材某些焊接接头的焊接质量。

三、冲击韧性

钢材在冲击负荷作用下，抵抗破坏的能力称为冲击韧性。

由于冲击负荷的加载速度高，作用时间短，钢材在受冲击时，应力分布和变形不均匀，构件往往易断裂。因此，对于承受冲击荷载的构件，仅具有高的强度是不够的，还必须具有足够的抗冲击荷载的能力。

钢材冲击韧性的好坏可通过冲击试验来测定。《金属材料夏比摆锤冲击试验方法》（GB/T 229—2007）规定，冲击试验是夏比摆锤一次打击钢材标准试件来测定钢材标准试件承受冲击荷载时所吸收的能量值。同一条件下，试件吸收的能量愈大，钢材的冲击韧性愈好；试件吸收的能量值用字母 K 及缺口几何形状符号 V 或 U 和摆锤刀刃半径表示（如 KV_2 表示 V 形缺口标准试件，在刀口半径 2mm 摆锤冲击下吸收的能量值），冲击试验无疑对设计计算和对钢材进行评定均有重要的意义。

由于大多数材料的冲击值随温度变化，因此试验应在规定的温度下进行。当不在室温条件下时，试样必须在规定的条件下加热或冷却，以保证规定的温度，试验装置如图19-5所示。

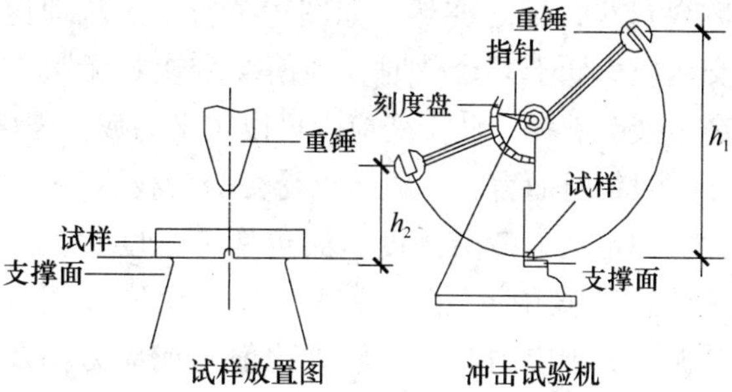

图 19-5　冲击试验装置

钢材的化学成分、内在缺陷、加工工艺及硫、磷的含量高低、化学偏析、温度都会影响冲击韧性。试验表明，钢材冲击韧性随温度的降低而下降，其规律是开始下降缓和，当达到一定温度范围时，突然下降很多而呈脆性，这种脆性称为钢材的冷脆性，此时的温度称为临界温度，其数值愈低，说明钢材的低温冲击性能愈好。所以，在负温下使用的结构，应当选用脆性临界温度较工作温度低的钢材。

由于“时效”作用，钢材随时间的延长，其塑性和冲击韧性下降，强度逐渐提高。完成时效变化的过程可达数十年，但是钢材如经受冷加工变形，或使用中经受震动和反复荷载的影响，时效可迅速发展。因时效导致性能改变的程度称为时效敏感性，对于承受动荷载的结构应该选用时效敏感性小的钢材。因此，对于直接承受动荷载而且可能在负温下工作的重要结构，必须进行钢材的冲击韧性试验。低合金高强度结构钢冲击试验的试验温度和冲击吸收能量如表19-1所示。

表 19-1　低合金高强度结构钢冲击试验的试验温度和冲击吸收能量（GB/T 1591—2008）

<table>
<tr><th rowspan="3">牌号</th><th rowspan="3">质量等级</th><th rowspan="3">试验温度（℃）</th><th colspan="3">冲击吸收能量 KV_2（J）</th></tr>
<tr><th colspan="3">公称厚度（直径、边长，mm）</th></tr>
<tr><th>12～150</th><th>150～250</th><th>250～400</th></tr>
<tr><td rowspan="4">Q345</td><td>B</td><td>20</td><td rowspan="4">≥34</td><td rowspan="4">≥27</td><td rowspan="2">—</td></tr>
<tr><td>C</td><td>0</td></tr>
<tr><td>D</td><td>-20</td><td rowspan="2">≥27</td></tr>
<tr><td>E</td><td>-40</td></tr>
<tr><td rowspan="4">Q390，Q420</td><td>B</td><td>20</td><td rowspan="4">≥34</td><td rowspan="4">—</td><td rowspan="4">—</td></tr>
<tr><td>C</td><td>0</td></tr>
<tr><td>D</td><td>-20</td></tr>
<tr><td>E</td><td>-40</td></tr>
</table>

四、耐疲劳性

钢材在交变荷载反复作用下，可在最大应力远低于屈服强度的情况下突然破坏，这种现象称为疲劳破坏。疲劳破坏的危险应力用疲劳极限表示，即疲劳试验时，试件在交变应力作用下，于规定的周期基数内不发生破坏所能承受的最大应力。试验表明，钢材承受的交变应力 σ 越大，则断裂时的交变次数 N 越少，反之亦然，如图19-6所示。从理论上讲，当最大交变应力低于某个值时，即使交变次数无限多，钢材也不会产生疲劳破坏，此交变应力可以定义为疲劳强度或疲劳极限。

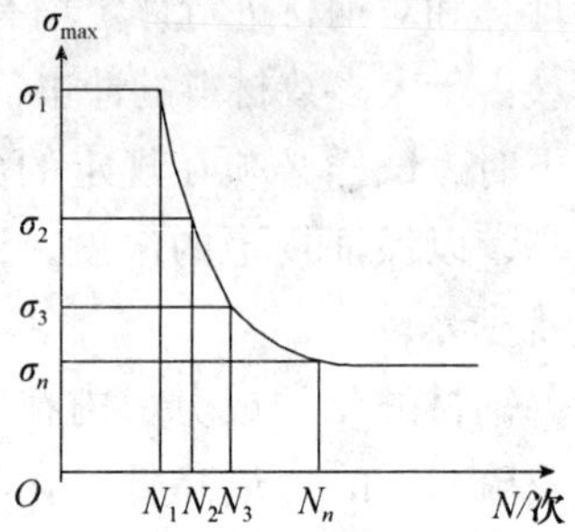

图 19-6　钢材疲劳曲线

对钢材而言，一般将承受交变荷载达 10^7 次时不破坏的最大应力定义为疲劳强度。测定疲劳强度时，应根据结构使用条件确定采用应力循环类型、应力比值（疲劳试验中任一个单循环最小应力与最大应力比值）或应力幅及平均应力和周期基数。例如，测定钢筋的疲劳极限时，通常采用拉应力循环，非预应力筋的应力比一般取 0.1 ~ 0.8，预应力筋的应力比取 0.7 ~ 0.85，周期基数一般为 2×10^6 或 4×10^6 以上。

钢材的疲劳破坏一般是拉应力引起的。首先在局部开始形成微细裂纹，其后由于裂纹尖端处产生应力集中而使裂纹逐渐扩展直至构件疲劳断裂。钢材内部的晶体结构、偏析以及最大应力处的表面质量等因素均会明显影响疲劳强度。

设计承受反复荷载且须进行疲劳验算的结构时，应当考虑所用钢材的疲劳强度。

五、硬度

钢材硬度是表示其表面一个小区域内抵抗弹性变形、塑性变形或破断的一种能力。硬度也是衡量金属软硬程度的判据。实际上，硬度不是一个单纯的物理或力学量，它是代表着弹性、塑性、塑性形变强化率、强度和韧性等一系列不同的物理量组合的一种综合性能指标。

硬度试验方法主要有静态力硬度试验和动态力硬度试验两大类。属于静态力硬度试验方法的国家标准有：GB/T 231.1—2009《金属材料布氏硬度试验　第一部分：试验方法》；GB/T 230.1—2009《金属材料洛氏硬度试验　第 1 部分：试验方法（A、B、C、D、E、F、G、H、K、M、T 标尺）》；GB/T 4340—2009《金属材料维氏硬度试验》；GB/T 18449.1—2009《金属材料努氏硬度试验　第 1 部分：试验方法》。属于动态力硬度试验方法有：GB/T 17394—1998《金属里氏硬度试验方法》；GB/T 4341—2001《金属肖氏硬度试验方法》。

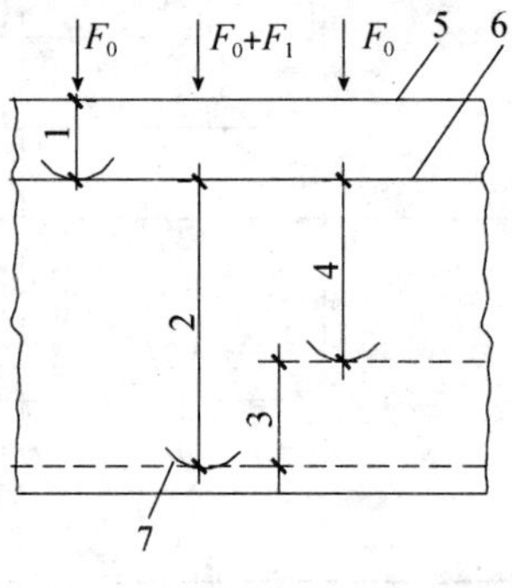

图 19-7　洛氏硬度试验原理图

1—在初试验力 F_0 下的压入深度；2—由主试验力 F_1 引起的压入深度；3—卸除主试验力 F_1 后的弹性回复深度；4—残余压入深度 h；5—试样表面；6—测量基准面；7—压头位置

随着我国桥梁铁路建设的发展，预应力结构得到广泛应用，其中预应力锚具的重要技术指标之一是洛氏硬度。

洛氏硬度测试原理如下：将压头（金刚石圆锥、钢球或硬质合金球）按图 19-7 分两个步骤压入试样表面，经规定保持时间后，卸除主试验力，测量在初试验力下的残余压痕深度 h。

根据 h 值及常数 N 和 S，用下式计算洛氏硬度：

$$洛氏硬度 = N - \frac{h}{S}$$

式中　N——给定标尺的硬度数；

h——卸除主试验力后，在初试验力下压痕残留的深度（残余压痕深度）（mm）；

S——给定标尺的单位（mm）。

硬度是在规定的特定试验条件下的一种工程量或技术指标，其数值没有明确的物理意义。

第三节　钢的化学成分及晶体组织

影响钢材性能的内在因素是其化学成分和晶体组织。

一、化学成分对钢材性能的影响

钢材的主要化学成分是碳和铁。此外钢材中还含有对其性能影响较大的一些微量元素：碳、硫、磷、硅、锰、氧、氮、钛、钒。

1. 碳

碳是决定钢材性能的重要元素。钢材含碳量在一定范围内增加，钢的强度和硬度增加，而塑性和韧性降低。含碳量大于1.0%时，钢材变脆，强度降低。如图19-8所示。

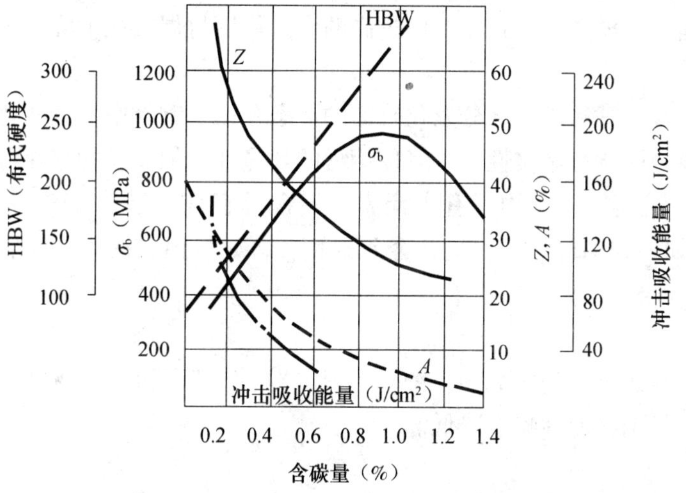

图19-8　含碳量对热轧碳素钢性能的影响

Z—断面收缩率；A—断后伸长率

钢材含碳量的增加，还会导致焊接性能、耐腐蚀性能下降，并增加钢材的冷脆性和实效敏感性。含碳量大于0.3%的钢材，可焊性明显下降。

2. 硫

硫作为钢材中最主要的有害元素之一，其含量是区分钢材品质好坏的重要指标之一。

硫在钢材中以FeS的形式存在。FeS是一种低熔点化合物，约在800～1000℃之间熔化，使钢材在焊接时易形成热裂纹。这种高温下产生热裂纹的特性称为热脆性。热脆性严重损害钢材的焊接和热加工性。钢材的硫还会降低钢材物理力学性能，如冲击韧性、耐疲劳性、抗腐蚀性等。因此一般不得超过0.055%，硫在各品种钢材的含量都有严格的限量。

3. 磷

磷也是钢材中的另一种有害元素，其含量一般不得超过0.045%，这也是区分钢材品质好坏的重要指标之一。

磷会显著降低钢材的塑性和韧性，低温下的冲击韧性降低更为显著。一般钢材中磷的分布不均匀，偏析较为严重，可形成不稳定的 FeP_3 夹杂物，使钢的冷脆性增加、焊接性下降。因此，磷在各品种钢材中的含量都有严格的限量。

钢材中含磷使其强度、耐磨性、耐蚀性提高，尤其是磷与铜等合金元素共存时效果尤为明显。

4. 硅和锰

炼钢时为了去硫脱氧而加入硅和锰元素，使钢水中有害的 FeO 和 FeS 分别形成 SiO_2，MnO 及 MnS 而进入钢渣中，降低钢的热脆性，改善其力学性能。

硅还是钢材的主要合金元素之一，含量常在1%以内。硅大部分溶于铁素体中，使铁素体晶粒细化、结晶均匀，提高钢材强度，塑性和韧性却略有降低，含量过高（大于1.0%）时，则会使钢材变脆，降低其可焊性和抗锈蚀性能。

锰也是低合金结构钢的主要合金元素之一。含量常为1%～2%。锰溶于铁素体和渗碳体中，细化钢材晶粒，提高钢材强度，但过高的含量使钢材焊接性下降，脆性增加。

5. 氧和氮

炼钢过程中带入的氧和氮大部分以化合物的形态存在于钢材中。这些化合物的存在降低了钢材的强度、冷弯性能和焊接性能。氧使钢材的热脆性增加，氮的存在可增加钢材的冷脆性和时效敏感性。因此氧、氮均属有害元素，氧含量不得超过0.05%，氮含量不得超过0.035%。但是氮如果和钢材中的少量合金元素化合，如与铝、钒、锆等形成化合物时，可使钢材晶粒细化，改善钢材性能。

6. 钛

钛是常用的合金元素，强脱氧剂，细化钢材晶粒，提高钢的强度和韧性，改善焊接性，减小时效敏感性，但钢材塑性略有降低。

7. 钒

钒是弱脱氧剂，使钢材晶粒细化、强度提高，减少了钢材的时效敏感性。但钒与碳、氮、氧等元素亲和力很强，会增加钢材焊接时的淬硬倾向。

二、钢的晶体组织

钢是铁碳合金晶体。晶体结构中各个原子以金属键相结合，这造就了钢材具有较高强度和良好的塑性。原子在晶体中以不同规律排列从而形成各种晶格，如体心立方晶格、面心立方晶格和密集六方晶格等。体心立方晶格就是原子排列在正六面体的中心和各个顶点；面心立方晶格是原子排列在正六面体顶点和六个面的中心。铁和碳两种元素可以不同的形态存在，这种形态称为晶体组织。

1. 铁元素的同素异构现象

当温度改变时，金属晶格随之变化的现象称为同素异构转变。

金属纯铁逐渐冷却的过程中，从液态变成固态，晶格发生两次转变：1394℃时为δ-Fe，晶格是体心立方体；1394～912℃转变为γ-Fe，晶格是面心立方体；912℃转变为α-Fe，晶格是体心立方体。

2. 钢的基本晶体组织

钢材在727℃以上形成奥氏体，在727℃以下形成的晶体组织主要有铁素体、渗碳体和珠光体。

（1）铁素体

碳溶于α-Fe中的固溶体为铁素体。

固溶体是一种单相固态溶液，即某种金属或非金属元素为溶质，溶入另外一种金属元素（溶剂）的晶格中，但固溶体溶剂元素的晶格不变（图19-9）。不论溶质元素以哪种形式溶入溶剂元素的晶体中，由于溶质原子的溶入，固溶体的晶体将产生不同程度的畸变，所以，固溶体的性质与溶剂元素不同，但又不同于化合反应产生的性质突变。固溶体中的元素也不像化合物那样必须具有严格的比例，只要在溶解度范围内，就可形成不同浓度的固溶体。体心立方晶格的α-Fe，碳原子的直径远大于原子之间的空隙，碳在铁素体中的溶解度极小。在727℃时最大溶解度为0.02%，室温时小于0.005%。故铁素体具有良好塑性，但强度、硬度较低。

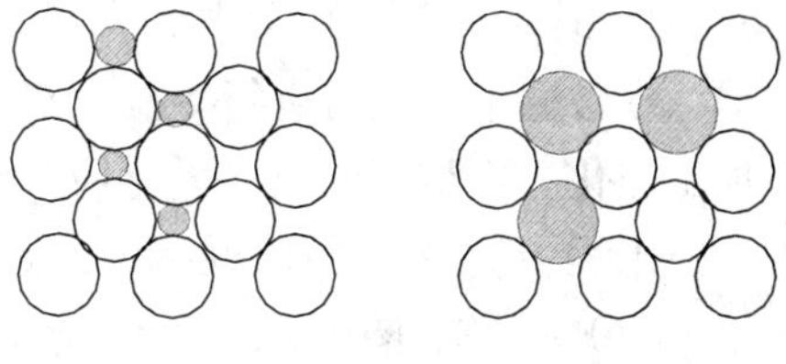

（a）　　　　（b）

图19-9　固溶体示意图

（a）间隙固溶体；（b）置换固溶体

（2）渗碳体

渗碳体是铁与碳形成的Fe_3C化合物。渗碳体中含碳量高达6.69%，所以塑性小，伸长率几乎为零，硬度高，抗拉强度较低。

（3）珠光体

铁素体和渗碳体的机械混合物是珠光体，平均含碳量为0.77%。珠光体的性能除强度外（强度较高），介于铁素体和渗碳体之间。通常是在铁素体基体上分布着硬脆的、呈层状构造的渗碳体。

（4）奥氏体

奥氏体是碳溶于γ-Fe的固溶体。碳在奥氏体中的溶解度随温度而变化，变化范围约为0.77%～2.11%。奥氏体强度、硬度低，但塑性好。故钢材在高温条件下易轧制成材。

3. 晶体组织含量与碳含量的关系

钢中基本晶体组织的相对含量与含碳量关系密切，如图19-10所示。从图中可看出，当钢材含碳量在0.8%以下时，晶体组织主要为铁素体和珠光体，随含碳量增大，珠光体含量增加，而铁素体含量减小，因而，强度和硬度逐渐提高，塑性和韧性逐渐减小。含碳量为0.8%，钢的基本组织仅为珠光体。当含碳量大于0.8%时，钢的晶体组织主要由珠光体和渗碳体组成，随着碳含量增大，渗碳体含量增加，珠光体含量减小，所以，钢材硬度逐渐提高，塑性、韧性和强度逐渐减小。

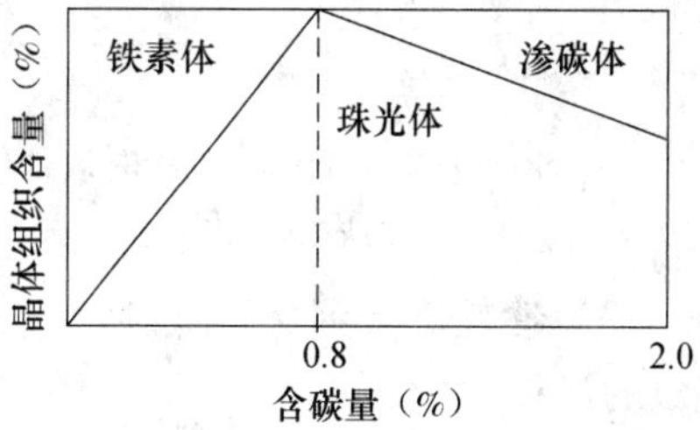

图19-10　晶体组织相对含量与含碳量的关系

第四节　钢材的强化

钢材的强化是指在常温下对钢材进行不同形式的冷加工或改变温度对钢材进行热处理的工艺。

一、钢材的冷加工及时效

1. 钢材的冷加工及时效

在常温下对钢材进行冷拉、冷拔或冷轧，使其产生塑性变形，提高其屈服强度，称为冷加工强化。钢材经冷加工强化后，塑性、韧性和弹性模量降低。

工程中的冷加工以冷拉和冷拔应用较广（图 19-11）：

（1）冷拉。图中，未经冷拉的钢筋应力－应变曲线为 *OBCD*。钢筋试件拉伸至超过屈服点 *B* 到达 *K* 后，完全卸去荷载，试件产生塑性变形，曲线沿 *KO′*下降，不能回到原点 *O*；再将试件立刻重新拉伸，则新的应力－应变曲线为 *O′KCD*，也就是说，新的屈服点为 *K* 点，即钢筋屈服强度得到了提高。如果从 *K* 点卸荷后，再将试件在常温下静置 15～20d，或在 100～200℃条件下放置很短时间，重新拉伸，则应力－应变曲线为 $O'KK_1C_1D_1$，K_1 变为新的屈服点，屈服强度又一次得到提高。上述现象即为时效，前者为自然时效，后者为人工时效。时效使钢材的塑性和韧性降低，但弹性模量增加，强度、硬度提高。产生这种现象的原因主要是：随着时间增长，熔于铁素体中的过饱和碳慢慢地析出，在晶体的滑移面形成渗碳体，起着阻碍滑移的强化作用。

（2）冷拔。通常指将钢材从孔径略小于被拔材料直径的硬质拔丝模中强力拔出，使钢材断面减小，而长度伸长的工艺过程。经常用来冷拔的钢材为 ϕ6 以下的低碳钢丝（图 19-12）。

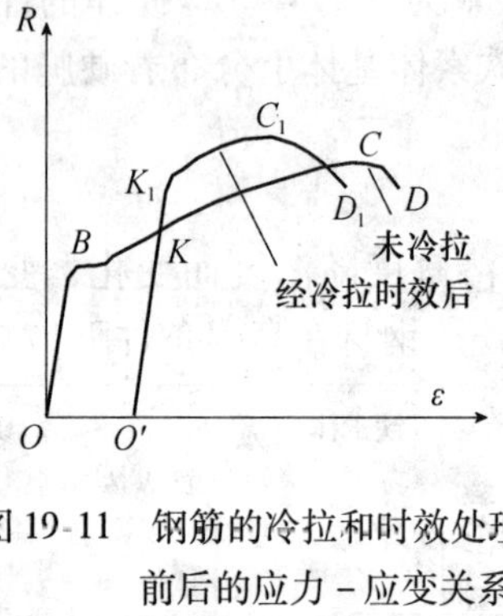

图 19-11　钢筋的冷拉和时效处理前后的应力－应变关系

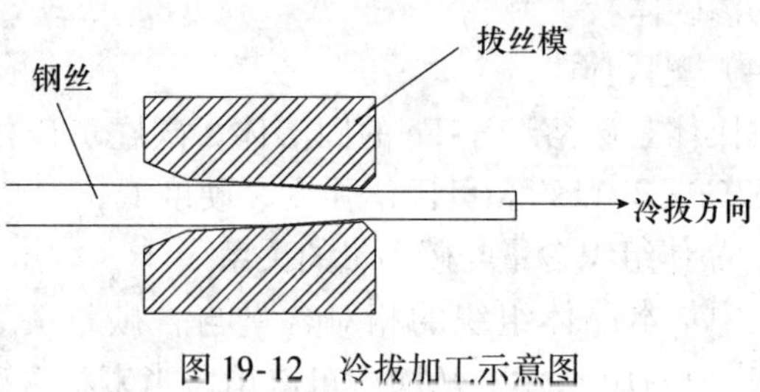

图 19-12　冷拔加工示意图

（3）冷轧。指钢材（低碳钢丝）通过硬质轧辊，在钢材表面轧制出呈一定规律分布的轧痕的过程。

2. 钢材冷加工的工程应用

土木工程中钢材冷加工的工程意义：

（1）经济效益。可节约钢材。一般冷拉后的钢材屈服强度提高 15%～20%，冷拔后的钢材屈服强度提高 40%～90%。钢筋混凝土结构计算中可适当减小钢筋截面积或减少配筋率。

（2）简化施工工艺。冷拉的过程可使盘条钢筋的开盘、矫直、冷拉三道工序合为一道工序；对于直条钢筋则可使矫直、除锈、冷拉三道工序合为一道工序。

工程中冷加工和时效一般同时采用，冷拉控制参数和时效方法应通过试验确定。强度较低的钢筋采用自然时效，强度较高的钢筋采用人工时效。钢筋的冷拉可采用控制应力或控制冷拉率的方法。

土木工程中，钢材的冷加工主要是对钢筋冷拉和钢丝冷拔。

二、钢材的热处理

按照一定的制度对钢材进行加热、保温和冷却改变钢材的晶体组织和显微结构，使钢材的性能按要求改变的过程称为热处理。热处理可以消除由于冷加工在材料内部产生的内应力，从而改变钢材的力学性能。热处理一般仅在钢材生产工厂或加工厂进行。在施工现场，有时对焊接件也要进行一定的热处理以保证焊接质量。常用的热处理方法有淬火、回火、退火、正火等。

1. 淬火

淬火就是将钢加热到 723 ~ 910℃（视含碳量而定）以上的某一温度，保温使其晶体组织完全转变，然后立即在水或油中淬冷的工艺过程。经淬火的钢材，其强度和硬度大为提高，而塑性和韧性明显下降。

2. 回火

回火就是将淬火后的钢材在 723℃以下的某温度范围内重新加热，经保温后按一定速度冷却至室温的过程。回火消除钢材淬火产生的内应力，恢复塑性和韧性，降低硬度。500 ~ 650℃为高温回火，300 ~ 500℃为中温回火，150 ~ 300℃为低温回火。加热温度愈高，硬度降低愈多，塑性和韧性恢复愈好。调质处理就是在淬火后随即采用高温回火，调质处理后的钢材，其强度、塑性和韧性方面均有较大改善。

3. 退火

退火就是将钢材加热到 723 ~ 910℃（视含碳量而定）以上的某一温度，然后在退火炉中保温，缓慢冷却的工艺过程。退火可消除钢材中的内应力，改善钢的显微结构，细化晶粒，降低硬度，提高塑性和韧性。通常低碳钢冷加工后，常在 650 ~ 700℃的温度条下进行退火，可提高塑性和韧性。

4. 正火

正火就是将钢材加热到 723 ~ 910℃或更高温度，然后在空气中冷却的工艺过程。钢材经正火处理后，显微结构进一步均匀，使钢材的强度和硬度提高，但塑性降低。

第五节 钢材的连接

土木工程中，钢材的连接可分两大类：钢结构连接和钢筋混凝土结构中的钢筋连接。

一、钢结构连接

建筑钢结构体系中，构件之间的连接形式主要有三种：铆接、栓接、焊接。见图 19-13。

1. 铆接

铆接塑性和韧性好，传力可靠，适用于直接承受动载荷的结构。但技术成本高，削弱构件截面，安装效率低，现代钢结构已经很少采用。

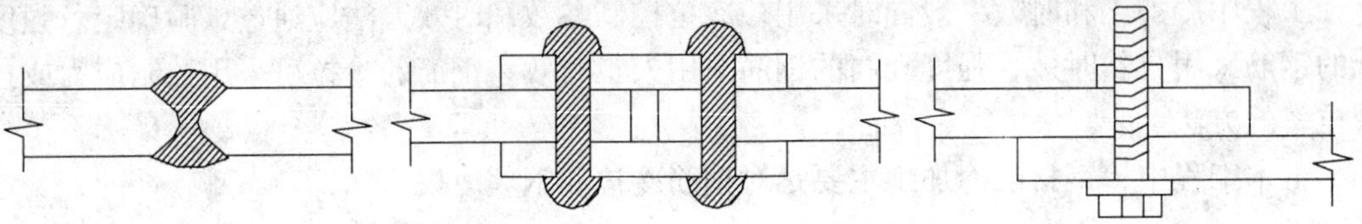

（a）　　　　　　　　（b）　　　　　　　　（c）

图 19-13　钢结构连接方法示意图

（a）焊接；（b）铆接；（c）螺栓连接

2. 栓接

有普通螺栓和高强螺栓连接，其特点是施工简单、易于拆换。

普通螺栓有 A、B、C 三种。C 级螺栓材料性能级别主要常用有 4.6 级和 4.8 级；A、B 级螺栓材料性能级别主要有 5.6 级和 8.8 级。按《钢结构工程施工质量验收规范》（GB 50205—2001）规定，A、B、C 级螺栓对于孔径有严格的要求。8.8 级普通螺栓一般用低合金钢加工而成，4.6 级和 4.8 级、5.6 级普通螺栓一般用碳钢加工而成。

高强螺栓连接有：高强度大六角螺栓连接副和扭剪型高强度螺栓连接副。

高强度大六角头螺栓的性能级别主要有 8.8 级和 10.9 级。性能级别、材料及使用配合见表 19-2 和表 19-3。

表 19-2　大六角头螺栓、大六角螺母、垫圈的性能等级和材料（GB/T 1231—2006）

类别	性能等级	材料	标准编号	适用规格
螺栓	10.9S	20MnTiB ML20MnTiB	GB/T 3077 GB/T 6478	≤M24
		35VB		≤M30
	8.8S	45，35	GB/T 699	≤M20
		20MnTiB、40Cr ML20MnTiB	GB/T 3077 GB/T 6478	≤M24
		35CrMo	GB/T 3077	≤M30
		35VB		
螺母	10H	45，35	GB/T 699	
	8H	ML35	GB/T 6478	
垫圈	35HRC～45HRC	45，35	GB/T 699	

表 19-3　大六角头螺栓、大六角螺母、垫圈的使用配合（GB/T 1231—2006）

类别	螺栓	螺母	垫圈
型式尺寸	按 GB/T 1228 规定	按 GB/T 1229 规定	按 GB/T 1230 规定
性能等级	10.9S	10H	35HRC～45HRC
	8.8S	8H	35HRC～45HRC

螺栓实物的机械性能如表 19-4 所示。

表 19-4　大六角头螺栓实物的机械性能

螺纹规格 d			M12	M16	M20	M22	M24	M27	M30
公称应力截面积 A（mm^2）			84.3	157	245	303	353	459	561
性能等级	10.9S	拉力载荷（N）	87700～104500	163000～195000	255000～304000	315000～376000	367000～438000	477000～569000	583000～696000
	8.8S		70000～86800	130000～162000	203000～252000	251000～312000	293000～364000	381000～473000	466000～578000

扭剪型高强度螺栓连接副主要有 10.9 级，材质规格如表 19-5 所示，实物机械性能如表 19-6 所示。

表 19-5　扭剪型高强度螺栓材质规格（GB/T 3632—2008）

类别	性能等级	推荐材料	标准号	适用规格
螺栓	10.9S	20MnTiB ML20MnTiB	GB/T 3077 GB/T 6478	≤M24
		35VB 35CrMo	GB/T 3077	M27，M30

表 19-6　扭剪型高强度螺栓实物机械性能（GB/T 3632—2008）

螺纹规格 d		M16	M20	M22	M24	M27	M30
公称应力截面积 A（mm^2）		157	245	303	353	459	561
10.9S	拉力载荷（kN）	163～195	255～304	315～376	367～438	477～568	583～696

3. 焊接

焊接是现代建筑钢结构的主要连接方式。

焊接代替铆接是建筑钢结构安装施工工艺的革命。建筑钢框架、网架、高架桥梁等采用以焊代铆的结构不仅可以节约钢材，还可以解除铆工繁重的体力劳动，缩短建造工期。所以建造焊接结构的钢结构，在世界上已经作为建筑技术进步的标志。

建筑钢结构安装施工，焊接同铆接结构相比具有如下特点：

（1）应力集中变化范围大。

（2）有较大的焊接应力和变形。

（3）焊接接头有较好的密封性和较好的刚度整体性。

（4）施工噪声小。

（5）板材厚度没有限制。

（6）某些情况下设计比较简单。

现代建筑钢结构焊接方式主要有手弧焊、埋弧焊、气体保护焊等。

二、钢筋连接

工程中钢筋需要接长或固定相互交叉，就需要进行钢筋连接。按施工工艺可分为：绑扎连接、焊接连接和机械连接。钢筋的接头宜设在受力较小处。同一受力钢筋不宜设置两个或两个以上的接头，接头末端至钢筋弯起点的距离不应小于钢筋直径的 10 倍。同一构件内的钢筋接头宜相互错开。

1. 绑扎连接

纵向受拉钢筋绑扎搭接接头面积百分率不宜大于25%，其最小搭接长度如表19-7所示。

表19-7　纵向受拉钢筋绑扎最小搭接长度（GB 50204—2002）

钢筋类型		混凝土强度等级			
		C15	C20~C25	C30~C35	≥C40
光圆钢筋	HPB235	45d	35d	30d	25d
带肋钢筋	HRB335	55d	45d	35d	30d
	HRB400、RRB400	—	55d	40d	35d

注：d为钢筋直径。直径不同的钢筋搭接时以直径较细的钢筋计算。

2. 焊接连接

钢筋焊接连接形式有：电阻点焊、闪光对焊、电弧焊、电渣压力焊、气压焊、预埋件钢筋埋弧压力焊。钢筋焊接连接可改善结构受力性能，提高工效，减低施工成本。

（1）电阻点焊。将两根钢筋交叉叠接放于两电极之间，电极通电熔化母材，加压形成焊点。

（2）闪光对焊。钢筋安放采用对接形式，利用电阻热使触点金属熔化，迅速施加顶锻力，产生强烈的闪光飞溅后形成焊点。

（3）电弧焊。焊条和钢筋各作为一个电极，利用焊接电流产生的电弧热进行熔焊。

（4）电渣压力焊。两根钢筋竖向对接安放，电流通过两钢筋端面间隙，焊剂层下形成电弧和电渣，电弧热和电阻热熔化钢筋，加外压形成焊点。

（5）气压焊。采用高温火焰（乙炔）对两钢筋对接处加热，使其达到塑性状态或熔化状态后，再加压形成焊点。

（6）预埋件钢筋埋弧压力焊。钢筋安放于钢板上，形成T形接头形式，当焊接电流通过时，在焊剂层下产生电弧，形成熔池，加压形成焊点。

3. 机械连接

钢筋的机械连接就是通过钢筋与连接件的机械咬合作用或钢筋端面的承压作用，将一根钢筋中的力传递至另一根钢筋的连接方法。主要形式有套筒冷挤压连接、锥螺纹套筒连接、镦粗头直螺纹钢筋套筒连接、滚轧直螺纹套筒连接。

（1）套筒冷挤压连接

适用于工业及民用建筑的混凝土结构钢筋直径为16~40mm的Ⅱ、Ⅲ级带肋钢筋的径向挤压连接。

施工时，将需要连接的带肋钢筋插于特制的钢套筒中，机械挤压套筒，产生塑性变形，套筒与钢筋紧密咬合实现钢筋之间的连接。连接示意图如图19-14所示。

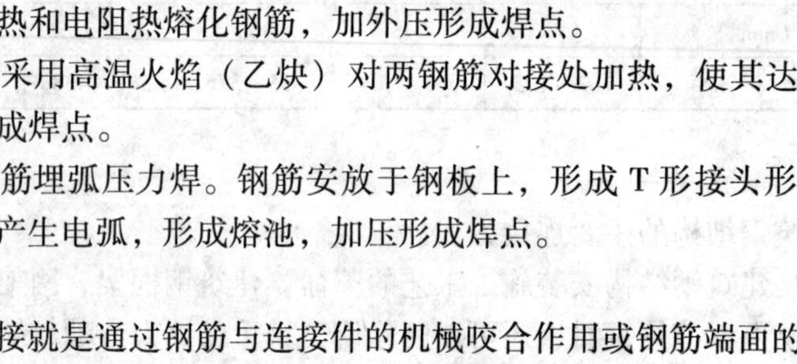

图19-14　套筒冷挤压连接示意图

（2）锥螺纹套筒连接

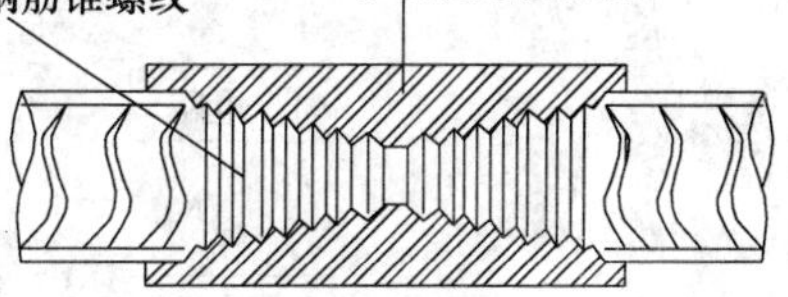

图 19-15　锥螺纹套筒连接示意图

适用于工业及民用建筑的混凝土结构钢筋直径为 16～40mm 的Ⅱ、Ⅲ级连接。连接钢筋时，对正轴线将钢筋按规定的力矩拧入连接套筒中。连接示意图如图 19-15 所示。

（3）镦粗头直螺纹钢筋套筒连接

将钢筋的连接端先行镦粗，再加工出圆柱螺纹并用连接套筒连接。适用于 HRB335 和 HRB400 级的热轧带肋钢筋。镦粗头示意图如图 19-16 所示。

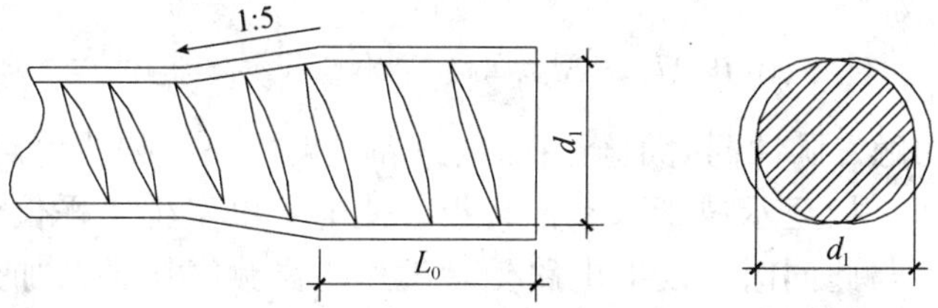

图 19-16　镦粗头示意图

（4）滚轧直螺纹连接

将钢筋端部用滚轧工艺加工成直螺纹，并用相应的连接套筒将两根钢筋相互连接的钢筋接头。

《钢筋机械连接技术规程》（JGJ 107—2010）规定，机械连接的钢筋接头应满足：

1）接头连接件的屈服承载力和抗拉承载力的标准值应不小于被连接钢筋的屈服承载力和抗拉承载力标准值的 1.10 倍。

2）接头应根据其等级和应用场合，对单向拉伸性能、高应力反复拉压、大变形反复拉压、抗疲劳、耐低温等各项性能确定相应的检验项目。

3）根据抗拉强度以及高应力和大变形条件下反复拉压性能的差异，接头应分为下列三个等级：

①Ⅰ级：接头抗拉强度不小于被连接钢筋实际抗拉强度或 1.10 倍钢筋抗拉强度标准值，并具有高延性及反复拉压性能。

②Ⅱ级：接头抗拉强度不小于被连接钢筋抗拉强度标准值，并具有高延性及反复拉压性能。

③Ⅲ级：接头抗拉强度不小于被连接钢筋屈服强度标准值的 1.35 倍，并具有一定的延性及反复拉压性能。

三、钢材焊接无损检验

建筑钢材焊缝中缺陷的现场检验，常用无损检测的方法对其缺陷大小进行定量。焊接缺陷无损检验方法较多，有超声波、射线、磁粉、涡流、渗透、声发射、红外线等。对于建筑钢结构焊接比较经济、实用、安全的检验方法是金属超声波法。

通常选用 A 型金属超声波仪进行焊接的无损检验。这种探伤仪荧光屏横坐标为声波传播的时间（或距离），纵坐标代表反射波的波幅（一般而言缺陷大的波幅高）。根据荧光屏上反射波的位置可以确定缺陷位置，反射波的波幅可以估算缺陷大小。A 型金属超声波仪工作过程如图 19-17 所示。

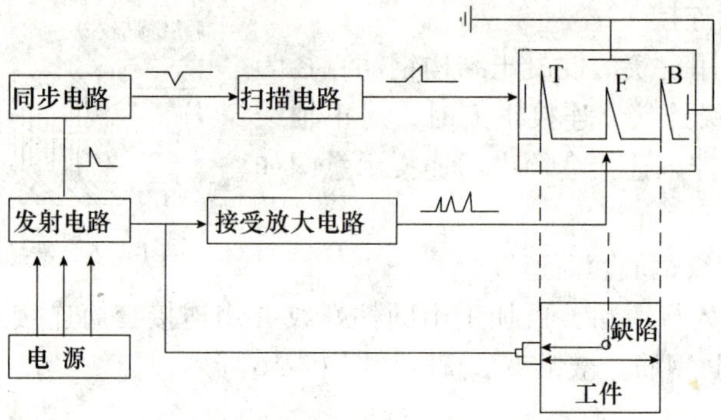

图 19-17　A 型金属超声波仪工作示意图

同步电路产生的触发脉冲同时加至扫描电路和发射电路，扫描电路受触发开始工作，产生锯齿波扫描电压，加至示波管水平偏转板，使电子束发生水平偏转，在荧光屏上产生一条水平扫描线。与此同时，发射电路受触发产生高频窄脉冲，加至探头，激励压电晶片振动，在工件中产生超声波。超声波在工件中传播，遇到缺陷发生反射，返回探头时，又被压电晶片转换成电信号，经接收电路放大和检波，加至示波管垂直偏转板上，使电子束发生垂直偏转，在水平扫描的相应位置上产生缺陷波和底波。根据缺陷波的位置可以确定缺陷的深度，根据波幅可以估算缺陷当量的大小。

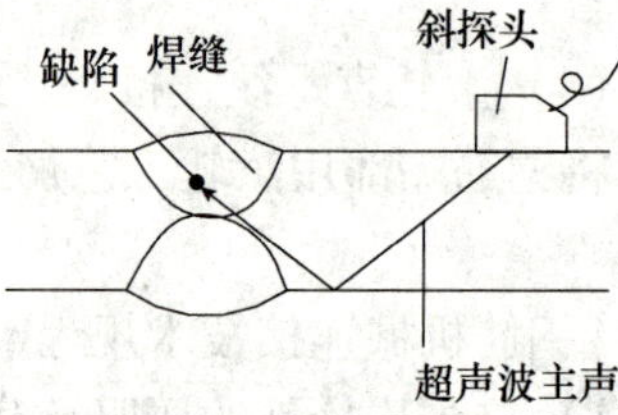

图 19-18　斜探头探伤示意图

现场斜探头探伤法对于焊缝缺陷检测较实用。斜探头法是超声波从焊缝侧面斜射进入焊缝。探伤示意图如图 19-18所示。

第六节　钢材的技术标准和选用

一、钢结构用钢

钢结构用钢的选用应按《钢结构设计规范》（GB 50017—2003）要求。《钢结构设计规范》对于材料选用规定如下：

保证承重结构承载力和防止在一定条件下出现脆性破坏，应根据结构的重要性、荷载特征、结构形式、应力状态、连接方法、钢材厚度和工作环境等因素综合考虑，选用适合的钢材牌号和材性。承重结构的钢材宜选用 Q235、Q345、Q390 和 Q420 钢，其质量应分别符合现行国家标准《碳素结构钢》（GB/T 700）和《低合金高强度结构钢》（GB/T 1591）的规定。当采用其他牌号的钢材时，尚应符合相应有关标准的规定和要求。

承重结构采用的钢材应具有抗拉强度、伸长率、屈服强度和硫、磷含量的合格保证，对焊结结构尚应具有含碳量的合格保证。焊接承重结构以及重要的非焊接承重结构采用的钢材还应具有冷弯实验的合格保证。需要验算疲劳的焊接结构钢材：应具有常温冲击韧性的合格保证；当结构工作温度不高于0℃但高于零下20℃时，Q235 和 Q345 钢应具有 0℃的冲击韧性的合格保证；当结构的工作温度不高于零下 20℃时，Q235 和 Q345 钢应具有零下 20℃的冲击韧性的合格保证；Q390 和 Q420 钢应具有零下 40℃的冲击韧性的合格保证。需要验算疲劳的非焊接结构的钢材：应具有常温冲击韧性的合格保证；当结构工作温度不高于零下20℃时，Q235 和 Q345 钢应具有 0℃ 的冲击韧性的合格保证；Q390 和 Q420 钢应具有零下20℃的冲击韧性的合格保证。

1. 碳素结构钢

《碳素结构钢》（GB/T 700—2006）中规定，碳素结构钢的牌号由代表屈服强度的字母、屈服强度数值、质量等级符号、脱氧方法符号四部分按顺序组成。

例如 Q235AF，其中，Q 为屈服强度的“屈”字汉语拼音首位字母；235 为屈服强度数值；A 为钢材的质量等级，碳素结构钢有 A、B、C、D 四个等级；F 为沸腾钢“沸”字汉语拼音首位字母（镇静钢用“Z”表示，特殊镇静钢用“TZ”表示，在牌号组成表示方法中，“Z”和“TZ”可以省略）。

碳素结构钢的牌号和化学成分应符合表 19-8；力学性能应符合表 19-9。

表 19-8　碳素结构钢化学成分质量要求（GB/T 700—2006）

牌号	统一数字代号①	等级	厚度（或直径）	脱氧方法	化学成分（质量百分数,%），不大于				
					C	Si	Mn	P	S
Q195	U 11952	—	—	F、Z	0.12	0.30	0.50	0.035	0.040
Q215	U 12152	A	—	F、Z	0.15	0.35	1.20	0.045	0.050
	U 12155	B		F、Z					0.045
Q235	U 12352	A	—	F、Z	0.22	0.35	1.40	0.045	0.050
	U 12355	B		F、Z	0.20②				0.045
	U 12358	C		Z	0.17			0.040	0.040
	U 12359	D		TZ				0.035	0.035
Q275	U 12752	A	—	F、Z	0.24	0.35	1.50	0.045	0.050
	U 12755	B	≤40	Z	0.21			0.045	0.045
			>40		0.22				
	U 12758	C	—	Z	0.20			0.040	0.040
	U 12759	D		TZ				0.035	0.035

①表中为镇静钢、特殊镇静钢牌号的统一数字，沸腾钢牌号的统一数字代号如下：Q195F——U11950；Q215AF——U12150，Q215BF——U12153；Q235AF——U12350，Q235BF——U12353；Q275AF——U12750。

②经需方同意，Q235B 含碳量可不大于 0.22%。

表 19-9　碳素结构钢力学性能要求（GB/T 700—2006）

牌号	等级	屈服强度① R_{eH}（N/mm^2），不小于						抗拉强度② R_m（N/mm^2）	断后伸长率 A（%），不小于					冲击试验（V 形缺口）	
		厚度（或直径）（mm）							厚度（或直径）（mm）					温度（℃）	冲击（纵向），吸收功（J）不小于
		≤16	>16~40	>40~60	>60~100	>100~150	>150~200		≤40	>40~60	>60~100	>100~150	>100~200		
Q195	—	195	185	—	—	—	—	315~430	33	—	—	—	—	—	—

续表

牌号	等级	屈服强度①R_{eH}（N/mm^2），不小于						抗拉强度② R_m（N/mm^2）	断后伸长率 A（%），不小于					冲击试验（V形缺口）	
		厚度（或直径）（mm）							厚度（或直径）（mm）					温度（℃）	冲击（纵向），吸收功（J）不小于
		≤16	>16 ~40	>40 ~60	>60 ~100	>100 ~150	>150 ~200		≤40	>40 ~60	>60 ~100	>100 ~150	>100 ~200		
Q215	A	215	205	195	185	175	165	335~450	31	30	29	27	26	—	—
	B													+20	27
Q235	A	235	225	215	215	195	185	370~500	26	25	24	22	21	—	—
	B													+20	27③
	C													0	
	D													-20	
Q275	A	275	265	255	245	225	215	410~540	22	21	20	18	17	—	—
	B													+20	27
	C													0	
	D													-20	

①Q195 的屈服强度值仅供参考，不作交货条件。

②厚度大于 100mm 的钢材，抗拉强度下限允许降低 $20N/mm^2$。宽带钢（包括剪切钢板）抗拉强度上限不作交货条件。

③厚度小于 25mm 的 Q235B 级钢材，如供方能保证冲击吸收功值合格，经需方同意，可不做检验。

Q195、Q215 钢强度低，塑性和韧性好，易于冷弯加工，常用作钢钉、铆钉、螺栓及钢丝等。

Q235 钢属于低碳钢，具有较高的强度，良好的塑性、韧性和可焊性，能满足一般钢结构和混凝土结构用钢要求，冶炼方便，成本低，应用十分广泛。

Q275 钢，强度高但塑性和韧性较差，不易于冷弯加工，一般用于轧制钢筋、螺栓及配件、机械零件和工具等。

碳素结构钢中，镇静钢的品质优于半镇静钢，沸腾钢的品质较差，下列结构中，不宜采用 Q235 沸腾钢如表 19-10 所示。

表 19-10　不宜采用 Q235 沸腾钢的结构

结构形式	环境温度	受力条件
焊接	—	直接承受动力荷载或振动荷载且需要验算疲劳的结构
	<-20℃	直接承受动力荷载或振动荷载但可不验算疲劳的结构 承受静力荷载的受弯及受拉的承重结构
	≤-30℃	所有承重结构
非焊接	≤-20℃	直接承受动力荷载且需要验算疲劳的结构

2. 优质碳素结构钢

《优质碳素结构钢》（GB/T 699—1999）规定，优质碳素结构钢的硫、磷含量应符合表19-11 要求。

表 19-11　优质碳素结构钢硫、磷含量

组别	P	S
	不大于（%）	
优质钢	0.035	0.035
高级优质钢	0.030	0.030
特级优质钢	0.025	0.020

优质碳素结构钢成本高，一般用于重要结构的钢铸件及高强螺栓、预应力锚具、预应力钢丝和钢绞线等。

3. 低合金高强度结构钢

按《低合金高强度结构钢》（GB/T 1591—2008）的规定，钢的牌号由代表屈服强度的汉语拼音字母、屈服强度数值、质量等级符号三部分组成。如 Q345D，其中 Q 代表钢材的屈服强度，345 代表屈服强度的数值（MPa），D 为质量等级。当钢材需要厚度方向性能的要求时，则在规定的牌号后面加上代表厚度方向（Z 向）性能级别的符号，例如 Q345DZ15。低合金高强度结构钢的拉伸力学性能应符合表 19-12 规定。

表 19-12　低合金高强度结构钢的拉伸力学性能

牌号	质量等级	以下公称厚度（直径，边长）下屈服强度 R_{eL}（MPa）									以下公称厚度（直径，边长）下抗拉强度 R_m（MPa）							断后伸长率 A（%）公称厚度（直径，边长）					
		≤16	>16~40	>40~63	>63~80	>80~100	>100~150	>150~200	>200~250	>250~400	≤40	>40~63	>63~80	>80~100	>100~150	>150~250	>250~400	≤40	>40~63	>63~100	>100~150	>150~250	>250~400
Q345	A B C	≥345	≥335	≥325	≥315	≥305	≥285	≥275	≥265	—	470~630	470~630	470~630	470~630	450~600	450~600	—	≥20	≥19	≥19	≥18	≥17	—
	D E									≥265							450~600	≥21	≥20	≥20	≥19	≥18	≥17
Q390	A B C D E	≥390	≥370	≥350	≥330	≥330	≥310	—	—	—	490~650	490~650	490~650	490~650	470~620	—	—	≥20	≥19	≥19	≥18	—	—
Q420	A B C D E	≥420	≥400	≥380	≥360	≥360	≥340	—	—	—	520~680	520~680	520~680	520~680	500~650	—	—	≥19	≥18	≥18	≥18	—	—

续表

牌号	质量等级	以下公称厚度（直径，边长）下屈服强度 R_{eL}（MPa） ≤16	>16~40	>40~63	>63~80	>80~100	>100~150	>150~200	>200~250	>250~400	以下公称厚度（直径，边长）下抗拉强度 R_m（MPa） ≤40	>40~63	>63~80	>80~100	>100~150	>150~250	>250~400	断后伸长率 A（%）公称厚度（直径，边长） ≤40	>40~63	>63~100	>100~150	>150~250	>250~400
Q460	C D E	≥460	≥440	≥420	≥400	≥400	≥380	—	—	—	550~720	550~720	550~720	550~720	530~700	—	—	≥17	≥16	≥16	≥16	—	—
Q500	C D E	≥500	≥480	≥470	≥450	≥440	—	—	—	—	610~770	600~760	590~750	540~730	—	—	—	≥17	≥17	≥17	—	—	—

注：1. 当屈服不明显时，可测 $R_{p0.2}$ 代替下屈服强度。

2. 宽度不小于600mm的扁平材，拉伸试验取横向试样；宽度小于600mm的扁平材、型材及棒材取纵向试样，断后伸长率最小值相应提高1%（绝对值）。

3. 厚度>250~400mm的数值适用于扁平材。

低合金高强度结构钢的含碳量都不超过0.2%，多为氧气转炉、平炉或电炉冶炼的镇静钢，有害杂质少，质量稳定，具有良好的塑性、韧性和适当的可焊性。低合金高强度结构钢的力学性能优于碳素结构钢，和碳素结构钢相比，采用低合金高强度结构钢可以减少结构自重，加大结构跨度，节约钢材，经久耐用，适用于高层建筑或大跨度结构。

4. 建筑结构用钢板

建筑结构用钢板适用于制造高层建筑结构、大跨度结构及其他重要建筑结构。建筑结构用钢板的厚度为6~100mm，钢板的牌号由代表屈服强度的汉语拼音字母（Q）、屈服强度数值、代表高性能建筑结构用钢的汉语拼音字母（GJ）、质量等级符号（B、C、D、E）组成，如Q345GJC；对于厚度方向性能钢板，在质量等级后面加上厚度方向性能级别（Z15、Z25或Z35），如Q345GJCZ25。建筑结构用钢板的力学性能和工艺性能如表19-13所示。

表19-13　建筑结构用钢板的力学性能和工艺性能（GB/T 19879—2005）

牌号	质量等级	屈服强度 R_{eH}（N/mm²）钢板厚度（mm） 6~16	>16~35	>35~50	>50~100	抗拉强度 R_m（N/mm²）	伸长率 A（%）	冲击功（纵向）A_{KV}（J） 温度℃	不小于	180°弯曲试验 d=弯心直径 a=试样厚度 钢板厚度（mm） ≤16	>16	屈强比≯
Q235GJ	B	≥235	235~355	225~345	215~335	400~510	≥23	20	34	$d=2a$	$d=3a$	0. 8
	C							0				
	D							-20				
	E							-40				

续表

牌号	质量等级	屈服强度 R_{eH}（N/mm²）				抗拉强度 R_m（N/mm²）	伸长率 A（%）	冲击功（纵向）A_{KV}（J）		180°弯曲试验 d=弯心直径 a=试样厚度		屈强比≯
		钢板厚度（mm）								钢板厚度（mm）		
		6～16	>16～35	>35～50	>50～100			温度℃	不小于	≤16	>16	
Q345GJ	B	≥345	345～465	335～455	325～445	490～610	≥22	20	34	$d=2a$	$d=3a$	0.83
	C							0				
	D							-20				
	E							-40				
Q390GJ	C	≥390	390～510	380～500	370～490	490～680	≥20	0	34	$d=2a$	$d=3a$	0.85
	D							-20				
	E							-40				
Q420GJ	C	≥420	420～550	410～540	400～530	520～680	≥19	0	34	$d=2a$	$d=3a$	0.85
	D							-20				
	E							-40				
Q460GJ	C	≥460	460～590	450～590	440～580	550～720	≥17	0	34	$d=2a$	$d=3a$	
	D							-20				
	E							-40				

5. 桥梁结构钢

桥梁钢的牌号由代表屈服点的汉语拼音字母、屈服点数值、桥梁钢的汉语拼音字母、质量等级符号四部分组成。桥梁钢的力学性能和工艺性能如表 19-14 所示。

表 19-14　桥梁钢的力学性能和工艺性能（GB/T 714—2008）

牌号	质量等级	拉伸试验①,②				V 型冲击试验③	
		下屈服强度 R_{eL}（MPa）		抗拉强度 R_m（MPa）	断后伸长率 A（%）	试验温度（℃）	冲击吸收能量 KV_2（J）
		厚度（mm）					
		≤50	>50～100				
		不小于					不小于
Q235q	C	235	225	400	26	0	34
	D					-20	
	E					-40	
Q345q④	C	345	335	490	20	0	47
	D					-20	
	E					-40	

续表

牌号	质量等级	拉伸试验①,②				V型冲击试验③	
		下屈服强度 R_{eL}（MPa）		抗拉强度 R_m（MPa）	断后伸长率 A（%）	试验温度（℃）	冲击吸收能量 KV_2（J）
		厚度（mm）					
		≤50	>50～100				
		不小于					不小于
Q370q④	C	370	360	510	20	0	47
	D					-20	
	E					-40	
Q420q④	C	420	410	540	19	0	47
	D					-20	
	E					-40	
Q460q	C	460	450	540	17	0	47
	D					-20	
	E					-40	

①当屈服不明显时，可测量 $R_{p0.2}$ 代替下屈服强度。

②钢板及钢带的拉伸试验取横向试样，型钢的拉伸试验取纵向试样。

③冲击试验取纵向试样。

④厚度不大于16mm的钢材，断后伸长率提高1%（绝对值）。

二、钢筋混凝土结构用钢

1. 热轧钢筋

（1）热轧光圆钢筋

《钢筋混凝土用钢　第1部分：热轧光圆钢筋》（GB 1499.1—2008）按屈服强度特征值分为235、300级。钢筋的牌号构成及含义如表19-15所示。

表19-15　热轧光圆钢筋牌号构成及含义

牌号	牌号构成	含义
HPB235	由HPB+屈服强度特征值构成	HPB——Hot rolled Plain Bars 缩写
HPB300		

热轧光圆钢筋的化学成分如表19-16所示。

表19-16　热轧光圆钢筋的化学成分（质量分数）

牌号	化学成分（%），不大于				
	C	Si	Mn	P	S
HPB235	0.22	0.30	0.65	0.045	0.050
HPB300	0.25	0.55	1.50	0.045	0.050

热轧光圆钢筋的力学和工艺性能如表19-17所示。其中伸长率的类型经协议可从 A 或 A_{gt} 中选定，如未经协议确定，则伸长率采用 A（断后伸长率），仲裁检验采用 A_{gt}（最大总伸长率）。

表 19-17 热轧光圆钢筋的力学和工艺性能

牌号	R_{eL}（MPa）	R_m（MPa）	A（%）	A_{gt}（%）	冷弯实验 180° d = 弯心直径 a = 钢筋公称直径
	不小于				
HPB235	235	370	25.0	10.0	$d=a$，钢筋受弯曲部位表面不得产生裂纹
HPB300	300	420			

（2）热轧带肋钢筋

《钢筋混凝土用钢　第 2 部分：带肋钢筋》（GB 1499.2—2007）中包括：普通热轧钢筋和细晶粒热轧钢筋。牌号构成及含义见表 19-18，力学性能见表 19-19，工艺性能见表 19-20。

表 19-18 热轧钢筋牌号构成及含义

类别	牌号	牌号构成	含义
普通热轧钢筋	HRB335	由 HRB + 屈服强度特征值	HRB—Hot rolled Ribbed bars
	HRB400		
	HRB500		
细晶粒热轧钢筋	HRBF335	由 HRBF + 屈服强度特征值	HRBF—Hot rolled Ribbed bars Fine
	HRBF400		
	HRBF500		

表 19-19 热轧钢筋力学性能

牌号	R_{eL}（MPa）	R_m（MPa）	A（%）	A_{gt}（%）
	不小于			
HRB335 HRBF335	335	455	17	7.5
HRB400 HRBF400	400	540	16	7.5
HRB500 HRBF500	500	630	15	7.5

注：直径 28 ~ 40mm 各牌号钢筋的断后伸长率 A 可降低 1%；直径大于 40mm 的各牌号钢筋的断后伸长率 A 可降低 2%。

表 19-20 热轧钢筋的工艺性能

牌号	公称直径 d	弯心直径	弯曲 180°
HRB335 HRBF335	6 ~ 25	3d	受弯曲部位表面不得产生裂纹
	28 ~ 40	4d	
	>40 ~ 50	5d	
HRB400 HRBF400	6 ~ 25	4d	
	28 ~ 40	5d	
	>40 ~ 50	6d	
HRB500 HRBF500	6 ~ 25	6d	
	28 ~ 40	7d	
	>40 ~ 50	8d	

《混凝土结构设计规范》（GB 50010—2002）提倡用HRB400级和HRB335级钢筋作为我国钢筋混凝土结构的主力钢筋；用高强度的预应力钢绞线、钢丝作为我国预应力混凝土结构的主力筋。

2. 余热处理钢筋

指钢筋热轧后立即穿水，进行表面控制冷却，利用芯部余热自身完成回火处理所得到的成品钢筋。钢筋的形状通常为月牙肋（横肋的纵截面呈月牙形，且与纵肋不相交）。《钢筋混凝土用余热处理钢筋》（GB 13014—91）中余热处理的钢筋级别为Ⅲ，强度等级代号为KL400。热处理钢筋的力学和工艺性能应符合表19-21要求。

表19-21　热处理钢筋的力学和工艺性能

表面形状	钢筋级别	强度等级	公称直径（mm）	屈服点 σ_s（MPa）	抗拉强度 σ_b（MPa）	伸长率 δ_5（%）	冷弯90°（弯曲部位无裂纹）d=弯心直径；a=钢筋公称直径
				不小于			
月牙肋	Ⅲ	KL400	8~25 28~40	440	600	14	$d=3a$ $d=4a$

3. 低碳钢热轧圆盘条

《低碳钢热轧圆盘条》（GB/T 701—2008）可供拉丝等深加工。化学成分和牌号如表19-22所示，力学和工艺性能如表19-23所示。

表19-22　低碳钢热轧圆盘条化学成分和牌号（质量分数）

牌号	C	Mn	Si	S	P
			%，不大于		
Q195	≤0.12	0.25~0.50	0.30	0.040	0.035
Q215	0.09~0.15	0.25~0.60	0.30	0.045	0.045
Q235	0.12~0.20	0.30~0.70			
Q275	0.14~0.22	0.40~1.00			

表19-23　低碳钢热轧圆盘条力学和工艺性能

牌号	力学性能		冷弯180° d=弯心直径；a=钢筋公称直径
	抗拉强度 R_m（N/mm^2）	断后伸长率 $A_{11.3}$（%）	
Q195	410	30	$d=0$
Q215	435	28	$d=0$
Q235	500	23	$d=0.5a$
Q275	540	21	$d=1.5a$

4. 冷轧带肋钢筋

冷轧带肋钢筋是将热轧圆盘条冷轧成表面上沿长度方向均匀分布三面或两面横肋的钢筋。《冷轧带肋钢筋》（GB 13788—2008）的牌号由CRB和钢筋抗拉强度最小值构成，CRB为英文Cold rolled Ribbed Bar，冷轧带肋钢筋分为CRB550、CRB650、CRB800、CRB970四个牌号。CRB550为普通混凝土用钢筋，其他牌号为预应力混凝土用钢筋。冷轧带肋钢筋力学性能和工艺性能见表19-24，反复弯曲半径见表19-25。

表 19-24　冷轧带肋钢筋力学性能和工艺性能

牌号	$R_{p0.2}$ (MPa)	R_m (MPa)	伸长率（%）		弯曲试验 180°	反复弯曲次数	应力松弛 初始应力应相当于公称抗拉强度的 70% 1000h 松弛率（%），不大于
			$A_{11.3}$	A_{100}			
CRB550	500	550	8.0	—	$D=3d$	—	—
CRB650	585	650	—	4.0	—	3	8
CRB800	720	800	—	4.0	—	3	8
CRB970	875	970	—	4.0	—	3	8

注：1. D 为弯心直径，d 为钢筋公称直径。

2. A，$A_{11.3}$分别表示以标距 $5.65\sqrt{S_0}$或 $11.3\sqrt{S_0}$（S_0 为试样的原始截面面积）的试样断裂伸长率，A_{100}表示标距为 100 的试样断裂伸长率。

表 19-25　冷轧带肋钢筋反复弯曲试验的弯曲半径　（mm）

钢筋公称直径	4	5	6
弯曲半径	10	15	15

冷轧带肋钢筋的表面及截面形状见图 19-19。

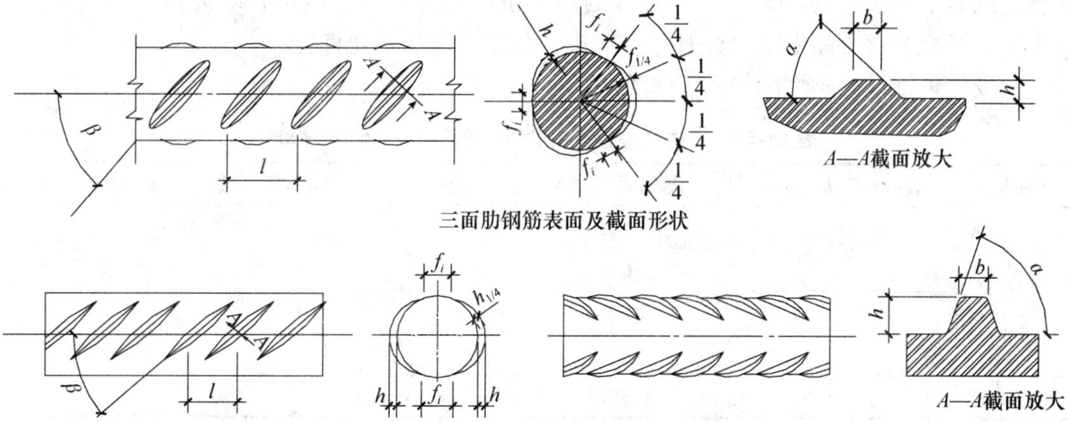

图 19-19　冷轧带肋钢筋的表面及截面形状

5. 冷轧扭钢筋

将低碳钢热轧圆盘条经专用钢筋冷轧扭机调直、冷轧并冷扭（或冷滚）一次成型具有规定截面形式和相应节距的连续螺旋状钢筋，见图 19-20。冷轧扭钢筋刚度大，不易变形，与混凝土粘结握裹力强，可提高混凝土抗裂能力，在钢筋混凝土小型梁和板中较适用。《冷轧扭钢筋》（JG 190—2006）规定的力学性能和工艺性能见表 19-26。

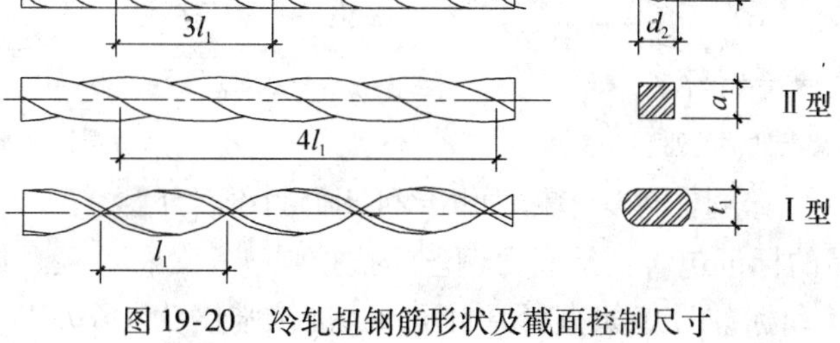

图 19-20　冷轧扭钢筋形状及截面控制尺寸

表 19-26　冷轧扭钢筋的力学性能和工艺性能

强度级别	型号	抗拉强度 σ_b（N/mm²）	伸长率 A（%）	180°弯曲试验（$D=3d$）	应力松弛率（%）（$\sigma_{con}=0.7f_{ptk}$）	
					10h	1000h
CTB550	Ⅰ	≥550	$A_{11.3}\geq4.5$	受弯曲部位钢筋表面不得产生裂纹	—	—
	Ⅱ	≥550	$A\geq10$		—	—
	Ⅲ	≥550	$A\geq12$		—	—
CTB650	Ⅲ	≥650	$A_{100}\geq4$		≤5	≤8

注：1. d 为冷轧扭钢筋的标志直径。

2. A，$A_{11.3}$分别表示以标距$5.65\sqrt{S_0}$或$11.3\sqrt{S_0}$（S_0 为试样的原始截面面积）的试样断裂伸长率，A_{100}表示标距为 100 的试样断裂伸长率。

3. σ_{con}为预应力钢筋的张拉控制应力；f_{ptk}为预应力冷轧扭钢筋抗拉强度标准值。

6. 冷拔低碳钢丝

《混凝土制品用冷拔低碳钢丝》（JC/T 540—2006）是热轧盘条经机械剥壳或酸洗除去表面氧化皮和浮锈后冷拔而获得，代号为 CDW（Cold-Drawn Wire）。每次冷拔操作引起的钢筋直径减缩率不应超过 15%，同一牌号的圆盘条可对焊后进行冷拔，冷拔过程不得酸洗和退火，甲级冷拔丝成品中不允许有焊接接头，冷拔丝成品不允许对焊。

冷拔低碳钢丝力学性能如表 19-27 所示。

表 19-27　冷拔低碳钢丝的力学性能（JC/T 540—2006）

级别	公称直径 d（mm）	抗拉强度 R_m（%）	断后伸长率不小于 A_{100}（%）	反复弯曲次数（次/180°）
甲级	5.0	650	3.0	4
		600		
	4.0	700	2.5	
		650		
乙级	3.0，4.0，5.0，6.0	550	2.0	

7. 预应力混凝土用钢丝

《预应力混凝土用钢丝》（GB/T 5223—2002）中，按加工状态分为冷拉钢丝（代号：WCD）和消除应力钢丝两类；消除应力钢丝按松弛性能又分为低松弛级钢丝（代号：WLR）和普通松弛级钢丝（代号：WNR）。钢丝按外形分有：光圆钢丝（代号：P）、螺旋肋钢丝（代号：H）和刻痕钢丝（代号：I）。螺旋肋钢丝和三面刻痕钢丝，外形如图 19-21 所示。

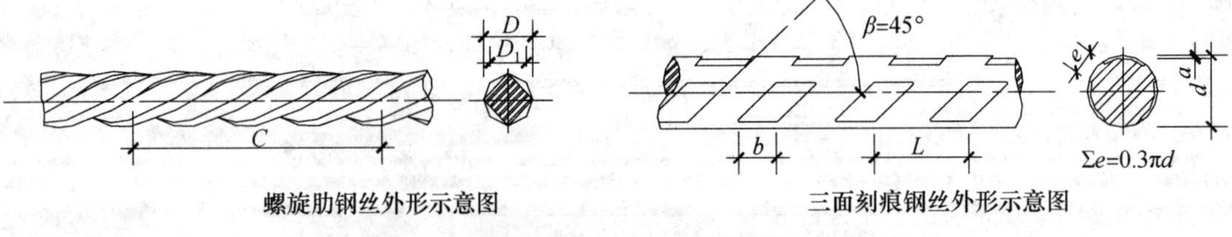

螺旋肋钢丝外形示意图　　三面刻痕钢丝外形示意图

图 19-21　螺旋肋钢丝和三面刻痕钢丝外形

预应力钢丝产品的标记包含：预应力钢丝、抗拉强度、公称直径、抗拉强度等级、加工状态代号、外形代号和标准号。如直径 4.00mm，抗拉强度为 1670MPa 的冷拉光圆钢丝标记：预应力钢丝 4.00-1670-WCD-P-GB/T 5223—2002。

冷拉钢丝的力学性能如表 19-28 所示。消除应力光圆及螺旋肋钢丝的力学性能如表 19-29所示。消除应力刻痕钢丝力学性能如表 19-30 所示。

表 19-28　冷拉钢丝的力学性能

公称直径 d_n（mm）	抗拉强度 σ_b（MPa），不小于	规定非比例伸长应力 $\sigma_{p0.2}$（MPa），不小于	最大力下总伸长率（L_0＝200mm）δ_{gt}（%），不小于	弯曲次数（次/180°），不小于	弯曲半径 R（mm）	断面收缩率 Ψ（%），不小于	每 210mm 扭矩的扭转次数 n 不小于	初始应力相当于 70% 公称抗拉强度时，1000h 后应力松弛率 r（%），不大于
3.00	1470 1570 1670 1770	1100 1180 1250 1330	1.5	4	7.5	—	—	8
4.00				4	10	35	8	
5.00				4	15		8	
6.00	1470 1570 1670 1770	1100 1180 1250 1330		5	15	30	7	
7.00				5	20		6	
8.00				5	20		5	

表 19-29　消除应力光圆及螺旋肋钢丝的力学性能

公称直径 d_n（mm）	抗拉强度 σ_b（MPa），不小于	规定非比例伸长应力 $\sigma_{p0.2}$（MPa），不小于		最大力下总伸长率（L_0＝200mm）δ_{gt}（%），不小于	弯曲次数（次/180°），不小于	弯曲半径 R（mm）	应力松弛性能		
							初始应力相当于公称抗拉强度的百分数（%）	1000h 后应力松弛率 r（%），不大于	
		WLR	WNR					WLR	WNR
							对所有规格		
4.00	1470 1570 1670 1770 1860	1290 1380 1470 1560 1640	1250 1330 1410 1500 1580	3.5	3	10	60 70 80	1.0 2.0 4.5	4.5 8.0 12
4.80					4	15			
5.00									
6.00	1470 1570 1670 1770	1290 1380 1470 1560	1250 1330 1410 1500		4	15			
6.25					4	20			
7.00					4	20			
8.00	1470 1570	1290 1380	1250 1330		4	20			
9.00					4	25			
10.00	1470	1290	1250		4	25			
12.00					4	30			

表 19-30　消除应力刻痕钢丝力学性能

公称直径 d_n（mm）	抗拉强度 σ_b（MPa），不小于	规定非比例伸长应力 $\sigma_{p0.2}$（MPa），不小于		最大力下总伸长率（L_0 = 200mm）δ_{gt}（%），不小于	弯曲次数（次/180°），不小于	弯曲半径 R（mm）	应力松弛性能		
							初始应力相当于公称抗拉强度的百分数（%）	1000h 后应力松弛率 r（%），不大于	
		WLR	WNR				对所有规格	WLR	WNR
≤5.0	1470	1290	1250	3.5	3	15	60	1.0	4.5
	1570	1380	1330				70	2.5	8.0
	1670	1470	1410				80	4.5	12
	1770	1560	1500						
	1860	1640	1580						
>5.0	1470	1290	1250			20			
	1570	1380	1330						
	1670	1470	1410						
	1770	1560	1500						

8. 预应力混凝土用螺纹钢筋

预应力混凝土螺纹钢筋以屈服强度划分级别，其代号为“PSB”加上规定屈服强度最小值表示。P、S、B 分别为 Prestressing、Screw、Bars 的英文首位字母。例如，PSB830 表示屈服强度最小值为 830MPa。力学性能如表 19-31 所示。

表 19-31　预应力混凝土螺纹钢筋力学性能（GB/T 20065—2006）

级别	屈服强度 R_{eL}（MPa）	抗拉强度 R_m（MPa）	断后伸长率 A（%）	最大力下总伸长率 A_{gt}（%）	应力松弛性能	
	不小于				初始应力	1000h 后应力松弛率（%）
PSB785	785	980	7	3.5	$0.8R_{eL}$	≤3
PSB830	830	1030	6			
PSB930	930	1080	6			
PSB1080	1080	1230	6			

注：无明显屈服时，用规定非比例延伸强度（$R_{p0.2}$）代替。

9. 预应力混凝土用钢棒

预应力混凝土钢棒（PCB）按表面形状分为：光圆钢棒（P）、螺旋槽钢棒（HG）、螺旋肋钢棒（HR）、带肋钢棒（R）。见图 19-22 ~ 图 19-24。

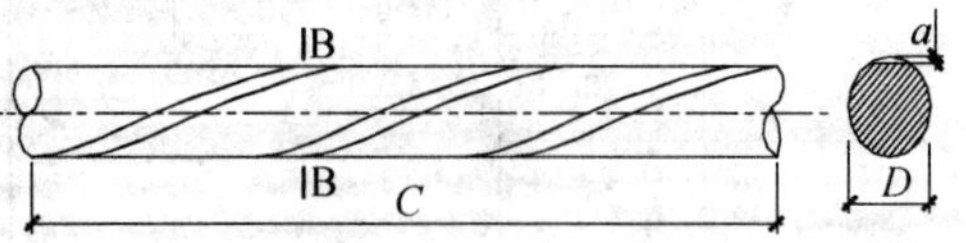

图 19-22　三条螺旋槽钢棒外形示意图

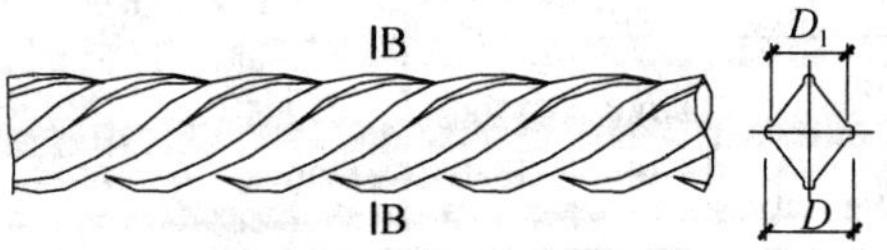

图 19-23　螺旋肋钢棒外形示意图

预应力混凝土钢棒的产品标记内容包括：预应力钢棒、公称直径、公称抗拉强度、代号、延性级别（延性 35 或延性 25）、松弛（N-普通松弛或 L-低松弛）、标准号。如：公称

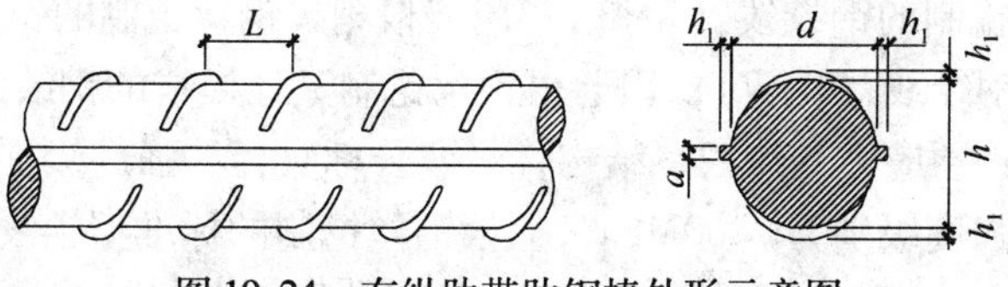

图 19-24　有纵肋带肋钢棒外形示意图

直径为 9mm，公称抗拉强度为 1420MPa，35 级延性，低松弛应力混凝土用螺旋槽钢棒，标记为 PCB 9-1420-35-L-HG-GB/T 5223. 3。预应力混凝土钢棒力学性能如表 19-32 所示。

表 19-32　预应力混凝土钢棒力学性能（GB/T 5223. 3—2005）

表面形状类型	公称直径 D_m（mm）	抗拉强度 R_m（MPa），不小于	规定非比例延伸强度 $R_{p0.2}$（MPa），不小于	弯曲性能	
				性能要求	弯曲半径（mm）
光圆	6	对所有规格的钢棒 1080 1230 1420 1570	对所有规格的钢棒 930 1080 1280 1420	反复弯曲（不小于）4 次/180°	15
	7				20
	8				20
	10				25
	11			弯曲 160°～180°后弯曲处无裂纹	弯芯直径为钢棒公称直径的 10 倍
	12				
	13				
	14				
	16				
螺旋槽	7. 1			—	
	9				
	10. 7				
	12. 6				
螺旋肋	6			反复弯曲（不小于）4 次/180°	15
	7				20
	8				20
	10				25
	12			弯曲 160°～180°后弯曲处无裂纹	弯芯直径为钢棒公称直径的 10 倍
	14				
带肋	6			—	
	8				
	10				
	12				
	14				
	16				

10. 预应力混凝土用钢绞线

钢绞线是用 2、3 或 7 根钢丝捻制而成。按结构分为 5 类：用两根钢丝捻制的钢绞线

(1×2)；用三根钢丝捻制的钢绞线（1×3）；用三根刻痕钢丝捻制的钢绞线（1×3I）；用七根钢丝捻制的标准型钢绞线（1×7）；用七根钢丝捻制又经模拔的钢绞线［（1×7）C］。钢绞线产品的标记包含：预应力钢绞线、结构代号、公称直径、强度级别、标准号。例如，公称直径为15.20mm，强度级别为1860MPa，七根钢丝捻制的标准型钢绞线，标记为：预应力钢绞线 1×7-15.20-1860-GB/T 5224—2003。钢绞线外形示意如图 19-25 所示。1×7 结构钢绞线力学性能如表 19-33 所示。

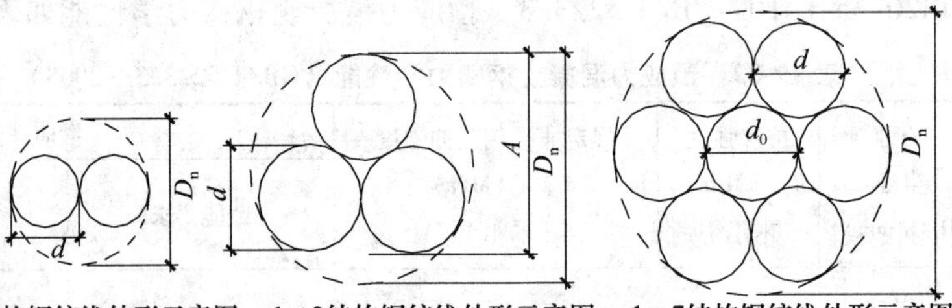

1×2结构钢绞线外形示意图　1×3结构钢绞线外形示意图　1×7结构钢绞线外形示意图

图 19-25　钢绞线外形示意图

表 19-33　1×7 结构钢绞线力学性能

钢绞线结构	钢绞线公称直径 D_m（mm）	抗拉强度 R_m（MPa），不小于	整根钢绞线的最大力 F_m（kN），不小于	规定非比例延伸力 $F_{p0.2}$（kN），不小于	最大力总伸长率 L_0≥500mm A_{gt}（%），不小于	应力松弛性能：初始负荷相当于公称最大力的百分数（%）	应力松弛性能：1000h 后应力松弛率 r（%）不小于
1×7	9.50	1720	94.3	84.9	对所有规格	对所有规格	对所有规格
		1860	102	91.8			
		1960	107	96.3			
	11.10	1720	128	115			
		1860	138	124		60	1.0
		1960	145	131			
	12.70	1720	170	153			
		1860	184	166	3.5	70	2.5
		1960	193	174			
	15.20	1470	206	185			
		1570	220	198			
		1670	234	211		80	4.5
		1720	241	217			
		1860	260	234			
		1960	274	247			
	15.70	1770	266	239			
		1860	279	251			
	17.80	1720	327	294			
		1860	353	318			
（1×7）C	12.70	1860	208	187			
	15.20	1820	300	270			
	18.00	1720	384	347			

三、钢材质量的检验

1. 钢结构用钢检验

（1）全数检查。建筑钢结构使用的钢材、钢铸件的品种、规格、性能等是否符合现行国家产品标准和设计要求，进口钢材产品的质量也应符合设计和合同规定标准的要求。检查方法：检查质量合格证明文件、中文标志及检验报告。

（2）全数检查。钢结构用钢外观质量、锈蚀情况，钢材端面或断口是否存在分层或夹渣等缺陷，钢板的厚度及允许偏差，型钢的规格尺寸及允许偏差是否符合相关标准要求。

对于国外进口钢材、混批钢材、板厚等于或大于40mm以上且设计有Z向性能要求的厚板、建筑结构安全等级为一级的大跨度钢结构中主要受力构件的钢材、设计有复检要求的钢材、质量存疑的钢材等，都应进行抽样复检。

2. 混凝土用钢筋检验

钢筋进场时，应按现行国家标准规定抽取试件做力学性能检验，其质量必须符合有关标准的规定。检查数量，按进场的批次和产品的抽样方案确定。

对有抗震设防要求的框架结构，其纵向受力钢筋的强度应满足设计要求，如设计无具体要求，对一、二级抗震等级，检验所得的强度实测值应符合：钢筋抗拉强度实测值与屈服强度实测值的比值不应小于1.25；钢筋屈服强度实测值与强度标准值的比值不应大于1.3。

第七节　钢材的腐蚀及防止

长期暴露于空气或潮湿环境中的钢材将产生锈蚀，尤其是介质中含有侵蚀性成分时，腐蚀更为严重。腐蚀不仅使钢材有效断面减小，而且会使钢材表面形成大小不等的锈坑、锈斑，造成应力集中，结构在受到冲击荷载、反复交变荷载作用时，可能出现钢材脆性断裂，导致结构迅速破坏。

影响钢材锈蚀的主要因素是环境温度、湿度、侵蚀性介质种类和数量、钢材的材质及表面状况等因素。

一、钢材的腐蚀类型

常见的钢材腐蚀分为化学腐蚀和电化学腐蚀两类。

1. 化学腐蚀

钢材的化学腐蚀是由于大气中的氧、二氧化碳和工业废气中的酸性气体（SO_2、Cl_2、H_2S等）与钢材表面作用引起的。化学腐蚀多发生在干燥的空气中，钢材表面直接形成锈蚀产物（如疏松的氧化铁等），并无电流产生。化学腐蚀特点：进展比较缓慢，先使钢材表面光泽减退，进而颜色发暗，腐蚀逐步加深；但在潮湿环境和温度较高时，腐蚀速度加快。

2. 电化学腐蚀

金属表面形成原电池而产生电化学腐蚀。钢材主要是铁碳合金，但除铁和碳元素外，还含有很多的杂质元素。就合金组织而言，包括铁素体、渗碳体、珠光体等。钢材中不同的元素或组织的电极电位也不同，如铁的电极电位为 -0.44，锰的电极电位为 -1.10，铁素体的电极电位低于渗碳体的电极电位。电极电位越低，越容易失去电子。当钢材处于潮湿空气中时，由于吸附作用，钢材表面将覆盖一层薄的水膜，当水膜中溶入SO_3、Cl_2、灰尘等即成为电解质溶液，钢材表面形成了无数微小的原电池。如铁素体和渗碳体在电解质溶液中变成了原电池的两极：铁素体活泼，易失去电子，成为阳极；渗碳体成为阴极。铁素体失去的电子通过电解质溶液流向阴极，在阴极附近与溶液中的氢离子结合成为氢气而逸出。O_2 与电子结合形成的 $[OH]^-$ 再与 Fe^{2+} 结合形成氢氧化亚铁，氢氧化亚铁进一步氧化为氢氧化铁，氢氧化铁的脱水产物氧化铁是红褐色铁锈的主要成分。

$$\text{阴极}:2H^+ + 2e^- \longrightarrow H_2$$

$$\text{阳极}:2[OH]^- + Fe^{2+} \longrightarrow Fe(OH)_2$$

钢材最主要的腐蚀形式是电化学腐蚀。如果钢材表面污染、粗糙、凹凸不平、应力分布不均、元素或合金组织之间的电极电位差别较大以及温度或湿度的增加等均会加速电化学腐蚀。

二、防止腐蚀的措施

从钢材腐蚀原因的分析可知，欲防止钢材的腐蚀，可采取三方面的措施：涂覆保护膜、电化学防腐、制成合金钢。

1. 涂覆保护膜

涂覆保护膜使金属与周围介质隔离，既不能产生氧化锈蚀反应，也不能形成腐蚀原电池。如在钢材表面涂刷各种防锈涂料（红丹 + 灰铅油、环氧树脂、醇酸磁漆等）、搪瓷、塑料，喷镀锌、铜、铬、铝等防护层。

2. 电化学防腐

电化学防腐有阳极保护和阴极保护，一般使用在不容易或不能涂敷保护膜层的钢结构上，如蒸汽锅炉、地下管道、港口工程结构等。

阳极保护是在钢结构附近安放一些废钢铁或其他难熔金属，如高硅铁、铝、银合金等，外加直流电源（可用太阳能电池），将负极接在被保护的钢材上，正极接在难熔的金属上。通电后难熔金属成为阳极而被腐蚀，钢材成为阴极得到保护。阳极保护也称外加电流保护法。

阴极保护是在被保护的钢材上接一块比被保护的钢铁更活泼（电极电位更低）的金属，例如锌、镁等。使活泼金属成为腐蚀电池的阳极被腐蚀，钢材为阴极得到保护。

3. 制成合金钢

钢中加入铬、镍、钛、铜等合金元素能提高防腐能力。例如，在低碳钢或合金钢中加入适量铜，可明显提高其防腐蚀能力；在铁合金中加入17% ~20%的铬、7% ~10%的镍，可制成不锈钢。

钢筋混凝土中大量应用钢筋，由于水泥水化产生大量 $Ca(OH)_2$，pH 值达 12 以上，处于这种强碱性环境中的钢筋，形成钝化膜，防止了钢筋的锈蚀。随着混凝土的碳化，pH 值下降，钢筋表面钝化膜破坏，如果具备了潮湿、供氧条件，钢筋将产生电化学腐蚀。

4. 混凝土中钢筋防腐

采用不锈钢、电化学防腐和加保护膜的方法固然可以防止钢筋锈蚀，但从经济等角度考虑，实际土建工程是难以实现的。在土建工程中，通常是通过严格控制混凝土的保护层厚度，保证在设计年限内碳化深度达不到达钢筋表面，以防止钢筋锈蚀。如，控制混凝土的最大水灰比和最小水泥用量，保证混凝土具有较好的密实度，减缓碳化进程；在混凝土中掺用高效减水剂等，降低用水量，提高密实度，有效地阻止钢筋锈蚀；在二氧化碳浓度高的工业区采用硅酸盐水泥或普通硅酸盐水泥；限制含氯盐外加剂的掺量并使用混凝土用钢筋阻锈剂。

思考题及习题

1. 钢材可以从哪几个方面分类？土木工程中常用什么钢材？

2. 脱氧程度对钢材品质有何影响？

3. 画出低碳钢拉伸时的应力－应变图并指出弹性极限 σ_p、屈服强度 R_{eL}和抗拉强度 R_m，说明屈服强度和屈强比的实用意义。

4. 伸长率表示钢材的什么性质？如何计算？对同一种钢材来讲，δ_5 和 δ_{10}之间有何关系？为什么？

5. 何谓钢材的冷弯性能和冲击韧性？两者对钢材的应用有什么实际意义？

6. 简述碳、硫、磷化学元素对钢材性能的影响规律。

7. 何谓钢材的晶体组织？在727℃以下的条件下钢材有哪几种晶体组织？简述它们各自的特点及对钢材力学性能的影响。

8. 什么是钢材的冷加工和时效处理？钢筋冷拉及时效处理后性能发生了什么变化？

9. 钢结构工程中常用的钢材连接形式有哪些？各有什么特点？

10. 影响钢材可焊性的主要因素是什么？

11. 钢筋焊接应注意什么问题？如何评定闪光对焊及电弧焊的焊接接头质量？

12. 碳素结构钢是如何分类的？说明其中 Q235—A · FH 和 Q235—D 号钢在性能上有什么区别？

13. 碳素钢分几个钢号？钢号与力学性能之间有什么关系？为什么 Q235 号钢应用最为广泛？

14. 简述普通低合金结构钢钢号的表示方法。它的主要特点是什么？

15. 钢筋混凝土用热轧钢筋按力学性能分为几级？各级钢筋的应用范围如何？

16. 用两根直径为 16mm 的钢筋做拉伸试验时，达到屈服点的荷载读数分别为 723kN、722kN，达到极限抗拉强度时的荷载读数分别为 1045kN、1085kN。试件标距长度为 80mm，拉断后的长度分别为 960mm、944mm，问该钢筋为几级钢筋？

17. 什么是屈服强度 $R_{p0.2}$？如何应用？

18. 何谓冷拔低碳钢丝、碳素钢丝。刻痕钢丝和钢绞线？各有什么用途？

19. 何谓钢材的电化学腐蚀？防止钢材腐蚀的主要途径有哪些？

第二十章　铝及铝合金

学习提要：本章主要介绍建筑铝合金成分、性能特点、铝合金窗的技术指标以及铝及铝合金的防腐。

铝和铝合金具有密度小、耐锈蚀、延展性好、易成型等特点，广泛应用于土建工程、装饰材料、家具、灯具和其他生活用品中。

第一节　铝和铝合金

一、铝的冶炼及铝的特点

铝是地壳含量仅次于氧和硅的元素组，约占 7.45%。自然界中铝以化合物状态存在，制造铝的主要原料是铝矾土，铝矾土中 Al_2O_3 的含量为47% ~65%，其主要以 $Al_2O_3 \cdot 3H_2O$ 和 $Al_2O_3 \cdot H_2O$ 形存在式。铝的冶炼工艺是先从铝矾土中提取 Al_2O_3，然后通过熔融电解法制出纯度约为97%的电解铝。在750 ~770℃条件下，将电解铝中通入氯气，排除其中的杂质，得到高纯度的铝，再浇铸成铝锭。

铝的特点：密度约为 $2.7g/cm^3$，仅为钢铁的1/3；良好的导电性、导热性、抗蚀性、反射性、耐寒性；铝受撞击时不产生火花；强度很低，不能承受很大的载荷，冷压力加工可以提高铝的强度，但塑性降低，所以纯铝不适宜作受力大的结构材料。铝化学性质活泼，暴露在空气中表面易生成一层致密的 Al_2O_3 薄膜，薄膜可以保护内部的金属铝不再继续氧化；铝在空气中的耐腐蚀性较强；铝抗酸、碱腐蚀差，如盐酸、浓硫酸、氢氟酸、卤素、石灰水都可腐蚀铝；铝的电极电位较低，与电极电位高的金属接触，有电解质存在时铝会很快受到腐蚀。铝的延展性良好，可塑性强，可冷加工成板、管、线及厚度为6 ~25μm 的铝箔。

为了提高铝的性能，常加入镁、锰、硅等合金元素，形成铝合金。

二、铝合金的分类

铝合金按加工方法分为变形铝合金和铸造铝合金。

1. 变形铝合金

可以采用压力方法加工的铝合金称作变形铝合金。根据性能不同分为五类：

（1）硬铝（杜拉铝）。含有铜、镁、锰等元素的变形铝合金。强度和硬度高，可以热处理（淬火和时效）强化。该合金耐腐蚀性较差，零件必须进行氧化处理。用于各种受力结构零件。

（2）超硬铝。含有锌元素的合金，强度和硬度都超过了硬铝。这种合金一般用于航空工业。

（3）防锈铝。铝镁系或铝锰系组成的变形铝合金，特点是耐腐蚀性好，抛光性能好，能长期保持光亮的表面，强度比纯铝高，常拉制各种型材。

（4）锻铝。用来制造各种锻件和冲压零件的变形铝合金。锻铝在热状态下具有较高的塑性，以热处理强化其强度较高。

（5）特殊铝。是指在特定条件下使用的变形铝合金，由于制品种类和使用条件不同，特殊铝合金的种类很多。

2. 铸造铝合金

铸造铝合金也叫生铝，主要分为四类：铝硅铸造合金、铝铜铸造合金、铝镁铸造合金、铝锌铸造合金。

铸造铝合金用来直接浇铸各种形状零件。铸造铝合金中合金元素含量比变形铝合金高。铸造铝合金流动性好，但塑性差，可以通过变质处理（使晶粒细化）和热处理提高机械性能。

第二节　铝合金制品

现代建筑中，常用的铝和铝合金制品有：铝合金门窗，铝合金装饰板、吊顶、铝及铝合金波纹板、压型板、冲孔平板、铝箔等。铝和铝合金制品具有承重、耐用、装饰、保温、隔热等优良性能。

一、铝合金的成型加工

铝合金型材的成型加工方法有挤压和轧制两种。断面形状复杂、尺寸精密、表面平整光滑，异型铝合金型材多采用挤压法生产，小规格棒材和板材也可以采用轧制法批量生产。

二、铝合金的表面处理与装饰加工

铝材表面自然形成的氧化膜（厚度小于0.1μm）耐蚀性较差。为了提高铝材耐腐蚀性能，一般要用人工方法提高其氧化膜厚度；对铝材表面进行着色处理。在普通铝材表面还可以进行腐蚀、打孔、压花等表面装饰效果处理。

1. 阳极氧化处理

在铝合金表面形成较厚氧化膜层，并进行“封孔”，进一步提高它的表面硬度、耐磨性、耐蚀性等，为着色创造条件。阳级氧化法是：铝材作为阳极，在酸溶液中进行电解，水在阳极上电解生成原子态氧，在阴极上生成氢，原子态的氧和铝反应生成 Al_2O_3。

阴极：$2H^+ + 2e^- \longrightarrow H_2$

阳极：$2Al^{3+} + 3O^{2-} \longrightarrow Al_2O_3 + 33351J$

阳极形成的 Al_2O_3 虽然致密，但在其结晶中仍存在缺陷。电解液中的离子浸入氧化膜内部使其局部溶解，型材表面将会形成大量小孔。直流电通过小孔中的电解液，使氧化膜向纵深发展，得到比自然氧化更厚的 Al_2O_3 氧化膜。氧化膜中存在定向六棱蜂窝形针孔结构。

根据产品使用条件，可控制生成氧化膜的厚度在5～20μm范围内。

2. 表面着色处理

中和水洗阳极氧化后的铝合金型材，进行表面着色处理。着色方法有：自然着色、电解着色、化学浸渍着色和涂漆等。自然着色法是在进行阳极氧化处理同时着色；电解着色法是利用电镀原理把金属盐溶液中金属离子沉积到阴极氧化膜针孔底部，即在含金属的电解液中对氧化膜进一步电解，光线在成品上的金属离子上漫射，氧化膜呈现颜色。

自然着色法是：通过控制合金成分、合金含量、电解条件进行着色。控制合金成分、合金含量可得到青铜系列（浅青铜色－青铜色－黑色）、灰色系（浅灰、灰褐、褐、灰绿、灰黄、黑灰、蓝黑色）等产品；通过控制电解液中金属盐的成分和含量可以得到红、青、蓝、绿、金、酒红、鲜黄绿、粉红、茶褐等色。

3. 封孔处理

阳极氧化和着色后的铝合金表面仍为多孔状，易吸附其他物质而被污染，使用前应封闭膜层中的针状孔。封孔常用方法有：水合封孔、无机盐溶液封孔和透明有机涂层封孔。

4. 铝合金表面装饰加工

挤出成型的铝材表面比较平整，呈银白色。通过表面装饰加工使其表面消光、抛光或产生各种图案和纹理。

（1）消光。用喷砂、刷毛、碱蚀处理或氯化物、氟化物处理可以获得无光泽表面。

（2）抛光。机械抛光、化学抛光和电解抛光可以使铝制品表面平滑光亮，金属光泽均匀，达到镜面反射效果。

（3）图案和纹理。机械轧辊轧压的铝材表面可以得到各种浅花纹；化学加工方法可以在机械难以加工的制品表面制出凹痕较浅的图案花纹；碱性电解工艺可以使铝材表面形成类似木纹的条纹形凹坑，将这种工艺与阳极氧化、着色处理工艺配合可以制出仿木纹效果的制品。

三、建筑铝合金基材

铝合金建筑型材成品由：基材、阳极氧化型材、电泳涂漆型材、粉末喷涂型材、氟碳喷涂型材、隔热型材组成。基材是未经表面处理的铝合金材料。

建筑铝合金基材所用的合金牌号是 6005、6060、6061、6063、6063A、6463、6463A。6×××系列是以镁为主要合金元素并以 Mg_2Si 相为强化相的铝合金。常见的建筑铝合金基材牌号为 6063，其物理性能（GB 5237.1—2008）如表 20-1 所示，化学成分（GB/T 3190—2008）如表 20-2 所示。

表 20-1　6063 铝合金室温力学性能

合金牌号	供应状态	厚度（mm）	拉伸性能				硬度		
			抗拉强度 R_m（N/mm^2）	规定的非比例延伸强度 $R_{p0.2}$（N/mm^2）	断后伸长率（%）		试件厚度（mm）	维氏硬度 HV	韦氏硬度 HW
					A	A_{50mm}			
			不小于						
6063	T5	所有	160	110	8	8	0.8	58	8
	T6	所有	205	180	8	8	—	—	—

表 20-2　6063 铝合金化学成分（质量分数）

牌号	化学成分（%）										
	Si	Fe	Cu	Mn	Mg	Cr	Zn	Ti	其他		Al
									单个	合计	
6063	0.20～0.6	0.35	0.10	0.10	0.45～0.9	0.10	0.10	0.10	0.05	0.15	余量

四、常见的铝合金制品

1. 铝合金窗

铝合金窗的性能指标有：抗风压性能（P_3）、水密性能（ΔP）、气密性能（q_1，q_2）、保温性能（K）、空气声隔声性能（R_W）、采光性能（T_C）、启闭力、反复启闭性。

《铝合金窗》（GB/T 8479—2003）规定，铝合金窗的主要性能指标如表20-3～表20-5所示。

表20-3　抗风压性能分级　（kPa）

分级	1	2	3	4	5	6	7	8	×. ×
指标	$1.0 \leqslant P_3 < 1.5$	$1.5 \leqslant P_3 < 2.0$	$2.0 \leqslant P_3 < 2.5$	$2.5 \leqslant P_3 < 3.0$	$3.0 \leqslant P_3 < 3.5$	$3.5 \leqslant P_3 < 4.0$	$4.0 \leqslant P_3 < 4.5$	$4.5 \leqslant P_3 < 5.0$	≥5.0

注：×. ×表示用≥5.0kPa的具体值，取代分级号。

表20-4　水密性能分级　（Pa）

分级	1	2	3	4	5	××××
指标	$100 \leqslant \Delta P < 150$	$150 \leqslant \Delta P < 250$	$250 \leqslant \Delta P < 350$	$350 \leqslant \Delta P < 500$	$500 \leqslant \Delta P < 700$	$\Delta P \geqslant 700$

注：××××表示用≥700Pa的具体值取代分级号，适用于热带风暴和台风袭击地区的建筑。

表20-5　气密性能分级

分级	3	4	5
单位缝长指标值 q_1 [$m^3/(m \cdot h)$]	$2.5 \geqslant q_1 > 1.5$	$1.5 \geqslant q_1 > 0.5$	$q_1 \leqslant 0.5$
单位面积指标值 q_2 [$m^3/(m^2 \cdot h)$]	$7.5 \geqslant q_2 > 4.5$	$4.5 \geqslant q_2 > 1.5$	$q_2 \leqslant 1.5$

2. 铝合金饰面板

铝合金饰面板品种规格多样。按材料表面处理方式分有：阳极氧化处理板和喷涂处理板；按装饰效果分有：波纹板、压型板、花纹板等；按色彩分有：银色、亚银色、米黄色、金色、古铜色、蓝色等。

思考题及习题

1. 简述铝合金的分类。土木工程中常用的铝合金是什么铝合金？主要技术性能特点是什么？

2. 铝材从作装饰材料发展到应用于窗框、幕墙以及结构材料，请展望其在我国建筑上的应用。

3. 铝合金的技术特点是什么？它在建筑上的应用有哪些？

第五篇 防水材料

防水材料是指用于满足建筑物或构筑物防漏、防渗、防潮功能的材料。

按材料种类分为柔性防水材料和刚性防水材料两大类。柔性防水材料的特点是具有较高的弹性或塑性变形能力，能适应主体结构或基层变形的需要，并保持材料自身的结构连续性而不开裂；刚性防水材料的特点是在使用过程中材料保持基本不变的形状和体积，具有较高的弹性模量，但自身变形能力小，难以适应主体结构或基层的变形。

按使用部位分为屋面防水，地下防水，水池、水塔防水等。

第二十一章 沥青材料

学习提要：沥青材料是制作柔性防水材料的基础。本章重点介绍石油沥青的组成、结构、技术性能和技术标准，并对改性沥青、煤沥青、沥青混合料等的技术性能做简单介绍。通过本章学习，要求掌握石油沥青的化学组分及胶体结构、技术性能及评价指标，并掌握石油沥青的工程应用。

沥青是一种有机胶凝材料，是由极其复杂的高分子碳氢化合物及其非金属衍生物组成的有机混合物。沥青在常温下呈褐色至黑色的固体、半固体或液体，能溶解于汽油、煤油、柴油、三氯甲烷、二硫化碳、苯等有机溶剂，具有良好的粘结性、塑性、憎水性、绝缘性，对酸、碱、盐等侵蚀性物质具有良好的稳定性。沥青在土木建筑工程中主要用作胶结材料、防水防潮材料、防腐材料等，广泛地应用于屋面、地下防水防腐工程、水利工程及道路工程等。

沥青按其在自然界中获得的方式可分为地沥青和焦油沥青两大类。

（1）地沥青

地沥青包括天然沥青和石油沥青。天然沥青是原油在自然条件下长时间经受地球物理因素作用形成的产物，如湖沥青。石油沥青是石油经加工提炼轻质油品后的残渣，经再加工得到的产品。

（2）焦油沥青

煤、泥炭、木材等有机物经干馏得到焦油，再经加工而得到的沥青称为焦油沥青，如煤沥青、木沥青等。页岩沥青的技术性能与石油沥青相近，生产工艺则与焦油沥青接近，目前暂将其归为焦油沥青。

我国天然沥青资源很少，在土木建筑工程中主要采用石油沥青以及少量的煤沥青，故本章重点介绍石油沥青。

第一节　石油沥青

一、石油沥青的化学组分

石油沥青是由极其复杂的高分子碳氢化合物及其非金属衍生物组成的混合物，主要化学组成元素为碳（C）和氢（H），此外还含有少量的非金属元素硫（S）、氮（N）、氧（O）等及一些金属元素，如钠、镍、铁、镁和钙等。在石油沥青中，碳和氢的含量占98%～99%，其中，碳的含量为83%～87%，氢为11%～14%。

由于沥青的组成极其复杂，有机化合物的同分异构现象也带来了化学结构的复杂性，许多化学元素组成相似的沥青其性质却有很大区别，沥青化学元素的含量与沥青性能之间尚不能建立起直接的相关关系。人们在研究沥青化学元素组成的同时，利用沥青在不同溶剂中的选择性溶解及在不同吸附剂上的选择性吸附，将沥青按分子大小、极性或分子构型分离成若干个化学成分和物理性质相似，且与其技术性能相关的部分，这些部分称为沥青的组分。沥青中各组分的相对含量及性质与沥青的粘滞性、感温性、粘附性等技术性质有直接的联系。对于沥青化学组分的分析，许多研究者曾提出不同的分析方法，将石油沥青分为二组分、三组分、四组分、五组分。我国现行规范《公路工程沥青及沥青混合料试验规程》（JTJ 052—2000）采用三组分和四组分两种分析方法。

1. 三组分分析

三组分分析是将石油沥青分离为油分、树脂和沥青质3个组分。因我国的石油多为石蜡基和中间基石油，在油分中常含有蜡，故在分析时还应将油、蜡分离。

三组分分析流程是：将沥青全组分用正庚烷沉淀，不溶分即为沥青质；可溶分用硅胶吸附后，用正庚烷抽提出油蜡，再用苯－乙醇混合液抽提出树脂；将油蜡用脱蜡溶剂丁酮－苯，在－20℃条件下冷冻过滤以分离油、蜡，如图21-1所示。

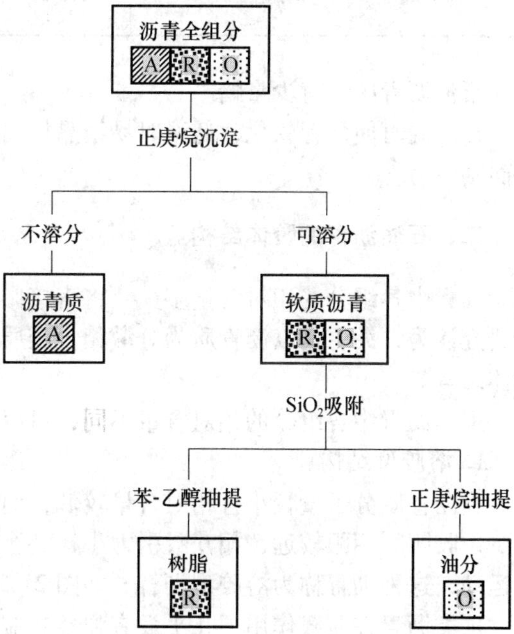

图21-1　沥青三组分分析流程图

石油沥青三组分分析法的各组分性状见表21-1。

表21-1　石油沥青三组分分析法的各组分性状

组分＼性状	外观特征	平均分子量	含量（%）	相对密度	物化特征
油分	淡黄色透明液体	200～700	45～60	0.7～1.0	几乎溶于大部分有机溶剂，具有光学活性，常发现有荧光
树脂	红褐色黏稠半固体	800～3000	15～30	1.0～1.1	温度敏感性高，熔点低于100℃
沥青质	深棕色至黑色固体	1000～5000	5～30	1.1～1.5	加热不熔化，分解为硬焦炭，使沥青呈黑色

三组分的优点是组分界限明确、组分含量在一定程度上说明它的性能，但主要缺点是分析流程复杂，分析时间长。

2. 四组分分析

四组分分析是将沥青分离为饱和分（saturate，简写为 S）、芳香分（aromatics，简写为 At）、胶质（resin，简写为 R）、沥青质（asphaltene，简写为 As）。石油沥青四组分分析法的各组分性状及对沥青性能的影响见表 21-2。

表 21-2　石油沥青四组分分析的各组分性状及对沥青性能的影响

组分＼性状及影响	外观特征	平均分子量	相对密度	对沥青性能的影响
饱和分	无色液体	300～1000	0.89	赋予沥青流动性
芳香分	黄色至红色液体		0.99	
胶质	棕色黏稠液体	500～1000	1.09	赋予沥青胶体稳定性，提高粘附性、塑性、感温性
沥青质	深棕色至黑色固体	1000～5000	1.15	提高沥青热稳定性；在有一定数量胶质存在的前提下，提高沥青粘滞性

石油沥青中尚有少量蜡。

在高温时使沥青软化，低温时易结晶析出使沥青变得脆硬，蜡的存在会降低沥青与矿料界面粘结力。

二、石油沥青的胶体结构

沥青中各组分的相对含量多少，将直接影响到沥青的技术性能及工程应用。现代胶体理论研究认为，沥青是以沥青质为分散相，胶质为胶溶剂，饱和分和芳香分为分散介质形成的胶体结构。

根据沥青中各组分的相对含量不同，可以形成不同结构类型的胶体。

1. 溶胶型结构

当沥青质分子量较小且相对含量较低，而油分和胶质足够多时，沥青质形成的胶团数量较少，胶团间相距较远，相互吸引力小，甚至没有。胶团能在分散介质的黏度许可范围内自由运动，这种沥青称为溶胶型沥青，如图 21-2（a）所示。

这类沥青在荷载作用下几乎没有弹性效应，具有较好的自愈合性和低温变形能力，但高温下易流淌，温度稳定性差。液体沥青、大部分直馏沥青都属于溶胶型沥青。

2. 凝胶型结构

当沥青中沥青质含量高且有足够数量胶质时，形成的胶团数量多，胶团浓度相对增加，相互之间靠拢形成不规则的网络结构，胶团间相互作用力增强，移动比较困难。饱和分和芳香分在胶团的网络中成为分散相，连续的胶团为分散介质，这种胶体结构的沥青称为凝胶型沥青，如图 21-2（c）所示。

这类沥青在外力作用时间短或外力作用小时具有明显的弹性，当应力超过屈服值后则表现为黏弹性。凝胶型结构的沥青高温稳定性好，但低温变形能力较差。

3. 溶－凝胶型结构

沥青中的沥青质含量适当并有较多的芳香度较高的胶质，形成的胶团数量较多，胶团间有一定的吸引力，介于溶胶与凝胶结构之间，如图 21-2（b）所示，这种胶体结构的沥青称为溶－凝胶型沥青。

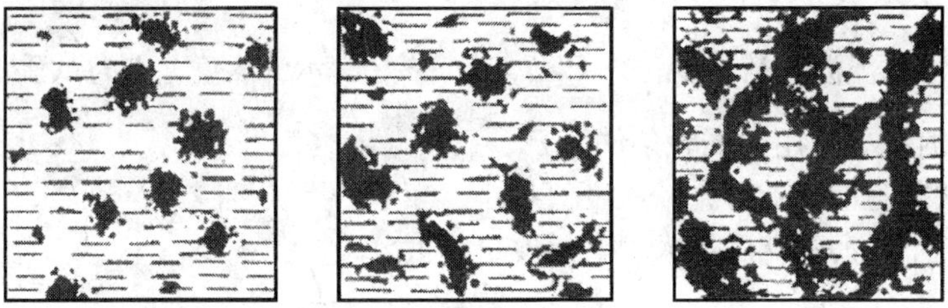

（a）　　（b）　　（c）

图 21-2　沥青胶体结构示意图

（a）溶胶结构；（b）溶－凝胶结构；（c）凝胶结构

溶－凝胶结构的沥青在高温时具有较好的稳定性，低温时具有较好的变形能力。路用沥青即属于这一胶体结构类型。

三、石油沥青的技术性质

1. 粘滞性

粘滞性是指沥青材料在外力作用下，沥青粒子间产生相对位移时抵抗变形的能力。

设在两平行金属板间夹一沥青层，将下板固定（即下板运动速度为“0”），对上板施以力 F，使上板产生恒定速度为 v 的水平运动。由于沥青胶团间的作用力与反作用力，位于金属板间的沥青在垂直于两金属板的 y 方向产生自上而下的速度梯度，即剪变率。该剪变率与由 F 产生的剪力大小有关，也与沥青胶体内部胶团间的作用力（沥青黏度）有关。按牛顿内摩擦定律：

$$\dot{\gamma} = \frac{\tau}{\eta}$$

式中　$\dot{\gamma}$——剪变率，$\dot{\gamma} = \frac{dv}{dy}$（$s^{-1}$）；

τ——剪应力，$\tau = \frac{F}{A}$（N/m^2）；

A——沥青层面积（m^2）；

η——沥青内摩擦系数（即沥青动力黏度）（Pa·s）。

在运动状态下，测定沥青黏度时，考虑到密度的影响，沥青黏度还可以用运动黏度描述。沥青的运动黏度是沥青在某一温度条件下，动力黏度与同温度下沥青密度之比，运动黏度的单位为 m^2/s。

粘滞性是沥青作为有机胶结材料最为重要的技术指标之一。沥青粘滞性的评价方法有两种，即绝对黏度和条件黏度。前者是由基本单位导出，后者是由一些经验方法确定。

（1）绝对黏度

沥青绝对黏度也称沥青动力黏度，是以力、时间等基本单位导出的，单位为 Pa·s。测试绝对黏度所采用的仪器有毛细管黏度计、旋转圆筒黏度计等。

（2）条件黏度

沥青的条件黏度由一些经验方法确定，常用的仪器有：针入度仪、道路标准黏度计、恩格拉黏度计、赛波特重质油黏度计等。

我国现行标准《沥青针入度测定法》（GB/T 4509—1998）规定，对于针入度小于 350

的固体和半固体沥青材料，用针入度法测定其稠度，如图 21-3 所示。该方法是以在规定温度条件下，利用规定质量的标准试针在规定的时间内贯入沥青试样的深度表示沥青稠度$\left(以\frac{1}{10}\text{mm} 为计量单位\right)$。沥青针入度记作 $P_{T,m,t}$，其中 P 表示针入度，T 为试验温度，m 为试针质量，t 为贯入时间。常用的试验条件为 $P_{25℃,100g,5s}$。

针入度反映的是沥青稠度，针入度值越小，表示沥青稠度越大；反之，则表示沥青稠度越小。一般情况下，沥青稠度越大，其黏度也越大。

2. 塑性

塑性是指沥青材料在外力作用下，产生变形而不破坏，除去外力后，仍保持变形后形状的性质。沥青的塑性与其组分含量、环境温度等因素有关：沥青质的含量增加，黏性增大，塑性降低；胶质含量较多，沥青胶团膜层增厚，则塑性提高；沥青塑性随温度的升高而增大。在常温下，塑性较好的沥青在产生裂缝时，也可能由于特有的黏塑性而自行愈合。故塑性还反映了沥青开裂后的自愈能力。沥青的塑性对冲击振动荷载有一定吸收能力，并能减少摩擦时的噪声，故沥青除用于制造防水材料外也是一种优良的路面材料。

用以衡量塑性的指标是延度。延度的试验方法是将沥青试样制成“∞”字形标准试件，在规定温度下以规定拉伸速度水平拉伸至断裂时的长度（以 cm 计）称为延度（图 21-4）。沥青的延度用延度仪来测定。沥青延度特别是低温延度越大，表明沥青的柔韧性和抗裂性越好。沥青的延度取决于沥青的胶体结构、流变性质、化学组分等。当沥青化学组分不协调、胶体结构不均匀、含蜡量增加时，都会使其延度降低。沥青的复合流动系数 C 值越小，沥青的延度越小。

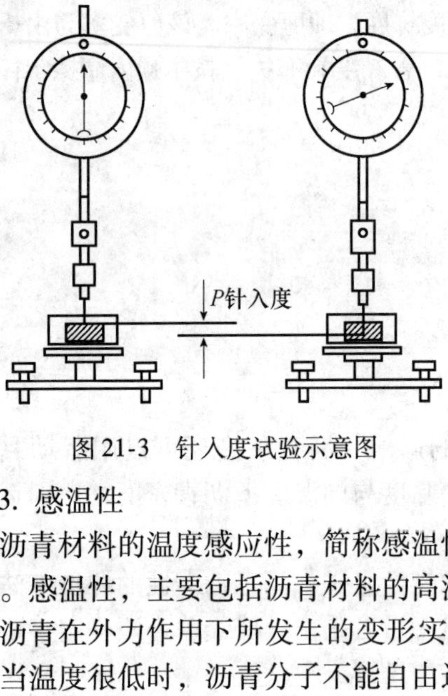

图 21-3　针入度试验示意图

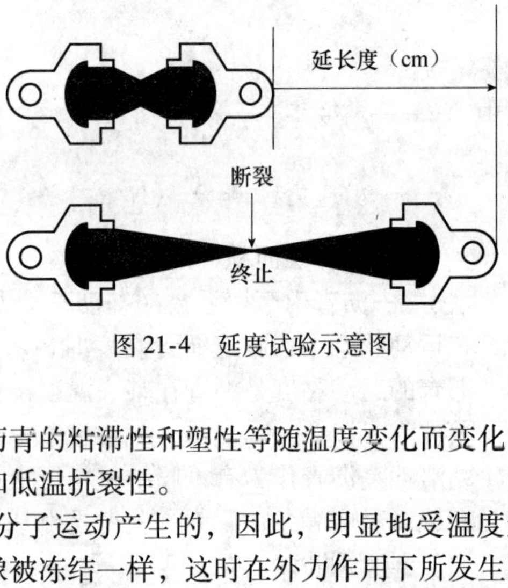

图 21-4　延度试验示意图

3. 感温性

沥青材料的温度感应性，简称感温性，是指沥青的粘滞性和塑性等随温度变化而变化的性能。感温性，主要包括沥青材料的高温稳定性和低温抗裂性。

沥青在外力作用下所发生的变形实质上是由分子运动产生的，因此，明显地受温度影响。当温度很低时，沥青分子不能自由运动，好像被冻结一样，这时在外力作用下所发生的变形很小，如同玻璃一样硬脆，称为“玻璃态”。随着温度升高，沥青分子获得了一定的能量，活动能力也增强了，这时在外力作用下，表现出很高的弹性，称为“高弹态”。当温度继续升高时，沥青分子获得了更多能量，分子运动更加自由，从而使分子间发生相对滑动，此时沥青就像液体一样可黏性流动，称为“黏流态”。由“玻璃态”到“高弹态”进而变为“黏流态”，反映了沥青的黏性和塑性随温度变化而变化的过程。变化的温度范围越小，则温度稳定性愈低。温度稳定性低的沥青，在温度降低时，很快变为脆硬的固体，受外力作用极易产生裂缝而破坏；在温度升高时，又很快变软而流淌。沥青的感温性对其施工和使用都有重要影响，土木工程中宜选用温度稳定性较高的沥青。一般认为，沥青的温度稳定性取决于沥青的组分和掺入沥青中的矿物颗粒的细度、性质等。石油沥青中沥青质的含量增多，在一定程度上能提高其温度稳定性。在工程使用时往往加入滑石粉、石灰石粉或其他矿物填料来提高温度稳定性，在组分不变的情况下，矿物颗粒愈细，分散度愈大，则温度稳定性愈高。沥青中含蜡量较多时，其温度稳定性会降低，因此多蜡沥青不能直接用于土木工程。

对沥青感温性的评价，主要有以下指标：

（1）软化点。沥青是一种非晶态高分子材料，它由液态到固态或由固态到液态转变时，没有明显的固化点或液化点。

《沥青软化点测定法（环球法）》（GB/T 4507—1999）测定沥青的软化点，如图 21-5 所示。该方法是将沥青试样注入内径 19.8mm 的铜环中，环上置一质量为 3.5g 的钢球，浸入水或甘油中，以规定的速度（5℃/min）升温。当沥青试样逐渐软化时，钢球在重力作用下产生 25.4mm 垂度，此时的温度即为软化点。

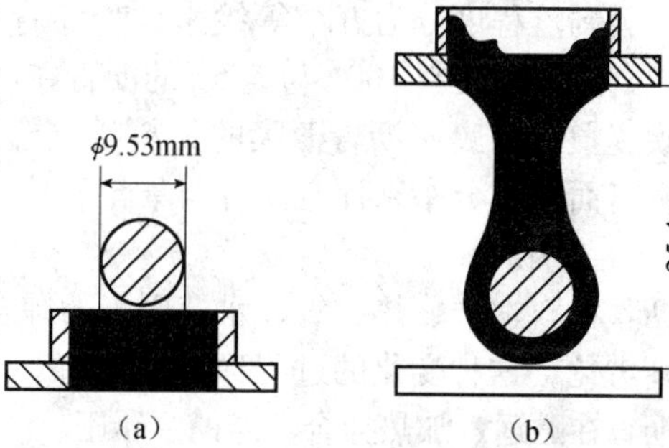

图 21-5　软化点测定示意图

沥青的软化点越高，表明沥青的耐热性越好，即温度稳定性越好。在土木工程中应用的沥青，要求其软化点不能太高，否则不易施工，并且品质如果太硬，冬季易发生脆裂现象；同时软化点也不能太能低，不然夏季易发软、融化。

研究认为，不同沥青在软化点时的黏度是相同的，约为 1200Pa · s，或相当于针入度值为 800 $\left(\frac{1}{10}\text{mm}\right)$，即软化点是一种“等黏温度”。由此可见，针入度是在规定温度下测定沥青的条件黏度，而软化点则是沥青达到规定条件黏度时的温度。所以软化点既是反映沥青温度敏感性的一个指标，也是表征沥青黏性的一种量度。

（2）脆点。沥青材料随温度的降低，其塑性逐渐降低，脆性逐渐增加。低温时沥青受到瞬时荷载作用常表现为脆性破坏。弗拉斯脆点的测定是将一定量的沥青试样在一个标准的金属薄片上摊成光滑的薄膜，置于有冷却设备的脆点仪内。随着冷却设备中制冷剂温度的降低，沥青薄膜的温度亦逐渐降低，当降至某一温度时，沥青薄膜在规定弯曲条件下产生裂缝，该温度即为沥青的弗拉斯脆点。弗拉斯脆点反映了沥青丧失其塑性的温度，因此它也是表征沥青材料塑性的一种量度。

（3）针入度指数。针入度指数是应用针入度和软化点试验结果来表征沥青感温性的一个重要指标，同时也可以判断沥青的胶体结构状态。

4. 粘附性

沥青与集料的粘附性直接影响沥青混合料的使用质量和耐久性。粘附性是评价沥青技术性能的一个重要参数。沥青与集料的相互作用是一个复杂的物理化学过程。极性组分含量愈高的沥青，其粘附性愈好；黏性高的沥青，粘附性好。沥青裹覆集料后的抗水性不仅与沥青的性质有密切的关系，而且亦与集料的性质有关：憎水性集料与亲水性集料相比有更好的抗剥落性能；集料表面粗糙、孔隙适当，且干燥、洁净，将有利于提高其与沥青的粘附性。掺加抗剥离剂可提高沥青与集料间的粘附性。

沥青与石料之间的粘附强度与它们之间的吸附作用有密切关系。沥青中含有一定数量的阴离子型表面活性物质，即沥青酸和酸酐，这种表面活性物质与石灰岩等碱性岩类接触时，能在它们的界面上产生很强的化学吸附作用，因而粘附力大，粘附得很牢固。当沥青与其他类型的集料（如酸性石料）接触时则不能形成化学吸附，分子间的作用只是范德华力的物理吸附，而水对石料的吸附力很强，所以极易为水所剥落。

评价沥青与集料粘附性强弱的方法常用的是水煮法和水浸法，对最大粒径大于13.2mm的集料采用水煮法；小于或等于13.2mm的集料采用水浸法。水煮法是选取粒径为13.2～19mm形状接近立方体的规则集料5个，烘干后经沥青裹覆，在微沸状态的水中浸煮3min，按沥青膜剥落程度分为五个等级来评价沥青与集料的粘附性。水浸法是选取9.5～13.2mm形状规则的烘干集料100g与5.5g的沥青在规定温度条件下拌合成混合料，使集料完全被沥青薄膜裹覆，取裹有沥青薄膜的集料20个，冷却后浸入80℃的恒温水槽中保持30min，然后按剥离面积百分率来评定沥青与集料的粘附性。

5. 耐久性

沥青材料在光、热、氧、水等因素的综合作用下，产生不可逆的化学变化，导致技术性能逐渐劣化，这种变化的过程称为沥青的老化。

沥青在贮运、加热拌合、摊铺、碾压、使用的过程中，受光、热、氧、水等因素的综合作用，发生蒸发、脱氧、脱氢、氧化、缩合、聚合等物理和化学变化，小分子量的油分逐渐减少，沥青中羟基、羧基、碳氧基等基团增加，芳香分转变为胶质，胶质以更快的速度转变为沥青质，使沥青组分中的沥青质和沥青碳等脆性成分增加。老化的结果是沥青的塑性降低，软化点和脆点升高，与矿料颗粒粘附性变差，粘滞性先升高，随后逐渐降低，技术性能劣化。

《公路工程沥青及沥青混合料试验规程》（JTJ 052—2000）主要对沥青的热致老化性进行评价，采用的方法包括蒸发损失试验、薄膜加热试验和旋转薄膜加热试验。试验是将沥青试样装入规定的器皿中加热到规定的温度并恒温规定的时间，以试样加热前后的针入度比、加热后的质量变化及加热后试样残渣的延度值，作为沥青材料热致老化的评价指标。

6. 安全性

沥青材料在使用时必须加热，当加热至一定温度时，沥青材料中挥发的油分蒸气与周围空气组成混合气体，此混合气体遇火焰则发生闪火。若继续加热，油分蒸气的饱和度增加，由于此种蒸气与空气组成的混合气体遇火焰极易燃烧，从而引起溶油车间发生火灾或导致沥青烧坏的损失，为此，必须测定沥青加热闪火和燃烧的温度，即所谓闪点和燃点。

《公路工程沥青及沥青混合料试验规程》（JTJ 052—2000）对黏稠石油沥青采用克利夫兰开口杯（Cleveland Open Cup，简称COC）法测定闪点和燃点，对液体石油沥青采用泰格式开口杯（Tag Open Cup，简称TOC）法测定闪点和燃点。在沥青材料的施工中，加热温度不应超过闪点。

四、石油沥青的技术标准及应用

石油沥青按针入度指标来划分牌号，牌号数字约为针入度的平均值。常用的路用石油沥青和建筑石油沥青的牌号与主要性质之间的关系是：牌号愈高，其黏性愈小（即针入度愈大），塑性愈大（即延度愈大），温度稳定性愈低（即软化点愈低）。

1. 道路石油沥青

道路石油沥青适用于各类沥青路面，《公路沥青路面施工技术规范》（JTG F40—2004）按针入度划分道路石油沥青标号，并根据沥青所适用的气候分区、路面结构层次，对路用石油沥青的技术性质提出了要求，见表21-3。

表 21-3　道路石油沥青技术要求

指标	单位	等级①	沥青标号																	试验方法①
			160 号④	130 号④	110 号			90 号					70 号③					50 号③	30 号④	
针入度（25℃，100g，5s）	0. 1mm		140 ~ 200	120 ~ 140	100 ~ 120			80 ~ 100					60 ~ 80					40 ~ 60	20 ~ 40	T0604
适用的气候分区			注④	注④	2-1	2-2	3-2	1-1	1-2	1-3	2-2	2-3	1-3	1-4	2-2	2-3	2-4	1-4	注④	附录 A
针入度指数 *PI*②		A	-1. 5 ~ +1. 0																	T0604
		B	-1. 8 ~ +1. 0																	
软化点（*R&B*）不小于	℃	A	38	40	43			45			44		46		45			49	55	T0606
		B	36	39	42			43			42		44		43			46	53	
		C	35	37	41			42					43					45	50	
60℃动力黏度②不小于	Pa · s	A	—	60	120			160			140		180		160			200	260	T0620
10℃延度②不小于	cm	A	50	50	40			45	30	20	30	20	20	15	25	20	15	15	10	T0605
		B	30	30	30			30	20	15	20	15	15	10	20	15	10	10	8	
15℃延度不小于	cm	A，B	100															80	50	
		C	80	80	60			50					40					30	20	
蜡含量（蒸馏法）不大于	%	A	2. 2																	T0615
		B	3. 0																	
		C	4. 5																	
闪点不小于	℃		230					245					260							T0611
溶解度不小于	%		99. 5																	T0607

续表

指标	单位	等级①	沥青标号							试验方法①
			160 号④	130 号④	110 号	90 号	70 号③	50 号③	30 号④	
密度（15℃）	g/cm^3		实测记录							T0603
TFOT（或 RTFOT）后⑤										T0610 或 T0609
质量变化不大于	%		±0.8							
残留针入度比（25℃）不小于	%	A	48	54	55	57	61	63	65	T0604
		B	45	50	52	54	58	60	62	
		C	40	45	48	50	54	58	60	
残留延度（10℃）不小于	cm	A	12	12	10	8	6	4	—	T0605
		B	10	10	8	6	4	2	—	
残留延度（15℃）不小于	cm	C	40	35	30	20	15	10	—	T0605

①试验方法按现行《公路工程沥青及沥青混合料试验规程》（JTJ 052—2000）规定方法执行。用于仲裁试验求取 *PI* 时 5 个温度的针入度的相关系数不得小于 0.997。

②经建设单位同意，表中 *PI* 值、60℃动力黏度、10℃延度可作为选择性指标，也可不作为施工质量检验指标。

③70 号沥青可根据需要，要求供应商提供针入度范围为 60 ~ 70 或 70 ~ 80 的沥青，50 号沥青可要求提供针入度范围为 40 ~ 50 或 50 ~ 60 的沥青。

④30 号沥青仅适用于沥青稳定基层，130 号和 160 号沥青除寒冷地区可直接在中低级公路上应用外，通常用作乳化沥青、稀释沥青、改性沥青的基质沥青。

⑤老化试验以 TFOT 为准，也可以 RTFOT 代替。

⑥A 级沥青适用于各等级道路的各层次；B 级沥青适用于高速公路、一级公路沥青下面层及以下层次、二级及二级以下公路的各层次，用作改性沥青、乳化沥青、改性乳化沥青、稀释沥青的基质沥青；C 级沥青适用于三级及三级以下公路的各个层次。

表 21-3 中适用气候分区见表 21-4 和表 21-5。

表 21-4　高温分区（JTG F40—2004）

高温气候区	1	2	3
气候区名称	夏炎热区	夏热区	夏凉区
最热月平均最高气温（℃）	>30	20～30	<20

表 21-5　低温分区（JTG F40—2004）

低温气候区	1	2	3	4
气候区名称	冬严寒区	冬寒区	冬冷区	冬温区
极端最低气温（℃）	-37.0	-37.0～-21.5	-21.5～-9.0	>-9.0

当沥青标号不符合使用要求时，可采用几种不同标号沥青掺配的混合沥青，其掺配比例应由试验决定。掺配时应混合均匀，掺配后的混合沥青应符合表 21-3 的要求。

沥青贮运站及沥青混合料拌合厂应将不同来源、不同牌号的沥青分开存放，不得混杂。在使用期间，贮存沥青的沥青罐或贮油池中的温度不宜低于 130℃，并不得高于 180℃。在冬季停止施工期间，沥青可在低温状态下存放。经较长时间存放的沥青在使用前应抽样检验，不符合质量要求的不得使用。

此外，黏性较大、软化点较高的道路石油沥青还可用作密封材料、胶粘剂或沥青涂料。

2. 建筑石油沥青

建筑石油沥青主要用于屋面及地下防水、沟槽防水和防腐工程。对高温地区及受日晒部位，为了防止沥青受热软化，应选用牌号较低的沥青，如作为屋面用沥青，其软化点应比本地区屋面可能达到的最高温度高 20～25℃，以免夏季流淌；对寒冷地区，不仅要考虑冬季低温时沥青易脆裂而且要考虑受热软化，故宜选用中等牌号的沥青；对不受大气影响的部位，可选用牌号较高的沥青；如用于地下防水工程的沥青，其软化点可不低于 40℃。当缺乏所需牌号的沥青时，可用不同牌号的沥青进行掺配。建筑石油沥青的技术标准，见表 21-6。

表 21-6　建筑石油沥青技术标准（GB/T 494—1998）

技术指标		10 号	30 号	40 号
针入度（25℃，100g，5s）$\left(\frac{1}{10}\text{mm}\right)$		10～25	26～35	36～50
延度（25℃，5cm/min）(cm)	≥	1.5	2.5	3.5
软化点（环球法）(℃)	≥	95	75	60
溶解度（三氯乙烯、三氯乙烷、四氯化碳或苯）(%)	≥	99.5		
蒸发损失（163℃，5h）(%)	≤	1.0		
蒸发后与蒸发前针入度比（%）	≥	65		

3. 沥青的掺配

某一种标号的石油沥青往往不能满足工程技术要求，因此需用不同标号沥青进行掺配。在进行掺配时，为了不使掺配后的沥青胶体结构破坏，应选用表面张力相近和化学性质相似的沥青。试验证明同产源的沥青容易保证掺配后的沥青胶体结构的均匀性。所谓同产源是指同属石油沥青或同属煤沥青。

两种沥青掺配的比例可用下式估算：

$$Q_1 = \frac{T_2 - T}{T_2 - T_1} \times 100 \tag{21-1}$$

$$Q_2 = 100 - Q_1 \tag{21-2}$$

式中 Q_1——较软沥青用量（%）；

Q_2——较硬沥青用量（%）；

T——掺配后的沥青软化点（℃）；

T_1——较软沥青软化点（℃）；

T_2——较硬沥青软化点（℃）。

在实际工作中，可根据估算的掺配比例和在其邻近的比例（5% ~10%）进行试配（混合熬制均匀），测定掺配后沥青的软化点，然后绘制“掺配比 - 软化点”曲线，即可从曲线上确定所要求的掺配比例。

第二节　改性沥青

沥青材料无论是用作屋面防水材料还是路面胶结材料，都直接暴露于自然环境中。由于环境因素会对沥青产生蒸发、脱氢、缩合、氧化等作用，使沥青的含氧官能团增多，逐渐变脆、开裂、老化，不能继续发挥其原有的粘结或密封作用。因此，现代土木工程要求沥青材料同时具有良好的使用性能和较长的使用寿命，即在低温时，有一定的弹性和塑性；在高温时，有足够的强度和稳定性；在加工和使用时，具有抗老化能力；与各种矿物填充料和结构表面有较强的粘附力；对基层变形有一定的适应性和耐疲劳性等。单纯依靠沥青自身的性质，无法全面满足上述要求，必须对沥青进行改性。

一、沥青改性途径

目前石油沥青的改性途径大致可分为两类：一类是工艺改性，即从改进工艺着手改进沥青性能；另一类是材料改性，即掺入高聚物等改进其性能。

工艺改性主要是氧化工艺，给熔融沥青吹入少量氧气可产生新的氧化和聚合作用，使其聚合成更大的分子。在氧化时，这种反应将进行多次，从而形成越来越大的分子，分子变大，则沥青的黏性得到提高，温度稳定性得到改善。

材料改性主要是在沥青中掺入橡胶、树脂、矿物填充料以进行改性，所得沥青混合物分别是橡胶沥青、树脂沥青、矿物填充料改性沥青。

二、材料改性沥青及性能

1. 橡胶改性沥青

橡胶是沥青的重要改性材料。掺入后能使沥青具有橡胶的很多优点，如高温变形小，低温柔性好。用于改性的橡胶品种很多，现将常用的几种分述如下。

（1）氯丁橡胶沥青

氯丁橡胶属合成橡胶类，在沥青中掺入此种橡胶，可使沥青的气密性、低温柔性、耐化学腐蚀性、耐燃烧性、耐候性得到明显改善。

氯丁橡胶掺入沥青中的方法有溶剂法和水乳法两种。溶剂法是将氯丁橡胶溶于一定的溶剂中形成溶液，然后掺到沥青（液态）中，混合均匀即为氯丁橡胶沥青。水乳法是将氯丁橡胶和沥青分别制成乳液，再混合均匀即可使用。

（2）丁基橡胶沥青

丁基橡胶沥青具有优异的耐分解性，并有较好的低温抗裂性和耐热性能，多用于道路路面工程和制作密封材料和涂料。

丁基橡胶沥青的配制方法与氯丁橡胶沥青的配制方法类似。

（3）再生橡胶沥青

再生橡胶掺入沥青中，可大大提高沥青的气密性、低温柔性、耐候性。

再生橡胶与石油沥青的作用机理和氯丁橡胶与石油沥青的作用机理相似，且更为复杂。制备再生橡胶沥青时，先将废旧橡胶加工成1.5mm以下的颗粒，然后与沥青混合，经加热、搅拌、脱硫后混合均匀即可。

2. 树脂改性沥青

将树脂掺入沥青中，可以改进沥青的气密性、粘结性和耐低温性。常用的树脂有：古马隆树脂、聚乙烯树脂和聚丙烯树脂等。

（1）古马隆树脂沥青

古马隆树脂又名香豆桐树脂，呈黏稠液体或固体状，浅黄色至黑色，易溶于氯化烃、酯、硝基苯和苯胺等有机溶剂，能耐酸、碱，为热塑性树脂。

掺入方法是将沥青加热熔化脱水，在温度为150～160℃下，把古马隆树脂加入熔化的沥青中，并不断搅拌，再把温度提高到185～190℃，保持足够的时间，以便使树脂和沥青充分混合均匀。古马隆树脂掺量在40%左右，掺入后的沥青黏性得到明显改善。

（2）聚乙烯树脂沥青

沥青中聚乙烯的掺量为7%～10%，此时沥青的针入度和软化点均较好。制备方法是先将沥青加热熔化脱水，再加入聚乙烯不断搅拌，温度保持在140℃左右，即可得到均匀的聚乙烯树脂沥青。

（3）聚丙烯树脂沥青

无规聚丙烯在常温下呈黄白色固体，不溶于水，无明显熔点，加入到沥青中可使沥青的软化点明显提高，针入度趋于平衡或稍有增大，在低温下的韧性得到改善。

在沥青中单纯加入无规聚丙烯树脂，其混合物粘结性较差，在防水施工中易产生气泡。如加入占无规聚丙烯树脂量20%～40%的古马隆树脂则能显著地改善粘结性和耐候性。

3. 橡胶和树脂改性沥青

同时掺入橡胶和树脂两种改性材料，可使沥青同时具有橡胶和树脂的特性，取得比单掺某一种改性材料更好的改性效果。

4. 矿物填充料改性沥青

为了提高沥青的黏性和温度稳定性，常常在沥青中加入一定数量的矿物填充料。

矿物填充料按形状可分为粉状和纤维状，按化学组成可分为含硅化合物类、碳酸盐类等。主要有以下几种：

（1）滑石粉。它是由滑石经粉碎、筛选而制得的。主要化学成分为含水硅酸镁（$3MgO \cdot 4SiO_2 \cdot H_2O$）。它的亲油性好，易被沥青润湿，可提高沥青的机械强度和耐候性。可用于具有耐酸、耐碱、耐热和绝缘性能的沥青制品中。

（2）石灰石粉。由天然石灰石粉碎、筛选而制成。主要成分为碳酸钙，属亲水性岩石，但亲水性较弱。它与沥青有较强的物理吸附力和化学吸附力，是较好的矿物填充料。

（3）云母粉。天然云母矿经粉碎、筛选而成。具有优良的耐热性、耐酸碱性和电绝缘性，用于屋面防护层有反射作用，可降低屋面温度，反射紫外线防止老化，延长沥青使用寿命。

此外，可用作沥青矿物填充料的还有白云石粉、磨细砂、粉煤灰、水泥、硅藻土等。

三、材料改性沥青及性能

（1）橡胶改性作用机理

橡胶与沥青相互作用的机理是：橡胶可看作沥青的外加剂，它起着促进沥青结构形成的作用，且分布在沥青胶体结构的分散介质中或在沥青中形成本身的结构网，一方面保证强度，高温下不产生流动；另一方面保证低温下的变形，从而扩大了混合物的工作范围，改善了沥青诸多性能。

（2）矿物填充料的作用机理

在沥青中掺入矿物填充料后，矿物颗粒能否被沥青包裹，并有牢固的粘结能力，必须具备两个条件：一是矿物颗粒能被沥青所润湿，二是沥青与矿物颗料间具有较强的吸附力。

一般具有共价键或分子键结合的矿物属憎水性即亲油性矿物，此种矿物颗粒表面能被沥青所包裹而不会被水所剥离，例如滑石粉，对沥青的亲和力大于对水的亲和力，故能被沥青包裹形成稳定混合物。

另外，具有离子键结合的矿物如碳酸盐、硅酸盐等亲水性矿物有憎油性。但是，因沥青中含有酸性树脂，它是一种表面活性物质，能够与矿物颗粒表面产生较强的物理吸附作用，如石灰石粉颗粒表面上的钙离子和碳酸根离子，对树脂的活性基团有较大的吸附力，还能与沥青酸或环烷酸发生化学反应形成不溶于水的沥青酸钙或环烷酸钙，产生了化学吸附力，故石灰石粉与沥青也可形成稳定的混合物。

根据以上分析认为，由于沥青对矿物填充料的润湿和吸附作用，沥青可呈单分子状排列在矿物颗粒（或纤维）表面，形成牢固结合的沥青薄膜，称之为“结构沥青”。结构沥青有较高的黏性和温度稳定性。

另外，矿物填充料的种类、用量和细度不同，形成结构沥青的情况亦不同。掺入矿物填充料的数量要适当，以形成恰当的结构沥青膜层。例如，在石油沥青中掺入35%的滑石粉或云母粉，用于屋面防水时，对气候的稳定性可提高1～1.5倍；当掺量少于15%时，则不会提高。一般矿物填充料掺量为20%～40%。矿物填充料的颗粒越细，颗粒表面积越大，则形成的结构沥青越多，并可避免从沥青中沉积。但太细时，矿粉易结块，不易与沥青搅匀，也不能发挥结构沥青的作用。

第三节　煤沥青

煤沥青是将烟煤在隔绝空气条件下进行干馏，制取焦炭或煤气后所得副产品（煤焦油），再经蒸馏提取轻油、中油、重油和蒽油后所剩的残渣，故亦称煤焦油沥青。煤沥青根据蒸馏程度不同又分为低温沥青、中温沥青（软煤沥青）和高温沥青（硬煤沥青）。

一、煤沥青的化学组成及结构特点

煤沥青的主要组分是：

1. 游离碳。又称自由碳，是高分子的有机化合物的固态碳质微粒，不溶于苯，加热不熔，但高温分解。煤沥青的游离碳含量增加，可提高其黏度和温度稳定性。但随着游离碳含量增加，其低温脆性也增加。

2. 树脂。分为硬树脂和软树脂，前者类似石油沥青中的沥青质，可提高煤沥青的粘滞性，后者为赤褐色粘－塑性物，溶于氯仿，使煤沥青具有塑性，类似石油沥青中的胶质。

3. 油分。主要由较低分子量的液态芳香族碳氢化合物组成。它赋予煤沥青流动性，降低黏度。

此外，煤沥青中还含有少量的碱性物质（吡啶、喹啉）和酸性物质（酚）等，它们能改善煤沥青与酸、碱性矿物的粘结力。

煤沥青的胶体结构特点与石油沥青相类似，也是一种复杂胶体分散系，游离碳和硬树脂组成的胶体微粒为分散相，油分为分散介质，而软树脂则吸附于固态分散胶粒周围，逐渐向外扩散，并溶解于油分中，使分散系形成稳定的胶体体系。

二、煤沥青的技术性质

煤沥青与石油沥青相比，在技术性质上有以下差异：

1. 温度稳定性低

煤沥青是较粗的分散系，其中软树脂的温度敏感性较高，所以煤沥青受热易软化。因此加热温度和时间都要严格控制，更不宜反复加热，否则易引起性质急剧劣化。

2. 粘附性较好

煤沥青中含有较多数量的表面活性物质，所以它与矿物质集料具有较好的粘附性。

3. 耐候性较差

煤沥青中含有较多的不饱和芳香烃，这些化合物有较大的化学潜能，它们在氧气、日照、紫外线及降水的作用下，容易老化。

4. 塑性较差

煤沥青由于含有较多的游离碳，塑性降低，易因变形而开裂。

5. 防腐性能较好

煤沥青中含有蒽、酚等，故有毒性和臭味，防腐蚀能力较好，适用于木材的防腐处理。根据煤沥青与石油沥青的某些特性，可按表 21-7 所列条件加以识别。

表 21-7 石油沥青与煤沥青的简易鉴别方法

鉴别方法	石油沥青	煤沥青
密度（g/cm^3）	≈1.0	≈1.25
锤击	韧性较好，有弹性感，声哑	韧性差（性脆），声清脆
燃烧	烟无色、无刺激性臭味	烟呈黄色、有刺激性臭性
溶液颜色	用 30～50 倍汽油或酒精溶化，用玻璃棒滴于滤纸上，斑点呈棕色	按左栏试验，滤纸上斑点有两圈，外棕内黑

三、煤沥青的技术标准及应用

煤沥青具有良好的防腐、粘结能力，可用于配制防腐涂料、胶粘剂、防水涂料、油膏及制作油毡等。煤沥青按其稠度分为软煤沥青（液体、半固体）和硬煤沥青（固体）两大类，道路工程主要是应用软煤沥青。软煤沥青又按其黏度和有关技术性质分为 9 个标号，见表 21-8。

表 21-8　道路用煤沥青质量要求（JTG F40—2004）

试验项目		T-1	T-2	T-3	T-4	T-5	T-6	T-7	T-8	T-9
道路标准黏度（s）	$C_{30,5}$	5～25	26～70							
道路标准黏度（s）	$C_{30,10}$			5～25	26～50	51～120	121～200			
道路标准黏度（s）	$C_{50,10}$							10～75	76～200	
道路标准黏度（s）	$C_{60,10}$									35～65
蒸馏试验馏出量（%）	170℃前≤	3.0	3.0	3.0	2.0	1.5	1.5	1.0	1.0	1.0
蒸馏试验馏出量（%）	270℃前≤	20	20	20	15	15	15	10	10	10
蒸馏试验馏出量（%）	300℃前≤	15～35	15～35	30	30	25	25	20	20	15
300℃蒸馏残渣软化点（℃）		30～45	30～45	35～65	35～65	35～65	35～65	40～70	40～70	40～70
水分（%）	≤	1.0	1.0	1.0	1.0	1.0	0.5	0.5	0.5	0.5
甲苯不溶物（%）	≤	20								
含萘量（%）	≤	5	5	5	4	4	3.5	3	2	2
焦油含量（%）	≤	4	4	3	3	2.5	2.5	1.5	1.5	1.5

第四节　沥青混合料

沥青混合料是指由适当比例的矿料（粗集料、细集料以及填料，简称矿料）与沥青结合料在严格条件控制下拌合的混合料的总称。按照现代沥青路面的施工工艺，沥青与不同组成的矿料可以修筑成不同结构的沥青路面，被广泛应用于高速公路及各等级公路中。沥青混合料具有以下特点：①具有良好的力学性能和适当的变形性能，铺设路面平整无接缝，吸声减振，行车舒适；②黑色且具有一定粗糙度的路面不会产生眩光，有利于行车安全；③机械化程度高，有利于施工质量控制；④开放交通迅速、可分期修建、局部修补方便。

一、沥青混合料的分类与组成结构

1. 沥青混合料的分类

沥青混合料可按多种方式分类：按材料组成及结构，分为连续级配、间断级配混合料；按矿料级配组成及空隙率大小，分为密级配、半开级配、开级配混合料；按矿料公称最大粒径的大小，分为特粗式（大于 31.5mm）、粗粒式（不小于 26.5mm）、中粒式（16mm 或 19mm）、细粒式（9.5mm 或 13.2mm）、砂粒式（小于 9.5mm）沥青混合料；按制造工艺，分为热拌沥青混合料、冷拌沥青混合料、再生沥青混合料等。

热拌沥青混合料是沥青混合料中最典型的品种之一。

2. 热拌沥青混合料的组成材料

沥青混合料的技术性质取决于组成材料的性质、组成配合的比例和混合料的制备工艺等因素。组成材料的质量是首先需要关注的问题。

（1）沥青

沥青混合料用沥青材料，应根据气候条件、交通性质、沥青混合料的类型和施工条件等因素来选择。炎热的气候区、繁重的交通、细粒式或砂粒式的混合料应采用稠度较高的沥青；反之，采用稠度较低的沥青。在条件相同的情况下，较黏稠的沥青配制的混合料具有较高的力学强度和稳定性，但如果稠度过高，则沥青混合料的低温变形能力较差，沥青路面容易产生裂缝。反之，采用稠度较低的沥青虽然配制的混合料在低温时具有较好的变形能力，但在夏季高温时往往因稳定性不足而使路面产生推挤现象。沥青标号应结合当地使用经验，经试验和技术论证后确定。沥青的技术性能应符合表21-3的要求。

（2）粗集料

沥青混合料用粗集料，可以采用碎石、破碎砾石、筛选砾石和矿渣等，但高速公路和一级公路不得使用筛选砾石和矿渣。粗集料应该洁净、干燥、无风化、无杂质，其技术性能应满足表21-9的要求。

表21-9　沥青混合料用粗集料技术要求（JTG F40—2004）

指标	高速公路及一级公路		其他等级公路
	表面层	其他层次	
石料压碎值（%）	≤26	≤28	≤30
洛杉矶磨耗损失（%）	≤28	≤30	≤35
表观相对密度	≥2.60	≥2.50	≥2.45
吸水率（%）	≤2.0	≤3.0	≤3.0
坚固性（%）	≤12	≤12	—
针片状颗粒（%）	≤15	≤18	≤20
其中粒径大于9.5mm的含量（%）	≤12	≤15	—
其中粒径小于9.5mm的含量（%）	≤18	≤20	—
水洗法<0.075mm颗粒含量（%）	≤1	≤1	≤1
软石含量（%）	≤3	≤5	≤5

抗滑表层沥青混合料用粗集料应选用坚硬、耐磨、韧性好的碎石或碎砾石。如果坚硬石料来源缺乏，允许掺加部分较小粒径的磨光值达不到要求的粗集料，其最大掺加比例由石料磨光值试验确定。高速公路、一级公路沥青路面表面层或磨耗层的粗集料磨光值应符合表21-10要求。

表21-10　粗集料与沥青粘附性、磨光值的技术要求（JTG F40—2004）

雨量气候区		1 潮湿区	2 湿润区	3 半干区	4 干旱区
粗集料磨光值 *PSV*，不小于（高速公路、一级公路表面层）		42	40	38	36
粗集料与沥青的粘附性，不小于	高速公路、一级公路表面层	5	4	4	3
	高速公路、一级公路其他层及其他等级公路各层	4	4	3	3

经检验属于酸性岩石的石料（如花岗岩和石英岩等）应使用针入度较小的沥青，并采用掺加1%～2%的消石灰、水泥作为填料的一部分或用饱和石灰水处理粗集料后使用，必要时可在沥青中掺加耐热、耐水、长期性能好的抗剥落剂；也可采用改性沥青，使沥青混合料的水稳定性检验达到要求。

（3）细集料

用于拌制沥青混合料的细集料，可以采用天然砂、人工砂或石屑。细集料应洁净、干燥、无风化、无杂质，并有适当的颗粒级配，其质量应符合表21-11～表21-13的要求。对于细集料的洁净程度，天然砂以小于0.075mm含量的百分数表示，石屑和机制砂以砂当量

（适用于0~4.75mm）或亚甲蓝值（适用于0~2.36mm或0.15mm）表示。

表21-11　沥青混合料用细集料质量要求（JTG F40—2004）

项目	高速公路、一级公路	其他一级公路
表观相对密度（t/m^3）	≥2.50	≥2.45
坚固性（>0.3mm部分）(%)	≥12	—
含泥量（<0.075mm颗粒含量）(%)	≤3	≤5
砂当量（%）	≥60	≥50
亚甲蓝值（g/kg）	≤25	—
棱角性（流动时间）(s)	≥30	—

表21-12　沥青混合料用天然砂（JTG F40—2004）

筛孔尺寸（mm）	通过百分率（%）		
	粗砂	中砂	细砂
9.5	100	100	100
4.75	90~100	90~100	90~100
2.36	65~95	75~90	85~100
1.18	35~65	50~90	75~100
0.6	15~30	30~60	60~84
0.3	5~20	8~30	15~45
0.15	0~10	0~10	0~10
0.075	0~5	0~5	0~5

表21-13　沥青混合料用机制砂或石屑（JTG F40—2004）

公称粒径（mm）	水洗法通过百分率（%）							
	9.5	4.75	2.36	1.18	0.6	0.3	0.15	0.075
0~5	100	90~100	60~90	40~75	20~55	7~40	2~20	0~10
0~3	—	100	80~100	50~80	25~60	8~45	0~25	0~15

天然砂可采用河砂或海砂，通常采用粗、中砂。砂的含泥量超过规定时，应水洗后使用，海砂中的贝壳类材料必须筛除。热拌密级配沥青混合料中天然砂的用量通常不宜超过集料总量的20%，SMA和OGFC混合料不宜使用天然砂。

石屑是采石场破碎石料时通过4.75mm或2.36mm筛的筛下部分，其规格应符合相应标准要求。机制砂宜选择优质石料，采用专用的制砂机制造，其级配应符合相应标准要求。

注意细集料的级配在沥青混合料中的适用性，应以其与粗集料和填料配制成混合料后，判断其是否符合矿料的级配要求来决定。当一种细集料不能满足级配要求时，可采用两种或两种以上的细集料拌合使用。

（4）填料

沥青混合料的填料宜采用石灰岩或岩浆岩中的强基性岩石等憎水性石料经磨细得到的矿粉。矿粉要求干燥、洁净，其质量应符合表21-14的要求。当采用水泥、石灰、粉煤灰作填料时，其用量不宜超过矿料总量的2%。

表21-14 沥青混合料用矿粉质量要求（JTG F40—2004）

项目		高速公路、一级公路	其他等级公路
表观密度（t/m^3）		≥2.50	≥2.45
含水率（%）		≤1	≤1
粒度范围（%）	<0.6mm	100	100
	<0.15mm	90~100	90~100
	<0.075mm	75~100	70~100
外观		无团粒结块	—
亲水系数		<1	
塑性指数（%）		<4	
加热安定性		实测记录	

粉煤灰作为填料使用时，其烧失量应小于12%，塑性指数应小于4%，其他质量要求与矿粉相同。粉煤灰的用量不宜超过填料总量的50%，并应经试验确认与沥青有良好的粘结力，沥青混合料的水稳性能须满足要求。高速公路、一级公路和城市快速路、主干路的沥青混凝土面层不宜采用粉煤灰作填料。

3. 热拌沥青混合料的组成结构

压实成型的沥青混合料是由石质集料、沥青胶结料和残余空隙所组成的一种具有空间网络结构的多相分散体系，其材料属性为颗粒性材料。颗粒性材料的强度构成起源于内摩阻力和粘结力。对于沥青混合料，它的力学强度主要取决于集料颗粒间的摩擦力和嵌挤力、沥青胶结料的粘结性以及沥青与集料之间的黏附性等方面。不同级配集料组成的沥青混合料，具有不同的空间结构类型，也就具有不同的内摩阻力和粘结力。因而，沥青混合料的结构组成对其强度构成起着举足轻重的作用。

按沥青混合料强度构成原理的不同，其结构可分为按嵌挤原理构成的结构和按密实级配原理构成的结构两大类。按嵌挤原理构成的沥青混合料，要求采用较粗的、颗粒尺寸较均匀的集料，沥青在混合料中起填隙作用，并把集料粘结成为一个整体。这种材料的结构强度主要依赖于集料颗粒之间相互嵌挤所产生的内摩阻力，而对沥青的粘结作用依赖性不大。沥青贯入式路面、沥青表面处治以及沥青碎石路面均属此类结构。这些路面的性能受温度的影响相对较小。按密实级配原理构成的沥青混合料，是指集料和沥青按最大密实原则进行配合以后而形成的一种材料，其结构强度是以沥青与集料之间的粘结力为主、以集料颗粒间的嵌挤力和内摩阻力为辅而构成的。沥青混凝土路面属于此类，这种路面的性能受温度的影响相对较大。按这种混合料网络结构中“嵌挤成分”和“密实成分”所占的比例不同，沥青混合料的组成结构形态有三种典型类型，如图21-6所示。

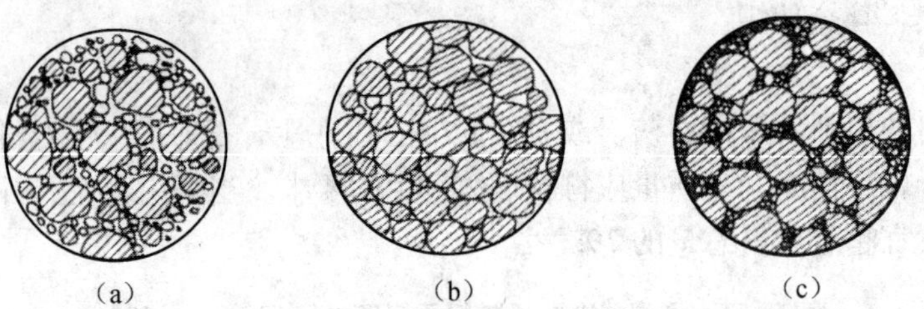

图 21-6　沥青混合料的典型组成结构

（a）密实－悬浮结构；（b）骨架－空隙结构；（c）密实－骨架结构

（1）密实－悬浮结构

当采用连续型密级配矿料（图 21-7 中曲线 a）与沥青组成沥青混合料时，矿料由大到小形成连续型密实混合料，但因较大颗粒都被小一档的颗粒挤开，因此，大颗粒以悬浮状态处于较小颗粒之中。连续型密级配沥青混凝土属此类型。这种沥青混合料表现为粘结力高，而内摩阻力较小。用这种沥青混合料修筑的路面，由于受沥青材料性质的影响较大，故它的稳定性较差。

（2）骨架－空隙结构

当采用连续型开级配矿料（图 21-7 中曲线 b）与沥青组成的沥青混合料时，较大粒径集料彼此紧密相接，而较小粒径集料的数量较少，不足以充分填充空隙，故形成骨架空隙结构，沥青碎石混合料多属此类型。这种材料的内摩阻力较大，而粘结力较小，因而稳定性较好。

（3）密实－骨架结构

当采用间断型密级配矿料（图 21-7 中曲线 c）与沥青组成的沥青混合料时，是综合以上两种类型组成的结构。它既有一定量的粗集料形成骨架，又根据粗集料空隙的数量加入适量细集料，使之填满骨架空隙，形成较高密实度的结构，这种沥青混合料同时具有较高的粘结力和内摩阻力。间断级配即按此原理构成。

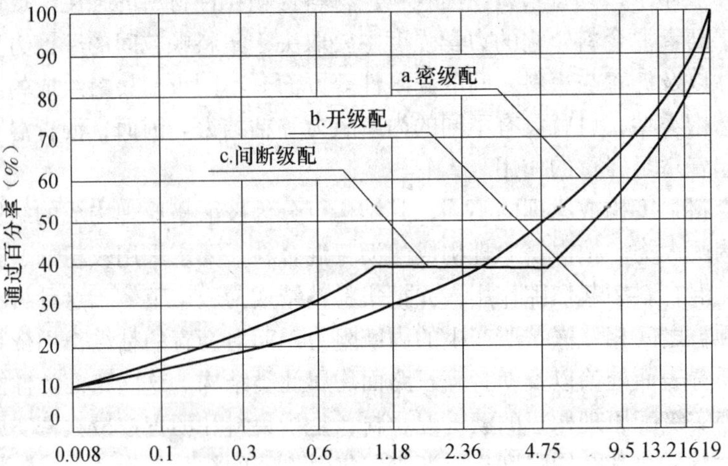

图 21-7　三种类型矿料级配曲线

二、热拌沥青混合料的强度理论与技术性质

1. 沥青混合料的强度理论

沥青混合料在常温和较高温度下，由于沥青的粘结力不足而产生变形或由于抗剪强度不足而破坏，一般采用库伦理论来分析其强度和稳定性。

用圆柱形试件进行三轴剪切试验，从摩尔圆可得材料的应力情况，如图 21-8 所示。图中应力圆的公切线为摩尔－库伦包络线，即抗剪强度曲线。包络线与纵轴相交的截距表示混合料的粘聚力 C，切线与横轴的夹角 φ 表示混合料的内摩阻角：

$$\tau = C + \sigma\tan\varphi \tag{21-3}$$

式中 τ——抗剪强度（MPa）；

C——粘聚力（MPa）；

σ——正应力（MPa）。

从上式可看出沥青混合料的强度取决于两个参数——粘结力 C 和内摩阻角 φ。

（1）影响沥青混合料内摩阻角的因素

一般来说，尺寸大、形状近似正方体、有一定的棱角、表面粗糙的矿质集料较之尺寸小、形状近似球形、缺少棱角、表面光滑的矿质集料具有更大的内摩阻角。因此，在选择集料时，宜采用较大而均匀的碎石，而不宜用小粒径的卵石。

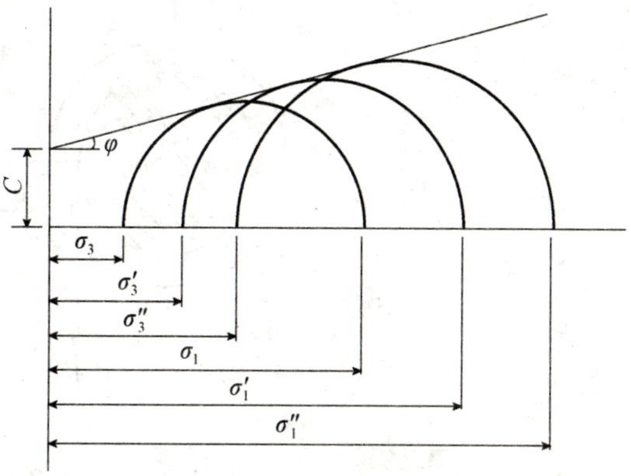

图 21-8 决定 C 与 φ 值的摩尔圆包络图

另外，采用不同的矿料级配对内摩阻角的影响也是不同的。连续型密级配的矿料，由于其粗集料的数量太少，呈悬浮状态分布，因而它的内摩阻角较小，而连续型开级配的矿料，粗集料的数量比较多，形成一定的骨架结构，内摩阻角也较大。

沥青含量越少，矿料表面形成的沥青膜越薄，内摩阻角越大。反之，沥青含量越大，沥青的润滑作用越明显，内摩阻角越小。

（2）影响沥青混合料粘聚力的因素

1）沥青材料的粘结性对粘聚力的影响

在沥青混合料中，沥青作为胶凝材料，对矿料起胶结作用，因此，沥青本身的黏度高低直接影响着沥青混合料粘聚力的大小。沥青的黏度越大，混合料的粘滞阻力也越大，抵抗剪切变形的能力越强，则混合料的粘聚力就越大。同时，沥青的黏度随温度的变化而变化，温度升高，黏度降低，混合料的粘聚力也显著降低。

2）矿料颗粒间的联结形式对粘聚力的影响

①沥青与矿料之间的相互作用。有学者认为矿粉对其周围的沥青有吸附作用，因而贴近矿粉的沥青的化学组分会重新排列，在矿粉表面形成一层扩散结构膜，结构膜内的这层沥青称为结构沥青。扩散结构膜外的沥青，因受矿粉吸附影响很小，化学组分并未改变，称为自由沥青（图 21-9a）。当矿粉颗粒之间以结构沥青的形式相联结时（图21-9b），混合料的粘聚力较大。反之，以自由沥青的形式相联结时（图 21-9c），混合料的粘聚力较小。

②矿粉的化学性质。不同性质的矿粉与沥青的吸附情况是不同的，石油沥青与碱性集料

有较好的粘附性，而与酸性集料粘附性较差。H. M. 鲍尔雪曾采用紫外线分析法对两种最典型的矿粉进行研究。研究认为，在不同性质矿粉表面形成不同组成结构和厚度的扩散结构膜，在石灰石粉表面形成较为发育的扩散结构膜（图 21-10a），而在石英石粉表面则形成发育较差的扩散结构膜（图 21-10b）。所以，在沥青混合料中，当采用石灰石矿粉时，矿粉之间更有可能通过结构沥青来联结，因而具有较高的粘聚力。

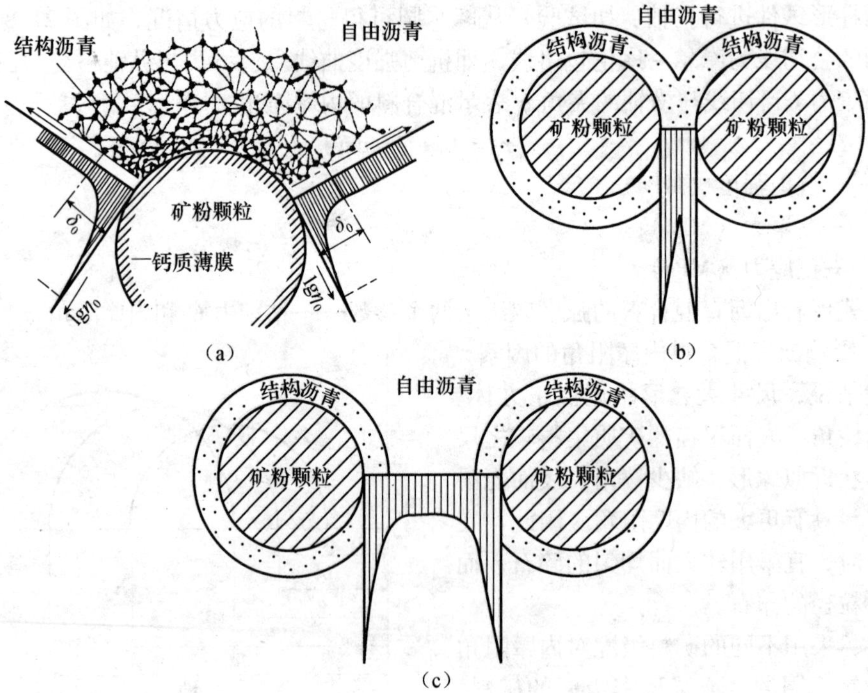

图 21-9　沥青与矿粉交互作用的结构图示

（a）沥青与矿粉交互作用形成结构沥青；

（b）矿粉颗粒之间为结构沥青联结，其粘聚力为 $\lg\eta_a$；

（c）矿粉颗粒之间为自由沥青联结，其粘聚力为 $\lg\eta_b$（$\lg\eta_b < \lg\eta_a$）。

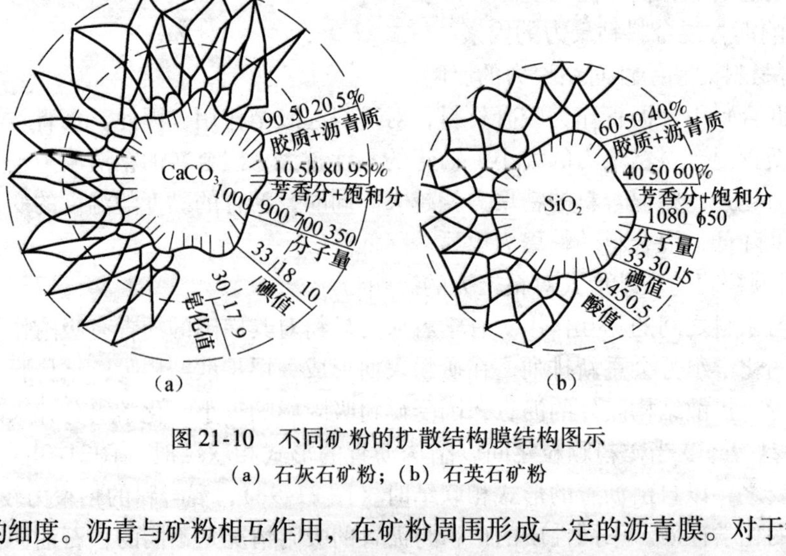

图 21-10　不同矿粉的扩散结构膜结构图示

（a）石灰石矿粉；（b）石英石矿粉

③矿粉的细度。沥青与矿粉相互作用，在矿粉周围形成一定的沥青膜。对于等量的沥青，

矿粉越细，比表面积越大，形成的沥青膜越薄。这样，结构沥青在沥青中所占的比例越大，沥青混合料的粘聚力也就越大。试验证明，矿粉表面沥青层厚度减至10μm以下时，粘聚力将获得显著提高。同时，也要注意到矿粉不能过细，否则，沥青混合料易结团，不利于施工。

④沥青的用量。沥青用量的多少可以影响沥青结构膜的数量，从而影响沥青混合料粘聚力的大小。沥青用量过少，沥青不足以包裹矿粉表面，矿粉间不能完全靠沥青薄膜联结，因而沥青混合料的粘聚力很差。随着沥青用量的增加，结构沥青的数量不断增多，混合料的粘聚力也不断提高。当沥青用量达到一定程度时，形成的结构沥青数量最多，混合料的粘聚力达到最大，随着沥青用量的继续增加，多余的沥青将矿粉颗粒推开，在颗粒间形成未与矿粉作用的自由沥青，混合料的粘聚力开始逐渐降低。当然，少量自由沥青的存在也是必要的，它可以增加沥青混合料的塑性，减少沥青路面的开裂。

综上所述可以认为，得到高强度沥青混合料的基本条件是：密实的矿物骨架；最佳的沥青用量；能与沥青起化学吸附作用的活性集料及矿粉。

2. 热拌沥青混合料的技术性质与技术标准

（1）技术性质

沥青混合料在路面中直接承受车辆荷载的作用，首先应具备一定的力学强度；除了交通的作用外，还受到各种自然因素的影响，因此还必须具备抵抗自然因素作用的耐久性；为保证行车安全、舒适，还需要具备表面抗滑性；为便利施工还应具备施工的和易性。现就这几方面分述如下。

1）高温稳定性

沥青混合料是一种典型的流变性材料，它的强度和劲度模量随着温度的升高而降低。所以沥青混凝土路面在夏季高温时，在重交通的重复作用下，由于交通的渠化，在轮迹带逐渐形成变形下凹、两侧鼓起的所谓“车辙”，这是高等级沥青路面最常见的病害。

沥青混合料的高温稳定性，是指沥青混合料在夏季高温条件下，经受车辆荷载长期重复作用后，不产生车辙和波浪等病害的性能。评价沥青混合料高温稳定性的方法很多，我国采用马歇尔稳定度试验（包括稳定度、流值、马歇尔模数）来评价沥青混合料的高温稳定性，对高速公路、一级公路、城市快速路、主干路用的沥青混合料，还应通过动稳定度试验检验其抗车辙能力。

①马歇尔稳定度试验

马歇尔稳定度试验方法自马歇尔提出迄今已半个多世纪，经过许多研究者的改进，目前普遍是测定马歇尔稳定度（*MS*）、流值（*FL*）和马歇尔模数（*T*）三项指标。稳定度是指标准尺寸试件在规定温度和加荷速度下，在马歇尔仪中的最大破坏荷载（kN）；流值是达到最大破坏荷载时试件的垂直变形量（以0.1mm计）；而马歇尔模数为稳定度除以流值的商，即

$$T = \frac{MS \cdot 10}{FL} \tag{21-4}$$

式中 T——马歇尔模数（kN/mm）；

MS——稳定度（kN）；

FL——流值（0.1mm）。

②车辙试验

车辙试验是用标准成型方法，制作沥青混合料试件，在60℃的温度条件下，以一定荷载的轮子在同一轨迹上做一定时间的反复行走，形成一定程度的车辙深度，然后计算试件变

形 1mm 所需试验车轮行走的次数，即动稳定度。

$$DS = \frac{(t_2 - t_1) \times N}{d_2 - d_1} c_1 c_2 \tag{21-5}$$

式中 DS——沥青混合料动稳定度（次/mm）；

d_1，d_2——时间 t_1 和 t_2 时的变形量（mm）；

N——试验轮往返碾压速度，通常为 42 次/min；

c_1，c_2——试验机及试样修正系数。

2）低温抗裂性

由于沥青混合料在高温时塑性变形能力较强，而低温时较硬脆，变形能力较差，所以裂缝多在低温条件下发生，特别是在气温骤降时，沥青表层因受基层和周围材料的约束不能自由收缩，而产生很大的拉应力，当该拉应力超过了沥青混合料的允许拉应力时，就会产生开裂。因此，沥青混合料不仅应具备高温稳定性，同时还要具有低温抗裂性，以保证沥青路面在冬季低温时不产生裂缝。

评价沥青混凝土低温抗裂性能可采用纯拉试验，即求出沥青混合料的抗拉强度，与沥青面层可能出现的拉应力进行对比，以此来预估沥青面层出现低温缩裂的可能性；也可以采用劈裂抗拉试验、低温弯曲蠕变试验、低温收缩试验、温度－应力试验等。

3）耐久性

沥青混合料在路面结构中，长期受自然因素的作用，为保证路面具有较长的使用年限，必须具备有较好的耐久性。影响沥青混合料耐久性的因素很多，如沥青的化学性质、矿料的矿物成分、沥青混合料的组成结构（残留空隙、沥青填隙率）等。

沥青的化学性质和矿料的矿物成分对耐久性的影响已如前述。就沥青混合料的组成结构而言，首先是沥青混合料的空隙率，空隙率的大小与矿质集料的级配、沥青材料的用量以及压实程度等有关。从耐久性角度出发，希望沥青混合料空隙率尽量减少，以防止水的渗入和紫外线对沥青的老化作用等，但是一般沥青混合料中均应残留 3%～6% 空隙，以备夏季时沥青材料膨胀。

沥青混合料空隙率与水稳定性有关。空隙率大，且沥青与矿料粘附性差的混合料，在饱水后石料与沥青粘附力降低，易发生剥落，同时颗粒相互推移产生体积膨胀以及出现力学强度显著降低等现象，引起路面早期破坏。

此外，沥青路面的使用寿命还与混合料中的沥青含量有很大的关系。当沥青用量较正常用量减少时，则沥青膜变薄，混合料的延伸能力降低，脆性增加，且使混合料的空隙增大，沥青膜暴露较多，加速了老化作用。同时增加了渗水率，加剧了水对沥青的剥落作用。

评价沥青混合料的耐久性可采用浸水马歇尔试验或真空饱水马歇尔试验。其他方法还有浸水劈裂试验、冻融劈裂试验、浸水车辙试验等。

4）抗滑性

随着现代高速公路的发展，对沥青混合料路面的抗滑性提出了更高的要求。沥青混合料路面的抗滑性与矿质集料的微表面性质、混合料的级配组成以及沥青用量等因素有关。为保证长期高速行车的安全，配料时要特别注意粗集料的耐磨光性，应选择硬质有棱角的集料。表面粗糙、坚硬耐磨的石料多为酸性石料，与沥青的粘附性不好，应用抗剥离剂或采用石灰水处理石料表面，同时沥青混合料中的沥青含量也应严格控制，特别是应选用含蜡量低的沥青，以免沥青路面面层打滑。

5）施工和易性

沥青混合料应具备良好的施工和易性，使混合料易于拌合、摊铺和碾压。影响沥青混合料施工和易性的因素很多，诸如气温、施工条件及混合料性质等。

单就混合料性质而言，影响沥青混合料施工和易性的首先是混合料的级配情况，如粗细集料的颗粒大小差距过大、缺乏中间尺寸，混合料容易分层（粗粒集中于表面，细粒集中于底部）；如细集料太少，沥青层就不容易均匀地分布在粗颗粒表面；但细集料过多，则使拌合困难。此外，当沥青用量过少，或矿粉用量过多时，混合料容易产生疏松，不易压实。反之，如沥青用量过多，或矿粉质量不好，则容易使混合料粘结成团块，不易摊铺。

生产中对沥青混合料的工艺性能，大都凭目测鉴定。有的研究者曾以流变学理论为基础提出过一些沥青混合料施工和易性的测定方法，但仍多为试验研究阶段，并未被生产中普遍采纳。

（2）技术标准

现行《公路沥青路面施工技术规范》（JTG F40—2004）采用马歇尔试验配合比设计方法。若采用其他方法设计沥青混合料时，应按本规范规定进行马歇尔试验及各项配合比设计检验，并报告不同设计方法的试验结果。二级公路宜参照一级公路的技术标准执行。密级配沥青混凝土混合料技术标准见表21-15。重载交通是指设计交通量在1000万辆以上的路段。长、大坡度的路段按重载交通路段考虑。

表21-15　密级配沥青混凝土混合料马歇尔试验技术指标（JTG F40—2004）

<table>
<tr><td colspan="2" rowspan="3">试验指标</td><td rowspan="3">单位</td><td colspan="4">高速公路、一级公路</td><td rowspan="3">其他等级公路</td><td rowspan="3">行人道路</td></tr>
<tr><td colspan="2">夏炎热区</td><td colspan="2">夏热区及夏凉区</td></tr>
<tr><td>中轻交通</td><td>重载交通</td><td>中轻交通</td><td>重载交通</td></tr>
<tr><td colspan="2">击实次数（双面）</td><td>次</td><td colspan="4">75</td><td>50</td><td>50</td></tr>
<tr><td colspan="2">试件尺寸</td><td>mm</td><td colspan="6">φ101.6mm×63.5mm</td></tr>
<tr><td rowspan="2">空隙率</td><td>深约90mm以内</td><td>%</td><td>3~5</td><td>4~6</td><td>2~4</td><td>3~5</td><td>3~6</td><td>2~4</td></tr>
<tr><td>深约90mm以下</td><td>%</td><td colspan="2">3~6</td><td>2~4</td><td>3~6</td><td>3~6</td><td>—</td></tr>
<tr><td colspan="2">稳定度 MS 不小于</td><td>kN</td><td colspan="4">8</td><td>5</td><td>3</td></tr>
<tr><td colspan="2">流值 FL</td><td>mm</td><td>2~4</td><td>1.5~4</td><td>2~4.5</td><td>2~4</td><td>2~4.5</td><td>2~5</td></tr>
<tr><td rowspan="7">矿料间隙率
VMA(%)，
不小于</td><td rowspan="2">设计空隙率（%）</td><td colspan="7">相应于以下公称最大粒径（mm）的最小 VMA 及 VFA 技术要求（%）</td></tr>
<tr><td colspan="2">26.5</td><td>19</td><td>16</td><td>13.2</td><td>9.5</td><td>4.75</td></tr>
<tr><td>2</td><td colspan="2">10</td><td>11</td><td>11.5</td><td>12</td><td>13</td><td>15</td></tr>
<tr><td>3</td><td colspan="2">11</td><td>12</td><td>12.5</td><td>13</td><td>14</td><td>16</td></tr>
<tr><td>4</td><td colspan="2">12</td><td>13</td><td>13.5</td><td>14</td><td>15</td><td>17</td></tr>
<tr><td>5</td><td colspan="2">13</td><td>14</td><td>14.5</td><td>15</td><td>16</td><td>18</td></tr>
<tr><td>6</td><td colspan="2">14</td><td>15</td><td>15.5</td><td>16</td><td>17</td><td>19</td></tr>
<tr><td colspan="2">沥青饱和度 VFA（%）</td><td colspan="2">55~70</td><td colspan="3">65~75</td><td colspan="2">70~85</td></tr>
</table>

注：1. 对空隙率大于5%的夏炎热重载交通路段，施工时应至少提高压实度1个百分点。

2. 当设计的空隙率不是整数时，由内插确定要求的 *VMA* 最小值。

3. 对改性沥青混合料，马歇尔试验的流值可适当放宽。

三、热拌沥青混合料配合比设计

热拌沥青混合料配合比设计包括试验室配合比（也称目标配合比）设计、生产配合比设计及生产配合比验证（即试拌试铺）三个阶段。这里着重介绍试验室配合比设计，试验室配合比设计可分为矿料组成设计和沥青最佳用量的确定两部分。

1. 矿料组成设计

矿料组成设计的目的，是选配一个具有足够密实度、并且有较高内摩阻力的矿料。可以根据级配理论，计算出需要的矿料的级配范围，但是为了应用已有的研究成果和实践经验，通常是采用规范推荐的矿料级配范围。一般按以下步骤进行：

（1）确定沥青混合料类型和设计矿料级配范围

沥青路面工程的沥青混合料类型和设计级配范围由工程设计文件，密级配沥青混合料的设计级配宜在表21-16规定的级配范围内。

（2）原材料选择及检验

根据沥青混合料路面的结构层次、交通性质、气候条件、施工条件等选择并检验原材料，沥青材料质量应符合表21-3的要求；矿质材料质量应符合表21-11～表21-14的质量要求，并对各矿质材料进行筛分试验。

（3）矿料组成设计

矿料组成设计即是确定各组成矿料的比例 X_i，使合成级配满足设计矿料级配范围要求。根据各组成矿料的筛分结果，得到方程组：

$$\sum_{i=1}^{n} P_{i,j}X_i = P_j \tag{21-6}$$

式中　$P_{i,j}$——第 i 种矿料在第 j 号筛上的通过百分率（筛分试验结果,%）；

X_i——第 i 种矿料在矿料中所占比例，$\sum_{i=1}^{n} X_i = 100\%$；

P_j——矿料在第 j 号筛上的通过百分率（应符合级配范围要求,%）。

对于高速公路和一级公路、城市快速道路、主干道路等交通量大和轴载大的道路，合成级配曲线应尽量偏向设计级配的下（粗）限。对于一般道路、中小交通量或人行道路等，宜偏向级配范围的上（细）限。此外，合成的级配曲线应接近连续或有合理的间断级配，不得有过多的犬齿交错，当经过再三调整仍有两个以上的筛孔超过级配范围时，必须对原材料进行调整或更换原材料重新设计。

（4）计算体积特征参数

1）计算矿料的合成毛体积相对密度 γ_{sb}

$$\gamma_{sb} = \frac{100}{\frac{X_1}{\gamma_1} + \frac{X_2}{\gamma_2} + \cdots + \frac{X_n}{\gamma_n}} \tag{21-7}$$

式中　X_1，X_2，…，X_n——各种矿料在矿料中的比例（%）；

γ_1，γ_2，…，γ_n——各种矿料的毛体积相对密度。

2）计算矿料的合成表观相对密度 γ_{sa}

$$\gamma_{sa} = \frac{100}{\frac{X_1}{\gamma'_1} + \frac{X_2}{\gamma'_2} + \cdots + \frac{X_n}{\gamma'_n}} \tag{21-8}$$

式中　X_1，X_2，…，X_n——各种矿料在矿料中的比例（%）；

γ'_1，γ'_2，…，γ'_n——各种矿料的表观相对密度。

表 21-16 密级配沥青混凝土/沥青稳定碎石混合料矿料级配范围（JTG F40—2004）

级配类型		通过百分率（%）														
		53	37.5	31.5	26.5	19	16	13.2	9.5	4.75	2.36	1.18	0.6	0.3	0.15	0.075
粗粒式	AC-25			100	90~100	75~90	65~83	57~76	45~65	24~52	16~42	12~33	8~24	5~17	4~13	3~7
中粒式	AC-20				100	90~100	78~92	62~80	50~72	26~56	16~44	12~33	8~24	5~17	4~13	3~7
	AC-16					100	90~100	76~92	60~80	34~62	20~48	13~36	9~26	7~18	5~14	4~8
细粒式	AC-13						100	90~100	68~85	38~68	24~50	15~38	10~28	7~20	5~15	4~8
	AC-10							100	90~100	45~75	30~58	20~44	13~32	9~23	6~16	4~8
砂粒式	AC-5								100	90~100	55~75	35~55	20~40	12~28	7~18	5~10
特粗式	ATB-40	100	90~100	75~92	65~85	49~71	43~63	37~57	30~50	20~40	15~32	10~25	8~18	5~14	3~10	2~6
	ATB-30		100	90~100	70~90	53~72	44~66	39~60	31~51	20~40	15~32	10~25	8~18	5~14	3~10	2~6
粗粒式	ATB-25			100	90~100	60~80	48~68	42~62	32~52	20~40	15~32	10~25	8~18	5~14	3~10	2~6

3）预估沥青混合料的适宜油石比 P_a 或沥青含量 P_b

$$P_a = \frac{P_{a1} \times \gamma_{sb1}}{\gamma_{sb}} \times 100\% \tag{21-9}$$

$$P_b = \frac{P_a}{100 + P_a} \times 100\% \tag{21-10}$$

式中 P_a——预估的油石比（沥青与矿料总量的百分比,%）；

P_b——预估的沥青含量（沥青与混合料总量的百分比,%）；

P_{a1}——已建类似工程沥青混合料的标准油石比（%）；

γ_{sb1}——已建类似工程集料的合成毛体积相对密度。

4）确定矿料的有效相对密度 γ_{se}

非改性沥青混合料采用真空法实测最大相对密度，由式（21-11）反算合成矿料的有效相对密度，即

$$\gamma_{se} = \frac{100 - P_b}{\frac{100}{\gamma_t} - \frac{P_b}{\gamma_b}} \tag{21-11}$$

式中 P_b——试验采用的沥青用量（占混合料总量的百分比,%）；

γ_t——试验沥青用量条件下实测得到的最大相对密度；

γ_b——沥青的相对密度。

改性沥青及SMA等难以分散的混合料，有效相对密度宜直接由矿料的合成毛体积相对密度与合成表观相对密度按式（21-12）计算，其中沥青吸收系数 C 值根据材料吸水率 w_x 由式（21-13）求得，材料的合成吸水率按式（21-14）计算，即

$$\gamma_{se} = C \times \gamma_{sa} + (1 - C) \times \gamma_{sb} \tag{21-12}$$

$$C = 0.033w_x^2 - 0.293w_x + 0.9339 \tag{21-13}$$

$$w_x = \left(\frac{1}{\gamma_{sb}} - \frac{1}{\gamma_{sa}}\right) \times 100 \tag{21-14}$$

5）制作马歇尔试件，测定毛体积相对密度 γ_f：以估算沥青用量为中值，按一定间隔（沥青混凝土一般为0.5%，沥青碎石一般为0.3%～0.4%）取5个或5个以上不同沥青用量分别制作马歇尔试件，按《公路工程沥青及沥青混合料试验规程》JTJ 052—2000要求测定沥青混合料试件毛体积相对密度。

6）确定混合料的最大理论相对密度

确定沥青混合料最大理论相对密度 γ_{ti}

$$\gamma_{ti} = \frac{100 + P_{ai}}{\frac{100}{\gamma_{se}} + \frac{P_{ai}}{\gamma_b}} = \frac{100}{\frac{P_{si}}{\gamma_{se}} + \frac{P_{bi}}{\gamma_b}} \tag{21-15}$$

式中 γ_{ti}——相对于计算沥青用量 P_{bi} 时沥青混合料的最大理论相对密度；

P_{ai}——所计算的沥青混合料中的油石比（%）；

P_{bi}——所计算的沥青混合料中的沥青含量（%）；

P_{si}——所计算的沥青混合料的矿物含量，$P_{si} = 100 - P_{bi}$（%）。

7）计算沥青混合料试件空隙率 VV、矿物间隙率 VMA、有效沥青饱和度 VFA

$$VV = \left(1 - \frac{\gamma_f}{\gamma_t}\right) \times 100 \tag{21-16}$$

$$VMA = \left(1 - \frac{\gamma_f}{\gamma_{sb}} \times P_s\right) \times 100 \tag{21-17}$$

$$VFA = \frac{VMA - VV}{VWA} \times 100 \tag{21-18}$$

式中 γ_f——试件的毛体积相对密度；

γ_t——沥青混合料的最大理论相对密度；

P_s——各种矿料占沥青混合料总质量的百分比之和，即 $P_s = 100 - P_b$；

γ_{sb}——矿料混合料的合成毛体积相对密度。

2. 确定最佳沥青用量

沥青用量有两种表示方法：一为油石比 P_a，是指沥青占矿物混合料质量的百分率；一为沥青含量 P_b，是指沥青占沥青混合料质量的百分率。

(1) 确定最佳沥青用量初始值（OAC_1）

以沥青用量为横坐标，以马歇尔试验各项指标为纵坐标作图（如图 21-11 所示），确定

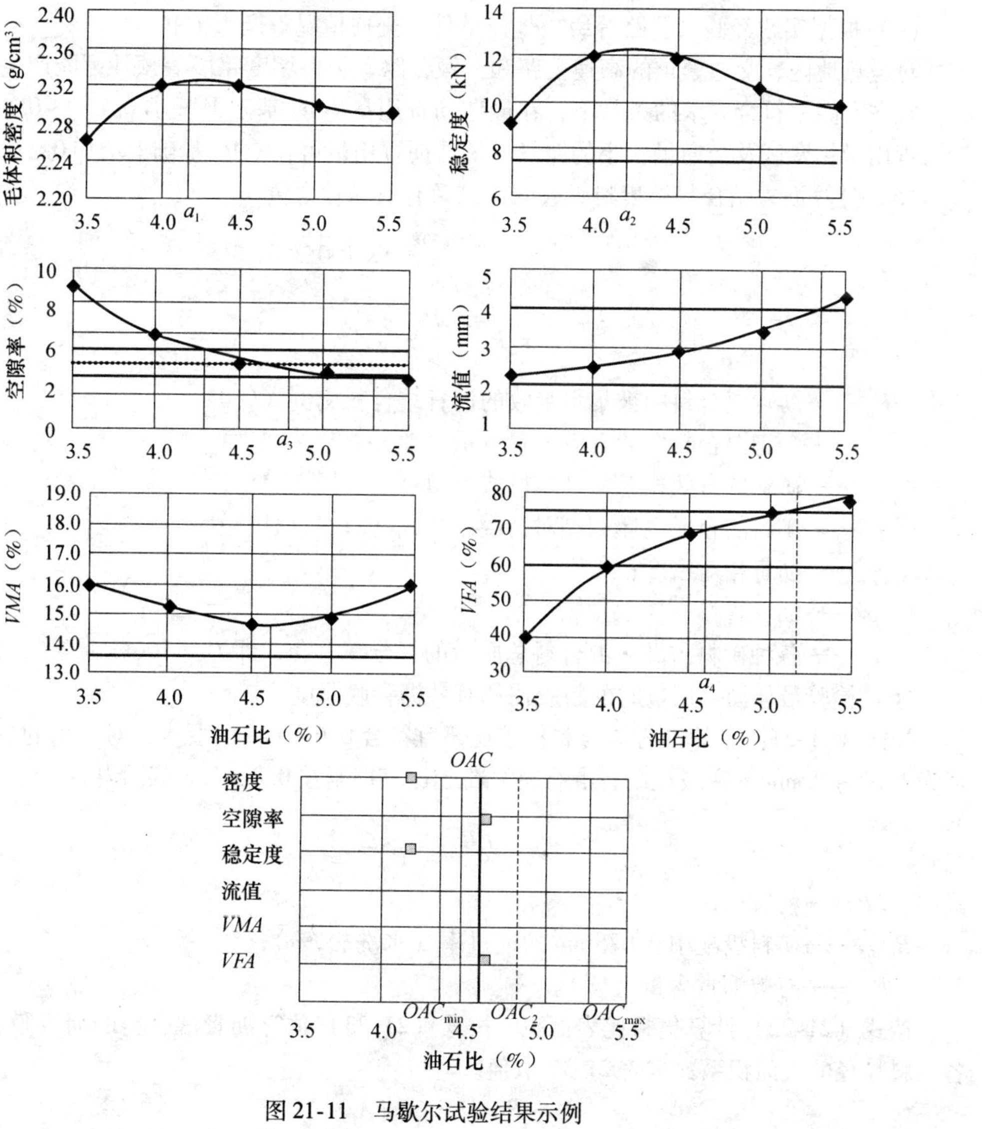

图 21-11　马歇尔试验结果示例

符合表 21-15 规定的沥青混合料技术标准的沥青用量范围 $OAC_{min} \sim OAC_{max}$，并根据试验曲线按下列方法确定最佳沥青用量 OAC_1：

在图 21-11 上求取对应于密度最大值、稳定度最大值、目标空隙率（或中值）、沥青饱和度范围中值的沥青用量 a_1，a_2，a_3，a_4，则 $OAC_1 = (a_1 + a_2 + a_3 + a_4)/4$。

若所选择的沥青用量范围未涵盖沥青饱和度的要求范围，则 $OAC_1 = (a_1 + a_2 + a_3)/3$。

若所选择的沥青用量范围内密度或稳定度未出现峰值时，可直接以目标空隙率所对应的沥青用量 a_3 作为 OAC_1，但 OAC_1 必须介于 $OAC_{min} \sim OAC_{max}$ 范围内，否则应重新进行配合比设计。

（2）确定最佳沥青用量初始值（OAC_2）

取 $OAC_{min} \sim OAC_{max}$ 的中值作为 OAC_2。

（3）确定最佳沥青用量 OAC

通常情况下取 OAC_1 及 OAC_2 的平均值为计算的最佳沥青用量 OAC，即 $OAC = (OAC_1 + OAC_2)/2$。然后检验 OAC 所对应的 VMA 及各项指标是否符合表 21-15 技术性能要求。

（4）根据实践经验、公路等级、气候条件、交通情况等调整 OAC

对炎热地区、交通繁重的高速公路和一级公路、长大坡度路段等预计可能产生较大车辙时，宜在空隙率符合要求的条件下，在最佳沥青用量 OAC 基础上减小 0.1% ~0.5% 作为设计沥青用量；寒区及交通量较小的路段，最佳沥青用量可在 OAC 基础上增加 0.1% ~0.3%。

（5）计算沥青结合料被集料吸收的比例及有效沥青含量

$$P_{ba} = \frac{\gamma_{se} - \gamma_b}{\gamma_{se}\gamma_{sb}}\gamma_b \times 100\% \tag{21-19}$$

$$P_{be} = P_b - \frac{P_{ba}}{100}P_s \tag{21-20}$$

式中 P_{ba}——沥青混合料中被集料吸收的沥青结合料比例（%）；

p_{be}——沥青混合料中的有效沥青含量（%）；

γ_{se}——矿料的有效相对密度，按式（21-11）计算；

γ_{sb}——矿料的合成毛体积相对密度，按式（21-7）计算；

γ_b——沥青相对密度；

p_b——沥青含量（%）；

P_s——各种矿料占沥青混合料总质量的百分率总和，即 $P_s = 100\% - P_b(\%)$。

（6）检验最佳沥青用量时的粉胶比和有效沥青膜厚度

按式（21-21）计算沥青混合料粉胶比，宜符合 0.6 ~1.6 的要求；对常用的公称最大粒径为 13.2 ~19mm 的密级配沥青混合料，粉胶比宜控制在 0.8 ~1.2 范围内。

$$FB = \frac{P_{0.075}}{P_{be}} \tag{21-21}$$

式中 FB——粉胶比；

$P_{0.075}$——矿料级配中 0.075mm 的通过率（水洗法,%）；

P_{be}——有效沥青含量（%）。

按式（21-22）计算集料比表面积，按式（21-23）估算沥青混合料的沥青膜有效厚度，各集料粒径的表面积系数按表 21-17 取值。

$$SA = \Sigma(P_i FA_i) \tag{21-22}$$

$$DA = \frac{P_{be}}{\gamma_b SA} \times 10 \qquad (21\text{-}23)$$

式中　SA——集料比表面积（m^2/kg）；

P_i——各粒径的通过百分率（%）；

FA_i——相应于各种粒径的集料的表面积系数；

DA——沥青膜有效厚度（μm）；

P_{be}——有效沥青含量（%）；

γ_b——沥青相对密度。

表 21-17　集料的表面积系数计算示例

筛孔尺寸（mm）	16	13.2	9.5		2.36	1.18	0.6	0.3	0.15	0.075	集料比表面积总和 SA
表面积系数 FA	0.0041	—	—	0.0041	0.0082	0.0164	0.0287	0.0614	0.1229	0.3277	
通过百分率 P_i（%）	100	92	76	60	42	32	23	16	12	6	
比表面积 $FA_i \times P_i$（m^2/kg）	0.41	—	—	0.25	0.34	0.52	0.66	0.98	1.47	1.97	6.60

注：各种公称最大粒径混合料中大于4.75mm集料的表面积系数 FA 均为0.0041，且只计算一次，4.75mm以下部分的 FA 见上表。

（7）配合比设计检验

对计算确定的最佳沥青用量 OAC 配制的沥青混合料进行车辙试验、水稳定性试验、低温抗裂性检验，满足标准技术性能要求方可确定为目标配合比，否则必须更换材料或重新进行配合比设计。

【例】　热拌沥青混合料配合比设计示例

（1）配合比设计原始资料

①道路等级：高速公路。

②路面为两层式结构，上面层设计厚度4cm。

③公路所在地气候：气候分区为1～4。

④沥青材料：A级50号或70号道路石油沥青，相对密度1.016（25℃/25℃），各项技术指标均符合要求。

⑤矿质材料：集料采用石灰岩石轧制，岩石抗压强度120MPa，洛杉矶磨耗率12%，与沥青粘附等级5级。碎石、石屑、砂毛体积相对密度分别为2.75、2.72、2.70，矿粉表观相对密度为2.68。筛分结果见表21-18，各项技术指标均符合要求。

表 21-18　矿质集料级配

材料名称	通过百分率（%）									
	16	13.2	9.5	4.75	2.36	1.18	0.6	0.3	0.15	0.075
碎石 A	100	93	17	0						
石屑 B			100	84	14	8	4	0		
砂 C				100	92	82	42	21	11	4
矿粉 D								100	96	87
AC-13级配范围	100	90～100	68～85	38～68	24～50	15～38	10～28	7～20	5～15	4～8
合成级配	100	97.2	71.3	60.84	39.92	34.96	20.32	12.14	8.54	5.71

（2）配合比设计要求

①根据道路等级、路面结构层次确定沥青混合料类型，并进行矿料组成设计。

②确定最佳沥青用量。

③根据沥青混合料要求检验水稳定性和抗车辙能力。

（3）设计步骤

1）矿料组成设计

①确定沥青混合料类型及矿料级配范围。根据设计原始资料，选择 AC—13 沥青混合料，设计级配范围及中值见表 21-18。

②矿料组成设计。设 A、B、C、D 四种矿料在矿料中的比例分别为 X_i，以级配范围中值为设计目标级配，根据各组成矿料的筛分结果，得方程组：

$$\sum_{i=1}^{n} P_{i,j}X_i = P_j$$

式中 $P_{i,j}$——第 i 种矿质材料在第 j 号筛上的通过百分率（筛分试验结果,%）；

X_i——第 i 种矿质材料在矿料中所占比例；

P_j——矿料在第 j 号筛上的通过百分率（应符合级配范围要求,%）。

解得：$X_1=35\%$，$X_2=26\%$，$X_3=34\%$，$X_4=5\%$，矿料合成级配见表 21-18。

2）沥青混合料马歇尔试验及结果分析

①试件成型。取油石比为 4.0%、4.5%、5.0%、5.5%、6.0%，与设计的矿料拌制沥青混合料。

②试件物理、力学性能指标测定。各组沥青混合料物理、力学试验结果见表 21-19。

表 21-19　沥青混合料体积特征参数及力学性能测定结果

油石比（%）	技术指标						
	最大理论相对密度	毛体积相对密度	空隙率（%）	矿料间隙率（%）	有效沥青饱和度（%）	稳定度（kN）	流值（mm）
4.0	2.471	2.328	5.8	17.9	62.5	8.7	2.1
4.5	2.462	2.346	4.7	17.6	69.8	9.7	2.3
5.0	2.442	2.354	3.6	17.4	77.5	10.3	2.5
5.5	2.423	2.353	2.9	17.7	80.2	10.2	2.8
6.0	2.408	2.348	2.5	18.4	83.5	9.8	3.7

③绘制沥青用量与物理、力学性能指标关系图，如图 21-12 所示。

3）确定最佳沥青用量（油石比）

①确定最佳沥青用量初始值（OAC_1）。从图 21-12 中得出与密度最大值、稳定度最大值、空隙率中间值、沥青饱和度中间值对应的沥青用量，则

$$OAC_1 = \frac{5.15\% + 5.10\% + 4.75\% + 4.45\%}{4} = 4.86\% \qquad (21\text{-}24)$$

②确定最佳沥青用量初始值（OAC_2）。由图 21-12，各项指标均满足技术指标要求的沥青用量范围 $OAC_{min} \sim OAC_{max} = 4.20\% \sim 4.80\%$，则

$$OAC_2 = \frac{4.20\% + 4.80\%}{2} = 4.50\% \qquad (21\text{-}25)$$

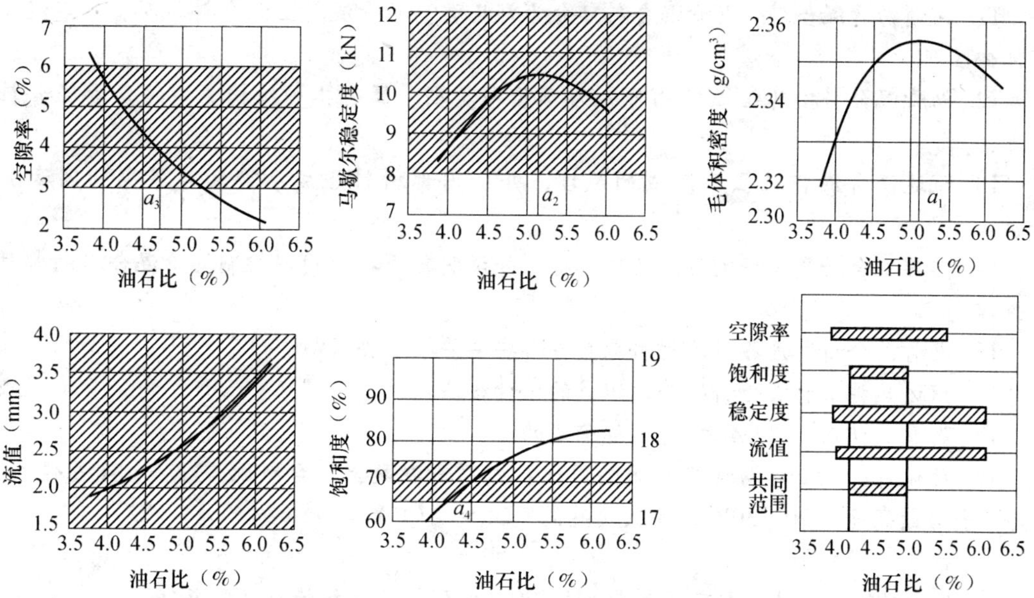

图 21-12　油石比与沥青混合料技术指标关系图

③综合确定最佳沥青用量（*OAC*）：

$$OAC = \frac{OAC_1 + OAC_2}{2} = \frac{4.86\% + 4.50\%}{2} = 4.68\% \qquad (21\text{-}26)$$

按最佳沥青用量检验 *VMA* 及各项技术指标，均满足《密级配沥青混凝土混合料马歇尔试验技术标准》JTG F40—2004 的相关要求，取 *OAC* =4.68%。

④最佳沥青用量粉胶比、动稳定度、水稳定性检验。沥青用量为 4.68% 时的粉胶比符合 0.8 ~1.2 范围，动稳定度、水稳定性满足规范要求，综合取最佳油石比为 4.68%。

思考题及习题

1. 试述石油沥青的主要组分及其特性。组分、结构、性质三者之间有何关系？

2. 石油沥青的主要技术性质是什么？影响这些性质的主要因素各是什么？这些性质相应的指标各是什么？如何测定？

3. 石油沥青的老化与组分有何关系？沥青性质在老化过程中发生哪些变化？对工程有何影响？

4. 划分与确定石油沥青牌号的依据是什么？牌号大小与主要性质间有何规律？

5. 建筑中选用石油沥青的原则是什么？在屋面防水及地下防水工程中宜选用哪几种牌号的石油沥青？

6. 已知屋面工程需使用软化点为 60℃ 的石油沥青，现有 30 号和 200 号两种石油沥青（软化点分别为 70℃和 30℃），试计算这两种沥青的掺配比例。

7. 与石油沥青比较，煤沥青在组成、结构、性质上有何不同？其主要用途是什么？

8. 为什么要对沥青进行改性？改性沥青的种类及其特点有哪些？

9. 试述沥青黏度的含义，何谓绝对黏度和条件黏度？

10. 试述针入度指数的含义及其与沥青胶体结构的关系。

11. 何谓沥青混合料，沥青混合料可分为哪几类？沥青混凝土混合料与沥青碎石混合料有什么区别？

12. 沥青混合料按其组成结构可分为哪几种类型，简述各种结构类型的沥青混合料的特点？

13. 试述沥青混合料强度形成的原理，并从内部材料组成参数和外界影响因素加以分析。

14. 热拌混合料质量评定有哪几项指标？并说明各项指标用以控制沥青混合料的哪种技术性质。

15. 沥青混合料所用各种原材料应具备哪些主要技术要求？

16. 试述热拌沥青混合料配合比组成的设计方法。

17. 沥青最佳用量（*OAC*）是怎样确定的？

18. 试设计一级公路沥青路面面层用细粒式沥青混凝土混合料配合组成。（气候条件：7月份平均最高气温20～30℃，年极端最低气温＞－7℃）。

［材料性能］

A. 沥青材料：可供应重交通沥青AH—70，经检验各项指标符合要求。

B. 碎石和石屑：Ⅰ级石灰岩破碎碎石，饱水抗压强度137MPa，洛杉矶磨耗率16%，粘附性（水煮法）Ⅳ级，表观密度2.71g/cm^3。

C. 细集料：洁净河砂，属中砂，含泥量小于1%，表观密度2.68g/cm^3。

D. 矿粉：石灰石粉，粒度范围符合要求，无团粒结块，表观密度2.58g/cm^3。粗细集料和矿粉级配组成经筛分试验结果列于下表。

组成材料筛析结果 （mm）

材料名称	筛孔尺寸（方孔筛）									
	16.0	13.2	9.5	4.75	2.36	1.18	0.6	0.3	0.15	0.075
	通过百分率（%）									
碎　石	100	95	18	2.0	0	0	0	0	0	0
石　屑	100	100	100	82.5	36.1	15.2	3.0	0	0	0
砂	100	100	100	100	91.5	82.2	71.0	35	15	3.0
矿　粉	100	100	100	100	100	100	100	100	100	87

［设计要求］

（1）根据道路等级、路面类型和结构层次确定沥青混凝土的类型和矿质混合料的级配范围。根据现有各种矿质材料的筛析结果，用图解法或试算法确定各种矿质材料的配合比。

（2）根据规范推荐的相应沥青混凝土类型的沥青用量范围，通过马歇尔试验的物理－力学指标，确定沥青最佳用量。

（3）根据一级公路路面用沥青混合料要求，对矿质混合料的级配进行调整，并对沥青最佳用量按水稳定性检验和抗车辙能力校核。

第二十二章　防水卷材

学习提要： 本章主要介绍了防水工程中使用量最大的防水卷材，包括沥青系防水卷材、改性沥青防水卷材、高分子防水卷材的主要技术性能、用途等。

防水卷材的质量及正确的使用是防止建筑物浸水和渗漏，确保建筑物的使用功能和使用寿命的重要环节。防水卷材广泛地应用于工业与民用建筑、市政设施、地下工程、道路、桥梁、隧道、涵洞、国防军工等工程领域。

防水卷材应具有以下性能要求：

（1）良好的耐候性，对光、热、氧等具有一定的耐受力。

（2）抗渗性，对水、盐等腐蚀性物质渗透作用的抵抗性能。

（3）耐腐蚀性，对接触到的酸、碱、油等化学物质的抗蚀性能。

（4）具有对温度和外力作用的适应性，防水卷材应具有较高的拉伸强度和断裂伸长率，能承受温差变化及各种外力与基层伸缩、开裂所引起的变形。

（5）良好的整体性，既能保持自身的粘结又能与基层牢固粘结，在外力作用下有较高的抗剥离强度，形成稳定的不透水整体。

防水卷材主要包括沥青系防水卷材、聚合物改性沥青防水卷材、合成高分子防水卷材三大系列。

第一节　沥青系防水卷材

沥青系防水卷材可根据以下内容进行分类：

（1）根据卷材所用的浸涂沥青的品种，分为石油沥青油毡、煤焦油沥青油毡、页岩沥青油毡。

（2）根据卷材选用的胎基材料，分为沥青纸胎油毡、沥青玻璃布胎油毡、沥青玻璃纤维毡胎油毡、沥青石棉布胎油毡、沥青麻布胎油毡。

（3）根据卷材选用的隔离材料（撒布材料），可分为矿质材料覆面沥青油毡，按其矿质材料的形状进一步分为粉状矿质材料（滑石粉、石灰石粉等）覆面（粉毡）、片状矿质材料（云母屑等）覆面（片毡）、粒状矿质材料（天然砂粒和彩色砂粒等）覆面（砂面）。

（4）根据沥青防水卷材的施工工艺可分为热铺沥青防水卷材、热熔沥青防水卷材、冷贴沥青防水卷材等。

（5）根据沥青卷材的特性可分为普通沥青防水卷材和特种沥青防水卷材。

一、石油沥青纸胎油毡

石油沥青纸胎油毡是以石油沥青浸渍原纸，再涂盖其两面后，表面涂或撒布隔离材料而制成。

《石油沥青纸胎油毡》（GB 326—2007）将油毡按卷重分为Ⅰ型、Ⅱ型和Ⅲ型。见表22-1。

表 22-1　油毡卷重

类型	Ⅰ型	Ⅱ型	Ⅲ型
卷重（kg/卷）　≥	17.5	22.5	28.5

油毡的物理性能见表 22-2。

表 22-2　油毡物理性能

项目		指标		
		Ⅰ型	Ⅱ型	Ⅲ型
单位面积浸涂材料总量（g/m^2）≥		600	750	1000
不透水性	压力（MPa）≥	0.02	0.02	0.10
	保持时间（min）≥	20	30	30
吸水率（%）≤		3.0	2.0	1.0
耐热度		(85 ±2)℃，2h 涂盖层无滑动、流淌和集中性气泡		
拉力（纵向）（N/50mm）≥		240	270	340
柔度		(18 ±2)℃，绕 ϕ20mm 棒或弯板无裂纹		

注：本标准Ⅲ型产品物理性能要求为强制性的，其余为推荐性的。

Ⅰ型和Ⅱ型油毡适用于辅助防水、保护隔离层、临时性建筑防水、防潮及包装等；Ⅲ型油毡适用于屋面工程的多层防水。

二、其他沥青油毡

为了克服原纸存在的抗拉强度低、耐水性弱、柔韧性差、不耐腐等缺点，常将胎基进行改进，从而获得不同用途的多种油毡类型。

1. 沥青玻璃纤维布油毡

沥青玻璃纤维布油毡是采用玻璃纤维布为胎料，用沥青浸涂胎体两面并在表面撒布隔离材料而制成。与纸胎油毡相比，玻璃布胎防水卷材的拉伸强度、柔韧性、耐腐蚀性等均得到明显提高，可用于铺设地下防水、防腐层，屋面防水层，金属管道（热管道除外）的防腐保护层等。

2. 沥青玻纤毡油毡

沥青玻纤胎防水卷材（简称玻纤胎油毡）是以无纺玻璃纤维薄毡为胎体，两面浸涂石油沥青并在表面撒布矿物粉料或覆盖聚乙烯膜等隔离材料而制成。玻纤胎油毡为无机材料，具有良好的耐水性、耐腐性、耐久性、柔韧性，其物理力学性能与所用玻璃纤维薄毡的强度、密度、厚度有关，也与所用的沥青有关。

3. 铝箔面石油沥青防水卷材

铝箔面石油沥青防水卷材（简称铝箔面油毡）是采用玻璃纤维毡为胎基，浸涂氧化石油沥青，在其上面用压纹铝箔贴面，底面撒布细颗粒矿物材料或覆盖聚乙烯（PE）膜制成的，是具有热反射和装饰功能的防水卷材。

第二节　聚合物改性沥青防水卷材

聚合物改性沥青防水卷材是以合成高分子聚合物改性沥青为涂盖层，纤维织物或纤维毡为胎体，粉状、粒状、片状或薄膜材料为覆面材料制成的可卷曲片状防水材料。

聚合物改性沥青防水卷材克服了传统沥青防水卷材温度稳定性差、延伸率小的不足，具有高温不流淌、低温不脆裂、拉伸强度高、延伸率较大等优异性能。常见的有 SBS 改性沥青防水卷材、APP 改性沥青防水卷材、丁苯橡胶改性氧化沥青聚乙烯胎防水卷材等。此类防水卷材一般单层铺设，也可复层使用，根据不同卷材可采用热熔法、冷粘法、自粘法施工。

一、SBS 改性沥青防水卷材

SBS 改性沥青防水卷材属弹性体沥青防水卷材中的一种。弹性体沥青防水卷材是用沥青或热塑性弹性体（如苯乙烯-丁二烯-苯乙烯嵌段共聚物 SBS）改性沥青浸渍胎基，胎基材料主要为聚酯胎（PY）、玻纤胎（G）和玻纤增强聚酯毡（PYG）三类。按上表面隔离材料分为聚乙烯膜（PE）、细砂（S）及矿物粒料（M）3 种。按物理力学性能分为Ⅰ型和Ⅱ型。见表 22-3。

表 22-3　弹性体改性沥青防水卷材性能（GB 18242—2008）

序号	项目		指标				
			Ⅰ型		Ⅱ型		
			PY	G	PY	G	PYG
1	可溶物含量（g/m^2），≥	3mm	2100				—
		4mm	2900				—
		5mm	3500				
		试验现象	—	胎基不燃	—	胎基不燃	—
2	耐热性	℃	90		105		
		≤mm	2				
		试验现象	无流淌、滴落				
3	低温柔性（℃）		-20		-25		
			无裂缝				
4	不透水性 30min，（MPa）		0.3	0.2	0.3		
5	拉力	最大峰拉力（N/50mm）≥	500	350	800	500	900
		次高峰拉力（N/50mm）≥	—	—	—	—	800
		试验现象	拉伸过程中，试件中部无沥青涂盖层开裂或与胎基分离现象				
6	延伸率	最大峰时延伸率（%）≥	30	—	40	—	—
		第二峰时延伸率（%）≥	—		—		15
7	浸水后质量增加（%）≤	PE、S	1.0				
		M	2.0				
8	热老化	拉力保持率（%）≥	90				
		延伸率保持率（%）≥	80				
		低温柔性（℃）	-15		-20		
			无裂缝				
		尺寸变化率（%）≤	0.7	—	0.7	—	0.3
		质量损失（%）≤	1.0				

续表

序号	项目			指标				
				Ⅰ型		Ⅱ型		
				PY	G	PY	G	PYG
9	渗油性	张数≤		2				
10	接缝剥离强度（N/mm）		≥	1.5				
11	钉杆撕裂强度①（N）		≥	—				300
12	矿物粒料粘附性②（g）		≤	2.0				
13	卷材下表面沥青涂盖层厚度③（mm）		≥	1.0				
14	人工气候加速老化	外观		无滑动、流淌、滴落				
		拉力保持率（%）	≥	80				
		低温柔度（℃）		-15		-20		
				无裂纹				

①仅适用于单层机械固定施工方式卷材。

②仅适用于矿物粒料表面的卷材。

③仅适用于热熔施工的卷材。

SBS改性沥青防水卷材最大的特点：低温柔韧性能好，同时也具有较好的耐高温性、较高的弹性及延伸率（延伸率可达150%）、较理想的耐疲劳性。广泛用于各类建筑防水、防潮工程，尤其适用于寒冷地区和结构变形频繁的建筑物防水，并可采用热熔法施工。

二、APP改性沥青防水卷材

APP改性沥青防水卷材属塑性体沥青防水卷材中的一种。塑性体沥青防水卷材是用沥青或热塑性塑料（如无规聚丙烯APP）改性沥青浸渍胎基，两面涂以塑性体沥青涂盖层，上表面撒以细砂、矿物粒（片）料或覆盖聚乙烯膜，下表面撒以细砂或覆盖聚乙烯膜所制成的一类防水卷材。APP改性沥青防水卷材的技术指标见表22-4。

表22-4　塑性体改性沥青防水卷材性能（GB 18243—2008）

序号	项目		指标				
			Ⅰ型		Ⅱ型		
			PY	G	PY	G	PYG
1	可溶物含量（g/m^2）≥	3mm	2100				—
		4mm	2900				—
		5mm	3500				
		试验现象	—	胎基不燃	—	胎基不燃	—
2	耐热性	℃	110		130		
		≤mm	2				
		试验现象	无流淌、滴落				
3	低温柔性（℃）		-7		-15		
			无裂缝				
4	不透水性30min（MPa）		0.3	0.2	0.3		

续表

序号	项目		指标				
			Ⅰ型		Ⅱ型		
			PY	G	PY	G	PYG
5	拉力	最大峰拉力（N/50mm） ≥	500	350	800	500	900
		次高峰拉力（N/50mm） ≥	—	—	—	—	800
		试验现象	拉伸过程中，试件中部无沥青涂盖层开裂或与胎基分离现象				
6	延伸率	最大峰时延伸率（%） ≥	25	—	40	—	—
		第二峰时延伸率（%） ≥	—		—		15
7	浸水后质量增加（%） ≤	PE、S	1.0				
		M	2.0				
8	热老化	拉力保持率（%） ≥	90				
		延伸率保持率（%） ≥	80				
		低温柔性（℃）	-15		-20		
			无裂缝				
		尺寸变化率（%） ≤	0.7	—	0.7	—	0.3
		质量损失（%） ≤	1.0				
9	接缝剥离强度（N/mm） ≥		1.0				
10	钉杆撕裂强度①（N） ≥		—				300
11	矿物粒料粘附性②（g） ≤		2.0				
12	卷材下表面沥青涂盖层厚度③（mm） ≥		1.0				
13	人工气候加速老化	外观	无滑动、流淌、滴落				
		拉力保持率（%） ≥	80				
		低温柔度（℃）	-2		-10		
			无裂纹				

①仅适用于单层机械固定施工方式卷材。

②仅适用于矿物粒料表面的卷材。

③仅适用于热熔施工的卷材。

该类卷材广泛适用于各类建筑屋面防水、地下防水工程，尤其适用于高温或有强烈太阳辐射地区的建筑物防水。

三、改性沥青聚乙烯胎防水卷材

此类防水卷材包括改性氧化沥青防水卷材（用添加改性剂的沥青氧化后制成的）、丁苯橡胶改性氧化沥青防水卷材（用丁苯橡胶和树脂将氧化沥青改性后制成的）其物理力学性能见表22-5。

表22-5 改性沥青聚乙烯胎防水卷材性能（GB 18967—2009）

序号	项目	技术指标				
		T				S
		O	M	P	R	M
1	不透水性	0.4MPa，30min不透水				

续表

<table>
<tr><td rowspan="3">序号</td><td colspan="3" rowspan="3">项目</td><td colspan="5">技术指标</td></tr>
<tr><td colspan="4">T</td><td>S</td></tr>
<tr><td>O</td><td>M</td><td>P</td><td>R</td><td>M</td></tr>
<tr><td rowspan="2">2</td><td colspan="3" rowspan="2">耐热性（℃）</td><td colspan="4">90</td><td>70</td></tr>
<tr><td colspan="4">无流淌，无起泡</td><td>无流淌，无起泡</td></tr>
<tr><td rowspan="2">3</td><td colspan="3" rowspan="2">低温柔性（℃）</td><td>-5</td><td>-10</td><td>-20</td><td>-20</td><td>-20</td></tr>
<tr><td colspan="5">无裂纹</td></tr>
<tr><td rowspan="4">4</td><td rowspan="4">拉伸性能</td><td rowspan="2">拉力（N/50mm）≥</td><td>纵向</td><td colspan="3" rowspan="2">200</td><td rowspan="2">400</td><td rowspan="2">200</td></tr>
<tr><td>横向</td></tr>
<tr><td rowspan="2">断裂延伸率（%）≥</td><td>纵向</td><td colspan="5" rowspan="2">120</td></tr>
<tr><td>横向</td></tr>
<tr><td rowspan="2">5</td><td colspan="2" rowspan="2">尺寸稳定性</td><td>（℃）</td><td colspan="4">90</td><td>70</td></tr>
<tr><td>（%）≤</td><td colspan="5">2.5</td></tr>
<tr><td>6</td><td colspan="3">卷材下表面沥青涂盖层厚度（mm）≥</td><td colspan="4">1.0</td><td>—</td></tr>
<tr><td rowspan="2">7</td><td rowspan="2">剥离强度（N/mm）≥</td><td colspan="2">卷材与卷材</td><td colspan="4" rowspan="2">—</td><td>1.0</td></tr>
<tr><td colspan="2">卷材与铝材</td><td>1.5</td></tr>
<tr><td>8</td><td colspan="3">钉杆水密性</td><td colspan="4">—</td><td>通过</td></tr>
<tr><td>9</td><td colspan="3">持粘性（min）≥</td><td colspan="4">—</td><td>15</td></tr>
<tr><td>10</td><td colspan="3">自粘沥青在剥离强度(与铝板)，(N/mm)≥</td><td colspan="4">—</td><td>1.5</td></tr>
<tr><td rowspan="4">11</td><td rowspan="4">热空气老化</td><td colspan="2">纵向拉力(N/50mm) ≥</td><td colspan="3">200</td><td>400</td><td>200</td></tr>
<tr><td colspan="2">纵向断裂延伸率(%) ≥</td><td colspan="5">120</td></tr>
<tr><td colspan="2" rowspan="2">低温柔性（℃）</td><td>5</td><td>0</td><td>-10</td><td>-10</td><td>-10</td></tr>
<tr><td colspan="5">无裂缝</td></tr>
</table>

注：代号 T、S 分别表示按施工工艺分为热熔型、自粘型的防水卷材。O、M、P、R 分别表示热熔型产品按改性剂成分划分的四类防水卷材。

改性沥青聚乙烯胎防水卷材适用于非外露的建筑与基础设施的防水工程。

四、其他改性沥青防水卷材

为了充分利用各种改性材料，同时变换多种胎基材料，可以使改性沥青防水卷材的性能得到进一步提高，品种及用途进一步扩大，近年来建材行业出台了一系列新的行业标准，如《胶粉改性沥青玻纤毡与玻纤网格布增强防水卷材》（JC/T 1076—2008）、《胶粉改性沥青玻纤毡与聚乙烯膜增强防水卷材》（JC/T 1077—2008）、《胶粉改性沥青聚酯毡与玻纤网格布增强防水卷材》（JC/T 1078—2008）。

根据建筑部位防水多功能化的发展，对改性沥青防水卷材提出了更具体的要求，《道桥用改性沥青防水卷材》（JC/T 974—2005）、《坡屋面用防水卷材》（JC/T 1067—2008）、《种植屋面用耐根穿刺防水卷材》（JC/T 1075—2008）等标准相继出台，可以预见，随着防水卷材的不断研制，今后将在改性沥青防水材料上还会有更多、更好的能够满足建筑防水功能要求的新品种面世。

第三节　合成高分子防水卷材

合成高分子防水卷材是以合成橡胶、合成树脂或它们两者的共混体为基料，加入适量的化学助剂和填充料等，经混炼、压延或挤出等工序加工而成的可卷曲的片状防水材料。其中又可分为加筋增强型与非加筋增强型两种。合成高分子防水卷材具有拉伸强度和抗撕裂强度高、断裂伸长率大、耐热性和低温柔性好、耐腐蚀、耐老化等一系列优异的性能，是新型高档防水卷材。

我国目前开发的合成高分子防水卷材有橡胶系、树脂系、橡塑共混系三大系列。《高分子防水材料　第十部分：片材》（GB 18173. 1—2006），将合成高分子防水卷材分为均质片材和复合片材两类。以同一种或一组高分子材料为主要材料，各部位截面材质均匀一致的防水片材称为均质片。其物理性能见表 22-6；以高分子合成材料为主要材料，复合织物等为保护或增强层，以改变其尺寸稳定性和力学特性，各部位截面结构一致的防水片材称为复合片，其物理性能见表 22-7。

表 22-6　均质片的物理性能（GB 18173. 1—2006）

项目			指标									
			硫化类橡胶				非硫化类橡胶			树脂类		
			JL1	JL2	JL3	JL4	JF1	JF2	JF3	JS1	JS2	JS3
断裂拉伸强度（MPa）	常温	≥	7.5	6.0	6.0	2.2	4.0	3.0	5.0	10	16	14
	60℃	≥	2.3	2.1	1.8	0.7	0.8	0.4	1.0	4	6	5
扯断伸长率（%）	常温	≥	450	400	300	200	400	200	200	200	550	500
	-20℃	≥	200	200	170	100	200	100	100	150	350	300
撕裂强度（kN/m）		≥	25	24	23	15	18	10	10	40	60	60
不透水性，30min 无渗漏（MPa）			0.3		0.2		0.3	0.2		0.3		
低温弯折（℃）		≤	-40	-30	-30	-20	-30	-20	-20	-20	-35	-35
加热伸缩量（mm）	伸长	≤	2				2	4		2		
	收缩	≤	4				4	6	10	6		
热空气老化（80℃，168h）	断裂拉伸强度保持率（%）	≥	80				90	60	80	80		
	扯断伸长率保持率（%）	≥	70				70			70		
	100%伸长率外观		无裂纹									
耐碱性（饱和 $Ca(OH)_2$，常温，168h）	断裂拉伸强度保持率（%）	≥	80				80	70		80		
	扯断伸长率保持率（%）	≥	80				90	80	70	80	90	
臭氧老化（40℃，168h）	伸长率 40%，500×10^{-8}		无裂纹	—	—	—	无裂纹	—	—	—	—	—
	伸长率 20%，500×10^{-8}		—	无裂纹	—	—	—	—	—	—	—	—
	伸长率 20%，100×10^{-8}		—	—	无裂纹	无裂纹	—	无裂纹		—	—	—
人工气候老化	断裂拉伸强度保持率（%）	≥	80				80	70	80	80		
	扯断伸长率保持率（%）	≥	70				70			70		
粘结剥离强度	N/mm（标准试验条件）		≥1.5									
	浸水保持率（常温，168h），（%）		≥70									

注：人工候化和粘合性能项目为推荐项目；非外露使用可以不考核臭氧老化、人工气候老化、加热伸缩量、60℃断裂拉伸强度性能。

表 22-7　复合片的物理性能（GB 18173.1—2006）

项　目			种　类			
			硫化橡胶类 FL	非硫化橡胶类 FF	树脂类	
					FS1	FS2
断裂拉伸强度（N/cm）	常温	≥	80	60	100	60
	60℃	≥	30	20	40	30
扯断伸长率（%）	常温	≥	300	250	150	400
	-20℃	≥	150	50	10	10
撕裂强度（N）		≥	40	20	20	20
不透水性，（30min 无渗漏，0.3MPa）			无渗漏			
低温弯折（℃）		≤	-35	-20	-30	-20
加热伸缩量（mm）	伸长	≤	2			
	收缩	≤	4	4	2	4
热空气老化（80℃，168h）	扯断拉伸强度保持率（%）	≥	80			
	扯断伸长率保持率（%）	≥	70			
耐碱性（10% $Ca(OH)_2$，常温，168h）	扯断拉伸强度保持率（%）	≥	80	60	80	
	扯断伸长率保持率（%）	≥	80	60	80	
臭氧老化（40℃，168h），200×10^{-8}			无裂纹		—	
人工气候老化	扯断拉伸强度保持率（%）	≥	80	70	80	
	扯断伸长率保持率（%）	≥	70	70	70	

注：人工气候老化和粘合性能项目为推荐项目；非外露使用可以不考核臭氧老化，人工气候老化、加热伸缩量，60℃断裂拉伸强度性能。

常见的合成高分子防水卷材有三元乙丙橡胶防水卷材、聚氯乙烯防水卷材、氯化聚乙烯防水卷材、氯化聚乙烯－橡胶共混防水卷材等。

一、三元乙丙（EPDM）橡胶防水卷材

三元乙丙橡胶防水卷材是以三元乙丙橡胶为主体，掺入适量的硫化剂、促进剂、软化剂和补强剂等，经过配料、密炼、拉片、过滤、压延或挤出成型、硫化、检验和分卷包装等工序加工制成的一种高弹性防水卷材。

三元乙丙橡胶由于其分子结构中的主链没有双键，当其受到臭氧、光和湿热作用时，主链不易断裂，故该卷材耐老化性能比其他类型卷材优越且使用寿命长。

此外，这种卷材属于均质片材中的硫化类橡胶，具有质量轻、使用温度范围宽、断裂拉伸强度高、扯断伸长率大、低温柔性突出，对基层变形适应性强、耐酸碱腐蚀等特点，广泛适用于防水要求高、使用年限长的工业与民用建筑的防水工程。

二、氯丁橡胶防水卷材

指以氯丁橡胶与丙烯酸酯高聚物等添加复合材料及抗紫外线添加剂经混炼压延而成的防水卷材。该卷材具有低温－30℃不脆裂、耐高温、拉伸强度高、应变性好、耐老化等特点，

是一种中档单层防水材料。适用于建筑物屋面、化工厂耐酸墙、炼钢厂厂房、桥梁、公路、人行道、运动场跑道、地下室、贮水池、冷库、管道等的防潮和防水工程。

三、再生橡胶防水卷材

再生橡胶防水卷材是以再生橡胶为主要原料，添加软化剂、填充剂、抗老化剂、抗腐蚀剂、脱模剂等辅助材料，经塑化、混炼、碾压、挤压而成的无胎防水卷材。再生橡胶防水卷材具有优良的弹塑性、抗老化及抗腐蚀能力强、低温柔韧性好、热稳定性好等优点，属中档防水卷材。适用于屋面、楼地面、地下工程、贮水池等的防水、防渗、防潮等场合，也适用于混凝土旧屋面翻修及浴室、洗衣室、冷库等的蒸汽隔离层和刚性层的防水层。

四、聚氯乙烯（PVC）防水卷材

聚氯乙烯防水卷材是指以聚氯乙烯树脂为主要原料，掺加填充料及适量的改性剂、增塑剂、抗氧化剂和紫外线吸收剂等，经过混炼、压延、冷却、分卷包装等工序制成的防水卷材。这种卷材由于掺入了适量改性剂，提高了卷材的断裂伸长率，从而使该材料基层变形的适应性较强；增塑剂使聚氯乙烯分子链柔顺性提高，使卷材的低温柔性大为改善；填充料除起填充作用外，还能吸收聚氯乙烯分解出的氯化氢，防止其降解反应，同时还起光屏蔽剂作用，可吸收光能，防止聚氯乙烯分子链老化断裂，使卷材的耐老化性显著提高。

聚氯乙烯防水卷材根据其基料的组成与特性分为S型和P型。其中，S型是以煤焦油与聚氯乙烯树脂混溶料为基料的防水卷材，P型是以增塑聚氯乙烯树脂为基料的防水卷材。

该种卷材的尺寸稳定性、耐热性、耐腐蚀性、耐细菌性等均较好，适用于各类建筑的屋面防水工程和水池、堤坝等防水抗渗工程。

五、高密度聚乙烯防水卷材

高密度聚乙烯防水卷材是以高密度聚乙烯（HDPE）为基料制成，其中含有约97.5%的聚合物，2.5%的炭黑及抗氧化剂和热稳定剂物质。高密度聚乙烯防水卷材具有高度的韧性和优良的耐化学侵蚀、抗老化性能，使用寿命长。适用于环保、冶金、建筑、市政、水利、化工、电力及航天等的防污染、防渗漏及水处理工程。

六、氯化聚乙烯防水卷材

氯化聚乙烯防水卷材是以含氯量为30%~40%的氯化聚乙烯为主要原料，掺入适量的化学助剂和大量的填充材料，经捏和、塑炼、压延等工序制成的弹塑性防水卷材。氯化聚乙烯是经过氯化改性的新型树脂，不但具有合成树脂的热塑性，而且具有橡胶状弹性。其分子结构本身的饱和性和氯原子的存在，赋予了它优良的耐候性、耐臭氧、耐油、耐化学品腐蚀及阻燃性能。由于氯化聚乙烯防水卷材自身的热塑性能，可采用热风焊施工，其粘结力强，对环境无污染。该卷材适用于各种工业与民用建筑物屋面、地下工程、卫生间、蓄水池、排水沟、堤坝等防水工程。由于氯化聚乙烯呈塑料性能，耐磨性好，还可作为室内装饰地面材料，兼有防水和装饰的功能。

七、橡塑共混防水卷材

氯化聚乙烯-橡胶共混防水卷材是以氯化聚乙烯树脂和橡胶共混的方式制成的一种高分

子防水卷材。这种共混卷材具有氯化聚乙烯特有的高强度和优异的耐候性，同时还表现出橡胶的高弹性、高延伸率及良好的耐低温性能，适用于寒冷地区或变形较大的建筑防水工程。

思考题及习题

1. 何谓防水卷材？可划分几大类？

2. 改性沥青防水卷材具有哪些技术性能？适用于哪些工程？

3. 油毡及改性沥青防水卷材的型号是根据什么指标确定的？它们都适用于哪些工程？

4. 高聚物改性沥青防水卷材和高分子防水卷材包括哪些品种？各自特征是什么？如何应用？

5. 与传统的沥青防水卷材相比，合成高分子防水卷材有哪些优点？

6. 为满足防水工程的要求，各类防水卷材应具有哪些技术性能？

7. 简述合成高分子防水卷材的特点及其适用范围。

第二十三章　其他防水材料

学习提要： 本章介绍了防水工程中常用的防水涂料、防水密封材料的组成、性能及特点；同时对刚性防水材料作了一般介绍。

第一节　防水涂料

防水涂料是一种流态或半流态物质，涂布在基层表面，经溶剂或水分挥发或各组分间的化学反应，形成有一定弹性和一定厚度的连续薄膜，使基层表面与水隔绝，起到防水、防潮作用。防水涂料固化成膜后的防水涂膜具有良好的防水性能，特别适用于各种复杂不规则部位的防水，能形成无接缝的完整防水膜。它大多采用冷施工，不必加热熬制，既减少了环境污染，改善了劳动条件，又便于施工操作，加快了施工进度。此外，涂布的防水涂料既是防水层的主体，又是粘结剂，因而施工质量容易保证，维修也较简单。但是，防水涂料须采用刷子或刮板等逐层涂刷（刮），故防水膜的厚度较难保持均匀一致。防水涂料广泛适用于工业与民用建筑的屋面防水工程、地下室防水工程和地面防潮、防渗工程等。

一、防水涂料种类

防水涂料按成膜物质的主要成分可分为沥青类、高聚物改性沥青类和合成高分子类三类，按液态类型可分为溶剂型、水乳型和反应型三种。

（1）沥青基防水涂料是以沥青为基料配制而成的水乳型或溶剂型防水涂料。这类涂料对沥青基本没有改性或改性不大，有石灰乳化沥青、膨润土沥青乳液和水性石棉沥青防水涂料等。

（2）高聚物改性沥青防水涂料是以沥青为基料，用合成高分子聚合物进行改性，制成的水乳型或溶剂型防水涂料。这类涂料在柔韧性、抗裂性、拉伸强度、耐高低温性能、使用寿命等方面比沥青基涂料有很大改善。品种有再生橡胶改性沥青防水涂料、水乳型氯丁橡胶沥青防水涂料、SBS 橡胶改性沥青防水涂料等。

（3）合成高分子防水涂料是以合成橡胶或合成树脂为主要成膜物质制成的单组分或多组分的防水涂料。这类涂料具有高弹性、高耐久性及优良的耐高、低温性能，品种有聚氨酯防水涂料、丙烯酸酯防水涂料和有机硅防水涂料等。

二、常用防水涂料

1. 石灰乳化沥青

石灰乳化沥青涂料是以石油沥青为基料，石灰膏为乳化剂，在机械强制搅拌下将沥青乳化制成的厚质防水涂料。石灰乳化沥青涂料为水性、单组分涂料，具有无毒、不燃、可在潮湿基层上施工等特点。

2. 水乳型氯丁橡胶沥青防水涂料

水乳型氯丁橡胶沥青防水涂料是以阳离子氯丁胶乳与阳离子石油沥青乳液混合，稳定分散在水中而制成的一种水乳型防水涂料。由于用氯丁橡胶进行改性，与沥青基防水涂料相比，水乳型氯丁橡胶沥青防水涂料无论在柔性、延伸性、拉伸强度，还是耐高低温性能、使用寿命等方面都有很大改善，具有成膜快、强度高、耐候性好、抗裂性好，且难燃、无毒等特点。

3. 聚氨酯防水涂料

聚氨酯防水涂料是以化学反应成膜，几乎不含溶剂，体积收缩小，易做成较厚的涂膜，整体性好；涂膜具有橡胶弹性，延伸性好，耐高、低温性好，耐油、耐化学药品，抗拉强度和抗撕裂强度均较高；对基层变形有较强的适应性。该涂料固化前为黏稠状液体，可在任何复杂的基层表面施工，适用于各种有保护层的屋面防水工程、地下防水工程、浴室、卫生间以及地下管道的防水、防腐等。

聚氨酯防水涂料产品按组分分为单组分（S）和多组分（M）两种，按拉伸性能分为Ⅰ类和Ⅱ类。单组分聚氨酯防水涂料物理力学性能应符合表 23-1 的规定，多组分聚氨酯防水涂料物理力学性能应符合表 23-2 的规定。

表 23-1　单组分聚氨酯防水涂料物理力学性能（GB/T 19250—2003）

序号	项　目			Ⅰ	Ⅱ
1	拉伸强度（MPa）		≥	1.9	2.45
2	断裂伸长率（%）		≥	550	450
3	撕裂强度（N/mm）		≥	12	14
4	低温弯折性（℃）		≤	-40	
5	不透水性 0.3MPa，30min			不透水	
6	固体含量（%）		≥	80	
7	表干时间（h）		≤	12	
8	实干时间（h）		≤	24	
9	加热伸缩率（%）		≤	1.0	
			≥	-4.0	
10	潮湿基面粘结强度①（MPa）		≥	0.50	
11	定伸时老化	加热老化		无裂纹及变形	
		人工气候老化②		无裂纹及变形	
12	热处理	拉伸强度保持率（%）		80～150	
		断裂伸长率（%）	≥	500	400
		低温弯折性（℃）	≤	-35	
13	碱处理	拉伸强度保持率（%）		60～150	
		断裂伸长率（%）	≥	500	400
		低温弯折性（℃）	≤	-35	
14	酸处理	拉伸强度保持率（%）		80～150	
		断裂伸长率（%）	≥	500	400
		低温弯折性（℃）	≤	-35	
15	人工气候老化②	拉伸强度保持率（%）		80～150	
		断裂伸长率（%）	≥	500	400
		低温弯折性（℃）	≤	-35	

①仅用于地下工程潮湿基面时要求。

②仅用于外露使用的产品。

表 23-2　多组分聚氨酯防水涂料物理力学性能（GB/T 19250—2003）

序号	项目			Ⅰ	Ⅱ
1	拉伸强度（MPa）		≥	1.9	2.45
2	断裂伸长率（%）		≥	450	450
3	撕裂强度（N/mm）		≥	12	14
4	低温弯折性（℃）		≤	-35	
5	不透水性 0.3MPa，30min			不透水	
6	固体含量（%）		≥	92	
7	表干时间（h）		≤	8	
8	实干时间（h）		≤	24	
9	加热伸缩率（%）	≤		1.0	
		≥		-4.0	
10	潮湿基面粘结强度①（MPa）		≥	0.50	
11	定伸时老化	加热老化		无裂纹及变形	
		人工气候老化②		无裂纹及变形	
12	热处理	拉伸强度保持率（%）		80~150	
		断裂伸长率（%）	≥	400	
		低温弯折性（℃）	≤	-30	
13	碱处理	拉伸强度保持率（%）		60~150	
		断裂伸长率（%）	≥	400	
		低温弯折性（℃）	≤	-30	
14	酸处理	拉伸强度保持率（%）		80~150	
		断裂伸长率（%）	≥	400	
		低温弯折性（℃）	≤	-30	
15	人工气候老化②	拉伸强度保持率（%）		80~150	
		断裂伸长率（%）	≥	400	
		低温弯折性（℃）	≤	-30	

①仅用于地下工程潮湿基面时要求。

②仅用于外露使用的产品。

第二节　防水密封材料

防水密封材料是能承受位移以达到气密、水密目的而嵌入建筑接缝中的定型和非定型材料。非定型密封材料又称密封胶、剂，是黏稠状密封材料，它可分为溶剂型、乳液型、化学反应型等。定型密封材料是将密封材料按密封工程部位的不同要求制成带、条、垫片等形状。建筑密封材料按性能分为弹性密封材料和塑性密封材料；按使用时的组分分为单组分密封材料和多组分密封材料；按组成材料分为改性沥青密封材料和合成高分子密封材料。

为保证防水密封的效果，防水密封材料应具有水密性和气密性，良好的粘结性，良好的耐高低温性和耐老化性能，一定的弹塑性和拉伸－压缩循环性能。密封材料的选用，应首先考虑它的粘结性能和使用部位。密封材料与被粘基层的良好粘结，是保证密封的必要条件。

因此，应根据被粘基层的材质、表面状态和性质来选择粘结性良好的密封材料。建筑物中不同部位的接缝，对密封材料的要求不同，如室外的接缝要求较高的耐候性，而伸缩缝则要求较好的弹塑性和拉伸－压缩循环性能。

一、非定型密封材料

目前，常用的非定型密封材料有：沥青嵌缝油膏、塑料油膏、丙烯酸酯密封膏、聚氨酯密封膏、硅酮密封膏和有机硅橡胶密封膏等。

1. 沥青嵌缝油膏

沥青嵌缝油膏是以石油沥青为基料，加入改性材料（废橡胶粉和硫化鱼油等）、稀释剂（松焦油、松节重油和机油等）及填充料（石棉绒和滑石粉等）混合制成的密封膏。沥青嵌缝油膏主要作为屋面、墙面、沟槽的防水嵌缝材料。建筑防水沥青嵌缝油膏的技术性能见表23-3。

表23-3　建筑防水沥青嵌缝油膏的技术性能

项　目			技术指标	
			702	801
密度（g/cm^3）			规定值±0.1	
施工度（mm）		≥	22.0	20.0
耐热性	温度（℃）		70	80
	下垂值（mm）	≤	4.0	
低温柔性	温度（℃）		－20	－10
	粘结状况		无裂纹和剥离现象	
拉伸粘结性（%）		≥	125	
浸水后拉伸粘结性（%）		≥	125	
渗出性	渗出幅度（mm）	≤	5	
	渗出张数（张）	≤	4	
挥发性（%）		≤	2.8	

注：规定值由厂方提供或供需双方商定。

2. 聚氯乙烯接缝膏

聚氯乙烯接缝膏是以煤焦油和聚氯乙烯（PVC）树脂粉为基料，按一定比例加入增塑剂（邻苯二甲酸二丁酯，邻苯二甲酸二辛酯）、稳定剂（三盐基硫酸铝、硬脂酸钙）及填充料（滑石粉、石英粉）等，在140℃温度下塑化而成的膏状密封材料，简称PVC接缝膏。用废旧聚氯乙烯（PVC）塑料代替聚氯乙烯树脂粉，其他原料和生产方法同聚氯乙烯接缝膏可制成塑料油膏。塑料油膏成本较低。PVC接缝膏和塑料油膏有良好的粘结性、防水性、弹塑性，耐热、耐寒、耐腐蚀和抗老化性能。其技术性能要求见表23-4。

表23-4　聚氯乙烯建筑防水接缝材料技术性能

项　目		技术指标	
		801	802
密度（g/cm^3）		规定值① ±0.1	
下垂度（mm，80℃）	不大于	4	

续表

项　目			技术指标	
			801	802
低温柔性	温度（℃）		-10	-20
	柔性		无裂缝	
拉伸粘结性	最大抗拉强度（MPa）		0.02～0.15	
	最大延伸率（%）	不小于	300	
浸水拉伸性	最大抗拉强度（MPa）		0.02～0.15	
	最大延伸率（%）	不小于	250	
恢复率（%）		不小于	80	
挥发率②（%）		不大于	3	

①规定值是指企业标准或产品说明书所规定的密度值。

②挥发率仅限于 G 型 PVC 接缝材料。

这种密封材料适用于各种屋面嵌缝或表面涂布作为防水层，也可用于水渠、管道等接缝，用于工业厂房自防水屋面嵌缝，大型墙板嵌缝等的效果也较好。

3. 丙烯酸酯建筑密封胶

丙烯酸酯建筑密封胶是在丙烯酸酯乳液中掺入表面活性剂、增塑剂、分散剂、填料等配制而成的一种单组分水乳型建筑密封胶。它具有良好的粘结性能、弹性和低温柔性，无溶剂污染，无毒，具有优异的耐候性。

丙烯酸酯建筑密封胶产品按位移能力分为 12.5 级和 7.5 级。12.5 级密封胶按其弹性恢复率又分为两个次级别：弹性体（12.5E），弹性恢复率等于或大于 40%；塑性体（12.5P 和 7.5P），弹性恢复率小于 40%。12.5E 级为弹性密封胶，主要用于接缝密封。12.5P 和 7.5P 级为塑性密封胶，主要用于装饰装修工程的填缝。

丙烯酸酯建筑密封胶的技术性能见表 23-5。

表 23-5　丙烯酸酯建筑密封胶的物理力学性能（JC/T 484—2006）

序号	项目		技术指标		
			12.5E	12.5P	7.5P
1	密度	(g/cm^3)	规定值 ±0.1		
2	下垂度	(mm)	≤3		
3	表干时间	(h)	≤1		
4	挤出性	(mL/min)	≥100		
5	弹性恢复率（%）		≥40	报告实测值	
6	定伸粘结性		无破坏	—	
7	浸水后定伸粘结性		无破坏	—	
8	冷拉-热压后粘结性		无破坏	—	
9	断裂伸长率	(%)	—	≥100	
10	浸水后断裂伸长率	(%)	—	≥100	
11	同一温度下拉伸-压缩循环后粘结性		—	无破坏	
12	低温柔性	(℃)	-20	-5	
13	体积变化率	(%)	≤30		

4. 聚氨酯建筑密封胶

聚氨酯建筑密封胶产品按包装形式分为单组分（Ⅰ）和双组分（Ⅱ）两个品种。产品按流动性又可分为非下垂型（N）和自流平型（L）两个类型，按位移能力分为25和20两个级别，并可根据产品的拉伸模量分为高模量（HM）和低模量（LM）两个次级别。聚氨酯建筑密封胶的弹性、粘结性及耐候性特别好，与混凝土的粘结性也很好。

聚氨酯密封材料可作屋面、墙面的水平或垂直接缝。尤其适用于水池、公路及机场跑道的补缝、接缝，也可用于玻璃、金属材料的嵌缝。聚氨酯建筑密封胶的物理力学性能见表23-6。

表23-6 聚氨酯建筑密封胶的物理力学性能（JC/T 482—2003）

试验项目		技术指标		
		20HM	25LM	20LM
密度 (g/cm³)		规定值±0.1		
流动度	下垂度（N型）（mm）	≤3		
	流平性（L型）	光滑平整		
表干时间 (h)		≤24		
挤出性（适用于单组分产品） (mL/min)		≥80		
适用期（适用于多组分产品） (h)		≥1		
弹性恢复率（%）		≥70		
拉伸模量（MPa）	23℃	>0.4和>0.6		≤0.4和≤0.6
	-20℃			
定伸粘结性		无破坏		
浸水后定伸粘结性		无破坏		
质量损失率（%）		≤7		

5. 硅酮建筑密封胶

硅酮建筑密封胶是以聚硅氧烷为主要成分的单组分或双组分室温固化型的建筑密封材料。目前大多为单组分系统，它以硅氧烷聚合物为主体，加入硫化剂、硫化促进剂以及增强填料组成。硅酮建筑密封胶有优异的耐热、耐寒性和良好的耐候性；与各种材料都有较好的粘结性能；耐拉伸－压缩疲劳性强，耐水性好。硅酮建筑密封胶按固化机理分为A型和B型两类。按用途分为F类和G类两种类别，其中，F类为建筑接缝用，适用于预制混凝土墙板、水泥板、大理石板的外墙接缝等；G类为镶装玻璃用，主要用于镶嵌玻璃和建筑门、窗的密封。产品按位移能力分为25和20两个级别，并可根据产品的拉伸模量分为高模量（HM）和低模量（LM）两个次级别。硅酮建筑密封胶的理化性能见表23-7。

表23-7 硅酮建筑密封胶的理化性能（GB/T 14683—2003）

序号	项目		技术指标			
			25HM	20HM	25LM	20LM
1	密度 (g/cm³)		规定值±0.1			
2	下垂度（mm）	垂直	≤3			
		水平	无变形			

续表

序号	项目		技术指标			
			25HM	20HM	25LM	20LM
3	表干时 (h)		≤3			
4	挤出性（适用于单组分产品） (mL/min)		≥80			
5	弹性恢复率 (%)		≥80			
6	拉伸模量（MPa）	23℃	>0.4 或 >0.6		≤0.4 和≤0.6	
		-20℃				
7	定伸粘结性		无破坏			
8	紫外线辐射后粘结性		无破坏			
9	冷拉-热压后粘结性		无破坏			
10	浸水后定伸粘结性		无破坏			
11	质量损失率 (%)		≤10			

二、定型密封材料

定型密封材料包括密封条带和止水带，如铝合金门窗橡胶密封条、丁腈胶-PVC门窗密封条、自粘性橡胶、水膨胀橡胶、橡胶止水带、塑料止水带等。定型密封材料按密封机理的不同可分为遇水非膨胀型和遇水膨胀型两类。下面简要介绍止水带的性能及用途。

止水带也称为封缝带，是处理建筑物或地下构筑物接缝（伸缩缝、施工缝、变形缝等）用的一种定型防水密封材料。橡胶止水带是以天然橡胶或合成橡胶为主要原料，掺入各种助剂及填料加工制成。它具有良好的弹性、耐磨性及抗撕裂性能，适应变形能力强，防水性能好。一般用于地下工程、小型水坝、贮水池、地下通道等工程的变形接缝部位的隔离防水以及水库、输水洞等处的闸门密封止水，不宜用于温度过高、受强烈氧化作用或受油类等有机溶剂侵蚀的环境中。塑料止水带目前多为软质聚氯乙烯塑料止水带，是由聚氯乙烯树脂、增塑剂、稳定剂等原料加工制成。塑料止水带的优点是原料来源丰富、价格低廉、耐久性好，可用于地下室、隧道、涵洞、溢洪道、沟渠等水工构筑物的变形缝的防水。

思考题及习题

1. 试述防水涂料的特点。
2. 试述建筑密封材料的种类、性能要求和使用特点。
3. 试述合成高分子防水涂料、防水密封材料的特点及应用。
4. 试述弹性体沥青防水卷材与塑性体防水卷材的异同。

第六篇　高分子材料

分子量为 10^4 以上的大分子叫高分子，由高分子化合物构成的材料叫高分子材料。一般将高分子材料划分为无机高分子材料及有机高分子材料两大类。无机高分子材料如石棉、石墨、金刚石等。有机高分子材料又划分为天然高分子材料及人工合成高分子材料两类。天然高分子材料系指其基本组成物质为生物高分子的各种天然材料，如棉、毛、丝、皮革等。而合成高分子材料则是指其基本组成物质为人工合成的高分子化合物的各种材料，如酚醛树脂、氯丁橡胶、醋酸纤维等。

第二十四章　合成高分子材料

学习提要：本章重点介绍了高聚物的组成、分类与命名、结构与性质，以及合成树脂、合成橡胶的常用品种；同时介绍了土木工程常用塑料和涂料的组成与命名、技术特性及常用品种。对胶粘剂和建筑密封材料的基本概念、基本组成以及技术要求作了一般性介绍。

合成高分子材料通常分为合成树脂、合成橡胶、合成纤维三大类。用作建筑材料的高分子化合物主要是合成树脂，它是组成塑料、涂料和胶粘剂的主要材料，其次是合成橡胶，而合成纤维则用的很少。

高分子材料作为土建材料的生产基础材料，具有密度小、比强度高、加工性能好、耐化学腐蚀性能优良等特点。建筑物通过使用高分子材料，可以获得更好的使用性能、装饰性能和耐久性能，并且有助于达到更好的节能效果。

第一节　合成高分子材料概述

一、聚合物及其分类与命名

1. 聚合物的概念

高分子化合物又称高聚物或聚合物，其分子量很大。一个大分子往往由许多相同的简单的结构单元通过共价键重复连接而成。例如，聚氯乙烯分子是由许多氯乙烯结构单元重复连接而成，如下所示：

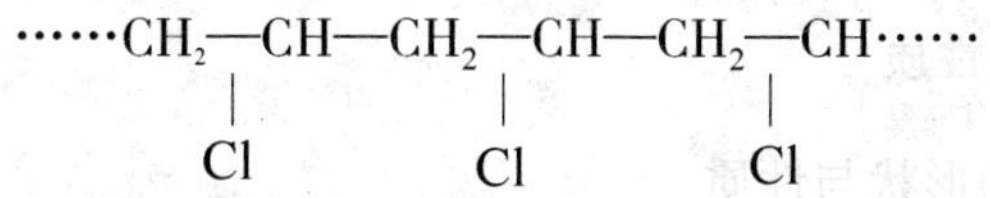

这种结构很长的大分子称为“分子键”，是重复的结构单元。因为由重复连接而成的线型大分子像一条链子，故称重复结构单元为“链节”，而同一结构单元的重复次数 n 则称之为“聚合度”。聚合度可由几百至几千。聚合物的分子量则是重复结构单元的分子量与聚合度的乘积。

2. 聚合物的分类

（1）按聚合反应类型分类

按合成高聚物时化学反应类型不同，可将高聚物划分为加聚树脂及缩聚树脂两大类。

①加聚树脂又称聚合树脂，是由含有不饱和键的低分子化合物（称为单体），经加聚反应而得。加聚反应过程无副产品，加聚树脂的化学组成与单体的化学组成基本相同。

②缩聚树脂又称缩合树脂，一般由两种或两种以上含有官能团的单体经缩合反应而得。缩合反应过程中有副产品——低分子化合物出现，缩聚树脂的化学组成与单体的化学组成完全不同。

（2）按聚合物的热行为分类

根据聚合物在受热作用时所表现出来的性质，即根据聚合物的热行为，可将聚合物划分为热塑性树脂和热固性树脂两类。

热塑性树脂是指具有受热软化，冷却后硬化的性能，而且在此过程中不发生任何化学变化，并可反复改变状态的一类聚合物。这种具有热塑性的树脂其分子结构多为线型，它包括所有的加聚聚合物和部分缩聚聚合物。

热固性树脂是指在加热成型过程中发生软化，并发生化学反应致使相邻的分子相互交联而逐渐硬化，但在加热成型之后，不再因受热而软化或熔融的一类聚合物。换句话说，热固性树脂的特点是其成型过程具有不可逆转的特性。属于此类的聚合物其分子结构为体型，包括绝大部分的缩聚聚合物。

3. 聚合物的命名

聚合物的命名方法比较多，有些也相当复杂。其中较为简单的是习惯命名法。该法主要根据聚合物的化学组成来命名。

由一种单体加聚而得的聚合物称为均聚物，其命名方法为在单体名称前冠以“聚”字，如由乙烯加聚而得的称为聚乙烯，由氯乙烯加聚而成的称为聚氯乙烯等。由两种或两种以上单体加聚而得的称为共聚物，其命名方法为在单体名称后加“共聚物”（也可采用各单体英文名称的第一个字母缀于共聚物之前），如由丙烯腈、丁二烯、苯乙烯共聚而得的称为丙烯腈 - 丁二烯 - 苯乙烯共聚物（又称为腈丁苯共聚物或 ABS 共聚物），由丙烯腈、苯乙烯共聚而得的称为丙烯腈 - 苯乙烯共聚物（又称为腈苯共聚物或 AS 共聚物）。但对于共聚物也常有仿照均聚物命名法而直接在两种单体名称之前冠以“聚”字的，如聚甲基丙烯酸甲酯（有机玻璃），聚对苯二甲酸乙二醇酯（俗称涤纶）等。

缩聚树脂的命名方法一般为在单体名称后加“树脂”，如由苯酚和甲醛缩合而得的称为酚醛树脂，由脲和甲醛缩合而得的称为脲醛树脂。此外，“树脂”二字在习惯上也用来泛指化工厂所合成的、尚未经加工成型的任何高分子化合物。

二、聚合物的结构与性质

1. 聚合物大分子链的形状与性质

(1) 线型

线型聚合物的大分子链排列成线状主链 [图 24-1(a)]，有时带有支链 [图 24-1(b)]，且线状大分子间以分子间力结合在一起。具有线型结构的高聚物包括全部加聚树脂和部分缩聚树脂。一般来说，具有线型结构的树脂，强度较低，弹性模量较小，变形较大，耐热、耐腐蚀性较差，且可溶可熔。支链型聚合物因分子排列较松，分子间作用力较弱，因而密度、熔点及强度等低于线型聚合物。线型聚合物树脂，均为热塑性树脂。

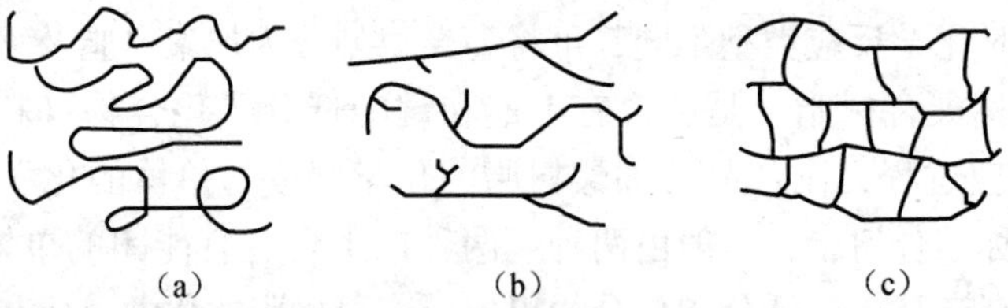

图 24-1 聚合物大分子链的形状

(a) 线型；(b) 支链型；(c) 体型

(2) 体型

线型大分子通过化学键交联作用而形成的三维网状结构，又称网型或体型结构 [图 24-1(c)]。部分缩合树脂具有此种结构（交联或固化前也为线型或支链型分子）。由于化学键合力强，且交联形成一个"巨大分子"，故一般来说此类树脂的强度高，弹性模量较高，变形较小，较硬脆且多无塑性，耐热性、耐腐蚀性较好。不溶不熔。体型聚合物树脂均为热固性树脂。

2. 聚合物的结晶

固态聚合物也存在着晶态和非晶态两种聚集状态。但与低分子量晶体有很大的不同。由于线型高分子难免有弯曲，故聚合物的结晶为部分结晶，即在结晶聚合物中存在"晶区"和"非晶区"，且大分子链可以同时跨越几个晶区和非晶区。晶区所占的百分比称为结晶度。一般来说，结晶度越高，则聚合物的密度、弹性模量、强度、耐热性、折光系数等越高，而冲击韧性、粘附力、断裂伸长率、溶解度等越低。晶态聚合物一般为不透明或半透明状，非晶态聚合物则一般为透明状。体型聚合物只有非晶态一种。

3. 聚合物的变形与温度

非晶态聚合物的变形与温度的关系如图 24-2 所示。非晶态聚合物在低于某一温度时，由于所有分子链段和大分子链均不能自由转动而成为硬脆的玻璃体，即处于玻璃态。聚合物转变为玻璃态的温度称为玻璃化温度 T_g。当温度超过 T_g 时，由于分子链段可以运动（大分子仍不能运动），使聚合物产生变形而具有高弹性，即进入高弹态。当温度继续升高至某数值时，由于分子链段和大分子链均发生运动，使聚合物产生塑性变形，即进入黏流态。此时温度称为黏流态温度 T_f。

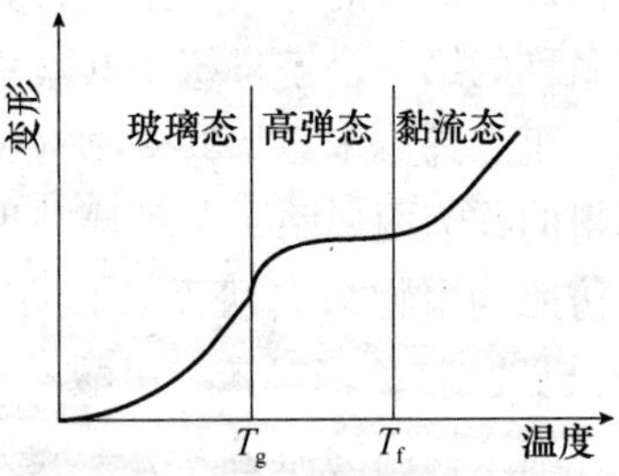

图 24-2 非晶态聚合物的变形与温度的关系

玻璃化温度 T_g 低于室温的称为橡胶，高于室温的称为塑料。玻璃化温度是塑料的最高使用温度，但却是橡胶的最低使用温度。

4. 聚合物材料的老化

在使用过程中，聚合物会由于光、热、空气（氧和臭氧）等的作用而发生结构或组成的变化，从而出现各种性能劣化现象，如出现变色、变硬、龟裂、发黏、发软、变形、斑点，以及机械强度降低等，这种现象被称为合成高分子材料的老化。

合成高分子材料的老化是一个复杂的、包含众多因素和多种作用的过程。一般的，可将其分为两种类型，即聚合物分子的交联与降解。交联指的是聚合物的分子从线型结构变为体型结构的过程。当发生这种老化作用时，表现为聚合物失去弹性、变硬、变脆，并出现龟裂现象。降解指的是聚合物的分子链发生断裂，其分子量降低，但在这一过程中其化学组成并不发生变化。当老化过程以降解为主时，聚合物在性能上的变化是失去刚性，变软、发黏及出现蠕变等现象。

依据老化机理的不同，可将合成高分子材料的老化分为热老化和光老化两类。光老化是指聚合物在阳光（特别是紫外线）的照射下，其中一部分分子（或原子）将被激活而处于高能的不稳定状态，并可与其他分子发生光敏氧化作用，致使聚合物的结构和组成发生变化，并且性能逐渐恶化的现象。热老化是指聚合物受热时，尤其是在较高温度下暴露于空气中时，聚合物的分子链会由于氧化、热分解等作用而发生断裂、交联现象，其化学组成与分子结构将发生变化，从而使其各项性能也随之发生变化的现象。因此，大多数合成高分子材料的耐高温及大气稳定性都较差。

三、合成树脂

合成树脂的种类很多，而且随着有机合成工业的发展和新聚合方法的不断出现，合成树脂的品种还在继续增加。但是，真正获得广泛应用的合成树脂，不过20种左右。在此，仅介绍一些在土木工程材料中经常使用的合成树脂。

1. 热塑性树脂

（1）聚乙烯（PE）

聚乙烯是由乙烯单体聚合而成，按合成时的压力分为高压聚乙烯和低压聚乙烯。高压聚乙烯又称低密度聚乙烯，分子量较小，支链较多，结晶度低，质地柔软。低压聚乙烯又称高密度聚乙烯，其分子量较高，支链较少，结晶度较高，质地较坚硬。

聚乙烯具有良好的化学稳定性及耐低温性，强度较高，吸水性和透水性很低，无毒，密度小，易加工，但耐热性较差，且易燃烧。聚乙烯主要用于生产防水材料（薄膜、卷材等）、给排水管材（冷水）、电绝缘材料、水箱和卫生洁具等。

（2）聚氯乙烯（PVC）

聚氯乙烯是建筑材料中应用最为普遍的聚合物之一。在室温条件下，聚氯乙烯树脂是无色、半透明、坚硬而性脆的聚合物。但通过加入适当的增塑剂和添加剂，便可制得软硬和透明程度不同，色调各异的聚氯乙烯制品。

聚氯乙烯的机械强度较高，化学稳定性好，具有优异的抗风化性能及良好的抗腐蚀性，但耐热性较差，使用温度范围一般为 -15 ~55℃。

硬质聚氯乙烯主要用作天沟、落水管、外墙覆面板、天窗及给排水管。软质聚氯乙烯常加工为片材、板材、型材等，如卷材地板、块状地板、壁纸、防水卷材和止水带等。

（3）聚苯乙烯（PS）

聚苯乙烯为无色透明树脂，易于着色，易于加工成型，耐水、耐光、耐腐蚀，绝热性好。但其性脆，耐热性差（不超过80℃），并且易燃。

聚苯乙烯在建筑中主要用于制作泡沫塑料，其隔热保温性能优异。此外，聚苯乙烯也常用于涂料和防水薄膜的生产。

（4）聚丙烯（PP）

聚丙烯为白色蜡状体，密度较小，约为0.90～0.91g/cm^3；其耐热性好（使用温度可达110～120℃），抗拉强度较高，刚度较好，硬度高，耐磨性好。但耐低温性差，易燃烧，离火后不能自熄。聚丙烯制品较聚乙烯制品坚硬，因此，聚丙烯常用于制作管材、装饰板材、卫生洁具及各种建筑小五金件。

（5）聚醋酸乙烯酯（PVAC）

聚醋酸乙烯酯在习惯上称为聚醋酸乙烯。这种聚合物的耐水性差，但粘结性能好。在建筑上，聚醋酸乙烯被广泛应用于胶粘剂、涂料、油灰、胶泥等的制作之中。

（6）聚甲基丙烯酸甲酯（PMMA）

聚甲基丙烯酸甲酯具有较好的弹性、韧性及耐低温性。其抗冲击强度较高，并具有极高的透光性。因此，广泛地用于制造有机玻璃。在建筑上则广泛地用于各种具有采光要求的围护结构中，以适当方式对其增强后，也可用于制作透明管材及其他建筑制品。

（7）丙烯腈－丁二烯－苯乙烯共聚物（ABS）

丙烯腈－丁二烯－苯乙烯共聚物是丙烯腈（A）、丁二烯（B）及苯乙烯（S）的共聚物，简称ABS共聚物或ABS树脂。它具有聚苯乙烯的良好加工性，聚丁二烯的高韧性和弹性，聚丙烯腈的高化学稳定性和表面硬度等。

ABS树脂为不透明树脂，具有较高的冲击韧性，且在低温下其韧性也不明显降低，耐热性高于聚苯乙烯。ABS树脂主要用于生产压有花纹图案的塑料装饰板和管材等。

（8）苯乙烯－丁二烯－苯乙烯嵌段共聚物（SBS）

苯乙烯－丁二烯－苯乙烯嵌段共聚物是苯乙烯（S）和丁二烯（B）的三嵌段共聚物（由化学结构不同的较短的聚合链段交替结合而成的线型共聚物称为嵌段共聚物）。SBS树脂为线型分子，是具有高弹性、高抗拉强度、高伸长率和高耐磨性的透明体，属于热塑性弹性体。

SBS树脂在建筑上主要用于沥青的改性。

2. 热固性树脂

（1）酚醛树脂（PF）

酚醛树脂具有良好的耐热、耐湿、耐化学侵蚀性能，并具有优异的电绝缘性能。在机械性能上，表现为硬而脆，故一般很少单独作为塑料使用。此外，酚醛树脂的颜色深暗，装饰性差。

酚醛树脂除广泛用于制作各种电器制品外，在建筑上，主要用于制造各种层压板和玻璃纤维增强塑料，以及防水涂料、木结构用胶等。

（2）脲醛树脂（UF）

脲醛树脂是目前各种合成树脂中价格最低的一种树脂，其性能与酚醛树脂基本相仿，但耐热性和耐水性差。脲醛树脂着色性好，粘结强度比较高，而且固化以后相当坚固，表面光洁如玉，有“电玉”之称。

脲醛树脂主要用于生产木丝板、胶合板、层压板等。经发泡处理后，可制得一种硬质泡沫塑料，用作填充性绝缘材料。经过改性处理的脲醛树脂还可用于制造涂料、胶粘剂等。

（3）不饱和聚酯树脂（UP）

不饱和聚酯树脂的透光率高，化学稳定性好，机械强度高，抗老化性及耐热性好，并且可在室温下成型固化。但固化时收缩大（一般为7%~8%），不耐浓酸和浓碱的侵蚀。

不饱和聚酯树脂多以液态低聚物形式存在，被广泛地用于涂料、玻璃纤维增强塑料，以及聚合物混凝土的胶结料中。

（4）环氧树脂（EP）

环氧树脂实际上是线型聚合物，但由于环氧树脂固化后交联为网状结构，故将其归入热固性树脂之中，环氧树脂化学稳定性好（尤其以耐碱性突出），对极性表面或金属表面具有非常好的粘结性，且涂膜柔韧。此外，环氧树脂还具有良好的电绝缘性、耐磨性和较小的固化收缩量。

环氧树脂被广泛地应用于涂料、胶粘剂、玻璃纤维增强塑料及各种层压和浇筑制品中。在建筑上，环氧树脂还用于制备聚合物混凝土，以及用于修补和维护混凝土结构。

（5）有机硅树脂（Si）

分子主链结构为硅氧链（—Si—O—）的树脂称为有机硅树脂，亦称聚硅氧烷、聚硅醚、硅树脂等。有机硅树脂耐热性高（400~500℃），耐寒性及化学稳定性好，有优良的防水、抗老化和电绝缘性能。有机硅树脂的另一个重要优点是能够与硅酸盐类材料很好地结合，这一特点，使得它作为一种特殊高分子材料而被广泛应用。

有机硅树脂主要用于层压塑料和防水材料。在各种有机硅树脂中，硅酮在建筑方面最具实际意义，且发展迅速，其被广泛地应用于涂料、胶粘剂及弹性嵌缝材料中。

四、合成橡胶

1. 橡胶的概念及其分类

（1）橡胶的概念

橡胶是一种在室温下具有高弹性的高分子材料，其玻璃化温度 T_g 较低。橡胶的主要特点是：在 -50~150℃范围内能保持其极为优异的弹性，即在外力作用下的变形量可以达到百分之几百，并且外力取消后，变形可完全恢复，但不符合胡克定律。此外，橡胶还具有良好的抗拉强度、耐疲劳强度及良好的不透水性、不透气性、耐酸碱腐蚀性和电绝缘性等。由于橡胶具有上述良好的综合性能，故在建筑工程中被广泛用作防水卷材及密封材料等。

（2）橡胶的分类

橡胶按其来源，可以分为天然橡胶、合成橡胶及再生橡胶三大类。

1）天然橡胶

天然橡胶是由橡胶类植物（如橡胶树）所得的胶乳经适当加工而成。其密度为 0.91~0.93g/cm^3，软化温度为130~140℃，熔融温度为220℃，分解温度为270℃。天然橡胶在常温下具有很高的弹性，且有良好的耐磨耗性能。目前，尚没有一种合成橡胶在综合性能方面优于天然橡胶。

2）合成橡胶

合成橡胶是以石油、天然气、木材等为原料制成各种单体，然后再以人工合成的方法制成人造橡胶。因此，合成橡胶是具有橡胶特性的一类聚合物。

3）再生橡胶

再生橡胶，或称为再生胶，是将废旧橡胶制品或橡胶制品生产中的下脚料经机械加工、化学及高温处理后所制得的、具有生橡胶某些特性的橡胶材料。这种再生橡胶由于再生处理的氧化解聚作用而获得了一定的塑性和黏性，它作为生胶的代用品用于橡胶制品生产中，可以节约生胶、降低成本，而且对改善工艺条件、提高产品质量也有益处。

2. 常用合成橡胶

（1）氯丁橡胶

氯丁橡胶是由氯丁二烯单体聚合而成的弹性体，为浅黄色或棕褐色。这种橡胶的原料来源广泛，其抗拉强度较高，透气性、耐磨性较好，硫化后不易老化，耐油、耐热、耐臭氧、耐酸碱腐蚀性好，粘结力较强，难燃，脆化温度为 $-35 \sim -55$℃，密度为 $1.23g/cm^3$。但是，这种橡胶对浓硫酸及浓硝酸的抵抗力较差，且电绝缘性也较差。

在建筑上，氯丁橡胶被广泛地用于胶粘剂、门窗密封条、胶带等。

（2）三元乙丙橡胶

三元乙丙橡胶是由乙烯、丙烯、二烯炔（如双环戊二烯）共聚而得的弹性体。由于双键在侧链上，受臭氧和紫外线作用时主链结构不受影响，因而三元乙丙橡胶的耐候性很好。三元乙丙橡胶具有优良的耐热性、耐低温性、抗撕裂性、耐化学腐蚀性、电绝缘性、弹性和着色性。此外，该橡胶密度小，仅为 $0.86 \sim 0.87g/cm^3$。

第二节　土木工程用塑料

塑料是指以合成树脂或天然树脂为主要原料，加入或不加添加剂，在一定温度、一定压力下，经混炼、塑化、成型、固化而制得的，可在常温下保持制品形状不变的一类高分子材料。但在本节中所讨论的，主要是以合成树脂为基本组成材料的各种塑料。在建筑上，塑料可作为结构材料、装饰材料、保温材料和地面材料等使用。

一、塑料的分类

按组成成分的多少，塑料可分为单组分塑料和多组分塑料。单组分塑料仅含合成树脂，如“有机玻璃”就是由一种被称为聚甲基丙烯酸甲酯的合成树脂组成。多组分塑料除含有合成树脂外，还含有填充料、增塑剂、固化剂、着色剂、稳定剂及其他添加剂。建筑上常用的塑料制品一般都属于多组分塑料。

按组成塑料的基本材料——合成树脂的热行为（热塑性树脂和热固性树脂）不同，塑料又分为热塑性塑料和热固性塑料两类。热塑性塑料经加热成型，冷却硬化后，再经加热还具有可塑性，即塑化和硬化过程是可逆的。热固性塑料经初次加热成型，冷却硬化后，再经加热则不再软化和产生塑性，即塑化和硬化过程是不可逆的。

二、塑料的基本组成

塑料是由起胶结作用的树脂和起改性作用的添加剂所组成。合成树脂是塑料的主要成分，其质量占塑料的40%以上。塑料的性质主要取决于所采用的合成树脂的种类、性质和数量，并且塑料常以所用合成树脂命名，如聚乙烯塑料（PE），聚氯乙烯塑料（PVC）。由于在上一节已对各种合成树脂的性质作过介绍，故本节仅讨论塑料中的一些主要添加剂。

1. 填充料

填充料又称为填料、填充剂或体质颜料，其种类很多。按其外观形态特征，可将其分为粉状填料、纤维状填料和片状填料三类。一般来说，粉状填料有助于提高塑料的热稳定性，降低可燃性，而片状和纤维状填料则可明显提高塑料的抗拉强度、抗磨强度和大气稳定性等。

因为填料一般都比合成树脂便宜得多，故填料的主要作用是降低塑料成本。填料的另一重要作用是提高塑料的强度、硬度和耐热性，并减少塑料制品固化时的收缩量。

常用的填料主要有木粉、滑石粉、硅藻土、石灰石粉、铝粉、炭黑及玻璃纤维等。而塑料中的气孔，也可视为一种特殊填料。

2. 增塑剂

增塑剂可降低树脂的黏流态温度 T_f，使树脂具有较大可塑性以利于塑料的加工，少量的增塑剂还可降低塑料的硬度和脆性，使塑料具有较好的柔韧性。增塑剂通常是具有低蒸气压和低分子量的不易挥发的固体或液体有机物，主要为酯类和酮类。常用的增塑剂有邻苯二甲酸二丁酯，邻苯二甲酸二辛酯、磷酸二甲酚酯、磷酸二辛酯、环氧大豆油、樟脑油等。

3. 稳定剂

许多塑料制品在成型加工和使用过程中，由于受热、光、氧的作用，过早地发生降解、氧化断链及交联等现象，使塑料性能变坏。为了稳定塑料制品的质量，延长使用寿命，通常要加入各种稳定剂，如抗氧剂（酚类化合物等）、光屏蔽剂（炭黑等）、紫外光吸收剂（2－羟基二苯甲酮、水杨酸苯酯等）及热稳定剂（硬脂酸铝、三盐基亚磷酸铅等）。

4. 固化剂

固化剂又称为硬化剂或熟化剂。其主要作用是使某些合成树脂的线型结构交联成体型结构，从而使树脂具有热固性。不同品种的树脂应采用不同品种的固化剂。酚醛树脂常用六亚甲基四胺，环氧树脂常用胺类、酚酐类和高分子类；聚酯树脂常用过氧化合物等。

5. 着色剂

为了使塑料制品具有特定的色彩和光泽，从而改善塑料制品的装饰性，可加入着色剂。常用的着色剂是一些有机和无机颜料。颜料不仅对塑料具有着色性，同时也兼有填料和稳定剂的作用。

此外，根据建筑塑料使用及成型加工中的需要，有时还加入润滑剂、抗静电剂、发泡剂、阻燃剂及防霉剂等。

三、塑料的特性

1. 塑料的优点

（1）加工性能好

塑料可以根据使用要求加工成多种形状的产品，如薄膜、板材、管材、异型材等，并且加工工艺简单，宜于采用机械化大规模生产，生产效率高，产品精度高。

（2）质轻

塑料的密度一般为 $1.0 \sim 2.0 g/cm^3$，约为混凝土的 1/2 ~ 2/3，仅为钢材的 1/4 ~ 1/8。用于建筑工程，可以减轻施工强度和降低建筑物的自重。

（3）比强度高

塑料的比强度（强度与体积密度之比）远高于水泥混凝土，接近或者超过钢材，属于一种轻质高强材料。

(4) 导热系数小

塑料的导热系数小，密实塑料的导热系数为 0.23 ~ 0.70W/(m·K)，泡沫塑料的导热系数则接近空气［0.02 ~ 0.046W/(m·K)］。因此，塑料是理想的绝热材料。

(5) 化学稳定性好

大多数塑料对酸、碱、盐等腐蚀性物质的作用具有较高的稳定性，比金属材料和一些无机材料好得多，特别适用于做化工厂的门窗、地面、墙体等。

(6) 电绝缘性好

一般塑料都是电的不良导体，其电绝缘性可与陶瓷、橡胶媲美。

(7) 装饰性好

由于塑料具有易于着色及易于加工成型的特点，所以塑料可被制成色彩鲜艳、线条清晰的各种制品，具有良好的装饰作用。

2. 缺点

(1) 易老化

在使用过程中，由于受到光、热、电等的作用，塑料和其他大多数聚合物材料一样，其性能会逐渐恶化，出现老化现象。塑料会失去弹性而变硬、变脆，出现龟裂；或者会失去刚性而变软、发黏，出现蠕变等。

(2) 耐热性差

大多数塑料的耐热性都不高，使用温度一般在 100 ~ 200℃，仅个别塑料的使用温度可达到 300 ~ 500℃。热塑性塑料的耐热性低于热固性塑料。

(3) 易燃

塑料不仅可燃，而且在燃烧时发烟量大，甚至产生有毒气体。但通过改进配方，如加入阻燃剂、无机填料等，可制成自熄的、难燃的产品。但总的来说，塑料仍属可燃材料，在建筑物某些容易蔓延火焰的部位可考虑不使用塑料制品。

(4) 刚度小

塑料是一种黏弹性材料，弹性模量较低，约为钢材的 1/10 ~ 1/20，同时具有徐变特性，而且温度越高，变形增大愈快。因此，用作承重结构应慎重。

(5) 毒性

由于生产工艺的原因，合成树脂中可能残留有单体或低分子物质，这些物质对人体健康不利。生产塑料时加入的增塑剂、固化剂等低分子物质大多数都危害健康。液体树脂基本上都有毒，但完全固化后的树脂则基本无毒。

四、土木工程常用塑料

1. 装饰装修材料

塑料壁纸是以聚氯乙烯为主，加入各种添加剂和颜料等，以纸或中碱玻璃纤维布为基材，经涂塑、压花或印花及发泡等工艺制成的塑料卷材。塑料壁纸的品种主要有单色压花壁纸、印花压花壁纸、有光印花壁纸、平光印花壁纸、发泡壁纸及特种壁纸（防水壁纸、防火壁纸、彩色砂粒壁纸等）。

塑料壁纸的花色品种多，可制成仿丝绸、仿织锦缎、仿木纹等花纹图案。塑料壁纸美观、耐用、易清洗、施工方便，发泡塑料壁纸还具有较好的吸声性，因而广泛地应用于室内墙面、顶棚等的装饰。塑料壁纸的缺点是透气性较差。

2. 隔热保温材料

泡沫塑料是在聚合物中加入发泡剂，经发泡、固化或冷却等工序而制成的多孔塑料制品。泡沫塑料的孔隙率高达95% ~98%，且孔隙尺寸小于1.0mm，因而具有优良的隔热保温性，建筑上常用的有聚苯乙烯泡沫塑料、聚氯乙烯泡沫塑料、聚氨酯泡沫塑料、脲醛泡沫塑料等。

聚苯乙烯泡沫塑料是建筑上应用最广的泡沫塑料，其体积密度为10 ~20kg/m^3，导热系数为0.031 ~0.045W/(m·K)，极限使用温度 -100 ~70℃。建筑上主要用作墙体和屋面、地面、楼板等的隔热保温，也可与纤维增强水泥、纤维增强塑料或铝合金板等复合制成夹层墙板。

建筑上使用的聚氯乙烯泡沫塑料体积密度为60 ~ 200kg/m^3，导热系数为0.035 ~0.052W/(m·K)，极限使用温度为 -60 ~60℃。聚氯乙烯泡沫塑料在建筑上主要用作吸声材料、装饰构件，也可作墙体、屋面等的保温材料，或作为夹层板的芯材。

聚氨酯泡沫塑料，一般以硬质型应用较多。其体积密度为20 ~200kg/m^3，抗弯强度为50MPa，极限使用温度为 -160 ~150℃。与其他泡沫塑料相比，其耐热性好、强度较高。此外，这种泡沫塑料还可采用现场发泡的方法形成整体的泡沫绝热层。在绝热效果相同的条件下，这种无缝绝热层比拼成的绝热层厚度减少30%。

3. 塑料门窗

目前使用的塑料门窗主要是改性硬质聚氯乙烯（PVC），并加入适量的添加剂，经混炼、挤出等工艺而制成。塑料门窗属于异型制品（又称异型材，为断面形状复杂的制品，它充分利用了塑料易于挤出加工的特点）。改性后的硬质聚氯乙烯具有较好的可加工性、稳定性、耐热性和抗冲击性。常用的改性剂有ABS共聚物、氯化聚乙烯（CPE）、甲基丙烯酸酯 - 丁二烯 - 苯乙烯共聚物（MBS）和乙烯 - 醋酸乙烯共聚物（EVA）。

塑料门窗的外观平整美观，色泽鲜艳，经久不褪，装饰性好，并具有良好的耐水性、耐腐蚀性、隔热保温性、隔声性、气密性和阻燃性，使用寿命可达30年以上。

4. 纤维增强塑料

纤维增强塑料是一种树脂基复合材料。添加纤维的目的是提高塑料的弹性模量和强度。

玻璃纤维增强塑料（GRP），俗称玻璃钢，是由合成树脂胶结玻璃纤维或玻璃纤维布（带、束等）而成的。合成树脂的用量一般为30% ~40%，常用的合成树脂有酚醛树脂、不饱和聚酯树脂、环氧树脂等，用量最大的为不饱和聚酯树脂。

玻璃纤维增强塑料的性能主要取决于合成树脂和玻璃纤维的性能、相对含量以及它们之间的粘结情况。合成树脂及玻璃纤维的强度越高，特别是玻璃纤维的强度越高，则玻璃纤维增强塑料的强度越高。

玻璃纤维增强塑料在性能上的主要优点是轻质高强、耐腐蚀，主要缺点是弹性模量小、变形大。

第三节 建筑涂料

涂料是指涂敷于物体表面，与基体材料能很好地粘结并形成完整而坚韧的保护膜的物质。由于在物体表面结成连续性干膜，故又称涂膜或涂层。建筑涂料则是指能涂于建筑物表面，对建筑物起到保护、装饰作用，或者能改善建筑物的使用功能的涂装材料。

一、涂料的基本组成

如图24-3所示，涂料的基本组成包括：基料（成膜物质）、颜料、分散介质（溶剂、水）以及辅料（助剂）。

涂料
- 基料（成膜物质）
- 颜色—
  - 着色颜料
  - 体质颜料（填料）
- 分散介质—
  - 溶剂
  - 水
- 辅料：增白剂、防污剂、分散剂、乳化剂、增稠剂、流平剂、消泡剂、固化剂、催干剂等

图24-3　涂料的基本组成

1. 基料

基料又称成膜物质，在涂料中主要起到成膜及粘结颜料的作用，使涂料在干燥或固化后能形成连续涂层。常用的成膜物质有油料、天然树脂和合成树脂。

油料是涂料工业中的一种主要原料，目前，植物油仍占较大比例。

建筑涂料常用树脂有聚乙烯醇、聚乙烯醇缩甲醛、丙烯酸树脂、环氧树脂、醋酸乙烯-丙烯酸酯共聚物（乙-丙乳液）、聚苯乙烯-丙烯酸酯共聚物（苯-丙乳液）、聚氨酯树脂等，以及无机聚合物水玻璃、硅溶胶等。

2. 颜料

按所起作用，颜料又分为着色颜料和体质颜料（又称填料）两类。

建筑涂料中使用的着色颜料一般为无机矿物颜料。常用的有氧化铁红、氧化铁黄、氧化铁绿、氧化铁棕、氧化铬绿、钛白、锌钡白、群青蓝等。

体质颜料，即填料，主要起到改善涂膜的机械性能，增加涂膜的厚度，降低涂料的成本等作用，常用的填料为重晶石粉、轻质碳酸钙、重质碳酸钙、高岭土及各种彩色小砂粒等。

3. 分散介质

分散介质（液体）包括溶剂和水，是液态建筑涂料的主要成分，主要起溶解或分散基料、改善涂料施工性能的作用，对保证涂膜质量也有较大作用。涂料应具有一定的流动能力，以便于施工，因此涂料应具有足够的分散介质。涂料涂装后，一部分分散介质被基底吸收，大部分分散介质挥发掉或蒸发掉，并不保留在涂膜中。涂料常用的有机溶剂有醇类、酮类、醚类、酯类和烃油类。

涂料按分散介质及其对成膜物质作用的不同分为溶剂型涂料、水溶性涂料和乳液型涂料（又称乳胶漆或水乳型涂料）。水溶性涂料和乳液型涂料又称水性涂料。

4. 辅料

辅料，又称助剂或添加剂，是为了进一步改善或增加涂料的某些性能，而加入的少量物质。通常使用的有增白剂、防污剂、分散剂、乳化剂、稳定剂、润湿剂、增稠剂、消泡剂、流平剂、固化剂、催干剂等。

二、涂料的分类与命名

涂料分类方法很多，如根据涂料使用部位，分为外墙涂料、内墙涂料、地面涂料；根据

涂料功能分为防水涂料、防火涂料、防霉涂料等；根据涂料使用成膜物质的类型及涂料的分散特性，分为油性涂料、溶剂型涂料、无机建筑涂料、有机－无机复合型建筑涂料。其中，水性涂料又分为乳液型涂料和水溶性涂料。

由于建筑涂料的分类不统一，建筑涂料的命名也就相应地显得比较混乱。目前一般多采用习惯命名法，即由成膜物质的名称、涂料的类型、涂料的特点三项顺序构成涂料的名称。

三、涂料的技术性质

1. 干燥时间

涂料从液态层变成固态涂膜所需时间称为干燥时间，根据干燥程度的不同，又可分为表干时间、实干时间和完全干燥时间三项。每一种涂料都有其一定的干燥时间，但实际干燥过程的长短还要受到气候条件、环境湿度等因素的影响。

2. 流平性

流平性是指涂料被涂于基层表面后能自动流展成平滑表面的性能。流平性好的涂料，在干燥后不会在涂膜上留下刷痕，这对于罩面层涂料来讲是很重要的。

3. 遮盖力

遮盖力是指有色涂料所成涂膜遮盖被涂表面底色的能力。遮盖力的大小，与涂料中所用颜料的种类、颜料颗粒的大小和颜料在涂料中的分散程度等有关。涂料的遮盖力越大，则在同等条件下的涂装面积也越大。

4. 附着力

附着力是指涂料涂膜与被涂饰物体表面间的粘附能力。附着强度的产生是由于涂料中的聚合物与被涂表面间极性基团的相互作用。因此，一切有碍这种极性结合的因素都将使附着力下降。

5. 硬度

硬度是指涂膜耐刻划、刮、磨等的能力大小，它是表示涂膜机械强度的重要性能之一。一般来说，有光涂料比各种平光涂料的硬度高，而各种双组分涂料的硬度更高。

四、常用建筑涂料

建筑涂料的品种繁多，性能各异，下面按涂料的使用部位不同，分别就外墙涂料、内墙涂料及地面涂料的常用品种作一介绍。

1. 外墙涂料

（1）丙烯酸酯系外墙涂料

丙烯酸酯系外墙涂料是以热塑性丙烯酸酯树脂为基料的外墙涂料，分为溶剂型和乳液型。丙烯酸酯外墙涂料的耐水性、耐高低温性、耐候性良好，不易变色、粉化或脱落，具有多种颜色，可采用刷涂、喷涂、滚涂等施工工艺。丙烯酸酯外墙涂料的装饰性好，寿命可达10年以上，是目前国内外主要使用的外墙涂料之一。丙烯酸酯外墙涂料主要用于外墙复合涂层的罩面涂料。溶剂型涂料在施工时需注意防火、防爆。丙烯酸酯外墙涂料主要用于商店、办公楼等公用建筑。

（2）聚氨酯系外墙涂料

聚氨酯系外墙涂料是以聚氨酯树脂或聚氨酯与其他树脂复合物为主要成膜物质，加入填料、助剂组成的优质溶剂型外墙涂料。该涂料弹性及抗疲劳性好，并具有极好的耐水、耐碱、耐酸性能。其涂层表面光洁度高，呈瓷质感，耐候性、耐玷污性能好，使用寿命可达15年以上。聚氨酯系外墙涂料一般为双组分或多组分涂料，施工时，需按规定比例现场调配，故施工较麻烦且要求较严格，并且需防火、防爆。聚氨酯系外墙涂料价格较贵，主要用于办公楼、商店等公用建筑。

2. 内墙涂料

（1）聚醋酸乙烯乳液涂料

聚醋酸乙烯乳液涂料又称聚醋酸乙烯乳液漆，是以聚醋酸乙烯乳液为基料的乳液型内墙涂料。该涂料无毒、不燃、涂膜细腻、平滑、色彩鲜艳、装饰效果良好、价格适中，并且施工方便。但耐水性及耐候性较差。适合于住宅、一般公用建筑的内墙面、顶棚装饰。

（2）醋酸乙烯－丙烯酸酯有光乳液涂料

醋酸乙烯－丙烯酸酯有光乳液涂料，也是一种乳胶漆，简称乙－丙有光乳液涂料。该涂料是以乙－丙共聚乳液为基料的乳液型内墙涂料，其耐水性、耐候性、耐碱性优于聚醋酸乙烯乳液涂料，并且有光泽，是一种中高档的内墙装饰涂料。乙－丙有光乳液涂料主要用于住宅、办公室、会议室等的内墙面、顶棚装饰。

3. 地面涂料

（1）聚氨酯厚质弹性地面涂料

聚氨酯厚质弹性地面涂料是以聚氨酯为基料的双组分溶剂型涂料。其整体性好，色彩多样，装饰性好，并且有良好的耐油性、耐水性、耐酸碱性及优良的耐磨性，此外还有一定的弹性，脚感舒适。聚氨酯厚质弹性地面涂料的缺点是价格较贵，且原材料有毒，施工时应采取防护措施。该涂料主要适用于水泥砂浆或水泥混凝土地面，如高级住宅、会议室、手术室、实验室、放映厅的地面装饰，以及地下室、卫生间等的防水装饰或工业厂房的耐磨、耐油、耐腐蚀地面装饰。

（2）环氧树脂厚质地面涂料

环氧树脂厚质地面涂料是以环氧树脂为基料的双组分常温固化溶剂型涂料。环氧树脂厚质地面涂料与水泥混凝土等基层材料的粘结性能优良，涂膜坚韧、耐磨，具有良好的耐化学腐蚀、耐油、耐水等性能，以及优良的耐老化和耐候性，装饰性良好。环氧树脂厚质地面涂料主要用于高级住宅、手术室、实验室、公用建筑、工业厂房车间等的地面装饰。环氧树脂厚质地面涂料的缺点是价格高，原材料有毒。

第四节　胶粘剂

一、胶粘剂的基本概念及其分类

当将两种固体材料（同类的或不同类的）通过另一种介于两者表面之间物质的作用而连接在一起时，这种现象称为粘结，将这种中介粘结物质称之为胶粘剂。

胶粘剂的品种很多，分类方法各异，常用的有以下几种分类方法。

（1）按胶粘剂的热行为分类。可分为热塑性胶粘剂和热固性胶粘剂。

（2）按粘接接头的受力情况分类。可分为结构型胶粘剂和非结构型胶粘剂两类。结构型胶粘剂具有较高的粘结强度，其粘接接头可以承受较大荷载。而非结构型胶粘剂一般用于粘接接头不承受较大荷载的场合。一般来说，热固性胶粘剂多为结构型，而热塑性胶粘剂则多为非结构型。

（3）按固结温度分类。可分为低温硬化型、室温硬化型和高温硬化型胶粘剂三类。

（4）按胶粘剂的化学性质分类。主要以合成胶粘剂的聚合物性质分为有机型和无机型胶粘剂。

二、胶粘剂的粘结强度及其影响因素

就作用机理而言，胶粘剂能够将材料牢固地粘结在一起，是因为胶粘剂与材料间存在有粘附力以及胶粘剂本身具有内聚力。粘附力和内聚力的大小，直接影响胶粘剂的粘结强度。当粘附力大于内聚力时，粘结强度主要取决于内聚力；当内聚力高于粘附力时，粘结强度主要取决于粘附力。一般认为粘附力主要来源于以下几个方面：

（1）机械粘结力。胶粘剂涂敷在材料表面后，能渗入材料表面的凹陷处和表面的孔隙内，胶粘剂在固化后如同镶嵌在材料内部。正是靠这种机械锚固力将材料粘结在一起。对非极性多孔材料，机械粘结力常起主要作用。

（2）物理吸附力。胶粘剂分子和材料分子之间存在着物理吸附力，即范德华力和静电吸引力。

（3）化学键力。某些胶粘剂分子与材料分子间能发生化学反应，即在胶粘剂与材料间存在有化学键力，是化学键力将材料粘结为一个整体。

对不同的胶粘剂和被粘材料，粘附力的主要来源也不同，当机械粘附力、物理吸附力和化学键力共同作用时，可获得很高的粘结强度。

就实际应用而言，一般认为影响粘结强度的因素主要有：胶粘剂性质、被粘物性质、被粘物的表面粗糙度、被粘物的表面处理方法、被粘物表面被胶粘剂浸润的程度、被粘物表面含水状况、粘结层厚度、粘结工艺等。

三、土木工程常用胶粘剂

（1）结构型胶粘剂

结构型胶粘剂的组成材料一般为合成树脂、固化剂、填料、稀释剂、增韧剂等。

1）环氧树脂胶粘剂。这种胶粘剂由于所用环氧树脂中含有环氧基、羟基等多种极性基团，因此其粘结强度很高。该胶粘剂在低温、室温、高温条件下均可固化，并且耐水性、耐酸碱侵蚀性好。目前这种胶粘剂已被广泛应用于金属、玻璃、塑料、木材、陶瓷及混凝土（或水泥制品）等材料的粘结中。尤其是在粘结混凝土方面，其性能远远超过其他胶粘剂。但使用中应注意的是，这种胶粘剂所用的固化剂一般都具有较强的毒性。

2）不饱和聚酯树脂胶粘剂。这种胶粘剂的特点是粘结强度高，抗老化性及耐热性好，可在室温和常压下固化，但固化时的收缩大，使用时须加入填料或玻璃纤维等。这种胶粘剂可用于粘结陶瓷、玻璃、木材、混凝土和金属结构构件。

（2）非结构型胶粘剂

非结构型胶粘剂的组成与结构型胶粘剂基本相同，但由于所用树脂多为热塑性树脂，因此一般只能用于在室温条件工作的非结构性粘结。

1）聚醋酸乙烯胶粘剂。这种胶粘剂俗称白乳胶。其特性是使用方便、价格便宜、润湿能力强（因此最适用于亲水性多孔材料），有较好的粘附力并适用于多种粘结工艺。但这种胶粘剂的耐热性、对溶剂作用的稳定性及耐水性较差，只能作为室温下使用的非结构胶，用于粘结玻璃、陶瓷、混凝土、纤维织物、木材、塑料层压板、聚苯乙烯板、聚氯乙烯板及塑料地板。

2）聚乙烯醇缩脲甲醛胶粘剂。这种胶粘剂的商品名为801建筑胶。801建筑胶在制备过程中加入脲素，由于脲素与游离甲醛在缩合反应的过程中可以生成一羟基脲、二羟基脲乃至羟甲基脲等缩合物，所以游离甲醛量可以大幅度降低，而且胶液的粘结能力也得以增强。

（3）橡胶型胶粘剂

建筑工程中广泛使用的橡胶型胶粘剂，既可在室温下固化，也可在高温高压条件下固化；既可作非结构粘结，也可用于结构型粘结。

1）氯丁橡胶胶粘剂。这种胶粘剂是目前应用最广的一种橡胶型胶粘剂，主要由氯丁橡胶、氧化锌、氧化镁、填料、抗老化剂和抗氧化剂等组成。氯丁橡胶胶粘剂对水、油、弱酸、弱碱、脂肪烃和醇类都具有良好的抵抗力，可在-50~80℃的温度下工作，但具有徐变性，且易老化。为改善性能常掺入油溶性的酚醛树脂，配成氯丁酚醛胶。氯丁酚醛胶可在室温下固化，建筑上常用于水泥混凝土或水泥砂浆的表面粘贴塑料或橡胶制品等。

2）丁腈橡胶胶粘剂。这种胶粘剂最大优点是耐油性好，剥离强度高，对脂肪烃和非氧化性酸具有良好的抵抗力。根据配方不同，它可以冷硫化，也可以在加热和加压过程中硫化。为获得较高的强度和良好的弹性，可将丁腈橡胶与其他树脂混合使用。丁腈橡胶胶粘剂，主要用于粘结橡胶制品，及橡胶制品与其他金属材料或非金属材料的粘结中。

思考题及习题

1. 什么是聚合物？其大分子链形状与其性质之间有何关系？
2. 什么是聚合物材料的老化？
3. 热塑性树脂和热固性树脂有何不同？
4. 什么是均聚物、共聚物和缩聚物？请举例说明其性质与用途。
5. 橡胶有哪几种类型？每种类型的橡胶在性能和应用上有什么特点？
6. 塑料与传统的建筑材料相比有哪些优缺点？
7. 试列举几种用作装饰、绝热等用途的建筑塑料制品，并说明其特性。
8. 简述涂料的组成及各组分的作用。
9. 试述如何选择涂料。
10. 溶剂型涂料和乳液型涂料在性能和应用上有什么不同？
11. 何谓玻璃钢？它有何优点？
12. 试述对胶粘剂的基本要求，以及影响其粘结强度的因素。
13. 土木工程中常用胶粘剂有哪几种？其使用特点如何？

第二十五章　木　　材

学习提要：本章重点介绍木材的构造、物理力学性质及其影响因素。对木材的防腐、防虫和防火处理，木材在建筑工程中的应用，以及木材的综合加工利用作了一般性介绍。

木材是建筑工程的主要建筑材料之一，具有轻质高强、耐冲击、弹性和韧性好、导热性低、纹理美观、装饰性好等特点。同时，木材易于加工，并且通过适当方法进行加工处理还可以克服或减轻其本身所具有的各向异性、含水率变化时性能改变大、天然疵病多等不良性能。因此，木材在古建筑及现代建筑中都得到了极为广泛的应用。

第一节　木材的构造

一、木材的分类

1. 按树种分类

木材是由树木加工而成，虽然树木种类繁多，但一般按树种将木材分为针叶树类和阔叶树类两大类。

针叶树的树叶细长如针，多为常绿树，树干一般通直高大，纹理平顺，材质均匀。其木质较软而易于加工，故又称为软木材。针叶树木材的主要特点是：表观密度和胀缩变形较小，强度较高，树脂含量高，耐腐蚀性强。建筑工程中广泛用作承重构件和家具用材。针叶树常用品种有红松、落叶松、云杉、冷杉、柏木等。

阔叶树的树叶宽大，叶脉呈网状，大都为落叶树，树干一般通直部分较短，材质较硬，较难加工，故又称为硬木材。其主要特点是：强度高，纹理显著，图案美观；胀缩变形较大，易翘曲、干裂等。建筑工程中常用作尺寸较小的构件及室内装饰。阔叶树木常用品种有榆木、桦木、柞木、山杨、青杨等。

2. 按材种分类

木材按材种可分为原木、原条、板方材及木质人造板材。

原木为除皮、根、树梢的木材，并已按一定尺寸加工成规定直径和长度的材料。建筑工程中直接使用原木制作屋架、檩等，还用于加工胶合板。

原条为除皮、根、树梢的木材，但尚未按一定尺寸加工成规定的种类。工程中常用作脚手架、建筑装修用材等。

板方材为已加工成一定规格的木材。截面宽度为厚度 3 倍或 3 倍以上的木材为板材；截面宽度不足厚度 3 倍的木材为方材。

木质人造板是利用木材、木质纤维、木质碎料或其他植物纤维为原料，加胶粘剂和其他添加剂制成的板材。如胶合板、细木工板、纤维板、刨花板等。

二、木材的构造

木材的性质取决于木材的构造（结构）。由于树种和树木生长环境不同，因而构造相差很大。木材的构造通常分为宏观构造和显微构造。

1. 木材的宏观构造

木材的宏观构造是指用肉眼或借助放大镜所能观察到的构造特征。

由于木材构造的不均匀性，研究木材各种性能时，必须从不同方向观察其宏观结构。一般可从木材的横向、径向、弦向三个切面进行剖析研究，如图 25-1 所示。

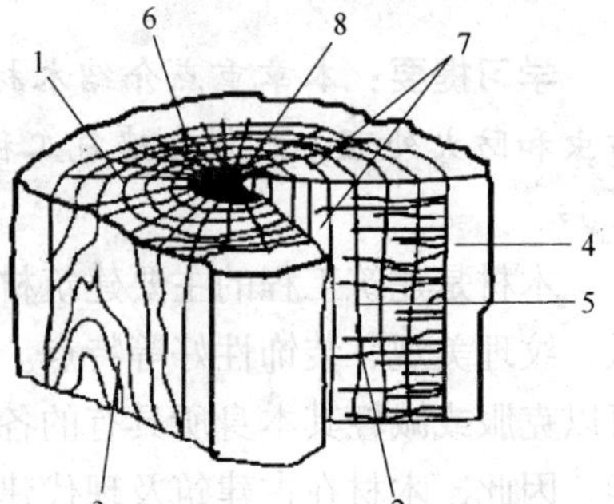

图 25-1　木材的宏观构造

1—横切面；2—径切面；3—弦切面；4—树皮；5—木质部；6—髓心；7—髓线；8—年轮

（1）横切面：与树干主轴垂直的切面。

（2）径切面：通过树心，与树干平行的纵切面。

（3）弦切面：与树心有一定距离，与树干平行的纵切面。

按横切面，可以将木材分为树皮、髓心和木质部三个主要部分。

①树皮。是木材外表面的整个组织，起保护树木作用，建筑上用途不大。

②髓心。亦称树心，为树干中心的松软部分。易腐朽，强度低，故一般不用。由髓心呈放射状横向分布的纤维称为髓线。各种树木的髓线宽细不同，针叶树的髓线非常细小，目力不易辨别，阔叶树髓线发达，有的目力可辨。髓线与周围连接较差，木材干燥时，易沿此开裂。

③木质部。树皮与髓心之间的部分叫木质部，它是木材的主体。木质部的颜色不均一，一般而言，靠近髓心部分颜色较深，称心材；靠近树皮部分颜色较浅，称边材。心材比边材的利用价值大。

从横切面上看，在木材的木质部有深浅相间的同心圆环，称为年轮。一般，树木每年生长一圈。同一年轮内有深浅两部分。春天生长的木质，色浅、质软，称为春材（早材）；夏秋两季生长的木质，色深、质硬，称为夏材（晚材）。相同树种，年轮越密越均匀，质量越好；夏材部分越多，木材强度愈高。通常，用横切面上沿半径方向一定长度中，所含夏材宽度总和的百分率，即夏材率，来衡量木材的质量。

2. 木材的显微构造

显微构造是指用显微镜观察到的木材内部构造。

在显微镜下可以观察到，木材是由无数管状细胞结合而成。每个细胞有细胞壁和细胞腔。细胞壁是由若干层细纤维组成，其间微小的孔隙能吸收和渗透水分。细纤维在纵向联结牢固，横向“松弱”。木材的细胞壁愈厚，细胞腔愈小，木材愈致密，体积密度和强度也愈大，但胀缩也大。春材细胞壁薄腔大，夏材则壁厚腔小。

木材中纵向排列的细胞按功能分为：管胞、导管和木纤维。

针叶树与阔叶树在微观构造上有较大差异，如图 25-2 和图 25-3 所示。

针叶树显微构造是由管胞和髓线组成。管胞起支撑作用，为树木生长输送养分。针叶树的髓线不明显。在某些针叶树中，夏材管胞之间有充满树脂的通道，称为树脂道，流出的树脂对树木起保护作用。

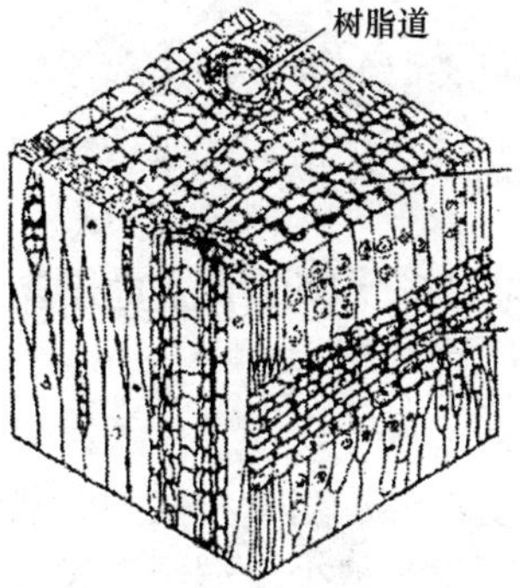

图 25-2　针叶树马尾松微观构造

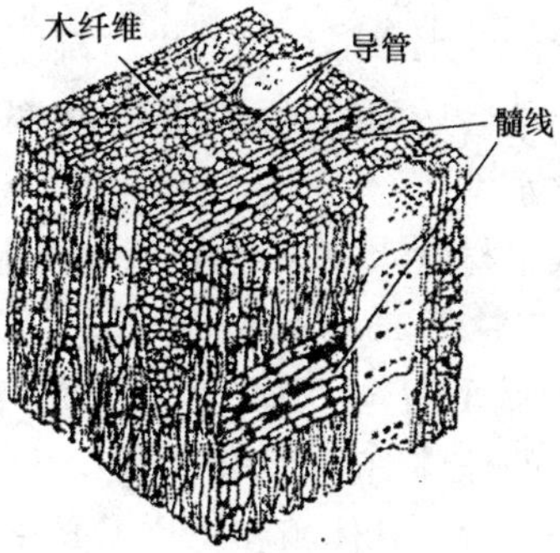

图 25-3　阔叶树柞木微观构造

阔叶树显微构造是由导管、木纤维及髓线组成。木纤维是由壁厚腔小的细胞组成，起支撑作用。导管是由壁薄腔大的细胞组成，起输送养分的作用。由于导管分布的不同，阔叶树又有散孔材和环孔材之分。散孔材的导管均匀分布在年轮上，如杨木、桦木等。环孔材的粗大导管都集中在早材上，如水曲柳、柞木等。

第二节　木材的物理力学性质

一、木材的物理性质

1. 密度与表观密度

各种树种的木材，其分子构造基本相同，因而木材的密度基本相等，平均约为 $1550kg/m^3$。

木材细胞组织中的细胞腔及细胞壁中存在大量微小孔隙，使得木材的表观密度较小，并且，不同树种的木材，其表观密度相差较大。例如泡桐的表观密度为 $280kg/m^3$，而广西的蚬木则可高达 $1128kg/m^3$。但大多数木材的表观密度都在 $400 \sim 600kg/m^3$ 范围内，平均为 $500kg/m^3$。

2. 吸湿性与含水率

木材中的木纤维素具有大量的羟基（—OH），是亲水性基团，因而木材的吸湿性很强，很容易从周围环境中吸附水分。木材的含水量则以含水率表示，即木材中水分的重量占干燥木材重量的百分比。

木材中的水分，按其存在形式可分为化学结合水、吸附水和自由水三种类型。

（1）化学结合水是木材化学组成中的结构水。它在常温下不变化，对木材的性能无影响。

（2）吸附水是吸附在细胞壁内细纤维间的水。吸附水直接影响到木材的强度和体积的胀缩。

（3）自由水是存在于细胞腔中和细胞间隙中的水。自由水影响木材的表观密度、抗腐蚀性和燃烧性。

木材干燥时首先是自由水蒸发，而后是吸附水蒸发；木材吸潮时，先是细胞壁吸水，细胞壁吸水达饱和后，自由水才开始吸入。当细胞腔和细胞间隙中无自由水，而细胞壁吸附水达饱和时的含水率，称为木材的纤维饱和点。其值一般为25% ~35%，平均值约为30%。纤维饱和点是木材物理力学性质变化的转折点。

木材的含水率随环境温度、湿度的改变而变化。当木材长时间处于一定温度和湿度的空气中时，就会达到相对稳定的含水率，即水分的蒸发和吸收趋于平衡，此时木材的含水率称为平衡含水率。

新伐木材含水率一般在35%以上，风干木材含水率为15% ~25%，室内干燥木材含水率常为8% ~15%。

3. 湿胀干缩

木材的纤维细胞组织构造使木材具有显著的湿胀干缩变形性。当木材从潮湿状态干燥至纤维饱和点时，其体积和尺寸不变化，仅仅是自由水蒸发，重量减少。继续干燥，含水率低于纤维饱和点而细胞壁中吸附水蒸发时，则发生体积收缩。反之，干燥木材吸湿时，将发生体积膨胀，直至含水量达到纤维饱和点时为止，此后继续吸湿，也不再膨胀。

由于木材构造不均匀，各方向的胀缩也不同。同一木材，弦向胀缩最大，径向次之，而顺纤维的纵向最小，如图25-4所示。

木材湿胀干缩程度随树种而异，一般讲，表观密度大的，夏材含量多的，胀缩较大。

木材的湿胀干缩对木材的使用有严重的影响，湿胀会造成木材凸起，干缩会导致木结构构件连接处产生隙缝而松动。如长期受到湿胀干缩的交替作用，会使木材产生翘曲开裂，如图25-5所示。为了避免这种情况，潮湿的木材在加工或使用之前应预先进行干燥处理，使木材内的含水率与将来使用的环境湿度相适应。因此，木材应预先干燥至平衡含水率后才能加工使用。

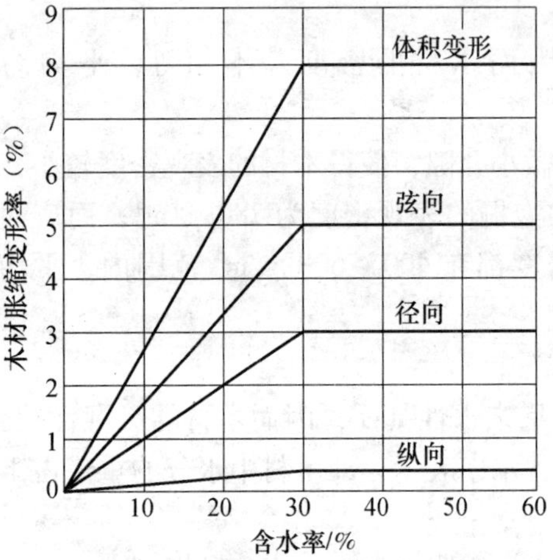

图25-4　木材含水量与胀缩的关系

图25-5　木材干燥后不同部位截面形状的改变

二、木材的强度

由于木材构造的不均质性，致使木材的各种力学强度都具有明显的方向性。在顺纹方向，木材的抗压和抗拉强度都比横纹方向高得多，两横纹方向，弦向又不同于径向。木材的含水率、疵病及试件尺寸对木材强度都有显著影响。

1. 抗压强度

木材的抗压强度分为顺纹抗压强度和横纹抗压强度。顺纹抗压强度为作用力方向与木材纤维方向一致时的强度，这种受压破坏是细胞壁失去稳定而非纤维的断裂。横纹抗压强度为作用力方向与木材纤维垂直时的强度，这种受压破坏是木材横向受力压紧产生显著变形而造成的破坏。

木材的顺纹抗压强度比横纹抗压强度高，是木材用于柱、桩、斜撑和桁架等承压构件时的主要力学性能，是确定木材强度等级的依据。

木材的横纹抗压强度与顺纹抗压强度的比值因树种不同而异，一般针叶树横纹抗压强度约为顺纹的 10%，阔叶树则约为 15% ~20%。

2. 抗拉强度

木材抗拉强度有顺纹和横纹两种。但横纹抗拉强度值很小，工程中一般不使用，而顺纹抗拉强度则是木材所有强度中最大的。顺纹受拉破坏时，往往不是纤维被拉断而是纤维间被撕裂。木材的疵病，如木节、斜纹、裂缝等，都会使顺纹抗拉强度显著降低。同时，木材受拉杆件连接处应力复杂，这是顺纹抗拉强度应加以充分利用的原因。

3. 抗弯强度

木材受弯曲时会产生压、拉、剪等复杂的应力。受弯构件上部为顺纹抗压，下部为顺纹抗拉，而在水平面则产生剪切力。木材受弯破坏时，受压区首先达到强度极限，产生大量变形，但构件仍能继续承载，随着外力增大，当下部受拉区也达到强度极限时，纤维本身及纤维间连接断裂，最后导致破坏。

木材的抗弯强度仅次于顺纹抗拉强度，为顺纹抗压强度的 1.5 ~2.0 倍。因此，建筑工程中常用作桁架、梁、桥梁及地板。

4. 抗剪强度

木材受剪时，根据剪力与木材纤维之间的作用方向可分为顺纹剪切、横纹剪切和横纹剪断三种强度，如图 25-6 所示。

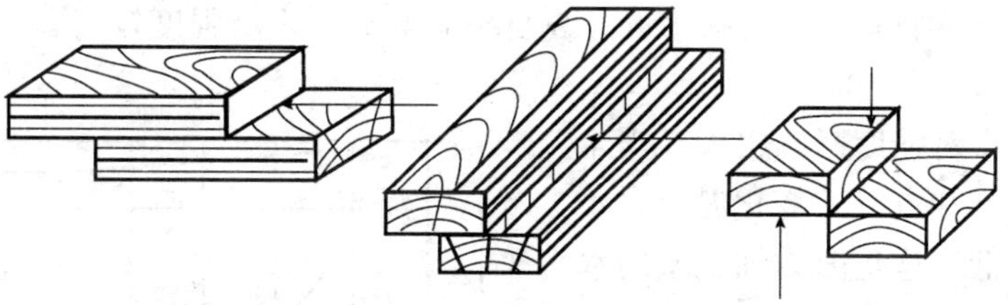

(a)　　(b)　　(c)

图 25-6　木材的剪切

(a) 顺纹剪切；(b) 横纹剪切；(c) 横纹剪断

木材在不同剪力作用下，木纤维的破坏方式不同，因而表现为横纹剪断强度最大，顺纹剪切次之，横纹剪切最小。

木材因各向异性，各种强度差异很大，为便于比较，各种强度之间比例关系见表 25-1。

表 25-1　木材各种强度之间的关系

抗拉		抗压		抗剪		弯曲
顺纹	横纹	顺纹	横纹	顺纹	横纹	
2 ~3	1/3 ~1/20	1	1/3 ~1/10	1/7 ~1/3	1/2 ~1	1.5 ~2.0

注：表中以顺纹抗压强度极限为 1，其他各项强度皆为其倍数。

我国建筑工程中常用木材的主要物理力学性质见表 25-2。

表 25-2　主要树种的物理力学性质

树种名称	树种别名	产地	气干表观密度（kg/m^3）	顺纹抗压（MPa）	顺纹抗拉（MPa）	顺纹抗剪（MPa）		弯曲（弦向）	
						径面	弦面	强度（MPa）	弹性模量（×100MPa）
针叶树：									
红松	海松、果松	东北	440	32.8	98.1	6.3	6.9	65.3	99
长白落叶松	黄花落叶松	东北	594	52.2	122.6	8.8	7.1	99.3	126
鱼鳞云杉	鱼鳞杉	东北	451	42.4	100.9	6.2	6.5	75.1	106
马尾松		安徽	533	41.9	99.0	7.3	7.1	80.7	105
杉木	东湖木、西湖木	湖南	371	38.8	77.2	4.2	4.9	63.8	95
柏木	柏香树	湖北	600	54.3	117.1	9.6	11.1	100.5	101
	香扁柏	四川	581	45.1	117.8	9.4	12.2	98.0	113
阔叶树：									
水曲柳	渠柳、秦皮	东北	686	52.5	138.7	11.2	10.5	118.6	145
山杨	明杨	东北	486	34.0	107.4	6.4	8.1	71.0	95
	杨木	陕西	486	42.1	107.0	9.5	7.3	79.6	116
大叶榆	青榆	东北	548	37.1	116.4	7.5	8.2	81.0	92

三、影响木材强度的主要因素

1. 木材纤维组织

木材受力时，主要靠细胞壁承受外力，细胞纤维组织越均匀密实，强度就越高。如夏材比春材的结构密实、坚硬，当夏材含量（夏材率）高时，木材强度较高。

2. 含水率

木材的含水率对强度影响很大。当木材含水率在纤维饱和点以下变化时，含水率增大，强度降低，这是因为细胞壁的水分增加后使细胞壁及其中的亲水胶体变软的缘故；反之，则强度增大。但是，含水率在纤维饱和点以上变化时，木材强度不变，因为此时仅仅是自由水发生变化。

木材含水率变化一般对抗弯和顺纹抗压强度的影响较大，对顺纹抗剪强度影响较小，而对顺纹抗拉强度几乎没有影响，如图 25-7 所示。

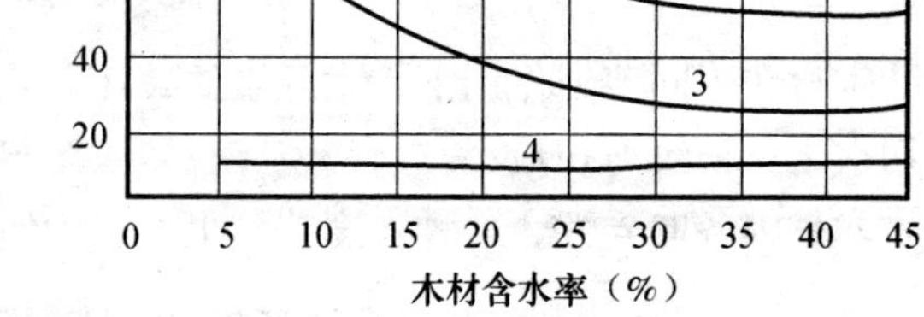

图 25-7　含水量对木材强度的影响

1—顺纹抗拉；2—弯曲；3—顺纹抗压；4—顺纹抗剪

为了便于比较，国家标准《木材顺纹抗压强度试验方法》（GB/T 1935—2009）中规定木材强度以含水率为 12% 时的强度为标准值，其他含水率时的强度，应按下式换算：

$$\sigma_{12} = \sigma_{\omega}[1 + \alpha(\omega - 12)] \tag{25-1}$$

式中　σ_{12}——含水率 12% 的强度（MPa）；

σ_{ω}——含水率 ω% 时的强度（MPa）；

ω——含水率（%）；

α——含水率校正系数，其值随树种和作用力形式而定，见表25-3。

表25-3　木材的含水率校正系数

强度类型	树　种	α
顺纹抗压	红松、落叶松、杉榆、桦树	0.05
	其他树种	0.04
静力弯曲	所有树种	0.04
抗剪	不分树种和剪切类型	0.03
顺纹抗拉	阔叶树	0.015

3. 温度

木材受热后，细胞壁中胶结物质会软化，从而引起木材强度降低。研究表明，当温度从25℃升高至50℃时，木材的顺纹抗压强度会降低20%~40%。温度高于100℃时，木材会被烤焦和变形，并发生部分挥发物分解，强度下降。温度高于140℃时，木材的纤维素会发生热裂解，导致变形明显并产生裂纹，强度急剧下降。因此，长期处于高温作用下（60℃以上）的建筑构件，不宜使用木材。

4. 负荷时间

木材的长期承载能力远低于暂时承载能力。这是因为在长期承载情况下，木材会发生纤维等速蠕滑，累积后产生较大变形而降低了承载能力的结果。因而木结构中木材许可应力值远低于木材强度。

木材在长期荷载作用下，能无限期负荷而不破坏的最大应力，称为木材的持久强度。持久强度仅为极限强度的50%~60%。

一切木结构都处于某一种负荷的长期作用下，因此，在设计结构时，应考虑负荷时间对木材强度的影响。一般以持久强度为依据。

5. 疵病

木材在生长、采伐、保存及加工过程中所产生的内部和外部缺陷，统称为疵病。木材的疵病包括天然生长的缺陷（如木节、斜纹、腐朽和病虫害等）和加工后产生的缺陷（如裂缝、翘曲等）。一般木材或多或少都存在一些疵病，使木材的物理力学性质受到影响。

同一疵病对不同强度的影响不尽相同。如木节对顺纹抗拉强度影响显著，对顺纹抗压强度影响较小；斜纹易使木材开裂和翘曲，降低抗拉和抗弯强度；裂纹破坏木材的整体性，降低强度，在受弯构件中完全不能承受顺纹剪切作用。

四、木材的规格和等级标准

建筑木材是根据不同荷载方式，依据木材的各种疵点的多少、部位和大小来划分等级的，表25-4是承重木结构板材的等级标准。据承载特点，一等材用于受拉和拉弯构件；二等材用于受弯和压弯构件；三等材用于受压构件。

表 25-4　承重木结构板材等级标准

项次	缺陷名称	木材等级		
		Ⅰ等材	Ⅱ等材	Ⅲ等材
		受拉构件或拉弯构件	受弯构件或压弯构件	受压构件
1	腐朽	不允许	不允许	不允许
2	木节：在构件任一面任何 15cm 长度上所有木节尺寸的总和，不得大于所在面宽的	1/4 （连接部位为 1/5）	1/3	2/5
3	斜纹：斜率不大于（%）	5	8	12
4	裂缝：连接部位的受剪面及其附近	不允许	不允许	不允许
5	髓心	不允许	不允许	不允许

第三节　木材的应用

一、木材的防腐、防虫和防火处理

1. 木材的防腐

木材是天然有机材料，易受真菌侵害而腐朽变质。木材中常见的真菌有霉菌、变色菌、腐朽菌三种。真菌在适当温度（25～35℃）、含水率（30%～50%）及空气中能在木材中大量繁殖，分解木材细胞壁作为养分从而破坏木材的组织，致使木材丧失强度。

木材的防腐可以采用结构措施和化学处理措施，破坏真菌的生存及繁殖条件。

结构防腐措施是使木构件各部位都处在良好通风条件下，降低含水率，保证木构件经常处于干燥状态，从而避免或减少真菌的腐朽作用。

化学处理是采用涂刷、渗透和浸渍等方法使用药剂对木材进行处理，毒化木材，杜绝真菌的生存繁殖，达到防腐目的。

2. 木材的防虫

危害木材的昆虫有白蚁、天牛、蠹虫等。白蚁性喜蛀蚀潮湿的木材，在温暖和潮湿环境中生存繁殖；天牛主要侵害含水率较低的木材，它分解木质纤维素作为养分而破坏木材。较严重的虫害两三年内就可完全破坏木材，导致木结构崩溃。

木结构和木制品的防虫，以化学处理为主，一般与防腐结合同时进行。化学药剂处理方法根据所采用的药剂、树种、木构件尺寸及环境条件而定，常采用热力法、压力法和渗透法将药剂注入木材内部达到防虫目的。

3. 木材的防火

当木材受到高温作用时，会分解出可燃气体并放出热量，当温度达到 260℃时即可发焰燃烧，因而木结构设计中将 260℃称为木材的着火危险温度。

木材易燃是其主要缺点之一。木构件在火的作用下，外层碳化，结构疏松，内部温度升高，强度降低。当强度低于承载极限时，木结构即被破坏。

为防止木材着火，按防火规范应使木结构与热源保持防火间距或设置防火墙，设计时在构件表面也可以设置抹灰层起隔热作用。并且，在用木材做围护墙时，应避免形成空气流。

采用化学药剂也是木材防火的有效措施之一。防火剂一般有浸注剂和防火涂料两类。防火涂料遇火时能产生隔热层，阻止木材着火燃烧。

二、木材在建筑上的应用

在结构上，木材主要用于构架的屋顶，如梁、柱、望板、桁檩、椽、斗拱等，我国许多古建筑均为木结构，它在技术和艺术上都有很高的水平和独特的风格。木材易于加工，性能优良，故又广泛用于房屋的门窗、天花板、扶手、栏杆、龙骨、隔断等。

木材表面经加工后，具有优良的建筑装饰性能，其自然美丽的花纹及特有的色泽，给人以淳朴、古雅、温暖、亲切的质感。因此木材又广泛用作室内装饰的墙裙、隔断、隔墙以及地板等。木地板一般又分条木地板和拼花木地板两类。

条木地板是最普遍的木质地板，分空铺和实铺两种。空铺条木地板是由龙骨、水平撑和地板三部分构成；实铺条木地板有单层和双层两种，双层者下层为毛板，面层为硬木板。普通条木地板（单层）的板材常选用松、杉等软木树材，而硬木条板多选用水曲柳、柞木、枫木、柚木、榆木等硬质木材。条木地板适用于办公室、会议室、会客室、休息室、旅馆客房、住宅起居室、卧室、幼儿园及实验室等场所的地面装修。

拼花木地板是较高级的室内地面装修材料，分双层和单层两种，二者面层均为拼花硬木板层，双层者下层为毛板层。面层拼花板材多选用水曲柳、柞木、核桃木、栎木、榆木、槐木、柳桉等质地优良、不易腐朽开裂的硬木树材。

拼花木地板可根据使用者个人的爱好和房间面积的大小，通过小木板条不同方向的组合，拼造出各种图案花纹。并且，均采用清漆进行油漆，以显露出木材漂亮的天然纹理。

拼花木地板纹理美观，耐磨性好，且拼花木地板一般均经过远红外线干燥，含水率恒定（约 12%），因此变形稳定，易保持地面平整、光滑而不翘曲变形。

拼花木地板分高、中、低三个档次，高档次产品适合于三星级以上中高级宾馆、大型会堂、会议室等室内地面装饰；中档产品适用于办公室、疗养院、托儿所、体育馆、舞厅、酒吧等地面装饰；低档产品适用于各类民用住宅地面的装饰。

三、木材的综合加工利用

木材的综合利用，是提高木材利用率、避免浪费、物尽其用、节约木材的方向。而充分利用木材的边角废料，生产各种人造板材，则是对木材进行综合利用的重要途径。

1. 胶合板

胶合板又称层压板，是将原木旋切成大张薄片，各片纤维方向相互垂直交错，用胶粘剂加热压制而成。胶合板一般是 3 ~ 13 层的奇数，并以层数取名，如三合板、五合板等。

生产胶合板是合理利用木材、改善木材物理力学性能的有效途径，它能获得较大幅宽的板材，消除各向异性，克服木节和裂纹等缺陷的影响。

胶合板可用于隔墙板、天花板、门芯板、室内装修和家具等场合。

2. 胶合夹心板

胶合夹心板有实心板和空心板两种。实心板内部将干燥的短木条用树脂胶拼成，表皮用胶合板加压加热粘结制成。空心板内部则由厚纸蜂窝结构填充，表面用胶合板加压加热粘结制成。

胶合夹心板板幅面宽，尺寸稳定，质轻且构造均匀。它多用作门板、壁板和家具。

3. 纤维板

将板皮、刨花、树枝等木材废料经破碎、浸泡、研磨成木浆，再经热压成型，干燥处理而制成纤维板。因成型时温度和压力不同，纤维板分为硬质、半硬质和软质三种。

纤维板使木材达到充分利用，构造均匀，完全避免了木材的各种缺陷，胀缩小，不易开裂和翘曲。

硬质纤维板在建筑上应用很广，可代替木板用于室内墙壁、地板、门窗、家具和装修等场合。软质纤维板多用作吸声、绝热材料。

思考题及习题

1. 木材的结构特点是什么？其对木材的物理力学性能有何影响？
2. 木材含水率的变化对其性能有何影响？
3. 什么是木材的湿胀干缩？其对木材性能有何影响？
4. 木材常用的强度有哪几种？影响木材强度的因素有哪些方面？如何影响？
5. 某种红松含水率为10%时的顺纹抗压强度为36.5MPa，求此木材在标准含水率时的顺纹抗压强度。
6. 如何提高木材的防腐、防虫及防火性能？
7. 木材的综合利用包括哪些方面？

第七篇　功能性材料

功能材料品种繁多、功能各异，是土木工程中不可缺少的材料，起到防潮、防水、防腐、保温、隔热、吸声、隔声及保护和美化建筑物等作用。

第二十六章　绝热材料与吸声材料

学习提要：本章重点介绍了绝热材料的概念，影响材料绝热性能的因素；吸声材料的概念，材料吸声性能的评价方法及影响因素。对常用绝热材料和吸声材料作了一般介绍。为了进一步正确理解材料的声学性能，本章还扼要地介绍了隔声的概念及原理。

第一节　绝热材料

一、绝热材料概述

在建筑工程中，通常把用于控制室内热量外流的材料称为保温材料；把防止室外热量进入室内的材料称为隔热材料。保温、隔热材料统称为绝热材料。

二、影响材料导热系数的因素

绝热材料的性能主要用导热系数表示。不同种类的材料，其导热系数不同。即使是同种材料，其导热系数也不是固定不变的。一般来说，材料的导热系数取决于材料成分、内部结构、构造情况及表观密度等。同时也与介质温度和材料的含水率等因素有关。

1. 显微结构的影响

一般来说，呈晶体结构的材料导热系数最大，微晶体结构次之，而玻璃体结构最小。同一种材料内部结构不同时，其导热系数亦将不同。但多孔绝热材料显微结构对其导热系数的影响并不显著，因为起主要影响作用的是其孔隙率的大小。

2. 结构特征的影响

是指材料内部的孔隙率、孔隙构造、孔隙分布等对导热系数的影响。一般来说，孔隙率越大，则导热系数越小。在孔隙率相同的条件下，孔隙尺寸越大，且孔隙相互连通，则导热系数越大，这是由于空气对流的影响。

3. 表观密度的影响

由于材料中固体物质的导热能力要比空气的导热能力大得多，因此，表观密度小的材料，其导热系数也较小。但是当某种材料的表观密度很小时，由于材料内孔隙存在对流作用，导热系数反而增加，所以，对这类材料而言，往往存在一个与最小导热系数相对应的最佳表观密度。

4. 湿度的影响

由于空气的导热系数远小于水和冰的导热系数，因此，当材料吸湿受潮后，其导热系数将会增大。如孔隙中的水又结成冰，则导热系数将更大。这种情况多孔材料最明显。这是由于在材料的孔隙中吸有水分之后，除了孔隙中剩余的空气分子的导热、对流以及部分孔壁的辐射作用外，孔隙中水蒸气的扩散和水分子的热传导将对传热过程起主要作用。

5. 温度的影响

当温度升高时，材料中分子的平均热运动水平有所提高，同时材料孔隙中空气的导热和孔壁间的辐射作用也有所增加。因此，材料的导热系数将随温度的升高而增大，但当温度在0～50℃的范围内变化时，这种影响并不很大。只是在处于高温或负温下的材料，才有必要考虑这种温度变化对导热系数所产生的影响。

6. 热流方向的影响

对于各向异性的材料，尤其是纤维质的材料，当热流的方向平行于纤维延伸的方向时，所受到的阻力最小；而当热流方向垂直于纤维延伸方向时，热流受到的阻力最大。以松木为例，当热流垂直于纤维方向时，$\lambda = 0.17\text{W}/(\text{m} \cdot \text{K})$，而当热流平行于纤维方向时，$\lambda = 0.35\text{W}/(\text{m} \cdot \text{K})$。

在上述的各项因素中，以表观密度和湿度的影响最大。表观密度是由材料本身的组成与结构所决定的，而各种材料的组成与结构又很不相同，因此，表观密度是决定材料导热性的一个重要因素。在实用中，可以将其作为推断各种材料导热性相对大小及变化规律的一个重要依据。至于湿度的影响，则应根据材料在建筑中的实际使用条件来估定。使用条件包括当地的气候条件、房间的朝向、围护结构的构造方式及房间的使用性质等。在一般情况下，可取空气的相对湿度为80%～85%时的材料平衡湿度来测定绝热材料的导热系数。

三、常用绝热材料简介

1. 无机绝热材料

无机绝热材料主要以矿物质原料制成，产品的形式多为散粒状、纤维状，亦可制成板块状、片状、卷材、套管等各种制品。这类材料的表观密度变化范围较大，不易腐朽、不燃，有的能耐高温。

（1）矿物棉及其制品

矿物棉根据原料为冶金炉渣或天然岩石而分为矿渣棉和岩棉两类。这两种矿物棉的产品形态均为絮状物或细粒，其特点是允许使用温度高、吸水性大、弹性小。矿物棉一般作为填充材料使用，根据需要，可制成各种规格的毡、板、管壳等制品。

（2）膨胀蛭石及其制品

蛭石是一种天然矿物，在900～1000℃焙烧后体积膨胀5～20倍。膨胀蛭石的主要特性是表观密度小（$80 \sim 200\text{kg/m}^3$）、导热系数低［$0.046 \sim 0.070\text{W}/(\text{m} \cdot \text{K})$］、允许使用温度高（1000～1100℃），而且不蛀、不腐。但其吸水性较大，使用中应注意，以免影响绝热效果。膨胀蛭石一般以松散颗粒状态使用，可填充于墙壁、楼板、屋面等的中间层，起绝热、隔声的作用。此外，膨胀蛭石也可与水泥、水玻璃等胶凝材料配合使用，预制成砖、板、管壳等，用于建筑围护结构和管道保温。

（3）膨胀珍珠岩及其制品

珍珠岩是一种天然的酸性玻璃质火山岩，经破碎、预热、焙烧之后所得的多孔轻质粒状材料即为膨胀珍珠岩。膨胀珍珠岩是一种高效能的绝热材料，随着使用温度的不同，λ 值在 0.047 ~ 0.072W/(m · K) 之间变动，其最高使用温度可达到 800℃。除此之外，膨胀珍珠岩还具有表观密度小（40 ~ 300kg/m^3），无毒、无味、不燃、抗菌、耐腐蚀及吸声性能好等特点。在建筑中常作为填充材料用于围护结构中。由于膨胀珍珠岩的低温绝热性能特别优异，故也常用于低温设备的保冷绝热。此外，也常作为吸声材料使用。

将适当粒径的膨胀珍珠岩与水泥、水玻璃、沥青或其他胶凝材料按一定的配比组合，可制得多种轻质多孔性材料——膨胀珍珠岩制品。一般来说，水泥膨胀珍珠岩制品主要用作吸声材料；沥青膨胀珍珠岩制品常用于低温条件下的吸声及保温结构；水玻璃膨胀珍珠岩制品既用于保温绝热，也可用于吸声；而磷酸盐膨胀珍珠岩制品则多用于高温条件下的保温绝热。

（4）泡沫玻璃

在磨细的玻璃粉中加入碳酸钙、炭粉一类发泡剂（包括发泡促进剂），经混合、装模、烧成、退火、切割加工后所得到的轻质材料，称为泡沫玻璃。泡沫玻璃的特性是由玻璃的物化特性和它所具有的均匀的独立气泡组织所决定的。这些特性主要有：使用温度范围宽（-270 ~ 430℃）、孔隙率大（94% ~ 95%）、导热系数低［0.052W/(m · K)］、表观密度小（平均为 145kg/m^3）、具有良好的机械强度（抗压强度约为 0.7MPa），以及不透气、不吸水、不燃、不腐蚀、不受鼠啮和耐化学药品侵蚀等。

泡沫玻璃的应用范围十分广泛，从石油化工设备到烟道、烟囱的内衬，从露天管路到地下设施，从高温环境到超低温环境，从一般建筑中的保温材料到冷库、空调方面的保冷材料均有使用。

2. 有机绝热材料

（1）蜂窝板

蜂窝板的基本构造是以较薄的面板贴在蜂窝状芯材的两侧。其芯材通常以铝片、牛皮纸、玻纤布等制成。面板通常用的是牛皮纸、玻纤布、胶合板、纤维板、石膏板等。无论是芯材或是面板，当其原料为玻纤布、牛皮纸等材料时，需经树脂浸渍。蜂窝板的特点是质轻、强度高、导热系数小。根据所用材料的不同，可分为结构用板材和非结构用板材两类。当其芯材采用泡沫塑料等材料时，则绝热效果更佳。

（2）泡沫塑料

泡沫塑料是以各种树脂为基料，加入各种辅助材料经加热发泡制得的轻质保温材料。发泡的方法有机械发泡、物理发泡和化学发泡三类。机械发泡通过强烈的机械搅拌产生气泡；物理发泡通过压缩液化气体的气化、易挥发物质的挥发发泡；化学发泡则通过化学反应产生气体发泡。泡沫塑料表观密度很小，隔热、隔声性能好，加工方便，广泛用作保温隔声材料。常用品种有聚苯乙烯泡沫塑料、聚氨酯泡沫塑料、聚氯乙烯泡沫塑料、脲醛泡沫塑料及酚醛泡沫塑料等。

（3）窗用隔热薄膜

这种隔热薄膜是以优质聚酯薄膜经紫外线吸收剂处理、真空蒸镀金属粒子沉积层，与有色薄膜热压复合而制成的。这种薄膜的主要特点是对阳光的反射率高达 80%。由于它能将透过玻璃的大部分阳光反射出去，因此能减少紫外线的透过率，使阳光对室内家具、织物等的损害

(如褪色）程度降低。同时，由于它能减轻温室效应，因此能够减弱室内温度的变化程度。

第二节　吸声材料

一、吸声材料概述

1. 吸声材料的概念

吸声材料是一种能够较大程度地吸收由空气传递的声波能量的建筑材料。由于这类材料具有控制混响时间、抑制噪声和减弱声波反射的作用，因此用于室内墙面、地面、顶棚等部位能够改善声波在室内的传播质量，保持良好的音响效果。

吸声材料的种类很多，其中最重要的是多孔性吸声材料。其内部有大量微孔和气泡，在材料的表面具有大量的开口孔隙，而且这些微孔是内外连通的。因此，当声波入射到材料表面时，便会很快地顺着微孔进入材料内部，引起孔隙内的空气振动，由于摩擦、空气黏滞阻力和材料内部的热传导作用，使相当一部分声能被转化为热能而被吸收。这种多孔性吸声材料具有良好的高频吸声性能。

另一类比较重要的吸声材料是柔性吸声材料，这类材料的特点是具有密闭气孔和一定的弹性。这类材料虽然也是多孔材料，但因其孔隙多为闭孔，由声波引起的空气振动不易直接传递至材料内部，因此其吸声机理也稍有不同。这种材料的吸声机理是孔壁在空气振动的作用下相应地发生振动，这一振动过程中由于克服材料内部的摩擦而消耗声能，引起声波的衰减。这种柔性材料的吸声特性是在一定的频率范围内会出现一个或多个吸声频率。

另外，有些本来吸声性能较差的材料（如胶合板、纤维板、石膏板、金属板等），也常常通过打孔、开缝等简单的处理，或与上述两类吸声材料配合而作为吸声材料使用。但严格地说，这些应属于通过一定的加工方法或构造处理而形成的吸声结构。

2. 吸声性能的评价

材料的吸声性能通常以吸声系数来表示。可用公式表示如下：

$$\alpha = \frac{E}{E_0} \tag{26-1}$$

式中　E_0——传递给材料的全部入射声能；

E——被材料吸收的声能；

α——吸声系数。

由上式可以看出，吸声系数α表示当声波遇到材料表面时，被吸收的声能与入射声能之比。显然，吸声系数越大，则材料的吸声效果越好。

同种材料对不同频率的声波和不同入射方向的声波，其吸声系数也是不一样的，即材料的吸声系数与声波的频率和入射方向有关。为了全面地反映材料的吸声特性，通常以在125Hz、250Hz、500Hz、1000Hz、2000Hz、4000Hz这六个特定频率下，声波以各个方向入射时的吸收平均值来表示材料的吸声特性。凡在上述六个频率下的平均吸声系数大于0.2的材料，称为吸声材料。

3. 影响材料吸声性能的因素

下面主要针对多孔性吸声材料加以讨论。而对于其他吸声材料与吸声结构，亦可仿此对影响吸声性能的因素加以考虑。

（1）材料表观密度的影响。表观密度的增大，意味着微孔的减少。这将使低频吸声效果改善，但高频吸声效果有所下降。而且当表观密度的增加超过一定限度后，由于空气流阻增大，还会引起平均吸声系数的降低。因此，多孔材料表观密度的合理选择对获得最佳吸声效果是十分重要的。

（2）孔隙构造的影响。一般来说，相互连通的、细小的、开放性的孔隙越多，则材料的吸声效果越好。而较为粗大的孔和较多的封闭微孔，对吸声都是不利的。

（3）材料厚度的影响。一般来说，增加多孔吸声材料的厚度可以提高其低频吸声系数，但对高频吸声性能的影响不大。此外，这种吸声系数随厚度的增加而提高是有限的，所以为提高吸声能力而无限制地增加厚度是不适宜的。

（4）背后空气层的影响。吸声材料背后留置空气层与将该空间用吸声材料填充时所取得的吸声效果是相似的。根据这一原理，可通过调整空气层厚度的方法，达到既提高吸声系数又节省吸声材料的目的。

（5）表面特征的影响。吸声材料表面的孔洞和开口孔隙对吸声是有利的。根据这一原理，可以通过在材料表面做开孔处理及控制开孔率来改善和调节材料的吸声性能。但当材料吸湿或表面喷涂涂料等将孔口堵塞之后，材料的吸声性能将大幅度下降。

除了上述几项因素之外，影响吸声材料吸声性能的因素还有许多，如材料中的空气流阻的大小，入射声波的频率和声波的入射条件等。

4. 吸声材料的选择及使用

为了合理地选择和有效地使用吸声材料，除应对材料的吸声性能有所了解外，尚需对材料强度、吸湿性、加工特性等有所了解。这样才能在综合分析的基础上根据具体的使用条件（或使用环境）作出选择。在这方面，应注意下述几点：

（1）吸声系数是表征材料吸声能力大小的量值，因此应尽可能选用 α 值较大的吸声材料。但由于绝大多数吸声材料在高频时总有较大的吸声系数，所以应根据中、低频范围内所需要的吸声系数来选择材料。

（2）应将吸声材料安装在最容易接触声波和反射次数最多的部位的表面。但亦需注意使其在室内各表面上比较均匀地分布。

（3）吸声材料的强度一般都比较低，因此一般应将其设置在护壁以上，以防损坏。

（4）多孔吸声材料往往具有一定的吸湿膨胀性，安装时应考虑胀缩的影响而预留一定缝隙。

（5）所选用的吸声材料应能防火、阻燃、不易腐蚀、虫蛀和霉变。

（6）应注意区分绝热材料和吸声材料。有的吸声材料和绝热材料所用原料相同，名称相同，而且都是多孔性材料。但应注意，这是两类完全不同的材料。绝热材料的孔隙特征是具有封闭的、互不连通的气孔，而吸声材料的孔隙特征则是具有开放的、互相连通的气孔。

（7）应注意吸声材料的安装使用方法，以便最大限度地发挥其吸声作用。如对于悬吊式的空间吸声体来说，由于有效吸声面积大于投影面积。则可出现吸声系数大于1的情况。

二、常用吸声材料简介

常用吸声材料的吸声性能和装置情况见表26-1。

表 26-1 常用吸声材料的吸声系数

种类	材料	厚度（cm）	各种频率（Hz）下的吸声系数						装置情况
			125	250	500	1000	2000	4000	
无机材料	吸声砖	6.5	0.05	0.07	0.10	0.12	0.16	—	
无机材料	石膏板（有花纹）	—	0.03	0.05	0.06	0.09	0.04	0.06	贴实
无机材料	水泥蛭石板	4.0	—	0.14	0.46	0.78	0.50	0.60	贴实
无机材料	石膏砂浆（掺水泥、玻璃纤维）	2.2	0.24	0.12	0.09	0.30	0.32	0.83	墙面粉刷
无机材料	水泥膨胀珍珠岩板	2	0.16	0.46	0.64	0.48	0.56	0.56	贴实
木质材料	软木板	2.5	0.05	0.11	0.25	0.63	0.70	0.70	贴实
木质材料	木丝板	3.0	0.10	0.36	0.62	0.53	0.71	0.90	钉在龙骨上 后留 10cm 空气层
木质材料	胶合板（二夹板）	0.3	0.21	0.73	0.21	0.19	0.08	0.12	钉在龙骨上 后留 5cm 空气层
木质材料	穿孔五夹板	0.5	0.02	0.25	0.55	0.30	0.16	0.19	钉在龙骨上 后留 5cm 空气层
木质材料	穿孔纤维板（穿孔率 5%，孔径 5mm）	1.6	0.13	0.38	0.72	0.89	0.82	0.66	钉在龙骨上 后留 5cm 空气层
木质材料	木质纤维板	1.1	0.06	0.15	0.28	0.30	0.33	0.31	钉在龙骨上 后留 5cm 空气层
泡沫材料	泡沫玻璃	4.4	0.11	0.32	0.52	0.44	0.52	0.33	贴实
泡沫材料	脲醛泡沫塑料	5.0	0.22	0.29	0.40	0.68	0.95	0.94	贴实
泡沫材料	泡沫水泥（外面粉刷）	2.0	0.18	0.05	0.22	0.48	0.22	0.32	紧靠基层粉刷
泡沫材料	吸声蜂窝板	—	0.27	0.12	0.42	0.86	0.48	0.30	贴实
泡沫材料	泡沫塑料	1.0	0.03	0.06	0.12	0.41	0.85	0.67	
纤维材料	矿棉板	3.13	0.10	0.21	0.60	0.95	0.85	0.72	贴实
纤维材料	玻璃棉	5.0	0.06	0.08	0.18	0.44	0.72	0.82	贴实
纤维材料	酚醛玻璃纤维板	8.0	0.25	0.55	0.80	0.92	0.98	0.95	贴实
纤维材料	工业毛毡	3.0	0.10	0.28	0.55	0.60	0.60	0.56	紧靠墙面

第三节 隔声材料及隔声处理

一、隔声材料概述

在实际工程中已有这样的经验：即以轻质、疏松、多孔的材料填充空气间层，或以这些多孔材料将密实材料加以分隔，均能有效地提高建筑物（或构件）的隔声能力。但前述的绝热材料、吸声材料等多孔性材料并不能简单地作为隔声材料使用。

通常认为隔声材料是指用来构成以隔声为目的的建筑构配件的材料。这些隔声结构用于隔绝在空气中传播的声波，阻止声波的入射，尽量减弱从结构背面发射出来的声波（透射波）的强度。

由上述定义可以看出，隔声材料是用以隔绝空气声的。在建筑中所需隔绝的声音，除以空气传声方式传播的空气声外，还有以固体传声方式传播的撞击声。下面，拟就这两种声音的隔绝做一简单的讨论。

二、隔声处理的原则

1. 空气声的隔绝

空气声的隔绝主要由质量定律所支配，即墙壁、楼板等传声能力的大小，主要取决于其单位面积质量的大小。质量越大，材料越不易受激振动，因此对空气声的反射越大，透射越小，同时还有利于防止发生共振现象和出现低频吻合效应。因此，为了有效地隔绝空气声，应尽可能选用密实、沉重的材料。当必须使用轻质墙体材料时，则应辅以填充吸声材料或采用夹层结构，这样处理后的隔声量比相同质量的单层墙体的隔声量可以提高很多。但应注意使各层材料质量不等，以避免谐振。

2. 撞击声的隔绝

隔绝撞击声的方法与隔绝空气声的方法是有区别的，因为在这种情况下，建筑构件（材料）本身成为声源而直接向四周传播声能。在建筑中，对撞击声隔绝是一个十分重要的问题，因为撞击的噪声干扰往往比空气声更为强烈。这是由于声波沿固体材料传播时，声能衰减极少的缘故。

对于撞击声的作用原理及其控制措施，虽然已有一定的研究，但由于该问题本身的复杂性，目前尚无行之有效的解决方法。一般来说，可采用加设弹性面层、弹性垫层等方法来予以改善，这主要是因为当撞击作用发生时，这些材料发生了变形，即产生了机械能与热能的转换，而使传递过去的声能大大降低。常用的弹性衬垫材料有橡胶、软木、毛毡、地毯等。而混凝土等刚性材料，一般认为其对撞击声的隔绝基本上是无能为力的。

思考题及习题

1. 何谓绝热材料？选用绝热材料有哪些基本要求？
2. 影响建筑材料绝热材料的因素有哪些？
3. 为什么对绝热材料必须有一定的防水、避潮及强度要求？
4. 常用绝热材料有哪几种？它们各有何特性？
5. 何谓吸声系数？它有何物理意义？
6. 试述吸声材料的作用原理、要求与选用原则。
7. 吸声材料与绝热材料在结构特征上的异同点是什么？
8. 试述影响多孔性吸声材料吸声效果的因素有哪些。
9. 常见吸声材料有哪些种类？其性能如何？有哪些用途？
10. 何谓隔声材料？
11. 试述对空气声和撞击声隔绝的处理有何差异。

第二十七章　装饰材料——陶瓷与玻璃

学习提要：本章介绍了陶瓷与玻璃装饰材料的原料、制备、技术性质及工程应用。应重点掌握釉面砖、外墙面砖、陶瓷锦砖以及各种新型建筑玻璃的性质和应用。

陶瓷与玻璃是现代建筑不可缺少的两大类装饰材料。陶瓷制品相对于其他饰面材料（如塑料、金属材料）具有许多优点，易清洗、耐磨、耐腐蚀和维修费用低等，因此获得了广泛的应用；而玻璃正在向多品种、多功能方面发展，兼具装饰性与功能性的玻璃不断问世，如平板玻璃已由过去单纯作为采光材料，而向控制光线、调节热量、节约能源、控制噪声及降低结构自重、改善环境等多种功能方面发展，同时用着色、磨光等办法提高装饰效果。

第一节　建筑陶瓷

在现代装饰工程中应用的陶瓷制品主要包括：陶瓷墙地砖、建筑陶瓷、园林陶瓷、琉璃陶瓷制品等。但应用最为广泛的仍是陶瓷墙地砖。因此，本节以干压陶瓷墙地砖为代表来叙述装饰陶瓷制品的一般问题。

一、陶瓷的基本概念

传统的陶瓷产品是由黏土类及其他天然矿物原料经过粉碎加工、成型、焙烧等过程制成的。分上釉和不上釉，可一次烧成，也可以素烧坯施釉后进行二次烧成。

陶瓷是陶器和瓷器的总称。陶器以陶土为原料，所含杂质较多，烧成温度较低，断面粗糙无光，不透明，吸水率较高。瓷器以纯的高岭土为原料，焙烧温度较高，坯体致密，几乎不吸水，有一定的半透明性。介于陶器和瓷器两者之间的产品为炻器，也称为石胎瓷、半瓷。炻器坯体比陶器致密，吸水率较低，但与瓷器相比，断面多数带有颜色而无半透明性，吸水率也高于瓷器。

陶器又可分为粗陶和精陶。粗陶坯体一般由含杂质较多的黏土制成，工艺较粗糙，建筑上用的砖瓦以及陶管等均属此类。精陶系指坯体焙烧后呈白色、象牙色的多孔性陶制品，所用原料为可塑黏土或硅灰石。通常两次烧成，素烧温度多为 1250～1280℃，釉烧温度为 1050～1150℃。建筑内饰面用的釉面内墙砖即属此类。

炻器按其坯体的致密性、均匀性以及粗糙程度分为粗炻器和细炻器两大类。外墙面砖、铺地砖多为粗炻器，按吸水率大小又可将其分为炻瓷砖、细炻砖和炻质砖，一些日用炻器为细炻器。

釉是附着于陶瓷坯体表面的连续玻璃质层。它具有与玻璃相类似的某些物理与化学性质。如釉无固定熔点，具有光泽、透明及各向同性。施釉的目的在于改善坯体的表面性能并提高力学强度，使坯体表面变得平滑、光亮，由于封闭了坯体孔隙而减小了吸水率，使耐久性提高。釉不仅具有各种鲜艳的色调，而且可以通过控制其成分、黏度和表面张力等参数，制成装饰效果各异的流纹釉、珠光釉、乳浊釉等艺术釉料，使建筑陶瓷大放异彩。

釉的原料分天然原料和化工原料两类。常用天然原料有石英、长石、石灰石、高岭土、滑石等矿物原料。常用化工原料主要用作熔剂、着色剂和乳浊釉中的 SiO_2、ZrO_2、$ZrSiO_4$ 等乳浊剂。

釉料成分应严格选择，以保证釉料熔化后既具有适当的黏度、表面张力，硬化后又能和坯体牢固结合并具有相近的膨胀系数。

二、常用陶瓷墙地砖

陶瓷墙地砖外形多样，花色繁多，有上釉的，也有不上釉的；有单色的，也有彩釉砖，还有图案砖、麻石砖等。经过精心设计，尚可用陶瓷墙地砖制成陶瓷壁画，它既可以镶嵌在高层建筑上，也可铺贴在候机室、大型会客室、候车室等公共建筑中，给人们以美的享受；被誉为“纪念碑式的艺术”。

1. 釉面内墙砖

釉面内墙砖是建筑物内墙面装饰用的薄板状精陶制品。按釉面的颜色分为单色、花色和图案砖，俗称瓷砖、瓷片。按形状分为正方形、长方形和配件砖。正方形砖常用规格为 108mm×108mm×5mm、152mm×152mm×5mm。配件砖包括阳角条、阴角条、阳三角、阴三角等，用于铺贴一些特殊部位。

釉面内墙砖多用于卫生间、实验室、医院、厨房、精密仪器车间等处的室内墙面、墙裙、工作台的装修。由于釉面砖属于陶质制品，其吸水率大，抗热震性要求不高，所以不得用于室外墙面、柱面等处，否则容易出现脱落、开裂等现象

为了保证釉面内墙砖与基层粘结牢固，砖的背面留有浅的凹槽，以便和基层砂浆充分粘结。釉面内墙砖在镶贴前还应做浸水处理，以免干砖过多吸收灰浆中的水分而影响粘贴质量。

2. 彩色釉面陶瓷墙地砖

外墙面砖及地砖多属于炻器，有上釉或不上釉的，有单色或彩釉的，表面除光面外，还可制成仿石的、仿麻石的、带线条的等多种质感。大尺寸地砖有全瓷质玻化砖，焙烧后表面抛光呈镜面。

外墙面砖及地砖有长方形、正方形多种规格，厚度一般在 12mm 以下。

3. 陶瓷锦砖

陶瓷锦砖俗称马赛克，是以优质瓷土焙烧而成的小块瓷质砖。按表面性质分为有釉和无釉两种，目前各地的产品多无釉。单块成品边长不大于 50mm，厚度多为 4~5mm；有正方、长方、六角、菱形、斜长方等多种外形；颜色有单色和拼花等多种；表面有凸面和平面。由于单块成品尺寸较小，不便于施工，更不便于在建筑物上构成符合建筑设计要求的装饰图案，因此出厂前必须经过铺贴工序，将不同形状、不同颜色的单块成品，按一定图案和尺寸铺贴在专用纸上，构成形似织锦、又名锦砖的“成品联”，然后装箱供施工单位使用。

“成品联”有正方形和长方形两种，每联面积为 300mm×300mm 左右。由于锦砖贴在纸上，也叫“纸皮石”。

锦砖在生产厂铺贴时所用粘结剂能够保证锦砖与纸粘贴牢固并易干燥、不发霉变质；固化后的粘结剂遇水易溶解，以保证联纸湿水后在较短时间内分离。

陶瓷锦砖结构致密，吸水率小，具有优良的抗冻性，耐酸碱腐蚀性及耐磨性，且表面光洁，易清洗，多作为地面及外墙面装修的优良材料。图 27-1 为常用锦砖拼花图案示意图。

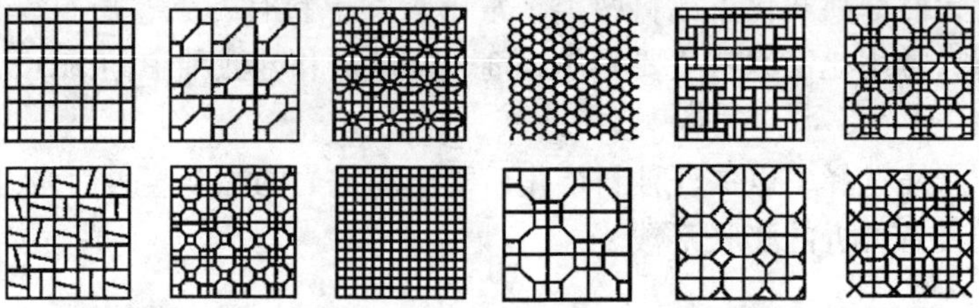

图 27-1　锦砖拼花图案

陶瓷锦砖常用于卫生间、门厅、走廊、餐厅、浴室、化验室、医院等处的地面工程或外墙装修，也可用于内墙面的装修。

三、陶瓷墙地砖的应用

在工程中应用陶瓷墙地砖时应注意以下问题：

（1）根据建筑物的装修部位正确选用陶瓷墙地砖的品种：

1）墙地砖的品种不同，其性能不同。如前所述，釉面内墙砖多为精陶制品，外墙面砖和地砖多属炻器，而锦砖则属于瓷器。墙地砖的吸水率指标反映了坯体烧结的致密程度，一般来说，吸水率越低，则表明坯体烧结程度越好，坯体越致密，不仅强度较高，耐磨性较好，而且抗冻性也较好。所以外墙面砖及地砖的吸水率不得超过 10%，严寒地区的外墙面砖和地砖的吸水率常在 6% 以下。而陶质釉面内墙砖的吸水率很高，故不得用于外墙面。

抗热震性是墙地砖抵抗外界温度剧烈变化而不破坏的能力，抗热震性越好，抵抗后期龟裂的能力越强，这也是陶质釉面内墙砖不能用于外墙装修的重要原因。

2）同一墙地砖品种，按其表面颜色大致可分为红、黄、白、绿、蓝、黑、橙、灰、紫九大系列，每个系列又有数十种以上的深浅色调。在建筑装修设计中，应根据周围环境、建筑物用途、等级等正确选用。

（2）陶瓷墙地砖镶贴的基层应润湿、干净、坚实、平整，并应根据不同的基体，进行不同的处理，以保证牢固粘结。如在混凝土基体上镶贴墙地砖，可将其表面凿毛湿水后刷一道聚合物水泥浆，再抹水泥砂浆；在砖墙上镶贴地砖时，先将基体用水湿透后，再用水泥砂浆打底。

（3）墙地砖的镶贴形式和接缝宽度直接影响装修效果，镶贴前应根据其尺寸偏差及颜色差异等，选砖预排，以使拼缝均匀，色差最小。

（4）釉面砖和外墙面砖镶贴前应将砖的背面清理干净并浸水 2h 以上，待表面晾干后方可镶贴。

（5）镶贴墙地砖宜用聚合物水泥砂浆。锦砖镶贴完毕应即时揭去面纸，揭纸方向应平行于镶贴面，以免将锦砖揭起。

第二节　建筑玻璃

在土木工程中，玻璃是一种重要的建筑材料。它除了透光、透视、隔声和绝热外，还有艺术装饰作用，特种玻璃还具有防辐射、防弹、防爆等用途。此外，玻璃还可制成玻璃幕墙、玻璃空心砖以及泡沫玻璃等作为轻质建筑材料以满足隔声、绝热、保温等方面的特殊要求。现代建筑物立面大面积采用玻璃制品，尤其是采用中空玻璃、镜面玻璃、热反射玻璃和夹层玻璃等，可减轻建筑物自重，改善采光效果，提高建筑的艺术观感。

一、玻璃的基本知识及性质

玻璃是以石英砂、纯碱、石灰石和长石等主要原料以及一些辅助性材料在高温下熔融、成型、急冷而形成的一种无定型非晶态硅酸盐物质，其主要化学成分为 SiO_2，Na_2O 和 CaO 等。

1. 玻璃的制造工艺简介

建筑玻璃一般为平板玻璃，制造方法有垂直引上法、水平引拉法和浮法。垂直引上法是用引上机将从耐火材料槽子砖中央狭缝中冒出的玻璃熔融体垂直拉起，经石棉轮上引成薄片状，冷却硬化后裁成所需的尺寸。水平引拉法是将引上约 1m 处的原板转向为水平方向引拉，经退火冷却，切割成一定规格的平板玻璃。浮法生产的成型过程是在锡槽中完成的，高温玻璃液通过溢流口流到锡液表面上，在重力及表面张力的作用下，玻璃液摊成玻璃带，向锡槽尾部拉引，经抛光、拉薄、硬化和冷却后退火。浮法是现代较先进的生产平板玻璃的方法，生产的玻璃表面光洁平整、厚度均匀、光学畸变极小，可生产特厚和极薄（0.55～25mm）的多种规格的玻璃。

2. 玻璃的性质

（1）密度。玻璃的密度为 2.45～2.55g/cm^3，其孔隙率接近于零。

（2）熔点。玻璃没有固定熔点，液态时有极大的黏性，冷却后形成非结晶体，其质点排列的特点是短程有序而长程无序，即宏观均匀，体现各向同性性质。

（3）力学性质。玻璃在建筑中常受到弯曲、拉伸和冲击作用，所以其主要力学指标为抗拉强度和脆性指数。普通玻璃的抗压强度一般为 600～1200MPa，抗拉强度为 40～80MPa，其弹性模量为（6～7.5）$\times 10^4$MPa，脆性指数（弹性模量与抗拉强度之比）为 1300～1500（建筑用钢为 400～460，混凝土为 4200～9350，橡胶为 0.4～0.6），玻璃是脆性较大的材料。

（4）光学性质。玻璃的基本光学性质是透光性、光折射、光反射、光散射等。2～6mm 的普通窗玻璃光透射比为 80%～82%，随厚度增加而降低，随入射角增大而减小。折射率为 1.50～1.52，光反射率为 7%～9%。玻璃对光波吸收有选择性，因此，内掺少量着色剂，可使某些波长的光波被吸收而使玻璃着色。

（5）热物理性质。玻璃的比热与化学成分有关，在室温至 100℃以内，玻璃的比热为 0.33～1.05kJ/(kg·K)，导热系数为 0.40～0.82W/(m·K)，热膨胀系数为（9～15）$\times 10^6 K^{-1}$。玻璃的热稳定性差，原因是玻璃的热膨胀系数虽然不大，但玻璃的导热系数小，弹性模量高，所以，当产生热变形时，在玻璃中产生很大的应力，而导致炸裂。

（6）化学性质。玻璃的化学稳定性很强，除氢氟酸外，能抵抗各种介质的腐蚀作用。

二、常用的建筑装饰玻璃

1. 毛玻璃

毛玻璃又称磨砂玻璃，系用机械喷砂、手工研磨或氢氟酸溶蚀等方法将平板玻璃表面处理成毛面。由于表面粗糙，使光线柔和且呈漫反射，只有透光性而不能透视，不眩目。常用于不需透视的门窗，如卫生间、浴厕、走廊等，也可用作黑板的板面。

2. 花纹玻璃

根据花纹加工方法的不同，可分为压花玻璃和喷花玻璃。

压花玻璃又称滚花玻璃，是在玻璃硬化前，用刻有花纹图案的辊筒，在玻璃的一面或两面压出深浅不等的花纹。由于花纹图案凹凸不平而使光线漫射，失去透视性，也减低了透光度。改变辊筒表面的图案花纹，即可滚压出具有不同装饰效果的花纹玻璃，如“凤尾”、“夜空”、“银河”、“六棱”等图案。

压花玻璃集透光不透视和装饰效果于一身，在宾馆、大厦、办公楼等现代建筑装修工程中有着广泛的应用。

喷花玻璃又称胶花玻璃，是在平板玻璃表面贴上花纹图案，抹以护面层，经喷砂处理而成。适用于门窗玻璃、家具玻璃装饰之用。最大加工尺寸为2200mm×1000mm，厚度一般为6mm。

3. 安全玻璃

安全玻璃包括钢化玻璃、夹层玻璃和夹丝玻璃。

(1) 钢化玻璃

钢化玻璃是将平板玻璃加热到接近软化点温度（610~650℃），随后用冷空气喷吹，使表面迅速冷却，从而在玻璃中产生了均匀的预加压应力，有效地改善了其脆性。与普通玻璃相比，抗弯强度提高5~6倍，韧性提高5倍，在温差为120~130℃条件下不裂。

由于内应力的存在，当钢化玻璃一旦破损时即会粉碎成圆钝的碎片，但不至于伤人，故称为安全玻璃。钢化玻璃不能切割磨削，边角不能碰击，使用时需选择现成的尺寸规格或提出具体的设计图纸。根据不同的用途还可制成磨光钢化玻璃和吸热钢化玻璃。它主要用于需要耐震、耐温度剧变或易受到冲击破坏的部位，如车船门窗、采光天棚、天窗、玻璃门、隔墙、幕墙等。

(2) 夹层玻璃

夹层玻璃是用两片或多片平板玻璃之间嵌夹透明塑料薄片，经加热、加压、粘合而成的平面或弯曲的复合玻璃制品。目前应用最为广泛的夹层材料是聚乙烯醇缩丁醛，它具有无色透明、吸湿性小、弹性大、粘结力强、光稳定性强及耐候性强等优点。平板玻璃可以是普通玻璃，也可以是钢化玻璃等。

(3) 夹丝玻璃

夹丝玻璃是将预先编织成一定形状并经预热处理的钢丝网压入呈软化状态的红热玻璃中而制成的安全玻璃。钢丝网在夹丝玻璃中起增强作用，故抗弯强度、抗冲击强度提高，即使损坏时，也具有破而不缺、裂而不散的优点，从而避免了尖锐棱角玻璃碎片飞出伤人。当火灾蔓延夹丝玻璃受热炸裂时，由于裂而不散，保持了固定形状，起到了隔绝火势、阻止蔓延的作用，故谓安全玻璃。

夹丝玻璃适用于天窗、天棚、楼梯、电梯井、阳台、防火门等处。彩色夹丝玻璃还有一定的装饰效果。

使用夹丝玻璃时应注意以下问题：

①由于钢丝和玻璃的热膨胀系数、导热系数差别较大，因此应尽量避免将夹丝玻璃用于两面温差较大、局部受热或冷热剧烈交换等部位。如冬季室内采暖室外冰冻、夏天暴晒或火源、热源附近的部位等。

②玻璃中镶嵌金属丝实际上削弱了玻璃的均一性，降低了抗压强度。因此安装夹丝玻璃的窗框尺寸应适当，不得使夹丝玻璃受挤压。如用木窗框应防止日久变形使玻璃受力；如用金属窗框应防止窗框的温度变形传给玻璃。最好使玻璃不直接与窗框接触，用塑料或橡胶等作为缓冲材料。

③当裁切夹丝玻璃时，在玻璃已断而丝网仍相互连接，需要上下反复折挠多次而掰断时，应小心避免两块玻璃在边缘处相互挤压，造成微小缺口引起使用时的破损。裁口处最好做防锈处理，以免钢丝遇水生锈并向玻璃内部延伸，由于锈蚀膨胀而导致玻璃的“锈裂”。

4. 吸热玻璃

吸热玻璃是一种能吸收大量红外线辐射能而又保持良好可见光透过率的平板玻璃。在普通钠钙玻璃中引入着色作用的氧化物，如氧化铁、氧化镍、氧化钴以及硒等，或者在玻璃表面喷涂氧化锡、氧化锑、氧化铁、氧化钴等着色氧化物薄膜，均可制得吸热玻璃。引入着色氧化物不同，吸热玻璃的颜色不同。常见的有灰色、蓝色、古铜色、绿色等。

吸热玻璃的性能特点：

（1）吸收太阳光谱中的辐射能，产生冷房效应，节约冷气能耗。

这一特点可以更直观地从图 27-2 中得到说明。如图所示：6mm 厚浮法平板玻璃合计接收热量为 83.9%（含吸热二次消散到室内的部分），而同样厚度的蓝色吸热玻璃合计接收热仅为 68.9%。

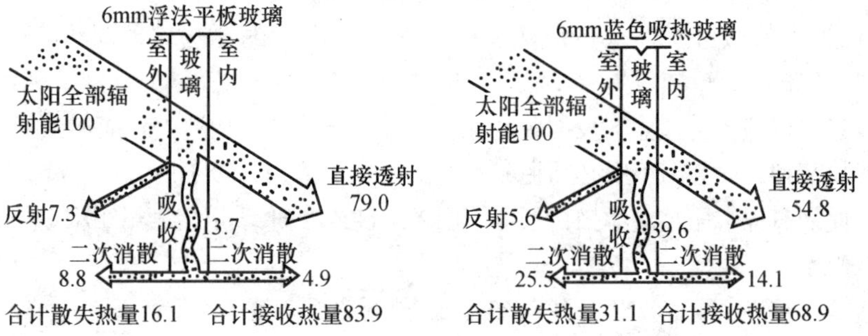

图 27-2　吸热玻璃的性能

（2）吸收太阳光谱中的可见光能，具有良好的防眩作用。吸热玻璃对可见光的透射率也明显降低，尤其是灰色和青铜色吸热玻璃的可见光能的透射率仅为浮法平板玻璃的 2/3，这就好像使整个房间罩上太阳镜一样，减小了室内照度差，可以使刺眼的阳光变得柔和、舒适，起到良好的防眩作用。特别是在炎热的夏季，能有效地改善室内的光线，使人感到舒适凉爽。

（3）吸收太阳光谱中的紫外光能，减轻了紫外线对人体和室内物品的损害，特别是室内的塑料等有机材料物品，在紫外线作用下更易产生光氧老化而褪色、老化。

吸热玻璃主要应用于炎热地区或装有空调的建筑物门窗、玻璃幕墙、采光天棚及汽车风挡等场合。

5. 热反射玻璃

对太阳辐射能具有较高反射能力而又保持良好透光性的平板玻璃称为热反射玻璃。由于高反射能力是通过在玻璃表面镀敷一层极薄的金属或金属氧化物膜来实现的，所以也称镀膜玻璃。

热反射玻璃的性能特点：

（1）对太阳辐射热有较高的反射能力。如图 27-3 所示，普通平板玻璃的辐射热反射率为 7% ~10%，热反射玻璃可达 25% ~40%。因此采用热反射玻璃可以产生很好的“冷房效应”，从而节约大量的冷气能耗。

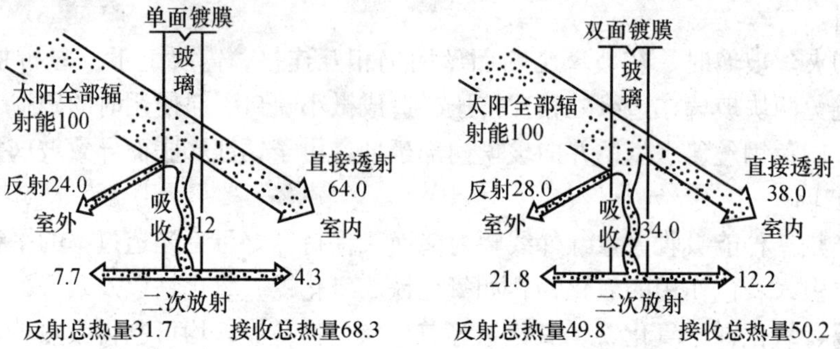

图 27-3　6mm 蓝色热反射玻璃对太阳投射能的作用

（2）遮光系数小，遮光性能好。

（3）具有单向透视性。从室内可透视室外景物，从室外却不能透视室内的陈设与人员。它像一面巨大的镜子，将室外的建筑、人流、汽车等“映现”其中，而且每时每刻随着天气而变化，这就给人以静中有动、变幻莫测的感觉。所以随着热反射玻璃的出现，玻璃幕墙建筑应运而生，在建筑风格上形成了所谓“光亮派”建筑。

（4）对可见光的透过率小，6mm 热反射玻璃比同厚度的浮法玻璃减少 75% 以上，比吸热玻璃也减少 60%。

使用热反射玻璃应十分注意对反射膜的保护。如建筑设计、构造处理应尽量避免热反射玻璃受到污染并容易清扫；安装施工中必须在玻璃上加贴保护薄膜，竣工后方可去除，以避免施工中污染或划伤；使用过程中应经常清扫，不得使用非中性或含研磨粉的洗涤剂擦拭热反射玻璃。

6. 中空玻璃

双层中空玻璃是用两片玻璃原片与空心金属隔离框、密封胶加压制成的玻璃构件，如图 27-4 所示。玻璃原片可为普通浮法玻璃、吸热玻璃、热反射玻璃、压花玻璃、夹丝玻璃、夹层玻璃、钢化玻璃等，厚度范围 3 ~18mm。空心金属隔离框和玻璃原片之间用两种不同的专用粘结剂分次胶结密封。隔离框内装有高效干燥剂，干燥剂通过隔离框的开口与空腔中的空气相通，使空气始终保持极高的干燥度。两片玻璃原片之间的空腔厚度及隔离框厚度可根据需要设置，一般在 6 ~24mm 范围内，常用 6mm 和 12mm 两种。

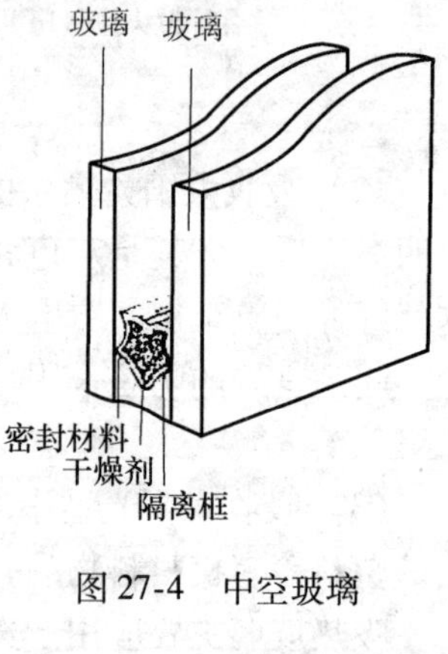

图 27-4　中空玻璃

中空玻璃也可用 3 ~4 片玻璃原片分别构成 2 ~3 个空腔。总厚度 12 ~42mm。

改变中空玻璃的原片种类、片数、厚度及空腔厚度，可以得到具有不同光学、热学、声学等性能的中空玻璃，以满足不同工程的需要。

中空玻璃的主要技术性能特点如下：

（1）遮光性好

中空玻璃的结构不同其光学性质不同，可见光的透过率为 12% ~76%；遮光系数为

0.26 ~ 0.84。如两片 6mm 普通浮法玻璃和 6mm 空腔组成的中空玻璃的可见光透射率为 76%，遮光系数为 0.84；一片 6mm 热反射玻璃，一片普通浮法玻璃和 6mm 空腔构成的中空玻璃，其可见光透过率为 38%，遮光系数为 0.55。

（2）绝热性能好

使用中空玻璃的主要目的是解决传统建筑中墙体和门窗热学性质不同的问题，即提高门窗的绝热性能，减小门窗的热量损失，形成舒适的室内环境并节约取暖的能耗。如单层 3mm 普通玻璃的传热系数为 5.9W/(m^2·K)，240mm 砖墙为 2.8W/(m^2·K)，两片 6mm 浮法玻璃构成的中空玻璃的传热系数为 2.7 ~ 3.0W/(m^2·K)，若将其中一片玻璃换为热反射玻璃，其传热系数可降至 1.6W/(m^2·K)。

（3）隔声性能好

中空玻璃有极好的隔声性能，一般可使噪声下降 39 ~ 44dB，即可将一般街道汽车噪声降低到学校教室的安静程度。

（4）防结露性能好

在室内一定的相对湿度条件下，当玻璃表层的温度达到露点以下时势必结露，若低于零度，还将结霜，这将严重地影响透视和采光效果，并引起其他一些不良后果。若采用中空玻璃则可使这种情况得到改善。在通常情况下，中空玻璃接触室内高湿空气的玻璃表面温度较高，而外侧玻璃温度虽然较低，但所接触的空气湿度也低，所以不会结露。

中空玻璃空腔中空气的干燥度是中空玻璃优异性能的重要保证。密封良好的中空玻璃可保证内部露点在 -40℃ 以下。但若密封不良或密封材料失效而导致水汽进入中空玻璃的空腔，空腔中的干燥剂将吸水而失效，使空腔内空气湿度上升，这时候很容易发生结露现象。

（5）提高室内面积的利用率

由于普通玻璃绝热、隔声、防结露性能差，因此室内靠近窗户的部分建筑面积往往不能很好利用，在一些特殊要求的房间内，甚至成为“不可用”面积，使用中空玻璃以后即可解决这一问题。

思考题及习题

1. 以陶瓷墙地砖为例，举例说明陶器、瓷器和炻器各有什么特点。建筑陶瓷按吸水率可以划分为哪几类？

2. 磨砂玻璃、花纹玻璃有什么特点？适用于什么地方？

3. 何谓钢化玻璃、夹丝玻璃和夹层玻璃？使用夹丝玻璃应注意什么问题？

4. 何谓吸热玻璃、热反射玻璃和中空玻璃？各有什么特点？

5. 玻璃马赛克的主要技术性质是什么？它和陶瓷锦砖从应用部位和装饰效果上有何不同？

土木工程材料试验

土木工程材料试验是该课程教学的重要实践性环节。通过试验应达到三个目的：一是熟悉、验证、巩固所学的理论知识；二是了解所使用的仪器设备，掌握土木工程材料的试验方法；三是进行科学研究的基本训练，培养分析问题和解决问题的能力以及检测方法规范化的意识。

试验的数据和结果都有一定的精度要求，对精度之外的数字，应按《数值修约规则与极限数值的表示和判定》（GB/T 8170—2008）进行修约，常用的修约规则可概括为：四舍六入五考虑，五后非零应进一，五后皆零视奇偶，五前为偶应舍去，五前为奇则进一。举例如下：

将34.2432修约精确至0.1，修约得34.2。

将26.4823修约精确至0.1，修约得26.5。

将1.05010修约精确至0.1，修约得1.1。

将15.4500修约精确至0.1，修约得15.4。

将15.3500修约精确至0.1，修约得15.4。

在一组条件完全相同的重复试验中，当发现某个过大或过小的可疑数据时，应按数理统计方法给以鉴别并决定取舍。

试验一　材料的基本物理性质试验

一、密度试验

（一）主要仪器

1. 李氏瓶：形状和尺寸如试图1-1所示。

2. 天平：称量500，感量0.01g。

3. 烘箱、筛子（孔径0.20mm）、温度计、干燥器等。

（二）试样制备

将试样（如砖块、石块）研碎，全部通过筛子。（如为粉末直接过筛测试）在不超过110℃的烘箱中烘至恒重，取出在干燥器中冷却至室温备用。

（三）试验步骤

1. 将水或煤油注入李氏瓶至突颈下部，再将李氏瓶放入20℃水浴中恒温，读取水或煤油液面刻度值 V_1。

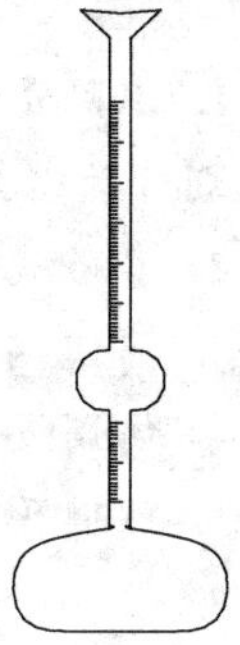

试图1-1　李氏瓶

2. 准确称取60～90g试样。用小勺和漏斗小心地将试样徐徐装入李氏瓶中；在装样时，应避免突颈处形成气泡阻碍试样下落。当液面升至20cm³刻度附近时，停止装入试样。称量剩下试样，计算装入试样的质量 m。

3. 轻轻摇动李氏瓶，使液体中的气泡排出。再放入20℃的水浴中恒温，恒温后读取装入试样后的水或煤油液面刻度值 V_2。

（四）试验结果

按下式计算出密度ρ（精确至0.01g/cm³）：

$$\rho = \frac{m}{V_1 - V_2}$$

式中 m——装入李氏瓶试样质量（g）；

V_1——未装试样时水或煤油液面的刻度（cm^3）；

V_2——装入试样后水或煤油液面的刻度值（cm^3）。

以两次试验结果的平均值作为测定结果。两次试验结果之差不得大于0.02g/cm³，否则重新取样进行试验。

二、表观密度试验

（一）主要仪器

天平、烘箱、游标卡尺、直尺、试件加工设备等。

（二）试验步骤

1. 将试件加工成规则的几何形状，放入（105±5）℃的烘箱中烘至恒重，取出干燥冷却至室温称其质量m(g)。

2. 测量试件的外形尺寸，计算表观体积V_0：

对于矩形体试件，分别在长、宽、高三个方向的两边缘和中间各测一次，取其平均值作为长度、宽度和高度；对于圆柱体试件，可在试件两个平行底面上，通过中心做两条相互垂直的直线，沿线测出上下底面的直径和中央的高度，各取平均值作为试件的平均直径和高度。

矩形体试件：

$$V_0 = L \cdot b \cdot h$$

圆柱体试件：

$$V_0 = \frac{\pi d^2 h}{4}$$

式中 V_0——试件的表观体积（cm^3）；

L——试件的平均长度（cm）；

b——试件的平均宽度（cm）；

h——试件的平均高度（cm）；

d——试件的平均直径（cm）。

3. 计算结果：

$$\rho_0 = \frac{m}{V_0}$$

试件的表观密度ρ_0（精确至0.02g/cm³），以三次结果的平均值作为表观密度测定结果。

三、孔隙率计算

试件的孔隙率P为：

$$P = \left(1 - \frac{\rho_0}{\rho}\right) \times 100\%$$

式中 ρ_0——试件密度（g/cm³）；

ρ——试件表观密度（g/cm³）。

四、吸水率试验

（一）主要仪器

天平、烘箱、容器等。

（二）试验步骤

1. 试件放入（105±5）℃的烘箱中烘至恒重，取出干燥冷却至室温称其质量 m_1(g)。

2. 按不同的材料，根据相关标准使试件吸水饱和，取出试件用湿毛巾擦去表面水分并称湿质量 m_2(g)。

3. 吸水率计算：

$$W_{质量} = \frac{m_2 - m_1}{m_1} \times 100\%$$

或

$$W_{体积} = W_{质量} \times \rho_0 \times 100\%$$

吸水率 $W_{质量}$、$W_{体积}$以 3 个试件的算术平均值为测定结果。

试验二　水泥试验

一、试验依据

《通用硅酸盐水泥》GB 175—2007

《水泥细度检验方法　筛析法》GB/T 1345—2005

《水泥比表面积测定方法　勃氏法》GB/T 8074—2008

《水泥标准稠度用水量、凝结时间、安定性检验方法》GB/T 1346—2001

《水泥胶砂强度检验方法（ISO 法）》GB/T 17671—1999

《白色硅酸盐水泥》GB/T 2015—2005

《建筑材料与非金属矿产品白度测量方法》GB/T 5950—2008

二、取样方法

水泥出厂前按同品种、同强度等级编号和取样。袋装水泥和散装水泥应分别进行编号和取样。每一编号为一取样单位。取样方法按《水泥取样方法》（GB/T 12573—2008）进行。可连续取，亦可从 20 个以上不同部位取等量样品，总量至少 12kg。

三、试验项目

（一）水泥细度

硅酸盐水泥和普通硅酸盐水泥以比表面积表示，不小于 300m^2/kg；矿渣硅酸盐水泥、火山灰质硅酸盐水泥、粉煤灰硅酸盐水泥和复合硅酸盐水泥以筛余表示，80μm 方孔筛筛余不大于 10% 或 45μm 方孔筛筛余不大于 30%。

1. 筛析法（筛余百分数测定）

（1）主要仪器

试验筛、烘箱、天平（最小分度值不大于 0.01g）。

试验筛由圆形筛框和筛网组成，筛网符合《试验筛、金属丝网、穿孔板和电成型薄板筛孔的基本尺寸》（GB/T 6005）R20/3、80μm 及 R20/3、45μm 的要求，分负压筛、水筛和手工筛。手工筛筛高 50mm，筛子直径 150mm。负压筛、水筛结构尺寸如试图 2-1 所示。

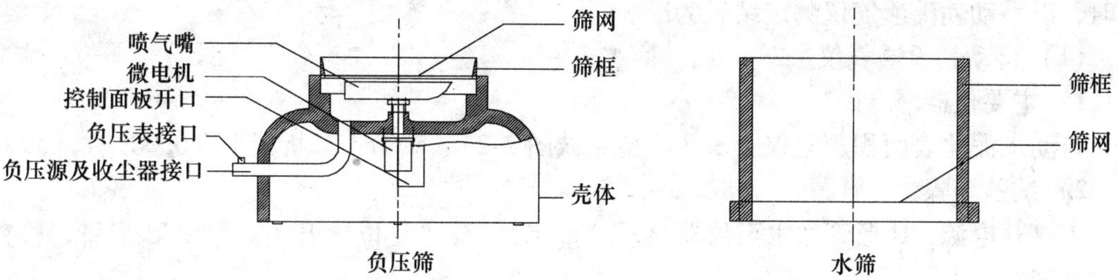

试图 2-1

（2）试验步骤

试验前所用筛子应保持清洁，负压筛和手工筛应保持干燥。试验时，80μm 筛析试验称取试样 25g，45μm 筛析试验称取试样 10g。

1）负压筛析法

①负压筛放在筛座上，盖上筛盖，接通电源检查控制系统，调节负压至 4000～6000Pa。

②称取试样精确至 0.01g 放于负压筛中，负压筛放在筛座上，盖上筛盖，接通电源，开动负压筛析仪，连续筛析 2min，在此期间如有试样附着在筛盖上可轻轻敲击筛盖使试样下落。筛毕，用天平称量全部筛余物。

2）水筛法

①调整好水压及水筛架的位置，使其能正常运转，并控制喷头底面和筛网之间的距离为 35～70mm。

②称取试样精确至 0.01g 放于清洁的水筛中，立即用清水冲至大部分细粉通过，放在水筛架上，用水压（0.05±0.02）MPa 的喷头连续冲洗 3min。筛毕，用少量水把筛余物冲至蒸发皿中，水泥颗粒沉淀后倒出清水，烘干后用天平称量全部筛余物。

3）手工筛析法

①称取试样精确至 0.01g 放于清洁的手工筛中。

②一只手持筛往返摇动，另一只手轻轻拍打，往返摇动和拍打过程应保持近水平。

拍打速度大约每分钟 120 次，每 40 次向同一方向转 60°，使试样均匀分布在筛网上，直至每分钟通过的试样量不超过 0.03g 为止，用天平称量全部筛余物。

（3）结果计算及处理

计算式如下：

$$F = \frac{R_t}{W}$$

式中 F——水泥筛余百分数（%）；

R_t——水泥筛余物质量（g）；

W——水泥试样质量（g）。

结果精度计算至 0.1%。

（4）筛余结果修正

将计算结果乘以所用筛的修正系数 C，即筛析法的最终结果。C 值的有效范围为 0.80～1.20。

（5）试验结果

负压筛、水筛和手工筛的结果发生争议时，以负压筛为准。

2. 勃氏法（比表面积测定）

勃氏法水泥比表面积测定有自动勃氏透气仪法和手动勃氏透气仪法两种，两种方法有争议时，以手动勃氏透气仪测定结果为准。

（1）自动勃氏透气仪法

1）主要仪器

自动水泥比表面积透气仪（SZB-5 型见试图 2-2）、烘箱、分析天平（0.001g）。

2）试验步骤

①打开电源，U 形管加水至仪器显示“good”，按“复位”开关。封闭 U 形管，检查 U 形管气密性。

②仪器常数标定

用水银标定料筒体积 $V(0.001\text{cm}^3)$，计算标定用标准粉质量 $m(0.001\text{g})$

$$m = \rho \cdot V \cdot (1 - \varepsilon)$$

式中 m——标准粉质量（g）；

ρ——标准粉密度（g/cm^3）；

ε——试料层空隙率，硅酸盐水泥选 0.500 ± 0.005，其他品种水泥选 0.530 ± 0.005。

a 盘输入已知标准粉比表面积，b 盘输入已知标准粉密度；料筒装入标准粉压到规定体积（标准粉上下均放滤纸），料筒下端擦抹密封膏后放入 U 形管右口。“测量/标定”开关放到“标定”位置，按“复位”开关。启动“测量”开关。记录标定常数。

③将标定的常数输入 a 盘（数字顶头输入）；b 盘输入待测水泥表观密度。

④实验料层制备：将待测水泥样装入料筒压到规定体积（试样上下均放滤纸）。

⑤透气试验：将仪器“测量/标定”开关放到“测定”位置，料筒擦密封膏就位后按“复位”开关。启动“测量”开关，自动测得比表面积。

（2）手动勃氏透气仪法

1）主要仪器

手动水泥比表面积透气仪（试图 2-3）、烘箱、分析天平（0.001g）、秒表。

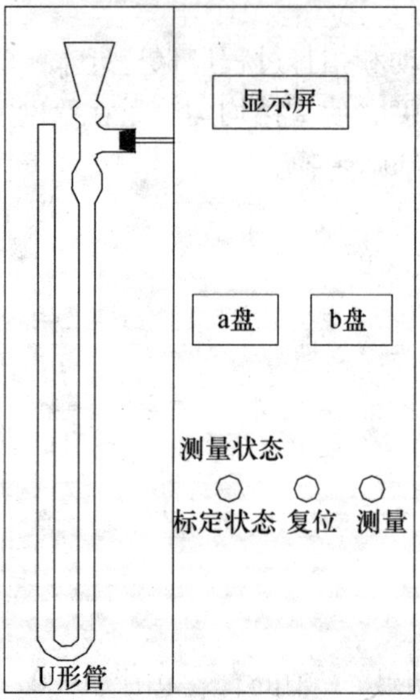

试图 2-2　SZB—5 型自动比表面积仪

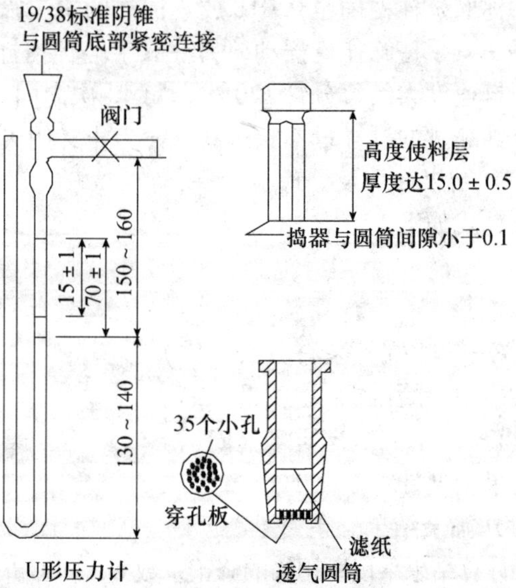

试图 2-3　手动水泥比表面积透气仪示意图

2）试验步骤

①检查仪器气密性。

②确定试样质量：

用水银标定料筒体积 $V(0.001\text{cm}^3)$；计算试样质量 $m(0.001\text{g})$；

$$m = \rho \cdot V \cdot (1 - \varepsilon)$$

式中 ρ——水泥密度（g/cm^3）；

ε——试料层空隙率同前水泥选 0.500 ±0.005，其他品种水泥选 0.530 ±0.005。

③实验料层制备：同自动法。

④透气试验：料桶就位后按《水泥比表面积测定方法　勃氏法》GB/T 8074—2008 操作，记录透气时间（s）以及试验温度。

3）计算

试验温度与校准温度之差不超过 3℃，水泥比表面积（S）可按下式计算

$$S = \frac{S_S \rho_S \sqrt{T}(1 - \varepsilon_S)\sqrt{\varepsilon^3}}{\rho \sqrt{T_S}(1 - \varepsilon)\sqrt{\varepsilon_S^3}}$$

式中 S_S——水泥标准粉比表面积（cm^2/g）；

T_S——水泥标准粉比表面积透气时间（s）；

T——待测水泥样透气时间（s）；

ρ——被测试验的密度（g/cm^3）；

ρ_S——标准样品的密度（g/cm^3）；

ε_S——标准样品试料层中的空隙率。

（3）结果处理

以两次结果不超过 2% 的平均值确定，保留至 $10\text{cm}^2/\text{g}$。

（二）水泥标准稠度用水量

1. 主要仪器

（1）水泥净浆搅拌机。搅拌叶片公转：慢速（62 ±5）r/min，快速（125 ±10）r/min。搅拌叶片公转：慢速（140 ±5）r/min，快速（285 ±10）r/min。

（2）标准法维卡仪。滑动部分总重量（300 ±1）g，与试杆和试针连接的滑动杆表面光滑，能够靠重力自由下落，不得有紧涩和晃动现象。（试图 2-4）

（3）量筒。最小分度值 0.1mL，精度 1%。

（4）天平。最大量程不小于 1000g，分度值不大于 1g。

2. 试验步骤

（1）使用前检查仪器是否处于正常工作状态。

（2）搅拌锅和叶片用湿抹布擦拭，将拌合水倒入搅拌锅中。

（3）5 ~10s 将称好的水泥 500g 加入水中并防止水和水泥溅出。

（4）搅拌锅放在锅座上，升至搅拌位置。

（5）选择搅拌程序，启动搅拌机，低速搅拌 120s、停机 15s、高速搅拌 120s、停机。

（6）关闭电源，取下搅拌锅进行标准稠度测定：立即将搅拌好的水泥净浆装入已置于玻璃板上的试模中，用小刀插捣，轻轻振动数次刮去多余的净浆，抹平后迅速将试模移至维卡仪下，并将其中心定在试杆下，降低试杆直至与水泥净浆表面接触，拧紧螺丝 1 ~2s 后突然松动，使试杆垂直自由地沉入水泥净浆中。在试杆静止或沉入 30s 时记录试杆距玻璃板的距离，升起试杆擦净。整个操作过程在 1.5min 中内完成。

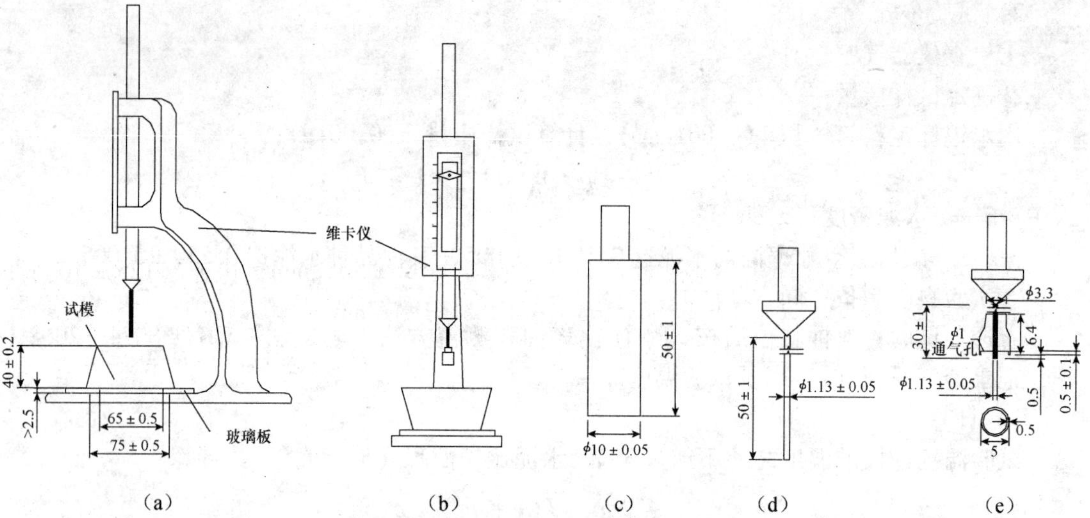

试图 2-4　标准法维卡仪和凝结时间试针

（a）初凝时间测定用立式试模；（b）终凝时间测定用翻转试模；

（c）标准稠度试杆；（d）初凝用试针；（e）终凝用试针

3. 试验结果

试杆沉入水泥净浆距玻璃板（6 ± 1）mm 的水泥净浆为标准稠度净浆。其拌和水量为该水泥的标准稠度用水量（P）。

$$P = \frac{W}{500} \times 100\%$$

式中　P——标准稠度用水量（%）；

W——加水质量（g）。

（三）水泥凝结时间

1. 主要仪器

标准法维卡仪、凝结时间试针、水泥标准养护箱。

2. 试验步骤

（1）将维卡仪的试杆换成水泥初凝测试试针，调整试针接触玻璃板时使指针对准零点。

（2）将制备好的标准稠度水泥净浆一次装满试模，振动数次刮平，放入标准养护箱中。记录水泥全部加入水中的时刻为凝结时间的起始时刻 t_n。

（3）试件在标准养护箱中养护至加水 30min 后进行第一次测定。试针与浆体上表面接触时突然松动螺丝，试针垂直自由地沉入水泥净浆中，试针停止下沉或释放 30s 时读取数值。试针沉入水泥净浆距底板（4 ± 1）mm 时为水泥的初凝状态，此时记录初凝时刻 t_{n1}。

（4）初凝测完，将试件以水平平移方式从玻璃板上取下，翻转 180°使直径大端向上放在玻璃板上，试件移入标准养护箱中。维卡仪换上终凝测试试针。临近终凝时刻每隔 15min 测试一次。当试针从浆体表面进入浆体 0.5mm 时，即终凝测试试针的环形附件不能在试件表面留下压痕时为水泥的终凝时刻 t_{n2}。

3. 试验结果

初凝时间：$\Delta t_c = t_{n1} - t_n$，终凝时间：$\Delta t_z = t_{n2} - t_n$

式中　Δt_c——初凝时间（min），

Δt_z——终凝时间（min）；

t_{n1}——初凝时刻；

t_{n2}——终凝时刻；

t_n——试验加水时刻。

（四）水泥安定性

1. 主要仪器

（1）水泥净浆搅拌机。搅拌叶片自转：慢速（62±5）r/min，快速（125±10）r/min。搅拌叶片自转：慢速（140±5）r/min，快速（285±10）r/min。

（2）雷氏夹。自然状态雷氏夹两指针间距离（10±1）mm；当一指针根部悬挂在金属丝或尼龙绳上，另一指针根部悬挂300g质量的砝码时，两指针针尖的距离增量在（17.5±2.5）mm范围内。当去掉砝码时针尖距离能恢复原状（试图2-5）。

（3）雷氏夹膨胀值测定仪（试图2-6）。

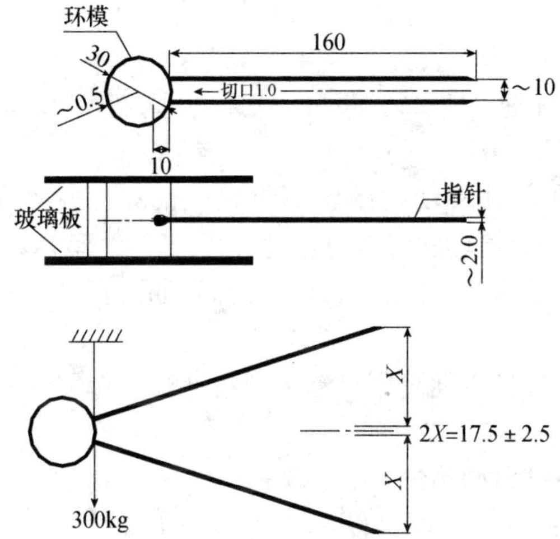

试图2-5　雷氏夹及受力示意图

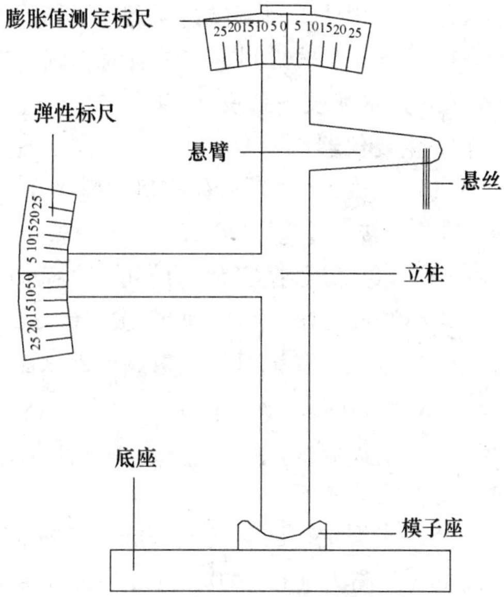

试图2-6　雷氏夹膨胀值测定仪

（4）沸煮箱。自动控制（30±5）min内将（20±20）℃的水加热至沸且恒沸（180±5）min后停止。手动控制可以在任意情况下关闭或开启大功率电热管。

（5）玻璃板。

2. 试验步骤

（1）标准法

1）雷氏夹、与水泥浆体接触的玻璃板涂抹油，雷氏夹静放于玻璃板上。

2）标准稠度的水泥净浆分别装入两只雷氏夹中，用小刀插捣数次抹平后用玻璃板盖上。

3）雷氏夹试件移入标准养护箱中，养护（24±2）h后取出脱去玻璃板，用雷氏夹膨胀值测定仪量取雷氏夹指针尖端的初值（A），精确至0.5mm。

4）将雷氏夹试件移入盛水沸煮箱，指针尖端向上，（30±5）min内加热至沸且恒沸（180±5）min。

（2）代用法

1）两片100×100的玻璃板表面涂抹油。

2）用标准稠度的水泥净浆制备两个大小基本相等的球分别放在两个玻璃板上，轻轻振动，用抹湿过的小刀由边缘向中心抹成直径约 70 ~ 80mm、中心约 10mm，边缘薄中央厚、表面光滑的试饼。

3）养护同标准法。

4）试饼从玻璃板上取下，在无缺陷的情况下放入沸煮箱。(30 ±5) min 加热至沸且恒沸 (180 ±5) min。

3. 试验结果

沸煮时间结束，放掉水，冷却至室温取出试件。

(1) 标准法。用雷氏夹膨胀值测定仪量取雷氏夹指针尖端的终值（C），精确至 0.5mm。计算两个试件终值与初值之差（C-A）为雷氏夹膨胀值。两个试件膨胀值平均值不超过 5mm 时，则为水泥安定性合格，反之为不合格。两个试件膨胀值差超过 4mm 时，重新试验，再如此则判该水泥安定性不合格。

(2) 代用法。目测试饼无裂纹，直尺检查试饼背面无弯曲，则为安定性合格，反之为不合格。当两个试饼判定有矛盾时，则为安定性不合格。

（五）水泥胶砂强度

1. 主要仪器

(1) 行星式水泥胶砂搅拌机。搅拌叶片自转：慢速（62 ±5) r/min，快速（125 ±10) r/min。搅拌叶片自转：慢速（140 ±5) r/min，快速（285 ±10) r/min。

(2) 水泥胶砂振实台。由可以跳动的台盘和使其跳动的凸轮等组成；振实台振幅为 (15 ±0.3) mm，振动频率为 60 次/(60 ±2) s。臂杆、模套和卡具总重量（13.75 ±0.25) kg。

(3) 水泥三联试模。重量（6.25 ±0.25) kg；模腔尺寸：长（160 ±0.8) mm，宽（40 ±0.2) mm，高（40.1 ±0.1) mm。

(4) 水泥胶砂试体养护箱。0 ~ 35℃ 条件下，养护空间温度自动控制在（20 ±1) ℃，相对湿度不低于 90%。

(5) 水泥抗折试验机。抗折夹具的加荷和支撑圆柱直径应为（10 ±0.1) mm。两个支撑圆柱中心距离为（100 ±0.1) mm。加荷速度（50 ±5) N/s [(0.1170 ±0.0117) MPa]。

(6) 压力机。抗压试验机以 200 ~ 300kN 为宜。在接近 4/5 量程范围内使用时，记录的荷载 1% 精度，可控加荷速率（2400 ±200) N/s。

(7) 40mm ×40mm 水泥抗压夹具，符合《40mm ×40mm 水泥抗压夹具》（JC/T 683—2005）。夹具上放 2300g 砝码时，上下压板的距离应在 37 ~ 42mm 范围内。

(8) 天平。精度 ±1g。

(9) 播料器、刮平尺。

2. 试验步骤

(1) 水泥胶砂试体成型养护

环境条件：成型室的环境温度（20 ±2) ℃，相对湿度不低于 50%。

1）检查水泥胶砂搅拌机工作状态。将空试模和模套固定在振实台上。

2）称取。水泥 450g，标准砂 1350g，水 225g。对火山灰质硅酸盐水泥、粉煤灰硅酸盐水泥、复合硅酸盐水泥和掺火山灰质混合材的普通硅酸盐水泥其用水量按 0.5 水灰比和胶砂流动度不小于 180mm 来确定。当流动度小于 180mm 时，须以 0.01 的整数倍递增的方法将水灰比调整到胶砂流动度不小于 180mm。

3）将标准砂加入加砂漏斗中。

4）将水加入搅拌锅中，再加入水泥；把锅放在固定架上，升至固定位置。

5）选择搅拌程序立即开机，低速搅拌30s后，在第二个30s开始的同时加入标准砂，(30±1)s加完标准砂，再高速搅拌30s，停90s，再高速搅拌60s。总计搅拌时间240s。

6）取下搅拌锅。将准备好的胶砂料分两层装入试模中成型，装第一层每个槽里约放300克胶砂料，用大拨料器来回一次将料拨平，启动振实台，振动60次。

7）将剩余的胶砂料均匀地装入3个槽中，用小拨料器来回一次拨平，振动60次，取下试模刮抹平，编号后放入水泥胶砂试体养护箱。两个龄期以上的试体，在编号时应将同一试模中的三条试体分在两个以上龄期内。

8）用塑料锤或橡皮榔头或专用脱模器脱模。对24h龄期的应在破型前20min脱模；24h以上龄期的应在成型后20～24h脱模。

9）脱模后胶砂实体立即水平或竖直放在（20±1）℃水中养护，水平放置时刮平面朝上。养护期间试体之间间隔或试体上表面的水深不得小于5mm。

（2）水泥胶砂强度测定

除24h龄期或延迟至48h脱模的试体外，任何到期的试体应在破型前15min从水中取出，擦去试体表面沉淀物，并用湿布覆盖至试验为止。试体龄期从水泥加水搅拌开始算起。不同龄期强度试验在下列时间进行：

24±15min；48h±30min；72h±45min；7d±2h；大于28d±8h。

1）抗折强度

将水泥胶砂试体一个侧面放在试验机支撑圆柱上，试体长轴垂直于支撑圆柱，通过加荷圆柱以（50±5）N/s(0.1170±0.0117)MPa的速度均匀地将荷载垂直地加在棱柱体相对侧面上，直至折断。

2）抗压强度

抗压前保持半截棱柱体处于湿润状态。抗压在半截棱柱体侧面进行。半截棱柱体逐一放入40mm×40mm水泥抗压夹具进行试验。半截棱柱体中心与压力机压板受压中心差应在±0.5mm内，棱柱体露在压板外的部分约10mm。整个加荷过程以（2400±200）N/s的速度均匀地加荷直至破坏。

3. 试验结果

抗折强度以三个试体的平均值作为试验结果。当三个值中有超过平均值±10%时，应剔除后再取平均值作为抗折强度试验结果。

抗折强度计算（精确至0.1）

$$R_f = \frac{1.5F_f \cdot L}{b^3}$$

式中 R_f——抗折强度（MPa）；

F_f——抗折破坏荷载（N）；

L——支撑圆柱之间的距离（mm）；

b——棱柱体正方形截面边长（mm）。

抗压强度以六个半截棱柱体抗压强度的算术平均值作为试验结果。如果六个值中有一个超过平均值±10%时，剔除该值，以剩余五个的平均值作为试验结果。如果五个测定值中再有超过平均值±10%的，则此组结果作废。

抗压强度计算（精确至0.1）

$$R_c = \frac{F_c}{A}$$

式中 R_c——抗压强度（MPa）；

F_c——破坏时最大荷载（N）；

A——受压面积（mm^2）。

（六）白水泥白度

1. 主要仪器和标准板

彩色光谱测色仪或光电积分类测色仪、GSB A67002陶瓷标准板或白色硅酸盐水泥白度系列国家标准样品。

2. 试验步骤

（1）选择与待测样品三刺激值相近的白色硅酸盐水泥白度系列国家标准样品或GSB A67002陶瓷标准板对仪器进行校正。

（2）取一定质量的白水泥试样放入恒压粉体压样器中，压制成表面平整、无纹理、无疵点、无污点的试样板。制作三个试样板。

（3）将试样板置于测量孔上，测量每块试样板的三个刺激值。

3. 试验结果

白色硅酸盐水泥白度采用《建筑材料与非金属矿产品白度测量方法》（GB/T 5950）中的亨特（hunter）白度公式计算。

$$W_H = 100 - [(100 - L)^2 + a^2 + b^2]^{1/2}$$

$$L = 10{Y_{10}}^{1/2}$$

$$a = 17.2(1.054X_{10} - Y_{10})/{Y_{10}}^{1/2}$$

$$b = 6.7(Y_{10} - 0.9318Z_{10}) \cdot {Y_{10}}^{1/2}$$

式中 W_H——亨特（hunter）白度；

L——亨特（hunter）明度指数；

a，b——亨特（hunter）色品指数；

X_{10}，Y_{10}，Z_{10}——样品的三刺激值。

以三块试样的白度平均值为试样的白度，当三块试样的白度值中有一个超过平均值的±0.5时，应予剔除，取其余的两个测量值的平均值作为白度结果；如果两个超过平均值的±0.5时，应重做测量。同一实验室的偏差应不超过0.5。

试验三 普通混凝土集料试验

一、试验依据

《普通混凝土用砂、石质量及检验方法标准》JGJ 52—2006

二、取样方法及数量

大型运输工具（如火车），$400m^3$ 或600t为一个验收批；小型运输工具（如拖车），$200m^3$ 或300t为一个验收批。取样前先将取样部位表层除去，然后从料堆或车船上不同部位或深度抽取大致相等的砂8份或石子16份。试验时，可用四分法或分料器缩分缩取各项试验所用材料量。

（一）细集料

每一单项砂实验所需的最小质量如试表3-1所示。

试表3-1　单项砂实验所需的最小质量

检验项目	最小取样质量（g）
砂筛分析	4400
砂表观密度	2600
砂堆积密度	5000

（二）粗集料

每一单项粗集料实验所需的最小质量如试表3-2所示。

试表3-2　单项粗集料实验所需的最小质量　（kg）

实验项目	集料最大粒径（mm）							
	10	16	20	25	31.5	40	63	80
筛分析	8	15	16	20	25	32	50	64
表观密度	8	8	8	8	12	16	24	24
堆积密度	40	40	40	40	80	80	120	120
含水率	2	2	2	2	3	3	4	6

三、砂的筛分试验

（一）主要仪器

1. 试验筛：公称直径分别为5.0mm、2.50mm、1.25mm、630μm、315μm、160μm方孔筛各一只，并附有筛底和筛盖；筛框直径300mm或200mm。

2. 天平：称量1000g，感量1g。

3. 摇筛机。

4. 鼓风烘箱：能使温度控制在（105±5）℃

5. 浅盘和硬、软毛刷等。

（二）试样制备

按规定取样，并将试样缩分至约1100g，放在烘箱中于（105±5）℃下烘干至恒重，待冷却至室温后，筛除大于10mm的颗粒（并算出其筛余百分率），分为大致相等的两份备用。

（三）试验步骤

1. 准确称取烘干试样500g，置于按筛孔大小顺序排列的套筛的最上一只筛上。将套筛装入摇筛机内固紧。摇筛10min左右，然后取出套筛。按筛孔大小顺序，在清洁的浅盘上逐个进行手筛，直至每分钟的筛出量不超过试样总量的0.1%时为止。通过的颗粒并入下一个筛中。按此顺序进行，直至每个筛全部筛完为止。如无摇筛机，也可用手筛。

2. 称量各筛筛余量，精确至1g，试样在各号筛上的筛余量不得超过按下式计算出的量，超过时应将该粒级试样分成两份或数份，分别筛分。并以筛余量之和作为该号筛的筛余量。

$$m_{\tau} = \frac{A\sqrt{d}}{300}$$

式中 m_{τ}——某一筛上的剩余量（g）；

d——筛孔边长（mm）；

A——筛的面积（mm^2）。

3. 称取各筛筛余质量（精确至1g），所有各筛的分计筛余量和盘底中的剩余量之和与筛分前试样的总量相比，相差不得超过1%。

（四）试验结果

1. 计算分计筛余，精确至0.1%。

2. 计算累计筛余，精确至0.1%。

3. 根据两次实验累计筛余的平均值，评定该试样的颗粒级配分布情况，精确至1%。

4. 砂细度模数按下式计算，精确至0.01：

$$\mu_f = \frac{(\beta_2 + \beta_3 + \beta_4 + \beta_5 + \beta_6) - 5\beta_1}{100 - \beta_1}$$

式中 μ_f——砂的细度模数；

β_1，β_2，β_3，β_4，β_5，β_6——分别是公称直径5.0mm、2.50mm、1.25mm、630μm、315μm、160μm的累计筛余。

5. 以两次试验结果的算术平均值作为测定值，精确至0.1，当两次试验所得的细度模数之差大于0.20时，重新试验。

四、砂的表观密度试验

（一）主要仪器

1. 天平——称量1000g，感量1g。

2. 容量瓶——500mL。

3. 烘箱——温度控制范围（105±5）℃。

4. 干燥器、浅盘、漏斗、温度计。

（二）试样制备

缩分后不少于650g的样品装入浅盘，在温度（105±5）℃的烘箱中烘干至恒重，在干燥器中冷却至室温。

（三）试验步骤

试验过程中测量并控制水温，试验的各项称量可在15～25℃范围内进行。从试样加水静置的最后2h起至实验结束，其温度相差不应超过2℃。

1. 称取烘干试样（m_0）：300g，精确至1g。装入盛有半瓶冷开水的容量瓶中，旋转容量瓶使试样在水中充分搅动以排除气泡。塞紧瓶塞。

2. 静置24h后打开瓶塞，用滴管添水使水面与瓶颈刻度线平齐。塞紧瓶塞。擦干瓶外水分，称其质量m_1(g)，精确至1g。

3. 倒出瓶中的水和试洋，洗净瓶内外，再注入与上项水温相差不超过2℃的冷开水至瓶刻度线，塞紧瓶塞，擦干瓶外水分，称其质量，m_2(g)，精确至1g。

（四）试验结果

按下式计算表观密度（精确至10kg/m³）：

$$\rho = \left(\frac{m_0}{m_0 + m_2 - m_1} - \alpha_t\right) \times 1000$$

式中 ρ——表观密度（kg/m³）；

m_0——试样的烘干质量（g）；

m_1——试样、水及容量瓶总质量（g）；

m_2——水及容量瓶总质量（g）；

α_t——修正系数，见试表3-3。

以两次测定结果的平均值为试验结果，如两次测定结果的误差大于20kg/m³，应重新取样进行试验。

试表3-3 水温修正系数

水温（℃）	15	16	17	18	19	20	21	22	23	24	25
α_t	0.002	0.003	0.003	0.004	0.004	0.005	0.005	0.006	0.006	0.007	0.008

五、砂的堆积密度试验

（一）主要仪器

1. 台秤——称量5kg，感量5g。

2. 容量筒——容积1L；金属制成，圆形，内径108mm，净高109mm，壁厚2mm，底厚5mm。

3. 直尺、浅盘。

4. 标准漏斗——如试图3-1所示。

（二）试样制备

砂样经5mm的筛子过筛，缩分至不小于3L，在(105±5)℃烘箱中烘至恒重，取出冷却至室温，分成大致相等的两份备用。

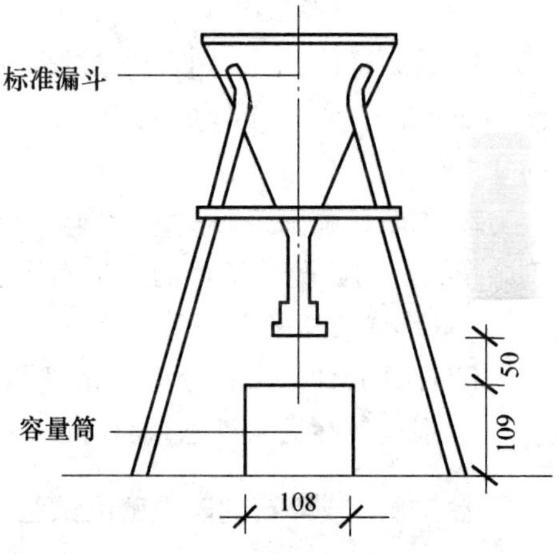

试图3-1 标准漏斗

（三）试验步骤

1. 称容量筒质量 m_1(kg)，精确至1g。

2. 用漏斗将试样徐徐装入容量筒内，出料口距容量筒口不应超过5cm，直至试样装满超出筒口成锥形为止。

3. 用直尺将多余的试样沿筒口中心线向两个相反方向刮平，称其质量 m_2(kg)，精确至1g。

（四）试验结果

按下式计算砂的堆积密度（精确至10kg/m³）：

$$\rho_L = \frac{m_2 - m_1}{V} \times 1000$$

式中 ρ_L——堆积密度（kg/m³）；

m_1——容量筒质量（kg）；

m_2——容量筒和砂总质量（kg）；

V——容量筒容积（L）。

以两次试验结果的算术平均值作为测定值。

六、卵石或碎石的筛分试验

（一）主要仪器

1. 试验筛——筛孔公称直径为100.0mm、80.0mm、63.0mm、50.0mm、40.0mm、31.5mm、25.0mm、20.0mm、16.0mm、10.0mm、5.00mm、2.50mm的方孔筛以及筛的底盘和盖各一只；筛框直径300mm。

2. 天平——称量5kg，感量5g。

3. 台秤——称量20kg，感量20g。

4. 烘箱、浅盘。

（二）试样制备

试样缩分至试表3-4规定的量，烘干或风干备用。

试表3-4　不同公称直径卵石或碎石试样最小质量

公称直径（mm）	10.0	16.0	20.0	25.0	31.5	40.0	63.0	80.0
试样最小质量（kg）	2.0	3.2	4.0	5.0	6.3	8.0	12.6	16.0

（三）试验步骤

1. 将试样按筛孔大小顺序过筛，当每只筛上的筛余层厚度大于试样的最大粒径时，将该号筛上的筛余试样分成两份，再进行筛分，直到各筛每分钟的通过量不超过试样总重的0.1%。

2. 称取各筛筛余质量，精确至试样总质量的0.1%。所有各筛的分计筛余量和盘底中的剩余量之和与筛分前试样的总量相比，相差不得超过1%。

（四）试验结果

1. 计算分计筛余百分率（精确至0.1%）和累计筛余百分率（精确至1%）。

2. 根据各筛的累计筛余百分率，评定试样的颗粒级配。

七、卵石或碎石的表观密度试验（简易法）

（一）主要仪器

1. 秤——称量20kg，感量20g。

2. 磨口广口瓶——容量1000mL，玻璃片。

3. 试验筛——孔径5.00mm。

4. 烘箱、毛巾、刷子。

（二）试样制备

筛除5.00mm以下的颗粒，并缩分至略大于两倍于试表3-5规定的最小质量，冲洗干净后分成两份备用。

试表3-5　不同粒径卵石或碎石表观密度测试的试样最小质量

集料最大粒径（mm）	10	16	20	25	31.5	40	63	80
试样最小质量（kg）	2.0	2.0	2.0	2.0	3.0	4.0	6.0	6.0

（三）试验步骤

试验的各项称量可在15～25℃范围内进行。从试样加水静置的最后2h起至实验结束，其温度相差不应超过2℃。

1. 称取试样，将试样浸水饱和后装入广口瓶。瓶中注入饮用水，盖上玻璃盖，摇动排除气泡。

2. 气泡排尽后，向瓶中注水直至水面突出瓶口边缘，然后用玻璃片沿瓶口滑行，使其紧贴瓶口水面盖住瓶口，擦干瓶外水，称试样、水、瓶和玻璃片总质量（m_1）。

3. 将试样倒出，放入浅盘于（105±5）℃烘箱中烘至恒重，冷却至室温称取质量（m_0）。

4. 广口瓶重新注满水，盖玻璃片称取质量（m_2）。

（四）试验结果

按下式计算表观密度（精确至10kg/m³）：

$$\rho = \left(\frac{m_0}{m_0 + m_2 - m_1} - \alpha_t\right) \times 1000$$

式中 ρ——表观密度（kg/m³）；

m_0——试样的烘干质量（g）；

m_1——试样、水、瓶和玻璃片的总质量（g）；

m_2——水、瓶和玻璃片的质量（g）；

α_t——水温修正系数，见试表3-6。

以两次测定结果的算术平均值为试验结果，如两次测定结果之差大于20kg/m³，应重新取样进行试验。对于颗粒材质不均匀的试样，如两次测定结果之差大于20kg/m³，可取四次测定结果的算术平均值为试验结果。

试表3-6 水温修正系数

水温（℃）	15	16	17	18	19	20	21	22	23	24	25
α_t	0.002	0.003	0.003	0.004	0.004	0.005	0.005	0.006	0.006	0.007	0.008

八、卵石或碎石的堆积密度试验

（一）主要仪器

1. 秤——称量100kg，感量100g。

2. 容量筒——规格如试表3-7所示。

3. 铁铲、烘箱。

试表3-7 容量筒规格要求

碎石或卵石的最大公称粒径（mm）	容量筒容积（L）	容量筒规格（mm）		容量筒壁厚（mm）
		内径	净高	
10.0，16.0，20.0，25.0	10	208	294	2
31.5，40.0	20	294	294	2
63.0，80.0	30	360	294	2

（二）试样制备

按试表3-8称取试样于（105±5）℃烘箱中烘干至恒重或风干。

试表3-8　不同粒径堆积密度测试的试样质量

集料最大粒径（mm）	10	16	20	25	31.5	40	63	80
试样质量（kg）	40	40	40	40	80	80	120	120

（三）试验步骤

1. 按石子最大粒径选用容量筒（容积为 V），并称容量筒质量 m_1(kg)。

2. 取烘干或风干的试样一份，置于平整干净的地板（或铁板）上，用铁铲将试样自距筒口5cm左右处自由落入容量筒内装满容量筒并除去凸出筒口表面的颗粒，以合适的颗粒填入凹陷部分，使表面凸起部分和凹陷部分的体积大致相等，称取容量筒和试样的总质量 m_2(kg)。

（四）试验结果

试验结果按下式计算（精确至10kg/m³）

$$\rho_L = \frac{m_2 - m_1}{V} \times 1000$$

式中　ρ_L——堆积密度（kg/m³）；

m_1——容量筒质量（kg）；

m_2——容量筒和砂总质量（kg）；

V——容量筒容积（L）。

以两次试验结果的算术平均值作为测定值。

九、卵石或碎石的含水率试验

（一）主要仪器

1. 秤——称量20kg，感量20g。

2. 烘箱、浅盘。

（二）试样制备

按试表3-9制备试样。

试表3-9　不同粒径集料含水率测定所需试样质量

实验项目	集料最大粒径（mm）							
	10	16	20	25	31.5	40	63	80
含水率	2	2	2	2	3	3	4	6

（三）试验步骤

1. 称取试样和容器总质量（m_1），并在（105±5）℃的烘箱中烘至恒重。

2. 取出试样，冷却后称取试样与容器总质量（m_2）。

3. 称取容器质量（m_3）。

（四）试验结果

含水率按下式计算，精确至0.1%：

$$\omega_{wc} = \frac{m_1 - m_2}{m_2 - m_3} \times 100\%$$

式中 ω_{wc}——含水率（%）；

m_1——烘干前试样与容器的总质量（g）；

m_2——烘干后试样与容器的总质量（g）；

m_3——容器的质量（g）。

以两次试验结果的算术平均值作为测定结果。

试验四　普通混凝土试验

一、试验依据

《普通混凝土拌合物性能试验方法标准》GB/T 50080—2002

《普通混凝土力学性能试验方法标准》GB/T 50081—2002

《回弹法检测混凝土抗压强度技术规程》JGJ/T 23—2001

《超声回弹综合法检测混凝土强度技术规程（附条文说明）》CECS02：2005

二、普通混凝土实验室拌合方法

实验室制备混凝土拌合物时，室温应保持在（20±50)℃；拌合材料应与室温保持一致。拌合材料称量以重量计（精度：集料为±1%；水、水泥、掺合料、外加剂为±0.5%）。

（一）主要仪器

1. 搅拌机：容量30～100L，转速为18～22r/min。

2. 磅秤：称量50kg，感量50g。

3. 其他用具：天平（称量5kg，感量5g）、量筒（200mL、1000mL）、拌铲、拌板（约$1.5 \times 2.0m^2$）、容器等。

（二）拌合方法

1. 人工拌合法

（1）人工拌合时力求动作敏捷，拌合时间从加水时算起，应大致符合下列规定：

1）拌合物体积为30L以下时4～5min。

2）拌合物体积为30～50L时5～9min。

3）拌合物体积为51～75L时9～12min。

（2）按所定配合比称取各材料质量。

（3）将拌板和拌铲用湿布润湿后，将砂倒在拌板上，然后加入水泥，用铲自拌板一端翻拌至另一端，如此重复，直至充分混合，颜色均匀，再加入粗集料，翻拌至混合均匀为止。

（4）将干混合物堆成堆，在中间做一凹槽。将已称量好的水，倒一半左右在凹槽中（勿使水流出），然后翻拌；徐徐加入剩余的水，继续翻拌；每翻拌一次，拌铲在拌合物上铲切一次，直到拌合均匀为止。

2. 机械搅拌法

（1）按所定配合比称取各材料重量。

（2）按配合比的水泥、砂和水组成的砂浆及少量石料，在搅拌机中进行涮膛预拌一次。然后倒出并刮去多余的砂浆，其目的是使水泥砂浆粘附满搅拌机的筒壁，以免正式拌合时影响拌合物的配合比。

（3）开动搅拌机，向搅拌机内依次加入粗、细集料和水泥。干拌均匀，再将水徐徐加入。全部加料时间不超过2min，水全部加入后，继续拌合2min。拌合物试样制备的时间不宜超过5min。

（4）将拌合物从搅拌机卸出，倾倒在拌板上，人工拌合1～2min，立即进行拌合物各项性能试验。试件成型，从开始加水时算起，全部时间一般不宜超过15min。

三、普通混凝土稠度试验

（一）坍落度与坍落扩展度法

本方法适用于集料最大粒径不大于40mm，坍落度值不小于10mm的混凝土拌合物稠度测定。稠度测定时需拌合物约13L。

1. 主要仪器设备

（1）坍落度筒：坍落度筒是用1.5mm厚的钢板或其他金属材料制成的圆台形筒（试图4-1）。底面和顶面应互相平行并与锥体的轴线垂直。在筒外2/3高度处安两个手把，下端焊脚踏板。筒的内部尺寸为：底部直径（200±2）mm；顶部直径（100±2）mm；高度（300±2）mm。

（2）捣棒：直径16mm，长600mm的钢棒，端部半球形。

（3）小铲、钢尺、拌板、抹刀等。

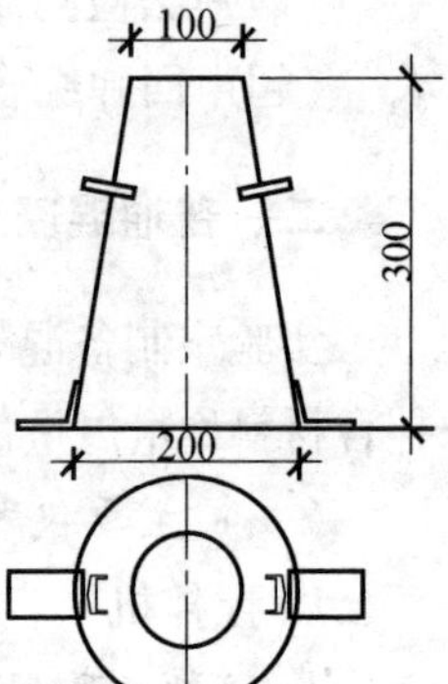

试图4-1　坍落度筒

2. 试验步骤

（1）湿润坍落度筒及其他用具，并把筒放在不吸水的刚性水平底板上，然后用脚踩住两边的脚踏板，使坍落度筒在装料时保持位置固定。

（2）把按要求取得的混凝土试样用小铲分三层均匀地装入筒内，使捣实后每层高度约为筒高的1/3。每层用捣棒插捣25次。插捣应沿螺旋方向由外向中心进行，各次插捣应在截面上均匀分布。插捣筒边时，捣棒可稍倾斜；插捣底层时，捣棒应贯穿整个深度。插捣第二层和顶层时，捣棒应插透本层至下一层的表面。浇灌顶层时，混凝土应灌到高出筒口，插捣过程中，如混凝土沉落到低于筒口，则应随时添加。顶层插捣完后，刮去多余的混凝土并用抹刀抹平。

（3）清除筒边底板上的混凝土后，5～10s内垂直平衡地提起坍落度筒。从开始装料到提起坍落度筒的整个进程应不间断地进行，并应在150s内完成。

（4）提起坍落度筒后，量测筒高与坍落后混凝土试体最高点之间的高度差，即为该混凝土拌合物的坍落度值。（以mm为单位，结果表达精确至5mm）。

（5）坍落度筒提离后，如试体产生崩坍或一边剪坏现象，则应重新取样进行测定，仍出现这种现象。则表明该拌合物和易性不好，应予记录备查。

（6）测定坍落度后，观察拌合物的粘聚性和保水性，并记入记录。

（7）当混凝土拌合物的坍落度大于220mm时，用钢尺测量混凝土扩展后最终的最大和最小直径，两直径之差小于50mm时取其算术平均值作为坍落度扩展值。

3. 试验结果

（1）当混凝土拌合物坍落度不超过220mm时：

1）粘聚性。用捣棒在已坍落的拌合物锥体侧面轻轻敲打，如果锥体逐渐下沉，表示黏聚性良好；如果锥体倒坍、部分崩裂或出现离析，即为粘聚性不好。

2）保水性。提起坍落度筒时，如有较多的稀浆从底部析出。锥体部分的拌合物也因失浆而集料外露，则表明保水性不好。如无这种现象，则表明保水性良好。

（2）当混凝土拌合物的坍落度大于220mm时：

如发现粗集料在中央集堆或边缘有水泥浆析出，则表明混凝土拌合物离析，应予记录。

混凝土拌合物坍落度与坍落扩展度以mm为单位，测量精确至1mm，结果表达修约至5mm。

（二）维勃稠度法

本方法用于集料最大粒径不大于40mm，维勃稠度在5～30s之间的混凝土拌合物的稠度测定。

1. 主要仪器设备

（1）维勃稠度仪（试图4-2）。

（2）坍落度筒，捣棒，秒表。

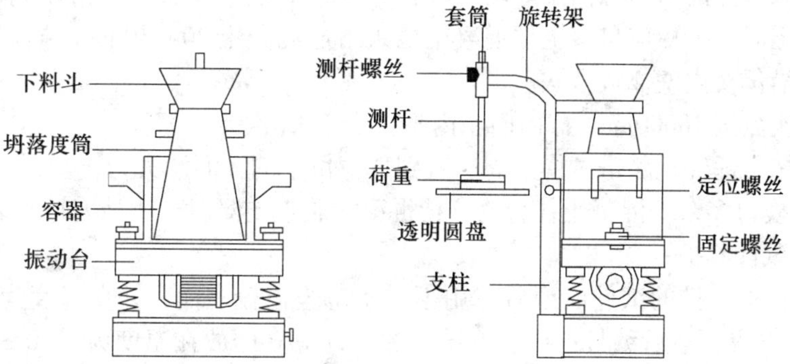

试图4-2　维勃稠度仪

2. 试验步骤

（1）将维勃稠度仪放置在坚实水平的基面上，用湿布将容器、坍落度筒、喂料斗内壁及其他用具擦湿。就位后，测杆、喂料斗的轴线均应和容器的轴线重合。然后拧紧固定螺丝。

（2）将圆盘、喂料斗都转离坍落度筒，垂直地提起坍落度筒，避免混凝土试体产生横向的扭动。

（3）将圆盘转到混凝土台体上方，放松定位螺丝，降下圆盘，使它接触到混凝土台体顶面。拧紧定位螺丝，完全放松测杆螺丝。同时开启振动台和秒表，当透明圆盘的底面被水泥浆布满的瞬间立即关闭振动台和秒表，记录时间。

3. 试验结果

由秒表读得的时间（s）即为该混凝土拌合物的维勃稠度值，读数精确至1s。

四、普通混凝土立方体抗压强度试验

（一）主要仪器

1. 压力机：测量精度为±1%，试件的破坏荷载应大于压力机全量程的20%且小于压力机全量程的80%。

2. 混凝土振动台，混凝土试模，捣棒，小铲，抹刀。

（二）试件制作

配制好的混凝土拌合物成型前至少用拌铲再来回拌合三次。混凝土成型时间一般不宜超过15min。每组龄期的混凝土立方体抗压强度试件为3个。

1. 试模内表面应涂一层矿物油或专用脱模剂。

2. 根据混凝土拌合物的稠度确定混凝土成型方法：

坍落度不大于70mm的混凝土拌合物宜用振动成型；坍落度大于70mm的混凝土拌合物宜用捣棒人工捣实成型。

（1）用振动台振实成型制作试件

将混凝土拌合物一次装入试模，装料时应用抹刀沿各试模壁插捣，并使混凝土拌合物高出试模。

试模附着或固定在振动台上，振动过程中试模不得有任何跳动，振动至表面出浆为止。不得过振。

（2）人工插捣成型时

混凝土拌合物分两层装入试模内，每层的装料厚度大致相等。

用捣棒按螺旋方向从边缘向中心均匀插捣。插捣底层混凝土时，捣棒应达到试模底部；插捣上层混凝土时，捣棒应贯穿上层混凝土插入下层混凝土20~30mm。插捣时捣棒应保持垂直。用抹刀沿试模内壁插拔数次。

每层插捣次数按$10000mm^2$截面面积内不得少于12次计。

插捣后用橡皮锤轻轻敲击试模四周，直到捣棒留下的孔洞消失为止。

3. 刮除试模口多余的混凝土拌合物，待混凝土临近初凝时，用抹刀抹平表面。

4. 混凝土试件养护：

（1）采用标准养护的试件成型后应用不透水薄膜覆盖表面，并在温度为（20±5）℃情况下静置1~2昼夜，然后编号拆模。拆模后的试件应立即放在温度为（20±2）℃，相对湿度为95%以上的标准养护室中养护。在标准养护室内试件应放在架上，彼此间隔为10~20mm，并应避免用水直接冲淋试件。

（2）无标准养护室时，混凝土试件可放在温度为（20±2）℃的不流动的饱和$Ca(OH)_2$水中养护。

（3）同条件养护的试件成型后，试件的拆模时间可与实际构件的拆模时间相同。拆模后，试件仍需保持同条件养护。

5. 混凝土试件公差：

承压平面的平面度公差不超过0.0005d（d为边长）；试件的相邻面夹角为90°，公差不超过0.5°；试件各边长公差不超过1mm。

（三）抗压强度测定

试件从养护室取出后，应尽快进行试验。

1. 将试件表面与压力机上下承压板面擦干净。

2. 将试件安放在下承压板上，试件的承压面与成型时的顶面垂直。试件的中心应与试验机下压板中心对准。

3. 开动试验机，当上承压板与试件接近时，分别调整球座，使其接触均衡。

4. 加压时，应连续而均匀地加荷。加荷速度应为：混凝土强度等级小于C30时，为

0.3～0.5MPa/s；混凝土强度等级大于（等于）C30 且小于 C60 时，为 0.5～0.8MPa/s；混凝土强度等级大于（等于）C60 时，为 0.8～1.0MPa/s。当试件接近破坏而开始迅速变形时，停止调整试验机油门，直至试件破坏。

5. 记录破坏荷载（N）。

（四）试验结果

1. 混凝土立方体试件抗压强度按下式计算（精确至 0.1MPa）：

$$f_{cc} = \frac{F}{A}$$

式中 f_{cc}——混凝土立方体试件抗压强度（MPa）；

F——试件破坏荷载（N）；

A——试件承压面积（mm^2）。

2. 以 3 个试件的算术平均值作为该组试件的抗压强度值，精确至 0.1MPa。如果 3 个测定值中的最小值或最大值中有一个与中间值的差异超过中间值的 15%，则把最大及最小值一并舍弃，取中间值作为该组试件的抗压强度值。如最大和最小值与中间值相差均超过 15%，则此组数据作废。混凝土的抗压强度是以 150mm×150mm×150mm 的立方体试件的抗压强度为标准，其他尺寸试件测定结果，均应换算成边长为 150mm 立方体试件的标准抗压强度，换算时分别乘以试表 4-1 中的换算系数。

试表 4-1 非标准立方体混凝土抗压强度换算系数

试件尺寸（mm）	<C60 换算系数	≥C60 换算系数
100×100×100	0.95	试验确定
150×150×150	1.0	
200×200×200	1.05	

五、普通混凝土劈裂抗拉强度试验

（一）主要仪器

1. 压力机：要求与混凝土抗压强度测试相同。

2. 垫块：半径为 75mm 的钢制弧形垫块，其长度与试件相同。垫块及其支架尺寸如图 4-3所示。

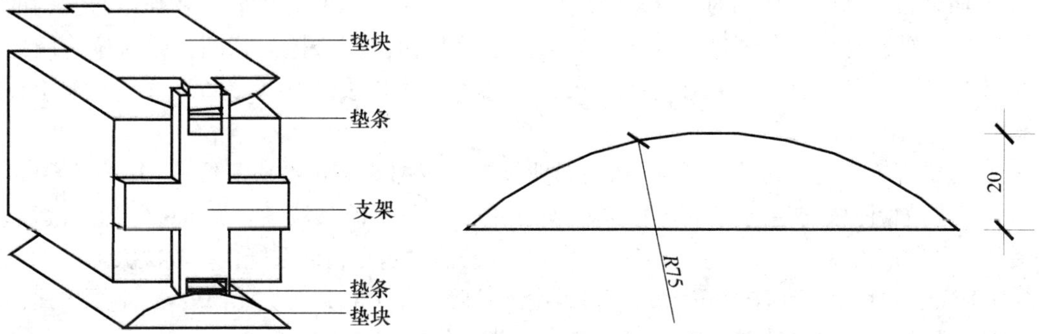

试图 4-3 劈裂垫块及支架

3. 垫条：三合板制成，宽为 20mm，厚度为 3～4mm。不可重复使用。

（二）试验步骤

1. 试件成型、养护方法与混凝土立方体抗压试件相同。

2. 试件从养护地点取出表面擦干后应及时进行试验。试件放于压力机下压板中央，劈裂承压面和劈裂面应与试件成型时的顶面垂直；上下压板与试件之间垫垫块和垫条各一条，垫块与垫条和试件上下面的中心线对准并与成型时的顶面垂直。把垫条及试件安装在定位架上使用。

3. 开动试验机，当上压板与圆弧形垫块接近时，调整球座，使接触均衡。加荷速度连续均匀，当混凝土强度等级小于 C30 时，加荷速度：0.02～0.05MPa/s；当混凝土强度等级不小于 C30 且小于 C60 时，加荷速度：0.05～0.08MPa/s；当混凝土强度等级不小于 C60，加荷速度：0.08～0.10MPa/s。试件接近破坏，停止调整压力机油门，直至试件破坏，记录破坏荷载。

（三）试验结果

混凝土劈裂抗拉强度应按下式计算（精确至 0.01MPa）

$$f_{ts} = \frac{2F}{\pi A} = 0.637\frac{F}{A}$$

式中 f_{ts}——混凝土劈裂抗拉强度（MPa）；

F——试件破坏荷载（N）；

A——试件劈裂面面积（mm^2）。

1. 取 3 个试件测试值的算术平均值作为该组试件的强度值，异常数据取舍与混凝土立方体抗压强度相同。

2. 采用 100mm×100mm×100mm 非标准试件测得的强度值，应乘以换算系数 0.85；当混凝土强度等级不小于 C60 时，非标准试件的换算系数应由试验确定。

六、普通混凝土超声－回弹综合测强法

在正常情况下，混凝土强度的验收和评定应按现行有关国家标准执行。当对结构中的混凝土有强度检测要求时，可用超声－回弹综合测强法推定结构混凝土的强度，作为混凝土结构处理的一个依据。此法不适用于检测因冻害、化学侵蚀、火灾、高温等已造成表面疏松、剥落的混凝土。

（一）主要仪器

1. 回弹仪：回弹仪使用时，环境温度应为－4～40℃。水平弹击时，在弹击锤脱钩的瞬间，回弹仪弹击锤的冲击能量应为 2.207J；弹击锤与弹击杆碰撞的瞬间，弹击拉簧应处于自由状态，检定器上指针滑块刻线应置于“0”处；在洛氏硬度 HRC 为 60±2 的钢砧上，回弹仪的率定值应为 80±2。

2. 混凝土超声波检测仪：应符合现行行业标准《混凝土超声波检测仪》（JG/T 5004）的要求，超声波检测仪器使用的环境温度应为 0～40℃。具有波形清晰、显示稳定的示波装置；声波最小分度值为 0.1μs；具有最小分度值为 1dB 的信号幅度调整系统；接收放大器频响范围 10～500kHz，总增益不小于 80dB，接收灵敏度（信噪比 3:1 时）不大于 50μV；电源电压波动范围在标称值±10%情况下能正常工作；连续正常工作时间不少于 4h。

3. 换能器：换能器的工作频率宜在 50～100kHz 范围内，换能器的实测主频与标称频率相差不应超过±10%。

（二）检测步骤

结构或构件上的测区应编号，并记录测区位置和外观质量情况。对结构或构件的每一测区，应先进行回弹测试，后进行超声测试。

1. 检测数量

（1）按单个构件检测时，应在构件上均匀布置测区，每个构件上测区数量不应少于10个；

（2）同批构件按批抽样检测时，构件抽样数不应少于同批构件的30%，且不应少于10件；对一般施工质量的检测和结构性能的检测，可按照现行国家标准《建筑结构检测技术标准》（GB/T 50344）的规定抽样。

（3）对某一方向尺寸不大于4.5m且另一方向尺寸不大于0.3m的构件，其测区数量可适当减少，但不应少于5个。

2. 构件的测区布置

（1）测区宜优先布置在构件混凝土浇筑方向的侧面。

（2）测区可在构件的两个对应面、相邻面或同一面上布置。

（3）测区宜均匀布置，相邻两测区的间距不宜大于2m。

（4）测区应避开钢筋密集区和预埋件。

（5）测区尺寸宜为200mm×200mm；采用平测时宜为400mm×400mm。

（6）测试面应清洁、平整、干燥，不应有接缝、施工缝、饰面层、浮浆和油垢，并应避开蜂窝、麻面部位。必要时，可用砂轮片清除杂物和磨平不平整处，并擦净残留粉尘。

3. 回弹值测试

（1）回弹测试时，应始终保持回弹仪的轴线垂直于混凝土测试面。宜首先选择混凝土浇筑方向的侧面进行水平方向测试。如不具备浇筑方向侧面水平测试的条件，可采用非水平状态测试，或测试混凝土浇筑的顶面或底面。

（2）测量回弹值应在构件测区内超声波的发射和接收面各弹击8点；超声波单面平测时，可在超声波的发射和接收测点之间弹击16点。每一测点的回弹值，测读精确度至1。

（3）测点在测区范围内宜均匀布置，但不得布置在气孔或外露石子上。相邻两测点的间距不宜小于30mm；测点距构件边缘或外露钢筋、铁件的距离不应小于50mm，同一测点只允许弹击一次。

4. 超声波声时测试

（1）超声测点应布置在回弹测试的同一测区内，每一测区布置3个测点。超声测试宜优先采用对测或角测，当被测构件不具备对测或角测条件时，可采用单面平测。

（2）超声测试时，换能器辐射面应通过耦合剂与混凝土测试面良好耦合。

（3）声时测量应精确至0.1μs，超声测距测量应精确至1.0mm，且测量误差不应超过±1%。声速计算应精确至0.01km/s。

（三）测试结果

1. 回弹值计算

测区回弹代表值从该测区的16个回弹值中剔除3个较大值和3个较小值，根据其余10个有效回弹值按下列公式计算：

$$R = \frac{1}{10}\sum_{i=1}^{10} R_i$$

式中 R——测区回弹代表值，取有效测试数据的平均值，精确至0.1；

R_i——第 i 个测点的有效回弹值。

（1）非水平状态下测得的回弹值，应按下列公式修正

$$R_a = R + R_{a\alpha}$$

式中　R_a——修正后的测区回弹代表值；

$R_{a\alpha}$——测试角度为 α 时的测区回弹修正值，按试表 4-2 的规定采用。

试表 4-2　非水平状态下测试时的回弹修正值 $R_{a\alpha}$

测试角度 / R	回弹仪向上				回弹仪向下			
	+90	+60	+45	+30	-30	-45	-60	-90
20	-6.0	-5.0	-4.0	-3.0	+2.5	+3.0	+3.5	+4.0
25	-5.5	-4.5	-3.8	-2.8	+2.3	+2.8	+3.3	+3.8
30	-5.0	-4.0	-3.5	-2.5	+2.0	+2.5	+3.0	+3.5
35	-4.5	-3.8	-3.3	-2.3	+1.8	+2.3	+2.8	+3.3
40	-4.0	-3.5	-3.0	-2.0	+1.5	+2.0	+2.5	+3.0
45	-3.8	-3.3	-2.8	-1.8	+1.3	+1.8	+2.3	+2.8
50	-3.5	-3.0	-2.5	-1.5	+1.0	+1.5	+2.0	+2.5

注：1. 当测试角度等于 0 时，修正值为 0；R 小于 20 或大于 50 时，分别按 20 或 50 查表；

2. 表中未列数值，可采用内插法求得，精确至 0.1。

（2）在混凝土浇筑的顶面或底面测得的回弹值，应按下列公式修正

$$R_a = R + (R_a^b + R_a^t)$$

式中　R_a^t——测量顶面时的回弹修正值，按试表 4-3 的规定采用；

R_a^b——测量底面时的回弹修正值，按试表 4-3 的规定采用。

试表 4-3　测试混凝土浇筑顶面或底面时的回弹修正值 R_a^t、R_a^b

测试面 / R 或 R_a	顶面 R_a^t	底面 R_a^b
20	+2.5	-3.0
25	+2.0	-2.5
30	+1.5	-2.0
35	+1.0	-1.5
40	+0.5	-1.0
45	0	-0.5
50	0	0

注：1. 在侧面测试时，修正值为 0；R 小于 20 或大于 50 时，分别按 20 或 50 查表；

2. 当先进行角度修正时，采用修正后的回弹代表值 R_a；

3. 表中未列数值，可采用内插法求得，精确至 0.1。

（3）测试时回弹仪处于非水平状态，同时测试面又非混凝土浇筑方向的侧面，则应对测得的回弹值先进行角度修正，然后对角度修正后的值再进行顶面或底面修正。

2. 超声波声速值计算

（1）当在混凝土浇筑方向的侧面对测时，测区混凝土中声速代表值应根据该测区中 3

个测点的混凝土中声速值，按下列公式计算：

$$v = \frac{1}{3}\sum_{i=1}^{3}\frac{l_i}{t_i - t_0}$$

式中　v——测区混凝土中声速代表值（km/s）；

l_i——第 i 个测点的超声测距（mm），角测时测距按规范要求计算；

t_i——第 i 个测点的声时读数（μs）；

t_0——声时初读数（μs）。

（2）当在混凝土浇筑的顶面或底面测试时，测区声速代表值应按下列公式修正：

$$v_a = \beta \cdot v$$

式中　v_a——修正后的测区混凝土中声速代表值（km/s）；

β——超声测试面的声速修正系数，在混凝土浇筑的顶面和底面间对测或斜测时，$\beta = 1.034$；在混凝土浇灌的顶面或底面平测时，测区混凝土中声速代表值应按规范要求计算和修正。

（四）混凝土强度推定

计算混凝土抗压强度换算值时，非同一测区内的回弹值和声速值不得混用。

1. 结构或构件中第 i 个测区的混凝土抗压强度换算值

（1）当粗集料为卵石时

$$f^{c}_{cu,i} = 0.0056 v_{ai}^{1.439} R_{ai}^{1.769}$$

（2）当粗集料为碎石时

$$f^{c}_{cu,i} = 0.0162 v_{ai}^{1.656} R_{ai}^{1.410}$$

式中　$f^{c}_{cu,i}$——第 i 个测区混凝土抗压强度换算值（MPa），精确至 0.1MPa；

R_{ai}——测区回弹代表值；

v_{ai}——测区声速代表值。

2. 确定结构或构件混凝土抗压强度推定值 $f_{cu,e}$

$f_{cu,e}$ 应按下列规定确定：

（1）当结构或构件的测区抗压强度换算值中出现小于 10.0MPa 的值时，该构件的混凝土抗压强度推定值 $f_{cu,e}$ 取小于 10MPa。

（2）当结构或构件中测区数少于 10 个时，$f_{cu,e}$ 取结构或构件最小的测区混凝土抗压强度换算值（MPa），精确至 0.1MPa。

（3）当结构或构件中测区数不少于 10 个或按批量检测时，

$$f_{cu,e} = m^{c}_{f_{cu}} - 1.645 S^{c}_{f_{cu}}$$

式中　$m^{c}_{f_{cu}}$——结构或构件测区混凝土抗压强度换算值的平均值（MPa），精确至 0.1MPa；

$S^{c}_{f_{cu}}$——结构或构件测区混凝土抗压强度换算值的标准差（MPa），精确至 0.01MPa。

试验五　建筑砂浆试验

一、试验依据

《建筑砂浆基本性能试验方法标准》JGJ/T 70—2009

二、砂浆的稠度和分层度测定

（一）主要仪器

1. 砂浆稠度仪：由试锥、容器和底座三部分组成（试图5-1）。

2. 分层度测定仪（试图5-2）。

3. 捣棒、拌铲、抹刀、木锤等。

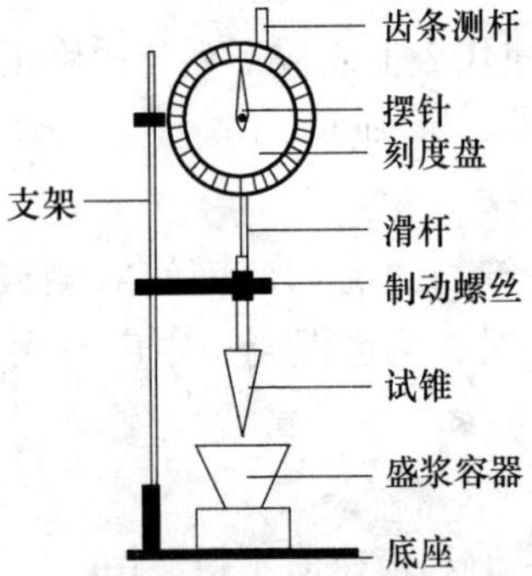

试图5-1　砂浆稠度仪

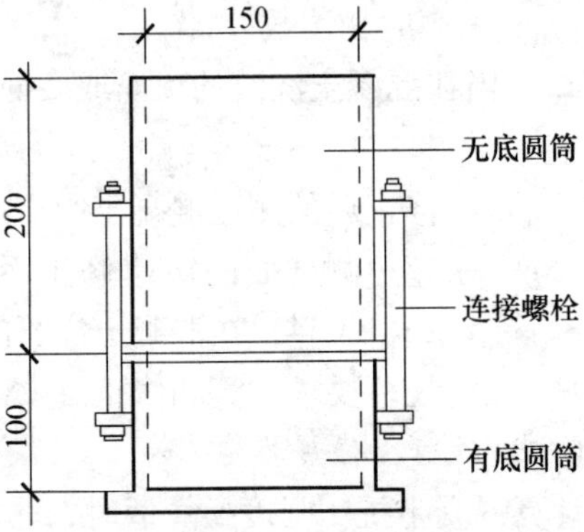

试图5-2　分层度测定

（二）试验步骤

一次取样只允许测定一次稠度，重复测定时，应重新取样。

1. 检查滑杆使之能自由滑动，盛浆容器和试锥表面用湿布抹净备用。

2. 将拌好的砂浆一次装入容器内，使砂浆表面低于容器口约10mm，用捣棒插捣25次，并将容器摇动或敲击5~6次，使砂浆表面平整，然后将容器置于稠度测定仪的底座上。

3. 放松试锥滑杆的制动螺丝，使试锥尖端与砂浆表面接触，拧紧制动螺丝，将齿条测杆下端接触滑杆上端，读出刻度盘读数（精确至1mm）。

4. 松开制动螺丝，使试锥自由沉入砂浆中，同时计时，10s时立即紧固制动螺丝，将齿条测杆下端接触滑杆上端，从刻度盘上读出读数（精确至1mm），刻度盘上两次读数差即为砂浆稠度值。

5. 将拌合好的砂浆，经稠度试验后重新拌合均匀，一次装满分层度仪内，装满后，用木锤在容器周围距离大致相等的四个不同地方轻敲1~2次，如果砂浆低于筒口，随时添加，然后用抹刀抹平。

6. 静置30min，去掉上层200mm砂浆，然后取出底层100mm砂浆重新拌合均匀，再测定砂浆稠度。前后两次砂浆稠度的差值，即为砂浆的分层度。

（三）试验结果

1. 砂浆稠度（精确至1mm）。以两次测定结果的算术平均值作为砂浆稠度测定结果，如两次测定值之差大于10mm，应重新取样测定。

2. 砂浆分层度（精确至1mm）。以两次测定结果的算术平均值作为砂浆分层度测定结果，如两次测定值之差大于10mm，应重新取样测定。

三、砂浆立方体抗压强度测定

（一）主要仪器

1. 压力试验机：精度1%。

2. 试模：内壁边长为70.7mm的立方体金属有底试模。

3. 捣棒：直径10mm，长350mm，端部磨圆。

4. 振动台：空载中台面垂直振幅为（0.5±0.05）mm。

（二）试验步骤

1. 试件制作

（1）人工振动。试模内壁涂一薄层机油或脱模剂，将拌好的砂浆一次装满试模，并用捣棒均匀由外向内按螺旋方向插捣25次，如砂浆低于试模口随时添加，并用手将试模一端抬高5~10mm，各振动5次。砂浆应高出模口6~8mm。

（2）机械振动。砂浆一次装入试模中，放置振动台上，振动5~10s或持续到表面泛浆为止。

（3）待试模表面砂浆水分稍干后，将高出试模部分的砂浆沿试模顶刮去抹平。

（4）试件制作后应在（20±5）℃环境下静置（24±2）h，气温较低时，可适当延长时间，但不得超过两昼夜、然后进行编号拆模，并在标准养护条件下（20±2）℃，相对湿度90%以上，继续养护至规定龄期。养护期间，试件彼此之间相隔不小于10mm，混合砂浆表面应覆盖。

2. 砂浆立方体抗压试验

（1）试件从养护室中取出，表面擦干及时进行试验。

（2）砂浆试件成型面放于压力机上下承压板之间，成型面放于侧面，试件中心与下承压板中心对中。

（3）开动压力机，调整球形支座，均匀加荷。加荷速度为0.25~1.5kN/s。试件接近破坏时停止调整压力机油门，直至试件破坏，记录破坏荷载。

（三）试验结果

砂浆立方体抗压强度按下式计算：

$$f_{m,cu} = \frac{N_{\mu}}{A}$$

式中 $f_{m,cu}$——砂浆立方体抗压强度（MPa）；

N_{μ}——试件破坏荷载（N）；

A——试件的承压面积（mm^2）。

以3个试件测试值的算术平均值的1.3倍作为测试结果（精确至0.1MPa），如果3个测定值中的最小值或最大值中有一个与中间值的差异超过中间值的15%，则把最大及最小值一并舍弃，取中间值作为该组试件的抗压强度值。如最大和最小值与中间值相差均超过15%，则此组数据作废。

试验六　砖强度等级测定试验

一、试验依据

《烧结普通砖》GB 5101—2003

《烧结多孔砖》GB 13544—2000

《砌墙砖试验方法》GB/T 2542—2003

二、取样方法

检验批的构成原则和批量大小按《砌墙砖检验规则》（JC/T 466）规定。3.5 万 ~15 万块为一批，不足 3.5 万块按一批计。

三、抗压强度试验

（一）主要仪器

1. 压力机：量程 300 ~600kN。

2. 锯砖机、直尺、灰刀等。

（二）试件制作

烧结多孔砖和烧结普通砖强度等级的测试试件各制作 10 件。

1. 烧结多孔砖

试件制作采用坐浆法操作。即用玻璃板置于试件制备平台上，其上铺一张湿的垫纸，纸上铺一层厚度不超过 5mm、稠度适宜的水泥净浆。再将在水中浸泡 10 ~20min 的试样平稳地放在水泥浆上（孔与浆面垂直）。在另一受压面上稍加压力，使整个水泥层与砖的受压面相互粘结，砖的侧面应垂直于玻璃板。待水泥浆适当凝固后，连同玻璃板翻放在另一铺纸放浆的玻璃板上，再进行坐浆，其间用水平尺校正玻璃板使之水平。

2. 烧结普通砖

在试样制备平台上将已断开的半截砖放入室温的净水中浸 10 ~20min 后取出，并使断口以相反方向叠放，两者中间抹以厚度不超过 5mm 的水泥净浆粘结，上下两面用厚度不超过 3mm 的同种水泥浆抹平，水泥浆稠度要适宜。制成的试件上、下两面须相互平行，并垂直于侧面。

（三）养护

制成的抹面试件应置于温度不低于 10°C 的不通风室内养护 3d。

（四）试验步骤

测量每个试件连接面或受压面的长、宽尺寸各 2 个，分别取其平均值（精确至 1mm）。将试件平放在下压板的中央，垂直于受压面加荷，以（5 ±0.5）kN/s 的加荷速度直至试件破坏为止，记录最大破坏荷载 F。

（五）试验结果

1. 单块试样的抗压强度按下式计算（精确至 0.1MPa）：

$$f = \frac{P}{A}$$

式中 f——砖样试件的抗压强度（MPa）；

P——最大破坏荷载（N）；

A——试件受压面面积（mm^2）。

2. 试样的抗压强度标准值按下式计算（精确至 0.1MPa）。

$$f_k = \bar{f} - 1.8S$$

式中 f_k——强度标准值（MPa）；

$\bar{f}$——10 块试样抗压强度平均值（MPa）；

S——10 块试样抗压强度标准差（MPa）。

3. 烧结砖的强度等级按试表 6-1 评定。

试表 6-1　烧结砖强度等级评定　　(MPa)

强度等级	抗压强度平均值$\bar{f}$≥	变异系数 δ≤0.21	变异系数 δ>0.21
		强度标准值f_k≥	单块最小抗压强度f_{min}≥
MU30	30.0	22.0	25.0
MU25	25.0	18.0	22.0
MU20	20.0	14.0	16.0
MU15	15.0	10.0	12.0
MU10	10.0	6.5	7.5

试验七　钢筋试验

一、试验依据

《钢筋混凝土用钢　第 1 部分：热轧光圆钢筋》GB 1499.1—2008
《钢筋混凝土用钢　第 2 部分：热轧带肋钢筋》GB 1499.2—2007
《金属材料　室温拉伸试验》GB/T 228—2002
《金属材料　弯曲试验》GB/T 232—1999

二、取样方法及试样制备

拉伸和弯曲试验不允许进行车削加工。

1. 拉伸试样

任选两根钢筋切取两根试样，长度应足够使原始标距的标记与试验机夹头有合理的距离。

2. 弯曲试样

任选两根钢筋切取两根试样，长度应满足试验机进行规定的弯折角度。如支辊式弯曲装置和翻板式弯曲装置试件长度按下式计算：

$$L = 0.5\pi(d + a) + 140\text{mm}$$

式中　π——取 3.1；

d——弯心直径（mm）；

a——钢筋直径（mm）。

3. 重量偏差试样

从不同钢筋上截取，数量不少于 5 根，每根长度不小于 500mm。

三、试验项目

（一）拉伸

1. 主要仪器

试验机：满足《单轴试验用引伸计的标定》（GB/T 12160），并且为一级精度或优于一级精度。

游标卡尺：分辨力优于 0.1mm。

2. 试验步骤

（1）在待测钢筋试件上打上原始标距。比例试样原始标距（L_0）与原始截面积（S_0）有以下关系：

$$L_0 = k\sqrt{S_0}$$

式中 k——取5.65。相关产品标准规定，可采用11.3。

S_0——钢筋原始截面积。

圆形横截面比例试样的原始标距计算如试表7-1（相关产品可以规定其他尺寸）所示。

试表7-1 圆形横截面比例试样的原始标距（GB/T 228—2002）

d(mm)	$k=5.65$			$k=11.3$		
	L_0(mm)	L_c(mm)	试样编号	L_0(mm)	L_c(mm)	试样编号
25	5d	$L_c \geqslant L_0+d/2$ 仲裁实验：L_0+2d	R1	$10d$	$L_c \geqslant L_0+d/2$ 仲裁实验：L_0+2d	R01
20			R2			R02
15			R3			R03
10			R4			R04
8			R5			R05
6			R6			R06
5			R7			R07
3			R8			R08

（2）将试件固定在试验机夹头内，按《金属材料　室温拉伸试验》（GB/T 228）中规定测屈服强度和抗拉强度要求的加荷速度进行加荷。

（3）记录试件的屈服荷载和断裂最大荷载。

（4）将拉断的试件在断裂处对齐，并保持在同一轴线上，测量断后试件标距的长度。

3. 试验结果

（1）屈服强度

$$R_{eL} = F_S/S_0$$

式中 R_{eL}——屈服强度（MPa）；

F_S——屈服荷载（N）；

S_0——公称截面面积（mm^2）。

（2）抗拉强度

$$R_m = F_m/S_0$$

式中 R_m——抗拉强度（MPa）；

F_m——最大力（N）；

S_0——公称截面面积（mm^2）。

（3）断后伸长率

$$A = (L_U - L_0)/L_0$$

式中 A——断后伸长率（%）；

L_U——断后标距（mm）；

L_0——原始标距（mm）。

原则上只有断裂处与最接近的标距标记的距离不小于原始标距的三分之一情况下有效，但断裂伸长率大于或等于规定值，不管断裂位置在何处测量均有效。

断裂处与最接近的标距标记的距离小于原始标距的 1/3 时，可用移位法测断后伸长率，如试图 7-1 所示。

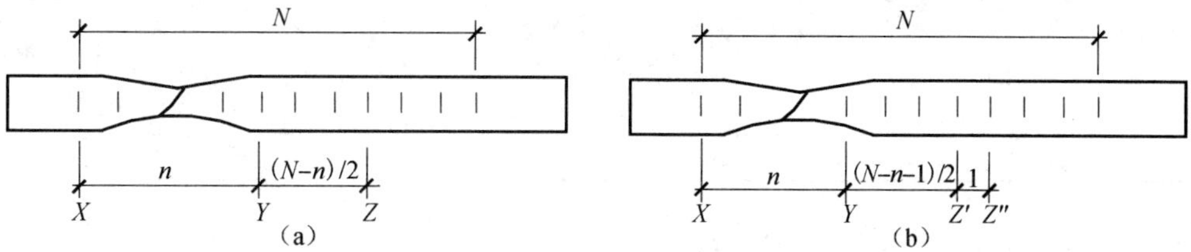

试图 7-1　移位法图示说明

试验前，将原始标距细分为 N 等分。试验后，以符号 X 表示断裂后试样短段的标距标记，以符号 Y 表示断裂试样长段的等分标记，此标记与断裂处的距离最接近于断裂处至标距标记 X 的距离。如果 X 与 Y 之间的分格数为 n，则断后伸长率计算如下：

当 $N-n$ 为偶数（试图 7-1a），测量 X 与 Y 之间的距离及测量从 Y 至距离为 $(N-n)/2$ 个分格的 Z 标记之间的距离，按下式计算断后伸长率：

$$A=\frac{XY+2YZ-L_0}{L_0}\times 100\%$$

当 $N-n$ 为奇数（试图 7-1b），测量 X 与 Y 之间的距离，和测量从 Y 至距离分别为：$(N-n-1)/2$ 和 $(N-n+1)/2$ 个分格的 Z' 和 Z'' 标距之间的距离，按下式计算断后伸长率：

$$A=\frac{XY+YZ'+YZ''-L_0}{L_0}\times 100\%$$

（4）最大力总伸长率

最大力总伸长率按试图 7-2 测试计算。

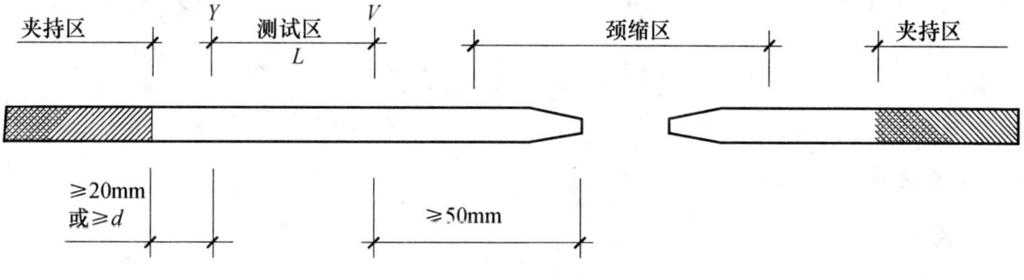

试图 7-2　最大力总伸长率测试计算图

$$A_{gt}=[(L-L_0)/L_0+R_m^0/E]\times 100$$

式中　A_{gt}——最大力总伸长率（%）；

L——图所示断裂后的距离（mm）；

L_0——试验前同样标记间的距离（mm）；

R_m^0——抗拉强度实测值（MPa）；

E——弹性模量，其值可取 2×10^5（MPa）。

(5) 数据修约

如试表 7-2 所示。

试表 7-2 数据修约

性能	范围	修约间隔
R_{eL}，R_m	≤200MPa	1MPa
	>200～1000MPa	5MPa
	>1000MPa	10MPa
A，A_{gt}	—	0.5%

（二）冷弯试验

1. 主要仪器

可用支辊式弯曲装置、V 形模具式弯曲装置、虎钳式弯曲装置、翻板式弯曲装置的任意一种。

2. 试验步骤

(1) 根据钢筋类别选择好弯心压头和弯曲角度。

(2) 调整好所选弯曲试验装置，钢筋试样在弯曲试验装置上就位。

(3) 缓慢施加弯曲力，直至钢筋试样弯曲到 180°。如试图 7-3 所示。

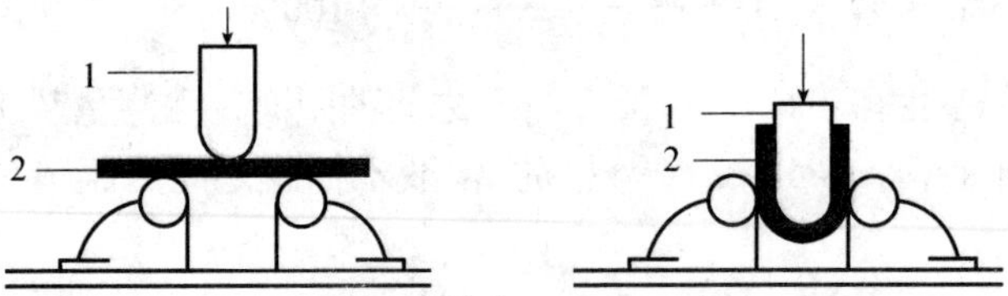

试图 7-3 钢筋弯曲试验

1—弯心压头；2—钢筋试样

3. 试验结果

钢筋试样按规定的弯心弯曲到 180°后，受弯部位表面不得产生裂纹为弯曲合格。

试验八 木材试验

一、试验依据

《木材物理力学试验方法总则》GB/T 1928—2009

《木材物理力学试材锯解及试样截取方法》GB/T 1929—2009

《木材含水率测定方法》GB/T 1931—2009

《木材顺纹抗压强度试验方法》GB/T 1935—2009

《木材抗弯强度试验方法》GB/T 1936.1—2009

《木材顺纹抗剪强度试验方法》GB/T 1937—2009

《木材顺纹抗拉强度试验方法》GB/T 1938—2009

二、取样方法及试样制备

试条及试样毛坯按《木材物理力学试材锯解及试样截取方法》（GB/T 1929）的规定制

作，试样毛坯达到当地平衡含水率时，即可制作试样。按《木材物理力学试验方法总则》（GB/T 1928）的规定，试样的各面加工均应平整，端部相对的边棱应与试样断面的年轮大致平行，并与另一相对的边棱垂直。除试验方法有具体的规定外，各相邻面均应成准确的直角。试样上不允许有明显可见缺陷，每个试样清楚注明编号。

试样尺寸允许误差：长度、宽度和厚度为±0.5mm；整个试样上各尺寸的相对偏差，应不大于0.1mm。

三、主要仪器

（1）木材全能试验机，载荷示值精度为±1%。

（2）天平，感量0.001g。

（3）烘箱，称量瓶、钢尺、角尺、卡尺。

四、试验项目

（一）木材顺纹抗压强度

1. 试样

试样尺寸为30mm×20mm×20mm，长度为顺纹方向。供制作试样的试条，从试材树皮向内南北方向连续截取，并按试样尺寸留足干缩和加工余量。

2. 试验步骤

（1）在试样长度中央，测量宽度及厚度，精确至0.1mm。

（2）试样放在试验机承压板中央，在1.5～2.0min内均匀加荷，记录破坏荷载，精确至100N。

（3）试样破坏后，对整个试样参照《木材含水率测定方法》（GB/T 1931）进行含水率测试。

3. 试验结果

（1）试样含水率为W%时的顺纹抗压强度（精确至0.1MPa）

$$\sigma_W = \frac{P_{max}}{b \cdot t}$$

式中　σ_W——试样含水率为W%时的顺纹抗压强度（MPa）；

P_{max}——破坏荷载（N）；

b——试样宽度（mm）；

t——试样厚度（mm）。

（2）试样含水率为12%时顺纹抗压强度（精确至0.1MPa）

$$\sigma_{12} = \sigma_W[1 + 0.05(W - 12)]$$

式中　σ_{12}——试样含水率为12%时顺纹抗压强度（MPa）；

W——试样含水率（%）。

试样的含水率在9%～15%范围内计算有效。

（二）木材抗弯强度

1. 试样

试样尺寸为30mm×20mm×20mm，长度为顺纹方向。允许与抗弯弹性模量的测量用同一试样，先测定弹性模量，后进行抗弯强度试验。

2. 试验步骤

（1）抗弯强度只做弦向试验。在试样的长度中央，测量径向尺寸为宽度，弦向为高度，准确至0.1mm。

（2）采用中央加荷，将试样放在试样装置的两支座上，在支座试样中部的径面以匀速加荷，1~2min使试样破坏。

（3）试样破坏后，立即在试样靠近破坏处截取长约20mm的木块一个进行含水率测试。

3. 试验结果

（1）试样含水率为W%时的抗弯强度（精确至0.1MPa）

$$\sigma_{bW} = \frac{3P_{max} \cdot L}{2b \cdot h^2}$$

式中 σ_{bW}——试样含水率为W%时的抗弯强度（MPa）；

P_{max}——破坏荷载（N）；

L——支座跨距（mm）；

b——试样宽度（mm）；

h——试样厚度（mm）。

（2）试样含水率为12%时抗弯强度（精确至0.1MPa）

$$\sigma_{b12} = \sigma_{bW}[1 + 0.04(W - 12)]$$

式中 σ_{b12}——试样含水率为12%时抗弯强度（MPa）；

W——试样含水率（%）。

试样的含水率在9%~15%范围内计算有效。

（三）木材顺纹抗剪强度

1. 试样

试样形状、尺寸如试图8-1所示。试样的受剪面应为径面或弦面，长度为顺纹方向。试样缺角的部分角度应为106°42′，允许误差±20′。

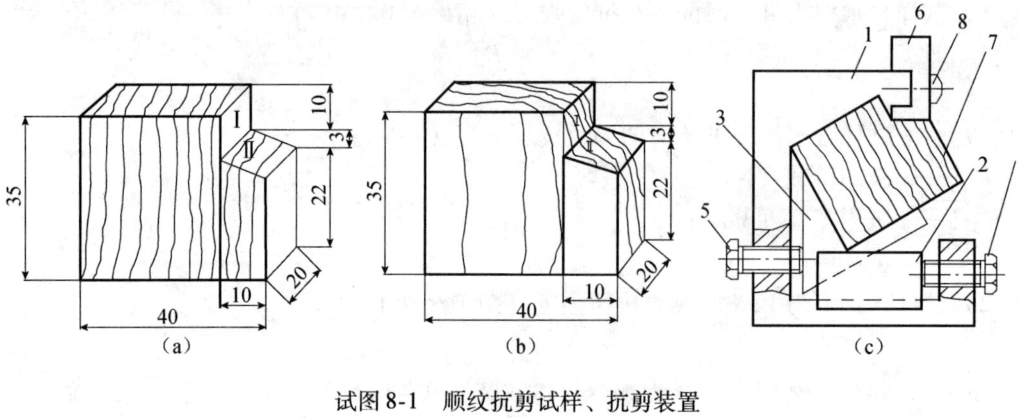

试图8-1 顺纹抗剪试样、抗剪装置

（a）弦面试样；（b）径面试样；（c）顺纹抗剪试验装置

1—附件主杆；2—楔块；3—L形垫块；4、5—螺杆；6—压块；7—试样；8—圆头螺钉

2. 试验步骤

（1）测量试样受剪面的宽度和长度，准确至0.1mm。

（2）将试样装于抗剪装置上，调整完毕后连同抗剪装置一同放在压力机上，使压块6

（试图 8-1）的中心对准压力机上压头中心位置。

（3）1.5 ~ 2min 内均匀加荷直至破坏，荷载读数精确至 10N，记录破坏荷载。

（4）将试样破坏后的小部分测定含水率。

3. 试验结果

（1）试样含水率为 $W\%$ 时的弦面或径面顺纹抗剪强度（精确至 0.1MPa）

$$\tau_W = \frac{0.96P_{max}}{b \cdot L}$$

式中 τ_W——试样含水率为 $W\%$ 时弦面或径面顺纹抗剪强度（MPa）；

P_{max}——破坏荷载（N）；

L——试样受剪面长度（mm）；

b——试样受剪面宽度（mm）。

（2）试样含水率为 12% 时的弦面或径面顺纹抗剪强度（精确至 0.1）

$$\tau_{12} = \tau_W[1 + 0.03(W - 12)]$$

式中 τ_{12}——试样含水率为 12% 时弦面或径面顺纹抗剪强度（MPa）；

W——试样含水率（%）。

试样的含水率在 9% ~ 15% 范围内计算有效。

（四）木材顺纹抗拉强度

1. 试样

试样制作要求和检查、含水率的调整按《木材物理力学试验方法总则》（GB/T 1928）的规定。试样的纹理必须通直，生长轮的切线方向应垂直于试样有效部分（指中部 60mm 一段）的宽面。试样有效部分与两端夹持部分之间过渡弧表面应平滑，并与试样中心线对称。软质木材试样，应在夹持部分的窄面用胶粘剂附以 90mm × 14mm × 8mm 的硬木夹垫。顺纹抗拉强度试样如试图 8-2 所示。

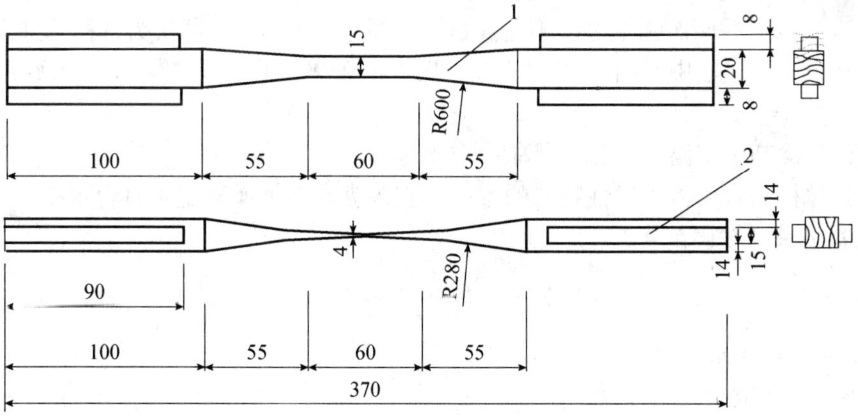

试图 8-2　顺纹抗拉强度试样

1—试件；2—木夹垫

2. 试验步骤

（1）在试样有效部分中央，测量厚度和宽度，精确至 0.1mm。

（2）将试样的两端夹紧在试验机的钳口中，试样的宽面与钳口相接触，两端靠近弧形部分露出 20 ~ 25mm，竖直地安装在试验机上。

（3）试验机在1.5~2.0min内均匀加荷直至试样破坏，记录破坏荷载精确至100N。

（4）试样破坏后，立即在试样有效部分选取一段木块进行含水率测试。

3. 试验结果

拉断处不在试样的有效部分，结果应舍去。

（1）试样含水率为W%时顺纹抗拉强度（精确至0.1MPa）

$$\sigma_W = \frac{P_{max}}{b \cdot t}$$

式中 σ_W——试样含水率为W%时的顺纹抗拉强度（MPa）；

P_{max}——破坏荷载（N）；

b——试样宽度（mm）；

t——试样厚度（mm）。

（2）试样含水率为12%时阔叶材的顺纹抗拉强度（精确至0.1MPa）

$$\sigma_{12} = \sigma_W[1 + 0.015(W - 12)]$$

式中 σ_{12}——试样含水率为12%时顺纹抗拉强度（MPa）；

W——试样含水率（%）。

试样的含水率在9%~15%范围内计算有效。

试样的含水率在9%~15%范围内时，对针叶材可取$\sigma_{12} = \sigma_W$。

（五）木材含水率

1. 试样

在需要测定含水率的试材、试条上，或在物理力学试验后试样上，按照所对应标准试验方法规定的部位截取。试样尺寸约为20mm×20mm×20mm。

2. 试验步骤

（1）截取试样编号后立即称重，精确至0.001g。

（2）将试样放入（103±2）℃的烘箱中烘8h后，任取2~3个试样进行试称，以后每隔2h试称一次，以最后两次称量之差不超过试样质量的0.5%时，可认为试样达到全干。

（3）将试样从烘箱中取出，放入装有干燥剂的干燥器中的称量瓶中，盖好称量瓶和干燥器盖。

（4）试样冷却至室温后，自称量瓶中取出称量。

（5）如试样是含较多挥发性物质的木材，宜改为真空干燥测定木材含水率。

3. 试验结果（精确至0.1%）

$$W = \frac{m_1 - m_0}{m_0} \times 100\%$$

式中 W——试样含水率（%）；

m_1——试样试验时的质量（g）；

m_0——试样全干时的质量（g）。

试验九　沥青试验

一、试验依据

《建筑石油沥青》GB/T 494—1998

《沥青软化点测定法（环球法）》GB/T 4507—1999

《沥青延度测定法》GB/T 4508—1999

《沥青针入度测定法》GB/T 4509—1998

二、取样方法

采样按《石油沥青取样法》（GB/T 11147）进行，取2kg作为检验和留样用。

三、试验内容

（一）针入度测定

1. 主要仪器

（1）针入度仪：仪器设有针连杆制动按钮，紧压制动按钮时针连杆可在无摩擦力时垂直自由下落，并且指示穿入深度能精确到0.1mm，针连杆重量为（47.5 ± 0.05）g，针、针连杆和附加砝码总重量（100.0 ± 0.05）g。

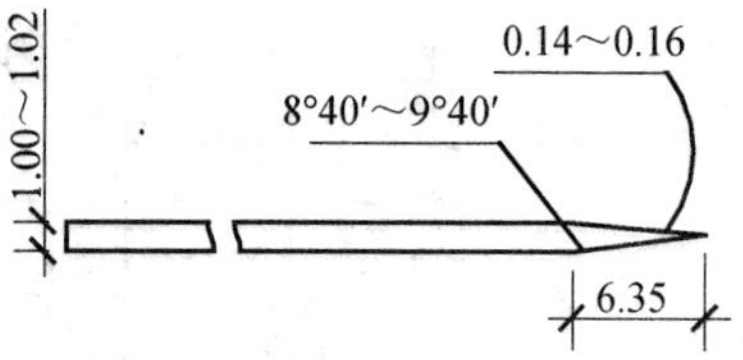

试图9-1 沥青针入度试验用针

（2）标准针：由硬化回火的不锈钢制造，钢号为440—C或等同材料，洛氏硬度为54～60，如试图9-1所示。

（3）盛样皿、恒温水浴、温度计、计时器。

2. 试样制备

（1）试样小心加热，搅拌过程避免进入气泡，时间不超过30min。加热时石油沥青加热温度不超过软化点的90℃，焦油沥青加热温度不超过软化点的60℃。

（2）试样倒入两个试样皿，试样深度应大于预计穿入深度10mm。15～30℃的室温下冷却1～1.5h（小试样皿）或1.5～2.0h（大试样皿）。

（3）将试样放入恒温水浴，水面高过试样表面10mm，在规定的温度下冷却。小试样皿恒温1～1.5h，大试样皿恒温1.5～2.0h。

3. 试验步骤

试验温度：(25 ±0.1)℃。

（1）调整好针入度仪，将试样取出，放置在针入度仪的平台上。

（2）调整针尖和试样表面接触，拉下活杆，使其与针连杆顶端接触，调整仪器表盘读数为零。

（3）手压制动按钮，同时启动秒表，5s后停止按压。拉下活杆，再使其与针连杆顶端接触，读取表盘指针数值。同一试样至少测三次，试验点的间距及试样点与器皿边距不得小于10mm。针入度用1/10mm表示。

4. 试验结果

取三次针入度的平均值作为试验结果（保留整数）。三次针入度相差不应大于试表9-1规定。

试表9-1 针入度相差允许值

针入度	0～49	50～149	150～249	250～350
最大差值	2	4	6	8

（二）软化点测定

1. 主要仪器

（1）环、钢球定位器、支架。组合如试图 9-2 所示。

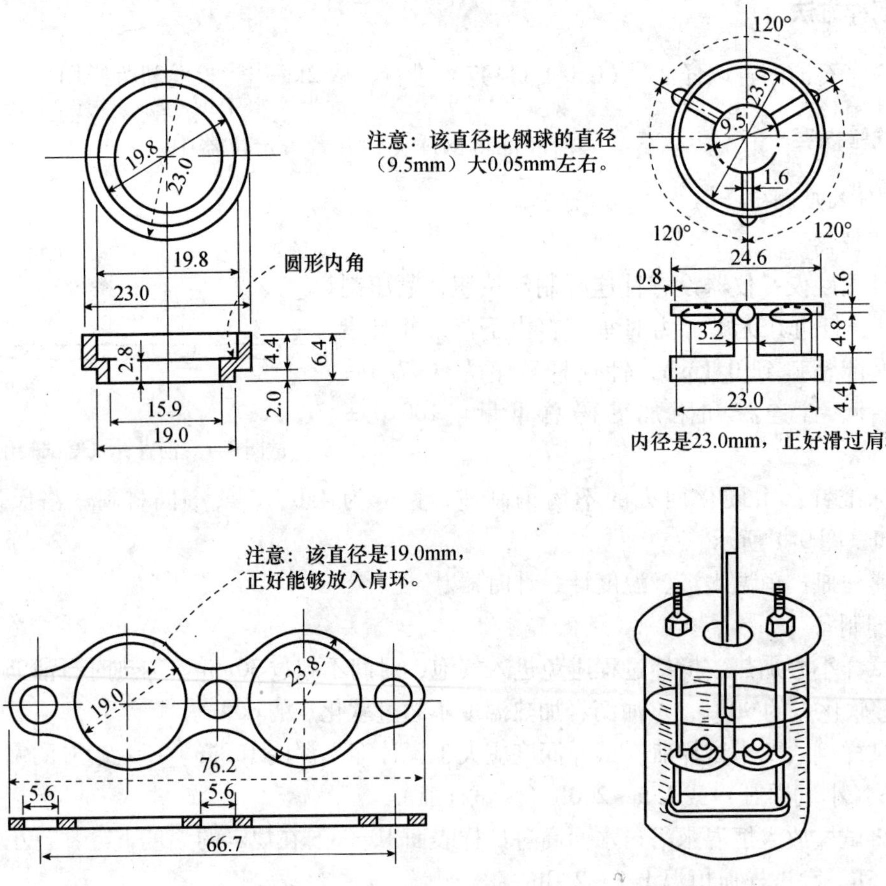

试图 9-2　环、钢球定位器、支架组合装置

（2）温度计、刮刀、隔离剂等。

2. 试样制备

（1）石油沥青样品加热至倾倒温度的时间不超过 2h，其加热温度不超过预计沥青软化点 110℃。

（2）煤焦油沥青样品加热至倾倒温度的时间不超过 30min，其加热温度不超过煤焦油沥青预计软化点 550℃。

（3）如果重复试验，不能重新加热样品，应在干净的容器中用新鲜样品制备试样。

（4）估计软化点在 120℃以上，应将黄铜环与支撑板预热至 80～100℃，然后将铜环放到涂有隔离剂的支撑板上。

（5）向每个环中倒入略过量的沥青试样，试件在室温下冷却时间不少于 30min。在室温下较软的样品，将试件在低于预计软化点 10℃以上的环境中冷却 30min。从开始倒试样时起至完成试验的时间不得超过 240min。

（6）试样冷却后，用稍加热的小刀或刮刀干净地刮去多余的沥青，使每一个圆片饱满且和环的顶部齐平。

3. 试验步骤

（1）新煮沸过的蒸馏水适于软化点为 30 ~ 80℃的沥青，起始加热介质温度应为（5 ±1）℃。甘油适于软化点为 80 ~ 157℃的沥青，起始加热介质的温度应为（30 ±1）℃。

（2）软化点低于 80℃的沥青应在水浴中测定，而高于 80℃的在甘油浴中测定。

（3）把仪器放在通风橱内，并配置两个样品环、钢球定位器，并将温度计插入合适的位置，浴槽装满加热介质，并使各仪器处于适当位置，用镊子将钢球置于浴槽底部，使其同支架的其他部位达到相同的起始温度。如果有必要将浴槽置于冰水中或小心加热并维持适当的起始浴温达 15min，再次用镊子从浴槽底部将钢球夹住并置于定位器中。

（4）从浴槽底部加热使温度以恒定的速率 5℃/min 上升。3min 后，升温速度应达到（5 ±0.5）℃/min。

4. 试验结果

（1）当两个试环的球刚触及下支撑板时，分别记录温度计所显示的温度，取两个温度的平均值作为沥青的软化点，如果两个温度的差值超过 1℃，则重新试验。

（2）如果甘油浴中所测得的石油沥青软化点的平均值为 80℃或更低，则应在水浴中重复试验。

（三）延度测定

1. 主要仪器

（1）延度仪：能按照（5 ±0.25）cm/min 的速度拉伸试件，启动时应无明显的振动。

（2）延度试模：如试图 9-3 所示。

（3）水浴、温度计、刮刀。

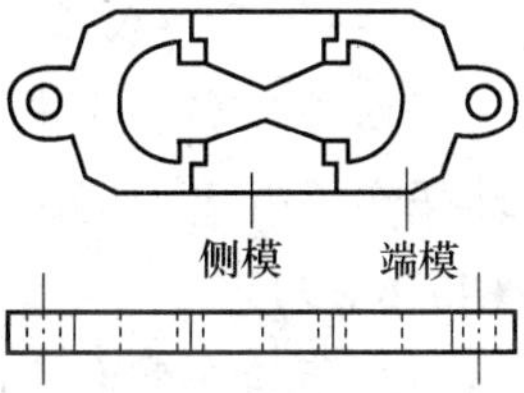

试图 9-3　延度试模

2. 试样制备

（1）将模具组装在支撑板上，将隔离剂涂于支撑板表面及试图 9-3 中侧模的内表面上，板上的模具要水平放，模具的底部能够充分与板接触。

（2）小心加热样品，防局部过热，直到完全变成液体能够倾倒。石油沥青样品加热至倾倒温度的时间不超过 2h，其加热温度不超过预计沥青软化点 110℃，把熔化了的样品过筛，在充分搅拌之后，把样品倒入模具中。倒样时，使试样呈细流状自模的一端至另一端，往返倒入使试样略高出模具。将试件在空气中冷却 30 ~ 40min，然后放在规定温度的水浴中保持 30min 取出。用热直刀或铲将高出模具的沥青刮出，使试样与模具齐平。

（3）将支撑板、模具和试件一起放入水浴中并在试验温度下保持 85 ~ 95min，然后从板上取下。试件拆掉侧模立即进行拉伸试验。

3. 试验步骤

试验温度：（25 ±0.5）℃。

（1）将模具两端的孔分别套在实验仪器的柱上，然后以一定的速度拉伸直到试件拉伸断裂，拉伸速度允许误差 ±5%。

（2）试件距水面和水底的距离不小于 2.5cm，并且要使温度保持在规定温度 ±0.5℃的范围内。

（3）沥青浮于水面或沉入槽底时，应使用乙醇或氯化钠调整水的密度使沥青材料既不浮于水面又不沉入槽底。

（4）将试样拉成锥形，在断裂时，实际横断面面积接近于零。

4. 试验结果

（1）测量试件从拉伸到断裂所经过的距离，以 cm 表示。

（2）若三个试件测定值在其平均值的 5% 内，取平行测定三个结果的平均值作为测定结果。若三个试件测定值不在其平均值的 5% 以内，但其中两个较高值在平均值的 5% 之内，则弃去最低，测定值取两个较高值的平均值作为测定结果，否则重新测定。

（3）如果三次试验得不到正常结果，则报告在该条件下延度无法测定。

试验十　沥青混合料试验

一、试验依据

《公路工程沥青及沥青混合料实验规程》JTJ 052—2000

二、沥青混合料的制备和试件成型（击实法）

（一）主要仪器

1. 击实仪：由击实锤、ϕ98.5mm 平圆形压实头及带手柄的导向棒组成。用人工或机械将压实锤举起，从（453.2 ±1.5）mm 高度沿导向棒自由落下击实，标准击实锤的质量为（4536 ±9）g。

2. 标准击实台：用于固定试模，200mm ×200mm ×457mm 硬质木墩（用干密度 0.67 ~ 0.77g/cm^3 的青冈栎等硬木制成）用 4 根型钢固定于下面的混凝土板上，木墩上面放一块 305mm ×305mm ×25mm 的钢板。也可采用将标准击实锤和标准击实台组合为一体并自动记录击实次数的自动击实仪。

3. 沥青混合料拌合机：容量不小于 10L，可保证拌合温度并控制拌合时间，搅拌叶自转速度 70 ~80r/min，公转速度 40 ~50r/min。

4. 脱模器：手动或电动。可无破损地推出圆柱体试件。

5. 试模：高碳钢或工具钢制成。每组包含内径 101.6mm、高约 87.0mm 的圆柱形金属桶，直径约 120.6mm 的底座和套筒（内径 101.6mm、高约 69.8mm）各一个。

6. 天平或电子秤：称量矿料的分度值不大于 0.5g；称量沥青的分度值不大于 0.1g。

7. 温度计：分度值不大于 1℃。宜采用有金属插杆的热电偶沥青温度计，金属插杆的长度不小于 300mm。

8. 沥青运动黏度测定仪：毛细管黏度计或赛波特重油黏度计。

9. 烘箱。

10. 其他：电炉、沥青熔化锅、标准筛、胶布、卡尺、秒表、拌合铲等。

（二）试验步骤

1. 确定制作沥青混合料试件的拌合及压实温度

按规定的方法测沥青的黏度，绘制黏温曲线。按试表 10-1 的要求确定适宜于沥青混合料拌合及压实的等黏温度。

试表 10-1　适宜于沥青混合料拌合及压实的等黏温度

沥青混合料种类	黏度与测定方法	适宜于拌合的沥青结合料黏度	适宜于压实的沥青结合料黏度
石油沥青（含改性沥青）	表观黏度，T0625 运动黏度，T0619 赛波特黏度，T0623	(0.17 ±0.02) Pa·s (170 ±20) mm^2/s (85 ±10) s	(0.28 ±0.03)Pa·s (280 ±30) mm^2/s (140 ±15) s
煤沥青	恩格拉黏度，T0622	25 ±3	40 ±5

注：液体沥青混合料的压实成型温度按石油沥青要求执行。

2. 拌制沥青混合料

（1）原料准备

将各种规格的矿料置于（105 ±5)℃的烘箱中烘干至恒重（一般不少于4 ~6h)。根据需要，粗集料可先用水冲洗干净后烘干，也可将粗细集料过筛后用水冲洗再烘干备用。

按规定的方法测定不同粒径规格粗细集料及填料（矿粉）的各种密度及沥青密度。

将烘干分级的粗细集料，按每个试件设计级配要求称其质量，混合均匀，矿粉单独预热至沥青拌合温度以上约15℃（石油沥青一般为163℃、改性沥青一般180℃）备用。一般按一组试件（4 ~6 个）备料，但进行配合比设计时宜对每个试件分别备料。常温沥青混合料的矿料不应加热。

将采集的沥青试样，用恒温烘箱或油浴、电热套熔化加热至沥青混合料温度备用，但不得超过175℃。当采用燃气炉或电炉直接加热脱水时，必须使用石棉垫隔开。

（2）试模准备

用蘸有少许黄油的棉纱擦净试模、套筒及击实座等，置100℃左右烘箱中加热1h备用。常温沥青混合料用试模不加热。

（3）黏稠石油沥青或煤沥青混合料的拌制

将沥青混合料、拌合机预热至拌合温度以上10℃左右备用。

将每个试件预热的粗细集料置于拌合机中，用小铲子适当混合后加入已经加热至拌合温度的定量沥青，开动拌合机一边搅拌一边将拌合机叶片插入拌合料中拌合 1 ~ 1.5min 后暂停，加入已单独加热的矿粉并继续拌合均匀为止。总拌合时间为3min。拌合好的沥青混合料温度应保持在要求的拌合温度范围内。

3. 试件成型（马歇尔标准击实法）

（1）将拌好的沥青混合料，均匀称取一个试件所需的用量（约4050g)。当已知沥青混合料密度时，可根据试件的标准尺寸计算，计算值乘以1.03得到要求的混合料数量。

（2）从烘箱中取出预热的试模及模套，用蘸有少许黄油的棉纱擦拭套筒、底座及击实锤底面，将试模装在底座上，垫一张圆形的吸油性纸，按四分法从四个方向用小铲子将混合料装入试模中，用插刀沿四周插捣 15 次，中间 10 次。插捣后使沥青混合料表面呈凸圆弧形。

（3）将温度计插入混合料中心附近，待其温度符合要求的压实温度以后，将试模连同底座放于击实台上固定，混合料表面垫一张吸油性圆纸，再将装有击实锤及导向棒的压实头插入试模中，开启电动机（或人工）击实规定的次数。

（4）试件击实一面后，取下套筒，将试模调头，装上套筒，以同样的方法和次数击实另一面。

（5）用镊子取去试件上下的纸，用卡尺量取试件离试模口的高度，进而计算试件高度，如高度不符合要求，试件作废，按下式调整试件混合料用量，以保证试件高度符合(63.5 ±1.3)mm 的要求。

$$调整后混合料质量 = \frac{要求试件高度 \times 原混合料质量}{所得试件的高度}$$

（6）脱模机上脱出试件，置于干燥洁净的平面上备用。

三、沥青混合料的物理性能测定

用击实法制成的沥青混合料至室温后，用水中重法测定其表观密度，并根据组成材料有关数据计算其空隙率、沥青体积百分率、矿料间隙率和沥青饱和度等物理性指标。

（一）主要仪器

1. 浸水天平或电子秤：当最大称量在 3kg 以下时，分度值不大于 0.1g；最大称量 3kg 以上时，分度值不大于 0.5g；最大称量 10kg 以上时，分度值不大于 5g。

2. 网篮。

3. 溢流水箱，如试图 10-1 所示。

4. 试件悬吊装置。悬吊网篮的吊线，应采用不吸水的细尼龙线绳。

5. 秒表、电扇或烘箱。

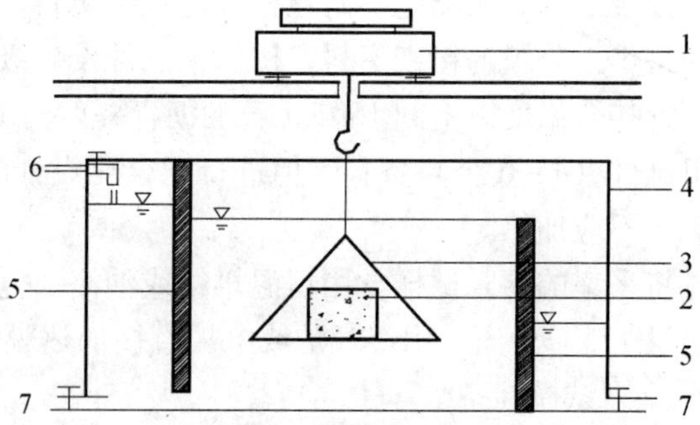

试图 10-1　溢流水箱及下挂法水中重称量法示意图
1—浸水天平或电子秤；2—试件；3—网篮；4—溢流水箱；5—水位隔板；6—注水口；7—放水阀门

（二）试验步骤

1. 所用浸水天平（或电子秤）最大量程应不小于被测试件质量的 1.25 倍，且不大于试件质量的 5 倍。

2. 除去试件表面的浮粒，称取干燥试件在空气中的质量（m_a）。

3. 挂上网篮并浸入溢流水箱的水中，调节水位，将天平调平或复零，把试件置于网篮中（注意不要使水晃动），浸水 1min，称取水中质量（m_w）。如天平读数持续变化，不能在数秒内稳定，说明试件吸水较严重，不适用于此法测定，应该由表干法或封蜡法测定。

（三）物理性能计算

1. 表观密度

密实沥青混合料试件的表观密度按下式计算（精确至 0.001g/cm³）

$$\rho_s = \frac{m_a}{m_a - m_w} \cdot \rho_w$$

式中　ρ_s——沥青混合料试件的表观密度（g/cm³）；

m_a——干燥试件的空气中质量（g）；

m_w——试件的水中质量（g）；

ρ_w——常温水的密度，取 1g/cm³。

2. 空隙率

试件的空隙率按下式计算（精确至 0.1%）：

$$VV = (1 - \rho_s/\rho_t) \times 100$$

式中 VV——试件空隙率（%）；

ρ_s——试件表观密度（g/cm^3）；

ρ_t——实测沥青混合料最大密度（g/cm^3）。

四、沥青混合料马歇尔稳定度试验

测定沥青试件的稳定度和流值，以这两项指标来表征其高温稳定性和抗变形能力。

（一）主要仪器

1. 沥青混合料马歇尔试验仪：最大荷载不小于25kN，测定精度100N，加荷速度（50±5）mm/min，并附有测定荷载与变形的压力环（或传感器）、流量计（或位移计）、钢球（直径16mm）和上下压头（曲度半径56.8mm）。

2. 恒温水槽：槽深不小于150mm，可控温±1℃。

3. 真空保水容器，由真空泵和真空干燥器组成。

（二）试验方法

1. 标准马歇尔试验方法

（1）用卡尺测量试件高度和直径，当试件高度不符合（63.5±1.3）mm或两侧高度差大于2mm时，该试件作废。

（2）按前述方法测定试件的物理性指标。

（3）将恒温水浴（或烘箱）调节至要求的试验温度，对黏稠石油沥青混合料为（60±1）℃。将试件置于已达规定温度的恒温水槽（或烘箱）中保温30~40min，试件应垫离容器底部不小于5cm。

（4）将马歇尔试验仪的上下压头放入水槽（或烘箱）中达到同样温度后取出，擦干净内面。将试件置于压头上，盖上上压头并装在加载设备上。为了保证上下压头滑动自如，可在下压头导棒上涂少量黄油。

（5）将流值测定装置安在导棒上，使导向套管轻轻地压住上压头，同时将流量计调零。在上压头的球座上放妥钢球，并对准荷载应力环（或传感器）的压头，然后调整应力环中百分表为零或将传感器的读数复位为零。

（6）启动加载装置，使试件受荷，加荷速度（50±5）mm/min。当试件荷载达到最大值时，取下流量计并读取百分表（或荷载传感器）读数和流量计的流值读数。从恒温水槽中取出试件至测出最大荷载值的时间不应超过30s。

2. 试验结果

（1）稳定度 *MS*

由荷载测定装置测得的最大值即为试件的稳定度。当用应力环为百分表测定时，根据应力环标定曲线，将百分表读数换算为荷载值，即为试件的稳定度 *MS*，以kN计，精确至0.01kN。

（2）流值 *FL*

由流值计及位移传感器测定装置读取的试件垂直变形，即为试件的流量值 *FL*，以0.1mm计。

（3）马歇尔模数 *T*

试件的马歇尔模数按下式计算（kN/mm）：

$$T=\frac{10MS}{FL}$$

参考文献

[1] 霍曼琳．建筑材料学［M］．重庆：重庆大学出版社，2009.

[2] 王瑞燕．建筑材料［M］．重庆：重庆大学出版社，2009.

[3] 夏燕．土木工程材料［M］．武汉：武汉大学出版社，2009.

[4] 江峰．建筑材料［M］．重庆：重庆大学出版社，2009.

[5] 翟红霞．土木工程材料［M］．合肥：合肥工业大学出版社，2009.

[6] 王福川．土木工程材料［M］．北京：中国建材工业出版社，2001.

[7] 吴中伟，廉慧珍．高性能混凝土［M］．北京：中国铁道出版社，1999.

[8] 湖南大学，等．土木工程材料［M］．北京：中国建筑工业出版社，2002.

[9] 黄政宇．土木工程材料［M］．北京：高等教育出版社，2002.

[10] J. Francis Young，等．土木工程材料科学与技术［M］．北京：中国建筑工业出版社，2006.

[11] 王春阳，等．土木工程材料［M］．北京：北京大学出版社，2009.